改訂版

なぜ理科を学ぶのか

おうちの方へ

監修
東京学芸大学准教授　宮内卓也
東京学芸大学附属小金井小学校教諭　三井寿哉

旺文社

［小学総合的研究］わかる理科

おうちの方へ

この冊子は，小学生のお子さまの保護者の方に，「小学校の理科はどんなことを学んでいるのか」「理科をどのように勉強すればよいか」といったことを知っていただくために作りました。理科の学習のヒントになることが書かれていますので，ご一読いただき，お子さまの学びに役立ててください。

旺文社編集部

CONTENTS

■ **監修者メッセージ**

なぜ理科を学ぶのか ･･･ 2

こんなときに使ってほしい「わかる理科」の5つの活用 ･･････････ 3

■ **小学理科　分野別のつながりと学習POINT**

生命編（生物）･･･ 6

地球編（地学）･･･ 8

物質編（化学）･･･ 10

エネルギー編（物理）･････････････････････････････････････ 12

■ **おさえておきたい中学受験POINT** ･･･････････････････････ 14

なぜ理科を学ぶのか

こんなときに使ってほしい「わかる理科」の5つの活用

宮内卓也　三井寿哉

理科の大きな特徴は，自然を学びの対象とし，観察や実験を通してきまりや性質を見つけ，問題を解決するプロセスを大切にするということです。3つの観点から，「なぜ理科を学ぶのか」を考えてみたいと思います。

● 生命や自然の大切さを学ぶ

子どもたちの自然体験の不足がさまざまな調査で話題になっています。昔の子どもは，動植物に触れることや，月や星を見上げること，天気の変化に気づくなどが生活の一部でしたが，最近の子どもには特別なことになりつつあります。理科の学習を通して，子どもたちは自然の美しさ，たくみさ，厳しさなどを実感できます。これらの体験が自然や命を大切にする心を育むもとになります。

● 観察・実験結果をもとに科学的に考え，判断する

理科では，身のまわりの物や現象から問題を見つけ，予想したことを解決するために観察や実験を行い，得られた結果から結論を導いていく過程を大切にしています。小・中学校では，昔の科学者が研究し，解決してきた内容を扱うことがほとんどですが，子どもたちは学習を通して，科学的に考える「型」を学んでいきます。

最近のエネルギー問題，環境問題などには単純な正解はありません。

こうした問題に対して，私たちは科学的に考え，判断し，そして行動していくことが必要になります。科学的なものの見方や考え方を養うことは，これからの未来を生きる子どもたちにとって，とても重要なことです。

◉ 多様な知識を身につけ，それらを活用できるようにつなげる

科学的に考え，判断するためには，知識と知識を結びつけ，「活用できる」形にすることが必要になります。たとえば，「夕焼けになると次の日は晴れ」という言い伝えがあります。これは3年生で学習する「太陽は西にしずむこと」と，5年生で学習する「雲は西から東へ移動すること」を結びつけて説明することができます。このように1つの知識ではなく，さまざまな知識をつなげることによって，初めて「活用」できるようになるのです。理科は「暗記もの」と言われることがありますが，これは必ずしも教科の本質を表していません。別々の知識がいろいろなところで結ばれ，活用できる形で身についているかどうかが問われるのです。

これら3つのことは理科の学習にとってどれも重要なことですが，何よりも，子どもたちが，理科が楽しい・おもしろいと感じることが，学習の原動力となります。本書がお子さまの学習の一助となることを心から願っています。

こんなときに使ってほしい
「わかる理科」の5つの活用

小学校で扱うテストや通知表では，理科の項目が【知識・技能】【思考・判断・表現】【主体的に学習に取り組む態度】の3観点で評価されるところが多いと思われます。では，お子さんがご家庭でどのように学びを広げたり深めたりしながら，学校での学習に役立てていけばよいでしょうか。本書は上記で示した3つの観点に対応したつくりになっております。お子さまが探究する姿に合わせて本書をご活用ください。

1. お子さまの疑問を解決させてあげたい

本書は自然に興味がもてるような内容，デザインにしています。理科の授業はもちろん，日常生活の中でお子さまに「あれ？」と感じる気づきがあったときは，「『わかる理科』で調べてみたら？」と促してみてください。

疑問をどのようにして解決できるかを追い求める様子を大事にしてください。予想して，自分で調べる方法を考え，結果から結論を導き出す，という手順で解決へと近づけていきます。現在活躍している科学者もこれと同じ過程で研究を進めています。本書の調べる方法や結果を参考にしながら，お子さまの「なるほど」に役立ててください。

2. お子さまの知識をたしかなものにしたい（テスト対策①）

理科は，自然の事物・現象についての性質や規則性などを理解しているかが大事です。理科で言う自然とは，動物や植物，山，川などの自然だけでなく，私たちの生活の中で起こる現象も含みます。本書を通じて，理科で扱う言葉の意味を知ったり，仕組みや成り立ちをイメージしたりしながら，基本的な知識を獲得していきましょう。

3. 学校で観察・実験をする前に，した後に（テスト対策②）

学校では，観察・実験を通して調べる手順や，器具や機器を目的に応じて適切に扱う子どもの技能面が求められます。また，観察・実験の様子や結果を丁寧に記録できることも技能面に含まれます。これらの技能向上は書物やメディアからの（イメージによる）知識獲得だけでは高まりません。本書の調べる手順や器具の扱い方を参考にしながら，学校等で実際に操作する機会をもつことが大切です。

4. 学校で自信をもって発表できるようになりたい

クラスの集団で学び合うには，人に伝える力「表現力」が必要となります。結果を表やグラフなどに見やすくまとめて発表したり，友だちに理解してもらえるための言葉を選んで伝えたりすることで，自分の考えを整理することもできます。本書で仕組みや成り立ちを理解し，学校の授業での表現する活動場面に生かしていきましょう。

5. 学校から帰って，さらに調べたい

学校で学習したことをご家庭でも調べ続けたり考え続けたりする，探究し続けるお子さんの意欲を大事にしてください。本書には，学んだことを次の学習に生かしたり，日常に当てはめて考えたりするヒントがあります。自然の事物・現象に進んで関わり，粘り強く問題解決しようとする態度を応援していきましょう。

監修者紹介

宮内卓也
（東京学芸大学准教授）
東京都出身。東京学芸大学大学院を修了。都内中学校、東京学芸大学附属世田谷中学校を経て現職。教員養成に取り組む。理科の教科書の編纂に携わる。

三井寿哉
（東京学芸大学附属小金井小学校）
東京都出身。東京学芸大学大学院を修了，都内小学校を経て現在，本小学校に勤務。理科の教科書の編纂に携わり，NHK Eテレの理科番組編集委員，大学非常勤講師なども務める。

分野別のつながりと学習ポイント

理科の学習は，大きく4つの分野に分かれています。各学年，4つの分野を学習しますが，その内容がどのようにつながっているのか，ご紹介したいと思います。

生命編（生物）

	生物の構造と機能		生命の連続性		生物と環境のかかわり
3年	身のまわりの生物 P.17				
4年	人の体のつくりと運動（骨と筋肉） P.139			季節と生物 P.35	
5年			植物の発芽，成長，結実（芽が出て実がなるまで） P.55	動物の誕生（メダカや人間） P.111	
6年	人の体のつくりと働き（消化，呼吸，血液など） P.146	植物の養分と水の通り道（光合成や蒸散） P.83			生物と環境 P.179
中学1年	生物の観察と分類の仕方				
	生物の体の共通点と相違点				

困った！
植物や動物, 覚えることが
たくさんあって,
覚えきれない！

つまずき解消 →

❶ 漢字に着目する
❷ しくみから覚える

　生命編では, 動物や植物の名称やつくりについて覚えることが多いです。その名前につかわれている漢字に着目するとよいでしょう。漢字一文字の意味や役割を理解することで, よりいっそう覚えやすくなります。

▲しくみから説明している　P.161

例：気孔→孔（訓読みで あな）気体の出し入れをする孔
接眼レンズ→眼に接するレンズ

　また,「なぜそうなるのか？」という理由がわかると, 動物や植物のはたらきについて理解することができるようになります。「小学総合的研究わかる理科」では, くわしい解説をつけているのでしくみから理解することができます。

地球編（地学）

	地球の内部と地表面の変動	地球の大気と水の循環	地球と天体の運動
3年		太陽と地面の様子 P.197	
4年	雨水の行方と地面のようす P.273	天気の様子（天気による1日の気温の変化など） P.198	月と星（月の形と動き，星の明るさと色，星の動き） P.227 P.247
5年	流水の働きと土地の変化（侵食や堆積，川の上流と下流など） P.274	天気の変化（雲と天気の変化など） P.205	
6年	土地のつくりと変化（土地を構成しているもの，地層，火山，地震） P.287		月と太陽 P.248
中学1年	身近な地形や地層，岩石の観察 地層の重なりと過去の様子（化石など） 火山と地震（火山活動，地震の伝わり方など） 自然の恵みと火山災害・地震災害		

● 方位を考えるときの基準となる立ち位置をつくる

太陽や星の動きについては4方位を理解することが基本です。自分の部屋の東西南北の壁，さらには家を中心に東西南北にある建物。あるいは学校の教室や校庭での東西南北など，方位を考えるときの基準となる立ち位置を作ると空間の理解の手助けになります。

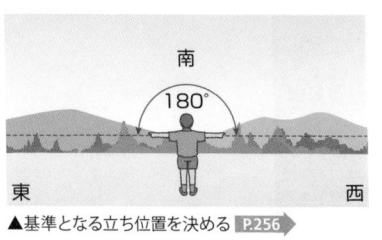

▲基準となる立ち位置を決める P.256 ▶

● 時間スケールや空間スケールを実際のもので感じ取る

地球の学習は，メディアを用いて観察したり，モデルで実験を行ったりします。しかし，流水のモデル実験はあっという間に侵食の働きがみられますが，実際の川は長い時間をかけて削られていきます。オリオン座も写真では紙面上のサイズですが，実際には大きな星座です。このように，時間スケールと空間スケールを実際のもので感じ取ることも地球を学ぶ大切な要素となるでしょう。

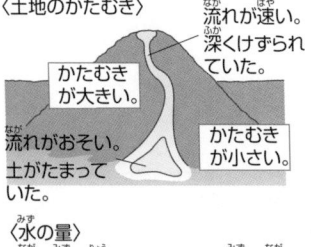

〈土地のかたむき〉

流れが速い。深くけずられていた。

かたむきが大きい。

流れがおそい。土がたまっていた。

かたむきが小さい。

〈水の量〉
流す水の量が多くなると，水の流れが速くなって，土や石がたくさん流された。

▲流水のモデル実験 P.274 ▶

▲実際の川のようす P.276, P.278 ▶

外側ほど流れが速い。

ウ

エ

川原

がけ

たい積

しん食

9

物質編（化学）

	粒子の存在	粒子の結合（化学反応など）	粒子の保存性（質量保存の法則）	粒子のもつエネルギー
3年			ものと重さ（形が変わっても重さは変わらない，体積が同じでもものの種類によって重さが異なる） P.317▶	
4年	水と空気の性質（水や空気を圧縮させるとどうなるか） P.323▶			金属・水・空気と温度（水の状態変化など） P.325▶
5年			ものの溶け方（ものが水に溶ける量の限度など） P.341▶	
6年	燃焼の仕組み（ものが燃えるとどうなるか） P.357▶	水溶液の性質（酸性・アルカリ性など） P.385▶		
中学1年	物質のすがた（身のまわりの固体，液体，気体）		水溶液（物質の溶け方など）	状態変化（熱による物質の状態変化）

困った！
目に見えない「もの」が
とらえられない！

つまずき解消 ● 粒など，イメージ図
として かき表す

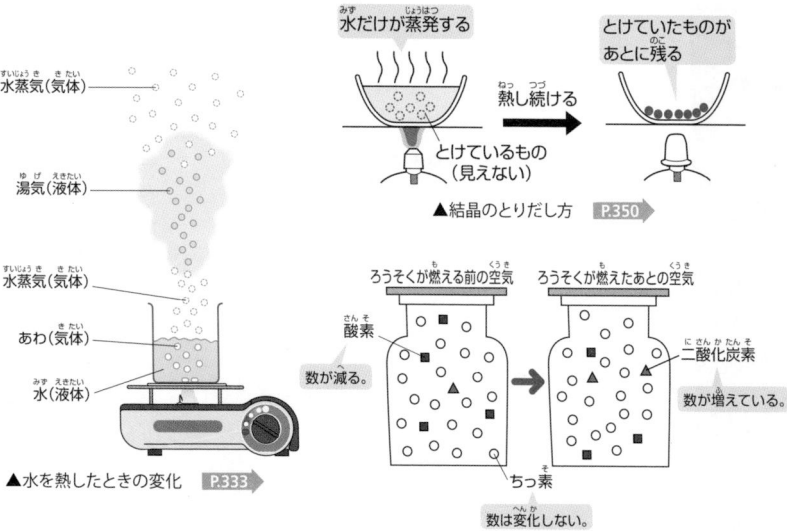

水蒸気(気体)

湯気(液体)

水蒸気(気体)

あわ(気体)

水(液体)

▲水を熱したときの変化　P.333

水だけが蒸発する

とけているもの
(見えない)

熱し続ける

とけていたものが
あとに残る

▲結晶のとりだし方　P.350

ろうそくが燃える前の空気　ろうそくが燃えたあとの空気

酸素

数が減る。

二酸化炭素

数が増えている。

ちっ素

数は変化しない。

▲燃える前と燃えたあとの空気の成分　P.361

　すべてのものには重さがあり，目で見えなくなっても，そのもの自体は存在していること（質量保存）をおさえておくとよいでしょう。また，すべてのものには重さが存在するのです。

　空気が圧縮されるようすや，水が水蒸気になるようすなど，目に見えない現象を粒などでイメージ図として描き表すことで理解が一層深まります。

　「小学総合的研究わかる理科」でも，粒などのイメージ図を使った説明を多く用いていますので，こういったものを参考にしてみるとよいでしょう。

	エネルギーの捉え方		エネルギーの変換と保存		エネルギー資源の有効利用
3年	風やゴムの働き P.483	光と音の性質 P.407	磁石の性質 P.425	電気の通り道 P.435	
4年			電流の働き（乾電池の数とつなぎ方） P.435		
5年	振り子の運動 P.471		電流がつくる磁石 P.442		
6年	てこの規則性（てこのつりあい，てこの利用など） P.485		電気の利用（発電や蓄電，光電池，電気を光・音・熱などに変える，身のまわりにある電気を利用した道具） P.449		
中学1年	力の働き（力とばねののび，2力のつり合い）	光と音（光の反射や屈折，音の性質など）			

困った！
「電流の強さ」や「力」って
どのくらいなの？

つまずき解消 → 器具を使って数値で表せば，目に見えるようになる。

検流計　スイッチ
モーター
かん電池
▲検流計　P.436

電流計
▲電流計　P.444

左のうで　きょり　きょり　右のうで
支点
30g
左のうでをかたむけるはたらき
30×4=120
右のうでをかたむけるはたらき
20×6=120
20g
▲てんびん　P.487

　目には見ることのできない力のはたらきを捉えたり，電気の流れや強さなどをイメージしたりすることは難しいです。そこで力の向きや大きさは器具を使って数値で捉えていくようにします。器具を適切に扱い，体全体で力を感じ取ると同時に，数値を読み取る習慣を身につけていきましょう。

ものづくりを楽しむ

　エネルギーの性質を使ったものづくりは楽しい活動です。学習したことを生かしながら，自由工作する活動は失敗と改良の繰り返しになることでしょう。完成を目指し，粘り強く試行錯誤していく姿こそ探究です。ものづくりはお子さまの発想を豊かにし，科学の新しい発見や疑問が生まれることが期待できます。

おさえておきたい中学受験POINT

**お子さまが受験勉強されるときの、「小学総合的研究 わかる理科」の
活用方法をパターン別に紹介していきます。**

パターン1

塾の勉強の予習・復習やわからないところを調べる。

↓

予習・復習したい単元を目次やさくいんから調べ、解説ページを読んで学習します。

例 「花のつくり」を復習したい場合

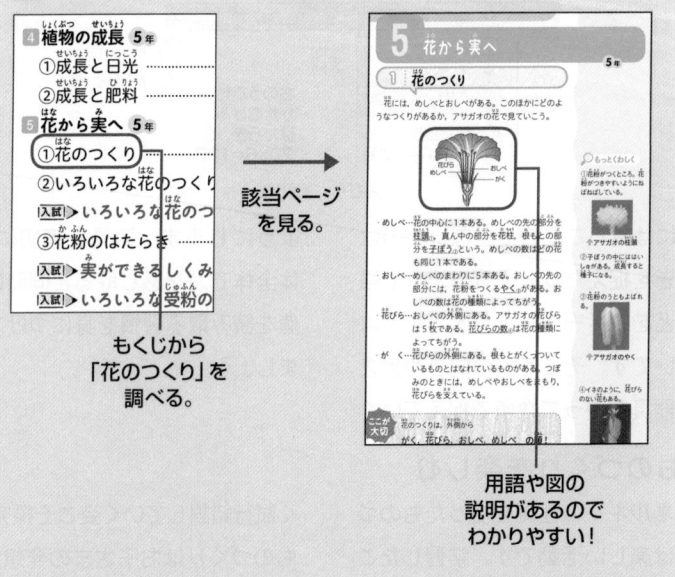

もくじから
「花のつくり」を
調べる。

該当ページ
を見る。

用語や図の
説明があるので
わかりやすい!

※目次から見つけられないときは・・・
関係する用語を「さくいん」から調べるとよいです。

パターン2

問題を解いて実践力をつける。

↓

　各章の章末には，「入試要点チェック」「入試問題にチャレンジ！」の2種類の問題が入っています。これをうまく使うようにしましょう。わからない問題があっても，その前のページにくわしい解説があるので，疑問もすぐに解決します。

例

まずは1問1答で確認する。

入試問題を解いてみる。

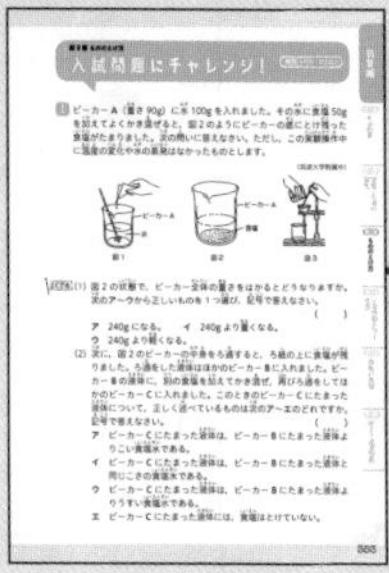

巻末の解答には，詳しい解説と本編へのフィードバックが入っているので復習しやすい。

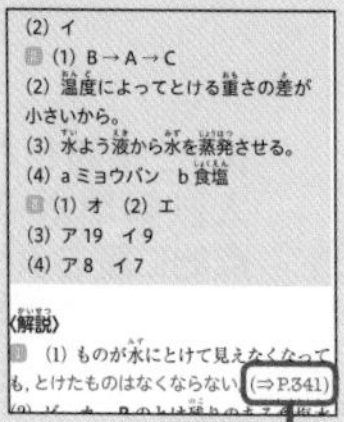

(2) イ
(1) B→A→C
(2) 温度によってとける量さの差が小さいから。
(3) 水よう液から水を蒸発させる。
(4) a ミョウバン　b 食塩
(1) オ　(2) エ
(3) ア 19　イ 9
(4) ア 8　イ 7

[解説]
(1) ものの水にとけて見えなくなっても，とけたものはなくならない。(⇒P341)

本編へのフィードバック

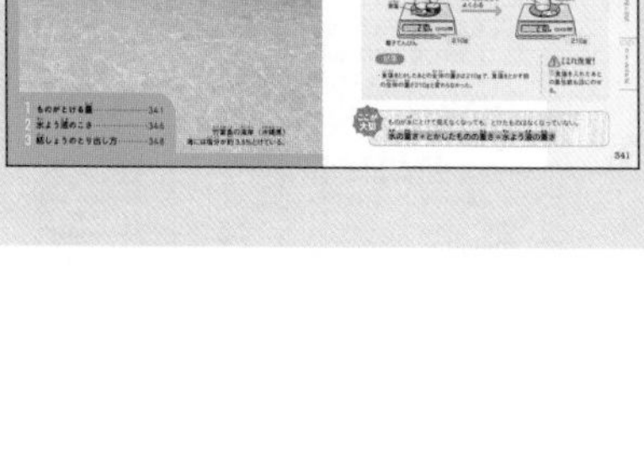

本編に戻って，復習する。そのまわりを読めば，関連する知識が得られる。

パターン3

中学入試に出る項目をおさえたい。

↓

「中学入試対策」ページを
チェックします。
※特に入試で問われやすい内容
を集めています。

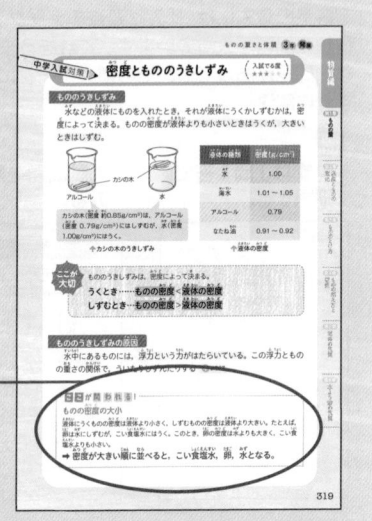

「ここが問われる！」は
入試頻出ポイント。重
点的に読むようにする。

その他，学習したことの身近な利用例やこぼれ話などが掲載されてい
るコラム（「理科の宝箱」）や，実験についても詳しく解説しているので，
読みものとしても，お子さまの知的好奇心を満足させることができます。

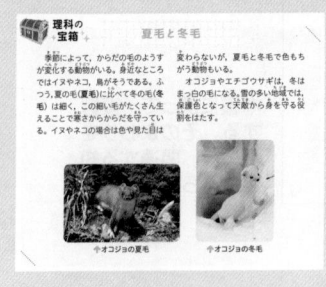

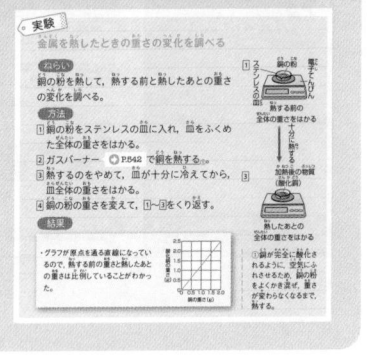

Obunsha

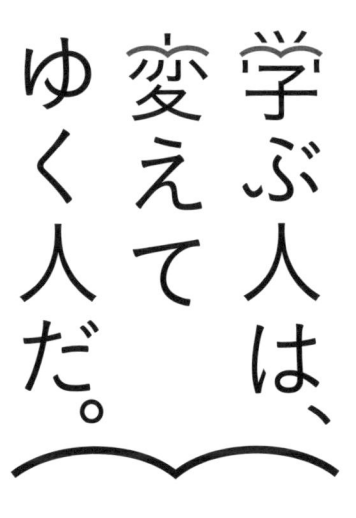

学ぶ人は、
変えて
ゆく人だ。

目の前にある問題はもちろん、

人生の問いや、社会の課題を自ら見つけ、

挑み続けるために、人は学ぶ。

「学び」で、少しずつ世界は変えてゆける。

いつでも、どこでも、誰でも、

学ぶことができる世の中へ。

旺文社

旺文社
小学総合的研究

わかる

理科

改訂版

Obunsha

はじめに

　小学校に入学してから大学を卒業するまで、みなさんは16年間も勉強をします。社会に出てからも人は毎日何かを学びます。なぜこんなにたくさん勉強をするのでしょうか。今まで知らなかったことを知るよろこびや、わからなかったことがわかる楽しさもあるでしょう。でも、勉強はつらく苦しいときも多いですね。まわりの大人たちはみなさんに「あきらめないでがんばれ」と言うでしょう。どうしてだと思いますか。テストで良い点を取り、試験に合格してほしいからでしょうか。それは目の前の1つのハードルにすぎません。その先にこそ本当の目的があるのです。「あきらめないでがんばれ」には、みなさんが大人になったときに幸せに生きてほしいという願いが込められているのです。

　学ぶ力こそが人を幸せにします。大人になっていろいろな困難にぶつかったときに、知識をたくさん持っていたほうが解決の糸口をみつけられますし、その知識を組み合わせる力を持っていれば、さらに多くの可能性を広げることができます。学ぶ力はより良く生きる力であることを、どうぞ忘れないでいてください。

　この本は、みなさんが学ぶ力をつけるために活用していただくものです。いつもかたわらに置いてページを開いてみてください。自分の中にある知識と、この本にある知識をいく通りでも組み合わせてみましょう。答えはみなさんの頭の中でつくられていきます。その過程こそが学ぶ力であり、将来のみなさんの幸せにつながっていくのだと信じています。

株式会社　旺文社　代表取締役社長

生駒大壱

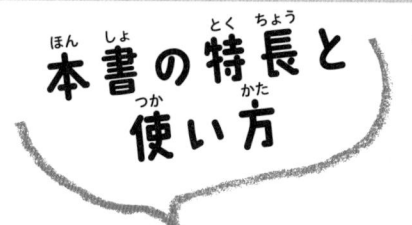

本書の特長と使い方

学校の勉強から，中学入試レベルまで対応。小学校の学習はこれ1冊で安心！

① 学校や塾の勉強でわからないところがある！

さくいんで，わからない用語を見つけ，その説明のあるページを開いて調べましょう。単元の名前がわかっていたら，もくじから見つけることもできます。

予習したいときにも同じ方法が使えるね。

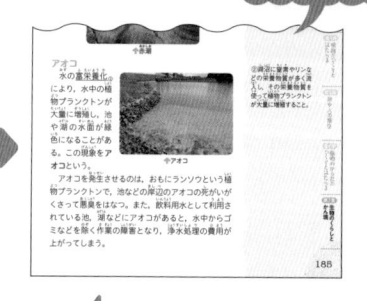

さくいんで"アオコ"を調べると…

ピンポイントで解説を確認できる！

② 中学入試対策がしたい！

解説や中学入試対策のページで学習してから，章の最後の入試問題にチャレンジしてみましょう。

問題を解いてから解説を読んでもいいよ。

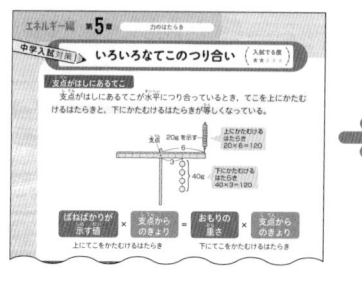

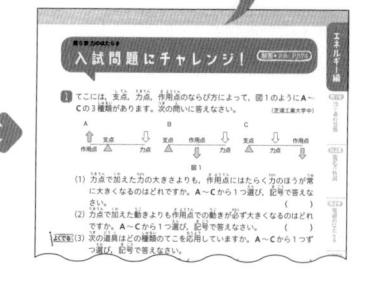

知りたいことがすぐ探せる，
引く機能重視の構成

図をたくさん使っているの
で，見やすく，わかりやすい

③ 問題を解きたい！

章の最後に2段階の問題があります。「入試要点チェック」で重要項目をおさえ、「入試問題にチャレンジ！」で実際の問題を解いてみましょう。

④ ノートのまとめ方や夏休みの自由研究のヒントがほしい！

巻末資料編には，実験や観察をノートにまとめる
方法や自由研究の進め方，実験器具の使い方など
の理科の学習の基礎となる内容があります。困っ
たときはここを参考にしましょう。

> 巻末にまとまって
> いるから
> 見つけやすいね。

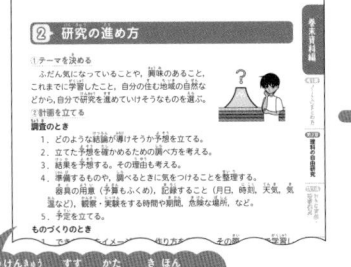

> 自由研究の進め方の基本が
> 書いてあるよ。

本書に出てくるマークのしょうかい

マーク	説明	マーク	説明
もっとくわしく	本文の内容よりさらにくわしい説明が書いてあります。	用語	新しく出てきた用語の説明です。
ここに注意！	まちがいやすそうなポイントについての解説です。	ここが大切	その単元で大切なことがらをまとめています。
発展	小学校では習わない内容です。もっと学習したいときは読んでみましょう。	つまずいたら	重要なことがらについて，わからなくなったときに確認できるページを示しています。
ここが問われる！	入試で問われるポイントをまとめています。	中学入試対策	中学入試対策のページについています。
よくでる	問題ページで，入試によく出る問題についています。	ハイレベル	問題ページで，少し難しい問題についています。
理科の宝箱	学習したことの身近な利用例やこぼれ話などです。理科の知識をより深めることができます。		

スタッフ

執筆編集協力	齊藤幸恵・峰山俊寛（有限会社マイプラン）　下村良枝　山﨑真理 井本旬子・中久喜宣昭・金谷俊秀（有限会社アドバンス） 大久保正弘・德田玲奈・須崎文子・山口真依・鈴木彩夏（株式会社キーステージ２１）
校正	株式会社東京出版サービスセンター　下村良枝　田中麻衣子　平松元子　NaNa 曽根田隆一
装丁デザイン	内津剛（及川真咲デザイン事務所）
本文デザイン	山内なつ子（株式会社しろいろ）
イラスト	長谷川盟　オフィスぴゅーま　佐藤由香利・佐藤えりか（株式会社キーステージ２１） 駿高泰子
写真協力	アーテファクトリー　アフロ　海上保安庁　気象庁　skyseeker.net 東阪航空サービス　NASA　日本気象協会　日本パンダ保護協会　PPS通信社 富士宮市　株式会社堀場製作所

もくじ

はじめに …………………………… 1
本書の特長と使い方 …………………… 2

生命編 ……………… 15

第1章 こん虫の成長と
からだのつくり

1 完全変態するこん虫の育ち 3年
①完全変態とは ………………… 17
②モンシロチョウの育ち ……… 18
入試 ▶完全変態するこん虫 …… 20

2 不完全変態するこん虫の育ち 3年
①不完全変態とは ……………… 22
②バッタの育ち ………………… 23
入試 ▶不完全変態するこん虫 …… 24

3 こん虫を調べよう 3年
①こん虫のからだのつくり ……… 25
②いろいろなこん虫のからだのつく
り ……………………………… 26
入試 ▶こん虫とまちがえやすい生き
物 …………………………… 28
入試要点チェック ……………… 30
入試問題にチャレンジ！ ……… 31

第2章 生き物と四季

1 植物と四季 4年

①春の植物 ………………… 35
②夏の植物 ………………… 37
③秋の植物 ………………… 39
④冬の植物 ………………… 42
⑤1年の気温の変化と植物の成長 … 43

2 動物と四季 4年
①春の動物 ………………… 45
②夏の動物 ………………… 45
③秋の動物 ………………… 46
④冬の動物 ………………… 46
⑤代表的な動物の1年 …… 47
入試 ▶こん虫の冬ごし …… 49
入試要点チェック ………… 50
入試問題にチャレンジ！ …… 51

第3章 植物の育ち方

1 発芽の条件 5年
①発芽とは ………………… 55
②発芽と水 ………………… 55
③発芽と空気 ……………… 57
④発芽と温度 ……………… 58

2 種子のつくりと発芽 5年
①種子のつくり …………… 60
②発芽のようす …………… 61

3 発芽と養分 5年
①子葉のはたらき ………… 64
②はい乳のはたらき ……… 65

5

4 植物の成長 5年
- ①成長と日光 ………………… 67
- ②成長と肥料 ………………… 68

5 花から実へ 5年
- ①花のつくり ………………… 70
- ②いろいろな花のつくり ……… 71
- 入試▶いろいろな花のつくり … 74
- ③花粉のはたらき …………… 75
- 入試▶実ができるしくみ ……… 77
- 入試▶いろいろな受粉のしかた … 78
- 入試要点チェック ……………… 79
- 入試問題にチャレンジ！ ……… 80

第4章 **植物のつくりとはたらき**

1 根のつくりとはたらき 6年 発展
- ①根のつくり ………………… 83
- ②根のはたらき ……………… 84

2 くきのつくりとはたらき 6年 発展
- ①くきのつくり ……………… 84
- ②くきのはたらき …………… 85
- 入試▶いろいろな根やくき …… 88

3 葉のつくりとはたらき 6年 発展
- ①葉のつくり ………………… 91
- ②いろいろな葉 ……………… 92
- ③葉のはたらき ……………… 93

4 養分のでき方 6年 発展
- ①光合成とは ………………… 95
- ②光合成と光 ………………… 95
- 入試▶光合成と葉緑体 ………… 97
- 入試▶光合成と二酸化炭素 …… 98
- ③光合成と呼吸 ……………… 99

5 植物の分類 発展
- ①種子植物 …………………… 101

- ②種子をつくらない植物 ……… 103
- 入試要点チェック ……………… 106
- 入試問題にチャレンジ！ ……… 107

第5章 **魚や人の誕生**

1 メダカの育ち 5年
- ①メダカとは ………………… 111
- ②メダカの飼い方 …………… 111
- ③メダカの産卵 ……………… 112
- ④メダカのたまごの変化 …… 114

2 水中の小さな生き物 6年
- ①プランクトンとは ………… 117

3 人の誕生 5年
- ①男女のからだのちがい ……… 120
- ②人の生命の誕生 …………… 121
- ③子宮のしくみ ……………… 122
- ④たい児の成長 ……………… 124

4 いろいろな動物の誕生 5年 発展
- ①動物の生まれ方 …………… 126
- ②たまごで生まれる生まれ方 … 126
- ③親と似た姿で生まれる生まれ方 ………………… 130
- ④動物のおすとめす ………… 131
- 入試要点チェック ……………… 133
- 入試問題にチャレンジ！ ……… 134

第6章 **動物のからだのつくりとはたらき**

1 骨と筋肉のはたらき 4年
- ①骨組み ……………………… 139
- ②骨と関節のはたらき ……… 139
- ③筋肉のつくり ……………… 140
- ④筋肉のはたらき …………… 140

2 感覚器官のはたらき 発展
　①し激と感覚 ……………… 142
　②目のつくりとはたらき ……… 142
　③耳のつくりとはたらき ……… 144
　④鼻・舌・皮ふのはたらき …… 145

3 呼吸のはたらき 6年
　①吸う息とはく息 ………… 147
　②肺のつくりと呼吸のしくみ … 149
　入試▶呼吸運動 ………… 150
　③いろいろな呼吸 ………… 151

4 消化と吸収・はい出 6年
　①消化と消化器官 ………… 152
　②栄養素と消化液，消化酵素 … 153
　③消化された養分の吸収 …… 157
　④不要物のはい出 ………… 158

5 心臓と血液のはたらき 6年
　①血液のはたらき ………… 159
　②心臓のつくりとはたらき …… 161
　③血管の種類と特ちょう ……… 162
　入試▶人の血液じゅんかんのしくみ
　　…………………………… 163

6 動物の分類 発展
　①セキツイ動物と無セキツイ動物
　　…………………………… 165
　②セキツイ動物 …………… 165
　③無セキツイ動物 ………… 170
　入試要点チェック ……………… 173
　入試問題にチャレンジ！ ……… 174

第7章 生物のくらしとかん境

1 生物どうしのつながり 6年
　①生物が生きるために行っていること
　　…………………………… 179
　②分解者 …………………… 179
　③食べ物による生物のつながり 180
　入試▶生物どうしの数のつりあい
　　…………………………… 182

2 人とかん境 6年
　①生物の生きられる条件 …… 183
　②生物と空気のかかわり …… 183
　③生物と水のかかわり ……… 184
　④かん境問題 ……………… 185
　⑤かん境を守るために ……… 189
　入試要点チェック ……………… 192
　入試問題にチャレンジ！ ……… 193

地球編 …………… 195

第1章 天気のようすと変化

1 1日の気温の変化 3年 4年 発展
①気温 ……………………… 197
②1日の太陽の動きと気温の変化
………………………………… 198
③天気と気温の変化 ………… 200
入試▶風のふき方 …………… 201

2 雲と天気の変化 5年 発展
①雲の量と天気 ……………… 205
②雲の種類 …………………… 205
入試▶空気中の水蒸気 ……… 208

3 天気の変化の予想 5年
①天気予報 …………………… 212
②天気の変化 ………………… 213
③天気の言い習わし ………… 215

4 日本の天気 5年 発展
①台風 ………………………… 217
入試▶季節ごとの天気 ……… 219
入試要点チェック …………… 222
入試問題にチャレンジ！ …… 223

第2章 星座

1 星の明るさと色 4年 発展
①星の明るさ ………………… 227
②星の色 ……………………… 228
③星までのきょり …………… 229
④いろいろな星 ……………… 229

2 季節の星座 4年
①星座とは …………………… 231

②星座の見つけ方 …………… 232
③北の空の星 ………………… 233
④春の星座 …………………… 234
⑤夏の星座 …………………… 235
⑥秋の星座 …………………… 236
⑦冬の星座 …………………… 237

3 星の動き 4年
①北の空の星の動き ………… 238
②東・南・西の空の星の動き … 239
③星の1日の動き …………… 240
入試要点チェック …………… 242
入試問題にチャレンジ！ …… 243

第3章 太陽・月・地球

1 月の動き 4年
①月の動き …………………… 247

2 太陽と月 6年 発展
①太陽のようす ……………… 248
②月のようす ………………… 250
③月の形の変化 ……………… 252
入試▶月が見える時刻 ……… 255
入試▶日食と月食 …………… 257
入試▶太陽の動き …………… 258

3 地球とその動き 発展
①地球のようす ……………… 259
入試▶地球の動き …………… 260

4 太陽系 発展
①太陽系とは ………………… 263
②地球型わく星 ……………… 264
③木星型わく星 ……………… 265
④そのほかの小天体 ………… 266
入試▶金星の見え方 ………… 268
入試要点チェック …………… 269

入試問題にチャレンジ！ ……… 270

③地震の被害と安全への対策 … 305

5 大地の変化 発展

①地球の内部 ……………………… 307

②プレート ……………………… 308

③大地の動き ……………………… 309

入試要点チェック ……………… 311

入試問題にチャレンジ！ ……… 312

第4章 **流れる水のはたらき**

1 流れる水のはたらき 4年 5年

①雨水の行方と地面のようす … 273

②しん食・運ぱん・たい積 …… 274

2 川の水のはたらき 5年 発展

①川のようす ……………………… 276

入試▶川の水のはたらき ……… 278

②川で見られる地形 ……………… 280

③大雨による土地の変化 …… 281

入試要点チェック ……………… 283

入試問題にチャレンジ！ ……… 284

第5章 **大地のつくりと変化**

1 地層のようす 6年

①地層とは ………………………… 287

②ボーリング試料 ………………… 288

2 地層のでき方 6年 発展

①流れる水によってできる地層 … 289

②火山灰によってできる地層 … 291

入試▶化石 ……………………… 292

入試▶たい積岩 ………………… 293

入試▶地層の読みとり ………… 295

3 火山 6年 発展

①火山のふん火 ………………… 297

②火山による災害 ……………… 299

③日本の火山 …………………… 300

入試▶火成岩 …………………… 303

4 地震 6年

①地震とは ………………………… 304

②地震の大きさ …………………… 304

物質編 ·············· 315

第1章 ものの量

1 ものの重さと体積 3年 発展
①ものの重さ ············· 317
②ものの重さと体積 ············· 318
入試▶密度ともののうきしずみ ·· 319
入試要点チェック ············· 320
入試問題にチャレンジ！ ············· 321

第2章 温度とものの変化

1 空気と水の性質 4年
①閉じこめた空気の性質 ········· 323
②閉じこめた水の性質 ········· 324

2 もののあたたまり方 4年 発展
①金属のあたたまり方 ········· 325
②水のあたたまり方 ········· 326
③空気のあたたまり方 ········· 327
④熱の放射 ········· 328
入試▶熱の移動と熱量 ········· 328

3 温度と体積の変化 4年
①空気の温度と体積 ············· 330
②水の温度と体積 ············· 331
③金属の温度と体積 ············· 332

4 水の状態変化 4年
①水のすがたの変化 ············· 333
②温度と水の状態の変化 ········· 334
入試要点チェック ············· 337
入試問題にチャレンジ！ ········· 338

第3章 もののとけ方

1 ものがとける量 5年 発展
①ものがとけるとは ············· 341
②水の量とものがとける量 ······ 342
③水の温度とものがとける量 ··· 343
入試▶ほう和水よう液とよう解度曲
線 ············· 344

2 水よう液のこさ 発展
入試▶水よう液のこさの表し方 ·· 346
入試▶水よう液のこさと重さ ····· 347

3 結しょうのとり出し方 5年 発展
①結しょうとは ············· 348
②食塩とホウ酸の結しょう ······ 348
入試▶結しょうのとり出し方とよう
解度曲線 ············· 350
入試要点チェック ············· 352
入試問題にチャレンジ！ ············· 353

第4章 ものの燃え方と空気

1 ものが燃えるしくみ 6年
①ものの燃え方と空気の量 ······ 357
②ものの燃え方と空気の流れ ··· 358
③ものが燃えたあとの空気 ······ 360

2 ものの燃え方 発展
①ろうそくの燃え方 ············· 363
②アルコールの燃え方 ········· 365
入試▶木のむし焼き（かん留） ··· 365
③金属の燃え方 ············· 367
入試要点チェック ············· 369
入試問題にチャレンジ！ ·········· 370

10

第5章 気体の性質

① 気体の集め方 **発展**
- ①気体の集め方 ……………… 373
- ②水上置換法 ………………… 374
- ③上方置換法 ………………… 374
- ④下方置換法 ………………… 375

② いろいろな気体 **発展**
- ①酸素 ………………………… 376
- ②二酸化炭素 ………………… 377
- ③水素 ………………………… 378
- ④アンモニア ………………… 379
- ⑤ちっ素 ……………………… 379
- ⑥そのほかの気体 …………… 379
- **入試**▶気体のまとめ ………… 380
- 入試要点チェック …………… 381
- 入試問題にチャレンジ！ …… 382

第6章 水よう液の性質

① 酸性・アルカリ性・中性 **6年**
- ①水よう液の分類 …………… 385
- ②酸性 ………………………… 386
- ③アルカリ性 ………………… 387
- ④中性 ………………………… 388
- **入試**▶酸性・アルカリ性・中性のまとめ ………………………… 389

② 中和 **発展**
- ①中和 ………………………… 390
- **入試**▶中和するときの体積 …… 392

③ 気体がとけている水よう液 **6年**
- ①気体がとけている水よう液 … 394

④ 金属を変化させる水よう液 **6年**
- ①酸性の水よう液と金属の反応 … 396
- ②アルカリ性の水よう液と金属の反応 ……………………………… 398
- **入試**▶いろいろな金属と水よう液の反応 ……………………… 399
- 入試要点チェック …………… 401
- 入試問題にチャレンジ！ …… 402

エネルギー編 ······ 405

第1章 光と音の性質

1 光の性質 3年 発展
- ①光の直進 ············ 407
- ②光の反射 ············ 408
- ③光のくっ折 ············ 410
- ④水中でのものの見え方 ······ 411

2 とつレンズ 発展
- ①とつレンズのはたらき ······ 412
- 入試▶とつレンズによる像 ······ 414

3 音の性質 発展
- ①音の出るわけ ············ 417
- ②音の三要素 ············ 418
- 入試▶音の速さ ············ 420
- 入試要点チェック ············ 421
- 入試問題にチャレンジ！ ······ 422

第2章 磁石の性質

1 磁石の力 3年
- ①磁石とは ············ 425
- ②磁石の力 ············ 425
- ③磁石の力の強いところ ······ 426

2 磁石の極 3年
- ①磁石の極 ············ 427
- ②方位磁針 ············ 429
- ③磁石をつくる ············ 429
- 入試要点チェック ············ 431
- 入試問題にチャレンジ！ ······ 432

第3章 電流のはたらき

1 電気の通り道 3年 4年
- ①まめ電球がつくとき ······ 435
- ②電流 ············ 436

2 いろいろな回路のつなぎ方 4年
- ①かん電池の直列つなぎ ······ 437
- ②かん電池のへい列つなぎ ······ 438
- 入試▶まめ電球のつなぎ方と明るさ ············ 439

3 電磁石 5年
- ①電磁石とは ············ 442
- ②電磁石の極 ············ 443
- 入試▶電磁石の極の決め方 ······ 444
- ③電磁石の強さ ············ 444
- 入試▶導線のまわりの磁力 ······ 446
- 入試▶電磁石の利用 ············ 448

4 発電 6年
- ①発電 ············ 449
- ②光電池のはたらき ············ 450
- ③光電池の利用 ············ 451
- ④蓄電（充電） ············ 452

5 電気の利用 6年
- ①電気を利用したもの ······ 454
- ②エネルギーの変換 ············ 455
- ③発電の種類 ············ 456
- ④これからのエネルギーの利用 ·· 458
- ⑤プログラミング ············ 460

6 電流と発熱 6年 発展
- ①電流による発熱 ············ 462
- 入試▶電熱線のつなぎ方と発熱 464
- 入試要点チェック ············ 465
- 入試問題にチャレンジ！ ······ 466

第4章 ものの運動

1 ふりこの運動 5年
- ①ふりこの性質 ……………… 471
- ②ふりこの速さ ……………… 473

2 ものの運動 発展
- ①しゃ面でのおもりの運動 …… 475
- 入試▶動くおもりのはたらき … 476
- 入試要点チェック …………… 478
- 入試問題にチャレンジ！ ……… 479

第5章 力のはたらき

1 風やゴムの力 3年
- ①風の力のはたらき ………… 483
- ②ゴムの力のはたらき ………… 484

2 てこのしくみ 6年 発展
- ①てこのしくみ ……………… 485
- ②てこがつり合うときのきまり… 486
- 入試▶いろいろなてこのつり合い… 488
- ③てんびん …………………… 490
- ④てこを利用した道具 ………… 491

3 かっ車と輪じく 発展
- ①定かっ車と動かっ車 ………… 492
- 入試▶かっ車の組み合わせ …… 493
- 入試▶輪じく ………………… 494

4 力とばねののび方 発展
- ①重さと力 …………………… 497
- ②ばねの性質 ………………… 498
- 入試▶ばねののび，力のはたらき

　…………………………………… 500

5 水圧ともののうきしずみ 発展
- ①圧力とは …………………… 502
- ②水圧とは …………………… 502
- ③浮力とは …………………… 503
- 入試▶浮力の大きさ ………… 505
- 入試要点チェック …………… 506
- 入試問題にチャレンジ！ ……… 507

巻末資料編 511

第1章 ノートのまとめ方

1. 文章に表すことの大切さ 513
2. 観察・実験・調査の記録のしかた
   514
3. 実験の記録のしかたの例 516
4. 観察の記録のしかたの例 518
5. 注意すること 520

第2章 理科の自由研究

1. 自由研究は大変？ 522
2. 研究の進め方 523
3. テーマ事例 525

第3章 おもな実験・観察器具

1. 基本的な実験器具 534
2. 加熱実験器具 535
3. 気体を発生させるとき 536
4. 空気を調べるとき 536
5. 小さなものを調べるとき 536
6. 重さを調べるとき 537
7. 電気を調べるとき 537

第4章 実験器具の使い方

1. 生き物の観察 538
2. 実験器具の使い方 541

解答解説 550
さくいん 577

14

生命 編

第1章 こん虫の成長とからだのつくり ……………… 16

第2章 生き物と四季 …………… 34

第3章 植物の育ち方 …………… 54

第4章 植物のつくりとはたらき …………… 82

第5章 魚や人の誕生 …………… 110

第6章 動物のからだのつくりとはたらき …………… 138

第7章 生物のくらしとかん境 …………… 178

この編では，生き物の育ち方や生き物のからだのつくりやはたらきなどについて学習します。身近な生き物たちがどのように生活し，成長していくかを学びましょう。また，いろいろな生き物たちと，わたしたち人が，何が同じで何がちがうのかを理解しましょう。

第1章

こん虫の成長と
からだのつくり

1 完全変態するこん虫の育ち……17

2 不完全変態するこん虫の育ち…22

3 こん虫を調べよう………………25

1 完全変態するこん虫の育ち **3**年

1 完全変態とは

モンシロチョウのように，さなぎの時期がある育ち方を完全変態という。

| 卵 | → | 幼 虫 | → | さなぎ | → | 成 虫 |

↑モンシロチョウの変態

モンシロチョウのほかに，アゲハ，ガ，ハチ，アブ，カブトムシ，ハエ，アリ，ノミなどが完全変態するこん虫である。

↑アゲハ　　↑ガ　　↑ハチ　　↑アブ

↑カブトムシ　　↑ハエ　　↑アリ　　↑ノミ

完全変態するこん虫では，幼虫と成虫でからだの形が似ていないものが多い。これは，<u>幼虫から成虫へと成長するときにからだのつくりが変わる</u>①ためである。また，幼虫と成虫で食べるものがちがっているのも特ちょうである。

用語

変態
①幼生（子ども）から成体（おとな）になるあいだに，大きく形を変えること。こん虫やカエルなどに見られる。

第1章 こん虫の成長とからだのつくり

第2章 生き物と四季

第3章 植物の育ち方

第4章 植物のつくりとはたらき

第5章 魚や人の誕生

第6章 動物のからだのつくりとはたらき

第7章 生物のくらしとかん境

2 モンシロチョウの育ち

　完全変態をするこん虫であるモンシロチョウの育ちを順に見ていくと，下の写真のようになる。

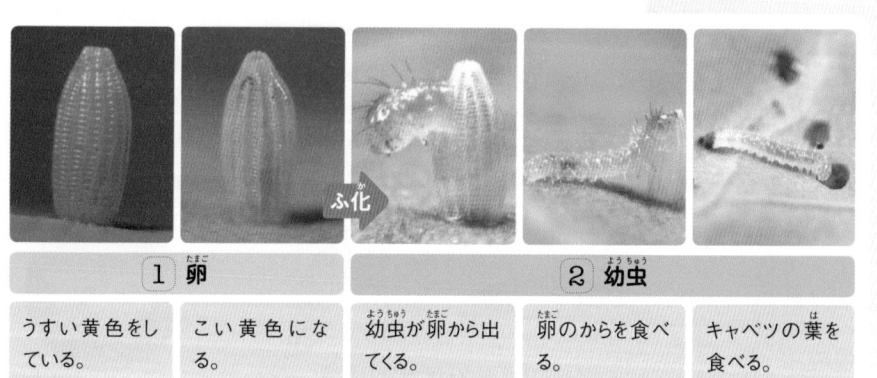

ふ化

| 1 卵 | | 2 幼虫 | | |

| うすい黄色をしている。 | こい黄色になる。 | 幼虫が卵から出てくる。 | 卵のからを食べる。 | キャベツの葉を食べる。 |

1 卵

- **産みつけられる場所**…キャベツなどの葉のうら。
- **大きさ**…約1mm。
- **色**…うすい黄色で，しばらくするとこい黄色になる。
- **形**①②…色は変わっても，形は変わらない。

2 幼虫

- **食べるもの**…卵から出てきたばかりの幼虫③は，卵のからを食べる。しばらくすると，キャベツの葉を食べるようになる。
- **大きさ**…うまれてすぐのころは約2mmだが，皮をぬぐ（だっ皮する）④たびに大きくなり，3～4cmほどになる。
- **色**…キャベツを食べるようになると，緑色になる。そのため，モンシロチョウの幼虫は**アオムシ**ともよばれる。

　だっ皮した幼虫は，口から糸を出し，からだに糸をかけて動かなくなる。そして，最後に皮をぬいでさなぎになる。

🔍 **もっとくわしく**

①トウモロコシの実のような形をしている。
②虫めがねを使って観察する。

▶ P.538

用語

ふ化
③卵から幼虫が出てくることをふ化という。
モンシロチョウは，春から秋にかけて，卵をうんで成虫になるまでを，何代もくり返す。

🔍 **もっとくわしく**

④モンシロチョウの幼虫は，約2週間の間に4回だっ皮をしてさなぎになる。だっ皮するごとに，2令，3令，4令，5令幼虫とよばれる。

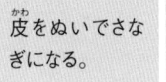

2 幼虫		**3** さなぎ	**4** 成虫	
皮をぬいで，大きくなっていく。	からだに糸をかけて動かなくなる。	皮をぬいでさなぎになる。	さなぎから成虫が出てくる。	はねがのびるまでじっとしている。

う化

3 さなぎ①

さなぎになると，じっとしたまま動かなくなる。

- **食べるもの**…さなぎは何も食べない。
- **大きさ**…約2cm。
- **色**…まわりに似た色になる。さなぎになって10日ほどたつと，すけてはねが見えるようになる。

4 成虫

さなぎから出てきて②すぐは，はねがのびていないためじっとしているが，はねがのびると飛べるようになる。

- **食べるもの**…花のみつを吸う。
- **大きさ**…4～6cm。

🔍 もっとくわしく

①寒い時期のモンシロチョウのさなぎは，さなぎのままで冬をすごし，春になってう化する。冬のさなぎは，寒さを経験しなければ成虫になれない。

用語
う化
②さなぎから成虫が出てくることをう化という。

🔍 もっとくわしく

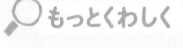
モンシロチョウの幼虫の飼い方
- ふたに穴をあけた容器に，キャベツの葉と幼虫を入れる。
- 直接日光が当たらない場所に容器を置く。
- 毎日，キャベツの葉を新しいものにかえ，フンのそうじをする。

第1章 こん虫の成長とからだのつくり

第2章 生き物と四季

第3章 植物の育ち方

第4章 植物のつくりとはたらき

第5章 魚や人の誕生

第6章 動物のからだのつくりとはたらき

第7章 生物のくらしとかん境

中学入試対策

完全変態するこん虫

入試でる度
★★☆☆☆

　完全変態するこん虫の場合，幼虫と成虫では形や食べるものがちがっているだけでなく，すむ場所もちがっている①ことが多い。

🔍 もっとくわしく
①幼虫はえさとなる植物の上にすんでいるため。

こん虫	育ち方

アゲハ

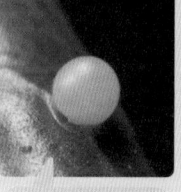  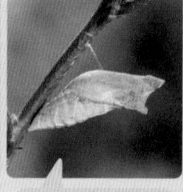 

ミカンの葉に卵が産みつけられる。約1mmの球形。

ミカンなどの葉を食べる。鳥のフンのような色と形をしている。

何も食べない。

野原などを飛び回り，花のみつを吸う。

カイコガ

クワの葉に卵が産みつけられる。約1mmの球形。

クワの葉を食べる。

何も食べない。まゆをつくる。

成虫も何も食べない。夜に活動する。

カブトムシ

土の中に卵が産みつけられる。約3mmのだ円形。

落ち葉などを食べる。2回だっ皮する。

何も食べない。

夜，林などを飛び回り，木の汁をなめる。

生命編

第1章 こん虫の成長とからだのつくり

第2章 生き物と四季

第3章 植物の育ち方

第4章 植物のつくりとはたらき

第5章 魚や人の誕生

第6章 動物のからだのつくりとはたらき

第7章 生物のくらしとかん境

こん虫	育ち方

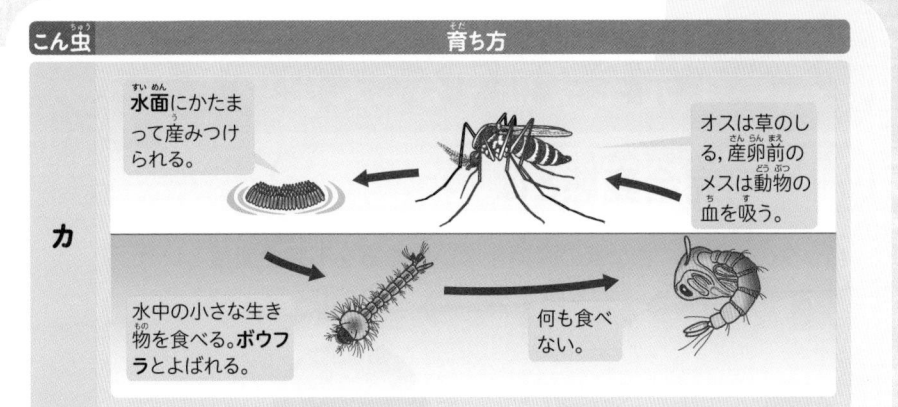

カ

水面にかたまって産みつけられる。

オスは草のしる，産卵前のメスは動物の血を吸う。

水中の小さな生き物を食べる。ボウフラとよばれる。

何も食べない。

⚠️ **ここに注意！** │ **カイコガの成虫**

カイコガはやや特しゅなこん虫である。カイコガはさなぎになると，自分のからだのまわりにまゆをつくる。また，カイコガの成虫は口が退化しているため何も食べず，う化して数日で卵を産むと死んでしまう。

そのほかの完全変態するこん虫

●ミツバチ

幼虫は，おもに成虫が運んでくる花のみつや花粉をえさとし，巣①の中にすんでいる。成虫は，野原などを飛び回り，花のみつをえさとしている。

●イエバエ

幼虫も成虫も，動物のフンや死がいなどをえさとし，そのまわりにすんでいる。

もっとくわしく

①六角形の形をしたたくさんの部屋からできている。

↑ミツバチの巣

ここが問われる！

さなぎになる時期があるこん虫とないこん虫

さなぎになる時期があるこん虫と，さなぎになる時期がないこん虫に分ける問題がよく見られる。代表的なこん虫については区別できるようにしておき，幼虫やさなぎ，成虫の特ちょうや，それぞれのえさやすみかについても見ておこう。

2 不完全変態するこん虫の育ち

3年

1 不完全変態とは

バッタのように，さなぎの時期がない育ち方を**不完全変態**という。

卵	→	幼虫	→	成虫

↑バッタ

バッタのほかに，カマキリ，トンボ，セミ，コオロギなどが不完全変態するこん虫である。

↑カマキリ　　↑トンボ　　↑セミ　　↑コオロギ

不完全変態するこん虫では，幼虫と成虫でからだの形が似ているものが多い。また，幼虫と成虫で食べるものが同じであることも多いのが特ちょうである。

🔍 もっとくわしく

変態しないこん虫

こん虫の中には，シミやトビムシのように幼虫と成虫の区別がつきにくい種類がいる。これらのこん虫は，だっ皮はするが形はほとんど変化せず，成虫になってからもだっ皮をくり返す。変態しないため，不変態（無変態ともいう）のこん虫とよばれる。

↑シミ　　↑トビムシ

② バッタの育ち

不完全変態するこん虫であるショウリョウバッタの
育ち方①を順に見ていくと，下の写真のようになる。

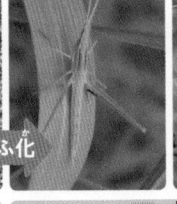
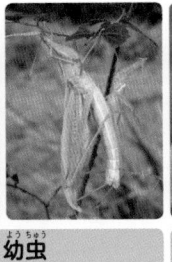

ふ化

1 卵	2 幼虫		3 成虫
浅い土の中に産みつけられる。	幼虫が卵から出てくる。	皮をぬいで（だっ皮して），大きくなる。	だっ皮して成虫になる。 草を食べる。

1 卵

- **産みつけられる場所**…浅い土の中。
- **大きさ**…7〜8mmぐらいで，数十個の卵があわのようなものに包まれてかたまっている。
- **色**…うすい茶色。
- **形**…細長い形。

2 幼虫

- **食べるもの**…イネのなかまであるオヒシバ②やエノコログサなどの葉を食べる。
- **大きさ**…1cmぐらいだが，だっ皮するたびに大きくなる。幼虫にははねがないため，飛ぶことができない。

3 成虫

- **食べるもの**…幼虫と同じで，イネのなかまであるオヒシバやエノコログサなどの葉を食べる。
- **大きさ**…オスは約5cm，メスは約8〜9cm。はねが発達して飛ぶようになる。

生命編

第1章 こん虫の成長とからだのつくり

第2章 生き物と四季

第3章 植物の育ち方

第4章 植物のつくりとはたらき

第5章 魚や人の誕生

第6章 動物のからだのつくりとはたらき

第7章 生物のくらしとかん境

🔍 **もっとくわしく**

①ショウリョウバッタは秋に卵を産み，春にふ化し，夏にかけて成虫になる。

🔍 **もっとくわしく**

②

↑オヒシバ

不完全変態するこん虫

入試でる度
★★☆☆☆

不完全変態するこん虫の場合，幼虫と成虫ではからだの形や食べるものが似ていて，すむ場所も同じである①ことが多い。

🔍 もっとくわしく

①トンボやセミはちがう。

こん虫	育ち方		
オオカマキリ	 たくさんの卵をかためて産みつける。	 陸上の小さな生物を食べる。	 陸上の小さな生物を食べる。
オニヤンマ	水中に卵を産みつける。	 水中の小さな生物を食べる。	 野原などを飛び回り，小さな生物を食べる。
アブラゼミ	 木のみきに卵を産みつける。	 土の中で4〜7年生活する。	 林などを飛び回り，木の汁を吸う。

ここが問われる！

卵の形や，幼虫・成虫のえさやすみかなどをまとめて覚えておこう。からだのつくりや冬ごしのようすと合わせて問われることもあるので要注意！

24

3 こん虫を調べよう

3年

1 こん虫のからだのつくり

こん虫のからだは，頭・胸・腹の3つの部分に分かれている。

頭にあるもの

- **しょっ角**…においなどを感じる。
- **複眼**①…小さな目がたくさん集まっている。色や形を感じる。
- **単眼**②…明るさや光の方向を感じる。
- **口**…食べるものに合った形をしている。

P.26,P.27

↑バッタの口

胸にあるもの

- **あし**…6本（3対）ある。あしには節があり，曲げることができる。
- **はね**…4枚のもの，2枚のもの，はねのないものがいる。

はねの枚数	こん虫
4枚	チョウ, ガ, トンボ, カブトムシ, セミ, ハチ, バッタ
2枚	ハエ, アブ, カ
なし	アリ, ノミ, シミ, トビムシ

腹にあるもの

- **気門**…呼吸による空気の出入り口である小さなあな。
- **気管**…気門からつながる管。ここで呼吸を行っている。
- **節**③…からだを曲げたりのばしたりする。

気管

気門

はね（ふつう4枚）

1対の複眼

1対のしょっ角

口　　あし（3対6本）　　気門

頭　　胸　　腹

↑バッタのからだのつくり

もっとくわしく

①②トンボには，2個の複眼と3個の単眼がある。

単眼

複眼

↑複眼の拡大図

③こん虫のからだには骨がなく，あしや腹などの節の部分でからだを曲げたりのばしたりしている。

第1章 こん虫の成長とからだのつくり

第2章 生き物と四季

第3章 植物の育ち方

第4章 植物のつくりとはたらき

第5章 魚や人の誕生

第6章 動物のからだのつくりとはたらき

第7章 生物のくらしとかん境

② いろいろなこん虫のからだのつくり

代表的なこん虫のからだのつくりについてまとめると，次のようになる。

	モンシロチョウ	ハチ	セミ
からだの つくり	しょっ角　はね 頭 胸 腹 あし	しょっ角 単眼　はね 気門 複眼 あし　頭　胸　腹	しょっ角　複眼 あし 頭 胸 腹 はね
口のようす	ストローのような口で，花のみつを吸う。	とがった口で，花粉や花のみつをなめる。（ミツバチ）	針のような口をさして，木の汁を吸う。
あしの数	6本	6本	6本
はねの枚数	4枚	4枚	4枚
そのほか の特ちょう	はねはりん粉という粉でおおわれていて，水をはじく。	えさをかむためのあごも発達している。	腹の筋肉などを使って鳴く。種類によって鳴き声がちがう。

理科の宝箱 ✦　こん虫の種類

　こん虫は，地球上の生き物の中でもっとも多くの種類が見つかっている生き物である。現在わかっているだけで，100万種類もある。地球上には，気候により，暑い地域や寒い地域，かんそうした地域などがある。こん虫はさまざまな地域のかん境に対応することができたので種類がたくさん増えたと考えられている。

生命編

第1章 こん虫の成長と
からだのつくり

第2章 生き物と四季

第3章 植物の育ち方

第4章 植物のつくりとはたらき

第5章 魚や人の誕生

第6章 動物のからだのつくりとはたらき

第7章 生物のくらしとかん境

トンボ	ハエ	アリ
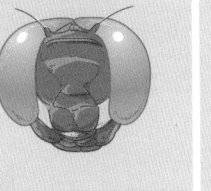 複眼　しょっ角　頭　胸　はね　腹	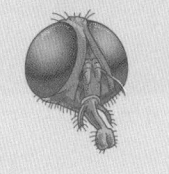 しょっ角　複眼　頭　胸　あし　はね　腹	 しょっ角　単眼　あし　頭　胸　腹
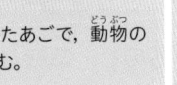		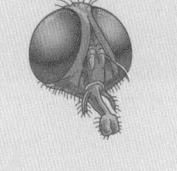
発達したあごで，動物の肉をかむ。	くさった食べ物をなめる。	発達したあごで，動物の肉をかむ。
6本	6本	6本
4枚	2枚	0枚
頭の大部分を目がしめるため，しょっ角が小さい。	はねが2枚に見えるのは，うしろのはね2枚が退化していて小さいからである。	女王アリには4枚のはねがある。

ここが大切

こん虫とは，

からだが，頭・胸・腹の3つの部分に分かれていて，
あしが6本（3対）ある生き物のこと！

⇒はねの枚数は，4枚，2枚，0枚のどれか。

⇒あしの数は6本より多くても少なくてもダメ。

こん虫とまちがえやすい生き物

入試でる度
★★☆☆☆

クモやダンゴムシは，こん虫とはからだのつくりがちがっている。

●**クモ類**…例クモ，カニムシ，サソリ
・からだが頭胸と腹の２つの部分に分かれている。
・８本のあしが頭胸にある。
・しょっ角はなく，しょくしとよばれるつくりをもつ。

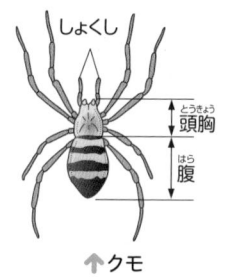
↑クモ

↑カニムシ

↑サソリ

●**甲殻類**…例ダンゴムシ，エビ，カニ，フジツボ
・からだが頭，胸，腹の３つの部分に分かれているものと，頭胸と腹の２つの部分に分かれているものがある。
・しょっ角がある。
・エビ・カニは，しょっ角２対，あし５対（前あしがはさみ）。

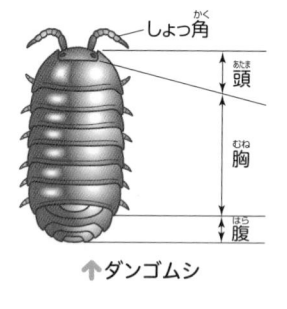
↑ダンゴムシ

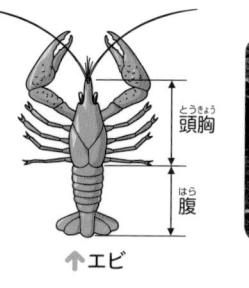
↑エビ

↑フジツボ

● **多足類**…例 ムカデ，ヤスデ

・からだが頭，どうの２つの部分に分かれている。

・どうにはたくさんのあしがある。

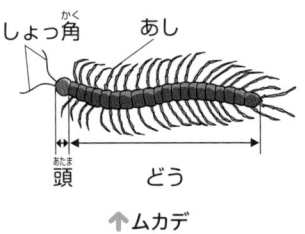

しょっ角　　あし

頭　　　どう

↑ムカデ

↑ヤスデ

ここ が 問 わ れ る !
こん虫とそれ以外の生き物

こん虫の特ちょうをもとに，こん虫とそれ以外の生き物になかま分けする問題がよく見られる。からだの分かれ方，あしの数，あしのある部分に注目して考えていこう。

種類	からだの分かれ方	あしの数	あしのある部分
クモ類	頭胸と腹	８本	頭胸にある
甲殻類	頭，胸，腹か頭胸と腹	たくさんある	胸か頭胸にある
多足類	頭とどう	たくさんある	どうにある

第1章 こん虫の成長とからだのつくり

第2章 生き物と四季

第3章 植物の育ち方

第4章 植物のつくりとはたらき

第5章 魚や人の誕生

第6章 動物のからだのつくりとはたらき

第7章 生物のくらしとかん境

第1章
こん虫の成長と
からだのつくり

入試要点チェック

解答▶別冊…P.550

つまずいたら
調べよう

□ **1** 変態するこん虫で，さなぎになる時期の**あ
る**育ち方を何といいますか。

□ **2** 変態するこん虫で，さなぎになる時期の**な
い**育ち方を何といいますか。

□ **3** **卵から幼虫が出てくること**を何といいます
か。

□ **4** **卵から出てきたばかり**のモンシロチョウの
幼虫は何を食べますか。

□ **5** モンシロチョウの**さなぎ**は何を食べますか。

□ **6** **さなぎから成虫が出てくる**ことを何といい
ますか。

□ **7** バッタの**幼虫**と**成虫**では，食べるものが同
じですか，ちがいますか。

□ **8** **こん虫のからだ**は，どのような部分からで
きていますか。

□ **9** こん虫の**あし**は，どの部分についています
か。

□ **10** こん虫のあしは，**何本**ありますか。

□ **11** こん虫はからだの**何という部分**で呼吸を行
いますか。

□ **12** こん虫の**しょっ角**はどのようなはたらきを
していますか。

□ **13** こん虫にある，からだを曲げたりのばしたり
するためのつくりを何といいますか。

□ **14** クモは何というなかまの生き物ですか。

□ **15** ダンゴムシは，クモとエビ，どちらのなかま
の生き物ですか。

□ **16** ムカデのからだは，どのような部分からでき
ていますか。

1▶P.17
1 **1**完全変態とは

2▶P.22
2 **1**不完全変態とは

3▶P.18
1 **2**モンシロチョウの育ち

4▶P.18
1 **2**モンシロチョウの育ち

5▶P.19
1 **2**モンシロチョウの育ち

6▶P.19
1 **2**モンシロチョウの育ち

7▶P.23
2 **2**バッタの育ち

8▶P.25
3 **1**こん虫のからだのつくり

9▶P.25
3 **1**こん虫のからだのつくり

10▶P.25
3 **1**こん虫のからだのつくり

11▶P.25
3 **1**こん虫のからだのつくり

12▶P.25
3 **1**こん虫のからだのつくり

13▶P.25
3 **1**こん虫のからだのつくり

14▶P.28
3 入試 こん虫とまちがえ
やすい生き物

15▶P.28
3 入試 こん虫とまちがえ
やすい生き物

16▶P.29
3 入試 こん虫とまちがえ
やすい生き物

入試問題にチャレンジ！

解答▶別冊…P.550

生命編

第1章 こん虫の成長と からだのつくり

第2章 生き物と四季

第3章 植物の育ち方

第4章 植物のつくりと はたらき

第5章 魚や人の誕生

第6章 動物のからだの つくりとはたらき

第7章 生物のくらしと かん境

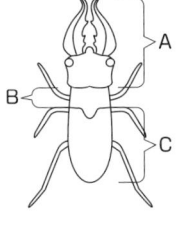

1 右の図は文理中学の近くで8月に採集したノコギリクワガタです。以下の問いに答えなさい。

(西武学園文理中)

(1) 採集場所は次のうちどこだろうか。偶然飛んできたことは考えず，もともと生息していたと考えられる場所を**ア**〜**オ**のうちから1つ選び，記号で答えなさい。　（　　　　）

　ア　ススキとヨシのしげる河原

　イ　チョウのたくさん来る花の咲き乱れる花だん

　ウ　カシノキとクスノキがしげる古い神社の境内

　エ　クヌギとコナラの雑木林

　オ　イチョウやシイノキが植えられた芝生の公園

(2) ノコギリクワガタの成虫の食性に関して，次の中から正しい文章を**ア**〜**オ**のうちから1つ選び，記号で答えなさい。　（　　　　）

　ア　幼虫は朽ちた木を食べるが，成虫になってからはアゴがじゃまになるため何も食べない。

　イ　カナブンやスズメバチと共に発酵した樹液を吸う。

　ウ　オスは大きなアゴで他の昆虫をとらえて食べ，メスはミミズなどをとらえて食べる。

　エ　ハナムグリと共に花の新鮮な花粉を食べる。

　オ　アゴで草や細かい木の枝をかみ切り，切り口から出てきた養分を含む汁を吸う。

よくでる (3) 図に示す**A**〜**C**の中で，胸部を示す記号を**ア**〜**キ**のうちから1つ選び，記号で答えなさい。　（　　　　）

　ア　**A**の一部および**B**　　**イ**　**A**の一部および**B**の一部

　ウ　**B**のすべて　　**エ**　**B**の一部

　オ　**B**および**C**の一部　　**カ**　**C**の一部　　**キ**　**C**のすべて

よくでる (4) ノコギリクワガタの眼は小さな眼がたくさん集合したつくりであり，こん虫が一般的に持つ眼の形と同じです。この眼の名前を答えなさい①。

また，腹部には空気を取り入れるあながあり，内部で細い管につながり呼吸しています。このあなの名前を答えなさい②。どちらも漢字で答えなさい。　　　　　①（　　　　）②（　　　　）

よくでる（5）ノコギリクワガタと同じ変態過程を示すこん虫を**ア**〜**キ**のうちから選び，記号で答えなさい。答えは1つとは限らない。

（　　　　　　　　）

ア　クロアゲハ　　**イ**　シオカラトンボ　　**ウ**　ショウジョウバエ
エ　ゲンジボタル　　**オ**　アブラゼミ　　**カ**　トノサマバッタ
キ　オオカマキリ

2 **図1**では，身近に見られるこん虫の成虫**あ**〜**か**とこれらの成虫に対応する幼虫**ア**〜**カ**を示しています。あしは描かれておらず，大きさは実際のものとは違っています。

（開成中・改）

図1

　図1の6種類のこん虫は，いずれも飛べない幼虫から飛べる成虫へと，体のつくりを変化させます。
　こん虫の中には，さなぎをつくり，幼虫から成虫へと体のつくりを大きく変えるものがあります。ところが**図1**のこん虫のすべてがさなぎをつくるわけではありません。**図1**の6種類では，どのような性質をもつものがさなぎをつくるのでしょうか。それを考えるために，**図1**のこん虫を，さなぎをつくるグループ（3種類）とさなぎをつくらないグループ（3種類）とに分け，それぞれについて**表1**の**ア**〜**ウ**にあげた性質があてはまるものの数を調べました。(1)〜(3)の問いに答えなさい。

生命編

第1章 こん虫の成長とからだのつくり

第2章 生き物と四季

第3章 植物の育ち方

第4章 植物のつくりとはたらき

第5章 魚や人の誕生

第6章 動物のからだのつくりとはたらき

第7章 生物のくらしとかん境

表1

	さなぎをつくる グループ（3種類）	さなぎをつくらない グループ（3種類）
ア　幼虫と成虫で，あしの数が同じである。	2種類	3種類
イ　幼虫と成虫で，食べるものの分類が同じである。	1種類	3種類
ウ　幼虫のときはねのめばえはみられず，成虫ではねが出てくる。	3種類	0種類

(1) さなぎをつくるグループ3種類のうち，幼虫と成虫で，あしの数が違うものは何種類ですか。表1をみて，数字を答えなさい。

（　　　　）

(2) 表1を参考にして，図1の6種類のこん虫について，次の①～③が正しいときは○を，正しくないときは×を記入しなさい。

①　幼虫と成虫で，あしの数が違うこん虫はさなぎをつくる。

（　　　）

②　幼虫と成虫で食べるものの分類が違うときこん虫はさなぎをつくり，幼虫と成虫で食べるものの分類が同じときこん虫はさなぎをつくらない。

（　　　）

③　さなぎをつくるこん虫は，幼虫のときはねのめばえがみられないものだけであり，幼虫のときはねのめばえがみられないこん虫は，すべてさなぎをつくる。

（　　　）

(3) 図1に示したこん虫で，さなぎをつくらないものはどれですか。すべて選び，成虫の記号あ～かで答えなさい。

（　　　　　　　）

第**2**章 生き物と四季

生き物と四季

1 植物と四季 ・・・・・・・・・・・・・・・・・・ 35
2 動物と四季 ・・・・・・・・・・・・・・・・・・ 45

1 植物と四季

4年

1 春の植物

春になってあたたかくなると，山や野原の木や草から芽や葉が出て緑にあふれ，いろいろな色の花がさき始める。

↑春の山

↑春の野原

木にさく花

↑サクラ　↑モクレン　↑ハナミズキ　↑サツキ

野原にさく花

↑アブラナ　↑タンポポ　↑オオイヌノフグリ　↑ナズナ

↑ホトケノザ　↑シロツメクサ　↑スミレ　↑カラスノエンドウ

生命編

第1章 こん虫の成長とからだのつくり

第2章 **生き物と四季**

第3章 植物の育ち方

第4章 植物のつくりとはたらき

第5章 魚や人の誕生

第6章 動物のからだのつくりとはたらき

第7章 生物のくらしとかん境

　山や野原だけでなく，学校の花だんでもいろいろな植物の花がさき始める。どのような花が見られるかを観察し，観察カードに記録してみよう。

花だんにさく花

↑チューリップ　↑パンジー　↑スイセン　↑スイートピー

↑マーガレット　↑アヤメ　↑ビオラ　↑カーネーション

観察

観察カードの書き方

①はじめに，**調べるもの**を書く。

②調べた**場所**を書く。

③調べた**月日**と**時こく**，**天気**を書く。

④観察したときの**気温**①を書く。

⑤調べたことを絵や文で書く。

　⇒生き物の絵は，黒い**えんぴつでりんかくをはっきりかき**，色えんぴつで色をつける。

　⇒**大きさ**や，**動物の場合は何をしていたか**も書いておく。

⑥調べて**わかったこと**，**感想**，**ぎもん**などを書く。

① サクラ　　　　　山口あい
② 4月9日　　午前11時　晴れ ③
　校庭　　　　　　気温14℃ ④

⑤

ピンクの花がたくさんさいている。
えだには葉の芽があるけど，
葉は見られなかった。 ⑥

①気温は，温度計を使ってはかる。

▶ P.197

36

植物と季節について見ていくには，1年を通して同じ植物を観察し，どのように変化するかを調べることも大切である。

第1章 こん虫の成長とからだのつくり

第2章 生き物と四季

第3章 植物の育ち方

第4章 植物のつくりとはたらき

第5章 魚や人の誕生

第6章 動物のからだのつくりとはたらき

第7章 生物のくらしとかん境

観察

ヘチマとツルレイシの観察　～春～

ヘチマとツルレイシは，あたたかくなり始める春に種子をまく。気温が高くなるにつれて，種子から子葉が出てきて，やがて葉が出てくる。

●ヘチマ

↑種子　　↑子葉が出た　　↑葉が出た

●ツルレイシ

↑種子　　↑子葉が出た　　↑葉が出た

② 夏の植物

夏になると，気温がどんどん高くなってきて，山や野原の木や草が大きく成長する。やがて花がさき，実ができるものもある。

↑夏の山

↑夏の野原

木にさく花

↑フヨウ　　↑アジサイ　　↑サルスベリ　　↑キョウチクトウ

野原にさく花

↑ヒメジョオン　　↑ノアザミ　　↑ツユクサ　　↑ドクダミ

学校の花だんでも，春とはちがった植物の花がさき始める。

花だんにさく花

↑ヒマワリ　　↑ホウセンカ　　↑アサガオ　　↑ダリア

第1章 こん虫の成長とからだのつくり

第2章 **生き物と四季**

第3章 植物の育ち方

第4章 植物のつくりとはたらき

第5章 魚や人の誕生

第6章 動物のからだのつくりとはたらき

第7章 生物のくらしとかん境

◯ 観察

ヘチマとツルレイシの観察　～夏～

　夏になると，くきがどんどん成長し，葉の数が多くなる。やがて花がさいて実ができる。

●ヘチマ

↑お花　　　↑め花　　　↑実

●ツルレイシ

↑お花　　　↑め花　　　↑実

　ヘチマやツルレイシには，お花とめ花がある。

③ 秋の植物

　秋になってだんだん気温が下がってくると，山や野原の木や草の実が熟して，葉が色づいたり①，葉が落ちたり②するようになる。

|用語|
|紅葉・黄葉
①葉が赤や黄色に色づくこと。
落葉
②葉が落ちること。

↑秋の山　　　　　　　　↑秋の野原

39

紅葉（黄葉）する木

↑カエデ

↑イチョウ

↑サクラ

↑ポプラ

野原にさく花

↑ヨメナ

↑コスモス

↑ヒガンバナ

↑ススキ

観察

ヘチマとツルレイシの観察　〜秋〜

秋になると，葉がかれ始めて実が茶色になり，地面に種子が落ちる。

●ヘチマ　　　　　　　　　　　●ツルレイシ

↑茶色になった実と　　↑ヘチマの　　　↑茶色になった実と　　↑ツルレイシ
　かれたヘチマ　　　　　種子　　　　　　かれたツルレイシ　　　の種子

理科の宝箱　　落葉樹と常緑樹

植物には，秋になると葉が赤色や黄色に色づいて，冬になる前に葉がすべて落ちてしまう**落葉樹**と，1年中緑色の葉がついたままの**常緑樹**がある。秋になったら，身のまわりの木の葉に注目して観察してみよう。
・落葉樹の例…カエデ，イチョウ，ポプラ，エノキ，サクラ
・常緑樹の例…サザンカ，オリーブ，マツ，スギ，カシ

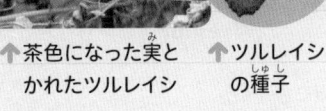

↑春のサクラ

↑冬のサクラ

↑マツ

生命編

第1章　こん虫の成長とからだのつくり

第2章　生き物と四季

第3章　植物の育ち方

第4章　植物のつくりとはたらき

第5章　魚や人の誕生

第6章　動物のからだのつくりとはたらき

第7章　生物のくらしとかん境

4 冬の植物

　冬になって寒くなると，山や野原の多くの木の葉が落ち，草がかれる。

↑冬の山

↑冬の野原

木にさく花

↑ツバキ　　↑サザンカ　　↑コウバイ

植物の冬ごし

●草花の冬ごし

　①地下のくきや根で冬をこす…チューリップ，ダリア

　②葉を地面に広げて①冬をこす…タンポポ，ナズナ

　③種子で冬をこす…アサガオ，ホウセンカ

　　⇒自分で動くことのできない植物は，種子のときに生息範囲を広げる②。

●木の芽の冬ごし（冬芽）

　①かたい皮で芽が包まれている…サクラ，カシ

　②ねばねばしたもので芽が包まれている…トチノキ

　③たくさんの毛で芽が包まれている…モクレン

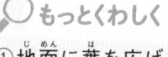もっとくわしく

①地面に葉を広げて，熱がにげていくのをふせぐことで寒さをしのぐ。春になるとくきを起こして葉や花をつける。このような葉をロゼット葉という。

↑ロゼット葉

もっとくわしく

②種子を，風によって遠くに飛ばしたり，鳥やこん虫に運ばせたりすることで，生息範囲を広げる。

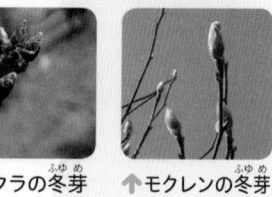

↑サクラの冬芽　　↑モクレンの冬芽

生命編

第1章
こん虫の成長と
からだのつくり

第2章
生き物と四季

第3章
植物の育ち方

第4章
植物のつくりと
はたらき

第5章
魚や人の誕生

第6章
動物のからだの
つくりとはたらき

第7章
生物のくらしと
かん境

5 1年の気温の変化と植物の成長

植物の成長には，気温や日光の当たる時間などが大きく関係している。ここでは，サクラとヘチマについて，1年のようすと気温の変化との関係を見ていこう。

●サクラ

気温（℃）

35
30
25
20
15
10
5
0

花がさく

10日前後で花が散り，葉が出てくる

ふくらむつぼみが

枝についているたくさんの

葉がしげる

葉の色が変わる

葉が落ちる

枝に小さな芽ができる

春　夏　秋　冬

↑1年の気温の変化とサクラのようす

花の開花には，<u>1日の昼の長さ</u>①が関係する植物が多いが，サクラの場合は1日の昼の長さよりも気温のほうが大きく関係している。そのため，日本では地域によってサクラのさく時期（開花日）が異なる。

2019年
桜開花予想
3月7日発表

5.10　5.15
5.5
4.30　5.5
4.25　4.20
4.10　4.15
4.5　4.5
3.25
3.20　3.31
3.20
3.25

日本気象協会

↑日本各地のサクラ開花予想日（2019年）

🔍 もっとくわしく

①1日の昼の長さを日長という。

●ヘチマ

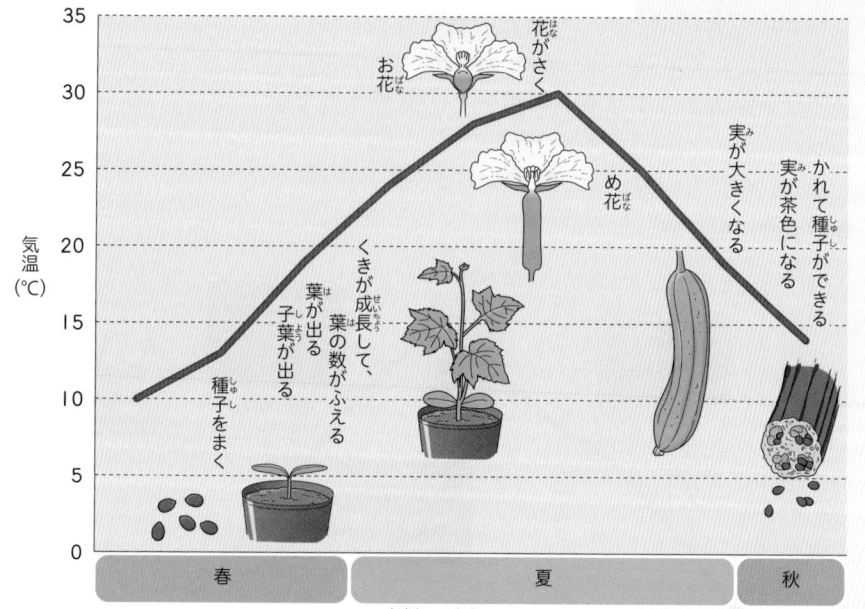

↑1年の気温の変化とヘチマのようす

　ヘチマは，気温が高くなるにつれて大きく成長するようになる。これは，ヘチマの成長に気温が大きく関係しているからである。また，同じヘチマでも，日光がよく当たったものと，日光があまり当たらなかったものでは，葉やくき，実の育ち方がちがう①。このことから，植物の成長には，日光の当たり方も大きく関係していることがわかる。

もっとくわしく

①植物の成長と日光の関係については，このあとくわしく学んでいく。

▶P.67

理科の宝箱　植物の1日

　1年の気温の変化と植物の成長を見てきたが，植物は，1日の間にもいろいろな変化をしている。
●葉の開閉
昼間は葉が開き，夜は閉じる植物がある。
例 ネムノキ，インゲンマメ，オジギ

ソウ，シロツメクサ　など
●花の開花や開閉
・アサガオ…朝早く開く。
・マツヨイグサ…夕方開く。
・ゲッカビジン…夜開く。
・タンポポ…朝開き，夕方になると閉じる。

2 動物と四季

4年

1 春の動物

こん虫

↑モンシロチョウ

↑アゲハ

↑テントウムシ

↑ミツバチ

鳥

↑ヒヨドリ

↑ウグイス

↑ツグミ

↑ヒバリ

2 夏の動物

こん虫

↑カブトムシ

↑セミ

↑トンボ

↑ホタル

鳥

↑ツバメ

↑カッコウ

↑コムクドリ

↑ホトトギス

春から夏にかけて日本にわたって子育てをし，寒い冬には，あたたかい南の地域ですごす鳥もいる。

第1章 こん虫の成長とからだのつくり

第2章 生き物と四季

第3章 植物の育ち方

第4章 植物のつくりとはたらき

第5章 魚や人の誕生

第6章 動物のからだのつくりとはたらき

第7章 生物のくらしとかん境

③ 秋の動物

こん虫

↑スズムシ　　↑コオロギ　　↑マツムシ　　↑アキアカネ

秋には，鳴くこん虫の活動が活発になる。

鳥

↑モズ　　↑ヤブサメ　　↑ハクセキレイ　　↑カワセミ

④ 冬の動物

鳥

↑コハクチョウ　　↑マガモ　　↑マガン

　冬になると，多くの動物は活動をやめて冬ごしを
するようになる。

こん虫の冬ごし

　こん虫は，卵や幼虫，さなぎ，成虫など，さまざま
なすがたで冬をこす。 P.49

冬眠して冬ごしをする動物

　動物の中には，<u>まわりの気温によって体温が変化
してしまうもの</u>①がいる。このような動物は，気温が
下がると活動ができなくなるため，石の下や土の中
などで冬ごしをする。これを冬眠という。

用語

変温動物
①まわりの気温によって
体温が変化してしまう動
物。

例 カエル，ヘビ，トカゲ，ザリガニ

体温がまわりの気温によって変化しない動物①の中にも，冬眠をするものもいる。

例 コウモリ，クマ②，シマリス

用語
恒温動物
①まわりの気温によって体温が変化しない動物。

もっとくわしく
②クマは，寝ているときと同じ状態であるため，冬ごもりともいう。

5 代表的な動物の1年

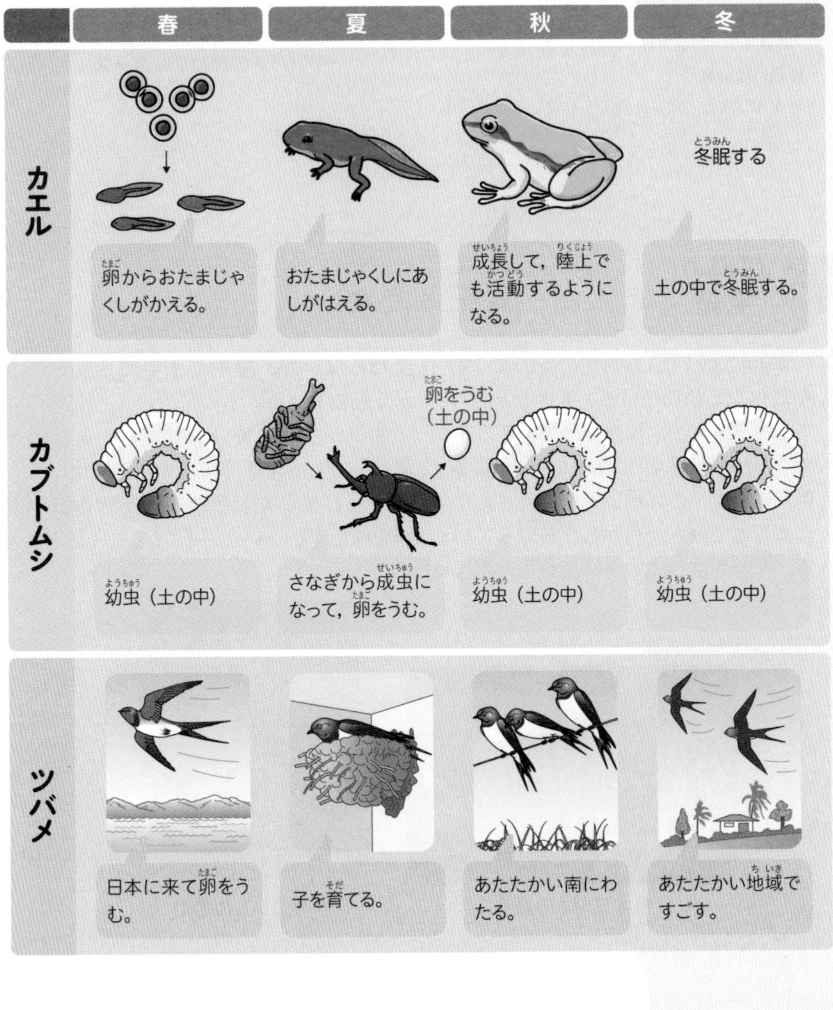

	春	夏	秋	冬

カエル

卵からおたまじゃくしがかえる。

おたまじゃくしにあしがはえる。

成長して，陸上でも活動するようになる。

冬眠する

土の中で冬眠する。

カブトムシ

幼虫（土の中）

さなぎから成虫になって，卵をうむ。

卵をうむ
（土の中）

幼虫（土の中）

幼虫（土の中）

ツバメ

日本に来て卵をうむ。

子を育てる。

あたたかい南にわたる。

あたたかい地域ですごす。

第1章 こん虫の成長とからだのつくり

第2章 生き物と四季

第3章 植物の育ち方

第4章 植物のつくりとはたらき

第5章 魚や人の誕生

第6章 動物のからだのつくりとはたらき

第7章 生物のくらしとかん境

もっとくわしく

わたり鳥

鳥の中には，よりよい気候やえさを求めて，季節によってすむ場所を変えるために遠くまで移動するものがいる。このように遠くまで移動することを**わたり**といい，わたりをする鳥を**わたり鳥**という。また，移動の途中で日本に立ち寄るシギやチドリなどの旅鳥や，季節が変わっても移動しない鳥もいる。

・**春から夏にかけて日本へやってくる鳥**

　⇒秋になると南へ帰る。⇒**夏鳥**

　　例 ツバメ，ホトトギス，カッコウ

・**秋から冬にかけて日本へやってくる鳥**

　⇒春になると北へ帰る。⇒**冬鳥**

　　例 ツル，ハクチョウ，ガン，カモ

・**移動しない鳥**

　⇒1年じゅう，同じ土地にすんでいる。⇒**留鳥**

　　例 スズメ，カラス

ユーラシア大陸

日本

日本で冬ごしするツバメのわたり

日本で卵をうみ，子を育てるツバメのわたり

フィリピン

オーストラリア

↑ツバメのわたりのコース

理科の宝箱

夏毛と冬毛

　季節によって，からだの毛のようすが変化する動物がいる。身近なところではイヌやネコ，鳥がそうである。ふつう，夏の毛（**夏毛**）に比べて冬の毛（**冬毛**）は細く，この細い毛がたくさん生えることで寒さからからだを守っている。イヌやネコの場合は色や見た目は変わらないが，夏毛と冬毛で色もちがう動物もいる。

　オコジョやエチゴウサギは，冬はまっ白の毛になる。雪の多い地域では，保護色となって天敵から身を守る役割をはたす。

↑オコジョの夏毛

↑オコジョの冬毛

中学入試対策

こん虫の冬ごし

入試でる度
★★☆☆☆

　P.46でも述べたように，こん虫はさまざまなすがたで冬をこす。ここでは，こん虫の冬ごしについて，くわしく見ていこう。

↑オビカレハ

卵で冬をこすこん虫	トノサマバッタ，コオロギ，カマキリ，オビカレハ，アキアカネ
幼虫で冬をこすこん虫	セミ(2年目以降※1年目は卵)，ギンヤンマ，ミノガ，カブトムシ，カミキリムシ
さなぎで冬をこすこん虫	モンシロチョウ，アゲハ，スズメガ
成虫で冬をこすこん虫	テントウムシ，キタテハ，ハサミムシ，ミツバチ，ゲンゴロウ，アリ

↑ミノガ

↑キタテハ

↑ハサミムシ

　なお，表の中の**青文字**で示したこん虫は**不完全変態**するこん虫であり，緑文字で示したこん虫は**完全変態**するこん虫である。このように区別して見てみると，ハサミムシなどの例外はあるものの，不完全変態するこん虫のほとんどが卵か幼虫で冬をこすことがわかる。

ここが問われる！
こん虫の種類と冬ごしのすがた
中学入試では，こん虫の名前と冬ごしのすがたの組み合わせが正しいものを選ぶ問題がよく出ている。まずは，問われているこん虫が完全変態なのか不完全変態なのかを考えると，ときやすくなる。

第1章　こん虫の成虫とからだのつくり

第2章　**生き物と四季**

第3章　植物の育ち方

第4章　植物のつくりとはたらき

第5章　魚や人の誕生

第6章　動物のからだのつくりとはたらき

第7章　生物のくらしとかん境

第2章
生き物と四季

入試要点チェック

解答▶別冊…P.551

つまずいたら
調べよう

- [ ] **1** **タンポポ，オオイヌノフグリ**の花が見られるのはどの**季節**ですか。

  1▶P.35
  1 **1** 春の植物

- [ ] **2** **ダリア，アサガオ**の花が見られるのはどの**季節**ですか。

  2▶P.38
  1 **2** 夏の植物

- [ ] **3** **モミジやイチョウ**などの葉の色が変わるのはどの**季節**ですか。

  3▶P.39
  1 **3** 秋の植物

- [ ] **4** **サクラの木の芽**ができるのはどの**季節**ですか。

  4▶P.42
  1 **4** 冬の植物

- [ ] **5** 秋になると**葉を落とす木**のなかまを何といいますか。

  5▶P.41
  1 **3** 秋の植物

- [ ] **6** **タンポポは地面に葉を広げて冬をこします。**このような葉を何といいますか。

  6▶P.42
  1 **4** 冬の植物

- [ ] **7** **サクラの花の開花**に大きく**関係**しているのは，1日の昼の長さ，**気温**のどちらですか。

  7▶P.43
  1 **5** 1年の気温の変化と植物の成長

- [ ] **8** **セミ**は2年目以降，どのようなすがたで**冬を**こしますか。

  8▶P.49
  2 **入試** こん虫の冬ごし

- [ ] **9** **ミツバチ**は，どのようなすがたで**冬を**こしますか。

  9▶P.49
  2 **入試** こん虫の冬ごし

- [ ] **10** **カマキリ，コオロギ，バッタ，アゲハ**のうち，1種類だけ**冬をこすすがたがちがうこん虫**がいます。それはどれですか。

  10▶P.49
  2 **入試** こん虫の冬ごし

- [ ] **11** **ヘビやカエル**のように，**土の中**などで**冬を**こすことを何といいますか。

  11▶P.46
  2 **4** 冬の動物

- [ ] **12** 南の地域にすんでいた**ツバメ**が日本にやってくるのはどの**季節**ですか。

  12▶P.47
  2 **5** 代表的な動物の1年

- [ ] **13** **ツルやハクチョウ**は，春になるとどの方角に飛んでいきますか。

  13▶P.48
  2 **5** 代表的な動物の1年

- [ ] **14** **ツバメやツル**のように，**遠くへ移動する鳥**を何といいますか。

  14▶P.48
  2 **5** 代表的な動物の1年

入試問題にチャレンジ！

解答▶別冊…P.551

1 次の文をよく読んで，あとの問に答えなさい。
(芝中・改)

芝二郎君は，植物や動物を観察するのが大好きです。公園へ自然観察に行き，観察の記録をとりました。

1月　木の枝の裏側に①茶色いさなぎを見つけました。

3月　サクラの花のつぼみを観察し，別の場所ではツクシも発見しました。

4月　茎の先のひげが他の草にまきついていて，ピンク色の花を咲かせている植物を見つけました。

　　　別の場所で，「ホーホケキョ，ホーホケキョ，ケキョケキョケキョ…」という鳥の鳴き声を聞きました。

　　　また，公園の池では②右図のようなものがたくさん観察でき，「これは何だろうか。」と思い，スケッチしました。

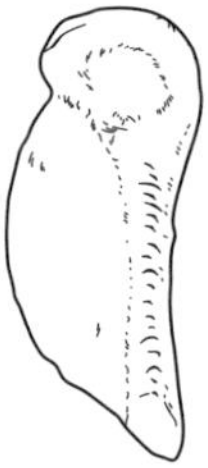

この後も観察を続けて，芝二郎君は③1年間の観察ノートをつくりました。

(1) 下線部①について。このさなぎは何のさなぎと考えられますか。次の中から最も適当なものを1つ選んで，記号で答えなさい。

ア　カブトムシ　　イ　ミツバチ　　ウ　バッタ
エ　トンボ　　オ　アゲハチョウ　　カ　アブラゼミ

（　　　）

(2) 下線部②について。これが成長すると何になりますか。正しいものを次の中から1つ選んで，記号で答えなさい。

ア　ゲンゴロウ　　イ　オニヤンマ　　ウ　イチョウ
エ　メダカ　　オ　シイノキ　　カ　ヒキガエル
キ　ザリガニ

（　　　）

(3) 下線部③について。芝二郎君の観察ノートは，いくつか間違いがありました。次の中から間違っているものをすべて選んで，記号で答えなさい。

ア　梅雨ごろに咲いていたアジサイは，冬には葉を落としていた。

イ　夏に見つけたカマキリの卵は，秋にはふ化して幼虫が出てきた。

ウ　カントウタンポポは同じ株から，数年芽を出して花が咲いた。

エ　カラスは渡り鳥なので，冬になったら公園からいなくなった。

オ　セミの羽化(幼虫から成虫になること)は，夕方から夜にかけてより昼に多かった。

カ　秋になると落ち葉の間から胞子で増えたキノコが生えていた。

キ　アカマツの花は雄花と雌花があって，雄花は花粉を飛ばしていた。

（　　　　　　　　）

2 私たちは季節によっていろいろな野菜や果物を食べることができます。次の問いに答えなさい。

（慶應義塾中等部・改）

次の**あ〜き**は東京で出回る果物の旬の時期を示しています。**あ〜き**にあてはまる果物をあとの選択肢からそれぞれ選び記号で答えなさい。

あ（　）**い**（　）**う**（　）**え**（　）**お**（　）**か**（　）**き**（　）

1月	2月	3月	4月	5月	6月	7月	8月	9月	10月	11月	12月
	あ										
					い						
						う					
								え			
									お		
										か	
き											き

1 イチゴ　　2 カキ　　3 サクランボ　　4 ナシ

5 ミカン　　6 モモ　　7 リンゴ

くでる 3 次の中から，生き物の春のようすをあらわすものをすべて選び記号を書きなさい。

(日本女子大学附属中)

( )

ア オオカマキリの卵から幼虫が出てきた。

イ ツバメが家ののき下に巣をつくり，卵を産んだ。

ウ トノサマガエルが近所の池に卵を産んだ。

エ カブトムシがふよう土の中に卵を産んだ。

オ はねのあるショウリョウバッタが葉の上にいた。

カ アブラゼミの幼虫が土の中から出てきた。

4 私たちは，身のまわりの植物によって季節の変化を感じることが多くあります。このことに関して，(1)～(4)の問いに答えなさい。

まず，植物の花や葉について考えます。次の**ア**～**カ**の植物は，季節ごとに姿を変えて私たちの目を楽しませてくれます。

(浅野中・改)

ア キンモクセイ	**イ** ウメ	**ウ** ヒマワリ
エ サクラ	**オ** アジサイ	**カ** モモ

よくでる (1) **ア**～**カ**の植物の花の咲く時期を，1月から12月までの中に並べたとき，4番目となるものを1つ選び，その記号で答えなさい。

( )

(2) 冬のあいだは種の形で過ごしているものを，**ア**～**カ**の中からすべて選び，その記号で答えなさい。 ( )

(3) 一年中葉をつけているものを，**ア**～**カ**の中からすべて選び，その記号で答えなさい。 ( )

次に，野菜について考えます。「夏野菜」と「冬野菜」という言葉があるとおり，私たちは野菜からも季節の変化を感じることができます。

(4) 主に冬に収穫される野菜として知られているものを，次の**ア**～**カ**の中から2つ選び，その記号を答えなさい。 ( )

ア ネギ **イ** ピーマン **ウ** ハクサイ **エ** トマト

オ カボチャ **カ** ナス

第1章 こん虫の成長とからだのつくり

第2章 生き物と四季

第3章 植物の育ち方

第4章 植物のつくりとはたらき

第5章 魚や人の誕生

第6章 動物のからだのつくりとはたらき

第7章 生物のくらしとかん境

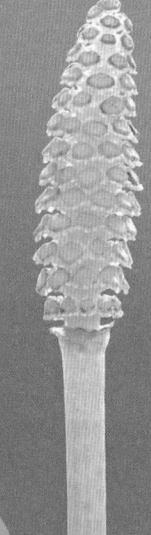

第**3**章

植物の育ち方

1 発芽の条件……………………55

2 種子のつくりと発芽……………60

3 発芽と養分…………………64

4 植物の成長…………………67

5 花から実へ…………………70

1 発芽の条件

5年

生命編

第1章 こん虫の成長とからだのつくり

第2章 生き物と四季

第3章 **植物の育ち方**

第4章 植物のつくりとはたらき

第5章 魚や人の誕生

第6章 動物のからだのつくりとはたらき

第7章 生物のくらしとかん境

1 発芽とは

植物の種子から，芽や根が出ることを**発芽**という。

発芽

↑インゲンマメ
の種子

↑インゲンマメ
の芽ばえ

アサガオ　　　ヒマワリ

↑いろいろな植物の芽ばえ

2 発芽と水

　植物の種子をまいた後は，必ず水やり①をする。これは，植物の発芽にとって水が必要な条件の1つだからである。このことを確認するため，種子の発芽と水の関係について調べる実験を行う。

⚠️**ここに注意!**
①水には養分はふくまれていないことに注意。

55

実験

植物の発芽には水が必要であることを調べる

ねらい

植物の種子が発芽するには，水が必要かを調べる。

方法

1 2つの容器にだっし綿を入れ①，片方の容器にだけ水を入れて，だっし綿をしめらせる。

2 インゲンマメの種子をまく。

①種子が水にしずまないようにするため。

水をふくんだだっし綿　　かわいただっし綿

インゲンマメの種子

②発芽したようす

結果

だっし綿をしめらせた容器⇒水あり　発芽した②

だっし綿をしめらせなかった容器⇒水なし　発芽しなかった③

③発芽しなかったようす

✦ わかったこと ✦

だっし綿をしめらせた容器にまいた種子からは芽が出たが，だっし綿をしめらせなかった容器にまいた種子からは芽が出なかったことから，**発芽には水が必要である**ことがわかる。

対照実験

　1つの条件について調べるときは，調べたい条件の1つだけを変えて，それ以外の条件は同じにすることが大切である。このような実験を**対照実験**④という。

　たとえば上の実験で，水のありなしだけでなく，容器を置く部屋の温度も変えてしまうと，実験の結果が水のありなしによるものなのか，部屋の温度のちがいによるものなのかがわからなくなってしまう。

🔍 もっとくわしく

④コントロール実験ともよばれる。
あらかじめ，結果に関係のありそうな条件を予想して実験の計画を立てる。

変える条件	同じにする条件	
水　あり		
水　なし	温度　空気	

調べたい条件1つだけを変える!

③ 発芽と空気

わたしたちのまわりには空気がある。わたしたち動物が空気を吸って生きているのと同じように，植物も空気を吸っている①。植物の発芽にとっても，空気が必要な条件の1つである。

用語

呼吸

①動物も植物も，空気中の酸素を取りこんで二酸化炭素を出している。これを呼吸という。

P.94

実験

植物の発芽には空気が必要であることを調べる

ねらい

植物の種子が発芽するには，空気が必要かを調べる。

方法

1 2つのコップにだっし綿を入れて水でしめらせ，インゲンマメの種子をまく。
2 片方のコップにはさらに水を入れてインゲンマメの種子をしずめる②。

②種子が空気にふれないようにするため。

だっし綿

③発芽したようす

④発芽しなかったようす

結果

種子を水にしずめなかったコップ⇒空気あり　発芽した③
種子を水にしずめたコップ⇒空気なし　発芽しなかった④

わかったこと

種子を空気にふれさせると発芽したが，種子を水にしずめて空気にふれさせないようにすると発芽しなかったことから，**発芽には空気が必要**であることがわかる。

生命編

第1章 こん虫の成長とからだのつくり

第2章 生き物と四季

第3章 植物の育ち方

第4章 植物のつくりとはたらき

第5章 魚や人の誕生

第6章 動物のからだのつくりとはたらき

第7章 生物のくらしとかん境

④ 発芽と温度

　春になってあたたかくなると，たくさんの植物が発芽する。植物の発芽にとって，温度も必要な条件の1つである。

実験

植物の発芽には温度が関係することを調べる

ねらい

植物の種子が発芽するには，温度が関係するかを調べる。

方法

1 水でしめらせただっし綿を入れた2つの容器に，インゲンマメの種子をまく。

2 片方の容器には箱をかぶせ①，もう片方の容器は冷蔵庫に入れる②。

①冷蔵庫の中は光が入らないため，同じように箱をかぶせて光が入らないようにする。
②温度を下げるため。

箱　　　　　　　　冷蔵庫

25℃　　　　　　　5℃

水をふくんだ　　　水をふくんだ
だっし綿　　　　　だっし綿

③発芽したようす

④発芽しなかったようす

結果

箱をかぶせた容器⇒温度25℃　　発芽した③

冷蔵庫に入れた容器⇒温度5℃　　発芽しなかった④

∴·≪ **わかったこと** ✦.∘

温度25℃の場所に置くと発芽したが，温度5℃の冷蔵庫に置くと発芽しなかったことから，植物の発芽に適した温度が必要であることがわかる。

以上の実験から，植物の発芽には，水，空気，発芽に適した温度の3つが必要であることがわかった。では，土や養分や日光についてはどうだろうか。インゲンマメが発芽した3つの容器についてもう一度見てみると，どの容器にも土や養分はふくまれていないことから，これらは発芽には必要ないことがわかる。また，箱をかぶせた容器でも発芽したことから，発芽には日光も必要ない①ことがわかる。

🔍 **もっとくわしく**

①タバコやレタスなど，日光が当たらないと発芽しない植物もある。

ここが大切

植物の発芽には，

・水，空気，発芽に適した温度の3つの条件が必要である。

・土，養分，日光は，発芽には必要ない。

第1章 こん虫の成長とからだのつくり

第2章 生き物と四季

第3章 **植物の育ち方**

第4章 植物のつくりとはたらき

第5章 魚や人の誕生

第6章 動物のからだのつくりとはたらき

第7章 生物のくらしとかん境

2 種子のつくりと発芽

1 種子のつくり

植物の種子には，発芽に必要な養分を<u>子葉</u>①にたくわえているもの（無はい乳種子）と，**はい乳**②にたくわえているもの（有はい乳種子）がある。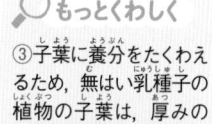 P.61

養分を子葉にたくわえている種子（無はい乳種子）

はい乳がなく，発芽に必要な養分を子葉にたくわえている。種皮とはいからできている。

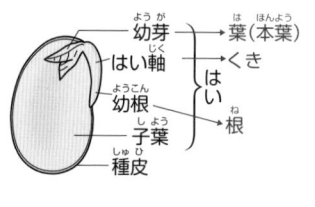

↑インゲンマメ　　　　　↑ヒマワリ

・**種皮**…種子の内部を乾燥などからまもる皮。
・**はい**…種皮以外の部分。発芽後，葉，くき，根に成長する。
　幼芽…発芽後，葉（**本葉**）に成長する。P.61
　幼根…発芽後，根に成長する。
　はい軸…発芽後，**くき**に成長する。
　子葉③…発芽後，はじめに出てくる葉。

例 インゲンマメ，ヒマワリ，クリ，ダイズ，アブラナ，エンドウ，アサガオ，ヘチマ，落花生

無はい乳種子は，種皮の内部がすべてはいであるため，落花生（ピーナッツ）のように2つに分かれるものが多い。

○もっとくわしく
③子葉に養分をたくわえるため，無はい乳種子の植物の子葉は，厚みのあるものが多い。

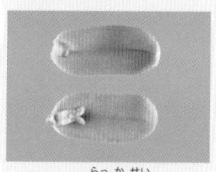

↑落花生

生命編

第1章　こん虫の成長とからだのつくり

第2章　生き物と四季

第3章　植物の育ち方

第4章　植物のつくりとはたらき

第5章　魚や人の誕生

第6章　動物のからだのつくりとはたらき

第7章　生物のくらしとかん境

養分をはい乳にたくわえている種子（有はい乳種子）

発芽に必要な養分をはい乳にたくわえている。種皮とはい，はい乳からできている。

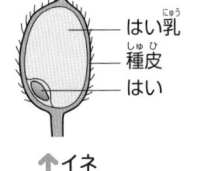

↑トウモロコシ　　　↑イネ　　　↑カキ

- **種皮**…種子の内部を乾燥などからまもる皮。
- **はい**…種皮とはい乳以外の部分。発芽後，葉，くき，根になる。無はい乳種子のように幼芽，幼根，はいじく，子葉がはっきり区別できないものが多い。
- **はい乳**…種子の大部分をしめる部分。はいが育つための養分をたくわえている。

例 トウモロコシ，イネ，カキ，ムギ，オシロイバナ

↑ムギの種子

↑オシロイバナの種子

ここが大切

発芽に必要な養分は，

- **はい乳がない種子（無はい乳種子）**は，子葉にたくわえている。
- **はい乳がある種子（有はい乳種子）**は，はい乳にたくわえている。

2 発芽のようす

植物の種子を土にまいておくと，ふつう，はじめに根が出て，くきがのび，子葉が地上に出て，葉（**本葉**①）が出る。しかし，発芽のようすは植物の種類によって少しずつちがっている。ここではインゲンマメ，トウモロコシ，イネなどの発芽について見ていこう。

用語

本葉
①子葉の後に出る大きな葉のこと。

インゲンマメの発芽

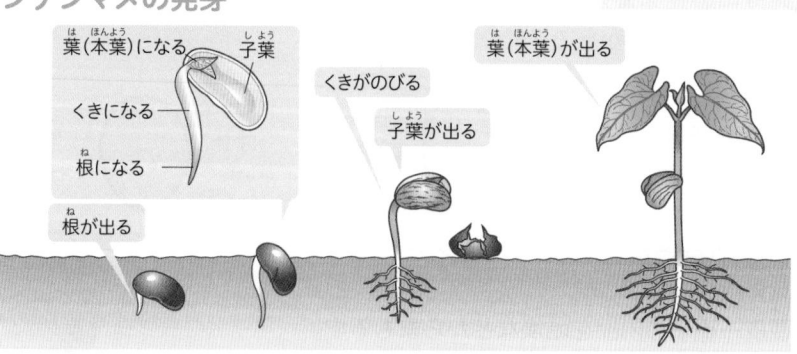

葉（本葉）になる　子葉
くきになる
根になる
根が出る

くきがのびる
子葉が出る

葉（本葉）が出る

はじめに**根**が出て，**くき**がのび，**2枚の子葉**が地上に出て，子葉から**葉（本葉）**が出る。

トウモロコシの発芽

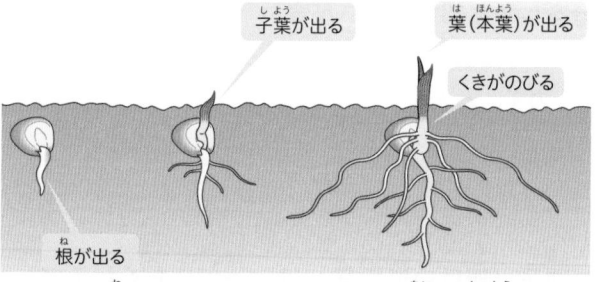

子葉が出る
葉（本葉）が出る
くきがのびる
根が出る

はじめに**根**が出て，**くき**がのび，**1枚の子葉**が地上に出て，**葉（本葉）**が出る。

イネの発芽

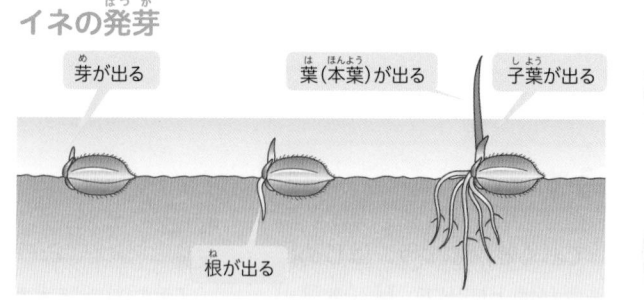

芽が出る
葉（本葉）が出る
子葉が出る
根が出る

種子が水につかっていると，<u>はじめに**芽**が出てから**根**が出て</u>①，**1枚の子葉**が地上に出て，**葉（本葉）**が出る。

🔍 もっとくわしく

①イネも，種子が水面にあるときは，インゲンマメやトウモロコシと同じように，根が先に出てから芽が出る。また，あまり深い水の中に種子があると，発芽できない。

いろいろな植物の子葉

発芽のときに出てくる子葉の数は，植物の種類によってちがっている。

子葉の数が1枚の植物

トウモロコシ	イネ	ツユクサ	ユリ

   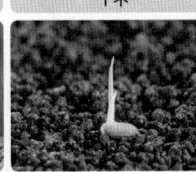

子葉の数が2枚の植物

インゲンマメ	ヒマワリ	アサガオ	アブラナ

ヘチマ	ホウセンカ

子葉の数が2枚以上の植物

マツ	スギ

もっとくわしく

単子葉類と双子葉類

トウモロコシやイネのように，発芽のときに出てくる子葉の数が1枚の植物を**単子葉類**という。また，インゲンマメのように，発芽のときに出てくる子葉の数が2枚の植物を**双子葉類**という。

また，発芽のときに必ず子葉が地上に出てくるわけではなく，子葉が地上には出てこないで地中に残る植物もある。

●子葉が地上に出てくる植物

インゲンマメ，トウモロコシ，イネ，ダイコン，アブラナ，カキ，アサガオなど。

●子葉が地上に出てこない植物

ソラマメ，エンドウ，クリ，カシ，ナラなど。

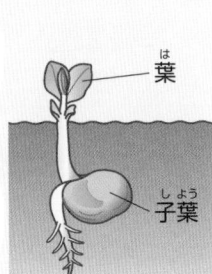
↑ソラマメ

葉
子葉

生命編

第1章 こん虫の成長とからだのつくり

第2章 生き物と四季

第3章 植物の育ち方

第4章 植物のつくりとはたらき

第5章 魚や人の誕生

第6章 動物のからだのつくりとはたらき

第7章 生物のくらしとかん境

3 発芽と養分

5年

1 子葉のはたらき

P.60

インゲンマメなどの種子は，発芽に必要な養分を子葉にたくわえている。では，子葉にたくわえられた養分はどのように使われていくのだろうか。

実験

子葉にたくわえられた養分の変化を調べる

ねらい

インゲンマメの子葉にたくわえられた養分が，発芽によってどのように使われて変化するのかを調べる。

方法

1 同じ大きさのインゲンマメの種子を発芽させる。

2 ①発芽する前のもの，②発芽したばかりのもの，③発芽して少したったもの，④葉（本葉）が出るまで育てたものについて，それぞれ子葉を半分に切り，ヨウ素液①につけて色の変化を調べる。

①でんぷんにふれると青むらさき色に変化する液。

P.65

結果

	①	②	③	④
ヨウ素液につけた子葉の色				

わかったこと

種子が発芽して成長するにつれて（①⇒④），青むらさき色の部分が少なくなっていることから，でんぷんが少なくなったことがわかる。このことから，子葉にたくわえられた養分は，発芽とその後の成長に使われることがわかる。

第1章 こん虫の成長とからだのつくり

第2章 生き物と四季

第3章 植物の育ち方

第4章 植物のつくりとはたらき

第5章 魚や人の誕生

第6章 動物のからだのつくりとはたらき

第7章 生物のくらしとかん境

ここが大切

・ヨウ素液は，**でんぷん**がふくまれているかどうかを調べるときに使う。

・でんぷんがあると，ヨウ素液は**青むらさき色**に変化する。

子葉の大きさと成長

P.64の実験で，インゲンマメの子葉にたくわえられた養分は，発芽のときだけでなく，その後しばらくの間の成長にも使われることがわかった。さらに，右の図のように，子葉の大きさをそのままにしたものと半分を切り取ったもので成長を比べると，子葉の大きさと植物の成長には関係があることがわかった。

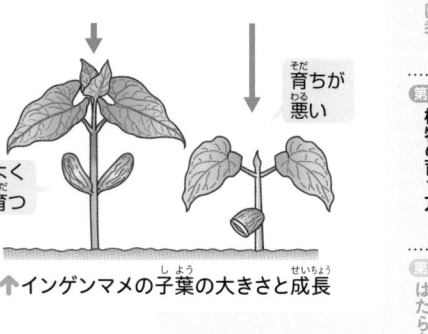

半分を切り取る

育ちが悪い

よく育つ

↑インゲンマメの子葉の大きさと成長

2 はい乳のはたらき

同じように，発芽に必要な養分をはい乳にたくわえているトウモロコシについても見ていこう。

実験

はい乳にたくわえられた養分の変化を調べる

ねらい

トウモロコシのはい乳にたくわえられた養分が，発芽によってどのように使われて変化するのかを調べる。

方法

1 同じ大きさのトウモロコシの種子を発芽させる。

②①発芽する前のもの，②発芽したばかりのもの，③発芽して少したったもの，④ある程度のびたものについて，それぞれはい乳を半分に切り，ヨウ素液につけて色の変化を調べる。

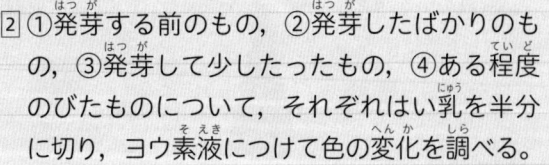

種皮とはい乳
葉（本葉）
子葉
ひげ根

結果

	①	②	③	④
ヨウ素液につけた子葉の色			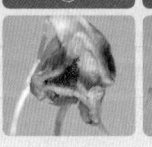	

・°。　**わかったこと**　✧・°。

種子が発芽して成長するにつれて（①⇒④），青むらさき色の部分が少なくなっていることから，でんぷんが少なくなったことがわかる。このことから，**はい乳にたくわえられた養分は，発芽とその後の成長に使われることがわかる。**

はい乳の大きさと成長

　上の実験で，トウモロコシのはい乳にたくわえられた養分は，発芽のときだけでなく，その後しばらくの間の成長にも使われることがわかった。さらに，右の図のように，はい乳の大きさをそのままにしたものと一部切り取ったもので成長を比べると，はい乳の大きさと植物の成長には関係があることがわかった。

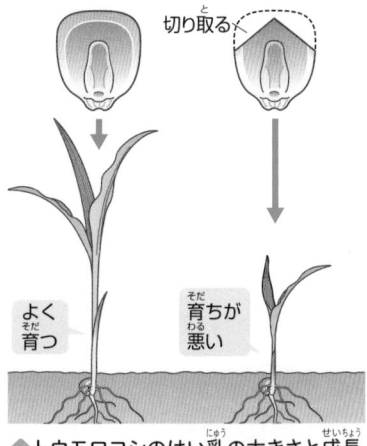

切り取る

よく
育つ

育ちが
悪い

↑トウモロコシのはい乳の大きさと成長

4 植物の成長

5年

　これまで，植物の発芽に必要な条件が何かを調べてきた。では，発芽したあと，植物が大きく成長するために必要な条件はなんだろうか。ここでは，発芽に必要だった水，空気，適した温度以外の条件である，日光と肥料について見ていこう。

1 成長と日光

植物の成長と日光の関係について調べる。

実験

植物の成長に日光が必要かどうかを調べる

ねらい

植物が発芽したあと，成長するためには日光が必要かどうかを調べる。

方法

1. 同じくらいの大きさに育ったインゲンマメのなえを2つ用意する。
2. ペットボトルでつくったはちに，パーライト①を入れて，なえを植える。
3. アは日光の当たるところへ置き，イは日光の当たらないところへ置いて，ほかの条件②を同じにする。

①肥料をふくまない土で，鉱物からつくられる。ふつうの土には肥料がふくまれていることが多いので，この実験では，なえにあたえる養分の量を同じにするために，養分をふくまないパーライトを使う。ひる石とよばれる鉱物から作られるバーミキュライトを使ってもよい。

②水や温度，なえに与える肥料の量は同じにすること。

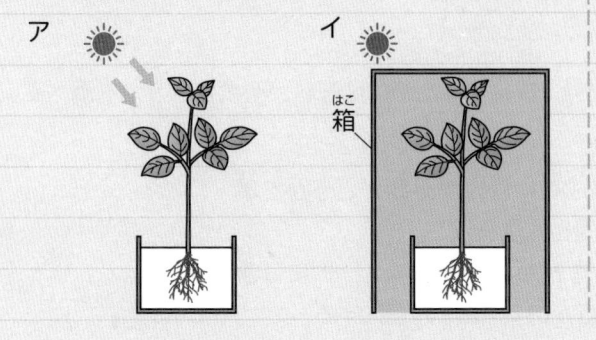

生命編

第1章 こん虫の成長とからだのつくり

第2章 生き物と四季

第3章 植物の育ち方

第4章 植物のつくりとはたらき

第5章 魚や人の誕生

第6章 動物のからだのつくりとはたらき

第7章 生物のくらしとかん境

4 2週間ほど世話をして，育ち方（葉の数や色や大きさ，くきの色や太さ，全体のようすなど）を比べる。

結果

	ア①	イ②
葉のようす	葉はこい緑色で大きく，葉の数は多い。	葉はうすい緑色で小さく，数は少ない。
くきのようす	こい緑色で太く，しっかりしている。	うすい緑色で細く，ひょろひょろしている。
全体のようす	全体的にしっかり育っている。	全体的に弱々しく育っている。

①2週間後のアのなえ

②2週間後のイのなえ

わかったこと ✦

日光に当てたなえは，葉の数も多く，全体にこい緑色をしていて，大きくしっかりと育っているが，日光に当てなかったなえは葉の数も少なく，全体的にうすい緑色をしていて，弱々しい。このことから，**植物の成長には日光が必要である**ことがわかった。

2 成長と肥料

実験

植物の成長に肥料が必要かどうかを調べる

ねらい

植物が発芽したあと，成長するためには肥料が必要かどうかを調べる。

方法

1, 2 「植物の成長に日光が必要かどうかを調べる実験」と同じ方法を行う。

3 ウには肥料をとかした水を与え，エには水だけを与え，ほかの条件③を同じにする。

③水や温度，日光は同じにすること。

68

[4]　2週間ほど世話をして，育ち方（葉の数や色や大きさ，くきの色や太さ，全体のようすなど）を比べる。

ウ　　　　　　　　　エ

肥料
＋
水

水

①2週間後のウのなえ

結果

	ウ①	エ②
葉のようす	葉はこい緑色で大きく，葉の数は多い。	葉はこい緑色で小さく，数は少ない。
くきのようす	こい緑色で太く，しっかりしている。	こい緑色で少し太く，あまりのびていない。
全体のようす	大きく育っている。	あまり育っておらず，小さい。

②2週間後のエのなえ

✦ わかったこと ✦

肥料をとかした水を与えたなえは，葉の数も多く，全体に大きくしっかりと育っているが，水だけを与えたなえは葉の数も少なく，全体的に小さい。このことから，**植物が大きくじょうぶに成長するには肥料が必要である**ことがわかった。

ここが大切

植物の成長には，
・**水，空気，発芽に適した温度，日光，肥料**
の5つの条件が必要である。

第1章　こん虫の成長とからだのつくり

第2章　生き物と四季

第3章　**植物の育ち方**

第4章　植物のつくりとはたらき

第5章　魚や人の誕生

第6章　動物のからだのつくりとはたらき

第7章　生き物のくらしとかん境

5 花から実へ

5年

1 花のつくり

　花には，めしべとおしべがある。このほかにどのようなつくりがあるか，アサガオの花で見ていこう。

花びら
めしべ
おしべ
がく

- **めしべ**…花の中心に1本ある。めしべの先の部分を**柱頭**①，真ん中の部分を**花柱**，根もとの部分を**子ぼう**②という。めしべの数はどの花も同じ1本である。
- **おしべ**…めしべのまわりに5本ある。おしべの先の部分には，花粉をつくる**やく**③がある。おしべの数は花の種類によってちがう。
- **花びら**…おしべの外側にある。アサガオの花びらは5枚である。花びらの数④は花の種類によってちがう。
- **が　く**…花びらの外側にある。根もとがくっついているものとはなれているものがある。つぼみのときには，めしべやおしべをまもり，花びらを支えている。

ここが大切
花のつくりは，外側から
がく，花びら，おしべ，めしべ　の順！

もっとくわしく

①花粉がつくところ。花粉がつきやすいようにねばねばしている。

↑アサガオの柱頭

②子ぼうの中にははいしゅがある。成長すると種子になる。

③花粉のうともよばれる。

↑アサガオのやく

④イネのように，花びらのない花もある。

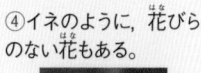

↑イネの花

70

生命編

第1章 こん虫の成長とからだのつくり

第2章 生き物と四季

第3章 植物の育ち方

第4章 植物のつくりとはたらき

第5章 魚や人の誕生

第6章 動物のからだのつくりとはたらき

第7章 生物のくらしとかん境

② いろいろな花のつくり

両性花と単性花

　左で見たように，アサガオは1つの花の中にめしべとおしべの両方がある。このような花を**両性花**という。

　これに対して，ツルレイシやヘチマのようにめしべとおしべが別々の花についているものがある。このような花を**単性花**という。単性花では，めしべのある花をめ花といい，おしべのある花をお花という。

め花

がく　めしべ　花びら

↑ヘチマのめ花　↑ヘチマのめしべ

お花

おしべ

↑ヘチマのお花　↑ヘチマのおしべ

両性花	例 アサガオ，アブラナ，サクラ，オクラ，ナス，イネ，ツツジ
単性花	例 ヘチマ，ツルレイシ，カボチャ

完全花と不完全花

　アサガオの花は，がく，花びら，おしべ，めしべの4つのつくりからできていた。これらの4つのつくりを花の4要素といい，1つの花の中にすべてがそろっているものを**完全花**という。これに対して，4要素のうちかけているものがあるものを**不完全花**という。

完全花	例 アサガオ，アブラナ，サクラ，オクラ，ナス，エンドウ
不完全花	例 ヘチマ，ツルレイシ，カボチャ①，イネ②，トウモロコシ，マツ

🔍 **もっとくわしく**

①ヘチマ，ツルレイシ，カボチャは単性花なので，お花にはめしべがなく，め花にはおしべがない。

②イネには花びらとがくがない。

合弁花ととり弁花

　アサガオの花びらは，根もとの部分でくっついた形をしていた。このような花を**合弁花**という。

例

↑タンポポ①

↑ツツジ

　これに対して，アブラナなどのように花びらの1枚1枚がはなれているものを**り弁花**という。

例

柱頭
子ぼう
めしべ
やく
はいしゅ
花びら
がく

↑アブラナ

花びら
めしべ
おしべ
花びら
がく

↑エンドウ

↑サクラ

がくや花びらのない花

　不完全花の中でも，特ちょう的なイネ，トウモロコシ，マツの花のつくりについて見る。

●**イネ**…がくや花びらがない。えいとよばれる葉が変化したものが，めしべやおしべをまもっている。

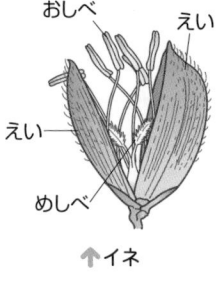

おしべ　えい

えい

めしべ

↑イネ

●**トウモロコシ**…単性花で，め花，お花のどちらにもがくと花びらがない。

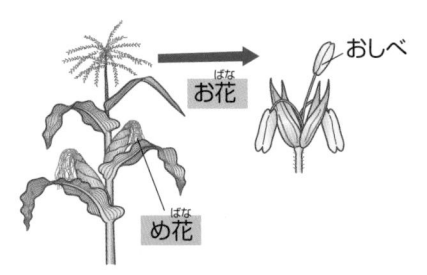

お花　　おしべ

め花

↑トウモロコシ

●**マツ**…単性花で，め花，お花のどちらにもがくと花びらがない。また，マツの花は子ぼうがなく，め花のはいしゅはむき出しになっている。

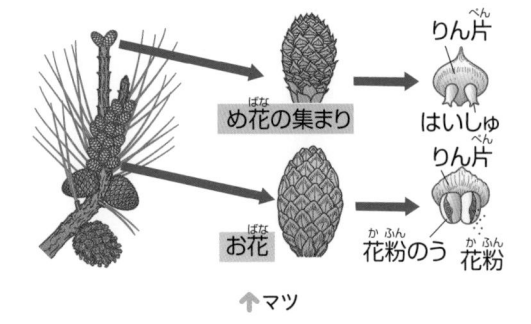

め花の集まり　りん片

はいしゅ

お花　　りん片

花粉のう　花粉

↑マツ

生命編

第1章 こん虫の成長とからだのつくり

第2章 生き物と四季

第3章 植物の育ち方

第4章 植物のつくりとはたらき

第5章 魚や人の誕生

第6章 動物のからだのつくりとはたらき

第7章 生物のくらしとかん境

いろいろな花のつくり

入試でる度　★★☆☆☆

代表的な植物の花のつくりは，まとめて覚えておくとよい。

植物	めしべ	おしべ	花びら	がく	花の分類		
アブラナ	1本	6本	4枚	4枚			両性花
エンドウ		10本	5枚	5枚	り弁花		
サクラ		20〜30本	5枚	5枚		完全花	
タンポポ		5本	5枚	多数			
アサガオ		5本	5枚	5枚	合弁花		
ヘチマ		5本	5枚	5枚			単性花
イネ		6本	なし	なし	—		両性花
トウモロコシ		3本	なし	なし	—	不完全花	
マツ	—	—	なし	なし	—		単性花

ここが問われる！

いろいろな植物の花の分類

花のつくりの名前や役割，数について問われることが多い。また，1つの花の中にめしべとおしべの両方があるかどうか（両性花か単性花か）などについてもよく問われるので，よく出る植物の特ちょうは正確に覚えておこう！

もっとくわしく

花式図

右のような，花のつくりを上から見て模式的に表した図を花式図という。花のつくりの位置や数がわかるようにかかれている。

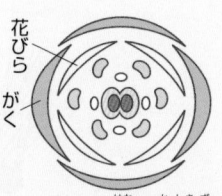

花びら
がく

↑アブラナの花の花式図

生命編

第1章 こん虫の成長とからだのつくり

第2章 生き物と四季

第3章 植物の育ち方

第4章 植物のつくりとはたらき

第5章 魚や人の誕生

第6章 動物のからだのつくりとはたらき

第7章 生物のくらしとかん境

③ 花粉のはたらき

おしべのやくでつくられた花粉が，めしべの柱頭につくことを受粉という。
受粉すると，実ができる。

実験

実ができるには受粉が必要であることを調べる　～アサガオ～

ねらい

アサガオの実ができるには，受粉が必要である
ことを調べる。

方法

1 つぼみのおしべをすべて取り去った①アサガオ
（A，B）を用意する。

2 A，Bにふくろをかける②。

3 花がさいたら，Aはふくろをはずしてほかのア
サガオの花粉をめしべの先につけ，受粉させ
る。受粉後はふくろをかける。Bはふくろをか
けたままにし，受粉させない。

4 A，Bともに花がしぼんだらふくろをはずし，
1週間後のようすを観察する。

①花が開くと，受粉し
てしまうため，つぼみ
のうちにおしべをすべ
て取り去る。

②知らないうちに虫に
運ばれた花粉がめし
べについたりしないよ
うにするため。

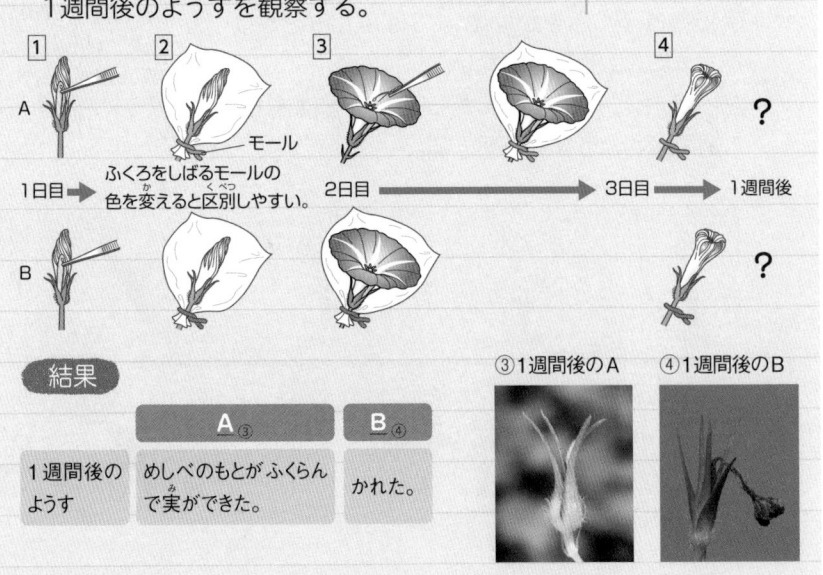

1 2 3 4

A

モール

1日目　ふくろをしばるモールの
色を変えると区別しやすい。　2日目 ━━━━━━━━━━▶ 3日目 ━━▶ 1週間後

B

？

結果

③1週間後のA　④1週間後のB

	A③	B④
1週間後のようす	めしべのもとがふくらんで実ができた。	かれた。

✦ わかったこと ✦

受粉させたAでは，めしべのもとがふくらんで実ができたが，受粉させなかったBは実ができることなくかれてしまったことから，**アサガオの実ができるには，受粉することが必要である**ことがわかった。

↑アサガオの種子

実験

実ができるには受粉が必要であることを調べる　～ヘチマ～

ねらい

ヘチマの実ができるには，受粉が必要であることを調べる。

方法

1 ふくろをかけたヘチマのめ花①（A，B）を用意する。

2 花がさいたら，Aはふくろをはずしてお花からとった花粉をめしべの先につけ，受粉させる。受粉後はふくろをかける②。Bはふくろをかけたままにし，受粉させない。

3 A，Bともに花がしぼんだらふくろをはずし，1週間後のようすを観察する。

①ヘチマのめしべはめ花にある。

②知らないうちに虫によって，お花から運ばれた花粉がめしべにつかないようにするため。

	1	2	3
A			？

1日目　→　2日目　→　1週間後

B　　　　？

生命編

第1章 こん虫の成長とからだのつくり

第2章 生き物と四季

第3章 植物の育ち方

第4章 植物のつくりとはたらき

第5章 魚や人の誕生

第6章 動物のからだのつくりとはたらき

第7章 生物のくらしとかん境

結果

	A ①	B ②
1週間後のようす	めしべのもとがふくらんで実ができた。	かれた。

①1週間後のA

②1週間後のB

☆ わかったこと ☆

受粉させたAでは，めしべのもとがふくらんで実ができたが，受粉させなかったBは実ができることなくかれてしまったことから，ヘチマの実ができるには，受粉することが必要であることがわかった。

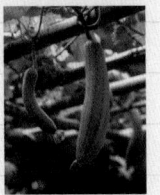

↑ヘチマの実

中学入試対策！

実ができるしくみ

入試でる度 ★★☆☆☆

実ができるまでのしくみ

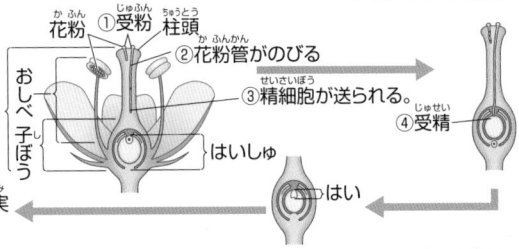

種子が発芽する。

花粉
①受粉
柱頭
②花粉管がのびる
③精細胞が送られる。
④受精

おしべ
子ぼう
はいしゅ

種子←はいしゅ
実
はい

はい

①花粉が，めしべの先（柱頭）につく（受粉）。

②花粉から花粉管③がのびる。

③花粉管の中を，精細胞④が送られる。

④花粉管の精細胞のかくとはいしゅの中の卵細胞のかくが合体する（受精）。

　受粉後，受精がおこると，めしべのもとの子ぼうがふくらんで実ができ，はいしゅが種子になる。

③花粉からのびる管。子ぼうの中のはいしゅまでのびる。

④生物の形や性質などの情報がはいったもの。

ここが問われる！

実ができるには，受粉と受精の両方が必要であることが問われる。どのようなしくみで実ができるのかを，図を見ながら理解しておこう。

いろいろな受粉のしかた

受粉には，アサガオのような両性花でおもに見られる**自家受粉**と，すべての植物で見られる**他家受粉**がある。

・自家受粉…同じ株どうしで，おしべの花粉がめしべにつくこと。

・他家受粉…同じ種類のほかの株どうしで，おしべの花粉がめしべにつくこと。

また，他家受粉する花は，花粉の運ばれ方によって，**虫ばい花**，**風ばい花**などに分かれる。

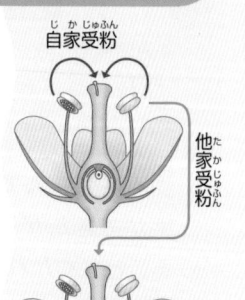

↑自家受粉と他家受粉

	運ばれ方	花粉の特ちょう
虫ばい花	こん虫によって花粉が運ばれる。	こん虫のからだにつきやすいように，とげや毛がはえている。 例 アブラナ，ツツジ，カボチャ，タンポポ　　アブラナ　カボチャ　ツツジ　タンポポ
風ばい花	風によって花粉が運ばれる。	軽くて飛ばされやすい。空気ぶくろをもつものもある。 例 マツ，ススキ，トウモロコシ，イネ　　空気ぶくろ　マツ　トウモロコシ　ススキ　イネ

ここが問われる！

どのような花粉をもっているか，またどのようにして受粉するかを問う問題が見られる。「虫ばい花⇒こん虫⇒くっつきやすい」，「風ばい花⇒風⇒軽い」と覚えておこう。

入試要点チェック

☐ 1 植物の種子から，芽や根が出ることを何といいますか。

☐ 2 調べたい条件1つだけを変えて，それ以外の条件を同じにして行う実験を何といいますか。

☐ 3 インゲンマメの種子をまいたはちを，水と空気がある，冷蔵庫に置きました。インゲンマメは発芽しますか。

☐ 4 トウモロコシの種子で，発芽に必要な養分がたくわえられている部分を何といいますか。

☐ 5 ヨウ素液は何があると色が変わりますか。

☐ 6 5のとき，ヨウ素液は何色になりますか。

☐ 7 アサガオの花のつくりを，外側から順にならべて，その名前を書きなさい。

☐ 8 ふつう，めしべは1つの花に何本ありますか。

☐ 9 ヘチマの花のうち，めしべがあるのはめ花ですか，お花ですか。

☐ 10 ヘチマのように，1つの花の中に花の4要素がすべてそろっていないものを何といいますか。

☐ 11 花びらが1枚1枚はなれている花を何といいますか。

☐ 12 花びらが根もとでくっついている花を何といいますか。

☐ 13 ヘチマの実ができるために必要なことは何ですか。

☐ 14 虫ばい花とは，花粉が何によって運ばれる花のことですか。

つまずいたら
調べよう

1 ▶ P.55　1 1 発芽とは
2 ▶ P.56　1 2 発芽と水
3 ▶ P.58　1 4 発芽と温度
4 ▶ P.61　2 1 種子のつくり
5 ▶ P.65　3 1 子葉のはたらき
6 ▶ P.65　3 1 子葉のはたらき
7 ▶ P.70　5 1 花のつくり
8 ▶ P.70　5 1 花のつくり
9 ▶ P.71　5 2 いろいろな花のつくり
10 ▶ P.71　5 2 いろいろな花のつくり
11 ▶ P.72　5 2 いろいろな花のつくり
12 ▶ P.72　5 2 いろいろな花のつくり
13 ▶ P.76　5 3 花粉のはたらき
14 ▶ P.78　5 入試 いろいろな受粉のしかた

第1章 こん虫の成長とからだのつくり
第2章 生き物と四季
第3章 植物の育ち方
第4章 植物のつくりとはたらき
第5章 魚や人の誕生
第6章 動物のからだのつくりとはたらき
第7章 生物のくらしとかん境

79

入試問題にチャレンジ！

解答▶別冊…P.551

1 図1の **A**，**B** はカボチャの花を示したものです。**A**，**B** の花を観察したところ，**A** の花の内側にはたくさんの黄色い粉がついていて，**B** の花にはがくの下に丸いふくらみがありました。これについて，以下の問いに答えなさい。

図1

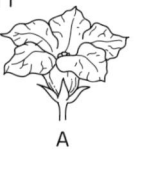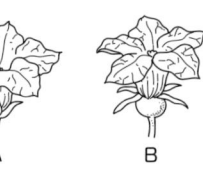

A　　　　B

（東京農業大第一高中等部・改）

よくでる（1）**A**，**B** から，お花を選び，記号で答えなさい。（　　）

（2）**B** の花の丸いふくらみを何といいますか。言葉で答えなさい。（　　）

よくでる（3）花のつくりがカボチャと同じ植物を，次の**ア〜オ**から選び，記号で答えなさい。（　　）

ア　アブラナ　　イ　アサガオ　　ウ　ダイズ　　エ　キュウリ
オ　ダイコン

2 次の文を読んで，下の問いに答えなさい。

（白陵中・改）

春になると，花だんや道ばた，公園などでは，たくさんの植物の芽が出ます。植物の種子が発芽するためには，何が必要なのでしょうか。ある植物の種子を下図のように綿の入った容器①〜⑧に入れ，条件を変えて発芽するかどうかを調べる実験をしたところ，表1の結果になりました。

表1

容器	変えた条件	同じにした条件	結果
①	水をあたえない	A B C	発芽しない
②	水をときどきあたえる		発芽する
③	種子を水の中に沈め，エアポンプで空気を送る	A B D	発芽する
④	種子を水の中に沈める		発芽しない
⑤	25℃に保つ	B C D	発芽する
⑥	冷蔵庫の中（5℃）に入れる		発芽しない
⑦	日当たりのいいところに置く	A C D	発芽する
⑧	おおいをして暗くする		発芽する

綿　種子

表1の「同じにした条件」**A〜D** に適するものを選び，記号で答えなさい。**A**（　　）**B**（　　）**C**（　　）**D**（　　）

ア　空気にふれさせる　　イ　光を当てる
ウ　適切な温度にする　　エ　水をあたえる

3 アサガオの種子をまいて育て，成長のようすを観察しました。右の図はそのスケッチです。これについて以下の各問いに答えなさい。

（香蘭女学校中・改）

(1) 発芽した種子から最初にあらわれる葉は **A** のような貝われ形をしています。この葉のはたらきや特ちょうについてまちがっているものを**ア**〜**オ**から１つ選び，記号で答えなさい。　　　（　　）

　ア　花が次々と咲きだすまでは成長を続け，色は緑色のままである。

　イ　本葉が育つまでは，あまり大きさは変わらず，形も貝われ形のままである。

　ウ　本葉が何枚かできてくると，黄色に色づいて散ってしまう。

　エ　水を吸ってふくらむまでは，しわだらけの状態で種皮に包まれている。

　オ　緑色をしているので，光合成をおこなう。

(2) この **A** の葉の名前を漢字 2 文字で答えなさい。　　　（　　　　　　　）

(3) この **A** の葉の次に出てくる本葉 1 枚のおおよその形を描きなさい。

(4) 次の 3 つの図は，スギナ・発芽したイネ・発芽したエンドウをあらわしたものです。この 3 つの図の中より，**A** の葉がもっているはたらきと同じはたらきをもっている部分を**ア**〜**カ**から 2 つ選び記号で答えなさい。　　　（　　　　　　）

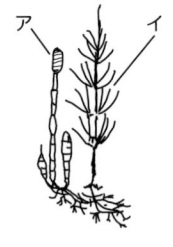
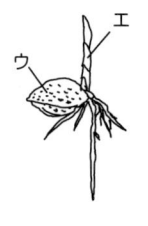
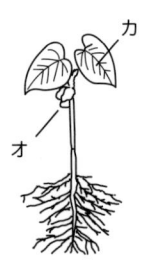

生命編

第1章 こん虫の成長とからだのつくり

第2章 生き物と四季

第3章 植物の育ち方

第4章 植物のつくりとはたらき

第5章 魚や人の誕生

第6章 動物のからだのつくりとはたらき

第7章 生物のくらしとかん境

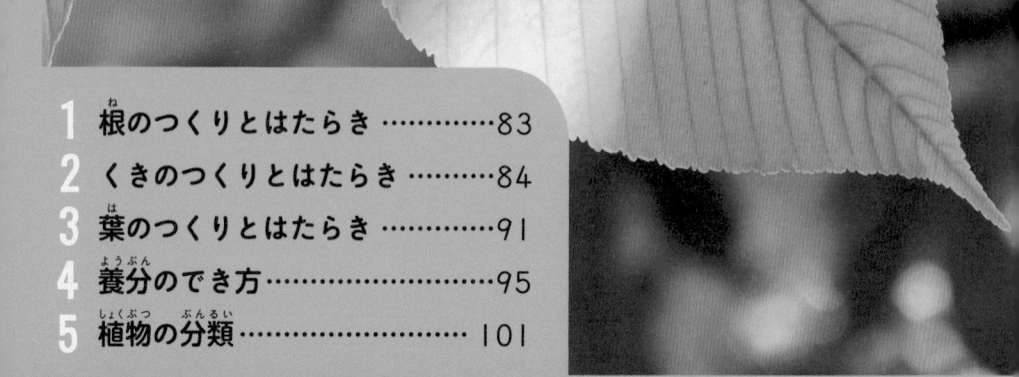

第**4**章

植物のつくりと はたらき

1 根のつくりとはたらき …………83
2 くきのつくりとはたらき ………84
3 葉のつくりとはたらき …………91
4 養分のでき方 …………………95
5 植物の分類 ……………………101

1 根のつくりとはたらき

6年 **発展**

1 根のつくり

　根は，ふつう土の中にあるため，見ることがむずかしいが，水や肥料分を吸収したり，植物のからだがたおれないように支えたりといった，重要なはたらきをしている。

　根のつくりは植物の種類によって下のように大きく2つに分かれている。

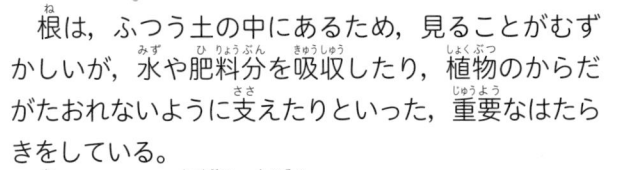

子葉が2枚の植物（双子葉類）	子葉が1枚の植物（単子葉類）

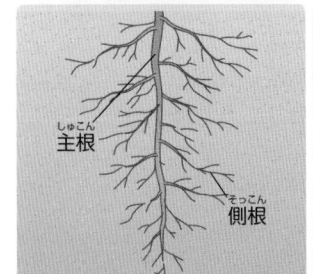
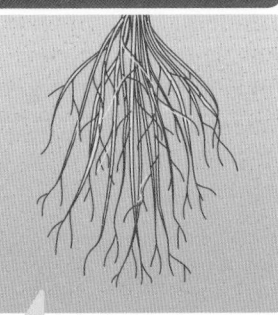

主根と，主根から枝分かれした側根でできている。
例 タンポポ，ナズナ，ヒメジョオン，ジャガイモ，インゲンマメ

くきのつけ根から，ほとんど同じ太さで出ているひげ根でできている。
例 イネ，エノコログサ，カモジグサ

　また，根をよく見ると，白い毛のようなものがたくさん出ていることがわかる。これは**根毛**とよばれるもので，根がのびるにつれて古いものはなくなって，新しいものができる。根毛は，細かい土の中まで入りこんで水や肥料分を吸収することができる。そのため，根毛がたくさんあることで，根の表面積が大きくなり，水や肥料分を吸収しやすくしている。

↑タンポポ

↑ナズナ

↑ヒメジョオン

↑イネ

↑エノコログサ

↑ハツカダイコンの根毛

生命編

第1章 こん虫の成長とからだのつくり

第2章 生き物と四季

第3章 植物の育ち方

第4章 植物のつくりとはたらき

第5章 魚や人の誕生

第6章 動物のからだのつくりとはたらき

第7章 生物のくらしとかん境

2 根のはたらき

根のはたらきには，大きく下の3つがある。

・土の中の水や肥料分を吸収する。

・根を土の中にしっかりとはって，植物のからだがたおれないように支える。

・養分をたくわえる。

例 サツマイモ，ゴボウ，ニンジン，カブ，ダリア

↑サツマイモ

理科の宝箱 　　いろいろな根

根には，上に示したようなはたらきがあるが，このほかのはたらきをもつ根もある。それは，熱帯や亜熱帯といった暑い地域の河口で，満潮になると海水が満ちてくる場所にはえている植物の根である。このような地域にはえる植物はまとめてマングローブとよばれている。マングローブの大きな特ちょうは，根を空気中に出して呼吸をすることである。世界中には100種類以上あるといわれていて，日本では，沖縄や鹿児島（奄美大島）などで見ることができる。

↑ヤエヤマヒルギ

2 くきのつくりとはたらき

6年 発展

1 くきのつくり

根の上にあって，葉が出ている部分をくきという。くきを横に切ってみると，たくさんの管やつくりがあることがわかる。

●道管…根から吸収した水や肥料分が通る管で，くきでは中心側にある。

● **師管**…葉でできた養分が通る管で，くきでは道管より外側にある。

● **維管束**…道管と師管がたばになっているところ。

● **形成層**…くきが太く成長する①ところ。

維管束のならび方は，植物の種類によって下の表のように大きく2つに分けられている。

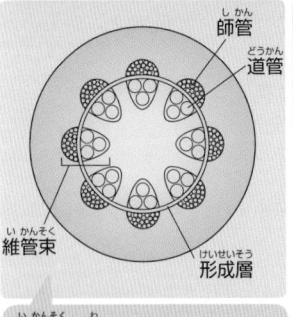

子葉が2枚の植物（双子葉類）

師管
道管
維管束
形成層

維管束が輪のようにならんでいる。
形成層がある。
例 タンポポ，ナズナ，ヒメジョオン，ジャガイモ，インゲンマメ

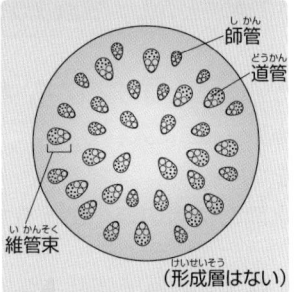

子葉が1枚の植物（単子葉類）

師管
道管
維管束
（形成層はない）

維管束がばらばらに散らばっている。
形成層がない。
例 イネ，エノコログサ，カモジグサ

もっとくわしく

①植物や動物のからだは，細胞という小さな部屋がたくさん集まってできている。形成層では細胞がたくさんつくられていて，それによってくきは太く成長する。

↑双子葉類のくき（ホウセンカ）

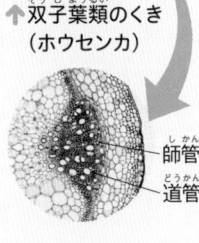
師管
道管

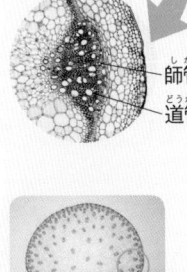
↑単子葉類のくき（トウモロコシ）

師管
道管

2 くきのはたらき

くきのはたらきには，大きく下の3つがある。
・根から吸収した水や肥料分や，葉でできた養分を通しからだ中に運ぶ。
・葉や花を支える。
・養分をたくわえる。
例 ジャガイモ，レンコン，クワイ

ここでは，ホウセンカとトウモロコシを使って，道管のはたらきについて調べてみよう。

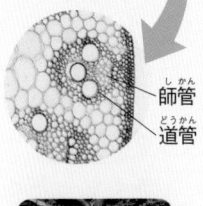

↑ジャガイモ（塊茎）

第1章 こん虫の成長とからだのつくり

第2章 生き物と四季

第3章 植物の育ち方

第4章 植物のつくりとはたらき

第5章 魚や人の誕生

第6章 動物のからだのつくりとはたらき

第7章 生物のくらしとかん境

実験

道管が，根から吸収した水や肥料分を通していることを調べる

ねらい

道管が，根から吸収した水や肥料分を通していることを，ホウセンカを使って調べる。

方法

1 350mLくらいの水に，<u>食用の赤色色素①</u>を薬さじで2はい入れて水にとかし，三角フラスコに入れる。

2 ホウセンカを土から根ごとほり上げて，根をあらい，1 の三角フラスコに入れる。

3 水面の位置に印をつける。

4 葉やくきの色，水面の位置の変化のようすを観察する。

5 赤くなったくきや葉のつけ根の部分を<u>横やたてに切って②</u>，切り口のようすを観察する。

①粒が細かくてこぼれやすいので，ていねいに扱うこと。

②カミソリの刃などを使って切る。手を切らないように注意すること。

1　　　　2

③④赤くなった葉，くきのようす

4 の結果

葉の色	赤くなった③
くきの色	赤くなった④
水面の位置	下がった

5 の結果

赤くなったくきや葉のつけ根の部分をそれぞれ横やたてに切ると，右の表のようになった。

	断面	つけ根の断面
葉		
	横に切った断面	たてに切った断面
くき		

第1章 こん虫の成長とからだのつくり

第2章 生き物と四季

第3章 植物の育ち方

第4章 植物のつくりとはたらき

第5章 魚や人の誕生

第6章 動物のからだのつくりとはたらき

第7章 生物のくらしとかん境

✧ わかったこと ✧

赤色色素をとかした水にひたした根の部分だけでなく，葉やくきの色も赤くなったことと，水面の位置が下がったことから，**根から吸収した水が植物のからだ全体に運ばれた**ことがわかる。また，葉のつけ根とくきを横やたてに切ったときに，赤くなっている部分が見られたのは，根から吸収された赤色色素によってそまったからで，この部分が，葉，くきの道管であると考えられる。よって，これらの結果から，**根から吸収した水は道管を通って，からだ全体に運ばれている**ことがわかる。

同じ実験を，トウモロコシを使って行うと，次のような結果になる。

トウモロコシを使ったときの４の結果

葉の色	赤くなった①
くきの色	赤くなった②
水面の位置	下がった

①②赤くなった葉，くきのようす

トウモロコシを使ったときの５の結果

赤くなったくきや葉のつけ根の部分をそれぞれ横やたてに切ると，右の表のようになった。

	断面	つけ根の断面
葉		
	横に切った断面	たてに切った断面
くき		

✧ わかったこと ✧

ホウセンカは双子葉類，トウモロコシは単子葉類であるため，葉やくきの断面など，赤くなる部分のようすはホウセンカとはちがったが，ホウセンカと同じように，**根から吸収した水は道管を通って，からだ全体に運ばれている**ことがわかる。

理科の宝箱 ✧

いろいろな形のくき

くきには，ホウセンカやトウモロコシのように，根の上にまっすぐにのびているものもあれば，ブドウやアサガオなどのように，ほかのものに巻きつくものもある。また，サイカチの木の

くきはトゲのようなとがった形をしており，ナギイカダのくきは葉のような形をしている。「くき（茎）」と一言でいってもいろいろな形のものがある。

▲ブドウ（巻きひげ）

▲サイカチ（茎針）

▲ナギイカダ（葉状茎）

いろいろな根やくき

入試でる度
★★★★★

わたしたちが食べている野菜などの多くは，葉や，めしべの根もとの子ぼうが成長してできた実であるが，中には，根やくきを食べているものがある。

ここが問われる！

入試では，ふだん食べている野菜が植物のどのつくりのものかを問われることがある。とくに根やくきを食べている野菜については，しっかり覚えておこう！

くきのつくりとはたらき **6**年 **発展**

生命編

第1章 こん虫の成長とからだのつくり

第2章 生き物と四季

第3章 植物の育ち方

第4章 植物のつくりとはたらき

第5章 魚や人の誕生

第6章 動物のからだのつくりとはたらき

第7章 生物のくらしとかん境

▼いろいろな野菜

葉を食べる野菜

↑ホウレンソウ

↑レタス

↑ハクサイ

↑キャベツ

↑タマネギ

花（つぼみ）を食べる野菜

↑ブロッコリー

↑カリフラワー

実を食べる野菜

↑トマト

↑ピーマン

↑カボチャ

↑キュウリ

↑ナス

種子を食べる野菜

↑トウモロコシ

↑ソラマメ

↑エダマメ

↑アズキ

くきを食べる野菜

↑アスパラガス　↑タケノコ　↑ジャガイモ　↑レンコン　↑サトイモ

根（はい軸）を食べる野菜

↑サツマイモ　↑ゴボウ　↑ニンジン　↑カブ　↑ダイコン

3 葉のつくりとはたらき

6年 **発展**

1 葉のつくり

葉は，ふつうくきから出ていて，葉身，葉へい，たく葉の３つの部分からできている。

● **葉身**…緑色でたいらな部分。

● **葉へい**…葉身を支えていて，くきについている部分。

● **たく葉**…葉へいのつけ根にあり，ふつう一対の葉のようなもの。

● **葉脈**…葉にあるすじで，根から吸収した水や肥料分が通る道管や，葉でできた養分が通る師管があるところ。

↑サクラの葉

葉脈のようす

葉脈のようすは，植物の種類によって下のように大きく２つに分かれている。

子葉が２枚の植物 (双子葉類)	子葉が１枚の植物 (単子葉類)
葉脈 / あみ目状 (網状脈)	葉脈 / 平行 (平行脈)
葉脈があみの目のようになっている。⇒**網状脈**①	葉脈が平行になっている。⇒**平行脈**
例 タンポポ，ナズナ，ヒメジョオン，ジャガイモ，インゲンマメ	例 イネ，エノコログサ，カモジグサ

第1章 こん虫の成長とからだのつくり

第2章 生き物と四季

第3章 植物の育ち方

第4章 植物のつくりとはたらき

第5章 魚や人の誕生

第6章 動物のからだのつくりとはたらき

第7章 生物のくらしとかん境

🔍 もっとくわしく

①あみ(網)のような状たいの葉脈⇒網状脈と覚える。

↑ジャガイモの葉

↑インゲンマメの葉

葉の内部のつくり

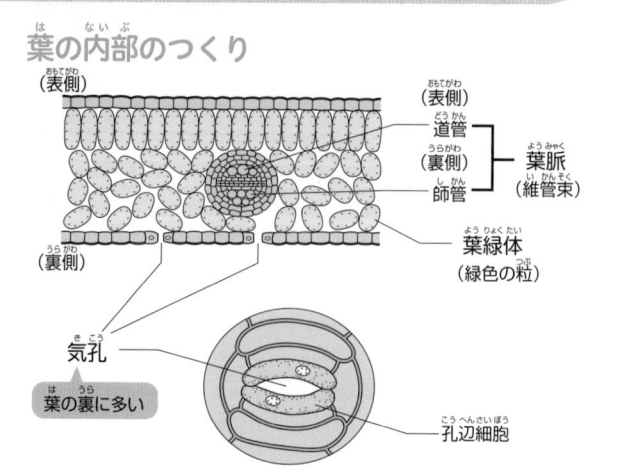

(表側)

(表側)
道管
(裏側)
(裏側)
葉脈
師管　(維管束)

葉緑体
(緑色の粒)

(裏側)

気孔

葉の裏に多い

孔辺細胞

●**葉緑体①**…緑色の粒。粒の中には葉緑素とよばれる緑色の色素がふくまれている。ここで光合成が行われる。　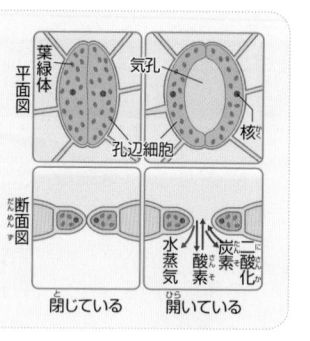P.95

●**気孔**…葉の表面に見られるすき間。呼吸や光合成での気体の出入り口，蒸散での水蒸気の出口になっている。ふつう葉の裏側に多く見られるが，くきなどにもある。

🔍 もっとくわしく

気孔の開閉

気孔は，三日月のような形をした2つの細胞（孔辺細胞）が形をかえることで，開いたり閉じたりする。気孔は，ふつう昼は開いていて，夜は閉じている。

葉緑体
平面図
気孔
孔辺細胞
核
断面図
水蒸気　酸素　二酸化炭素
閉じている
開いている

② いろいろな葉

●**単葉**…1枚の葉身でできているもの。**例**サクラ，ツバキ

●**複葉**…1枚の葉身が，何枚かの小さな葉の集まりになっているもの。**例**エンドウ，バラ，トマト

🔍 もっとくわしく

さく状組織と海綿状組織

①葉の表側には，葉緑体がつまった細胞が規則正しく並んでおり，光合成がたくさんできるつくりになっている。これをさく状組織という。裏側には細胞が，すきまのあいた状態で並んでおり，気孔から空気を葉緑体に送りこめるつくりになっている。これを海綿状組織という。

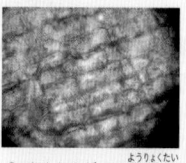

↑オオカナダモの葉緑体

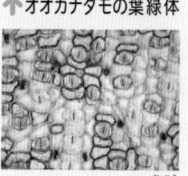

↑ムラサキツユクサの気孔

小葉
葉へい
↑複葉（バラ）

92

③ 葉のはたらき

蒸散(作用)

　道管を通って葉まで運ばれた水が，水蒸気となって気孔から出ていくことを，**蒸散**という。

植物の葉から水が出ていくことを調べる

ねらい

植物の葉から水が出ていっているかどうかを調べる。

方法

1 葉のついたホウセンカAと，葉をすべて取り去ったホウセンカBを用意する。

2 晴れた日の朝，A，B両方のホウセンカにポリエチレンのふくろをかぶせて，セロハンテープでふくろの口元をとじる。

3 15分後と30分後のふくろの中のようすを調べる。

2 A　　　　ポリエチレンのふくろ　　B

葉がついたもの　　　　葉をとったもの

①ホウセンカAの30分後のようす

A

結果

	ホウセンカ A のようす	ホウセンカ B のようす
15分後	ふくろの内側に水てきがついた	ふくろの内側に少し水てきがついた
30分後	15分後のときよりもたくさんの水てきがついた①	15分後のときとあまり変わらなかった②

②ホウセンカBの30分後のようす

B

・✦ わかったこと ✦・

葉のついたホウセンカAでは，たくさんの水てきがポリエチレンのふくろの内側についたが，葉をすべて取り去ったホウセンカBではあまり水てきがつかなかったことから，植物の葉から水が外に出たことがわかった。

第1章 こん虫の成長とからだのつくり

第2章 生き物と四季

第3章 植物の育ち方

第4章 植物のつくりとはたらき

第5章 魚や人の誕生

第6章 動物のからだのつくりとはたらき

第7章 生物のくらしとかん境

93

もっとくわしく

蒸散と気孔の関係

右の図のように，青色の塩化コバルト紙①を葉の表と裏にはってしばらくおくと，裏にはった塩化コバルト紙のほうがはやく赤色になる。このことから，葉の表からよりも裏からのほうが多くの水が出ていることがわかる。これは，ふつう気孔が葉の裏にたくさんあることに関係している。

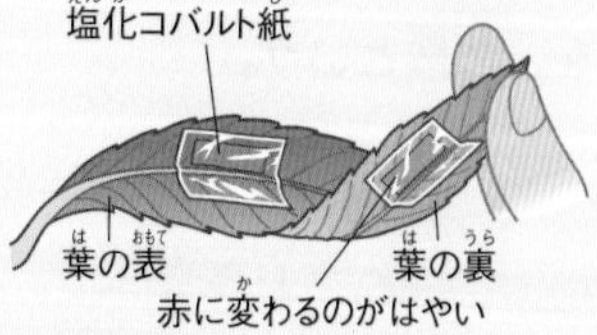

塩化コバルト紙

葉の表　葉の裏
赤に変わるのがはやい

ここが大切

植物の根から吸収された水は，

・根，くき，葉の道管を通って，葉の気孔から水蒸気として外に出ていく。

・気孔は，ふつう葉の表側よりも裏側にたくさん見られる。

光合成

葉では，根から吸収した水と，気孔からとり入れた二酸化炭素を使って，でんぷんなどの養分をつくり，酸素を出している。これを，**光合成**という。光合成については，**P.95**でくわしく学習していく。

光のエネルギー
二酸化炭素　＋　水　⟶　酸素　＋　でんぷんなど

呼吸

葉では，気孔から酸素をとり入れて，でんぷんなどの養分を使って生活に必要なエネルギーをつくり，二酸化炭素と水を気孔から出している。これを，**呼吸**といい，葉以外のくきや根でも行われている。

酸素　＋　でんぷんなど　⟶　二酸化炭素　＋　水
生活に必要なエネルギー
※光合成と逆になっている。

4 養分のでき方

6年　発展

1　光合成とは

　植物の成長には，日光が必要①であるということは，すでに学んできた。植物は，根から吸収した水と，気孔からとり入れた二酸化炭素と光があれば，でんぷんなどの養分をつくって生きていくことができる。このはたらきを光合成という。

つまずいたら

①種子のでんぷんがなくなったあと，植物が成長していくには，日光と肥料が必要だった。

▶ P.67

ここが大切

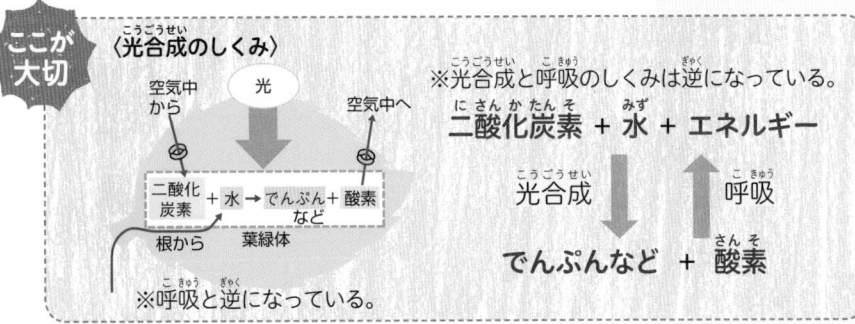

〈光合成のしくみ〉

空気中から　　光　　空気中へ

二酸化炭素　＋　水　→　でんぷんなど　＋　酸素

根から　　葉緑体

※呼吸と逆になっている。

※光合成と呼吸のしくみは逆になっている。

二酸化炭素　＋　水　＋　エネルギー

光合成　↓　　↑　呼吸

でんぷんなど　＋　酸素

2　光合成と光

　光合成が行われるには，光が必要である。これを確認するために，次のような実験を行う。

実験

光合成には光が必要であることを調べる

ねらい

光合成によってでんぷんをつくるためには光が必要かを調べる。

方法

① 夕方，ジャガイモの3枚の葉A，B，Cをアルミニウムはくでおおい，次の日の朝までおく②。

② 次の日の朝，葉A，Bのアルミニウムはくをはずし，葉Cはそのままにしておく。

②葉に残っているでんぷんをなくすため。

生命編

第1章　こん虫の成長とからだのつくり

第2章　生き物と四季

第3章　植物の育ち方

第4章　植物のつくりとはたらき

第5章　魚や人の誕生

第6章　動物のからだのつくりとはたらき

第7章　生物のくらしとかん境

③アルミニウムはくをはずした葉A①はすぐにヨウ素液を使ってでんぷんがあるかどうかを調べ②、葉Bにはそのまま日光を当てておく。

④4〜5時間後、葉B、Cをとり、でんぷんがあるか調べる。

①その時点でのでんぷんの有無を確かめるため。

②葉を2〜3分湯につけてやわらかくし、ヨウ素液につける。
でんぷんがあると、ヨウ素液は青むらさき色になる。

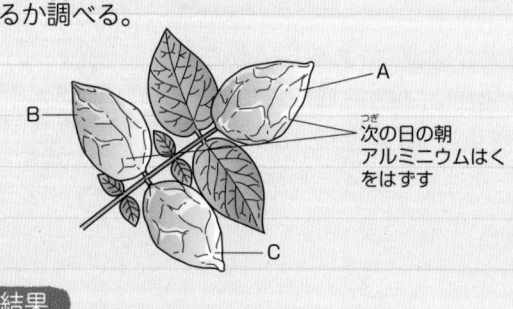

A

B

次の日の朝
アルミニウムはく
をはずす

C

結果

葉A　　色が変わらなかった③

葉B　　色は青むらさき色になった④

葉C　　色が変わらなかった⑤

③④⑤葉A, B, Cのようす

A

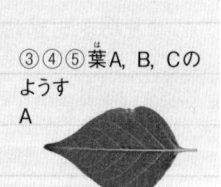

B

C

✧ わかったこと ✧

日光が当たらなかった葉Aと葉Cでは色が変わらなかったことから、でんぷんができていないことがわかる。また、日光が当たった葉Bでは青むらさき色になったことから、でんぷんができたことがわかる。これらのことから、**日光が当たると葉にでんぷんができる、つまり光合成には光が必要である**ことがわかる。

　ジャガイモのほかに、インゲンマメの葉を使っても同じ結果を得ることができる。

🔍 もっとくわしく

葉にでんぷんがあるかを調べる別の方法

①試験管の中に葉を入れてエタノールをそそぐ。
②80℃の湯に①の試験管をつけてあたためる。
③エタノールを別の容器にうつしたあと、試験管に水を入れて葉をあらう。
④葉の緑色がぬけたらペトリ皿に葉を入れ、ヨウ素液をかける。

中学入試対策

光合成と葉緑体

光合成は，葉にある葉緑体とよばれる部分で行われている。これを確かめるために次の実験を行う。

実験

光合成は葉の葉緑体で行われることを調べる

ねらい

光合成は，葉にある葉緑体で行われていることを調べる。

方法

1 ふ①入りの葉があるアサガオのはち植えを一昼夜，日光の当たらない場所に置く。

2 次の日の朝，アサガオをよく日光に当てたあと，ふ入りの葉をとって熱湯につける②。

3 次に，あたためたエタノールに入れ③④，水であらったあと，ヨウ素液をかけて，a，bの色の変化を調べる。

①白色になっている部分で，葉緑体がない。
②葉をやわらかくするため。
③葉の緑色をぬくため。
④エタノールは直接加熱してはいけない。沸点が約78℃なのでお湯であたためる。

a 緑色の部分
b
b ふの部分
エタノール
ヨウ素液
熱湯
⑤⑥a，bのようす
b
ふ
ふ
a

結果

a	色は青むらさき色になった⑤
b	色が変わらなかった⑥

わかったこと

葉緑体がある緑色のaでは青むらさき色になったが，葉緑体がないふのbでは色が変わらなかったことから，**光合成は葉緑体で行われる**ことがわかる。

ここが問われる！

実験で行う操作には，「葉を熱湯につける理由」「あたためたエタノールにつける理由」など，それぞれ理由がある。なぜその操作を行うのかをつねに考えておくようにしよう。

第1章 こん虫の成長とからだのつくり

第2章 生き物と四季

第3章 植物の育ち方

第4章 植物のつくりとはたらき

第5章 魚や人の誕生

第6章 動物のからだのつくりとはたらき

第7章 生物のくらしとかん境

光合成と二酸化炭素

　光合成には，二酸化炭素が必要である。これを確かめるために次の実験を行う。

実験

光合成には二酸化炭素が必要であることを調べる

ねらい
光合成が行われるには，二酸化炭素が必要であることを調べる。

方法
1 青色のBTB溶液に息をふきこんで①緑色にした②ものを，2本の試験管A，Bに入れる。

2 試験管Aにオオカナダモを入れ，試験管Bには何も入れず，せんをする。

3 2本の試験管に日光を当てる。

4 10分後，2本の試験管のBTB溶液の色を調べる。

A　B

①青色のBTB溶液に二酸化炭素をとかすため。

②二酸化炭素は水にとけると酸性を示す。BTB溶液は，青色がアルカリ性，緑色が中性，黄色が酸性である。

結果

試験管	A	B
色	青色	緑色

✦ わかったこと ✦

オオカナダモが入った試験管Aが青色になり，何も入っていない試験管Bに変化がないことから，オオカナダモによって水にとけていた二酸化炭素が吸収され，BTB溶液が中性からもとのアルカリ性に変化した。このことから，**光合成には二酸化炭素が必要である**ことがわかる。

ここが問われる！
実験についての問題では，結果から何がわかるかをわかりやすい文章にまとめる力が問われる。問題の図や表からわかることをかんたんに書き出してから，文章にする練習をしておこう。

生命編

第1章　こん虫の成長とからだのつくり

第2章　生き物と四季

第3章　植物の育ち方

第4章　植物のつくりとはたらき

第5章　魚や人の誕生

第6章　動物のからだのつくりとはたらき

第7章　生物のくらしとかん境

③ 光合成と呼吸

　日光が当たっている昼間，植物は光合成によって二酸化炭素をとりこみ，酸素を出している。また，植物も動物と同じように，エネルギーがないと生きていけないので，いつも呼吸 ▶P.146 をしていて，酸素をとりこみ，二酸化炭素を出している。つまり，光合成と呼吸が同時に行われているのである。しかし，呼吸による気体の出入りよりも，光合成による気体の出入りのほうがさかんである①ため，全体としては二酸化炭素をとり入れ，酸素を出しているように見える。

🔍 **もっとくわしく**

①光合成は，光の強さが強くなるほどさかんに行われ，ある強さ以上になると，一定になる。

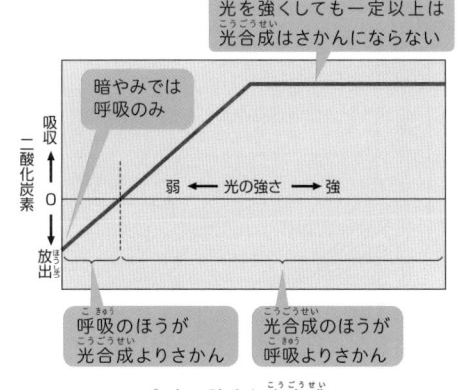

光を強くしても一定以上は光合成はさかんにならない

暗やみでは呼吸のみ

吸収　二酸化炭素　0　放出

弱 ← 光の強さ → 強

呼吸のほうが光合成よりさかん

光合成のほうが呼吸よりさかん

⬆光の強さと光合成

　これに対して，日光が当たらない夜間は，植物は光合成を行わず，呼吸だけをしている。

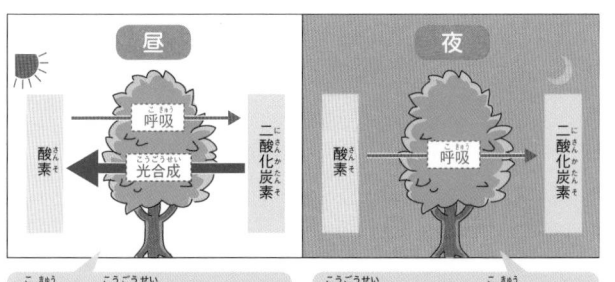

昼　　　　　夜

呼吸　酸素　光合成　二酸化炭素

酸素　呼吸　二酸化炭素

呼吸よりも光合成のほうがさかんに行われるので，全体としては二酸化炭素をとり入れ，酸素を出す。

光合成は行われず，呼吸のみが行われるので，酸素をとり入れ，二酸化炭素を出す。

99

ここが大切　光合成のまとめ

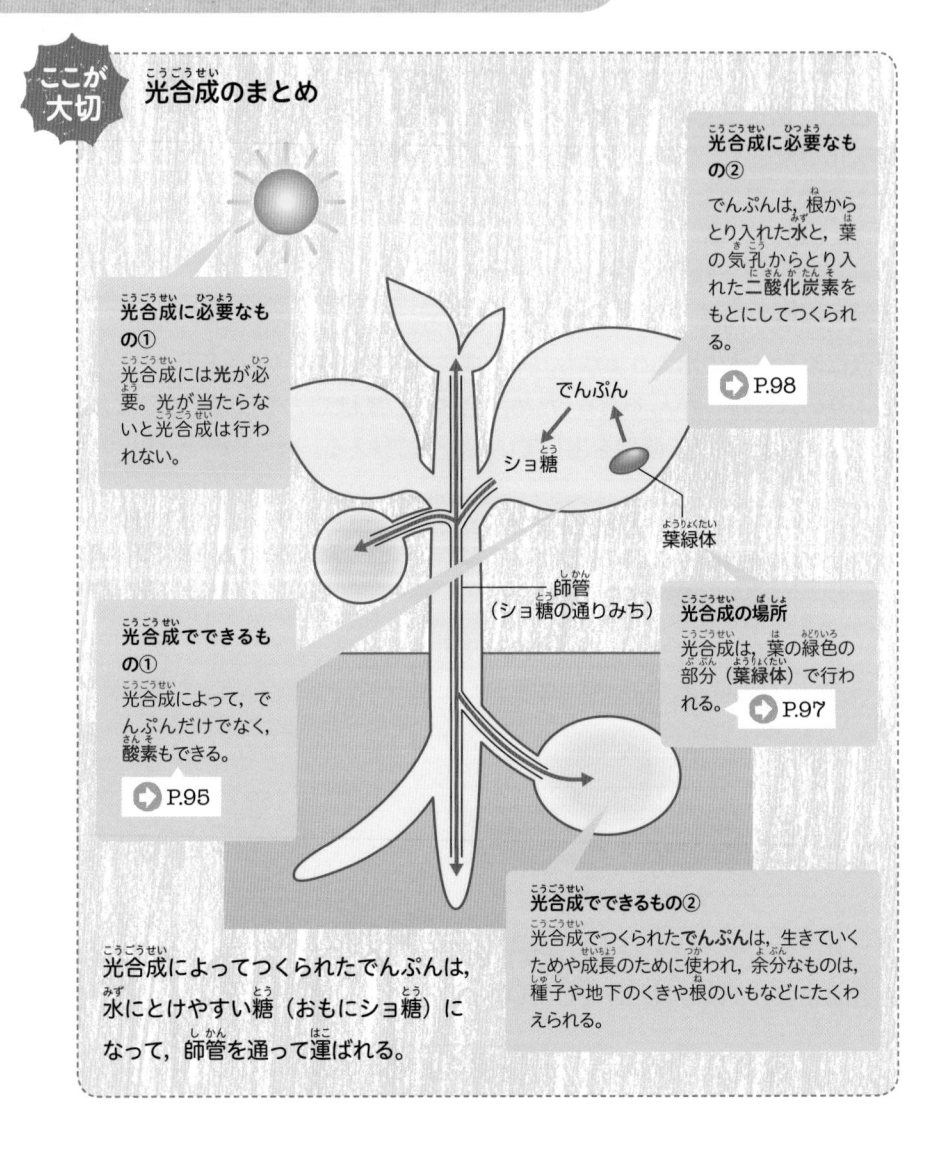

光合成に必要なもの①
光合成には光が必要。光が当たらないと光合成は行われない。

光合成に必要なもの②
でんぷんは，根からとり入れた水と，葉の気孔からとり入れた二酸化炭素をもとにしてつくられる。
P.98

でんぷん

ショ糖

葉緑体

師管
（ショ糖の通りみち）

光合成でできるもの①
光合成によって，でんぷんだけでなく，酸素もできる。
P.95

光合成の場所
光合成は，葉の緑色の部分（葉緑体）で行われる。
P.97

光合成でできるもの②
光合成でつくられたでんぷんは，生きていくためや成長のために使われ，余分なものは，種子や地下のくきや根のいもなどにたくわえられる。

光合成によってつくられたでんぷんは，水にとけやすい糖（おもにショ糖）になって，師管を通って運ばれる。

5 植物の分類

発展

1 種子植物

植物のなかで，種子をつくってなかまをふやすものを<u>種子植物</u>①という。花のつくりによって，はいしゅがむき出しになっている**裸子植物**と，はいしゅが子ぼうの中にある**被子植物**に大きく分けられる。

裸子植物

マツやイチョウのように，子ぼうがなく，はいしゅがむき出しになっている植物のこと。

裸子植物の花は<u>単性花</u>②で，お花のりん片には花粉のうがついていて，め花のりん片にははいしゅがついている。め花のはいしゅに花粉がつき，受精すると，はいしゅが成長して種子になる。

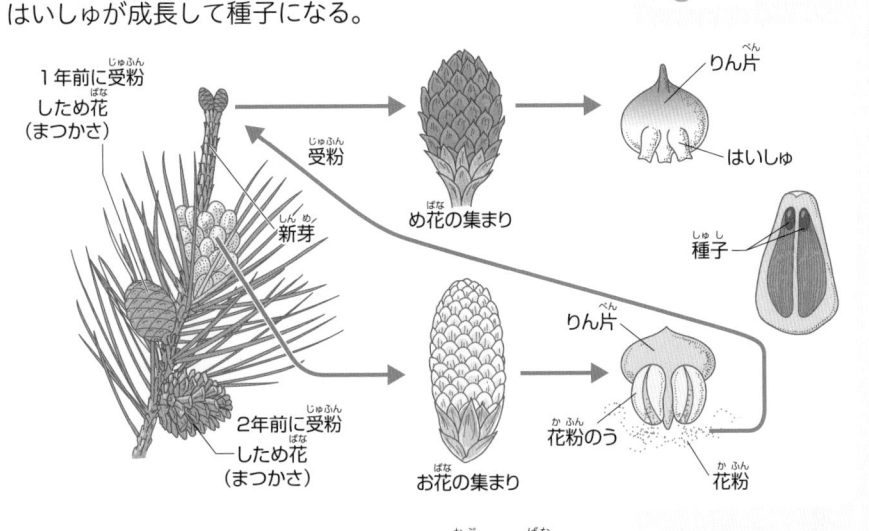

1年前に受粉したため花（まつかさ）
受粉
新芽
め花の集まり
りん片
はいしゅ
種子
2年前に受粉したため花（まつかさ）
りん片
お花の集まり
花粉のう
花粉

マツやスギは，上の図のように1つの株にお花とめ花の両方をつけるが，イチョウやソテツは，1つの株にお花かめ花のどちらかだけをつける。

🔍 **もっとくわしく**

①種子植物は，根，くき，葉の区別がはっきりしている。

⚠️ **つまずいたら**

②めしべとおしべが別々の花についている。被子植物のヘチマ，ツルレイシなども単性花だった。

➡ P.71

生命編

第1章 こん虫の成長とからだのつくり

第2章 生き物と四季

第3章 植物の育ち方

第4章 植物のつくりとはたらき

第5章 魚や人の誕生

第6章 動物のからだのつくりとはたらき

第7章 生物のくらしとかん境

ここが大切

種子植物 ── 被子植物　はいしゅが子ぼうの中にある

　　　　　　　はいしゅがむき出しになっている
　　　　　└ 裸子植物（マツ，スギ，イチョウ，ソテツなど）

↑マツ 　　↑スギ 　　↑イチョウ 　　↑ソテツ

被子植物

　アサガオやアブラナのように，はいしゅがめしべの根もとの子ぼうの中にある植物のこと。発芽のときに出てくる子葉の数によって**双子葉類**と**単子葉類**に分けられる。

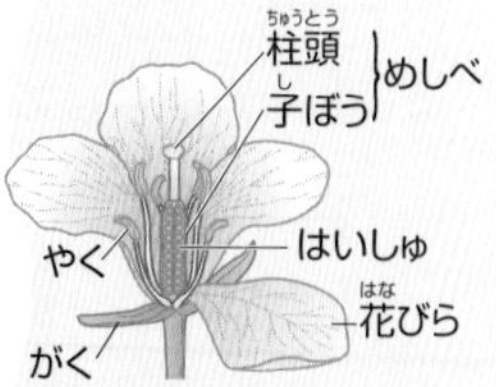

柱頭｜
子ぼう｜めしべ
やく
はいしゅ
がく
花びら
↑アブラナ

<双子葉類と単子葉類の特ちょう>

	子葉の数	葉脈	くきの断面	根のようす
双子葉類	 子葉 2枚出る	 葉脈 網目状（網状脈）	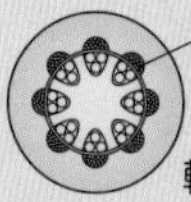 維管束 輪の形	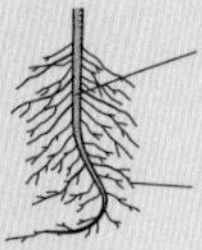 主根 側根
単子葉類	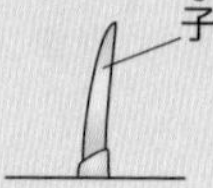 子葉 1枚出る	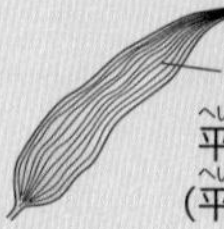 葉脈 平行（平行脈）	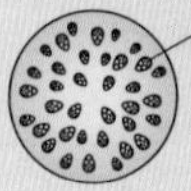 維管束 散らばっている	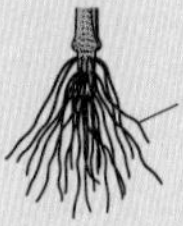 ひげ根

　双子葉類は，さらに花びらのようすによって**合弁花類**と**り弁花類**に分けられる。

ここが
大切

被子植物 ──── 双子葉類 ──── 合弁花類（アサガオ，ツツジ）
子葉が2枚　　　　　　　　花びらがくっついている

↑アサガオ　　↑ツツジ

花びらが1枚1枚はなれている

り弁花類（アブラナ，サクラ）

↑アブラナ　　↑サクラ

単子葉類（イネ，トウモロコシ）
子葉が1枚

↑イネ 　　↑トウモロコシ

② 種子をつくらない植物

　植物のなかには，種子をつくらずになかまをふやすものもいる。これらの植物は，胞子とよばれる粒をつくってなかまをふやしたり，からだが２つに分かれることでなかまをふやしたりする①。

シダ植物

　日の当たる場所に生育するものもあるが，多くはあまり日の当たらない日かげなどのしめった場所で生育している。

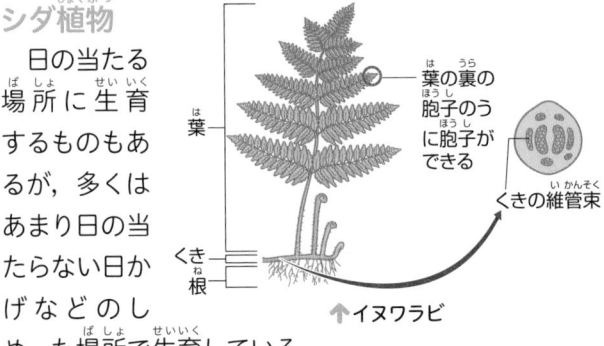

葉

葉の裏の
胞子のう
に胞子が
できる

くきの維管束

くき
根

↑イヌワラビ

🔍 もっとくわしく

①からだが２つに分かれる事を，分れつという。分れつでふえる生き物は，植物プランクトンのケイソウなどである。

第1章 こん虫の成長とからだのつくり

第2章 生き物と四季

第3章 植物の育ち方

第4章 植物のつくりとはたらき

第5章 魚や人の誕生

第6章 動物のからだのつくりとはたらき

第7章 生物のくらしとかん境

＜特ちょう＞
・根，くき，葉の区別があり，維管束がある。
・根から水を吸収する。
・胞子でなかまをふやす。
→イヌワラビなどでは，葉の裏側に胞子のう①とよば
　れるふくろがつき，その中に胞子ができる。
・光合成を行う。

例 イヌワラビ，ゼンマイ，ウラジロ，スギナ（ツクシ）

①
胞子
↑胞子のう

↑イヌワラビ　　　　↑ゼンマイ

↑ウラジロ　　　　↑スギナ（ツクシ）

↑イヌワラビの葉の裏

コケ植物

　多くはあまり日光の当たらない日かげなどのしめっ
た場所で生育している。

＜特ちょう＞
・根，くき，葉の区別がなく，維管束もない。
・からだの表面全体から水を吸収する。
・胞子でなかまをふやす。
・お株とめ株に分かれているものもある。
・光合成を行う。
・根のように見える仮根とよばれる部分は，土にから
　だを固定するはたらきがある。

例 ミズゴケ，スギゴケ，ゼニゴケ

（め株）（お株）　（お株）　　　　　　　（め株）

↑ミズゴケ　　　↑スギゴケ　　　↑ゼニゴケ

生命編

第1章 こん虫の成長とからだのつくり
第2章 生き物と四季
第3章 植物の育ち方
第4章 植物のつくりとはたらき
第5章 魚や人の誕生
第6章 動物のからだのつくりとはたらき
第7章 生物のくらしとかん境

ここが大切

種子をつくらない植物 ── 根，くき，葉の区別がある **シダ植物**（イヌワラビ，ゼンマイ，スギナ）

└ 根，くき，葉の区別がなく，しめり気の多い陸上に生育している **コケ植物**（スギゴケ，ゼニゴケ）

そう類

そう類は，植物とは別のグループだが，葉緑体をもち，光合成を行う。水の中で生息している。

＜特ちょう＞

・維管束がなく，水分や肥料分の吸収はからだの表面全体で行う。

・胞子でなかまをふやすもの①と，からだが2つに分かれてなかまをふやすもの②がいる。

・光合成を行う。

例 コンブ，ワカメ，テングサ，アオノリ，アオミドロ，ケイソウ

もっとくわしく

①コンブ，アオサ，アオノリは，胞子でなかまをふやす。

②ケイソウのように，からだが1つの細胞でできているものは，からだが2つに分かれてなかまをふやす。

↑コンブ

↑ワカメ　　　↑テングサ

↑アオノリ　　↑ケイソウ

第4章
植物のつくりと
はたらき

入試要点チェック

解答 ▶別冊…P.552

つまずいたら
調べよう

☐ **1** 子葉が2枚の植物の根は，何と何でできていますか。

☐ **2** 根から吸収した水や肥料分が通る管を何といいますか。

☐ **3** 葉でできた養分が通る管を何といいますか。

☐ **4** 2と3がたばになった部分を何といいますか。

☐ **5** ジャガイモのいもは，根，くき，葉のどの部分ですか。

☐ **6** 葉にあるすじを何といいますか。

☐ **7** 6があみの目のようになっているのは，子葉が1枚の植物ですか，2枚の植物ですか。

☐ **8** 水蒸気の出口や気体の出入り口になっているすき間を何といいますか。

☐ **9** 水が水蒸気となって8から出ていくことを何といいますか。

☐ **10** 酸素をとり入れて二酸化炭素を出す植物のはたらきを何といいますか。

☐ **11** 水と二酸化炭素から，でんぷんなどの養分をつくる植物のはたらきを何といいますか。

☐ **12** 11はどこで行われますか。

☐ **13** 1日中行われている植物のはたらきは何ですか。

☐ **14** 種子をつくってなかまをふやす植物を何といいますか。

☐ **15** 種子をつくらない植物のうち，シダ植物は何でなかまをふやしますか。

☐ **16** 葉緑体をもち，光合成を行うが，水の中で生息している生き物を何といいますか。

1▶P.83
1 1 根のつくり

2▶P.84
2 1 くきのつくり

3▶P.85
2 1 くきのつくり

4▶P.85
2 1 くきのつくり

5▶P.90
2 入試 いろいろな根やくき

6▶P.91
3 1 葉のつくり

7▶P.91
3 1 葉のつくり

8▶P.92
3 1 葉のつくり

9▶P.93
3 3 葉のはたらき

10▶P.94
3 3 葉のはたらき

11▶P.95
4 1 光合成とは

12▶P.97
4 入試 光合成と葉緑体

13▶P.99
4 3 光合成と呼吸

14▶P.101
5 1 種子植物

15▶P.103
5 2 種子をつくらない植物

16▶P.105
5 2 種子をつくらない植物

入試問題にチャレンジ！

解答▶別冊…P.552

生命編

第1章 こん虫の成長とからだのつくり

第2章 生き物と四季

第3章 植物の育ち方

第4章 植物のつくりとはたらき

第5章 魚や人の誕生

第6章 動物のからだのつくりとはたらき

第7章 生物のくらしとかん境

1 図1は植物のなかまわけを表したものです。これについて，次の問いに答えなさい。

(白百合学園中)

図1

```
植物 ┬ 種子をつくる ┬ A.被子植物 ┬ C.子葉が1枚 ・・・・・・・・・・・・・・ (a)
     │              │            └ D.子葉が2枚 ┬ E.合弁花 ・・・・・・ (b)
     │              │                            └ F.り弁花 ・・・・・・ (c)
     │              └ B.裸子植物 ・・・・・・・・・・・・・・・・・・・・・・・・・・・・ (d)
     └ 種子をつくらない ・・・・・・・・・・・・・・・・・・・・・・・・・・・・・・・・・・・・ (e)
```

(1) **A** と **B** のグループの違いについて説明しなさい。

（　　　　　　　　　　　　　　　　　　　　　　　　）

(2) **C** と **D** にあてはまる植物のグループ名を答えなさい。

C（　　　　　　） D（　　　　　　）

よくでる (3) **E** と **F** のグループの違いについて説明しなさい。

（　　　　　　　　　　　　　　　　　　　　　　　　）

(4) 次の**ア～コ**の植物を，図1の **a ～ e** のグループに分けなさい。

a（　　　　）b（　　　　）c（　　　　）d（　　　　）e（　　　　）

ア	ワラビ	イ	ツツジ	ウ	イネ	エ	スギゴケ
オ	マツ	カ	ナズナ	キ	イチョウ	ク	サクラ
ケ	スギナ	コ	ツユクサ				

(5) 次の①～③の植物名を，(4) の**ア～コ**から選び，記号で答えなさい。

①　　　　　　　　　②　　　　　　　　　③

（　　　）　　　　　（　　　）　　　　　（　　　）

(6) アサガオとヘチマは共に合弁花ですが，花のつくりが違います。違いについて説明しなさい。

（　　　　　　　　　　　　　　　　　　　　　　　　）

2 植物について次の問いに答えなさい。
(大妻中野中)

よくでる (1) 次の**ア**〜**キ**の植物について①〜③の問いに答えなさい。

ア アブラナ　**イ** アサガオ　**ウ** イネ　　**エ** ヘチマ
オ ヒマワリ　**カ** タンポポ　**キ** ダイコン

① そう子葉類を，**ア**〜**キ**からすべて選び，記号で答えなさい。

（　　　　　　）

② 単子葉類を，**ア**〜**キ**からすべて選び，記号で答えなさい。

（　　　　　　）

③ 花びらを持たない植物を，**ア**〜**キ**からすべて選び，記号で答え
なさい。 （　　　　　　）

(2) 次の図はホウセンカの葉とくきの断面をスケッチしたものです。下
の問いに答えなさい。

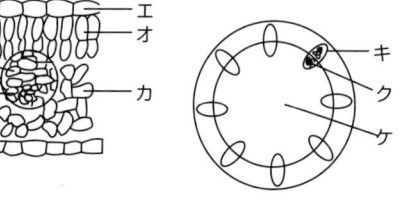

よくでる ① ホウセンカのくきの下を切り，赤インキで着色した水にさして
2，3日置いた。赤くこく染まった部分はどこですか。**ア**〜**ケ**
から正しいものをすべて選び，記号で答えなさい。

（　　　　　　）

② 図の**ウ**のはたらきとして，まちがっているものを**a**〜**d**から1
つ選び，記号で答えなさい。 （　　　　　　）

a 開いたり閉じたりして，外から空気を入れる。
b **オ**や**カ**でつくられた二酸化炭素を放出する。
c **オ**や**カ**でつくられた酸素を放出する。
d **オ**や**カ**でつくられたデンプンを放出する。

生命編

第1章 こん虫の成長と からだのつくり

第2章 生き物と四季

第3章 植物の育ち方

第4章 植物のつくりと はたらき

第5章 魚や人の誕生

第6章 動物のからだの つくりとはたらき

第7章 生物のくらしと かん境

3 植物全体の表面から蒸発する水の量を調べるため，ホウセンカを用いて，室内で実験しました。

(白陵中・改)

(1) この実験に最も適切な装置は次のどれですか。
1つ選び，記号で答えなさい。　　　　　　　　　　（　　　）

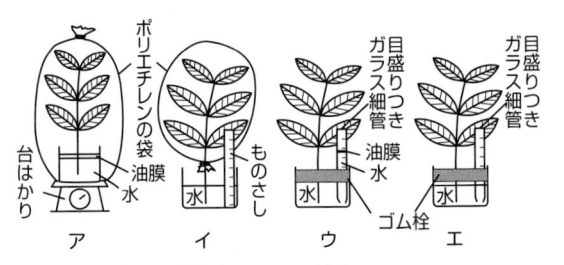

ア　イ　ウ　エ

さらに，(1)で選んだ装置を5つ用意し，それぞれに同じ量の水を入れ，くきの太さや長さ，葉の枚数と大きさが同じホウセンカの枝を4本用意し，下の表のように処理をして1日おくと，残った水の量にちがいが見られました。

処　理	残った水の量 [cm³]
葉は自然のままにしておく	a
すべての葉の裏にワセリンをぬる	b
すべての葉の表にワセリンをぬる	c
すべての葉を取り除いて茎だけにする	d
植物を用いないで装置だけにしておく	e

(2)「残った水の量」が最も少ないものをa～eから1つ選び，記号で答えなさい。　　　　　　　　　　　　　　　　　（　　　）

(3) 次の量を求める式はいくつか考えられますが，そのうち1つをa～eの記号を用いて，解答例のような式で表しなさい。

解答例：a－b＋c
① 1日の間に葉の裏から蒸発した水の量　（　　　　　　　）
② 1日の間に茎から蒸発した水の量　（　　　　　　　）

109

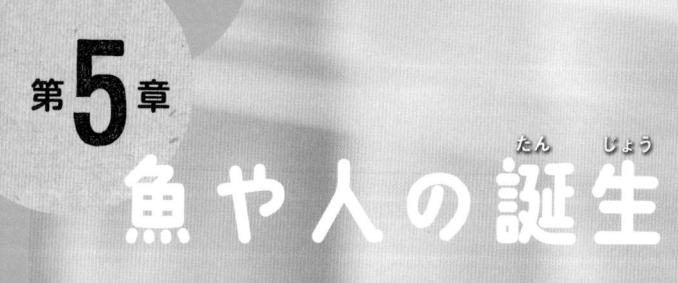

第5章

魚や人の誕生

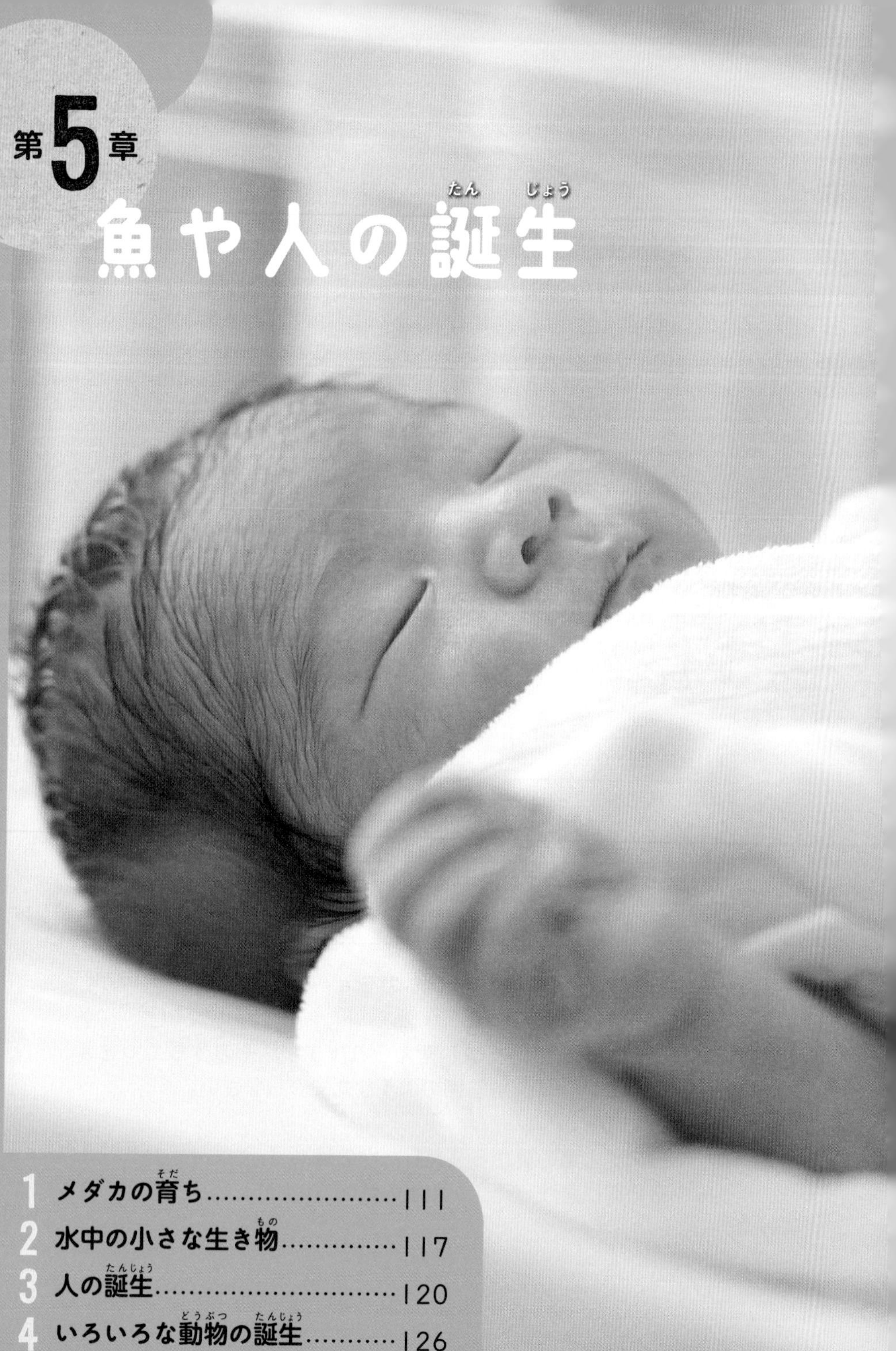

1 メダカの育ち......................111
2 水中の小さな生き物...........117
3 人の誕生.........................120
4 いろいろな動物の誕生..........126

1 メダカの育ち

5年

1 メダカとは

メダカは，水のきれいな池や川にすむ，体長2～3cmの小さな魚である。ヒメダカやシロメダカ，クロメダカなど，いろいろな種類がいる。

また，おすとめすでは，ひれの形など，からだのつくりが少しちがっている。

メダカのおすとめすの区別のしかた

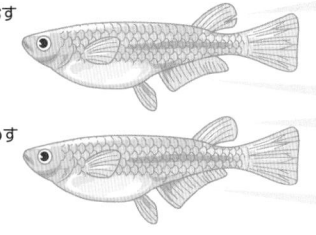

おす
せびれに
切れこみがある

しりびれが
平行四辺形に近い

めす
せびれに
切れこみがない

しりびれの後ろが
細長く三角形に近い

↑ヒメダカ

↑シロメダカ

↑クロメダカ

2 メダカの飼い方

メダカを飼うときは，次のような点に注意する。

●水そう…日光が直接当たらない①明るい場所に置く。よくあらった池の小石や砂を水そうの底に入れて，水草を植える②。

ポンプを入れて，水中に空気を送る。

水は，1日以上くみ置きした水を使うか，池や川の水を入れる③。

上の，メダカのおすとめすの区別のしかたを参考にして，同じ水そうにおすとめすを同じ数になるように入れる（あまりたくさん入れないようにする）。

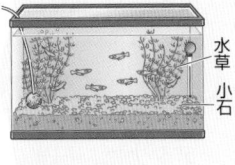

水草
小石

🔍 もっとくわしく

①水の温度が上がるのをふせぐため。

②たまごを産みつけさせるため。

ハゴロモモ

オオカナダモ

③水道水には，メダカのからだによくないものが入っているため。

第1章
こん虫の成長と
からだのつくり

第2章
生き物と四季

第3章
植物の育ち方

第4章
植物のつくりと
はたらき

第5章
魚や人の誕生

第6章
動物のからだの
つくりとはたらき

第7章
生物のくらしと
かん境

●**えさ**…イトミミズや乾燥ミジンコなどを，食べ残し
　　が出ないくらい十分にあたえる。

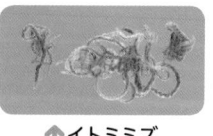
↑イトミミズ
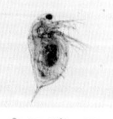
↑ミジンコ

●**水の交かん**…水がよごれたら，半分くらいの量①を，
　　くみ置きした水と入れかえる。

**理科の
宝箱**

メダカの性質

　水そうに入れたメダカを見てみると，それぞれいろいろ
な方向に泳いでいることがわかる。では，メダカを右の図
のような円形の水そうに数ひき入れ，棒で水を一方向に
かき混ぜて水の流れをつくってみると，メダカはどのよう
な動きをするだろうか。
　答えは，「水そうの中のどのメダカも，水の流れに逆らっ
て泳ぐ」である。これは，メダカには，同じ場所にとどま
るように，**水の流れに逆らって泳ぐ性質がある**ためである
（これを**走流性**という）。

③ メダカの産卵

　メダカは，日光の当たる時間の長さ（昼の長さ）と
水温で季節を感じとり，産卵をする。

●**産卵時期**…水の温度があたたかくなる4月〜10月
　　ごろで，年に2〜3回産卵する。

●**水温**…18〜20℃以上になると産卵を始め，もっと
　　もよく産卵するのは25℃のとき②。水温が高く
　　なりすぎると産卵しなくなる。

●**日光の当たる時間**…1日11〜14時間以上③。

●**産卵時こく**…日光が当たらない朝はやく。

●**えさ**…えさが不足していると，産卵しなかったり，
　　産卵数が減少する。

もっとくわしく
①急に水質や水温など
のかん境が変わると，メ
ダカが弱るため。

ヒメダカ

棒で一方向に
かき回す。

もっとくわしく
②たまごが正常にかえる
割合が高いのも25℃で
ある。
③春分の日（3月20日，
または21日）のころ，日
光の当たる時間が1日12
時間になる。

メダカの産卵のようす

1　おす　めす

2　めす　おす

3　めす　おす

4

1　おすが，めすの前を輪をえがくように泳いだり，めすを追いかけたりするようになる。

2　おすがめすに近づいて，めすとならんで泳ぐ。

3　おすがめすにからだをすり合わせる。めすの腹からたまご（卵）が出始めると，おすが**精子**をたまごにふりかけて，**受精**①させる。

用語

受精
①卵と精子が結びつくこと。

↑水草に産みつけられたメダカのたまご

ここが大切　すべてのたまごが育つわけではなく，受精できなかったたまごは育たない。

4　産卵直後は，たまごはめすの腹にくっついているが，しばらくすると水草などに産みつけられる。

🔍もっとくわしく

メダカのたまご

大きさ…1〜1.5mmぐらい。
形…丸い粒。　色…とうめい。
生まれたばかりのたまごの表面には水草にからみつきやすいようにする**付着毛**があり，たまごの中にはたまごが成長するときの養分として使われる**油てき**とよばれる油の粒がある。

生命編

第1章　こん虫の成長とからだのつくり

第2章　生き物と四季

第3章　植物の育ち方

第4章　植物のつくりとはたらき

第5章　**魚や人の誕生**

第6章　動物のからだのつくりとはたらき

第7章　生物のくらしとかん境

④ メダカのたまごの変化

水草に産みつけられたたまごを観察すると，たまごがだんだんと成長していくようすを見ることができる。

受精したたまごの変化

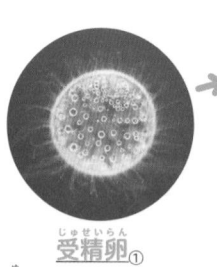

受精卵①
油てきがたくさん見える。

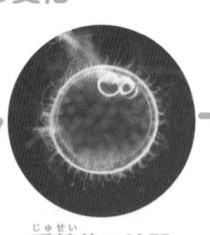

受精後5時間
油てきが下のほうに集まり，変化が始まる。

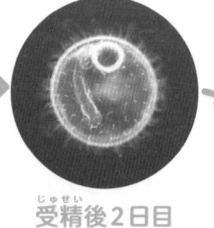

受精後2日目
からだの元になるものが見える。

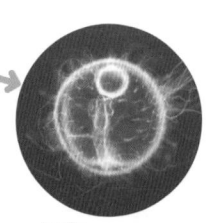

受精後3日目
頭が大きくなり，目がわかるようになる。

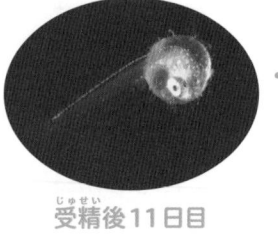

受精後11日目
たまごのまくをやぶって出てくる。

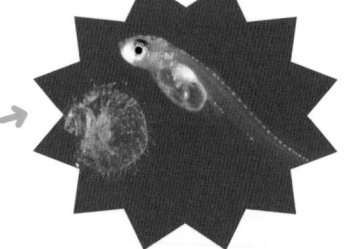

受精後11日目
ふ化したばかりの子メダカ

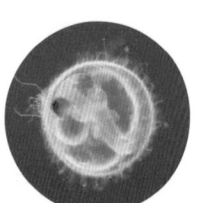
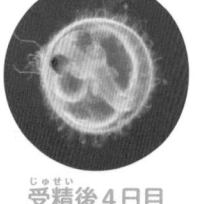

受精後4日目
心臓が動いて，血液の流れが見えるようになる。

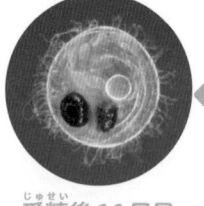

受精後11日目
からだがひんぱんに動く。

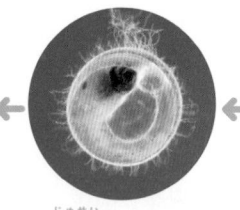

受精後8日目
からだがときどき動いているのがわかる。

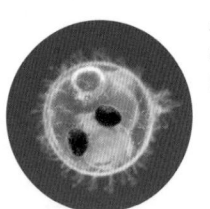

受精後6日目
心臓の動き，血液の流れがはっきりわかるようになる。

　メダカは，たまごの中にある養分を使って育つ。水温25℃では約10日で親と同じようなからだへと成長し，たまごのまくをやぶって外に出てくる（ふ化②）。

🔍 **もっとくわしく**
②P.18参照。

114

子メダカの成長

① ふ化したばかりの子メダカ（全長 4 ～ 5 mm）は水そうの底の方でじっとしていて動かない。このころの子メダカの腹には養分が入ったふくろがあり，腹はふくらんでいる。メダカの特ちょうとなる形のひれはまだない。

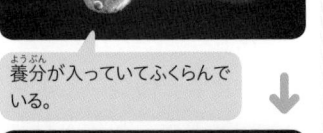

養分が入っていてふくらんでいる。

② 子メダカは，しばらくの間，ふくろの中の養分を使って成長するため何も食べないが，2 ～ 3 日するとふくろが小さくなっていく。

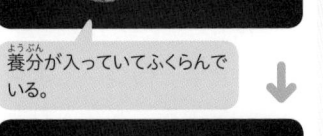

③ 腹のふくろがなくなるころになると（全長 8 ～ 12mm），親と同じひれがそろい，活発に泳いでえさを食べるようになる。

ふくろがなくなるころ，親と同じひれがそろう。

　子メダカは約 5 か月で全長 2 cm ほどに成長し，親となってたまごを産むようになる。これをくりかえすことで，生命が受けつがれていく。

生命編

第1章 こん虫の成長とからだのつくり

第2章 生き物と四季

第3章 植物の育ち方

第4章 植物のつくりとはたらき

第5章 魚や人の誕生

第6章 動物のからだのつくりとはたらき

第7章 生物のくらしとかん境

ここが大切

メダカの子の育ち方

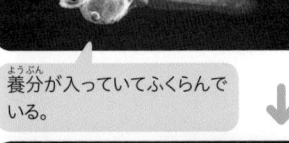

産みつけられたたまご

目ができる
心臓が動き出す
（受精後 3 ～ 4 日目）

からだがほぼできる
（受精後 8 日目）

たまごからかえる
（受精後 11 日目）①
たまごからかえってしばらくは，えさを食べず，ここにたくわえた養分で育つ

えさを食べ始める
（ふ化後 2 ～ 3 日目）

おす

めす

親となってたまごを産む

受精卵やメダカの観察方法

　水草に産みつけられたたまごの変化やメダカのからだのつくり，メダカがえさを食べるようすなどを観察するときは，次のような方法で行う。

もっとくわしく

① ふ化までの日数は水温が低いと長くなる。

○ 観察

メダカの観察

ペトリ皿に入れて観察する方法

1 たまごのついた水草やメ
　ダカを，水を入れたペト
　リ皿①に入れる。
2 そう眼実体けんび鏡②を
　使って，観察し，記録する。
3 その後も，1〜2日おきに観察する。

ここが
大切
・観察しおわったペトリ皿は，水が蒸発し
　ないように**ふたをしておくこと。**
・直接日光が当たらない明るい場所に置
　いておくこと。

チャックのついたふくろを使って観察する方法

1 チャックのついたふくろにく
　み置きした水を入れてから③，
　たまごのついた水草やメダ
　カを入れる。
2 けんび鏡で観察するときは，
　ふくろをそのままステージの上に置く。
3 その後も，1〜2日おきに観察する。

虫めがねを使って観察する方法

1 たまごのついた水草やメダカを，別
　の水そうにうつす。
2 たまごのようすが見やすいところに，
　虫めがねをねん着テープではりつけ
　ておき，観察する。
3 その後も，1〜2日おきに観察する。

○ もっとくわしく

①とうめいな容器を
使ってもよい。

②そう眼実体けんび
鏡の使い方
▶P.540

③ふくろの中でもたま
ごやメダカ，水草が生
きていられるようにす
るため。

2 水中の小さな生き物

6年

1 プランクトンとは

　自然の池や川にすむメダカは，水中にいる小さな生き物を食べて生活している。メダカなどの魚のえさになるような小さな生き物をまとめて，**プランクトン**という。プランクトンには，植物性プランクトンと動物性プランクトンがいる。

植物性プランクトン

　植物性プランクトンは緑色をしていて①，植物と同じように**光合成** ➡ P.95 を行い，自分で養分をつくることができる。

　ほとんどの植物性プランクトンは自由には動けないが，ミドリムシやボルボックスのように，毛を動かすことで動くことのできるものもいる。

もっとくわしく
①葉緑体をもつため。

●自由には動けない植物性プランクトン

0.1mm	0.1mm	0.1mm
↑アオミドロ	↑ミカヅキモ	↑ツヅミモ
0.1mm	0.1mm	0.1mm
↑ハネケイソウ	↑クンショウモ	↑イカダモ

●自由に動ける植物性プランクトン

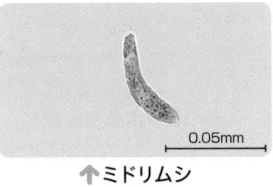
↑ミドリムシ　　0.05mm

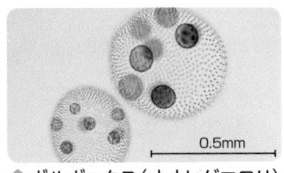
↑ボルボックス（オオヒゲマワリ）　　0.5mm

第1章 こん虫の成長とからだのつくり

第2章 生き物と四季

第3章 植物の育ち方

第4章 植物のつくりとはたらき

第5章 魚や人の誕生

第6章 動物のからだのつくりとはたらき

第7章 生物のくらしとかん境

117

動物性プランクトン

動物性プランクトンは自分では養分をつくることができず, 植物性プランクトンを食べて生活している。自由に動き回ることができる。

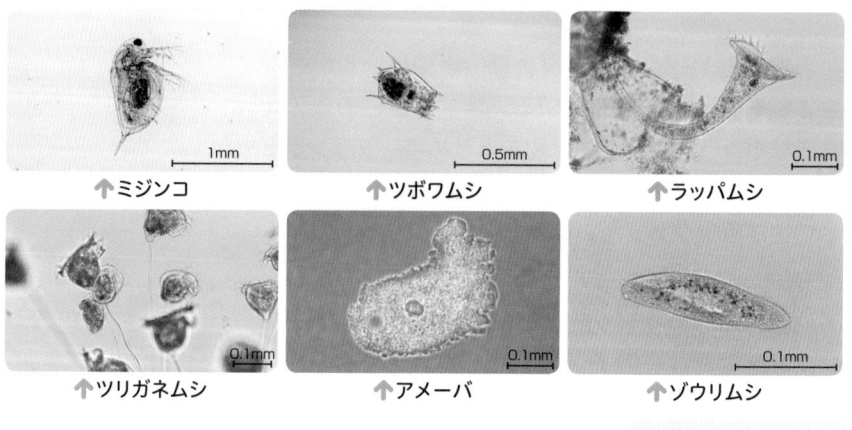

↑ミジンコ　　　　1mm

↑ツボワムシ　　　0.5mm

↑ラッパムシ　　　0.1mm

↑ツリガネムシ　　0.1mm

↑アメーバ　　　　0.1mm

↑ゾウリムシ　　　0.1mm

海水中にすむプランクトン

プランクトンの中には, 池や川などの淡水だけでなく, 海などの海水にすむものもいる。

🔍 もっとくわしく

①ヤコウチュウは光合成をせずえさをとるため, 動物性プランクトンのなかまとされることがあるが, からだのつくりから植物性プランクトンのなかまに分類される。

●海水中にすむ植物性プランクトン

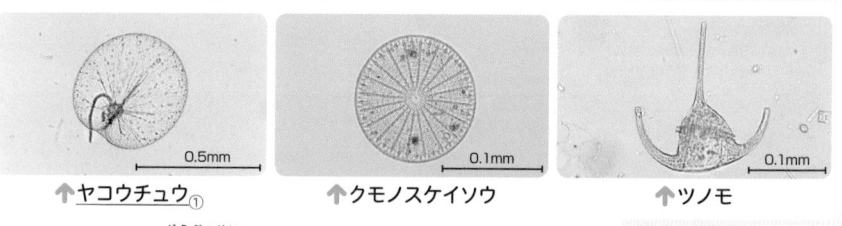

↑ヤコウチュウ①　　0.5mm

↑クモノスケイソウ　0.1mm

↑ツノモ　　　　　　0.1mm

●海水中にすむ動物性プランクトン

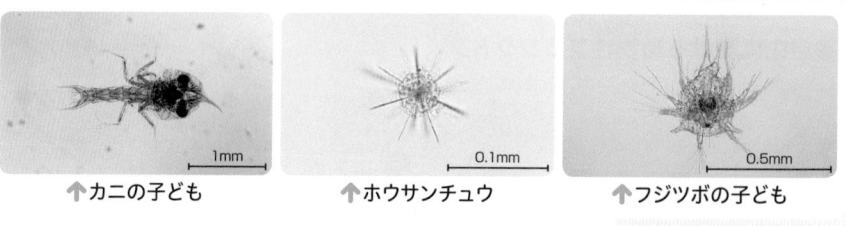

↑カニの子ども　　　1mm

↑ホウサンチュウ　　0.1mm

↑フジツボの子ども　0.5mm

池や川，海にすむプランクトンは，次のような方法で観察できる。

観察

プランクトンの観察のしかた

1. 池や川のへり，海辺の水を，直接ビーカーですくうか，目の細かいあみ①で何回かすくいとったものをビーカーや水そうの中に入れる。

2. ビーカーをすかしてみて，何かいるか，動いているものがいるかなどを観察する。

3. 動いているものがいれば，スポイトでスライドガラスの上に落としてプレパラート②をつくり，けんび鏡③で観察する。

4. 目に見えるものがいなくても，ビーカーの水をスポイトでとってプレパラートをつくり，けんび鏡で観察する。

①プランクトンネットという，下の図のように先にコックのついたネットを使ってもよい。

②プレパラートのつくり方は

⏵ P.539

③けんび鏡の使い方は

⏵ P.538

① 水面近くでプランクトンネットを何回か引く。

コックを回してビーカーにとる。

② スライドガラス　スポイト

③ ピンセット　カバーガラス

理科の宝箱

赤潮

右の写真を見てみると，海の表面が赤くなっているのがわかる。このような自然現象を「**赤潮**」という。赤潮は，海水中にすむ**プランクトンが急げきにふえる**ことで起こる。赤潮が起こる理由はいろいろあるが，その1つが，海に流れこむわたしたちの家庭から出る**はい水**である。はい水には，プランクトンのえさになるものがたくさんふくまれているため，「プランクトンのえさがふえる⇒それを食べるプランクトンがふえる」という回路ができてしまうのである。

↑赤潮

生命編

第1章 こん虫の成長とからだのつくり

第2章 生き物と四季

第3章 植物の育ち方

第4章 植物のつくりとはたらき

第5章 魚や人の誕生

第6章 動物のからだのつくりとはたらき

第7章 生物のくらしとかん境

3 人の誕生

5年

☐ **男女のからだのちがい**

　人は, 成長して10歳くらいになると, からだつきに変化があらわれ始めて, 男女でちがいが出てくる。

男女のからだつきの変化

男性	女性
・筋肉や骨格が発達し, がっしりしたからだつきになる。 ・のどぼとけが出て, 声変わりをする。 ・性毛（陰毛）や体毛（わき毛,すね毛,ひげなど）が生えてくる。 ・ペニス, こう丸が発達する。	・まるみをおびたからだつきになる。 ・性毛（陰毛）やわき毛が生えてくる。 ・乳房が発達する。

男女の性器のちがい

男性	女性
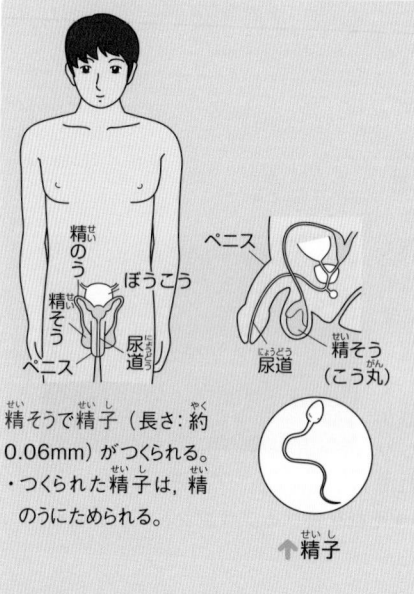	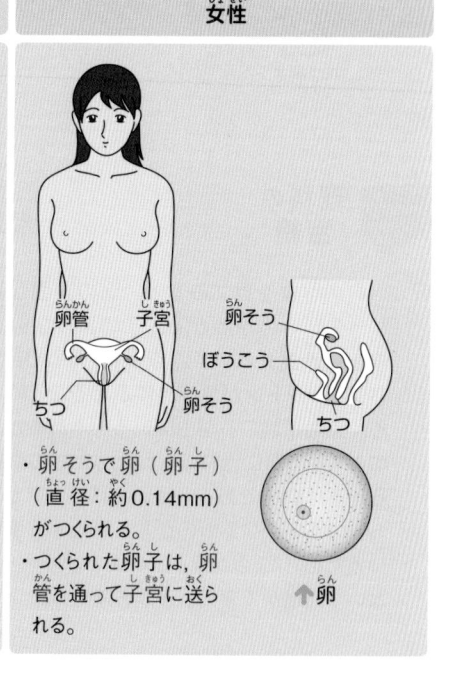
・精そうで精子（長さ:約0.06mm）がつくられる。 ・つくられた精子は, 精のうにためられる。	・卵そうで卵（卵子）（直径:約0.14mm）がつくられる。 ・つくられた卵子は, 卵管を通って子宮に送られる。

↑精子 ↑卵

② 人の生命の誕生

メダカでは，めすが出したたまごに，おすが精子をかけることで受精が起こった。人では，どのようにして受精が起こるのだろうか。

人の受精

①男性から出された精子が女性のからだの中に入る。

②精子が女性のからだの中を泳いでいき，子宮のおくにある卵管で，卵そうから出てきた卵（卵子）と出会う。

③受精が起こる。

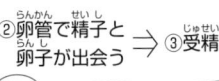
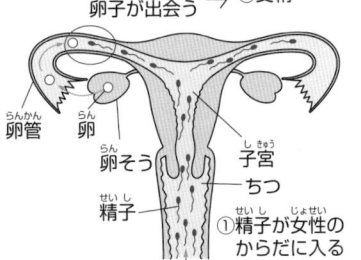

②卵管で精子と卵子が出会う ⇒ ③受精

卵管　卵

卵そう　子宮

ちつ

精子

①精子が女性のからだに入る

↑人の受精

受精してできた受精卵は，約1週間かけて卵管から子宮に移動し，子宮のかべにくっついて養分をもらいながら成長していく。

理科の宝箱　卵と精子の出会い

女性の卵そうでつくられた卵は，約1か月ごとに1個ずつ，左右どちらかの卵そうから飛び出して，子宮へと送られる。これを**はい卵**という。女性のからだの中に入った精子の寿命は3日〜約1週間と長いが，卵そうから飛び出した卵の寿命は約24時間しかなく，この24時間の間に卵と精子が出会い，受精しなければ受精卵はできない。

また，卵に出会うために，何億個といういうたくさんの精子が卵管の中を泳いでいくが，1個の卵の中に入ることができる精子はたった1個だけである。

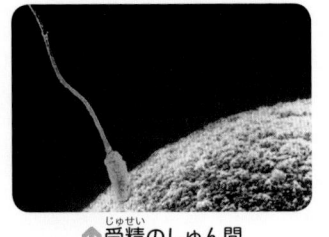

↑受精のしゅん間

第1章 こん虫の成長とからだのつくり

第2章 生き物と四季

第3章 植物の育ち方

第4章 植物のつくりとはたらき

第5章 魚や人の誕生

第6章 動物のからだのつくりとはたらき

第7章 生物のくらしとかん境

③ 子宮のしくみ

受精卵は，それ自身に養分をたくわえていないため，子宮内にある**たいばん**と**へそのお**を通して，母親から養分などをもらいながら成長していく。ここでは，子宮のしくみと，養分などの受け渡し方法について見ていく。

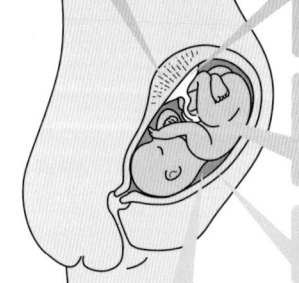

子宮
たい児①が育つ場所。

たいばん
母親の血管とたい児の血管が集まっているところ。
たい児に必要なもの（**養分と酸素**）と，たい児がいらなくなったもの（**不要物と二酸化炭素**）がここで交かんされる。
たい児出産後，体外に出される。

へそのお
たい児のからだとたいばんを結ぶ部分。
出産時には，長さが約50cm，直径が1cmぐらいになっている。

羊まく
子宮内にあるまくで，羊水を包んでいる。

羊水
羊まくに包まれていて，たい児を外からのしょうげきから守る液体。
出産時には，約500mLほどになっている。

たいばんとへそのおの役割

母親は，たい児の成長に必要な養分と酸素をたいばんに送り，たい児は，へそのおを通してそれらを受けとる。
たい児は，いらなくなったもの（不要物）や二酸化炭素をへそのおを通してたいばんに送り，母親に渡す。

ここが大切

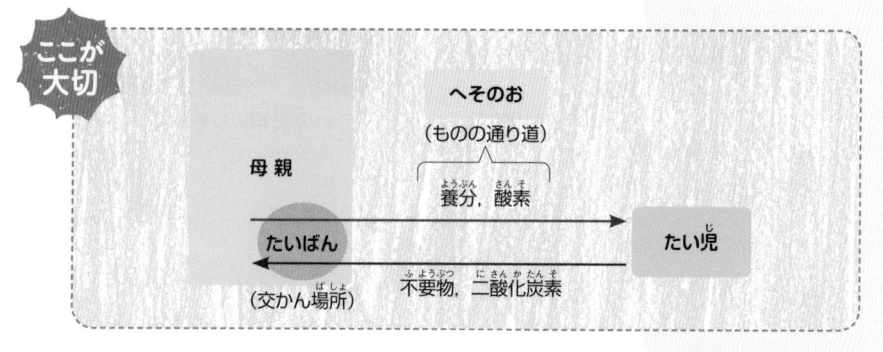

へそのお
（ものの通り道）

母親

養分，酸素

たいばん　→　たい児

（交かん場所）　　不要物，二酸化炭素

たい児を出産してしばらくすると、いらなくなったたいばんも子宮から外に出てくる。また、母親の子宮から出てきたたい児は、うぶ声①をあげると同時に自分で肺を使って呼吸をするようになる。そして、成長に必要な養分は、母乳や人工母乳である粉ミルクから得るようになる。そのため、へそのおはいらなくなる。いらなくなったへそのおは出産時に切られ、そのあとが「へそ」となる。

理科の宝箱 多たい妊しんとたいばん

一度に2人以上のたい児を妊しんすることを、「多たい妊しん」という。多たい妊しんの9割は双子であるといわれていて、双子には、一卵性（1個の受精卵から2人のたい児ができる場合）と二卵性（2個の受精卵からそれぞれたい児ができる場合）がある。

一卵性の双子では、たいばんは1つしかできず、2人のたい児は1つのたいばんをいっしょに使って養分や酸素、不要物や二酸化炭素の受け渡しをする。これに対して、二卵性の双子では、一卵性と同じようにたいばんが1つしかできない場合と、たいばんも2つできる場合があり、たいばんが2つできた場合はそれぞれのたいばんを使って養分や酸素、二酸化炭素の受け渡しをする。

三つ子以上の場合は、たい児の数と同じだけたいばんができることが多い。

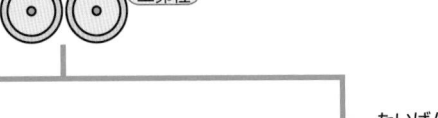

一卵性

二卵性

2つのたいばんが
1つになることもある
たいばん

たいばん

羊まく

生命編

第1章 こん虫の成長とからだのつくり

第2章 生き物と四季

第3章 植物の育ち方

第4章 植物のつくりとはたらき

第5章 魚や人の誕生

第6章 動物のからだのつくりとはたらき

第7章 生物のくらしとかん境

④ たい児の成長

　たい児は，約266日（38週）かけて成長し，生まれる。子宮の中でのたい児の成長について見ていく。

週	0〜3週	4〜7週	8〜11週
たい児のようす	受精3週ごろ　胚		
大きさ	1mm未満	約12mm	約47mm
体重	1g未満	約4g	約30g
特ちょう	・受精卵ができる。 ・子宮内にはふくろがあり，その中にたい児の元（はい）が見える。	・手足の区別がつく。 ・へそのおができ始める。 ・脳や目，耳などの神経が発達する。	・頭，どう，足がはっきりする。 ・かん臓や胃などがはたらき始める。 ・たい児とよばれるようになる。

週	20〜23週	24〜27週	28〜31週
たい児のようす			
大きさ	約30cm	約38cm	約43cm
体重	約700g	約1200g	約1800g
特ちょう	・からだの細かい部分が発達していく。 ・耳が聞こえるようになる。	・脳が発達して，羊水の中でぐるぐる回転するようになる。 ・まばたきをする。	・生まれたときにそなえて，呼吸に似た運動を始める。

12 ～ 15週	16 ～ 19週

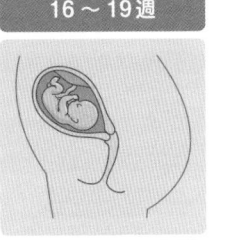

約16cm	約25cm
約100g	約280g

・骨や筋肉が発達していく。 ・男女の区別がつくようになる。 ・たいばんが完成する。	・しぼうがつき始める。 ・からだの動きが活発になる。 ・かみの毛や，体毛が生え始める。

32 ～ 35週	36週～

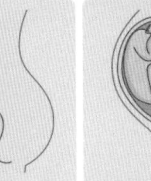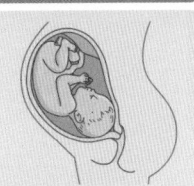

約47cm	約50cm
約2500g	約3100g

・しぼうが増えて，からだがふっくらする。 ・肺が完成する。 ・つめが指の先までのびる。	・子宮内のスペースがせまくなり，あまり動けなくなる。 ・頭が下のほうへ下がってくる。

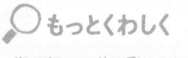

🔍 もっとくわしく

性別の決定

たい児の性別は，成長していくと中で決まるのではなく，卵と精子が受精したときにすでに決まっている。つまり，卵と精子がそれぞれ持っている情報（遺伝子）によって男か女かは決まるのである。

誕生！

第1章 こん虫の成長とからだのつくり

第2章 生き物と四季

第3章 植物の育ち方

第4章 植物のつくりとはたらき

第5章 **魚や人の誕生**

第6章 動物のからだのつくりとはたらき

第7章 生物のくらしとかん境

このように，ある程度の大きさになるまで母親のからだの中で育ってから生まれてくることを，**たい生**という。たい生は，人のほかに，イヌやネコなどの**ほ乳類**とよばれる動物のなかまで見られる。

4 いろいろな動物の誕生

5年　発展

1 動物の生まれ方

動物の生まれ方には，たまごで生まれる生まれ方と親と似た姿で生まれる生まれ方の2通りがあり，動物の種類によって，どちらの生まれ方かは決まっている。

2 たまごで生まれる生まれ方

たまごで生まれる生まれ方を**卵生**という。

↑ニワトリのふ化

卵生の特ちょう
・親のからだからたまごで生まれる。
・一度に生まれるたまごの数が多い。
　⇒親が子の世話をしない動物ほど，ほかの動物に食べられてしまい，親になるまで成長できる子の数が少ないため，一度にたくさんのたまごを生む。
・たまごは，たまごの中にたくわえられている養分を使って成長し，かえる。

動物	一度に生む たまごの数
マンボウ	3億
フナ	10万〜20万
ヒキガエル	2000〜8000
アオウミガメ	60〜200
キジ	6〜12
イヌワシ	1〜3

たまごで生まれる動物

魚のなかま（魚類）

↑メダカ

↑コイ

↑フナ

↑サメ

カエルのなかま（両生類）

↑ヒキガエル

↑アマガエル

↑オオサンショウウオ

↑イモリ

生命編

第1章 こん虫の成長とからだのつくり

第2章 生き物と四季

第3章 植物の育ち方

第4章 植物のつくりとはたらき

第5章 魚や人の誕生

第6章 動物のからだのつくりとはたらき

第7章 生物のくらしとかん境

ヘビのなかま（は虫類^{ちゅうるい}）

↑ヘビ

↑アオウミガメ

↑トカゲ

↑ワニ

鳥のなかま（鳥類^{ちょうるい}）

↑キジ

↑オオワシ

↑ニワトリ

↑スズメ

こん虫のなかま（こん虫）

↑モンシロチョウ

↑カブトムシ

↑トンボ

↑アリ

たまごのつくり

・水中にたまごを産む動物のたまご
　…からがない。
・陸上にたまごを産む動物のたまご
　…乾燥から守るためのからがある。

↑カエルのたまご

↑ニワトリのたまご

受精のしかた

・**魚のなかま，カエルのなかま**…めすのからだから出たたまごに，おすが精子をかけて受精する（**体外受精**）。
・**鳥のなかま，ヘビのなかま，こん虫のなかま**…めすのからだの中に，おすが精子を送って受精する（**体内受精**）。

生命編

第1章 こん虫の成長とからだのつくり

第2章 生き物と四季

第3章 植物の育ち方

第4章 植物のつくりとはたらき

第5章 魚や人の誕生

第6章 動物のからだのつくりとはたらき

第7章 生物のくらしとかん境

③ 親と似た姿_に_{すがた}で生まれる生まれ方

親_にと似た姿_{すがた}で生まれる生まれ方を**たい生**_{せい}という。

↑ほ乳類の出産

たい生の特_{せい}_{とく}ちょう

- 母親のからだの中である程度_{てい}_どの大きさになるまで育_{そだ}ってから，親_にと似た姿_{すがた}で生まれる。
- 一度_{いち}_どに生まれる子の数が少ない。
  ⇒親が子の世話_せ_わをするため，成体_{せいたい}（おとな）になるまで成長_{せいちょう}できる子の数が多く，一度_{いち}_どにたくさんの子を産_うむ必要_{ひつよう}がない。
- 受精卵_{じゅせいらん}は，それ自身_{じしん}に養分_{ようぶん}をたくわえていないため，子宮_し_{きゅう}内にあるたいばんとへそのおを通して，母親から養分_{ようぶん}などをもらいながら成長_{せいちょう}していく。

動物_{どう}_{ぶつ}	一度_{いち}_どに生む子の数
ネズミ	8～9
イヌ	1～12
ウサギ	1～13
ゾウ	1

親_にと似た姿_{すがた}で生まれる動物_{どう}_{ぶつ}

↑イヌ　　↑ネコ　　↑ゾウ　　↑イルカ

↑コウモリ　　↑パンダ　　↑ウサギ　　↑クジラ

受精_{じゅせい}のしかた

めすのからだの中に，おすが精子_{せい}_しを送_{おく}って受精_{じゅせい}する（**体内受精**_{たいないじゅせい}）。

もっとくわしく

動物の種類

動物のうち，背骨のある動物（セキツイ動物）は，からだのつくりなどの特ちょうによって，魚類，両生類，は虫類，鳥類，ほ乳類の５つのグループに大きく分けられる ▶P.166 。同じグループの動物は，生まれ方が共通している。

	魚類	両生類	は虫類	鳥類	ほ乳類
生まれ方	卵生				たい生
たまごを産む場所	水中		陸上		―
たまごのから	ない		ある		―
受精のしかた	体外受精		体内受精		
一度に産むたまご（子）の数	多い ←――――――――――――→ 少ない				
呼吸のしかた	えらで呼吸	子はえら，親は肺と皮ふで呼吸	肺で呼吸		
からだの表面	うろこ	ねんまく	うろこやこうら	羽毛	毛
体温	まわりの温度によって変化する			ほぼ一定で変化しない	
例	メダカ，フナ	カエル，イモリ	ヘビ，ワニ	ニワトリ，スズメ	人，イヌ

4 動物のおすとめす

人に男性と女性がある①ように，動物にもおすとめすがあり，からだの内部のつくりがちがっている。また，内部のつくりだけでなく，見た目の色や大きさなどがおすとめすでちがう動物も多い。

つまずいたら

①人の男性と女性のちがいを比べてみよう。

▶P.120

第1章 こん虫の成長とからだのつくり

第2章 生き物と四季

第3章 植物の育ち方

第4章 植物のつくりとはたらき

第5章 魚や人の誕生

第6章 動物のからだのつくりとはたらき

第7章 生物のくらしとかん境

	おす	めす
からだの内部のつくりのちがい	精そうがあり，精子をつくる。 精そう 精子をつくる	卵そうがあり，卵（卵子）をつくる。 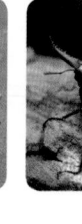卵そう 卵をつくる
からだの大きさ	大きめ	小さめ
からだの色	あざやかなものが多い	地味なものが多い

↑ライオン

↑オシドリ

↑グッピー

↑クジャク

↑マガモ

↑クワガタ

理科の宝箱　おすからめすになる魚

↑クマノミ

　クマノミは，あたたかい海のイソギンチャクをすみかとしている魚で，かん境によって性別が変わるという，おもしろい性質をもっている。1つのイソギンチャクにすむクマノミのうち，一番からだの大きいものがめす，二番目に大きいものがおすとなり，それ以外のクマノミはめすでもおすでもない。しかし，めすのクマノミが死んでしまうと，おすだったものがめすになり，三番目にからだが大きかったクマノミがおすになる。

入試要点チェック

解答▶別冊…P.554

第1章 こん虫の成長とからだのつくり

第2章 生き物と四季

第3章 植物の育ち方

第4章 植物のつくりとはたらき

第5章 魚や人の誕生

第6章 動物のからだのつくりとはたらき

第7章 生物のくらしとかん境

☐ **1** メダカを飼うとき，**水そうの底に小石や砂といっしょに入れるものは何**ですか。

☐ **2** メダカのめすは，**どこにたまごを産みつけますか**。

☐ **3** ふ化したばかりのメダカは，しばらくの間**どこの養分**を使って成長しますか。

☐ **4** メダカなどの魚のえさになる，小さな生き**物**をまとめて何といいますか。

☐ **5** 植物と同じように**光合成**をするのは，**動物性プランクトン**ですか。**植物性プランクトン**ですか。

☐ **6** **自由に動ける**のは，おもに動物性プランクトンですか。植物性プランクトンですか。

☐ **7** 人の**卵がつくられる場所**を何といいますか。

☐ **8** **卵と精子が結びつくこと**を何といいますか。

☐ **9** **たい児が育つところ**を何といいますか。

☐ **10** たい児の成長に必要な養分や酸素は，**何と何を通して**たい児に渡されますか。

☐ **11** 母親のからだの中で**ある程度まで育ってから生まれる生まれ方**を何といいますか。

☐ **12** 親のからだから**たまごで生まれる生まれ方**を何といいますか。

☐ **13** **カエルのたまごにはからがありますか**。

☐ **14** **魚やカエルの受精のしかた**を何といいますか。

☐ **15** **人や鳥の受精のしかた**を何といいますか。

つまずいたら調べよう

1▶P.111 ①②メダカの飼い方
2▶P.113 ①③メダカの産卵
3▶P.115 ①④メダカのたまごの変化
4▶P.117 ②①プランクトンとは
5▶P.117 ②①プランクトンとは
6▶P.118 ②①プランクトンとは
7▶P.120 ③①男女のからだのちがい
8▶P.121 ③②人の生命の誕生
9▶P.122 ③③子宮のしくみ
10▶P.122 ③③子宮のしくみ
11▶P.126 ③④たい児の成長
12▶P.126 ④②たまごで生まれる生まれ方
13▶P.129 ④②たまごで生まれる生まれ方
14▶P.129 ④②たまごで生まれる生まれ方
15▶P.130 ④③親と似た姿で生まれる生まれ方

133

入試問題にチャレンジ!

解答▶別冊…P.554

1 メダカについて，次の問いに答えなさい。

(早稲田中)

(1) メダカの飼育に水道水を用いる場合，一日以上置いてから使うようにする。水道水をふっとうさせても同じ効果が得られるが，ふっとうさせて冷ましたものをすぐに使用してはいけない。この理由を書いた次の文の空所に当てはまるものを**ア～オ**からそれぞれ選び，記号で答えなさい。　　　　　　　　　**(あ)** (　　　)　**(い)** (　　　)

　　ふっとうさせると水道水に溶けている **(あ)** は出ていくが，いっしょに **(い)** も出ていってしまうため。

ア 酸素　　**イ** ちっ素　　**ウ** 二酸化炭素

エ 塩素　　**オ** アンモニア

よくでる(2) メダカの胸びれ，腹びれ，背びれの数について正しいものを選び，記号で答えなさい。　　　　　　　　　　　　　　　　　　(　　　)

ア 胸びれ，腹びれ，背びれが2枚ずつある。

イ 胸びれ，腹びれが2枚ずつ，背びれが1枚ある。

ウ 胸びれ，背びれが2枚ずつ，腹びれが1枚ある。

エ 胸びれが2枚，腹びれ，背びれが1枚ずつある。

オ 腹びれが2枚，胸びれ，背びれが1枚ずつある。

カ 背びれが2枚，胸びれ，腹びれが1枚ずつある。

(3) メダカが産卵するときに見られる行動を3つ選び，観察できる順番に記号を並べなさい。　　　　　(　　　　　　　　　　　)

ア めすが卵を産む。　　**イ** めすが卵を守る。

ウ おすが卵を守る。　　**エ** めすが卵を水草につける。

オ めすが卵を小石の上にうめる。

カ おすがめすの体をしげきする。

キ めすのしりびれが赤くなる。

よくでる(4) 水そうでメダカが産卵したあと，卵を別の容器に移しかえるとよい。この理由を20字以内で答えなさい。(　　　　　　　　　　　)

(5) メダカの卵がかえるまでの様子が，水温によってどう変わるのかをグラフに表した。次のそれぞれを縦じくにとったグラフとして最もふさわしいものを**ア～エ**から選び，記号で答えなさい。ただし，横じくはいずれも水温（℃）を表すものとする。

① 卵がかえるまでの日数　　　　　　　　　　　(　　　)

② 受精卵のうち正常にかえったものの割合　　　（　　　）

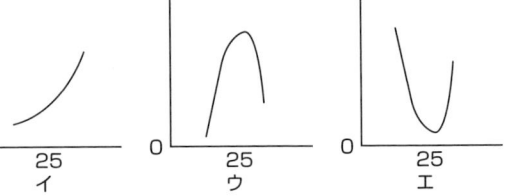

0　　25
ア

0　　25
イ

0　　25
ウ

0　　25
エ

2 図1は，メダカの卵と精子のようすです。図2は，人の子宮の中で育つ子どものようすです。以下の問いに答えなさい。　(和洋国府台女子中)

図1

精子

卵

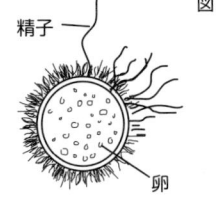

図2

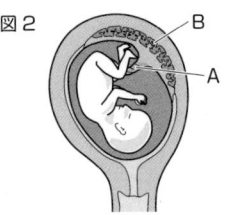

B

A

よくでる (1) メダカと人の生命の誕生は，卵と精子が結びつくことによって始まります。これを何といいますか。漢字2字で答えなさい。

（　　　）

(2) メダカと人の卵と精子について述べた文のうち，まちがっているものを次のア～エから1つ選び，記号で答えなさい。　（　　　）

　　ア　メダカの卵は，直径1mmくらいの大きさであるが，人の卵はそれより小さい

　　イ　メダカの精子も人の精子も，長い尾を持っていて，泳ぐことができる

　　ウ　メダカも人も，めすのからだの中で卵と精子が結びつく

　　エ　メダカの卵には，子どもが自分でエサを食べるようになるまで育つのに必要な養分がたくわえられている

よくでる (3) 図2のAはへその緒です。へその緒は図のBにつながっています。Bは何ですか。名前を答えなさい。　（　　　）

よくでる (4) 子宮の中の子どもはBを通じて母親から必要なものをとり入れ，不要なものをもどしています。Bを通じてとり入れているものを，次のア～オから2つ選び，記号で答えなさい。　（　　　）

　　ア　酸素　　イ　二酸化炭素　　ウ　血液　　エ　母乳　　オ　養分

生命編

第1章　こん虫の成長とからだのつくり

第2章　生き物と四季

第3章　植物の育ち方

第4章　植物のつくりとはたらき

第5章　魚や人の誕生

第6章　動物のからだのつくりとはたらき

第7章　生物のくらしとかん境

(5) 人と同じように，子どもを母親の子宮の中で育ててから出産する動物を，次の**ア～カ**からすべて選び，記号で答えなさい。（　　　）

ア サケ　**イ** イルカ　**ウ** ペンギン　**エ** カメ

オ コウモリ　**カ** トカゲ

---

3 水中の小さな生物について，次の問いに答えなさい。

（聖学院中・改）

よくでる（1）次の**あ～お**は，水中の小さな生物を表しています。

あ　　　　い　　　　う　　　　え　　　　お

① **あ，う，お**の生物の名前は何ですか。それぞれ答えなさい。

あ（　　　　　　　　）う（　　　　　　　）お（　　　　　　　　）

② **あ～お**の生物は，活発に動き回るものと，ゆっくり動くもの，まったく動かないものの3つに分類することができます。このうち，活発に動き回るものを2つ選び，記号で答えなさい。

（　　　　　　　　）

(2) (1)のような小さな生物の観察をするためには，どのような水を用意したらよいですか。次の**ア～エ**から1つ選び記号で答えなさい。

（　　　　　）

ア きれいな川の水を，目の細かい布でろ過した水

イ 池の中の水草や落ち葉を集め，それをビーカーの中でゆすいだ水

ウ 田んぼの水を，目の細かい布でろ過した水

エ 日光がよくあたる場所に1日置いた水そうの水

(3) 水中の小さな生物をけんび鏡で観察します。机の上には，レンズが取り付けられたステージ上下式のけんび鏡，明るくするためのライト，生物を集めた水が入ったシャーレ，ピンセットが置かれています。

① けんび鏡で観察するためには，この他にどのようなものが必要になりますか。次の**ア～コ**からすべて選び記号で答えなさい。（　　　）

ア 乳ばち　　　　　　**イ** ルーペ（虫めがね）　**ウ** かみそり

エ スライドガラス　**オ** 温度計　　　　　　　**カ** 試験管

キ スポイト　　　　　**ク** 薬さじ　　　　　　　**ケ** カバーガラス

コ ガラス棒

生命編

第1章 こん虫の成長とからだのつくり

第2章 生き物と四季

第3章 植物の育ち方

第4章 植物のつくりとはたらき

第5章 魚や人の誕生

第6章 動物のからだのつくりとはたらき

第7章 生物のくらしとかん境

ハイレベル

② けんび鏡の正しい使い方はどれですか。次の**ア**～**エ**から１つ選び記号で答えなさい。（　　　）

ア 対物レンズは，はじめは低倍率のものを使い，あとから高倍率に変える。

イ 光の量を調節したいときは，反射鏡の角度を変えるようにする。

ウ ピントを合わせるときは，対物レンズをぶつけないようにゆっくりとステージを上げていく。

エ しぼりを使って，視野を広くしたりせまくしたり調節する。

③ ピンセットは，プレパラートをつくるときどのように扱いますか。次の**ア**～**エ**から１つ選び記号で答えなさい。（　　　）

ア プレパラートに水を加えるときに使う。

イ シャーレの水をよくかきまぜるときに使う。

ウ 小さな生物を視野の中央に移動するときに使う。

エ プレパラートに空気のあわを入れないようにするときに使う。

④ けんび鏡の対物レンズの倍率を大きくしていくと，対物レンズとプレパラートの距離はどのように変わりますか。（　　　　　　　）

(4) 次の①～④と最も関係の深いものを，あとの**ア**～**カ**からそれぞれ選び記号で答えなさい。

よくでる ① 水中の小さな生物が小さな魚に食べられ，そのえさになる水中の小さな生き物をまとめた呼び名。（　　　）

② ①のうち，緑色をしていて，光合成をするもの。（　　　）

③ ①のうち，自分で養分を作ることができず，②を食べて生活しているもの。（　　　）

④ 生活排水が流れ込む海で，プランクトンが大量発生すること。（　　　）

ア 海そう　　**イ** 動物性プランクトン　**ウ** 赤潮
エ 魚類　　**オ** プランクトン　　**カ** 植物性プランクトン

137

第6章

動物のからだの
つくりとはたらき

1 骨と筋肉のはたらき‥‥‥‥‥‥139

2 感覚器官のはたらき‥‥‥‥‥‥142

3 呼吸のはたらき‥‥‥‥‥‥‥‥146

4 消化と吸収・はい出‥‥‥‥‥‥152

5 心臓と血液のはたらき‥‥‥‥‥159

6 動物の分類‥‥‥‥‥‥‥‥‥‥165

1 骨と筋肉のはたらき

4年

1 骨組み

人のからだの中には，右下の図のように200個あまりの骨がある。この骨組みを**骨格**①という。

2 骨と関節のはたらき

骨のはたらき

●からだを支える。

背骨, 骨ばん, 足の骨の**大たい骨**などは，からだを支えている。

●からだの内部を守る。

頭骨（頭がい骨）は脳を，**ろっ骨**は心臓や肺などを守っている。

●からだを動かす。

多くの骨は，筋肉といっしょにからだを動かすはたらきをしている。

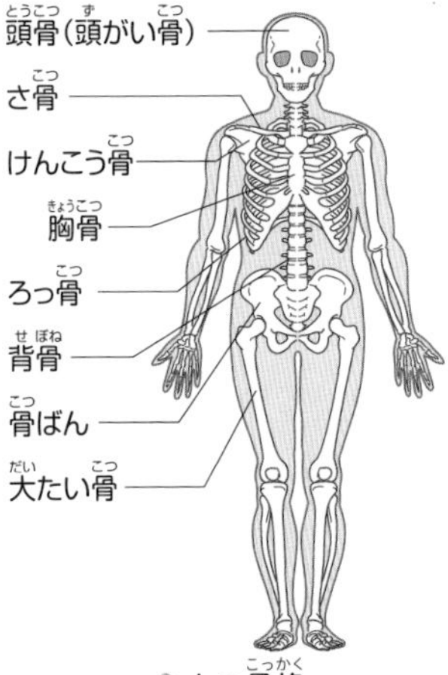

骨と骨のつながり

●**動かないつながり方**（ほう合結合）

頭骨のように，骨どうしがかみあっていて，動かない。

●**少し動くつながり方**（なん骨②結合）

背骨や胸の**胸骨**は，なん骨でつながっているので，少し動くことができる。

●**よく動くつながり方**

かた，ひじ，ひざなどで決まった方向に曲げたり，のばしたりできるつながり方。

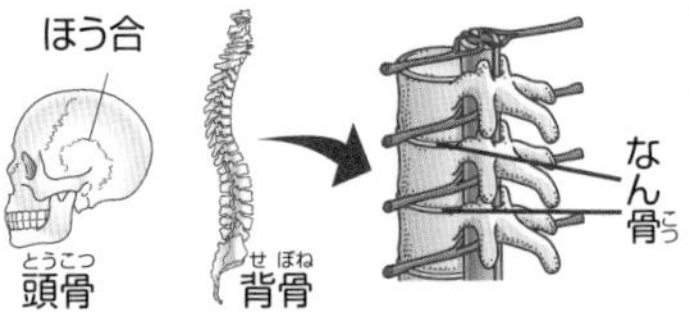

生命編

第1章 こん虫の成長とからだのつくり

第2章 生き物と四季

第3章 植物の育ち方

第4章 植物のつくりとはたらき

第5章 魚や人の誕生

第6章 動物のからだのつくりとはたらき

第7章 生物のくらしとかん境

もっとくわしく

①骨格には，内骨格と外骨格がある。内骨格は，人のようにからだの内部に骨がある場合で，外骨格は，こん虫のようにからだの表面が固くなっている場合である。

頭骨（頭がい骨）
さ骨
けんこう骨
胸骨
ろっ骨
背骨
骨ばん
大たい骨

↑人の骨格

ほう合
なん骨
頭骨
背骨

↑ほう合結合となん骨結合

②やわらかくてだん力のある骨。背骨は33個の骨が，なん骨でつながっている。ろっ骨ときょう骨もなん骨でつながっている。

関節のはたらき

関節では，骨と骨は右の図のようにつながっている。骨と骨が向き合う部分がなん骨になっている。じん帯というまくの中に，液体が入っていて，動きをなめらかにしている。

骨ずいのはたらき

骨ずいは右の図のように，骨のいちばん内側にあって，ここで，血液の成分である**赤血球**，**白血球**，**血小板**をつくっている。 → P.160

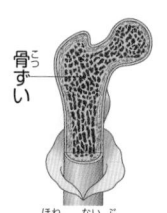

↑関節の構造

↑骨の内部のつくり

③ 筋肉のつくり

からだの中で動く部分には，筋肉がある。筋肉ののびちぢみによって，からだを動かしたり，内臓を動かしたりしている。

筋肉には，次の2種類がある。

●骨についている筋肉①

手足の骨などについている筋肉で，自分の意思で筋肉を使って，からだを動かすことができる。

●内臓についている筋肉②

内臓についている筋肉で，食物が体内に入ってきたりすると，自動的に動くようになっている。自分の意思で動かせない。

④ 筋肉のはたらき

骨格と筋肉のつながり

筋肉は，**けん**③によって骨とくっついている。筋肉は，動かしたい関節などの部分をまたがってつくことになる。

🔍 もっとくわしい

①一度に強い力が出せるが，つかれやすい筋肉である。
②つかれにくく，長時間動き続けることができる筋肉である。

用語

けん
③筋肉のはしにあり，筋肉と骨を結びつける役割をしている。かかとにあるアキレスけんは有名である。けんが切れると，筋肉が骨についていないので，からだが動かせなくなる。

●骨格と筋肉による運動

うでを曲げるときは，うでの内側の筋肉が**ちぢみ**，外側の筋肉が**ゆるむ**。
うでをのばすときは，逆に，うでの内側の筋肉が**ゆるみ**，外側の筋肉が**ちぢむ**。

うでを曲げるとき

うでを曲げる筋肉が
ちぢむ

うでを
のばす
筋肉が
ゆるむ

うでをのばすとき

うでを曲げる筋肉が
ゆるむ

関節

けん

けん

うでを
のばす
筋肉が
ちぢむ

↑うでを動かすときの筋肉の動き

ここが大切
筋肉は，ちぢませる動きしかできない。そのため，うでを曲げるときには，うでの内側の筋肉がちぢんでいる。うでをのばすときには，うでの外側の筋肉がちぢんでいる。

🔍 **もっとくわしく**

筋肉とてこの原理

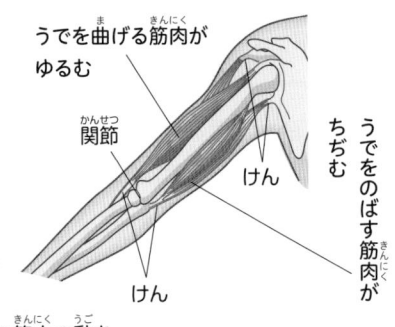

右の図のように，筋肉は骨を**てこ** P.485 として利用している。関節が**支点**で，筋肉のけんがついているところが**力点**で，この図では手に**作用点**がある。てこのつり合うときのきまり P.486 を利用すると，筋肉が出している力が計算できる。力点から支点までの長さが5cm，作用点から支点までの長さが30cm，おもりの重さが12kg，筋肉が出している力を□kgとすると，12×30＝□×5＝より，□＝12×30÷5＝72（kg）となり，**筋肉が大きな力を出している**ことがわかる。

おもり

力点

さ骨

関節

作用点

支点

筋肉は大きな力を出すが，その動きは小さい。

生命編

第1章 こん虫の成長とからだのつくり

第2章 生き物と四季

第3章 植物の育ち方

第4章 植物のつくりとはたらき

第5章 魚や人の誕生

第6章 動物のからだのつくりとはたらき

第7章 生物のくらしとかん境

2 感覚器官のはたらき

発展

1 し激と感覚

　光，音，温度などのように，生物が感じとれるものをし激という。また，生物が，し激を感じるはたらきを感覚という。感覚は，感覚器官という器官で感じる。

　感覚器官には，**目，耳，鼻，舌，皮ふ**がある。感覚の種類には，**視覚**（形や色がわかる），**聴覚**（音がわかる），**きゅう覚**（においがわかる），**味覚**（味がわかる），**しょっ覚**（ふれたものがわかる）などがある①。

　し激は，感覚器官から，神経を通じて，脳に情報が送られ，そこではじめて感覚としてとらえることができるようになる。

🔍 **もっとくわしく**

①感覚には，これ以外に，平こう感覚（からだの回転運動，かたむきがわかる），痛覚（痛みを感じる），温覚（高い温度がわかる），冷覚（低い温度がわかる）などがある。

し激	→	感覚器官	→	神経	→	脳
⬆外からあたえられるもの。		⬆それぞれ決まったし激だけをを受け取れる。		⬆感覚器官が受けたし激を脳へ伝える。		⬆し激を感覚として理解するはたらきをする。

2 目のつくりとはたらき

　目は，物の形や色などを感じることができるので，動物の行動を決める上で重要な役目をはたす。

光	→	目	→	視神経	→	脳

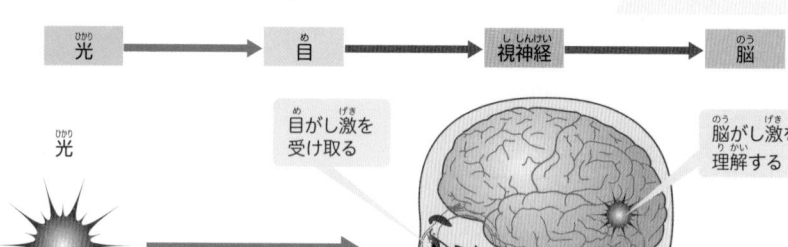

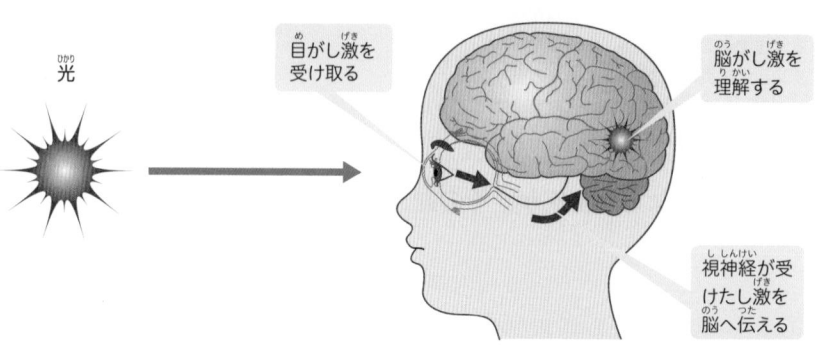

光

目がし激を受け取る

脳がし激を理解する

視神経が受けたし激を脳へ伝える

生命編

第1章 こん虫の成長とからだのつくり

第2章 生き物と四季

第3章 植物の育ち方

第4章 植物のつくりとはたらき

第5章 魚や人の誕生

第6章 動物のからだのつくりとはたらき

第7章 生物のくらしとかん境

こうさい…ひとみのまわりにある色がついている部分。下図のように，ひとみの大きさを変えて光の量を調節する。

明るいとき　暗いとき

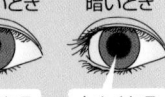

小さくなる　大きくなる

レンズ…とつレンズ ●P.412 になっていて，目に入る光を屈折させ，もうまく上に像ができるように調整している。そのために，筋肉によって，レンズの厚さを変えられるようになっている。この部分が白くにごる病気を，白内障という。

ガラス体…光が通りぬけるとう明なつくり。

視神経…もうまくでとらえた光の情報を，脳へと伝える。

こうさい　ひとみ

ひとみ…黒目の中心にある光の入るあな。明るいところでは小さく，暗いところでは大きい。内部に光が入っていくだけで，光が出てくることはないので，真っ黒である。

角まく…表面をおおうとう明なまく。

毛様体…レンズの厚さを変える筋肉。

もうまく…目の一番おくにあるまく。光を感じることができるようになっている。

レンズ

↑人の目のつくり

　目から入った光のし激を，色と形としてとらえることができるのは，脳が感覚として，処理してくれるからである。

理科の宝箱　近視，遠視とめがね

　近視の人の目では，目のレンズのつくる像が，もうまくの前にできてしまう。そのため，**近視の人は，おうレンズのめがねをかけて**，像がおくにできるように調節する。遠視の人の目では，目のレンズのつくる像が，もうまくの後ろにできてしまう。そのため，**遠視の人は，とつレンズのめがねをかけて，**像が手前にできるように調節する。

近視の目

像がもうまくの前にできる。おうレンズのめがねをかける。

遠視の目

像がもうまくの後ろにできる。とつレンズのめがねで調節する。

③ 耳のつくりとはたらき

耳のつくり

耳は，下の図のように，外耳（**こまくの外の部分**），中耳①（**こまくの内側にある小さな部屋の部分**），内耳（**さらに内側の半規管，うずまき管の部分**）の３つの部分からなる。

もっとくわしく

①中耳炎は，こまくの内側の小さな部屋の部分がはれてしまう病気。この場所に，うみがたまることになる。

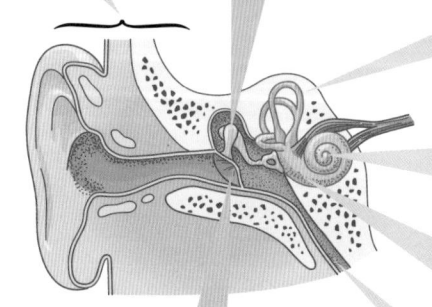

外耳の**耳たぶ**（耳かく）と**こまく**へと通じるあな（**外耳道**）がある。

中耳のこまくの内側には，**耳小骨**という，からだの中でもっとも小さな３つの骨がつながったものがある。この骨が，こまくのかすかなふるえを大きくして，内耳へと伝える。

うずまき管と一体になっているこの３つの**半規管**で，からだがどの方向に回転しているのかを感じる。

内耳のうずまき管に伝わったこまくのふるえを感じて，感じ取った情報を**聴神経**を通して，脳へと送る。

この**前庭器官**では，からだがかたむいていることを感じることができる。

こまくは，厚さ0.1mmのまく。空気を伝わってくる音による空気の振動によって，かすかにふるえる。

耳のおくのへやから，のどへとつながっているこの細い管を**耳管**という。

↑人の耳のつくり

耳のはたらき

1　音を聞く。▶ P.417
2　からだの回転運動，かたむきを感じる。

もっとくわしく

耳がキーンとなったとき

電車がトンネルに入るとき，高い山に登ったときなどに，耳がキーンとなることがある。こまくの内と外で気圧▶ P.202がちがうため，こまくが押されてしまい，ふるえにくくなっているのである。つばをのみこむとそれがなおるのは，中耳からのどに通じる管（耳管）が開いて，こまくの内外の気圧が同じになるからである。

生命編

第1章 こん虫の成長と からだのつくり

第2章 生き物と四季

第3章 植物の育ち方

第4章 植物のつくりと はたらき

第5章 魚や人の誕生

第6章 動物のからだの つくりとはたらき

第7章 生物のくらしと かん境

④ 鼻・舌・皮ふのはたらき

鼻のはたらき

鼻は，呼吸のための空気が出入りする場所でもあるが，においを感じることもできる。

鼻は，下の図のようなつくりをしていて，鼻のおくの広い空間の天じょうには，においを感じる細胞がある。においのし激をあたえるのは，空気中にうかんでいるにおいのある気体の物質である①。

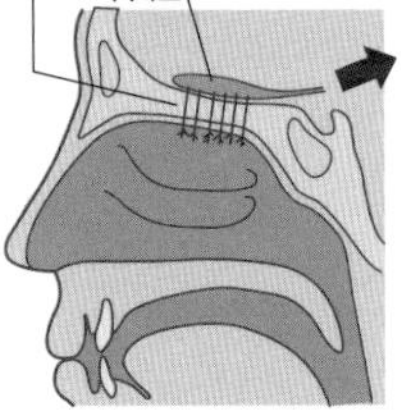

においを感じる所
神経
脳
のう

↑人の鼻のつくり

○ もっとくわしく

①気体として空気中に出てこない物質は，においを感じることができない。塩酸やアンモニア水は，水にとけている物質が気体なので，空中に出てきて，においを感じられる。しかし，水酸化ナトリウム水溶液や食塩水は，水にとけている物質が固体なので，空気中に出てこないため，においを感じられない。

→ P.394

○ もっとくわしく

においを感じなくなるとき

くさいにおいがする場所にしばらくいると，くささが感じられなくなる。これは，においを感じる細胞がつかれたためである。その場所から一度はなれると，またにおいを感じるようになる。

舌のはたらき

舌は，しゃべるとき，物をのみこむときにも，大切な役割をはたすが，味のし激を受け取る感覚器官でもある。

舌が味として感じられるのは，水にとける物質だけである。水にとけなければ，味として感じられない。

皮ふのはたらき

皮ふには，髪の毛，体毛などが生えていて，**あせ** 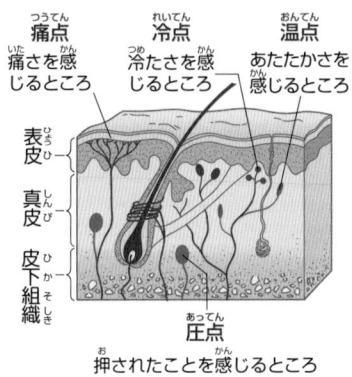 P.159 を出すしくみもある。また，異物が体内へしん入しないようにからだを守るバリアの役割もしている。同時に，まわりの様子を知るための感覚器官もうめこまれている。

痛点
痛さを感じるところ

冷点
冷たさを感じるところ

温点
あたたかさを感じるところ

表皮
真皮
皮下組織

圧点
押されたことを感じるところ

↑人の皮ふの内部のつくり

● **しょっ覚**…皮ふでふれたものを感じる感覚である。物の大きさや形，表面がざらざらか，つるつるかなどを知ることができる。
● **痛覚**…薬品，電気ショック，刃物にふれてからだが切れたときなどに痛みを感じる①感覚である。
● **温度感覚**…あたたかい，熱い，すずしい，冷たいなどを感じる感覚。

○ もっとくわしく

①痛みを感じることは，生物が生きのびるための重要なはたらきである。歯痛や腹痛などの痛みをがまんできないのは身の危険を知り，からだが受ける被害を大きくしないためである。

3 呼吸のはたらき

6 年

動物はすべて，酸素を吸って，二酸化炭素をはき出している。そのことを**呼吸**という。規則正しく呼吸することによって，動物は生きていくことができる。

1 吸う息とはく息

吸う息とはく息の成分は，右の表のようになっている。呼吸をすることで，酸素が約5％減って，二酸化炭素が約4％増えて，水蒸気も増えていることがわかる。

このことは，次の実験で確かめることができる。

	吸う息	はく息
酸素	空気と同じ（約21％）	少なくなる（約17％）
二酸化炭素	ごく少し（約0.04％）	多くなる（約4％）
ちっ素	空気と同じ（約79％）	変わらない（約79％）
水蒸気	空気と同じ	多くなる
温度	気温と同じ	高くなる（体温に近い）

↑吸う息とはく息の成分

実験

吸う息とはく息

ねらい

呼吸する前の空気の成分と呼吸した後の空気の成分を調べる。

方法

1 1つのポリエチレンのふくろには息をふきこむ。もう1つのふくろには空気を入れる。ふくろの様子を調べる。

2 その後，2つのふくろに石灰水①を入れてよくふる。

①この実験は，気体検知管を使って行うこともできる。

P.546

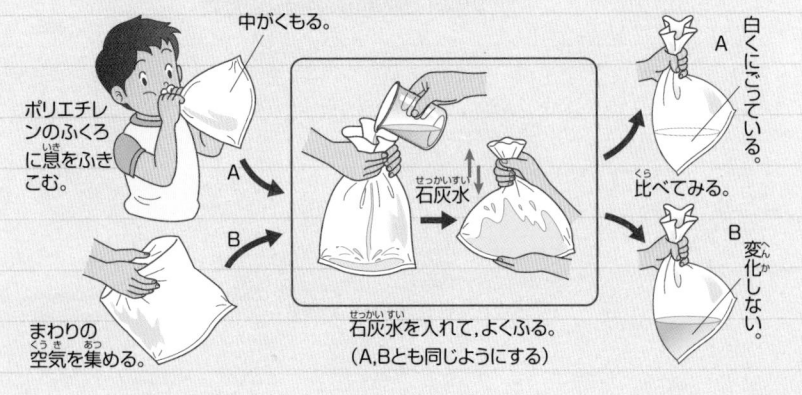

ポリエチレンのふくろに息をふきこむ。

中がくもる。

まわりの空気を集める。

石灰水を入れて，よくふる。（A，Bとも同じようにする）

白くにごっている。

比べてみる。

変化しない。

生命編

第1章 こん虫の成長とからだのつくり

第2章 生き物と四季

第3章 植物の育ち方

第4章 植物のつくりとはたらき

第5章 魚や人の誕生

第6章 動物のからだのつくりとはたらき

第7章 生物のくらしとかん境

結果

	A （息をふきこむ）	B （まわりの空気）
1. ふくろの様子	中がくもった。	変化なし。
2. 入れた石灰水の様子	白くにごった。	変化なし。

わかったこと

はいた息には，水蒸気が多くふくまれていて，それが水てきとなって，ふくろの内側につき，ふくろをくもらせた。石灰水が白くにごったので，はいた息には二酸化炭素が多くふくまれていることがわかる。

　この実験で見られた呼吸による空気の成分の変化は，ろうそくの燃焼などで見られる変化 ➡ P.361 と同じである。呼吸①は，体内で養分を燃やして，生活に必要なエネルギーを得るために行われている。

もっとくわしく
①呼吸は，植物でも行われている。
➡ P.94

ここが大切

呼吸のしくみ　酸素 ＋ 養分 → 二酸化炭素 ＋ 水

↓

生活に必要なエネルギー

② 肺のつくりと呼吸のしくみ

鼻や口から空気を吸ったりはいたりすることで，酸素と二酸化炭素を交かんする。そのための器官が，**気管，気管支，肺**である。肺の中にある肺ほうはとても小さく，肺の内部の表面積は，きわめて大きくなっている。

肺…肺は大きなふくろであり，中には3億〜4億個の肺ほうが入っている。

空気の通路
気管
気管支

肺

気管…鼻や口から肺までの空気の通り道。

気管支…気管が左右に分かれるところから，気管支とよばれる。気管支はどんどんと細かくなっていって，肺の中の肺ほうのすべてと1つ1つつながっている。

肺ほう…直径0.1〜0.3mmのふくろである。吸いこんだ空気の中から酸素を毛細血管の血液の中に取り入れ，逆に毛細血管の血液中の二酸化炭素が肺ほうの中の空気に出される場所である。

二酸化炭素
酸素

えだ分かれした気管支…1つ1つの肺ほうとつながっている空気の通り道。肺ほうの中には，口や鼻から吸いこんだ空気が入ってきて，肺ほうの空気は鼻や口からからだの外へはき出される。

肺静脈 ○P.161 に流れこむ血液…肺から心臓にもどる血液が流れている。動脈血（酸素が多い血液）で，体内で酸素がもっとも多い血液である。

毛細血管
血液
酸素
肺ほう
二酸化炭素

肺動脈 ○P.161 から流れこんだ血液…心臓から肺に送り出されてきた血液が流れている。静脈血（二酸化炭素を多くふくむ血液）で，体内で酸素がもっとも少ない血液である。

もっとくわしく

セキツイ動物の肺のつくりの進化

セキツイ動物の肺のつくりは，右の図のように進化するごとに，より複雑なつくりに変わってきている。

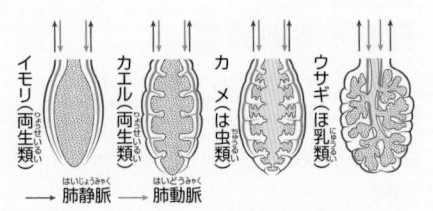

イモリ（両生類） カエル（両生類） カメ（は虫類） ウサギ（ほ乳類）

→肺静脈 →肺動脈

第1章 こん虫の成長とからだのつくり

第2章 生き物と四季

第3章 植物の育ち方

第4章 植物のつくりとはたらき

第5章 魚や人の誕生

第6章 動物のからだのつくりとはたらき

第7章 生物のくらしとかん境

中学入試対策

呼吸運動

入試でる度
★★☆☆☆

　肺には筋肉がないので，自分でふくらんだり，ちぢんだりできない。このため，**横かくまく**①や**ろっ骨**②が上がり下がりすることで，**肺のある胸の容積を変化させて，空気の出し入れをしている**③。

①横かくまくは，筋肉でできている。そのため，ちぢむときに力を出す。息を吸うときに，横かくまくの筋肉はちぢんで，下へと下がる。息をはくときは，筋肉がゆるんで，上に上がる。

②骨だけでは動くことができない。そのため，ろっ骨についているろっ間筋という筋肉が，ろっ骨を動かしている。

③左のモデルのように，肺は空気の出し入れをしている。ゴム風船がゴムまくの動きでふくらんだり，ちぢんだりするように，肺は横かくまくとろっ骨が動くことで，ふくらんだり，ちぢんだりしている。

	息を吸うとき	息をはくとき
ろっ骨	上がる	下がる
横かくまく	下がる	上がる
胸の容積		

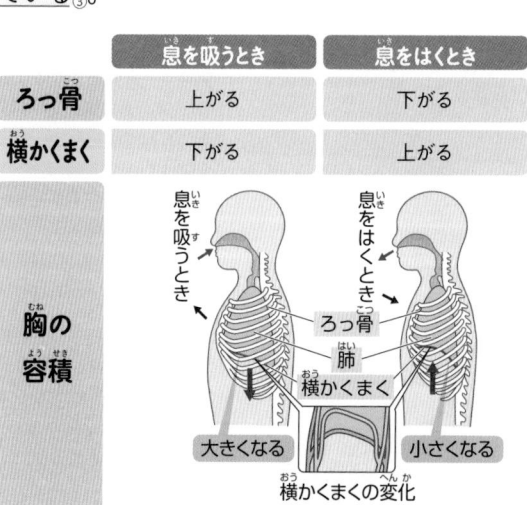

横かくまくの変化

（大きくなる　小さくなる）

モデル

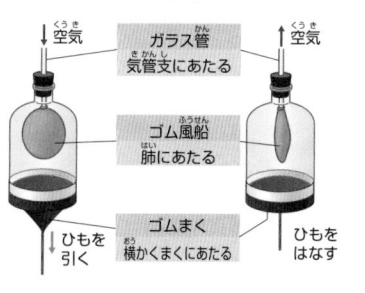

⬆ 呼吸運動のしくみ

ここが問われる！

肺のしくみを確認しておこう！

肺は，内部に肺ほうがたくさんつまっている大きなふくろである。肺に空気を入れるためには，横かくまくとろっ間筋という筋肉を動かして，胸の内部の空間を大きくして，息を吸いこむのである。

③ いろいろな呼吸

　これまで学習してきた呼吸は，肺呼吸といわれるが，その肺呼吸以外に，**気管**呼吸，**えら**呼吸，**皮ふ**呼吸などをする動物がいる。

気管呼吸 ▶P.25

　陸上の節足動物①（こん虫など）のからだには，**気管**がはりめぐらされ，からだのいたるところで，**酸素と二酸化炭素の交かん**を行っている。これを**気管呼吸**という。そのため，血液は必要ない。気管への空気の入り口である**気門**は腹にあり，腹をのびちぢみさせることで，空気の出し入れをしている。

🔍 もっとくわしく

①節足動物が水中で生活する場合，えら呼吸になる。トンボの幼虫のヤゴがそうである。

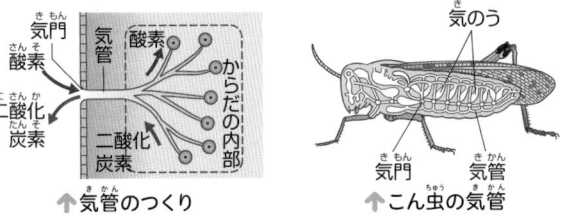

↑**気管のつくり**　　↑**こん虫の気管**

えら②呼吸

　魚類など，水中にすむ動物の呼吸は，**えらで**行っている。これを**えら呼吸**という。水にとけている酸素を血液に取り入れて，血液の中の二酸化炭素を水に出すことができるようなつくりになっている。そのため，えら呼吸をする動物は，空気中では呼吸ができない。魚類は呼吸するときに，下の図のように口から水を取り入れ，えらを通過させ，**えらぶた**から水を出す。

②えらの中には，毛細血管があり，血液が流れている。

えらぶたの内側にある。くしのように分かれている。

↑**えらぶたとえら**　　↑**えら呼吸のしかた**

生命編

第1章 こん虫の成長とからだのつくり

第2章 生き物と四季

第3章 植物の育ち方

第4章 植物のつくりとはたらき

第5章 魚や人の誕生

第6章 動物のからだのつくりとはたらき

第7章 生物のくらしとかん境

皮ふ呼吸

　肺で呼吸する動物の一部は，**皮ふ呼吸**も行っている。親の**カエル**①は，肺呼吸だけでは十分な酸素を得られないので，皮ふ呼吸をして不足分をまかなっている。

4 消化と吸収・はい出

6年

1　消化と消化器官

消化

　消化とは，食物から養分を取り出して，からだの中に取り入れるために行われる。具体的には，食物を細かく分解して，小さな養分のつぶにしてしまうことをいう。

　消化は，まず口で食べた食物を歯で細かくかみくだき，すりつぶすこと②，**だ液**でとかすこと③から始まる。口だけではなく，次のページの図のような**消化器官**④で，次々と食物を分解していく。分解されることで，食物の中の養分は初めて，からだの中に吸収できる大きさになる。

　消化のために出される**消化液**の中には，**消化酵素** ▶P.155 といわれる物質がふくまれている。

▶P.155

🔍 もっとくわしく

消化酵素をふくまないたん汁

消化液と同じように出される液体のうち，たん汁には消化酵素がふくまれていない。そのため，消化はしていないが，しぼうを水にとけやすくして，消化を助けている。

🔍 もっとくわしく

①カエルの子のオタマジャクシは，えら呼吸なので，水中で呼吸ができる。しかし，手足が出てきたら肺呼吸に変わるので，陸上に上がれないと，呼吸ができなくなって死んでしまう。

②物理的消化とよばれる。物の形をくずして，つぶを小さくしていくことをいう。
歯でかみくだく以外に，下の図のように，胃の中で食べ物をもんだり，小腸のかべでつぶしたりすることも，物理的消化である。これらは，ぜん動運動，分節運動とよばれている。下の図は，胃のぜん動運動のようすである。

↑胃のぜん動運動

③化学的消化とよばれる。薬品を使って，中身をバラバラにしていくことをいう。
④消化に関係あるはたらきをするところをまとめて，消化器官とよぶ。消化器官のうち，食物の通り道になっている部分をまとめて，消化管とよぶ。

消化器官

●**口**…食物の入り口。だ液が出る。だ液せんはだ液をつくって，だ液を出すところ。

●**食道①**…胃へと食物を運ぶ。ぜん動運動をしている。

●**胃**…胃液が出る。胃液には，塩酸がふくまれていて，強い酸性になっている。ぜん動運動をして，食物を細かくし，胃液とよく混ぜあわせている。

●**かん臓**…たん汁 ➡ P.152 をつくっている。たん汁の成分には，かん臓でこわされた赤血球の成分がふくまれている。

●**たんのう**…たん汁をためている。

●**すい臓**…すい液をつくっている。すい液には，三大栄養素にはたらく消化酵素がすべてふくまれている。

●**十二指腸**…たん汁，すい液が出る。

●**小腸**…かべに消化酵素がふくまれる。養分の吸収も行っている。

●**大腸②**…水分を吸収する。

●**肛門**…大便がからだの外へはい出される。

↑**人の消化器官**
（○は消化管でもある）

➡ P.152

↑十二指腸にたんのうとすい臓からの管がつながっている様子

もっとくわしく

①②食道と大腸では，消化液が出ない。

② 栄養素と消化液，消化酵素

三大栄養素

食物にふくまれる**栄養素③**のうち，以下の３つは，特に重要なので，**三大栄養素**とよばれる。

●**炭水化物（でんぷんなど）**…熱やエネルギーになる。
食品：米，麦，ジャガイモ，サツマイモなど

●**たんぱく質**…おもにからだをつくる材料になる。

③動物が食物としてとり入れた成分のうちで，成長の材料やエネルギー源になるものを栄養素という。

生命編

第1章 こん虫の成長とからだのつくり

第2章 生き物と四季

第3章 植物の育ち方

第4章 植物のつくりとはたらき

第5章 魚や人の誕生

第6章 動物のからだのつくりとはたらき

第7章 生物のくらしとかん境

食品：肉，魚，卵，大豆（豆腐，納豆）など

●**しぼう**…熱やエネルギーになる。

食品：肉のあぶら身，バター，ラードなど

三大栄養素以外に，<u>ビタミン</u>①と**ミネラル（<u>無機質</u>）**②の２つも重要なはたらきをする栄養素である。

以上５つをあわせて，五大栄養素ともよばれる。

① からだの調子をととのえる。ビタミン不足はいろいろな病気の原因となる。

② カルシウムや鉄などをいう。カルシウムは骨や歯をつくる。カルシウムは牛乳に多くふくまれる。鉄は筋肉や血液をつくる。ほうれん草などに鉄が多くふくまれる。

消化液のはたらき

実験

だ液のはたらきを調べる実験

ねらい

だ液にあるはたらきを調べる。

方法

1 水にでんぷんを入れて熱し，でんぷんのりをつくる。

2 でんぷんのりを<u>体温ぐらいの温度</u>③まで冷やす。

3 でんぷんのりを２本の試験管にとり，片方の試験管にだけだ液を入れ，<u>別の試験管には，水を入れる</u>④。

4 15分ほどしてから，両方の試験管にヨウ素液を加える。

③ 口の中の状態に近い温度にする。

④ 実験の結果がだ液によるものであることを確認するため（対照実験）。

➡ P.56

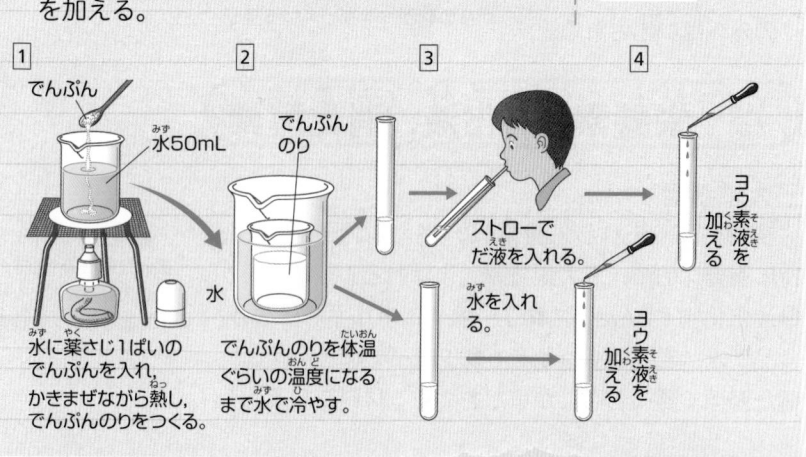

1 でんぷん　水50mL
水に薬さじ1ぱいのでんぷんを入れ，かきまぜながら熱し，でんぷんのりをつくる。

2 でんぷんのり　水
でんぷんのりを体温ぐらいの温度になるまで水で冷やす。

3 ストローでだ液を入れる。

水を入れる。

4 ヨウ素液を加える

ヨウ素液を加える

第1章 こん虫の成長とからだのつくり

第2章 生き物と四季

第3章 植物の育ち方

第4章 植物のつくりとはたらき

第5章 魚や人の誕生

第6章 動物のからだのつくりとはたらき

第7章 生物のくらしとかん境

結果

	ヨウ素液を入れたときの色の変化
だ液を入れた試験管	ヨウ素液の色のまま①
水を入れた試験管	青むらさき色になる

①だ液を入れた試験管で、ヨウ素液の色のままだったことは、試験管内のでんぷんが、でんぷんではない、別の物に変化したことを示している。

☆ **わかったこと** ✧

水を入れた試験管が青むらさき色になり、だ液を入れた試験管がヨウ素液の色のままだったことから、だ液は、でんぷんを別の物質に変えるはたらきがあることがわかる。

消化酵素のはたらき

消化液の中で、消化を行っているのは、**消化酵素**である。

消化酵素は、決まった温度でよくはたらく、決まった性質②でよくはたらく、決まった栄養素にだけはたらくという特ちょうがある。

🔍 **もっとくわしく**

②酸性・中性・アルカリ性のどの性質をもつのかということ。

消化液による栄養素の分解

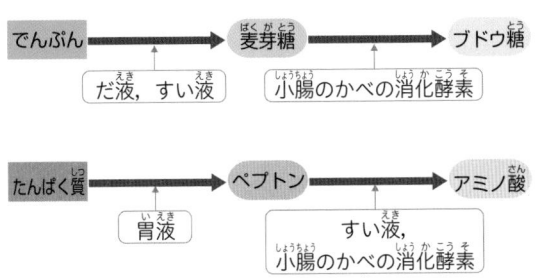

でんぷん → 麦芽糖 → ブドウ糖
（だ液，すい液）（小腸のかべの消化酵素）

たんぱく質 → ペプトン → アミノ酸
（胃液）（すい液，小腸のかべの消化酵素）

しぼう → 細かいしぼうのつぶ → しぼう酸，モノグリセリド
（たん汁）（すい液）

どの消化液が、からだのどの部分で出され、どの栄養素にはたらくのかをまとめると、次の図のようになる。

155

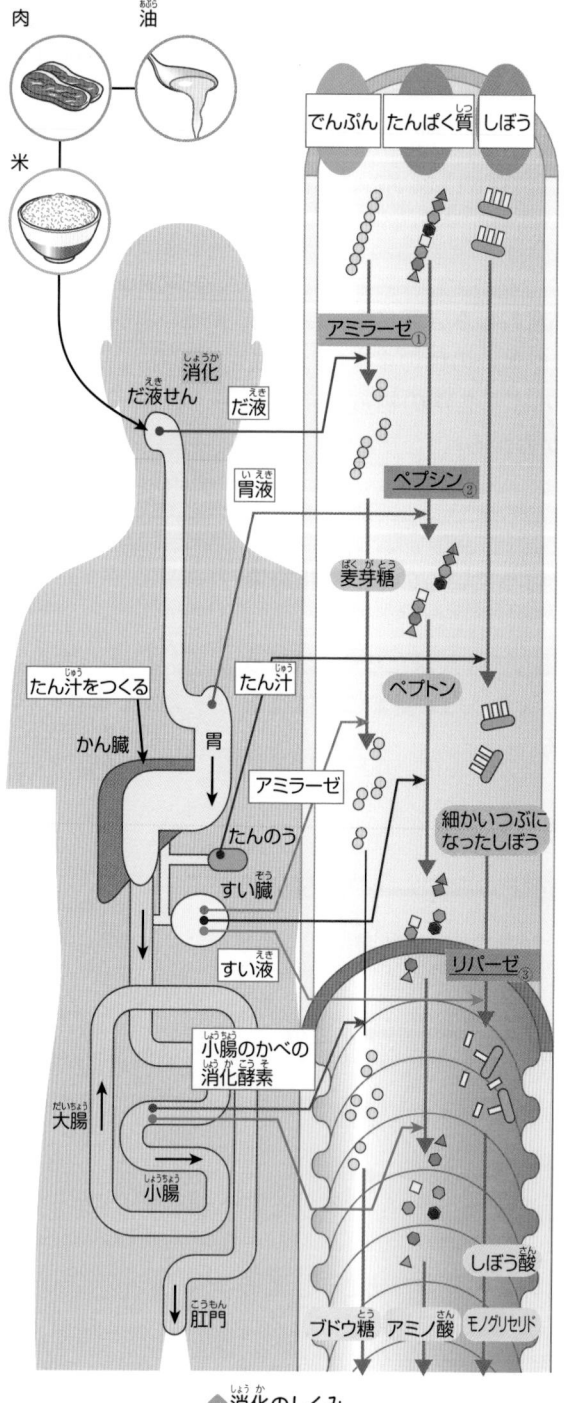

肉　　油

米

でんぷん　たんぱく質　しぼう

消化
だ液せん　だ液

アミラーゼ①

胃液

ペプシン②

麦芽糖

たん汁をつくる　　たん汁

ペプトン

かん臓　　胃

アミラーゼ

たんのう

細かいつぶに
なったしぼう

すい臓

すい液

リパーゼ③

小腸のかべの
消化酵素

大腸

小腸

しぼう酸

肛門

ブドウ糖　アミノ酸　モノグリセリド

↑消化のしくみ

もっとくわしく

①でんぷんを分解する消化酵素。だ液とすい液にふくまれる。

②胃液にふくまれる消化酵素のペプシンは、たんぱく質を分解する。

③すい液にふくまれる消化酵素のリパーゼは、しぼうを分解する。

③ 消化された養分の吸収

食物は細かく分解されていくが，消化された養分をからだのどこかで体内にとりこまないと，そのままからだの外へ出ていってしまう。消化された養分の吸収をしているのが，小腸である。

小腸での養分の吸収

小腸のつくりをくわしく見ていくと，右の図のように，かべに**ひだ**があり，細かいでっぱりがたくさんついている。このでっぱりを**じゅう毛**①とよんでいる。じゅう毛のくわしいつくりは，右下の図のようになっている。内部には，毛細血管とリンパ管がある。

ブドウ糖とアミノ酸は毛細血管に，しぼうはリンパ管②に入っていく。

●吸収された養分のゆくえ

ブドウ糖と**アミノ酸**は，じゅう毛の毛細血管に入ったあと，門脈という血管を通って，かん臓に送られる。そのままかん臓を通過するものもあれば，かん臓にたくわえられるものもある。ブドウ糖の一部は**グリコーゲン**③に変えられて，かん臓にたくわえられる。

しぼう酸と**モノグリセリド**は，ふたたびしぼうになってリンパ管に入る。リンパ管を通って，首のつけ根の付近の太い血管（静脈）に入り，心臓に流れていく。

消化された三大栄養素は，下の図のように心臓へ送られて，心臓から血液によって全身に運ばれる。

小腸

じゅう毛

毛細血管

リンパ管

もっとくわしく

①じゅう毛には，さらに細かいでっぱりがついている。これらを平面に広げた場合，テニスコート1面分の表面積になる。
②からだ中から体液を集めて，心臓の血管の中にもどす役目をしている。
③ブドウ糖のままではたくわえておけないので，それをたくわえておける形に変えたもの。

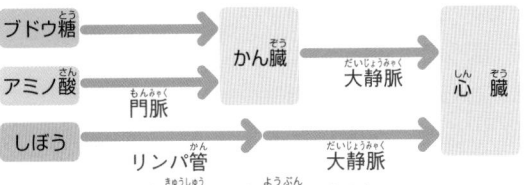

↑吸収された養分のゆくえ

生命編

第1章 こん虫の成長とからだのつくり

第2章 生き物と四季

第3章 植物の育ち方

第4章 植物のつくりとはたらき

第5章 魚や人の誕生

第6章 動物のからだのつくりとはたらき

第7章 生物のくらしとかん境

④ 不要物のはい出

　たんぱく質は，おもにからだをつくるために使われるが，エネルギーを取り出すために使われると，アンモニアを発生させる。アンモニアは，からだに有害なので，これを体内で処理しなくてはいけない。アンモニアは，かん臓で，害が少ないにょう素に変えられたあと，にょうやあせとしてからだの外にはい出される。

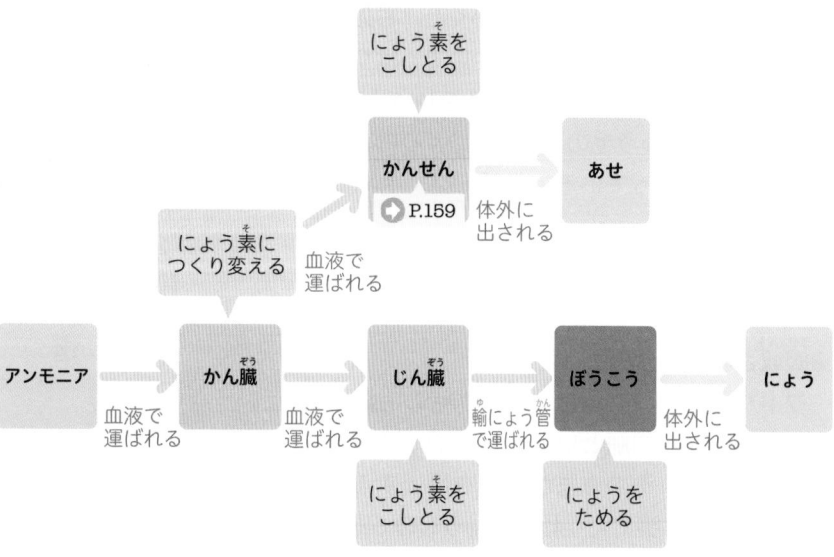

にょう素を
こしとる

かんせん　　→　あせ

P.159　体外に
　　　　出される

にょう素に
つくり変える　血液で
　　　　　運ばれる

アンモニア　→　かん臓　→　じん臓　→　ぼうこう　→　にょう

血液で　　　血液で　　　輸にょう管　体外に
運ばれる　　運ばれる　　で運ばれる　出される

にょう素を　　にょうを
こしとる　　　ためる

↑アンモニアのはい出のしくみ

●じん臓のつくり

　じん臓は背中側，こしのあたりに，左右1個ずつある。にぎりこぶしくらいの大きさで，ソラマメのような形をしている。動脈からじん臓に流れこむ毛細血管の血液の中から，不要物であるにょう素などをこしとる。こしとられた不要物は，輸にょう管を通って，ぼうこうに送られ，ためられる。ぼうこうから，からだの外への出口についている筋肉をゆるめると，不要物が**にょう**として体外にはい出される。

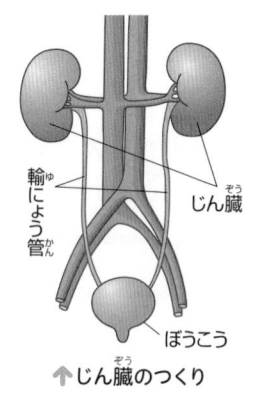

動脈

輸
にょう
管

じん臓

ぼうこう

↑じん臓のつくり

●かんせんのつくり

皮ふの毛の生えているそばには，**あせ**が出るあながある。このあなは皮ふの中に続いていて，一番おくは右の図のようになっている。そのまわりは，毛細血管がとりかこんでいて，毛細血管からにょう素などの不要物がかんせんにこしとられている。こしとられた不要物が，水といっしょに出てきたものが，あせである。あせの成分とにょうの成分は，こさがちがうが，同じものがふくまれている。

また，あせは<u>体温の調節</u>①という大切なはたらきも行っている。

あせの出るあな
皮ふ　毛　かんせん

毛細血管

↑かんせんのつくり

🔍 **もっとくわしく**

①あついときにあせをかくと，からだの表面からあせの水分が蒸発するときに，からだの熱をうばってくれる。湿度が高いときには，あせをかいても水分が蒸発しにくいので，体温が下がりにくくなる。年をとって，あせが出にくくなっても，体温は下がりにくくなる。こういう場合は，熱が体内にこもって，熱中症にならないように気をつける必要がある。

理科の宝箱　　かん臓のはたらき

かん臓は，これまでに出てきただけでも，**①アンモニアをにょう素に変える** ➡P.158，**②ブドウ糖からグリコーゲンをつくる** ➡P.157，**③たん汁をつくる** ➡P.153, 156 など，さまざまなはたらきをもっていた。しかし，それら以外にも，④血液中の有害な成分を無毒にする。⑤古くなった赤血球を分解する。⑥体温を一定に保つために，大量の熱を発生させる。など，200種類以上のはたらきをもっている。

かん臓

---

5 心臓と血液のはたらき

6年

第1章 こん虫の成長とからだのつくり

第2章 生き物と四季

第3章 植物の育ち方

第4章 植物のつくりとはたらき

第5章 魚や人の誕生

第6章 動物のからだのつくりとはたらき

第7章 生物のくらしとかん境

1 血液のはたらき

血液は，からだ中をぐるぐると回ることで，からだに必要な物質を必要なところに送りこみ，からだに不要な物質を運び出している。まるで，運送会社が，必要な荷物を届けてくれて，ゴミ収集車が，ゴミを回収してくれるようなしくみが，からだの中にはある。

からだに必要な物質

● **酸素**…空気中から，肺で血液中に取り入れる。◯P.149 酸素は水にとけにくいので，血液中の赤血球が，酸素と結びついて，全身に運ぶ①。

● **養分**…食物を消化して，小腸で血液中に取り入れる。消化されてできた養分は水にとけやすいので，血液中の血しょうがとかして，全身に運ぶ。

からだに不要な物質

● **二酸化炭素**…全身でつくられる。二酸化炭素は水にとけるので，血液中の血しょうがとかして運ぶ。肺で血液から肺ほうの中の空気に出される。◯P.149

● **アンモニアなどの不要物**…全身でつくられる。水にひじょうにとけやすいアンモニアは，血液中の血しょうがとかして運ぶ。かん臓でにょう素に変えられ，じん臓やかんせんによってこしとられ，からだの外に出される。◯P.158, 159

血液の成分

血液は，下の表のように，4成分からできている。

もっとくわしく

①もし，血液に赤血球がなく，酸素を血しょうにとかして，現在と同じ量の酸素を全身に運ぶためには，血液の量が，現在の100倍は必要になる。からだの中の血液の重さは，体重の約13分の1なので，体重39kgの人の血液の重さは，約3kgになる。その100倍の血液の重さは，300kgにもなり，不可能であることがわかる。

②ヘモグロビンの中には，鉄が成分としてふくまれている。そのため，鉄が不足すると，赤血球があまりつくられなくなり，貧血といわれる状態になる。

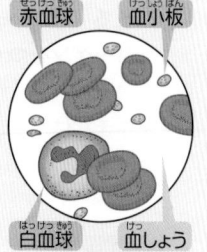

赤血球　血小板

白血球　血しょう

↑血液の成分

	成分	1mm³中の数	寿命	はたらき
有形	赤血球	400万～500万個	120日	ヘモグロビン②によって酸素を運ぶ。
	白血球	4000～9000個	3～21日	細きんを食べて殺す。
	血小板	20万～40万個	7～10日	血液を固めて，出血を止める。
液体	血しょう	約90％が水で，たんぱく質，しぼう，ミネラル，ブドウ糖などをふくむ。		二酸化炭素，栄養分，不要物をとかして運ぶ。

2 心臓のつくりとはたらき

心臓のつくり

心臓は右の図のように，4つの部屋からできている。

心臓のまわりは筋肉①でおおわれていて，生きている間は，眠っているときも，動き続けている。この図は，人のからだを正面から見たときの図で，**左右が逆になっている。**

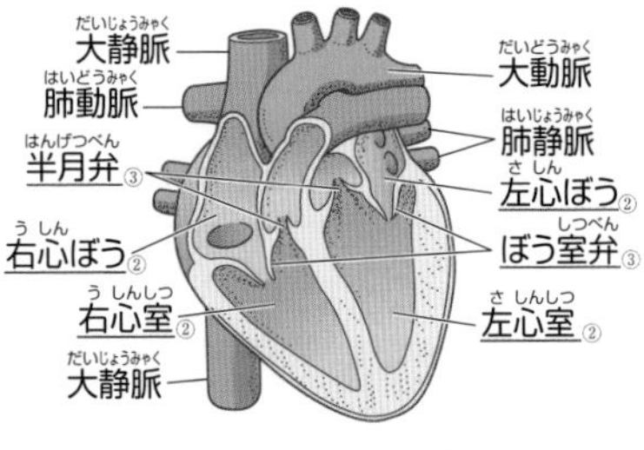

大静脈
肺動脈
半月弁③
右心ぼう②
右心室②
大静脈

大動脈
肺静脈
左心ぼう②
ぼう室弁③
左心室②

（正面から見た図）

↑人の心臓のつくり

心臓のはたらき

下の図のようなしくみで，心臓は血液を送り出している。

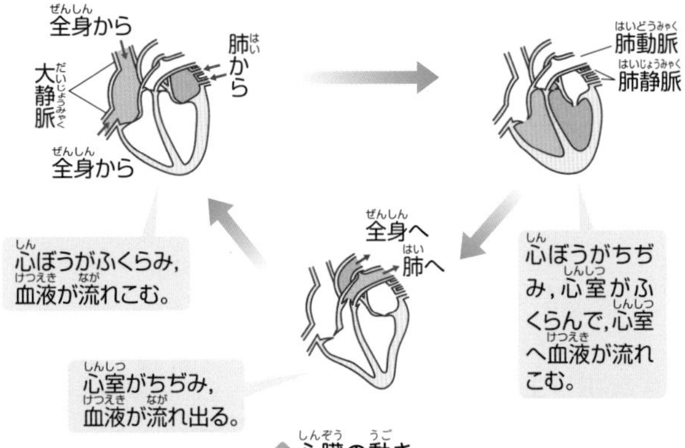

全身から
大静脈
全身から
肺から

肺動脈
肺静脈

心ぼうがふくらみ，血液が流れこむ。

心室がちぢみ，血液が流れ出る。

全身へ
肺へ

心ぼうがちぢみ，心室がふくらんで，心室へ血液が流れこむ。

↑心臓の動き

心臓のはく動

心臓は，安静時には，1分間に60〜70回はく動④している。運動時には，1分間に100〜140回にはく動の回数が増える。それは，酸素や栄養分を全身にすばやく送りこむ必要があるからである。

心臓のはく動のようすを，**脈はく**として，手首や首すじなど⑤で感じることができる。

もっとくわしく

①心筋とよばれる。強い力を出せるので，内臓の筋肉より，手足の筋肉に近い。しかし，手足の筋肉は自分の意思で動かせるが，心筋は自分の意思で動かすことができない。それは，眠っている間に止まっては困るからだ。

②「ぼう」は小さい部屋の意味である。心臓にもどってきた血液が入る場所の名前の最後には，「ぼう」がつく。「室」は大きな部屋という意味である。

③心臓には弁が4か所にあって，血液が逆流するのを防いでいる。

用語
はく動
④心臓が規則的に動いて血液を送り出す動き。

もっとくわしく
⑤動脈血 ○P.163 がからだの表面近くを通っている場所である。動脈が切れると，勢いよく血液が流れ出してしまうので傷つけないように気をつけるべき場所である。

161

③ 血管の種類と特ちょう

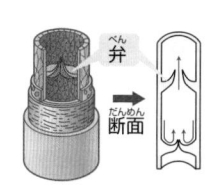

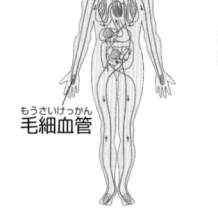

| 動脈 | → | 毛細血管 | → | 静脈 |

↑血管のつくり

	動脈	毛細血管	静脈
流れ方	心臓から出る血液の流れは**勢いがよい**	流れはゆっくり	心臓にもどる血液の流れに**勢いはない**
通る場所	ほとんどからだの**内部**を通る	全身をくまなく通る	からだの**表面**近くを通る
はたらき	**心臓から全身**に送られる血液を通す	全身に必要なものをあたえ、不要なものを運び出す	**全身から心臓**にもどる血液を通す
特ちょう	かべが破れにくいように厚くできている	全部合わせた表面積がもっとも大きくなっている	逆流を防ぐために弁がついている
太さ	太い	細い	太い

観察

血液の流れの観察

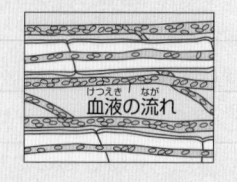

生きたまま
スライドガラスにのせる。

方法

1 生きたメダカを小さなポリエチレンのふくろに入れてスライドガラスにのせる。
2 けんび鏡を100倍の倍率にして、おびれの血管や血液の流れるようすを見る。

ポリエチレンのふくろ　おびれ

わかったこと

1 血管では、血液がはやく流れたり、おそく流れたりしている。
2 血液は、毛細血管の中を一定の方向に流れている。

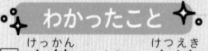

血液の流れ

中学入試対策 ▶ **人の血液じゅんかんのしくみ** [入試でる度 ★★★☆☆]

動脈血と静脈血

動脈血①…酸素を多くふくんでいる血液のこと。明るい赤色の血液である。

静脈血…酸素が少ない血液のこと。二酸化炭素が多い，暗い赤色の血液である。

血液じゅんかん

　心臓から出た血液が，肺や全身をめぐって心臓にもどることを，**血液じゅんかん**という。からだの中の血液の流れについて考えると，下の図のようになる。

⚠️ ここに注意！

①動脈血が肺動脈にも流れているというかんちがいをしやすい。動脈血は動脈を流れる血液ではなく，酸素をたくさんふくんでいる血液である。

🔍 もっとくわしく

②③全身とつながっている血管の名前には，「大」という文字が最初につく。また，肺とつながっている血管の名前には，「肺」という文字が最初につく。

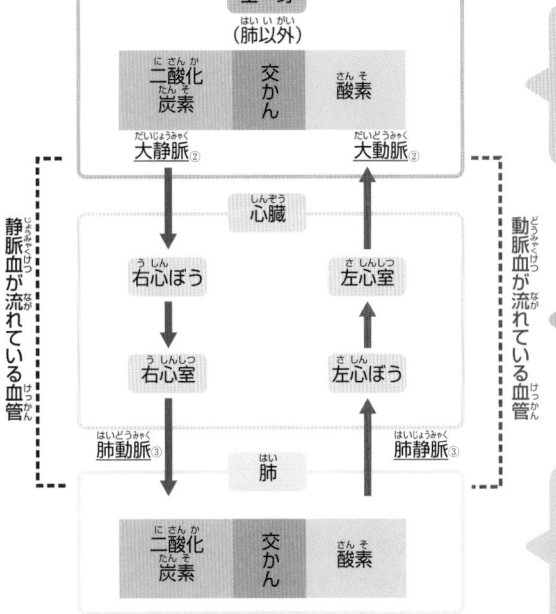

体じゅんかん…心臓を出た血液が，全身に行き渡り，また心臓にもどってくる。大動脈には動脈血が，大静脈には静脈血が流れている。

心臓…体じゅんかんと肺じゅんかんの両方の血液の流れをつくり出している。

肺じゅんかん…心臓を出た血液が，肺に行き，また心臓にもどってくる。肺動脈には静脈血が，肺静脈には動脈血が流れている。

ここが大切　人の血液じゅんかん

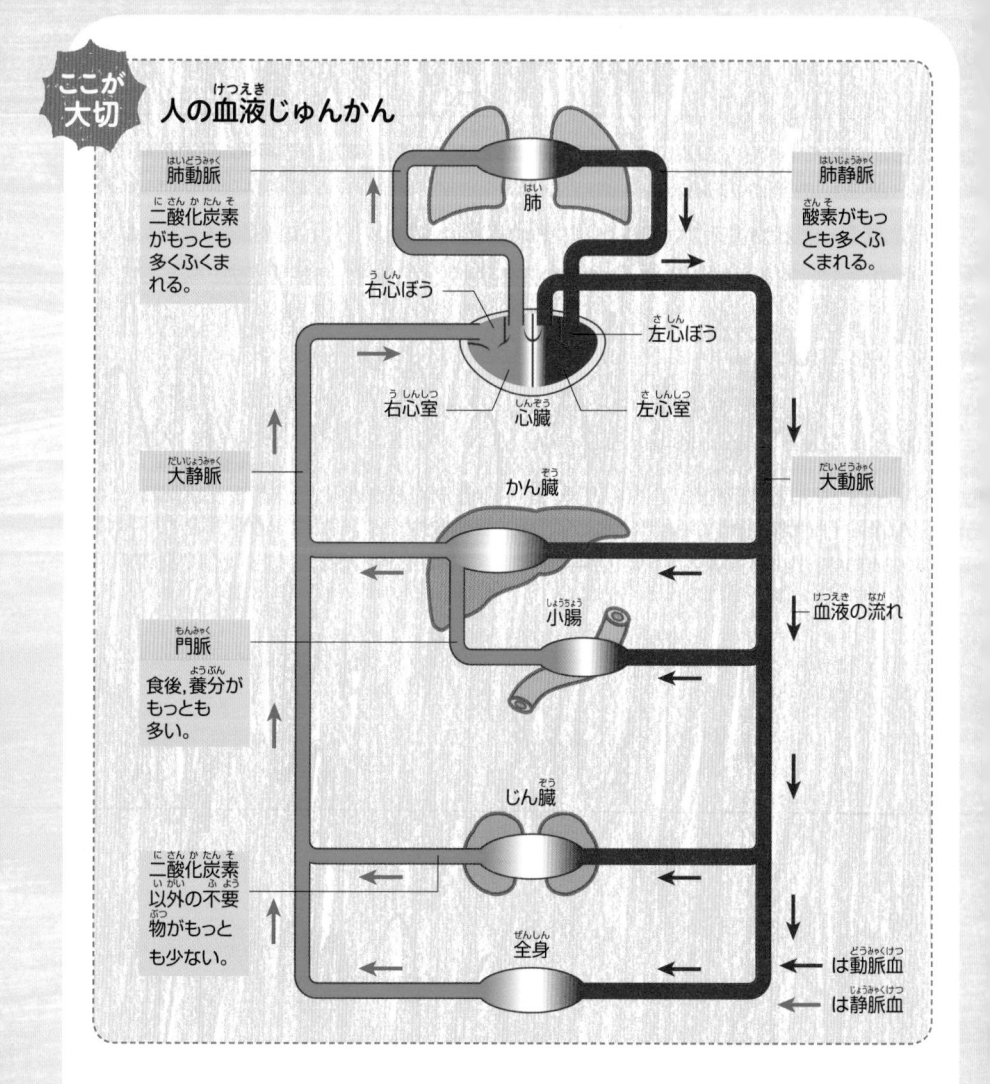

肺動脈
二酸化炭素がもっとも多くふくまれる。

肺静脈
酸素がもっとも多くふくまれる。

肺

右心ぼう

左心ぼう

右心室

心臓

左心室

大静脈

かん臓

大動脈

門脈
食後，養分がもっとも多い。

小腸

血液の流れ

じん臓

二酸化炭素以外の不要物がもっとも少ない。

全身

■は動脈血
■は静脈血

ここが問われる！

からだの中のどの血管には，どのような血液が流れているのかをよく理解しておくこと。**動脈血と静脈血**の流れる血管，**養分が多くふくまれる**血液が流れている血管，血液中の**不要物がもっとも少ない**血管などが，よく聞かれるところである。また，上の図はからだをおなか側から見ているが，背中側から見たときには，左右が逆になる。心臓の部屋の名前も血液の流れる向きも逆になるので注意して答えること。

6 動物の分類

発展

　動物①は，さまざまなからだのつくりをもち，からだの大きさもさまざまだ。それでも，同じなかまに分けていくことができる。

1 セキツイ動物と無セキツイ動物

　動物は，背骨のあるなしで，大きく，次の2つに分けられる。

動物┬ 背骨をもっている……セキツイ動物

↑ワニ（は虫類）

↑サメ（魚類）

　　└ 背骨をもっていない……無セキツイ動物

↑カブトムシ（こん虫類）

↑ホヤ（尾索動物）

↑ヒル（かん形動物）

2 セキツイ動物

　セキツイ動物は，背骨をもつ動物のなかまである。もともと魚類のように，水中で生活していたが，次第に陸上生活に適応していったと考えられている。両生類は，水辺からはなれて生活できない。

つまずいたら
①第1章で，「こん虫の成長とからだのつくり」 ▶ P.16 について学んだ。そこでは，こん虫とまちがえやすい生き物 ▶ P.28 についても説明した。また，第2章 2 では，動物と四季 ▶ P.45 についても学んだ。冬に冬眠する動物 ▶ P.46 や，わたり鳥 ▶ P.48 についても学んだ。冬をいかに過ごすかが，動物が生きぬくために大切だからだ。第5章「魚や人の誕生」 ▶ P.110 では，メダカ，プランクトン，人やいろいろな動物の誕生について学んだ。

生命編

第1章 こん虫の成長とからだのつくり

第2章 生き物と四季

第3章 植物の育ち方

第4章 植物のつくりとはたらき

第5章 魚や人の誕生

第6章 動物のからだのつくりとはたらき

第7章 生物のくらしとかん境

セキツイ動物の分類

セキツイ動物は，からだのつくりから，以下の5グループに分類できる。

セキツイ動物	魚類	両生類	は虫類	鳥類	ほ乳類
呼吸のしかた ➡P.151	えら	子：えら 親：肺と皮ふ	肺	肺	肺
心臓	1心ぼう1心室	2心ぼう1心室	不完全な 2心ぼう2心室	2心ぼう2心室	2心ぼう2心室
からだの表面	うろこ	ねんまく	うろこ，こうら	羽毛	毛
体温①	変温	変温	変温	恒温	恒温
受精のしかた	体外受精	体外受精	体内受精	体内受精	体内受精
子のふやし方②	水中にからの ない卵を産む （卵生）	水中にからの ない卵を産む （卵生）	陸上にからの ある卵を産む （卵生）	陸上にからの ある卵を産む （卵生）	子を産む （たい生）
子育て	しない	しない	しない	えさをあたえる	世話をする
一度に産む子・卵の数	30 ～ 3億	100 ～ 4000	4 ～ 200	1 ～ 12	1 ～ 13
生活場所	水中	子：水中 親：水中・陸上	おもに陸上	おもに陸上	おもに陸上

ここが問われる！

・両生類は，親と子で呼吸のしかたや生活場所が変わるので注意する。
・変温動物と恒温動物の分かれ方や体外受精と体内受精の分かれ方など，どのなかまがどういう特ちょうをもっているのかも，よく問われる。

●魚類…サケ③，フナ，サメ，シーラカンス④

　魚類は，水中生活をしているため**えら呼吸**である。体温がまわりの温度によって変化する変温動物である。セキツイ動物のなかまのうち，卵をもっとも多く産む。

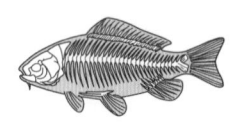

↑魚類の骨格（コイ）

🔍もっとくわしく

①変温とは，体温が気温によって変わってしまうこと。恒温とは，体温を一定に保つこと。
②卵生とは卵で生まれること。たい生とは，親と似た姿の子で生まれる。
③サケは川と海を行き来して生活している。
④シーラカンスは生きている化石とよばれている生物。

生命編

第1章 こん虫の成長とからだのつくり

第2章 生き物と四季

第3章 植物の育ち方

第4章 植物のつくりとはたらき

第5章 魚や人の誕生

第6章 動物のからだのつくりとはたらき

第7章 生物のくらしとかん境

↑ベニザケ　　　　　↑シーラカンス

●**両生類**…サンショウウオ，カエル，<u>イモリ</u>①
両生類は，子の時期は**えら呼吸**，親になると**肺呼吸**と皮ふ呼吸である。**変温動物**で，冬眠をする。卵を 100 ～ 4000 個水中に産む。

🔍 **もっとくわしく**

①イモリは両生類だが，ヤモリはは虫類である。イモリは井守で，水のある井戸のそばにいるから両生類。ヤモリは家守で，水のない家のそばにいるからは虫類と覚える。

↑アマガエル

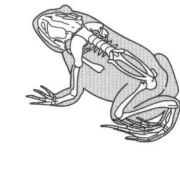

↑**両生類の骨格**
（カエル）

●**は虫類**…カメ，トカゲ，イグアナ，<u>ヤモリ</u>①
は虫類は，**肺呼吸**をし，おもに陸上で生活する。**変温動物**で，気温が下がってくると，冬眠をする。卵は陸上に数個から百数十個産む。

↑キノボリトカゲ

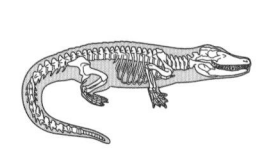

↑**は虫類の骨格**
（ワニ）

●鳥類…ワシ，ウグイス，ペンギン，ダチョウ①

　鳥類は，**肺呼吸**である。体温がまわりの温度によって変化しない**恒温動物**なので，気温が下がっても，活動がにぶることがない。わたり鳥は，適切な環境を求めて，移動する。たまごを陸上に数個から十数個産む。

↑オオワシ

↑鳥類の骨格（ハト）

●ほ乳類…人，コウモリ②，シャチ③，カモノハシ④

　ほ乳類は，**肺呼吸**で，**恒温動物**である。心臓のつくり，肺のつくりなどのからだのしくみがもっとも発達している。気温が下がると，えさがなくなるため冬眠する動物もいる。

　たまごを産む例外もいるが，親と似た姿の子を産む。1回に産むのは1～数匹である。

↑オオコウモリ

↑ザトウクジラ

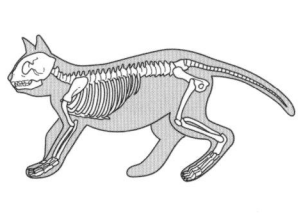

↑ほ乳類の骨格（ネコ）

草食動物と肉食動物

　次の表のように，**草食動物**と**肉食動物**では，からだのつくりにちがいが見られる。それは，食べ物のちがいからきている。人は，**雑食動物**なので，両方の特ちょうをあわせもっている。

🔍 もっとくわしく

①空を飛べないが，鳥のなかまである。
②ほ乳類のなかまだが，つばさをもっていて，空を飛べる。
③ほ乳類のなかまだが，水中で生活している。同じなかまには，クジラ，イルカなどがいる。すべて肺呼吸をする動物なので，ずっと水にもぐっていることはできない。
④たまごを生む卵生の生物だが，ほ乳類のなかまに入る。原始的なほ乳類と考えられている。

生命編

第1章 こん虫の成長とからだのつくり

第2章 生き物と四季

第3章 植物の育ち方

第4章 植物のつくりとはたらき

第5章 魚や人の誕生

第6章 動物のからだのつくりとはたらき

第7章 生物のくらしとかん境

草食動物		肉食動物	
顔の正面	**視野** 両目で見えるはん囲はせまいが, 視野全体は広いため, 敵から身を守れる。 両目で見えるはんい	**顔の正面**	**視野** 前方の両目で見えるはん囲が広いため, 距離感をつかみやすい。 両目で見えるはんい

目の位置　視野

頭骨と歯

草食動物: 門歯はするどく, 臼歯は平らで大きく発達しており, 草をすりつぶす。
犬歯　門歯　臼歯　臼歯

肉食動物: 犬歯がするどく, 大きく発達。臼歯もするどく, 肉をかみ切りやすい。
門歯　犬歯　臼歯　犬歯

消化管

草食動物: 腸の長さは体長の10倍以上(約25m)で, 草が消化されやすい長さ。
食道　胃　大腸　小腸

肉食動物: 腸の長さは体長の約4倍(約7m)で, 肉が消化されやすい長さ。
食道　胃　小腸　大腸

あしの先

草食動物: ひづめでおおわれている。
ひづめ

肉食動物: つめは必要なときに出す。

理科の宝箱　人とチンパンジーの骨格のちがい

人の大きな特ちょうは, **直立二足歩行**をすることだ。人とチンパンジーの骨格をくらべると, **かかとの骨は人の方が大きいこと, 骨ばんは人の方が広いこと**などがわかる。二足で安定を保つために, 後ろにたおれないように, かかとを大きくして, 左右のバランスをとるため, 骨ばんを広くしたつくりになったことがわかる。

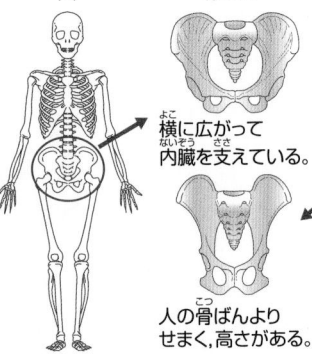

人　骨ばん　チンパンジー

横に広がって内臓を支えている。

人の骨ばんよりせまく, 高さがある。

③ 無セキツイ動物

無セキツイ動物は，背骨をもたない動物のなかまである。次の図のように分けられる。

無セキツイ動物┬外骨格 ➡ P.139
　　　　　　　　をもつ動物……節足動物①
　　　　　　　└外骨格をもたない
　　　　　　　　動物…………なん体動物②
　　　　　　　　…………その他

用語

節足動物

①からだやあしに節がある動物の仲間のこと。外骨格なので，あしなどを曲げるためには，節のようなつくりが必要になる。

なん体動物

②からだがやわらかい動物のなかまのこと。イカ，タコなどのほかに，アサリ，シジミなどの貝のなかまもふくまれている。

節足動物の分類

ここでは，**節足動物の分類**について，下の表のようにまとめておこう。

節足動物	からだのつくり	あしの数	目のつくり	しょっ角
こん虫類 ➡ P.25	頭・胸・腹の3つに分かれている	6本	複眼と単眼	2本
クモ類 ➡ P.28	頭胸・腹の2つに分かれている	8本	単眼	しょくしがある
甲殻類 ➡ P.28	頭胸・腹の2つに分かれている	多数	複眼と単眼	4本
多足類 ➡ P.29	頭・どうの2つに分かれている	多数	単眼	2本

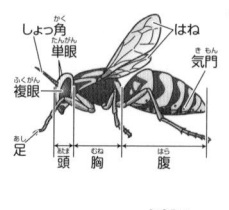
↑ハチ（こん虫類）

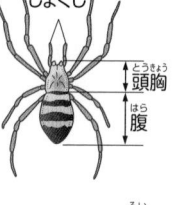
↑クモ（クモ類）

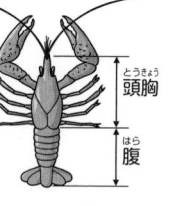
↑エビ（甲殻類）

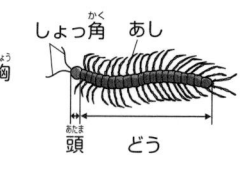
↑ムカデ（多足類）

なん体動物

●**アサリ**…からだに筋肉はあるが，骨格はない。2枚の貝がらを貝柱が動かす。水中で生活しているので，**えら呼吸** ▶ P.151 をする。

↑アサリ

●**カタツムリ（マイマイ）**…からだが貝がらの中に入っている。腹からあしを出して移動する。あしのはしは頭になっていて，しょっ角，目，口などがある。**肺呼吸**をする。

↑カタツムリ

●**イカ・タコ**…貝がらは，退化したため，ない。頭のように見える大きいところが胴である。内部には**えら**，心臓，胃などがある。その下に頭があり，2つの目と口がついている。イカのあしは10本，タコのあしは8本である。

↑イカ

その他の動物

●**ミミズ**…細長いからだに，たくさんの節がある。筋肉を使って，からだをちぢめたり，のばしたりして動く。**皮ふ呼吸** ▶ P.152 をして，皮ふはつねにしめっている必要がある。目をもたず，体表で光を感じる。

●**ウニ・ヒトデ**…このなかまの動物の体表にはかたい骨やとげがある。

↑ミミズ

↑ウニ

↑ヒトデ

第1章 こん虫の成長とからだのつくり

第2章 生き物と四季

第3章 植物の育ち方

第4章 植物のつくりとはたらき

第5章 魚や人の誕生

第6章 動物のからだのつくりとはたらき

第7章 生物のくらしとかん境

●**クラゲ・イソギンチャク**…からだの中央に口があり，からだの中の大きなすきまに食べ物を入れて，消化を行う。はい出も口から行う。

↑クラゲ

↑イソギンチャク

●**ゾウリムシ・アメーバ** P.118 …一つの細胞からからだができている生物で，原生動物とよばれる。一つの細胞の中に運動するための器官，消化するための器官，はい出のための器官など，生活のために必要なものがすべてそろっている。

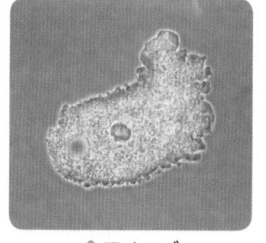
↑アメーバ

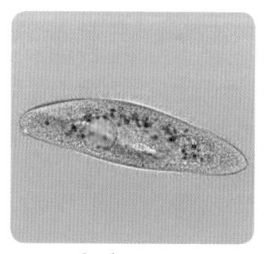
↑ゾウリムシ

入試要点チェック

解答 ▶ 別冊…P.555

つまずいたら
調べよう

□ **1** 骨と骨のつなぎ目で，動かすことができる部分を何といいますか。

□ **2** 人の目で，**ひとみの大きさを変えるところ**を何といいますか。

□ **3** 口や鼻から入った**空気が通る管**のことを何といいますか。

□ **4** 食物を細かくすることを何といいますか。

□ **5** 口からこう門までつながる1本の管を何といいますか。

□ **6** でんぷんが分解されて最終的にできるものを何といいますか。

□ **7** 血液中から不要物をこしとり，にょうをつくるはたらきをしている器官を何といいますか。

□ **8** 酸素を運ぶ血液の成分を何といいますか。

□ **9** 中に弁がある血管を何といいますか。

□ **10** 肺動脈を流れる血液は動脈血，静脈血のどちらですか。

□ **11** 背骨がある動物のことを何といいますか。

□ **12** 親と子で**呼吸のしかたがちがう**動物のなかまを何といいますか。

□ **13** 一生えらで呼吸し，卵を産む動物のなかまを何といいますか。

□ **14** 一生肺で呼吸し，体温が一定に保たれて，子を生む動物のなかまを何といいますか。

□ **15** からだやあしに節がある動物のことを何といいますか。

□ **16** からだやあしに節がある動物のうちで，**あしが8本ある**動物のなかまを何といいますか。

1▶P.140
6 2 骨と関節のはたらき

2▶P.143
6 2 目のつくりとはたらき

3▶P.149
6 3 肺のつくりと呼吸のしくみ

4▶P.152
6 1 消化と消化器官

5▶P.152
6 1 消化と消化器官

6▶P.155
6 2 栄養素と消化液，消化酵素

7▶P.158
6 4 不要物のはい出

8▶P.160
6 1 血液のはたらき

9▶P.162
6 3 血管の種類と特ちょう

10▶P.163
6 入試 人の血液じゅんかんのしくみ

11▶P.165
6 1 セキツイ動物と無セキツイ動物

12▶P.166
6 2 セキツイ動物

13▶P.166
6 2 セキツイ動物

14▶P.166
6 2 セキツイ動物

15▶P.170
6 3 無セキツイ動物

16▶P.170
6 3 無セキツイ動物

第1章 こん虫の成長とからだのつくり

第2章 生き物と四季

第3章 植物の育ち方

第4章 植物のつくりとはたらき

第5章 魚や人の誕生

第6章 動物のからだのつくりとはたらき

第7章 生物のくらしとかん境

入試問題にチャレンジ!

解答▶別冊…P.555

1 右の図は人の心臓のつくりを正面から見て表したものである。①は心臓から全身へ出る血液の流れ，②は心臓から肺へ出る血液の流れ，③は全身から心臓に入る血液の流れ，④は肺から心臓に入る血液の流れ，⑤⑥⑦⑧はそれぞれ心臓内の4つの部屋を示している。

（筑波大学附属駒場中）

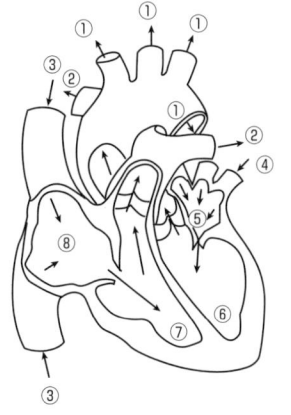

(1) 二酸化炭素を多く含む血液の流れる道すじを図中の番号で順に答えなさい。（解答例：⑨→⑩→⑪→⑫）

（　　　　　　　　）

ハイレベル(2) 次の中で正しいものをすべて選びなさい。

（　　　　　　　　）

ア 脳からの血液の流れは④にも合流する。
イ 養分を多く含む血液が最初に心臓に入る部屋は⑧である。
ウ 脈はくは，心臓内の容積が変化することによっておこる。
エ 心臓内には血液の流れを一定方向にするためのつくりがある。

2 下の図は人の血液の流れや物質の動きを模式的に示している。**A**と**B**は，血管を出たり入ったりする物質を，**C**と**D**は関係するからだの器官を示している。また，図の矢印は血液や物質が動く向きを示している。このことについて次の問いに答えなさい。

（筑波大附属駒場中・改）

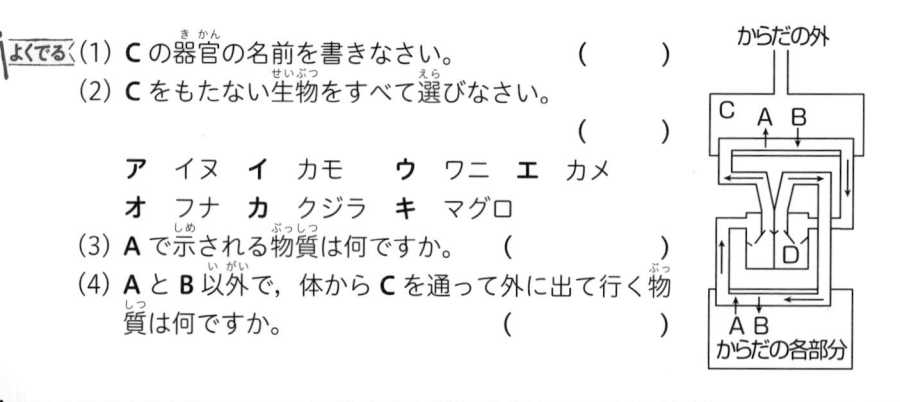

よくでる(1) **C**の器官の名前を書きなさい。（　　　　　）
(2) **C**をもたない生物をすべて選びなさい。

（　　　　　）

ア イヌ　**イ** カモ　**ウ** ワニ　**エ** カメ
オ フナ　**カ** クジラ　**キ** マグロ

(3) **A**で示される物質は何ですか。（　　　　　）
(4) **A**と**B**以外で，体から**C**を通って外に出て行く物質は何ですか。（　　　　　）

生命編

第1章 こん虫の成長とからだのつくり

第2章 生き物と四季

第3章 植物の育ち方

第4章 植物のつくりとはたらき

第5章 魚や人の誕生

第6章 動物のからだのつくりとはたらき

第7章 生物のくらしとかん境

3 表1のように，動物 A ～ E の親のもつ特ちょうを分類した。(星野学園中)

表1

特ちょう ＼ 動物		A ヒト	B サケ	C ニワトリ	D カエル	E ヤモリ
(例) 運動のためのつくり	足かつばさ○	○	×	○	○	○
	ひれ×					
①体温	ほぼ一定○	( )	( )	( )	( )	( )
	変わる×					
②受精の方法	体内受精○	( )	( )	( )	( )	( )
	体外受精×					

よくでる (1) 動物 A ～ E の ①体温，②受精の方法 を，表1の例のように記号○×を用いてそれぞれ分類しなさい。

よくでる (2) 次の①②の説明に当てはまる動物を前の A ～ E からそれぞれすべて選び，その動物の分類もあとのア～オから選びなさい。ただし答えは (F, カ) のように答えなさい。

① 親と子では，呼吸を行うしくみが異なる。 ( )

② 卵にはカラがあり，陸上にうむ。 ( )

ア は虫類 イ 両生類 ウ 鳥類 エ ホニュウ類 オ 魚類

よくでる (3) 次の文中の a ～ c に当てはまる語句を答えなさい。
動物 A ～ E に共通するのは，からだの中心を通る a 骨と， b を守る頭骨があることである。このような動物のなかまを c という。 a ( ) b ( ) c ( )

よくでる (4) 人やニワトリは肺で呼吸をします。図1は人の肺の一部です。図1の X, Y は，それぞれどこにつながっていますか。適するものを次のア～エからそれぞれ1つずつ選び，記号で答えなさい。

図1

X ( ) Y ( )

ア 心臓 イ こう門 ウ 口 エ 胃

175

よくでる (5) 次の文中の **a** ～ **d** に適する語句を答えなさい。

人の肺は，(4) 図1の **Z** に示す ⬚ **a** ⬚ とよばれるたくさんの小さなふくろに分かれていて，それらを合計した ⬚ **b** ⬚ が大きいため，気体を交かんする能力が高い。⬚ **a** ⬚ では外から入ってきた空気中の ⬚ **c** ⬚ を，**Z** のまわりにはりめぐらされた ⬚ **d** ⬚ に取り入れる。

a (　　　)　　b (　　　)　　c (　　　)　　d (　　　)

4 次の質問に相当する動物名を必要数に応じて，**A群い～ち**から選びなさい。

（灘中・改）

(1) 一生のうちに肺呼吸を行うことがある動物4つ。　　（　　　　　）

(2) (1) のうち寒くなると土中で冬眠する動物2つ。　　（　　　　　）

(3) 「ものの形が判別できる眼」を持たない動物1つ。　　（　　　　　）

(4) 体の構造が一生のうち大きく変わる（変態する）動物2つ。（　　　　　）

よくでる (5) 産卵数，あるいは出産数が少なく，子どものめんどうを親がみる動物2つ。

（　　　　　）

ハイレベル (6) 人は頭（眼）・胴体（内臓）・足の順番であるが，胴体（内臓）・顔（眼）・足の順に並ぶ動物1つ。　　（　　　　　）

ハイレベル (7) 肩甲骨（右上図参照）はイヌの場合，胴体の背中側，あばら骨の外側にあるが，あばら骨の内側に肩甲骨がある動物1つ。　（　　　　　）

A群　い サケ　　　**ろ** ミミズ　　**は** タコ　　**に** クジラ

ほ ペンギン　　**へ** カエル　　**と** カメ　　**ち** カブトムシ

5 イリオモテヤマネコについて，次の問いに答えなさい。

（巣鴨中・改）

よくでる (1) 目の付き方でなかま分けをしたとき，イリオモテヤマネコと同じなかまに入るものを，次の**ア**～**エ**から1つ選びなさい。　　（　　　）

ア タカ　　　**イ** ウマ　　　**ウ** ハト　　　**エ** シカ

よくでる (2) イリオモテヤマネコと同じ目の付き方をしている動物のなかまの特ちょうを，次の**ア〜オ**から１つ選びなさい。　　　　（　　）

　ア 片目の視野が広い。　　**イ** 広い範囲をみわたせる。

　ウ 植物食である。　　　　**エ** 両目の視野の重なりが小さい。

　オ 餌との距離が分かりやすい。

(3) 右図はイリオモテヤマネコの後足の骨格を示したものです。人のひざに当たる部分は図の**ア〜エ**のどれですか。　　　　（　　）

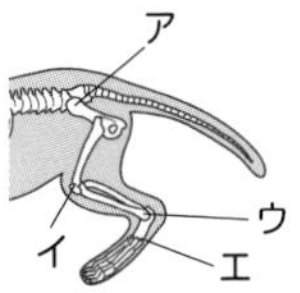

6 次の文章を読んで，後の（1）〜（3）の問いに答えなさい。（浅野中・改）

　右の図１は人の右目の横断面を表した図です。目に入ってきた光は，**A**で屈折し，また**D**により調整を受けてさらに屈折し，**F**に像を結びます。**B**は光の量を調節します。先端を上に向けた鉛筆を，右目の正面に置いて見つめた場合，**F**には □ ができます。

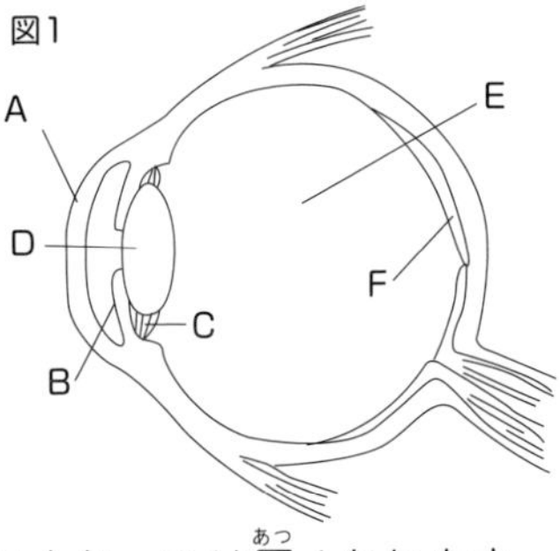

　Dは弾力性に富んでいます。近くの物体を見るときには**C**の筋肉が収縮することにより，**D**は厚くなります。**D**は年齢とともに弾力性を失うので，近くのものがはっきりと見える位置は年齢とともに<u>遠くなります</u>。そのため，めがねなどにより補うことが必要になります。

図1

(1) □ に入る言葉を次の**ア〜オ**の中から１つ選び，記号で答えなさい。　　　　（　　）

　ア 同じ向きの像　**イ** 上下が反転した像　**ウ** 左右が反転した像

　エ 上下左右が反転した像　**オ** 右か左に90度傾いた像

(2) 下線部のようになるのは，像を結ぶ位置が**F**の面よりも**D**に近づくからですか，遠ざかるからですか。どちらか選び答えなさい。　　　　（　　）

(3) 地球上には，さまざまな目の色をしたヒトがいます。目の青い人ではどの部分が青くなっていますか。図1の**A〜F**の中から１つ選び，記号で答えなさい。　　　　（　　）

第1章 こん虫の成長とからだのつくり

第2章 生き物と四季

第3章 植物の育ち方

第4章 植物のつくりとはたらき

第5章 魚や人の誕生

第6章 動物のからだのつくりとはたらき

第7章 生物のくらしとかん境

生物のくらしと
かん境

1 生物どうしのつながり………179
2 人とかん境………………………183

郡山布引高原風力発電所
（福島県）

1 生物どうしのつながり

6年

1 生物が生きるために行っていること

生物は，自ら光合成 ▶P.95 で養分をつくりだすか，食べ物①を食べて養分を体内に取り入れる。また，呼吸 ▶P.94 して，酸素を体内に取り入れないと生きていけない。

植物……自分で養分をつくりだす

酸素 → 生物 ← 養分

呼吸する　植物以外……えさを食べて，養分をとり入れる

　養分をつくりだせる植物は，「**生産者**」とよばれる。また，植物のつくった養分を利用しなければ生きていけない動物は，「**消費者**」とよばれる。植物を直接食べるのが，草食動物 ▶P.169 で，草食動物などの他の動物を食べるのが，肉食動物 ▶P.169 である。人は，植物も動物も食べるので，雑食動物 ▶P.168 とよばれる。

2 分解者

　バクテリア②やカビ，キノコなどの生物は，動植物の死がいやフンを分解して，植物が利用できる肥料分③に変えてくれるはたらきをしている。このようなはたらきから，「**分解者**」とよばれる。

死がいやフン → 分解者 → 植物

成分を分解して利用している　植物の栄養となる物質をつくりだす

もっとくわしく

①生物の種類によって，何が栄養のある食べ物かはことなっている。人は紙を食べても栄養にはならないが，ヒツジやヤギなどの動物には栄養になる。

もっとくわしく

②び生物，細きんともよばれる。顕微鏡でやっと見える大きさの生物である。

③植物にあたえる肥料のこと。その主成分は，ちっ素，リン，カリウムである。

生命編

第1章 こん虫の成長とからだのつくり

第2章 生き物と四季

第3章 植物の育ち方

第4章 植物のつくりとはたらき

第5章 魚や人の誕生

第6章 動物のからだのつくりとはたらき

第7章 生物のくらしとかん境

もっとくわしく

バクテリアのはたらき

食べ物などをそのままおいておくとくさってしまうことがある。それは空気中にバクテリアがいるからだ。同時に，バクテリアは，食品をつくるときに，私たちの役に立ってくれている。大豆を納豆に変えてくれるのは，納豆きんだ。牛乳をヨーグルトにしてくれるのも，バクテリアのはたらきだ。バクテリアを利用して食品をつくるとき，くさらせるとは言わないで，発酵させるという。

3 食べ物による生物のつながり

　植物，動物，バクテリアが，食べる・食べられるの関係で，鎖①のようにつながるとき，それを食物連鎖とよぶ。

①食物連鎖においては，すべての生物が，食べる，食べられるの関係で鎖の輪のようにつながっている。

水中の生物の食物連鎖

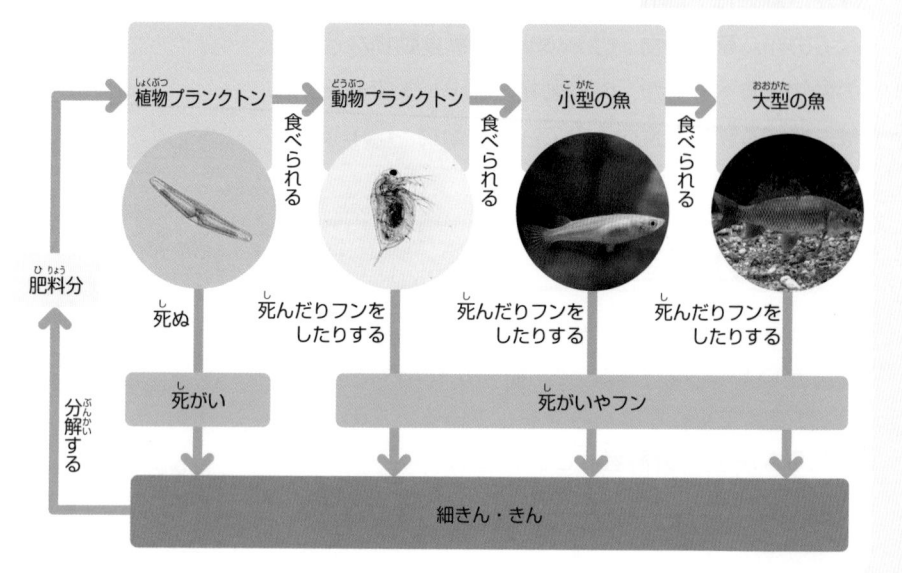

陸上の生物の食物連鎖

　陸上の食物連鎖は，植物→草食動物→肉食動物の
順につながっている。

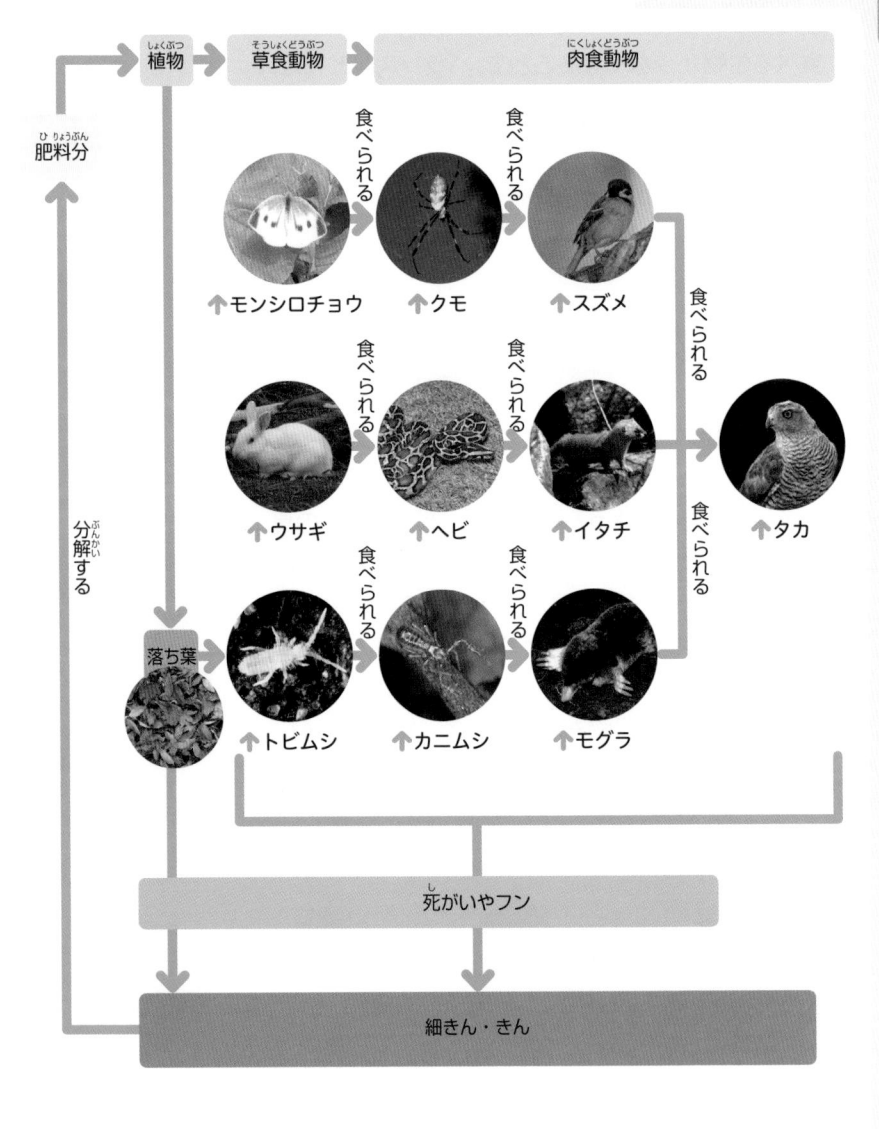

生命編

第1章 こん虫の成長とからだのつくり

第2章 生き物と四季

第3章 植物の育ち方

第4章 植物のつくりとはたらき

第5章 魚や人の誕生

第6章 動物のからだのつくりとはたらき

第7章 生物のくらしとかん境

中学入試対策 | **生物どうしの数のつりあい** 入試でる度 ★★★☆☆

　自然界の生物の数は，食べられる生物は多く，食べる生物が少なくなることで，バランスがとれた，以下のような状態①になっている。

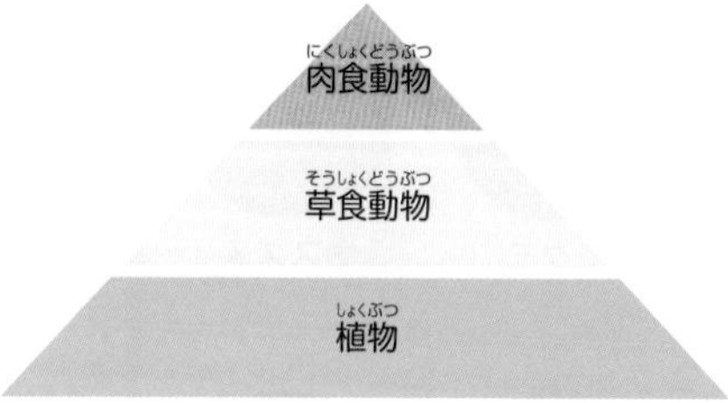

肉食動物
草食動物
植物

　この生物の数のバランスがくずれたときのことを考えてみよう。下の図1のように，草食動物だけが増えすぎたとしよう。一時的に，ピラミッドの真ん中だけが大きくなる。しかし，図2のように，次の段階では，食べ物が豊かになった肉食動物が増え，たくさん食べられるようになった植物が減ってしまう。そのため，草食動物は，図3のように減ってしまう。残りの生物も増減をして，結局，図4の安定した形にまた，もどっていく②ことになる。

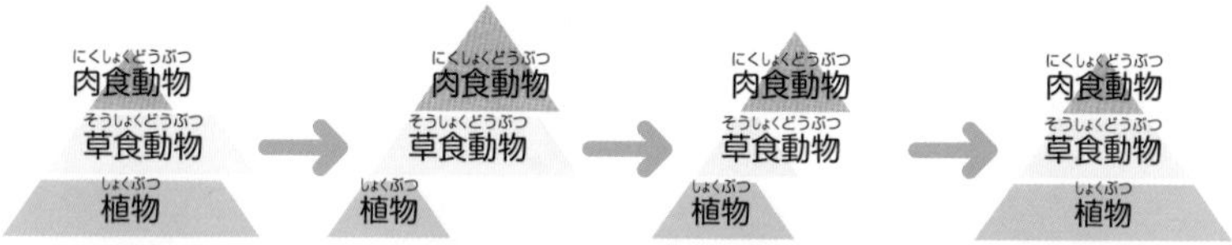

もっとくわしく

①この形から，生物数のピラミッドとよばれる。

②アメリカの高原で，野生のシカを保護するため，シカを食べていたピューマなどの肉食動物を人間がつかまえ，殺していったことがあった。その結果，肉食動物に食べられなくなったシカの数は，急激に増えていった。しかし，何年かたつと，高原に生えていた植物が食べつくされてしまい，シカが飢え死にし始め，シカの数は，ピューマをとらえる前の数にもどって，安定した。結局，ピューマに食べられることで，その高原に生きられるシカは適切な数に調整されていたのだということがわかった。

図1
草食動物だけが増えすぎてしまう。

図2
えさが増えた肉食動物が増え，たくさん食べられる植物が減ってしまう。

図3
草食動物は増えた肉食動物にたくさん食べられるようになり，減ってしまう。

図4
最終的に，最初の安定した形にもどる。

2 人とかん境

生命編

第1章 こん虫の成長とからだのつくり

第2章 生き物と四季

第3章 植物の育ち方

第4章 植物のつくりとはたらき

第5章 魚や人の誕生

第6章 動物のからだのつくりとはたらき

第7章 生物のくらしとかん境

1 生物の生きられる条件

　地球のような星に，生物が生きられるためには，以下の3条件が必要である。

①液体状態の水①があること。

②酸素をふくむ空気があること②。

③適当な温度③が保たれていること。

　この3条件がととのっているからこそ，私たちはこの地球に安心して生きることができる。ところが，近年になって，この3条件が，不適切な状態になりつつあることがわかってきた。それが，**かん境問題**なのだ。

2 生物と空気のかかわり

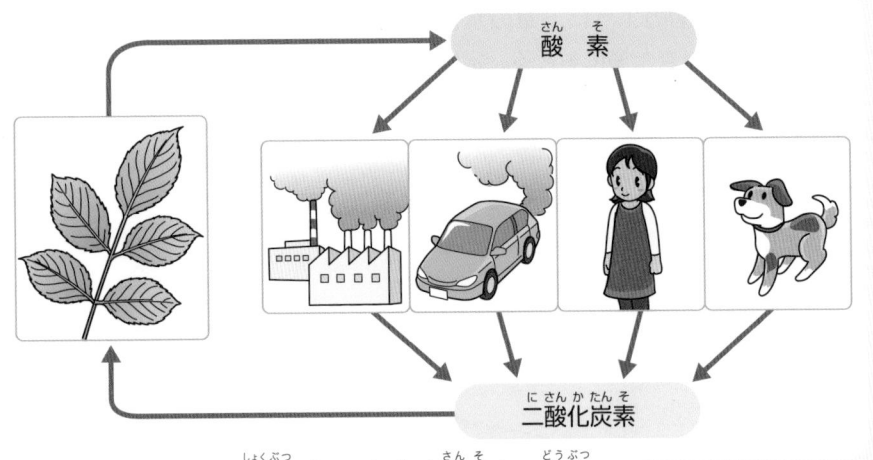

　上の図のように，植物がつくり出す酸素を，動物，自動車，工場などで消費し，二酸化炭素ができる。二酸化炭素は，植物がとり入れ，光合成に利用して，再び酸素を出す。植物の数が減ってしまうと，酸素が不足する危険性がある。

もっとくわしく

①水があっても，温度が低すぎると，氷になってしまい，生物が利用できない。温度が高すぎても，水蒸気になってしまうので，利用できない。

②空気中の酸素の割合が高すぎても，燃焼しやすくなるので，よくない。現在の20%くらいの濃度が生物にとって適切な濃度である。

③月の場合は，水も空気もないため，−170℃から130℃まで温度変化をしてしまう。

183

理科の宝箱

熱帯林の伐採

　赤道が通る地域には，**熱帯林**とよばれる森林が広がっている。熱帯林には，多種多様な生物が生活していることがわかっている。また，熱帯林は，**地球の空気をきれいにしてくれ，大量の酸素を生み出してくれている。**この貴重な熱帯林が，近年は大量に伐採され，減少していっている。右の

写真は，マレーシアの熱帯林が開発されて，アブラヤシのプランテーションがつくられてしまったようすである。

↑パームオイル農園
（マレーシア・サラワク州）

③ 生物と水のかかわり

　人のからだには，水が約60％ふくまれている。たとえば，血液のおもな成分は水であり，二酸化炭素や養分，不要物を水にとかして運んで，からだの中を移動させる。

　水は，下の図のように，海の水が大地に移動し，地表を流れて，また海にもどる。水は，<u>自然の中を常にじゅんかんしている</u>①状態になっている。

もっとくわしく

①太陽の熱によって，地表の水が蒸発して，水蒸気になる。水蒸気が雲をつくり，雨となって大地に降り注ぐことで，飲み水，農業用水，工業用水が確保できる。井戸水として利用している地下水も，雨水が地面にしみこんでできたもの。

水蒸気をふくんだ空気の移動

降雪

降水（雨）

水蒸気

川や地下水によって，地表の水が海に流れ込む。

水蒸気

降水・雨

水蒸気

人とかん境 **6**年

生命編

第1章 こん虫の成長とからだのつくり

第2章 生き物と四季

第3章 植物の育ち方

第4章 植物のつくりとはたらき

第5章 魚や人の誕生

第6章 動物のからだのつくりとはたらき

第7章 生物のくらしとかん境

4 かん境問題

赤潮

　家庭から出る下水や工場からのはい水などに，たくさんの養分がふくまれているために，川や海の植物プランクトンが，大量発生してしまうことがある。そのとき，水面に巨大な帯のようなものが見られる。これを，**赤潮**という。

　赤潮が発生すると，特に夜間には水中の酸素が一気に減ってしまう①。そのために，水中の生物が呼吸できなくなり，大量に死んでいくことになる。

↑赤潮

アオコ

　水の富栄養化②により，水中の植物プランクトンが大量に増殖し，池や湖の水面が緑色になることがある。この現象をアオコという。

↑アオコ

　アオコを発生させるのは，おもにランソウという植物プランクトンで，池などの岸辺のアオコの死がいがくさって悪臭をはなつ。また，飲料用水として利用されている池，湖などにアオコがあると，水中からゴミなどを除く作業の障害となり，浄水処理の費用が上がってしまう。

🔍 **もっとくわしく**

①植物プランクトンは，昼間は光合成をして，酸素を出す。しかし，夜間には，呼吸だけをすることになる。大量の植物プランクトンがいっせいに呼吸をすると，水中の酸素は，あっという間になくなってしまう。

②湖沼に窒素やリンなどの栄養物質が多く流入し，その栄養物質を使って植物プランクトンが大量に増殖すること。

地球温暖化

地球の平均気温が上昇するという現象が起こっている。

● **原因物質**：温室効果ガス（特に**二酸化炭素**）と考えられる。

● **原因**：①石油，石炭，天然ガスなどの**化石燃料**①を大量に燃焼させ，消費すること②。
②熱帯林の大規模な伐採により，植物が光合成で吸収する二酸化炭素の量が減り，空気中の二酸化炭素の量が増えてしまったこと。

● **しくみ**：二酸化炭素などの気体は，下の図のように，地表の熱の一部が，宇宙へ逃げていくのをさえぎっている。これを，**温室効果**とよぶ。

🔍 もっとくわしく

①大昔に生活していた植物や動物が，長い年月の間に変化してできたものからなる燃料のこと。

②化石燃料を大量消費するようになったのは，18世紀後半の産業革命以降である。その時期から，地球の平均気温が上がり続けているというデータがある。

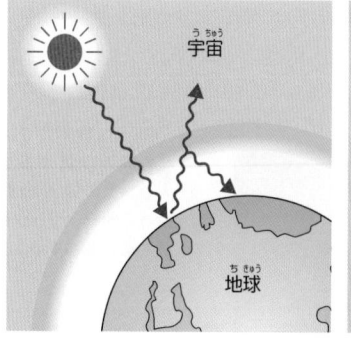

● **何が問題か**：極地の氷がとけて，海水面が上昇し，低地が水没する。また，次ページの図のように，異常気象を引き起こす原因となる。

↑大潮時，浸水するツバル島（ツバル）
©国際環境NGO FoE Japan

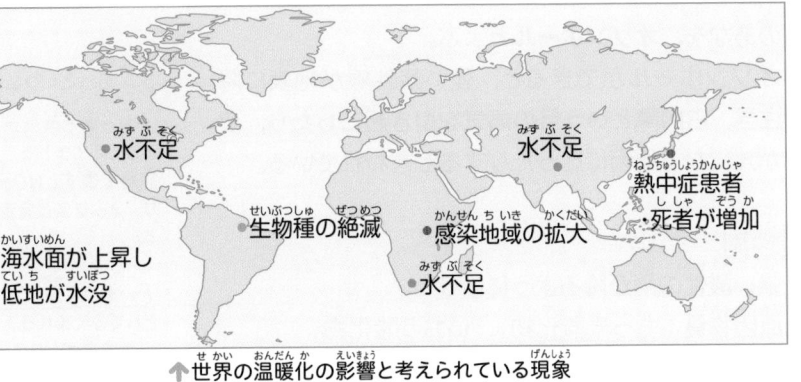

生命編

第1章 こん虫の成長と からだのつくり

第2章 生き物と四季

第3章 植物の育ち方

第4章 植物のつくりと はたらき

第5章 魚や人の誕生

第6章 動物のからだの つくりとはたらき

第7章 生物のくらしと かん境

↑世界の温暖化の影響と考えられている現象

オゾン層の破かい

オゾン層が破かいされ，強い**紫外線**①が地表に降り注ぐようになった。

●**オゾン層の役割**：オゾン層は，地球の上空20～25kmのところにある。生物に有害な強い紫外線をさえぎるはたらきがある。

用語

紫外線
①目で見えない電磁波。紫色の光より波長が短く，紫の光の外側にあるという意味で，紫外線という。
化学作用が強く，強い紫外線は，動物のからだに有害である。

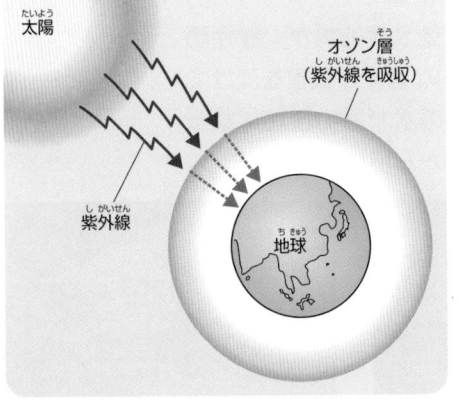

●**原因物質**：**フロンガス**
●**原因**：フロンガスは，工場では部品を洗うために，家庭ではスプレーかんやエアコン，冷蔵庫などにたくさん使われていた。しかし，オゾン層を破かいすることがわかり，使用しないことになった。
●**何が問題か**：オゾン層にあながあいてしまっている。

このあなを，**オゾンホール**とよぶ。

　オゾンホールができると，強い紫外線が地表に降り注ぎ，白内障という目の病気を引き起こしたり，皮ふがんになる原因になったりすると言われている。

酸性雨

　強い酸性の雨が降るようになった。

● **原因物質**：ちっ素酸化物①，いおう酸化物②

● **原因**：化石燃料を燃やすと，ちっ素酸化物といおう酸化物が発生する。工場から出る煙や，自動車のはい気ガスの中にふくまれているちっ素酸化物といおう酸化物が空気中にたまる③ことで，酸性雨を発生させる。

● **しくみ**：ちっ素酸化物は，水にとけると硝酸になる。また，いおう酸化物は，水にとけると硫酸になる。これらが雨にとけこむため，強い酸性の液体が，雨として降ってくることになる。

● **何が問題か**：屋外にある銅像や建造物が，酸性雨によってとけてしまう。文化的な遺産が被害を受けている。また，土や川，湖，海の水が強い酸性になってしまい，生物が生きられないかん境になってしまう。

↑酸性雨でかれたスギ（中国）

↑酸性雨でとけた像

ダイオキシン・かん境ホルモン④

　毒薬の数万倍という強い毒性を持つダイオキシンという物質が身近で発生するようになってしまった。

●**原因**：ダイオキシンは，塩素をふくんだプラスチックのゴミなどを燃やすときに，発生してしまう。

●**しくみ**：日本では，ゴミ焼却場において，比かく的低い温度でゴミを燃やすときに発生すると考えられている。

●**何が問題か**：ベトナム戦争の時に使われた植物をからす薬にもまざっていて，からだの調子がおかしくなる人が多数いた。体内にとり入れると，<u>生物のからだの本来のはたらきがくるってしまう</u>①。

🔍 **もっとくわしく**

①動物のからだが，子孫を残しにくい状態になる原因と考えられている。

🎁 理科の宝箱 ✦ 動物の絶滅と生物多様性

　地球上に約3000万種いるといわれているさまざまな生き物は，すべて直接的，間接的に支え合って生きている。1種類絶滅すると，他の生き物も絶滅の危機にさらされる。たとえばハチが絶滅すると，ハチに花粉を運んでもらっていた植物は果実や種子をつくることができず，絶滅してしまう。人はその果実を食べられなくなり，ハチを食べていたカマキリも食べ物を一つ失うことになる。生物多様性を守ることは，すべての生き物の命を守ることにつながる。

⑤ かん境を守るために

　かん境を守るために，以下のようなことを考えることが，必要になってきている。

●**水をよごさないようにする**

・私たちの家庭から，下水に流すものに気をつける。

→物質によっては，自然かん境の中にたまり，生物の体内に濃縮されてしまう。例えば，PCBや有機水銀などは生物の体内で分解もはい出もされず，食物連鎖によって，濃縮されたものがたくわえられてしまう（**生物濃縮**②という）。水にとけにくいものや，有害なものは下水に流さないようにする。

🔍 **もっとくわしく**

②水俣病やイタイイタイ病のような公害病が引き起こされ，社会問題となったこともある。

生命編

第1章 こん虫の成長とからだのつくり

第2章 生き物と四季

第3章 植物の育ち方

第4章 植物のつくりとはたらき

第5章 魚や人の誕生

第6章 動物のからだのつくりとはたらき

第7章 生物のくらしとかん境

●空気をよごさないようにする

・ガソリンや軽油などの化石燃料を燃やしながら走る自動車をなるべく使わないで，電気自動車や燃料電池自動車①を使うようにする。

→二酸化炭素の発生を減らして，地球温暖化を防ぐことができる。また，いおう酸化物やちっ素酸化物の発生を減らして，酸性雨の発生を防ぐこともできる。

↑燃料電池自動車

●ゴミについて関心をもつ

・買い物に行くときには，買い物ぶくろを持って行き，レジぶくろを利用しないようにする。（エコバッグ，マイバッグ）

→資源のむだを防ぐことができる。また，レジぶくろの材質②によっては，ダイオキシンを発生させる可能性もあるので，それを防ぐことができる。

・海や山に捨てられたゴミをもって帰って，処分する。

→自然の中に人間が放置したゴミを，鳥などの生物がえさとまちがえて食べてしまい，死んでしまうのを防ぐことができる。

🔍 もっとくわしく

①化学エネルギーを，直接電気エネルギーに変えるしくみの電池を使う自動車のこと。

②塩素をふくんでいる場合には，燃やすとダイオキシンが発生する可能性がある。

●エネルギーについて考える

・<u>再生可能なエネルギー①</u>について知る。

> →原子力発電 ⇒P.457 には，自然かん境に放射性物質をばらまいてしまう危険があることがわかって，原子力発電にたよらない発電方法として，再生可能なエネルギーについての関心が高まっている。

①水力，風力，太陽光，地熱，波力，潮力などの自然が提供するエネルギーを利用する発電方法のこと。そのほとんどは，太陽からのエネルギーを利用したものである。再生可能なエネルギーでないものは，火力発電と原子力発電である。

⇒P.458

↑八丁原 地熱発電所
（大分県九重町）

↑風力発電施設
（北海道苫前町）

↑太陽光発電

理科の宝箱　レイチェル・カーソンと『沈黙の春』

　レイチェル・カーソンは，『沈黙の春』という本で，農薬の危険性を多くの人に知らせた海洋生物学者。バクテリアから動植物まで，地球上のすべての生命が，欠くことのできない役割をはたしていることを人々に示した。新しい科学技術の開発を進める人は，同時に，科学の自然に対する影響もよく考えてほしいとうったえかけた。

↑レイチェル・カーソン
©Science Photo Library / アフロ

第1章 こん虫の成長とからだのつくり
第2章 生き物と四季
第3章 植物の育ち方
第4章 植物のつくりとはたらき
第5章 魚や人の誕生
第6章 動物のからだのつくりとはたらき
第7章 生物のくらしとかん境

入試要点チェック

解答▶別冊…P.556

つまずいたら
調べよう

- [ ] **1** 植物が養分をつくりだすために行っていることを何といいますか。

- [ ] **2** 生物が生きるために，呼吸して体内に取り入れているものは何ですか。

- [ ] **3** 動植物の死がいやフンを分解して，植物の養分をつくりだす生物を何といいますか。

- [ ] **4** 生物が食べる・食べられるの関係で鎖のようにつながることを何といいますか。

- [ ] **5** 生物が生きるために必要な条件が不適切な状態になるときの問題を何といいますか。

- [ ] **6** 植物が出し，その他の生物が取り入れる気体は何ですか。

- [ ] **7** 地球の空気をきれいにして，生物に必要な気体を大量につくる森林のうち赤道が通る地域にあるものを何といいますか。

- [ ] **8** 空気中の二酸化炭素などの増加により，地球全体の気温が上昇すると考えられています。このことを何といいますか。

- [ ] **9** 地表から熱が宇宙に逃げるのを二酸化炭素などがさまたげることを何といいますか。

- [ ] **10** 大昔の生物からできた，石油，石炭，天然ガスなどの燃料のことを何といいますか。

- [ ] **11** 地球の上空のオゾン層を破かいする気体を何といいますか。

- [ ] **12** ちっ素酸化物，いおう酸化物が原因で降る強い酸性の雨を何といいますか。

- [ ] **13** ダイオキシンのように，少量で生物のからだに大きな影きょうをあたえるものを何といいますか。

1▶P.179
1①生物が生きるために行っていること

2▶P.179
1①生物が生きるために行っていること

3▶P.179
1②分解者

4▶P.180
1③食べ物による生物のつながり

5▶P.183
2①生物の生きられる条件

6▶P.183
2②生物と空気のかかわり

7▶P.184
2②生物と空気のかかわり

8▶P.186
2④かん境問題

9▶P.186
2④かん境問題

10▶P.186
2④かん境問題

11▶P.187
2④かん境問題

12▶P.188
2④かん境問題

13▶P.188
2④かん境問題

入試問題にチャレンジ！

（解答▶別冊…P.556）

生命編

第1章 こん虫の成長とからだのつくり

第2章 生き物と四季

第3章 植物の育ち方

第4章 植物のつくりとはたらき

第5章 魚や人の誕生

第6章 動物のからだのつくりとはたらき

第7章 生物のくらしとかん境

1 自然界では，たくさんの種類の生物が「食べる－食べられる」の関係でつながっています。次の図は，生物A～Dの「食べる－食べられる」の関係を表していて，矢印は，食べられるものから食べるものへ向かって描かれています。つまり，生物Cは生物Bを食べることによって，生物Bは生物Aを食べることによって生きています。生物Aは，（ a ）によって b 養分をつくることができます。生物A，B，Cから生物Dへの矢印は，生物A，B，Cのふんや死骸，落ち葉などが生物Dによって分解されることを表していて，分解された物質は地中の水に溶けます。また，生物Dによって分解された物質は水と一緒に生物Aに吸収され，生物Aのからだをつくるために利用されますが，これを生物Dから生物Aへの矢印で表しています。図を見て，問いに答えなさい。

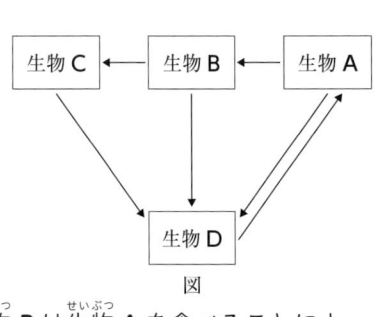

図

（明治大学付属明治中）

(1) 図中の生物A～Dにあてはまる組み合わせとして正しいものを選び，ア～オの記号で答えなさい。　　　　（　　　）

	A	B	C	D
ア	緑色植物	肉食動物	草食動物	微生物
イ	緑色植物	草食動物	肉食動物	微生物
ウ	肉食動物	草食動物	微生物	緑色植物
エ	肉食動物	緑色植物	微生物	草食動物
オ	微生物	緑色植物	草食動物	肉食動物

(2) 文章中の（ a ）にあてはまる語句を漢字で答えなさい。
　　　　　　　　　　　　　　　　　　（　　　　　）

(3) 下線部bに示されている，生物Aが（ a ）によってつくることのできる養分の名称を答えなさい。　（　　　　　）

193

2 ある森林には，6種類の生き物が住んでいます。これらの生き物の関係を調べたところ，次の①から⑥のような結果になりました。

（サレジオ学院中）

① Aは，CとEを食べ，DとFに食べられる。
② Bは，Fを食べる。
③ Cは，AとEに食べられる。
④ Dは，Aを食べ，Fに食べられる。
⑤ Eは，Cを食べ，Aに食べられる。
⑥ Fは，AとDを食べ，Bに食べられる。

6種類の生き物は，カエル・チョウ・イタチ・クモ・フクロウ・ヘビでした。

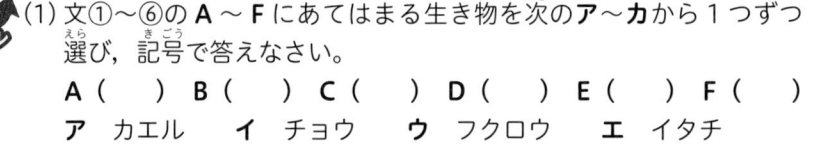

(1) 文①〜⑥のA〜Fにあてはまる生き物を次のア〜カから1つずつ選び，記号で答えなさい。

A（　）B（　）C（　）D（　）E（　）F（　）

ア　カエル　　イ　チョウ　　ウ　フクロウ　　エ　イタチ
オ　クモ　　　カ　ヘビ

(2) この森林で人間の活動の影響によってAとDの生き物が大量に減ってしまいました。するとEとFの数は，それぞれ一時的にどのようになると考えられますか。次のア〜オから最も適するものを1つ選び，記号で答えなさい。　　　　　　　　（　　　　　）

ア　Eは増え，Fは減る　　　　イ　Eは増え，Fも増える
ウ　Eは減り，Fは増える　　　エ　Eは減り，Fも減る
オ　EもFも変化しない

地球 編

第1章　天気のようすと変化 ……………………………… 196

第2章　星座 ……………………………………………………… 226

第3章　太陽・月・地球 ………………………………… 246

第4章　流れる水のはたらき ……………………… 272

第5章　大地のつくりと変化 ……………………… 286

この編では，わたしたちがくらす地球や，地球のまわりの星などについて学習します。地球上でおこる自然現象は何が原因で，どのような影響をおよぼすのか，また，地球のまわりの星はどのようなしくみで動き，地球からはどのように見えるのか，それぞれのしくみなどを理解しましょう。

天気のようすと変化

1 1日の気温の変化 …………… 197

2 雲と天気の変化 ……………… 205

3 天気の変化の予想 …………… 212

4 日本の天気 …………………… 217

1 1日の気温の変化

3年 **4**年 発展

地球編

第1章 天気のようすと 変化

第2章 星座

第3章 太陽・月・地球

第4章 流れる水の はたらき

第5章 大地のつくりと 変化

1 気温

空気の温度は，地面からの高さや日光の当たり方によって変わる。

地面の温度のはかり方

1. 温度計の液だめを浅いあなにさしこんで，土をかけ，温度計にカバーをかける①。
2. 液の高さが変わらなくなったら，目もりを読む②。

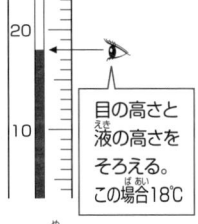

↑地面の温度のはかり方

気温

次のような条件ではかった空気の温度を**気温**という。

> **⚠️ここに注意!**
> ①日光によって，温度計があたたまるのを防ぐため。
> ②目の高さを温度計の液の高さとそろえる。

目の高さと液の高さをそろえる。この場合18℃

↑目もりの読み方

ここが大切
- 温度計に，**直接日光が当たらない**ようにしてはかる。
- 温度計を地面から**1.2～1.5m**の高さにしてはかる。
- 建物からはなれた，**風通しのよいところ**ではかる。

百葉箱

百葉箱は，内部に記録温度計（自記温度計）③や最高温度計・最低温度計などが入っている。

- 全体が白くぬられていて，日光をはね返す。
- 風通しをよくするため，よろい戸になっている。
- 直射日光が入らないように，とびらは北向きにつけられる。
- 百葉箱の下にしばふが植えられ，地面からの熱を防ぐ。
- まわりに建物がない場所に設置する。

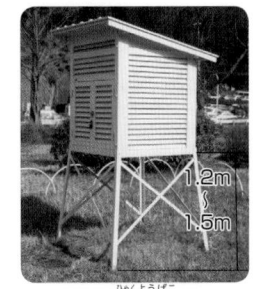

1.2m～1.5m

↑百葉箱

> **🔍もっとくわしく**
> ③気温の変化を，自動的に連続して記録できる。1日用や1週間用，1か月用の記録用紙がある。

↑記録温度計

197

② 1日の太陽の動きと気温の変化

1日の気温や地面の温度の変化は，太陽の動きと関係している。

方位磁針の使い方

1 方位磁針①を水平に持って，調べる太陽や月などの方向を向く。

2 針の動きが止まったら，文字ばんを回して，「北」の文字を針の色のついたほうに合わせる。

3 調べる太陽や月などの方位を読みとる。

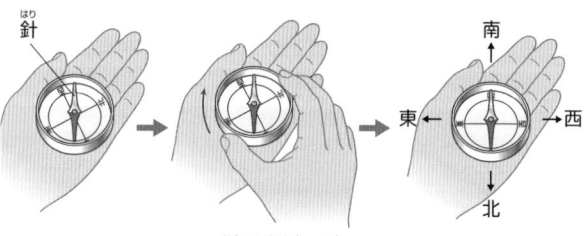

針

南　東　西　北

↑方位磁針の使い方

太陽の1日の動き

太陽は，東のほうから出て，南の空の高いところを通り，西のほうへしずむ。太陽が真南の空にくることを太陽の南中②という　▷P.258 。

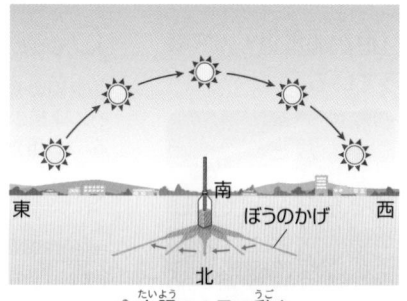

東　南　ぼうのかげ　西　北

↑太陽の1日の動き

🔍 **もっとくわしく**

①磁石には，北と南をさして止まる性質がある。方位磁針は，この磁石の性質を利用したもので，北をさす極をN極，南をさす極をS極という。

用語

南中

②太陽が正午ごろ，真南の空にくることを，太陽の南中といい，このとき，太陽の高さがもっとも高くなる。

ぼうのかげの動き

　ぼうのかげは太陽の反対側にできる。時間がたつと，かげは<u>西から北を通って東へ</u>①移動する。かげの長さは<u>太陽の高さ</u>②③が高いほど短くなる　**▶P.258**。

太陽の高さ，気温・地面の温度の１日の変化

　太陽の高さは正午ごろにもっとも高くなるが，地面の温度がもっとも高くなる時刻はそれよりもおそくなり，気温は午後２時ごろにもっとも高くなる。

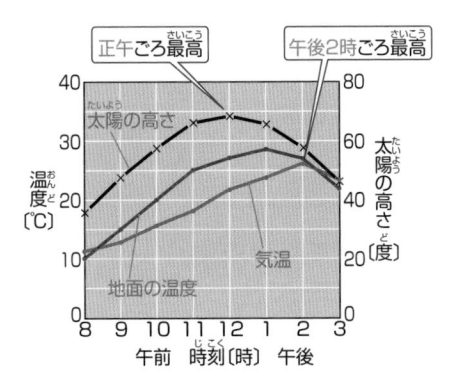

正午ごろ最高　午後２時ごろ最高

太陽の高さ

温度〔℃〕

太陽の高さ〔度〕

気温

地面の温度

8　9　10　11　12　1　2　3
午前　　　時刻〔時〕　午後

↑太陽の高さ，気温・地面の温度の１日の変化

地面と空気のあたたまり方

　太陽の光は，<u>空気を通りぬけて，地面を直接あたためる</u>④，空気は地面によってあたためられる⑤。太陽の高さが高いほど，地面が受けとる熱の量が多いので，地面の温度も高くなる。空気は，地面によってあたためられるので，気温がもっとも高くなる時刻は地面の温度がもっとも高くなる時刻よりもおそくなる。

太陽の高さが低いとき　　　太陽の高さが高いとき

同じ光の量

太陽の光　　　　　　　　　太陽の光

　　　　　　　　　　　　　　　　地面

光が広がる　　　　　　　光がそのまま進む

決まった面積の地面が受けとる熱の量は小さくなる　　　決まった面積の地面が受けとる熱の量は大きくなる

↑太陽の高さと地面への熱

🔍 もっとくわしく

①②ぼうの先端とぼうのかげの先端を結んだ直線が地面となす角度が太陽の高さになる。ぼうの影の位置によって時刻を知るものを日時計という。

太陽の方向

ぼう　1m　太陽の高さ

西

東

かげ

北

↑太陽の高さ

③太陽の観察はしゃ光板を使って行う。

▶P.248

用語

熱の放射

④太陽の光は，空気を通りぬけて，はなれたものを直接あたためる。このような熱の伝わり方を，熱の放射という。

▶P.328

つまずいたら

⑤あたためられた地面が空気をあたためるときは，地面に近い空気からあたたまっていくので，熱の対流ではなく，熱の伝導になる。

▶P.326

地球編

第1章
天気のようすと変化

第2章
星座

第3章
太陽・月・地球

第4章
流れる水のはたらき

第5章
大地のつくりと変化

理科の
宝箱

季節と気温の変化

　太陽の高さは夏至（6月22日ごろ）に最高になり，冬至（12月22日ごろ）に最低になるが，気温は8月ごろにもっとも高くなり，2月ごろにもっとも低くなる。これは，2月と8月に地面が太陽から受ける熱と空気中から宇宙に出ていく熱が等しくなるからである。

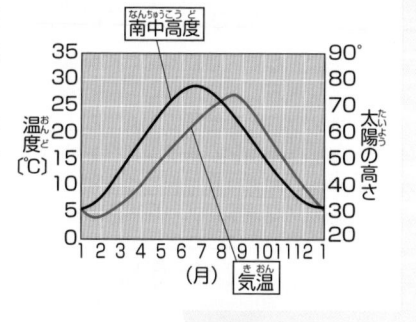

③ 天気と気温の変化

　くもりや雨の日は，晴れの日にくらべて1日の気温の変化が小さい。

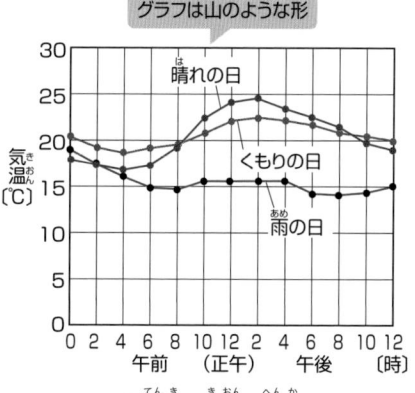

グラフは山のような形

↑天気と気温の変化

晴れの日の1日の気温の変化

　晴れの日の気温は，日の出後に上がり始め，午後2時ごろに気温がもっとも高くなる。その後，気温は下がり続け，日の出前にもっとも低くなる。このため，グラフは山のような形になる。

くもりや雨の日の1日の気温の変化

くもりや雨の日には，太陽の光が雲にさえぎられるため①に，地面があまりあたたまらないので，気温があまり上がらない。また，夜になっても，地面からの熱が雲にさえぎられて②上空にほとんど出ていかないため，気温があまり下がらない。

ここが大切

晴れの日……
気温の変化が大きく，グラフは**山のような形。**

くもりの日…
最低気温と最高気温の**差が小さい。**

雨の日………
最低気温と最高気温の**差がもっとも小さい。**

もっとくわしく

①太陽の光が雲に吸収されてしまうために，地面にとどく光の量が少なくなる。このため，地面の温度があまり上がらないので，気温もあまり上がらない。

②夜になっても，地面からの熱は空気中に出ていっている。雲はこの熱を吸収してしまうため，空気の温度があまり下がらない。

地球編

第1章 天気のようすと変化

第2章 星座

第3章 太陽・月・地球

第4章 流れる水のはたらき

第5章 大地のつくりと変化

中学入試対策

風のふき方

入試でる度 ★★★★★

風の向きと強さ

● **風向** 風がふいてくる方向を風向といい，16方位で表される。

● **風速** 空気が移動する速さを風速という。ある地点できまった時刻に，空気が何m動いたかで表され，単位はm/秒。

● **風力** 風が物を動かす力の大きさを風力という。風力は，0〜12の13階級に分けられている。

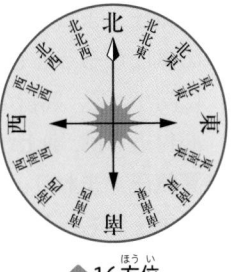

↑16方位

風力	まわりのようす	風力	まわりのようす
0	けむりがまっすぐ上がる。	4	砂ぼこりがたつ。木の枝が動く。
1	けむりがなびく。	5	低い木がゆれ動く。池に波が立つ。
2	顔に風を感じる。木の葉が動く。	6	大きな枝が動く。電線がうなる。
3	軽いはたが開く。細い枝が動く。	⋮	⋮

↑風力階級表

風がふくしくみ

● **気圧**　地球は厚い空気の層でおおわれていて，地表にあるものは，空気の重さによる圧力 ▶P.502 を受けている。この圧力を気圧といい，上空にいくほど，上にある空気が少なくなるため，気圧は小さくなる。

海面ではのっている空気の量が多いので気圧が大きい。

高い山の上ではのっている空気の量が少ないので気圧が小さい。

↑気圧の大きさ

● **風がふくしくみ**　気圧は，地面からの高さによって変化するが，地面の温度などのちがいによって，場所によっても変化する。空気は，気圧が高いところから低いところに移動する。この空気の移動が風の正体である。

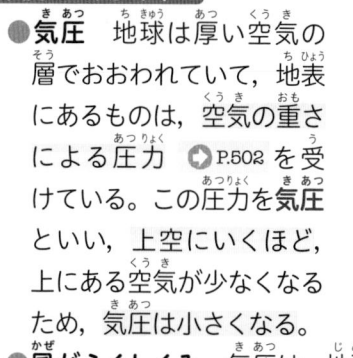

地表
気圧が高い
=空気の柱が重い
=空気がたくさんある

風

気圧が低い
=空気の柱が軽い
=空気が少ない

↑気圧と空気の動き

低気圧と高気圧

場所によって，気圧が低いところや高いところができる。

● **低気圧**　まわりよりも気圧が低いところを低気圧という。低気圧は中心の気圧がもっとも低く，まわりの気圧のほうが高いため，低気圧の中心に向かって，時計の針の回り方と反対の向きに風がふきこむ。低気圧の中心付近では，地上から上空に向かう上しょう気流 ▶P.217 が生じている。

● **高気圧**　まわりよりも気圧が高いところを高気圧という。高気圧は中心の気圧がもっとも高く，まわりの気圧のほうが低いため，高気圧の中心から，時計の針の回り方と同じ向きに風がふき出す。高気圧の中心付近では，上空から地上に向かう下降気流 ▶P.217 が生じている。

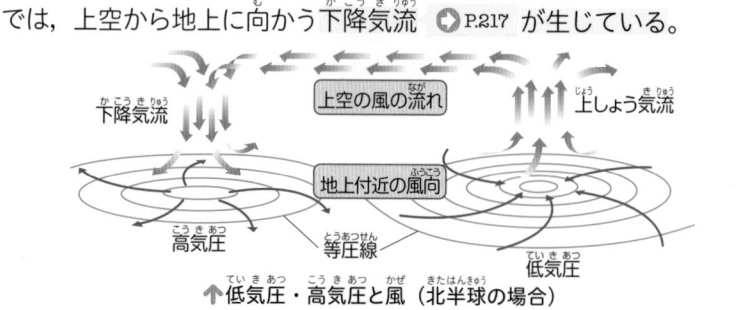

下降気流　　上空の風の流れ　　上しょう気流

地上付近の風向

高気圧　　等圧線　　低気圧

↑低気圧・高気圧と風（北半球の場合）

地球編

第1章
天気のようすと変化

第2章
星座

第3章
太陽・月・地球

第4章
流れる水のはたらき

第5章
大地のつくりと変化

海陸風（かいりくふう）

海岸付近（かいがんふきん）では，昼間は海上から陸上へ向かって風がふき，夜間は陸上から海上へ向かって風がふく。これをまとめて**海陸風**という。

●**気温と気圧**　空気は，あたためられると体積が大きくなるために，密度 ➡P.318 が小さくなって上しょうする。反対に冷やされると体積が小さくなるために，密度が大きくなって下降する。

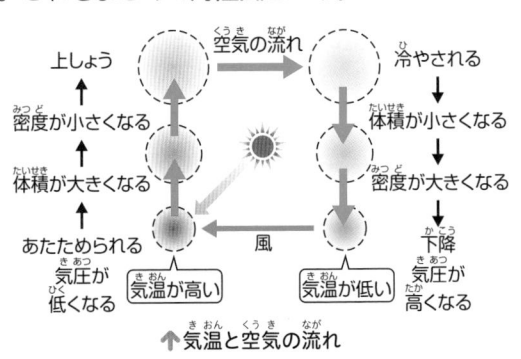

↑気温と空気の流れ

このため，気温が高いところは，気温が低いところに比べて気圧が低くなる。風は気温の低いところから高いところに向かってふく。

●**海風（うみかぜ）**　昼間，海上から陸上に向かってふく風を**海風**という。同じように日光が当たっても，海水と地面では地面のほうがあたたまりやすい。このため，昼間は陸上の気温が海上の気温より高くなって，陸上の気圧が低くなるので，海上から陸上に向かって海風がふく。

●**陸風（りくかぜ）**　夜間，陸上から海上に向かってふく風を**陸風**という。地面は海水よりも冷めやすいので，夜間は陸上の気温が海上の気温より低くなって，陸上の気圧が高くなり，陸上から海上に向かって陸風がふく。

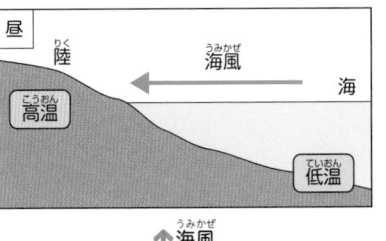

↑海風　　↑陸風

●**なぎ**　朝と夕方に，陸上の気温と海上の気温が同じになり，一時的に風がやむ現象を**なぎ**という。

季節風

季節によって決まった方向からふいてくる風を，**季節風**という。　○→ P.221

●**夏の季節風**　日本列島付近では，大陸のほうが太平洋よりもあたたかいので，大陸上の空気が上しょうして気圧が低くなり，太平洋から大陸に向かって南東の季節風がふく。

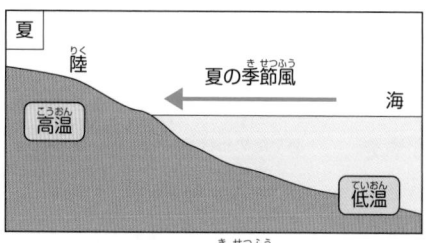

↑夏の季節風

●**冬の季節風**　日本列島付近では，大陸のほうが太平洋よりも冷たくなり，太平洋上の空気が上しょうして気圧が低くなり，大陸から太平洋へ向かって北西の季節風がふく。

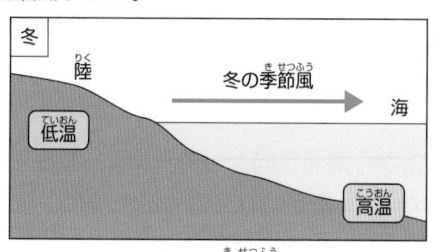

↑冬の季節風

ここが問われる！

地面と海水のあたたまり方や冷え方のちがいによって，空気がどのように動くかということを説明する，あなうめ問題がよく見られる。「地面のほうがあたたまりやすい」→「陸上の気温が高くなる」→「空気の体積が大きくなる」→「空気が上しょうする」→「気圧が低くなる」→「風がふきこむ」と順を追って考えていこう。

2 雲と天気の変化

5年 発展

1 雲の量と天気

1日のうちでも，雲の形や量，色などは，時刻によって変化する。雲のようすによって，天気を知ることができる。

雲量と天気の決め方

雨や雪が降っていないとき，空全体の広さを10としたとき，雲量①によって，天気を決めている。
- **快晴** 雲量が 0 ～ 1 のときを快晴とする。
- **晴れ** 雲量が 2 ～ 8 のときを晴れとする。
- **くもり** 雲量が 9 ～ 10 のときをくもりとする。

用語
雲量
①空全体を10としたときに，雲におおわれた部分の割合。0 ～ 10 で表される。

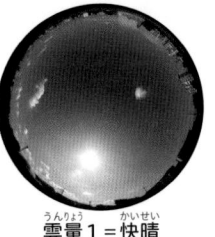

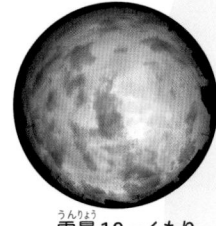

魚眼レンズを使用しての撮影のため円となっている。

雲量1 = 快晴 　　雲量4 = 晴れ 　　雲量10 = くもり

↑雲量と天気

ここが大切
空全体を10としたとき，雲量が
0～1 ⇒快晴，　2～8 ⇒晴れ，　9～10 ⇒くもり

2 雲の種類

雲には，いろいろな色や形をしたものがあり，晴れているときは白っぽい雲が見られるが，黒っぽい雲が空全体をおおうと雨が降ることが多い②。

○もっとくわしく
②雲が厚く，空全体をおおうため，太陽がかくされてしまい，黒く見える。

雲の種類

雲は，その形や見られる高さなどによって，<u>いくつかのグループに分けられる</u>①。

●**乱層雲（雨雲）** 乱層雲は，黒っぽい色をしていて，低い空にできる雲。空全体に広がり，広い地域に弱い雨や雪を長い時間ふらせることが多い。

●**積乱雲（かみなり雲，入道雲）** 積乱雲は，低い空から上空に向かって大きくなる。短い時間に，強い雨を降らせ，強い風やかみなりなどをともなうこともある。夏によく見られ，夕立をもたらす。

用語
十種雲形
①雲を，その形や見られる高さによって，10種類のグループに分けたものを，十種雲形とよぶ。

雲		特ちょう
積雲	わた雲	低い空から上に向かって大きくなる白っぽい雲。晴れた日に見られ，下のほうが平らで，上のほうがモコモコして形が変わる。
層積雲	うね雲 くもり雲	白色または灰色をしていて，大きなかたまりが集まり，波打ったようにならんでいる。低い空に見られる。
層雲	きり雲	地上に近いところにうかぶ，霧のように見える灰色の雲。朝早く見られ，山にかかる雲のほとんどは層雲である。
高積雲	ひつじ雲	層積雲よりも高いところに見られ，白色または灰色をしている。層積雲よりも小さなかたまりが集まって，規則的にならんでいる。
高層雲	おぼろ雲	層雲よりも高いところに見られる。灰色をしていて，空全体をおおうことが多い。雨がふる前に現れることが多い。
巻積雲	うろこ雲 いわし雲	上空に見られ，白っぽくて小さな雲がたくさん集まって，うろこのようにならんでいる。
巻層雲	うす雲	上空に見られる，白色でうすい雲。空全体をベールのようにおおうことが多い。太陽や月のかさになる。
巻雲	すじ雲	上空に見られる，白いはけでかいたような白い雲。秋のよく晴れた日に見られる。

↑そのほかの雲

理科の宝箱　雲の名まえのきまり

日本では，「積」「層」「高」「巻」「乱」という漢字を組み合わせて，雲の名まえをつけている。

「積」はたてに**発達する雲**，「層」は**横に広がる雲**である。また，「巻」は地上から 5 ～ 13kmの高さにできる雲，「高」は地上から 2 ～ 7kmの高さにできる雲につけられ，「巻」も「高」もつかないときは地上から 2 km以下の高さにできる雲のこと。また，「乱」は**雨を降らせる雲**をさす。

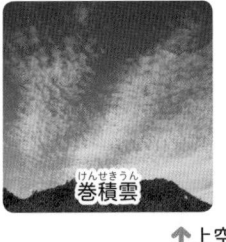

巻積雲（けんせきうん）　巻層雲（けんそううん）　巻雲（けんうん）

↑上空（地上から 5 ～ 13km）に見られる雲

高積雲（こうせきうん）　高層雲（こうそううん）

↑高い空（地上から 2 ～ 7km）に見られる雲

層積雲（そうせきうん）　乱層雲（らんそううん）　層雲（そううん）

↑低い空（地上から 2 km以下）に見られる雲

積雲（せきうん）　積乱雲（せきらんうん）

↑低い空から上空まで大きくなる雲

地球編

第1章 天気のようすと変化

第2章 星座

第3章 太陽・月・地球

第4章 流れる水のはたらき

第5章 大地のつくりと変化

空気中の水蒸気

入試でる度 ★★☆☆☆

実験

空気中の水蒸気は冷やすと水に変わることを調べる

ねらい

空気中の水蒸気 ➡ P.333 を冷やしていったときに見られる，コップのまわりの変化を調べる。

方法

1 よくかわいたコップを2つ用意し，それぞれにくみ置きの水①を入れる。

2 コップ⑦はそのまま，コップ⑦には氷を入れる。

⑦
温度計
水

⑦
氷
温度計
水

①くみ置きの水の温度は，部屋の温度と同じぐらいになっている。

3 2つのコップの表面のようすを観察する。コップの表面に水てきがついたときは，水の温度をはかっておく②。

⚠ ここに注意！

②水の温度をはかるときは，温度計に息をふきかけないように注意する。

結果

コップ⑦　コップの表面に，変化は見られなかった。

コップ⑦　水の温度が8℃になったとき，コップの表面に細かい水てきがついた。

✨ わかったこと ✨

氷で冷やされたほうのコップの表面に水てきがついたことから，空気中には水蒸気がふくまれていて，冷やされると水に変わることが確認できる。

地球編

第1章　天気のようすと変化

第2章　星座

第3章　太陽・月・地球

第4章　流れる水のはたらき

第5章　大地のつくりと変化

水蒸気（目に見えない）

水①
（目に見える）

①コップの表面の水てきは，コップのまわりの空気中の水蒸気が冷やされて水に変わり，コップの表面についたもの。

ほう和水蒸気量

水は，太陽の光によってあたためられ，海や川などの水面や地面からたえず蒸発 ➡ P.334 して，水蒸気になっている。

●**空気中の水蒸気**　空気中には，水面や地面などから蒸発した水蒸気がふくまれている。冷やされると，空気中の水蒸気は水に変わる。

●**ほう和水蒸気量**　決まった量の空気中にふくむことのできる水蒸気の量にはかぎりがある。1m³の空気がふくむことのできる最大の水蒸気の量を**ほう和水蒸気量**という。

●**露点**　ある空気中の水蒸気量がほう和水蒸気量と同じになる温度を**露点**という。

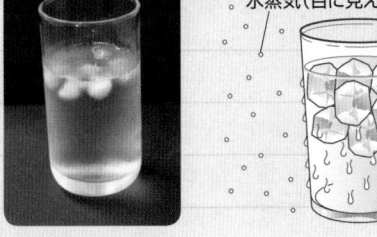

空気中にふくみきれなくなった水

1m　1m　1m

10℃

水蒸気

20℃

空気中にまだふくむことのできる水蒸気の分

30℃

ほう和水蒸気量

水になった部分

9.4g　17.3g

ほう和水蒸気量〔g/m³〕

気温〔℃〕　←露点は20℃

↑気温とほう和水蒸気量

●**気温とほう和水蒸気量**　ほう和水蒸気量は気温によって決まっていて，気温が高くなるにつれて大きくなる。このため，気温が低くなると，ほう和水蒸気量が小さくなるため，空気中にふくみきれなくなった水蒸気が水になって出てくる。

例 気温30℃で，1 m³あたり17.3 gの水蒸気をふくむ空気を冷やしていく。➡気温20℃でほう和水蒸気量と同じ量になる。➡気温10℃まで冷やすと，17.3 − 9.4 = 7.9 [g] の水蒸気が水になって出てくる。

しつ度

空気中の水蒸気の量が少ないと空気はかわいているが，水蒸気の量が多いと空気はしめっている。このような空気のしめりぐあいは，しつ度によって表される。

●**しつ度**　その空気にふくまれている水蒸気の量が，その気温のほう和水蒸気量に対して，どのくらいの割合になるかを百分率で表したものがしつ度である。

ここが大切

$$しつ度[\%] = \frac{空気1 m^3 中にふくまれる水蒸気の量 [g]}{その気温でのほう和水蒸気量 [g/m^3]} \times 100$$

●**しつ度のはかり方**　しつ度は，**かんしつ計**のかん球としっ球の示す温度の差から，**しつ度表**を使って調べることができる。

例 かん球が10℃，しっ球が8℃のとき，示度の差は2℃より，しつ度表を見ると，しつ度は74％であることがわかる。

10℃　←→2℃の差
←8℃

かん球
温度計　しっ球
温度計
ガーゼ
水

↑かんしつ計

かん球の示度〔℃〕	かん球としっ球の示度の差〔℃〕				
	0.0	0.5	1.0	1.5	2.0
15	100	94	89	84	78
14	100	94	89	83	78
13	100	94	88	82	77
12	100	94	88	82	76
11	100	94	87	81	75
10	100	93	87	80	74
9	100	93	86	80	73

かん球が10℃ しっ球が8℃ のとき。
示度の差は2℃
よって，しつ度は74%

↑しつ度表の一部

雲と天気の変化　**5**年〔発展〕

地球編

第1章　天気のようすと変化

第2章　星座

第3章　太陽・月・地球

第4章　流れる水のはたらき

第5章　大地のつくりと変化

ここが問われる！

空気を冷やしていったとき，水てきができ始める温度は，その空気1m³中にふくまれる水蒸気の量がほう和水蒸気量になったときである。このとき，**しつ度は100%になっている。**さらに空気を冷やしていくと，ほう和水蒸気量が小さくなるために出てくる水の量はふえるが，**しつ度は100%のままで変化しない。**

理科の宝箱　雲はどうやってできるかな？

雲は，太陽の光によってあたためられた空気のかたまりが上しょうし，**空気にふくまれていた水蒸気が上空で細かい水てきとなったもの**である。
①太陽の光によって**あたためられた空気のかたまりは，軽くなって上しょうする。**　⟳P.203
②上空は気圧が小さいので，上しょうした空気のかたまりは，**体積が大**きくなり，**温度が下がる。**
③空気のかたまりの温度がある温度より低くなると，**空気中にふくみきれなくなった水蒸気が細かい水てきになり，**上空にうかぶ。
④空気のかたまりがさらに上しょうすると，雲は大きく成長し，雲の温度が下がり，雲の中に**氷の小さなつぶ(氷晶)**もふくまれるようになる。

①②　③　④

氷晶
水てき
太陽の光
上しょう
水蒸気
空気のかたまり

地面の熱であたためられた空気は上しょうし始める。
気温が下がり空気中にふくみきれなくなった水蒸気が水てきになり，雲ができる。
上しょうがさらに続くと空気のかたまりの体積がさらに大きくなり，雲が発達する。
高さ
雲ができる
地上

211

3 天気の変化の予想

5年

1 天気予報

テレビや新聞，インターネットでは，毎日の天気予報が出され，明日の天気を知ることができる。

天気予報とは

テレビや新聞，インターネットの天気予報は，気象衛星の雲画像（雲写真）や気象台・測候所①の観測，アメダスや気象レーダー②などで得られたデータを，コンピュータで処理した情報をもとにして，天気を予想している。明日の天気の予報だけでなく，1か月，3か月といった長期の予報も行われている。

● **気象衛星と雲画像**　気象衛星は，広いはんいの雲のようすや動きを上空から観測し，そのデータを地上に送り，そのデータをもとに雲画像がつくられる。日本付近の雲のようすは，気象衛星「ひまわり」③が観測している。

↑雲画像

○ もっとくわしく

①気象台や測候所は，全国に約70か所あり，気圧，気温，しつ度，風向・風速，降水量などを測定している。また，地震や火山の観測も行っている。
②気象レーダーは，アンテナを回転させながら電波を発射し，広いはんいの雨や雪を観測する。
③現在，2015年7月から運用されている「ひまわり8号」，2017年3月から待機運用されている「ひまわり9号」の2機体制で気象観測を行っている。2機体制で運用することで，どちらかの衛星にトラブルが生じても，運用を続けることができる。

地球編

第1章 天気のようすと変化

第2章 星座

第3章 太陽・月・地球

第4章 流れる水のはたらき

第5章 大地のつくりと変化

●**アメダス（地域気象観測システム）** アメダスは，全国各地の降水量①や風向・風速，気温などを自動的に観測し，送られてきたデータをまとめるシステムである。現在，降水量だけを観測する地点をふくめて，全国の約1300か所で観測が行われている。

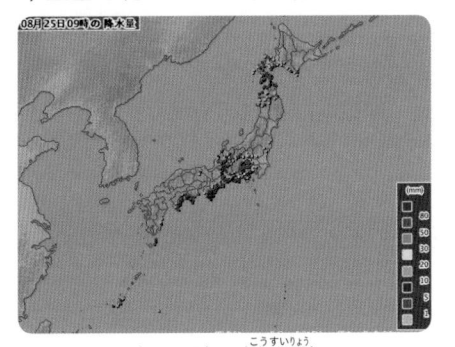

↑アメダス（降水量）

用語

降水量

①地面に降った雨や雪をとかした水の量。雨などがそのままたまったとしたときの水の深さ（mm）で表される。

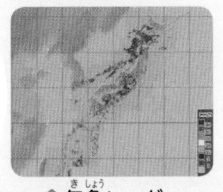

↑気象レーダー

2 天気の変化

連続した雲画像やアメダスの観測から，天気の変化のようすがわかる。

日本列島の西のほうに雲がある。

日本列島の広い部分が雲でおおわれる。

日本列島の東のほうに雲が動いた。

↑10月4日9時　　↑10月5日9時　　↑10月6日9時

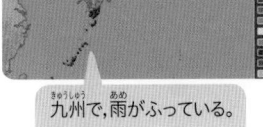

九州で，雨がふっている。

中国地方などで，雨がふっている。

北海道，東北地方で，雨がふっている。

天気の変化

天気は，雲の動きとともに変化していく。

●**日本上空の雲の動き**　日本付近の上空では，偏西風①がふいているため，大きな雲のかたまりは西から東に動いていく。

●**天気の変わり方**　乱層雲や積乱雲などの雨を降らせる雲が西から東へ動くため，天気も西のほうから変わっていく。

用語

偏西風
①日本付近の上空に，1年中ふいている，強い西よりの風。

> **ここが大切**
> 日本付近では雲が西から東に動くため，天気も西から変わっていく。

理科の宝箱　天気図を読みこなそう！

等圧線や高気圧・低気圧の位置，観測地点の天気や風のようすなどを，地図上に記入したものが，天気図である。天気図を見ると，これから先の天気を予想することができる。

新聞の天気情報には，天気予報といっしょに，天気図がのっている。インターネットを調べると，今日の天気図を見ることができる。天気図から，明日の天気を考えてみよう。

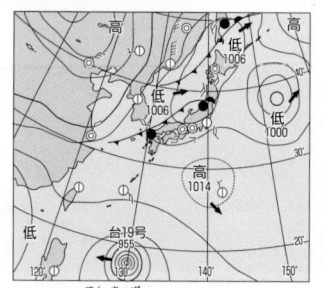

↑天気図（9月30日）

↑雲画像（9月30日）

●**天気図記号**

天気図では，天気図記号を使って，観測地点の天気，風向・風力を表している。**天気は天気記号，風向は矢羽根の向き，風力は矢羽根の数**で表される。

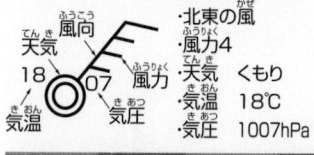

・北東の風
・風力4
・天気　くもり
・気温　18℃
・気圧　1007hPa

天気記号	天気	天気記号	天気
○	快晴	●	雨
①	晴れ	⊗	雪
◎	くもり		

地球編

第1章 天気のようすと変化

第2章 星座

第3章 太陽・月・地球

第4章 流れる水のはたらき

第5章 大地のつくりと変化

●等圧線

同じ時刻で，気圧 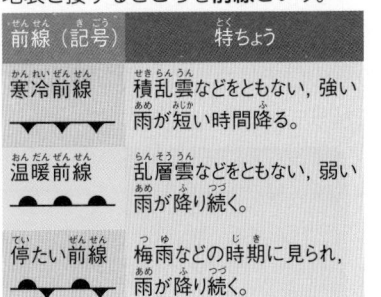 P.202 が等しいところをなめらかな線で結んだものを**等圧線**という。**等圧線の間かくがせまいほど，風が強くなる。**

●高気圧と低気圧

高気圧 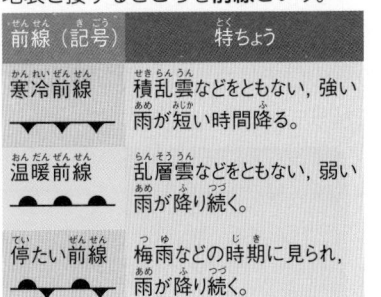 P.202 の中心は「**高**」，低気圧 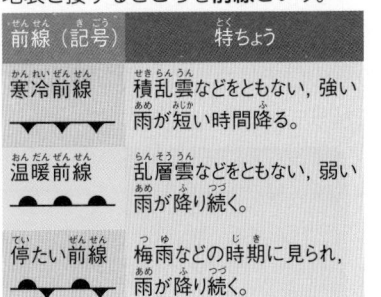 P.202 の中心は「**低**」で表される。**高気圧の中心付近は，雲が発生しにくく，よく晴れている。低気圧の中心付近は，雲が発生しやすく，雨がふりやすくなっている。**

●前線

温度やしつ度のちがう空気のかたまりの境目を**前線面**といい，前線面が地表と接するところを**前線**という。

前線（記号）	特ちょう
寒冷前線	積乱雲などをともない，強い雨が短い時間降る。
温暖前線	乱層雲などをともない，弱い雨が降り続く。
停たい前線	梅雨などの時期に見られ，雨が降り続く。

③ 天気の言い習わし

昔の人は，雲や空のようすなど自然のようすを観察して，経験的に天気の変化を予想していた。このため，日本の各地に天気の変化を予想するための言い習わし[1]がたくさんある。

●高い山の上に雲がかかると雨

低気圧 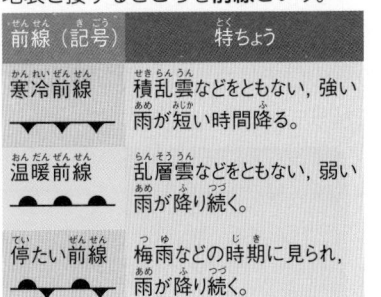 P.202 や前線が近づいてくると，強い風がふき，しめった空気が山にそって上しょうするため，頂上付近にかさ雲とよばれる雲をつくる。その後，低気圧や前線がやってきて，天気が悪くなる前ぶれとされる。

用語

観天望気

[1]古くから伝わる天気の言い習わし。科学的に説明できるものも多い。

●日がさ，月がさは雨

　日がさ，月がさとは，太陽や月のまわりにかさをかぶったような光の輪ができることである。これは，太陽や月がうす雲（巻層雲）におおわれるために見られるもので，この雲の西のほうには，雨を降らせる乱層雲（あま雲）が広がっていることが多い。

●そのほかの天気の言い習わし

天気の言い習わし	理由
夕焼けの次の日は晴れ	夕焼けは，夕方，西のほうの空が晴れているときに見られる。天気は西のほうから変わるので，次の日は晴れることが多い。
朝のにじは雨	にじは，太陽と反対側の空で雨がふっているときに，雨に太陽の光が当たることで見られる現象である。朝，にじが見られるときは，西のほうで雨が降っているので，これから雨が降ると考えられる。
飛行機雲がすぐに消えると晴れ	飛行機雲は，おもに飛行機から出る水蒸気が上空の冷たい空気に冷やされて水の粒となったものである。飛行機雲がすぐに消えるのは，上空の空気がかわいているため，雲ができにくいからである。
ツバメが低く飛ぶと雨	空気がしめっていると，ツバメの食べ物になる小さな虫のはねがしめってしまい，低いところを飛ぶようになるため，ツバメも低いところを飛ぶ。

4 日本の天気

1 台風

夏から秋にかけて，台風が日本付近に近づいてくる。台風が近づくと，天気が大きく変化し，大雨がふったり，強い風がふいたりして，災害が起こることがある。

台風のでき方

台風は，日本列島の南のほうにある，赤道付近の海上で発生する。

●**台風のでき方** 赤道付近では，太陽からの強い光によって，海の水がさかんに蒸発し，激しい**上しょう気流**①によって，積乱雲ができる。生じた積乱雲は集まって，地球の自転 ➡ P.260 により，北半球では反時計回りにうずをまき，**熱帯低気圧**②となる。熱帯低気圧のうち，中心付近の最大風速が17.2m/秒以上のものを台風という。

台風のしくみ

北半球では，台風の中心に向かって，強い風が反時計回りにふきこんでくる。強い台風になると，中心付近に**下降気流**③が生じ，台風の目とよばれる雲のない部分④が生じる。

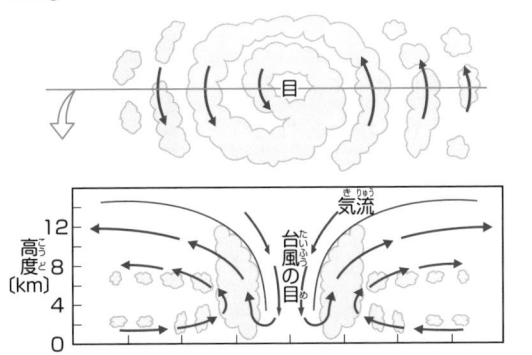

↑台風の構造

用語

上しょう気流

①地上や海上から上空へ移動する空気の流れ。しめった空気が上しょうすると，雲が生じやすく，雨が降りやすくなる。

熱帯低気圧

②熱帯地方で発生する低気圧。日本付近で西から東へ移動する低気圧（温帯低気圧）とちがい，前線をともなわない。

下降気流

③上空から地上や海上へ移動する空気の流れ。下降気流によって，上空にあった雲は消え，晴れることが多い。

🔍**もっとくわしく**

④台風の目では，風が弱く，晴れていることもある。台風のいきおいが強いときは，台風の目ははっきり見えるが，台風がおとろえてくると，台風の目がわからなくなってしまう。

台風の大きさと強さの表し方

台風の大きさ①は風速15m/秒以上のはんい，台風の強さ②は中心付近の最大風速で表される。

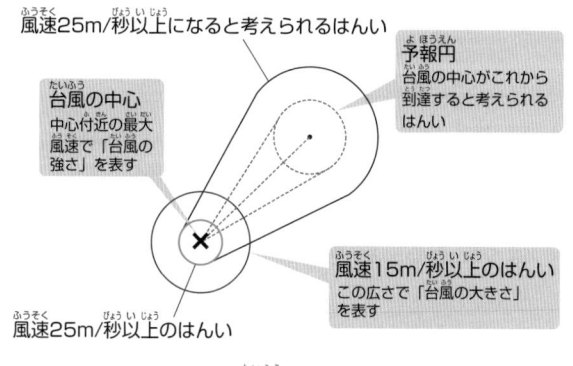

風速25m/秒以上になると考えられるはんい

予報円
台風の中心がこれから到達すると考えられるはんい

台風の中心
中心付近の最大風速で「台風の強さ」を表す

風速15m/秒以上のはんい
この広さで「台風の大きさ」を表す

風速25m/秒以上のはんい

↑台風のようす

台風の進路

赤道付近で発生した台風は，地球の自転や赤道の上空でふく風（北東貿易風）のため，北西に進む。沖縄付近までくると，偏西風によって，北東に進路を変えて

偏西風
40°
7月　8月　9月　10月　北東貿易風
30°
6月
6月　7月
20°
120°　130°　140°　150°

↑台風の進路

進み，日本付近に近づいたり，日本に上陸したりする。

台風の被害

台風にともなう大量の雨や強い風によって，こう水や土砂くずれが起こったり，鉄とうや木がたおれたりといった被害が出ることがある。また，海では**高潮**が生じることもある。

● **高潮**　台風によって，海岸近くの海面がもち上げられること。台風による低気圧 ➡ P.202 や強い風などによって生じる。高潮によって，海水がてい防をこえて流れこみ，こう水が起こることがある。

➡ P.202

もっとくわしく

①台風の大きさは，次のように決められている。

台風の大きさ	風速15m/秒以上のはんい
超大型	800km以上
大型	500km以上 800km未満
―	500km未満

②台風の強さは，次のように決められている。

台風の強さ	最大風速
もうれつな	54m/秒以上
非常に強い	44m/秒以上 54m/秒未満
強い	33m/秒以上 44m/秒未満
―	33m/秒未満

↑こう水

↑強風でたおれた鉄とう

地球編

第1章 変化 天気のようすと

第2章 星座

第3章 太陽・月・地球

第4章 流れる水のはたらき

第5章 大地のつくりと変化

季節ごとの天気

中学入試対策

入試でる度 ★★☆☆☆

気団

空気が長い間同じ場所にあると，その場所によって，同じ性質をもつようになる。このような空気のかたまりを**気団**という。たとえば，北のほうにある気団は冷たく，南のほうにある気団はあたたかい。また，大陸の上にある気団はかわいているが，海上にある気団はしめっている。

●**日本付近の気団**　日本付近には，4つの気団があり，季節ごとの日本の天気にえいきょうをあたえている。

気団	特ちょう
シベリア気団	冷たく，かわいている
揚子江気団	あたたかく，かわいている
オホーツク海気団	冷たく，しめっている
小笠原気団	あたたかく，しめっている

季節ごとの天気

●**冬の天気**　冬は，シベリア気団が発達し，大陸に高気圧 ▶P.202，太平洋に低気圧 ▶P.202 ができる。このときの気圧のようすを西高東低といい，大陸から太平洋に向かって，北西の風がふく。この風は，日本海を通るとき，たくさんの水蒸気をふくむ。その後，日本列島の山脈にぶつかり，日本海側に雪を降らせる。山脈をこえた空気はあまり水蒸気をふくまないので，太平洋側はよく晴れた日が続く。

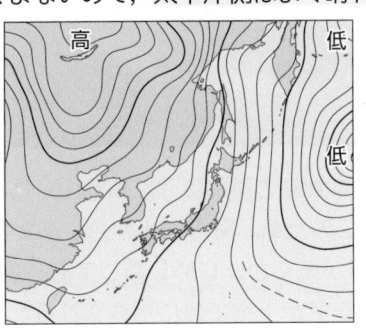

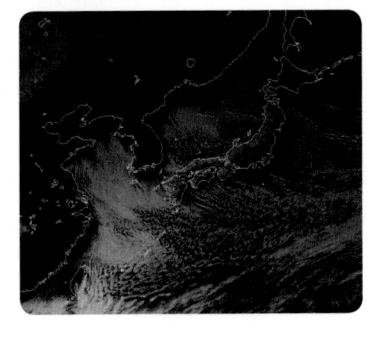

●**春の天気**　シベリア気団の勢力が弱くなるため，春の初めには，**春一番**とよばれる，あたたかい南風がふく。大陸にある揚子江気団が発達し，移動性の高気圧と低気圧が偏西風 P.214 にのって交互にやってくるため，天気が変わりやすい。

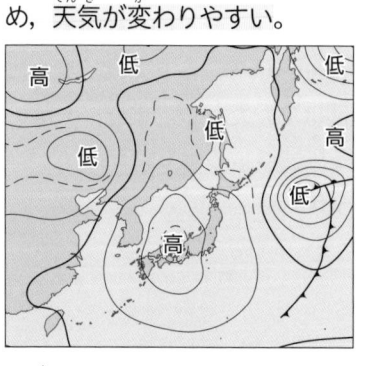
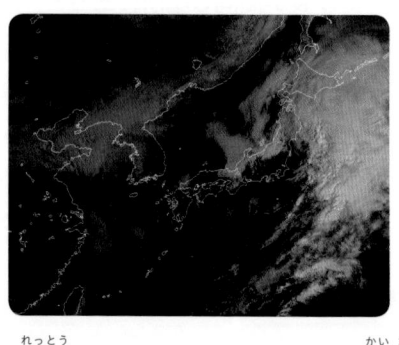

●**梅雨**　5月の中ごろになると，日本列島の南のほうで，オホーツク海気団と小笠原気団がぶつかって，その境目に**梅雨前線**とよばれる停たい前線 P.215 ができる。5月の終わりから6月になると，この前線が北に移動し，日本の多くの地域でぐずついた天気が続く。梅雨の終わりごろには，しめった南風が梅雨前線に流れこみ，集中ごう雨が起こることがある。その後，小笠原気団が梅雨前線を北へおし上げていき，南のほうから梅雨が明ける。北海道は，梅雨前線によって雨がふる地域よりも北にあるので，梅雨の時期がない。

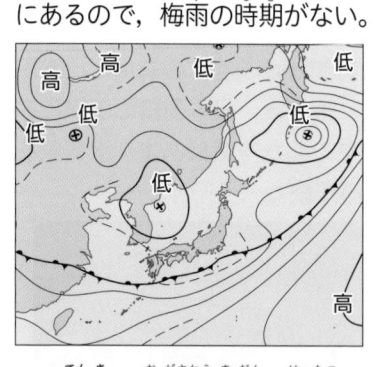

●**夏の天気**　小笠原気団が発達し，日本列島の南のほうに高気圧，北のほうに低気圧ができる（南高北低）。このため，南の海上から，あたたかくしめった風がふくため，晴れた日が続くが，じめじめしてむし暑い。地面にあたためられて上しょうした空気が上空で急に冷やされると，積乱雲ができて，夕立になり，かみなりが発生することがある。

地球編

第1章　天気のようすと変化

第2章　星座

第3章　太陽・月・地球

第4章　流れる水のはたらき

第5章　大地のつくりと変化

●**台風**　夏から秋にかけて，日本付近に台風が近づく P.217 。台風が近づくと強い風がふき，たくさんの雨が降るため，災害が起こることがある。

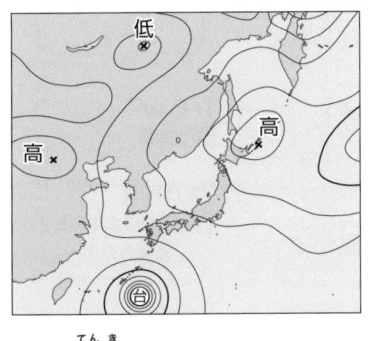

●**秋の天気**　秋のはじめには，オホーツク海気団と小笠原気団との間に秋雨前線とよばれる停たい前線ができ，ぐずついた天気が続く。その後，春のように移動性の高気圧と低気圧が交互に日本に近づくため，天気が変わりやすい。

ここが問われる！
季節の特ちょう的な雲画像や天気図から，どのような天気かを答えさせる問題がよく出題されるので，それぞれの季節の天気の特ちょうはしっかりおぼえておこう。雲画像では，雲のかたまりのあるところに低気圧や前線がある。

**理科の宝箱**　　季節風と気団

　　冬は，シベリア気団が発達し，この気団から分かれた空気のかたまりによって大陸に高気圧，太平洋上には低気圧ができるため，日本付近では**北西の季節風** P.204 がふく。

　　夏は，小笠原気団が発達し，この気団のえいきょうで，南の海上に高気圧ができるため，日本付近では**南東の季節風** P.204 がふく。

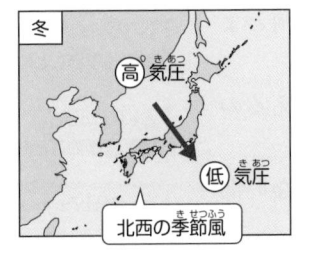

第1章
天気のようすと変化

入試要点チェック

解答▶別冊…P.557

つまずいたら
調べよう

☐ **1** 百葉箱のとびらは，どの向きにつけられていますか。

☐ **2** 太陽の高さ，地面の温度，気温のうち，高くなる時刻がもっともおそいのは，どれですか。

☐ **3** 風向とは，風がふいてくる方向・風がふいていく方向のどちらですか。

☐ **4** 低気圧の中心付近で生じるのは，上しょう気流，下降気流のどちらですか。

☐ **5** 昼間，海上から陸上に向かってふく風を何といいますか。

☐ **6** 日本列島付近の冬の**季節風**の風向は，南東・南西・北東・北西のどれですか。

☐ **7** 短い時間に強い雨をふらせ，かみなりをともなうことがある雲の名まえを答えなさい。

☐ **8** 水蒸気の量が，その気温の**ほう和水蒸気量**に対してどのくらいになるかを百分率で表したものを何といいますか。

☐ **9** 日本の天気が西のほうから変わっていくのは，日本付近の上空に何とよばれる風がふいているためですか。

☐ **10** 日本の冬の天気にえいきょうをあたえるのは，何とよばれる**気団**ですか。

☐ **11** **梅雨**の時期に，雨がふり続くのは，何とよばれる**停たい前線**によるものですか。

☐ **12** 日本の夏の天気にえいきょうをあたえるのは，何とよばれる**気団**ですか。

☐ **13** 強い**台風**の中心付近に見られる雲のない部分を何といいますか。

1▶P.197
1 **1**気温

2▶P.199
1 **2**1日の太陽の動きと気温の変化

3▶P.201
1 入試 風のふき方

4▶P.202
1 入試 風のふき方

5▶P.203
1 入試 風のふき方

6▶P.204
1 入試 風のふき方

7▶P.206
2 **2**雲の種類

8▶P.210
2 入試 空気中の水蒸気

9▶P.214
3 **2**天気の変化

10▶P.219
4 入試 季節ごとの天気

11▶P.220
4 入試 季節ごとの天気

12▶P.220
4 入試 季節ごとの天気

13▶P.217
4 **1**台風

入試問題にチャレンジ！

解答 ▶ 別冊…P.557

地球編

第1章 天気のようすと変化

第2章 星座

第3章 太陽・月・地球

第4章 流れる水のはたらき

第5章 大地のつくりと変化

1 学校などには，右の図1のような装置が屋外に設置されていることがあります。この装置には，正確な気象観測を行うために，いくつかの特ちょうがあります。たとえば，この装置の①とびらは（ **A** ）を向いています。②色は（ **B** ）色にぬられており，③設置される場所は（ **C** ）の上になっています。中には温度計など気象観測に用いられる道具が入っており，温度計は地上約（ **D** ）mに設置されます。この装置について，次の問いに答えなさい。

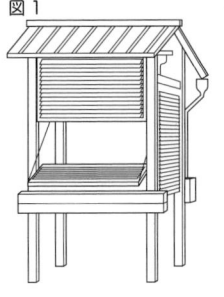

図1

(鎌倉女学院中)

(1) 図1の装置を何といいますか。漢字で答えなさい。

（　　　　　　　　　）

(2) 文中の（ **A** ）〜（ **D** ）にあてはまる語句または数値として正しいものを，次の**ア**〜**ナ**からそれぞれ1つずつ選び，記号で答えなさい。

A（　　　）B（　　　）C（　　　）D（　　　）

ア	上	イ	下	ウ	南	エ	西	オ	北
カ	東	キ	赤	ク	黒	ケ	青	コ	茶
サ	白	シ	黄	ス	コンクリート			セ	土
ソ	水	タ	しばふ	チ	じゃり	ツ	0	テ	0.5
ト	1.5	ナ	3.5						

よくでる (3) 文中の下線部①〜③のようにしなければならない理由として正しいものを，次の**ア**〜**ク**からそれぞれ1つずつ選び，記号で答えなさい。

①（　　　）②（　　　）③（　　　）

ア 地面のしん動が伝わらないようにするため。

イ 見た目が美しいため。

ウ 直射日光をさけるため。

エ 風通しをよくするため。

オ 太陽からの光を反射するため。

カ 太陽からの光を吸収するため。

キ　地面からの熱のえいきょうを防ぐため。

ク　雨が降っても観察しやすくするため。

図1の装置の中には，右の図2のような装置が入っていることがあります。この装置について，次の問いに答えなさい。

図2

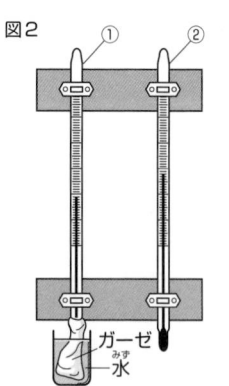

(4) 図2の装置を用いることで，はかることができるものを，気温以外に1つ答えなさい。

（　　　　　　）

(5) 図2の装置について正しく述べているものを，次の**ア**〜**オ**からすべて選び，記号で答えなさい。

（　　　　　　）

ア　①の温度計をかん球温度計という。

イ　②の温度計をかん球温度計という。

ウ　気温を示しているのは，①の温度計である。

エ　気温を示しているのは，②の温度計である。

オ　①の温度計が，②の温度計の温度を上回ることはない。

2　次の写真は，ある連続した3日間の同じ時刻に，人工衛星によってさつえいされた台風の画像です。次の問いに答えなさい。ただし，①〜③の写真は，日づけの順にならんでいません。

（東京家政学院中）

①　　　　　　　　　②　　　　　　　　　③

よくでる(1) ①〜③の写真を，日づけの順にならべなさい。

（　　　　　　）

(2) 台風の雲の中心部に，あなのようにすっぽりあいている部分が見られますが，この部分を何といいますか。

（　　　　　　）

地球編

第1章 天気のようすと変化

第2章 星座

第3章 太陽・月・地球

第4章 流れる水のはたらき

第5章 大地のつくりと変化

(3) (2)がちょうど真上にきたとき，一時的に雨や雲はどのようになりますか。　（　　　　　　　　）

(4) 同じようなうずまき状の雲で，台風か台風でない（熱帯低気圧）かは，どのように決めていますか。次の**ア〜エ**から選び，記号で答えなさい。　（　　　）

ア　うずまき状の雲の直径が100km以上になったものを台風という。

イ　うずまき状の雲の高さが，10km以上になったものを台風という。

ウ　秒速15m以上の強風域の直径が200km以上になったものを台風という。

エ　中心付近の最大風速が，秒速17.2m以上になったものを台風という。

(5) 台風の特ちょうとして正しいものを，次の**ア〜エ**から選び，記号で答えなさい。　（　　　）

ア　夏に日本付近で発生した低気圧は，成長して台風になる。

イ　台風の雲には入道雲（かみなり雲）が多く，はげしい雨や風をともなう。

ウ　台風のうずまきは，北緯30°を超えると反時計回りに変わる。

エ　日本付近まで北上してきた台風は，日本上空で1年中ふいている強い西風のえいきょうで，西に移動することが多い。

(6) 台風のえいきょうについて説明した次の文の（　　）にあてはまることばを答えなさい。

　　　　①（　　　　　　　　）②（　　　　　　　　）

台風の大雨によって（　①　）やがけくずれが起きたり，台風の強い（　②　）によって木がたおされたり，家がこわされたりする被害が出ることがある。

225

星座

1 星の明るさと色‥‥‥‥‥‥‥227

2 季節の星座‥‥‥‥‥‥‥‥231

3 星の動き‥‥‥‥‥‥‥‥238

オリオン座（部分）

地球編

第1章
天気のようすと変化

第2章
星座

第3章
太陽・月・地球

第4章
流れる水のはたらき

第5章
大地のつくりと変化

1 星の明るさと色

4年　発展

1 星の明るさ

夜空にかがやく星は，明るくかがやくものや肉眼でやっと見えるぐらいのものまで，いろいろな明るさのものがある。

星の明るさ
　星座を形づくる星の明るさは，1等星，2等星，…，のように分けられている。

●**星の等級**　いちばん明るく見える星を1等星，肉眼で見えるいちばん暗い星を6等星とする。1等級ちがうと，明るさは約2.5倍になり，<u>1等星は6等星の約100倍の明るさ</u>①になる。

季節	おもな明るい星	ふくまれる星座
春	スピカ	おとめ座
	レグルス	しし座
夏	デネブ	はくちょう座
	ベガ（おりひめ星）	こと座
	アルタイル（ひこ星）	わし座
	アンタレス	さそり座
冬	ベテルギウス	オリオン座
	リゲル	オリオン座
	シリウス	おおいぬ座
	プロキオン	こいぬ座
	ポルックス	ふたご座
	アルデバラン	おうし座

↑それぞれの季節の代表的な星

> ⚠️ **ここに注意！**
>
> ①1等星は2等星の約2.5倍の明るさ，2等星は3等星の約2.5倍の明るさ，…となるので，1等星は6等星の2.5×2.5×2.5×2.5×2.5で，約100倍の明るさになる。
> 夜空の中でもっとも明るいこう星 ➡ P.229 であるシリウスは，同じ考え方では，およそ−1.5等星になる。

●**星の明るさがちがう理由**　それぞれの星は，大きさや明るさがちがう。また，同じ明るさならば，<u>地球から星までのきょりが近いほど明るく見える</u>①。

🔍 **もっとくわしく**

①太陽は，ほかの星にくらべて地球までのきょりがとても近いため，とても明るく見える。太陽のように，1等星より明るい星は，0やーをつけて表され，太陽は－27等星とされる。

② 星の色

　夜空には，赤い星や黄色い星，白い星など，いろいろな色の星が見られる。

星の色と温度

　星座を形づくる星は，太陽と同じように，自分で光を出していて，<u>その表面の温度のちがいによって，星の色が変わる</u>②。

②太陽の表面の温度は6000℃ぐらいで，非常にはなれたところから見ると，黄色がかった白色の星である。

●**星の色と表面の温度**　表面の温度が高い星は青白く，表面の温度が低くなるにつれて赤っぽく見える。

表面温度		11000	7500	5000	3500〔℃〕
星の色	青白	白	黄	だいだい	赤
代表的な星	リゲル	ベガ	プロキオン	アルデバラン	ベテルギウス
	レグルス	シリウス	カペラ	ポルックス	アンタレス
	スピカ	デネブ			
		アルタイル			

↑星の色と温度

ここが大切

星の色によって，表面の温度が高いか低いかがわかる。

（表面の温度が高い）◀──────────────▶（表面の温度が低い）

青白い色 ― **白色** ― **黄色** ― **だいだい色** ― **赤色**
　　11000℃　 7500℃　 5000℃　　　 3500℃

地球編

第1章 変化 天気のようすと

第2章 星座

第3章 太陽・月・地球

第4章 流れる水のはたらき

第5章 大地のつくりと変化

③ 星までのきょり

夜空の星は，地球からのきょりがそれぞれちがっている。

地球から星までのきょり

星座を形づくる星は，地球からとてもはなれたところにあり，そのきょりを「km」などの単位で表すことはむずかしい。そのため，光年①という単位が使われる。

④ いろいろな星

夜空の星には，星座を形づくる星以外に，太陽のまわりを回る星や地球のまわりを回る星などがある。

こう星

太陽や星座を形づくる星は，自分で光を出している。このような星を**こう星**という。

● **こう星までのきょり** 太陽以外のこう星は，地球から非常に遠いところにある②。星座を形づくるこう星は，地球から同じきょりにあるように見えるが，実際は地球からこう星までのきょりはさまざまである。

↑地球からこう星までのきょり

用語

光年

①光が1年間で進むきょり。1光年は約9兆4600億km。北極星は地球から400光年以上もはなれたところにある。

🔍 **もっとくわしく**

②地球にいちばん近いこう星（ケンタウルス座にあるこう星）でも，地球から約4光年はなれたところにある。

⚠️ ここに注意！
①太陽の光を反射してかがやいているので，太陽の光が当たらない部分は暗くて見ることができない。

🔍 もっとくわしく
②海王星よりも太陽から遠いところにあるめい王星も，2006年まではわく星のひとつとされていたが，とても小さい星であるなどの理由からわく星からはずされ，準わく星となった。

わく星

　太陽などのこう星のまわりを回っている星を**わく星**という。自分では光を出さず，<u>こう星の光を反射してかがやいている</u>①。太陽系 ➡️ P.263 には，太陽に近い順に，水星，金星，地球，火星，木星，土星，天王星，海王星の<u>8個のわく星</u>②がある。

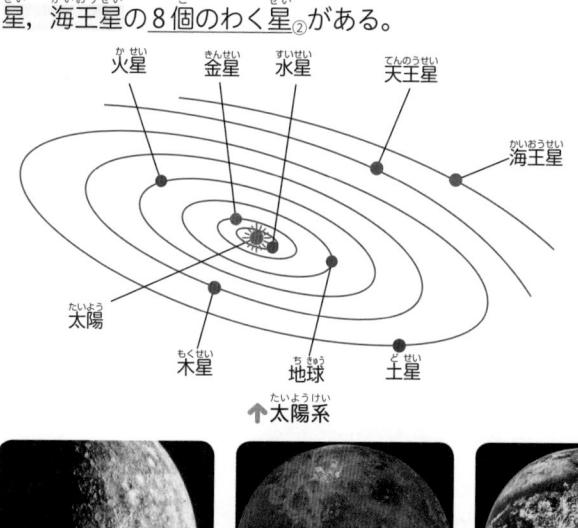

火星　金星　水星　　　天王星

海王星

太陽

木星　　地球　　土星

↑ **太陽系**

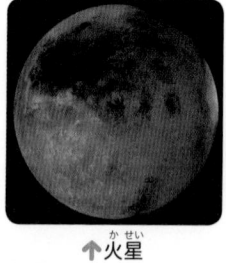

↑ 水星　©NASA

↑ 金星

↑ 地球

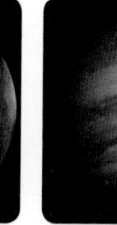

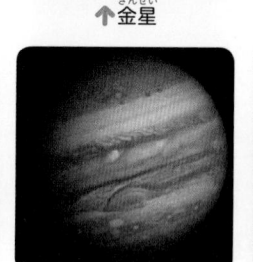

↑ 火星

↑ 木星

↑ 土星

衛星

　わく星のまわりを回っている星を**衛星**という。月は地球の衛星である。ほかのわく星も衛星をともなっているものが多い ➡️ P.263 。

2 季節の星座

4年

1 星座とは

星をさがすときは，星座をもとにすると見つけやすい。

星座
昔の人が，星の集まりを動物や道具などに見立てて名まえをつけたものを，**星座**という。

● **星座の数** 空全体には88の星座があるが，<u>日本ですべての星座を見ることはできない</u>①。

● **季節の星座** カシオペヤ座やこぐま座のように<u>1年中見られる星座</u>②もあるが，多くの場合，季節によって見られる星座が変わる。

🔍 もっとくわしく

①南極付近で観察される星座は，日本で見ることができない。
②北極星の近くで観察される星座は，日本で1年中見ることができる。

🧰 理科の宝箱 さそり座とオリオン座

夏の代表的な星座であるさそり座と，**冬の代表的な星座であるオリオン座**は，ギリシア神話から名づけられた。

うでのよいりょうしであったオリオンは，自分より強い者はいないとじまんしていた。それにおこった女神ヘラ は，大さそりをオリオンのもとに送りこみ，オリオンを殺してしまった。今でも，オリオンはさそりをこわがっているため，さそり座が空にある間は，オリオン座は空に上がってこないといわれている。

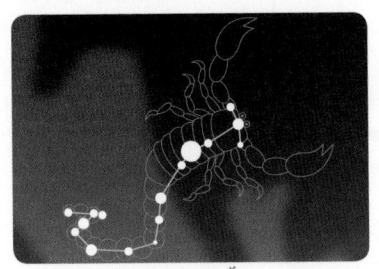

↑さそり座 　　　↑オリオン座

② 星座の見つけ方

星や星座は，星座早見を使うと見つけやすい。

星座早見

星座早見は，いつ，どの方位にどんな星座が見られるかを調べることができる。

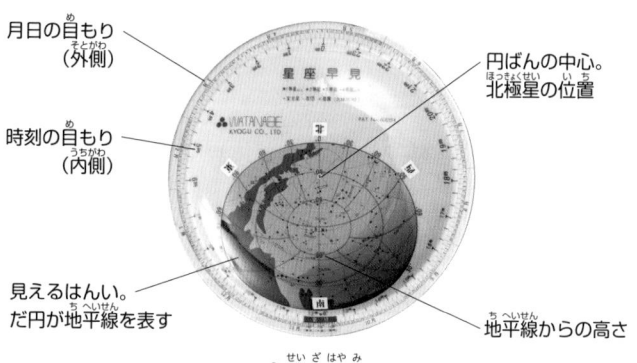

月日の目もり
（外側）

円ばんの中心。
北極星の位置

時刻の目もり
（内側）

見えるはんい。
だ円が地平線を表す

地平線からの高さ

↑星座早見

観察

星座早見を使いこなそう

ねらい

星座早見で，調べたい星や星座の位置を調べる。

方法

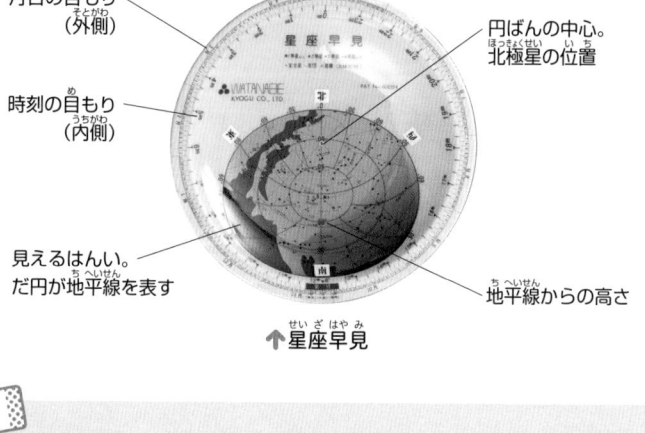

1 観察する時刻①の目もりと，月日の目もりを合わせる。

9月13日午後7時

8時　19時　2

5 23 21 19 17 15 13 11 9 7 5 3

9 月

2 調べたい方位を下にして，星座早見を頭の上にかざす。

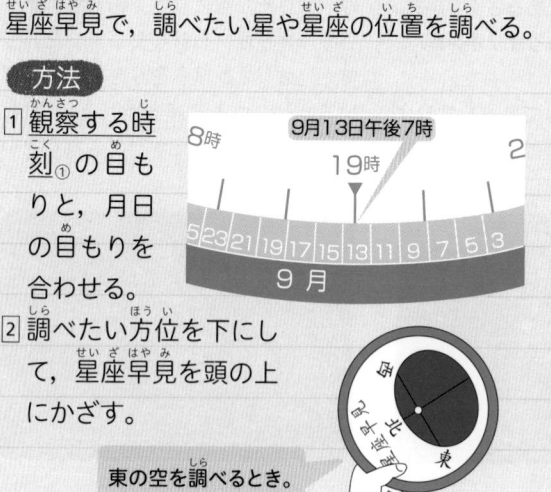

東の空を調べるとき。

①観察する時刻が午後の場合，数字に12をたせばよい。左の場合は，午後7時のようすを調べるので，7＋12＝19［時］の目もりを調べたい日付に合わせる。

③ 北の空の星

北の空の星の多くは，1年中観察できる。

北の空の星

北の空では，**北極星**や**北斗七星**，**カシオペヤ座**などが見られる。

● **北極星** こぐま座①を形づくる2等星。北極星は，ほぼ真北にあってほとんど動かないので，昔から方位を知る手がかりとして使われている。北極星の高さは，観察している場所の緯度と同じになる。

● **北斗七星** ひしゃくの形にならんだ7つの星の集まりで，おおぐま座②のしっぽの部分にあたる。7つの星のうち，6つは2等星である。

● **カシオペヤ座** 北極星をはさんで北斗七星の反対側にあり，5つの星がW字の形にならんでいる。5つの星のうち，3つは2等星である。

北極星の見つけ方

北極星以外のこぐま座の星は暗いので，北極星は北斗七星やカシオペヤ座を手がかりに見つける。

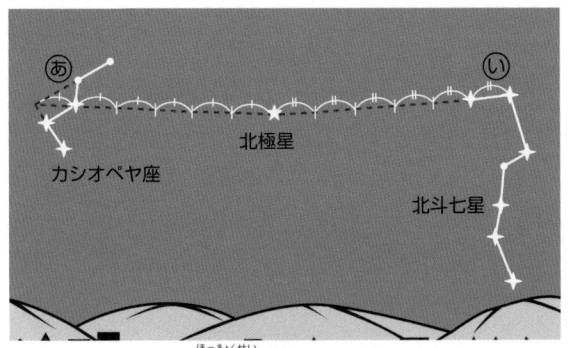

↑北極星の見つけ方

1 上の図で，カシオペヤ座の⑧の部分を約5倍にしたところに，北極星がある。

2 上の図で，北斗七星の⑪の部分を約5倍にしたところに，北極星がある。

🔍 **もっとくわしく**

①こぐま座は，7つの星からできていて，北斗七星と形が似ているため，小北斗七星とよばれることもある。

②ようせいのカリストは女神ヘラのいかりをかい，クマに変えられてしまった。成長した息子のアルカスは，それを知らずに弓矢をかまえた。それを見た大神ゼウスは2人を空に上げ，星座にしたというギリシア神話がある。おおぐま座は母親のカリスト，こぐま座は息子のアルカスとされる。

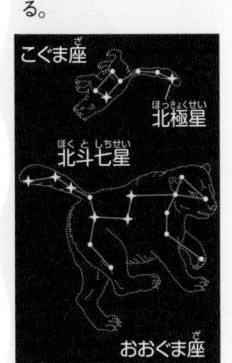

↑おおぐま座とこぐま座

233

④ 春の星座

　春の代表的な星座には，しし座やうしかい座，おとめ座などがある。

春の大三角

　しし座①のデネボラ，うしかい座のアークトゥルス②，おとめ座のスピカ③を結んでできる三角形を春の大三角という。

春の大曲線

　北斗七星の取っ手にあたる部分にある3つの星を結んだ曲線をのばすと，アークトゥルスとスピカを見つけることができる。これを春の大曲線という。

🔍 もっとくわしく

①デネボラは2等星であるが，しし座にはレグルスという青白い1等星がある。
②アークトゥルスはだいだい色の1等星。
③スピカは青白い1等星。

4月 中ごろ
午後8時ころ
の星空

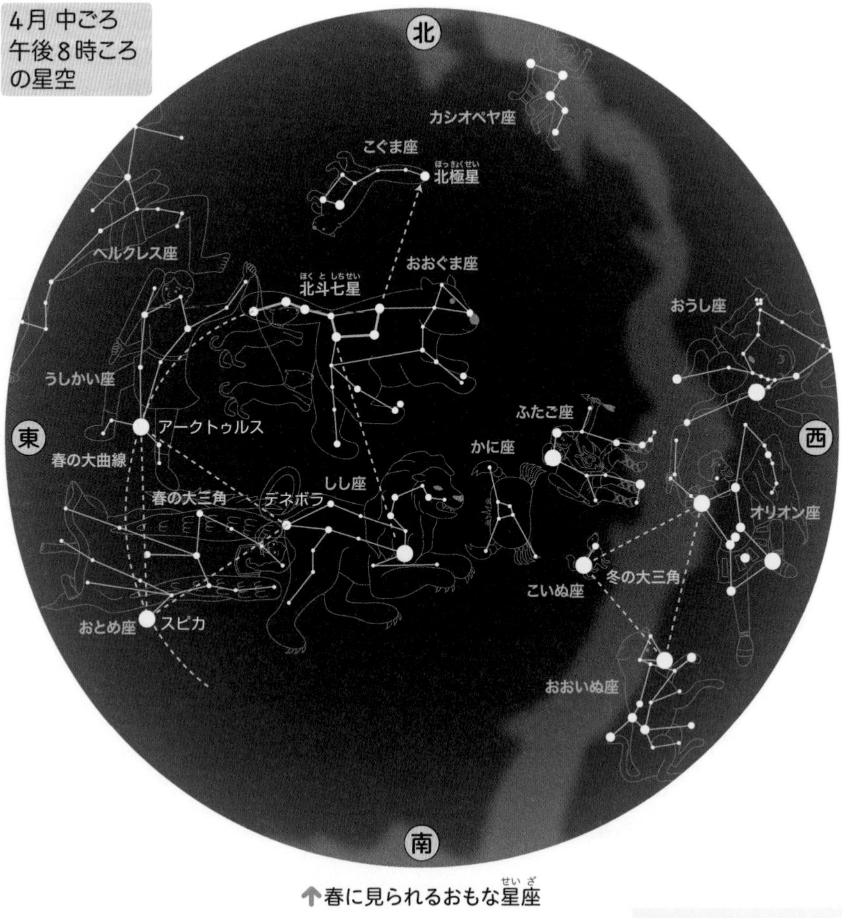

北

カシオペヤ座
こぐま座
北極星
ヘルクレス座
おおぐま座
北斗七星
おうし座
うしかい座
東　アークトゥルス　ふたご座　西
春の大曲線　かに座
春の大三角　デネボラ　しし座　オリオン座
しし座
おとめ座　スピカ　こいぬ座　冬の大三角
おおいぬ座
南

↑春に見られるおもな星座

⑤ 夏の星座

夏の代表的な星座には，はくちょう座やこと座，わし座，さそり座などがある。

夏の大三角

はくちょう座のデネブ①，こと座のベガ②，わし座のアルタイル③を結んでできる三角形を，**夏の大三角**という。

さそり座

南の空の低いところに見られるＳ字の形をした星座。さそり座には，アンタレスという赤い1等星がある。アンタレスはさそりの心臓ともよばれる。

🔍 **もっとくわしく**

①はくちょう座は，天の川をまたがる十字の形をした星座。デネブは白い1等星。
②ベガ は白い0等星。おりひめ星ともよばれる。
③アルタイルは白い1等星。ひこ星ともよばれる。

第1章
天気のようすと変化

第2章
星座

第3章
太陽・月・地球

第4章
流れる水のはたらき

第5章
大地のつくりと変化

7月 中ごろ
午後9時ごろ
の星空

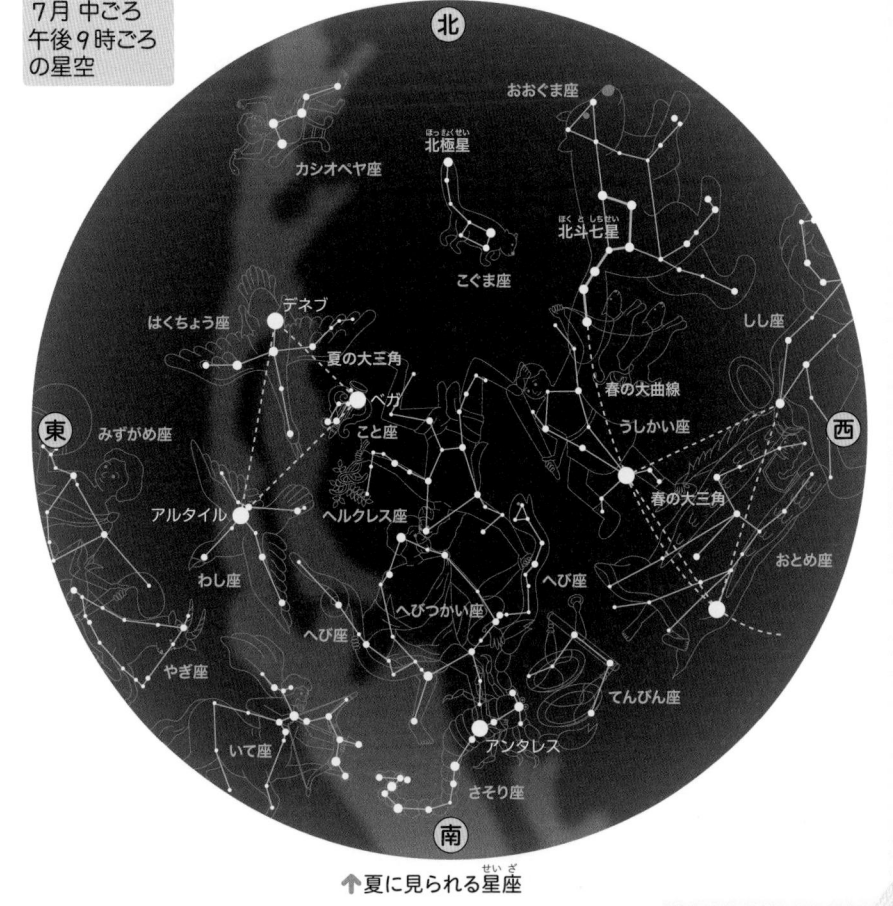

↑夏に見られる星座

6 秋の星座

秋の代表的な星座には，ペガスス座やアンドロメダ座，みなみのうお座などがある。

ペガススの四辺形（秋の四辺形）

ペガスス座の3つの星とアンドロメダ座①の1つの星によってできた四角形を，**ペガススの四辺形**という。

みなみのうお座

秋の夜空を見ると，明るい星がとても少ないが，みなみのうお座には**フォーマルハウト**とよばれる，白い1等星がある。

もっとくわしく

①アンドロメダ座には，アンドロメダ銀河とよばれる，たくさんのこう星が集まって，うずをまいたもの（銀河）がある。

↑アンドロメダ銀河

10月 中ごろ
午後8時ごろ
の星空

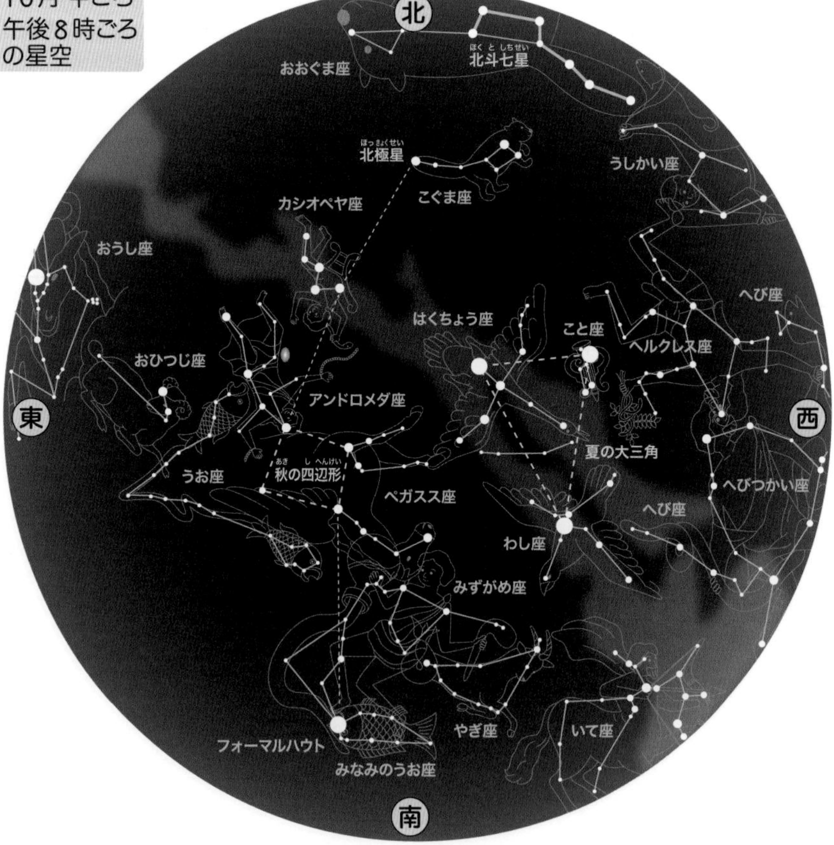

北

おおぐま座
北斗七星
北極星
うしかい座
カシオペヤ座
こぐま座
おうし座
はくちょう座
こと座
ヘルクレス座
へび座
おひつじ座
アンドロメダ座
夏の大三角
西
東
うお座
秋の四辺形
ペガスス座
へびつかい座
へび座
わし座
みずがめ座
フォーマルハウト
やぎ座
いて座
みなみのうお座
南

↑秋に見られる星座

7 冬の星座

冬の代表的な星座には，オリオン座やおおいぬ座，こいぬ座などがある。

冬の大三角

オリオン座のベテルギウス①，おおいぬ座のシリウス②，こいぬ座のプロキオン③を結んでできる三角形を，**冬の大三角**という。

1等星をふくんでいるそのほかの星座

ふたご座にはポルックス，おうし座にはアルデバランという1等星がある。どちらもだいだい色をしている。

もっとくわしく

①ベテルギウスは赤い1等星。オリオン座にはリゲルという青白い1等星もある。

②シリウスは白い-1.5等星で，夜空のこう星の中でもっとも明るい星である。

③プロキオンは黄色い1等星。

1月 中ごろ
午後8時ごろ
の星空

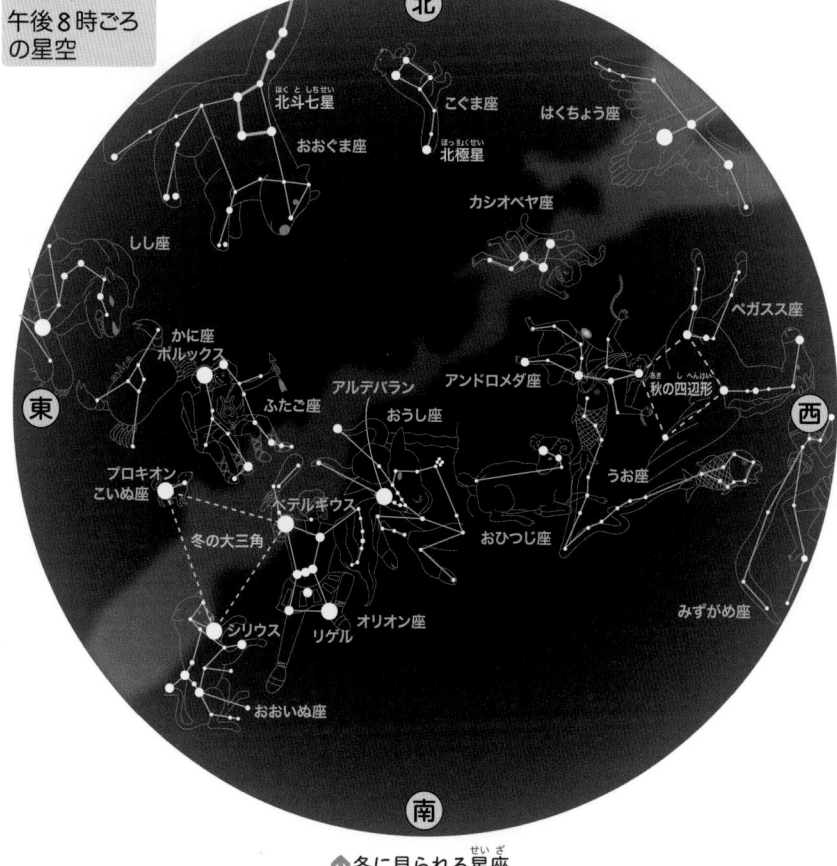

↑冬に見られる星座

3　星の動き

4年

1　北の空の星の動き

　北の空の星は，北極星をほぼ中心として回っているため，北極星はほとんど動かない①。

北の空の星の動き

　北の空の星は，北極星のまわりを時計の針と反対の向きに回っている。

もっとくわしく

①北極星は，北の空の星の動きの中心よりも少しだけずれているため，実際は少しずつ，小さな円をえがくように動く。

↑北の空の星の動き

中心からはなれた星ほど，決まった時間に動くきょりが長くなる。

●**星の動く速さ** 星は約1日たつと，もとの位置にもどってくる。つまり，24時間で約360度，<u>1時間で約15度</u>① 動くことになる。

⚠️**ここに注意！**

①北の空の星は24時間に360度動くので，1時間で動く角度は，
360÷24＝15[度]

地球編

第1章 天気のようすと変化

第2章 星座

第3章 太陽・月・地球

第4章 流れる水のはたらき

第5章 大地のつくりと変化

🏷️**ここが大切**
北の空の星は，北極星を中心にして，
時計の針と反対の向きに，1時間に約15度ずつ回っている。

② 東・南・西の空の星の動き

北以外の空では，星は，東から西へ大きな弧をえがくように，時計の針と同じ向きに動いている。

北の空以外の星の動き
北の空以外の星は，<u>太陽と同じように</u>②，東から西へ動いている。

(つまずいたら)
②太陽は，東のほうから出て，南の空を通り，西のほうにしずむ。

➡️ P.198

↑東の空の星の動き　　↑南の空の星の動き　　↑西の空の星の動き

●**東の空の星の動き** 星は，東のほうから南のほうへ向かって少しずつ高くなりながら，右上がりに動いていく。

●**南の空の星の動き** 星は，東のほうから西のほうへ<u>大きな弧</u>③をえがくように動く。真南にきたときに，星の高さがもっとも高くなる。

●**西の空の星の動き** 星は，南のほうから西のほうへ向かって少しずつ低くなりながら，右下がりに動いていく。

🔍**もっとくわしく**

③星の動きの中心は，地平線の下にある。

北の空以外の星は，太陽のように，

東から西へ，時計の針と同じ向きに動いている。

③ 星の1日の動き

空全体で考えると，星はすべて同じ向きに動いている。

天球

夜空にかがやく星は，とても大きな天井にはりついているように見える。この天井を**天球**という。

空全体の星の動き

空全体の星は，1日に1回，北極星をほぼ中心として，東から西へ回るように動いている。つまり，1時間に約15度動くことになる。

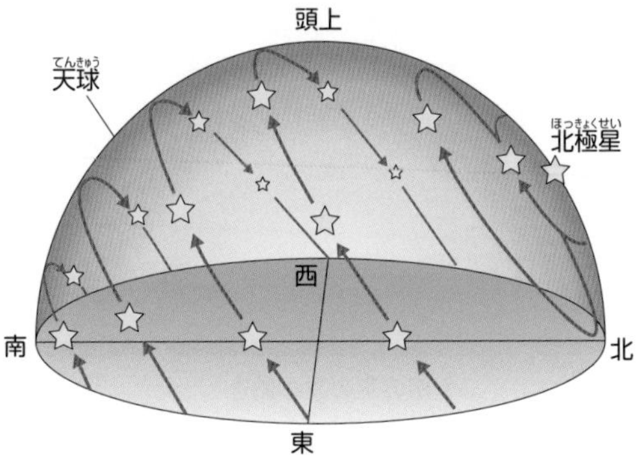

頭上

天球

北極星

西

南

北

東

↑空全体の星の動き

空全体の星は，北極星をほぼ中心にして，

1時間に約15度ずつ，東から西へ回るように動いている。

星の１年の動き

理科の宝箱

毎日，同じ時刻に見える星の位置は，**少しずつ西にずれていき，１年たつと，ほぼもとの位置に見える**ようになる ▶ P.261 。

つまり同じ時刻に見える星の位置は１年で約360度ずれることになるので，

１か月あたり約30度，東から西へ動くことになる。

また，星は１時間に約15度動くので，30度動くのには約２時間かかる。よって，**同じ位置に星が見える時刻は１か月に約２時間ずつ早くなる。**

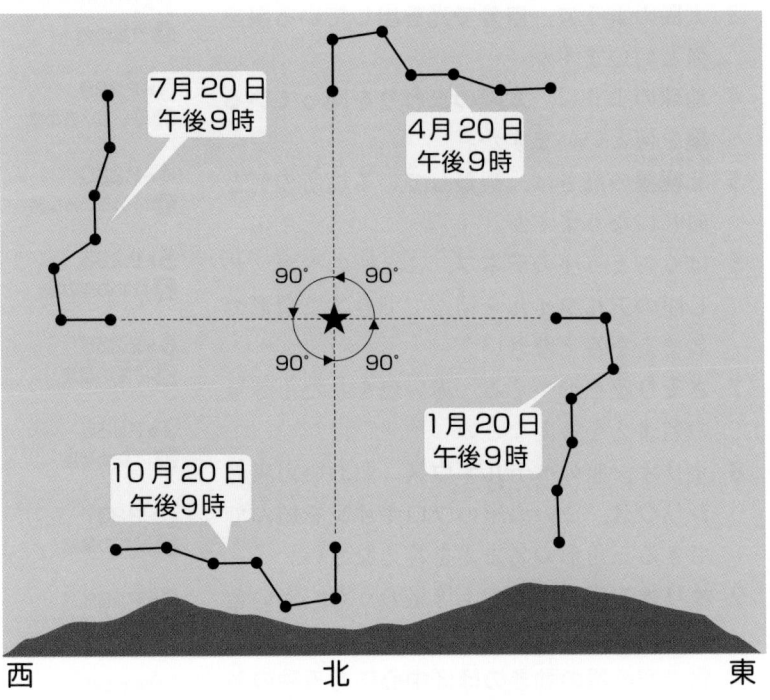

7月20日
午後9時

4月20日
午後9時

90°　90°

90°　90°

1月20日
午後9時

10月20日
午後9時

西　　北　　東

↑各月20日午後9時の星の位置

第2章
星座

入試要点チェック

解答▶別冊…P.558

☐ **1** **1等星**は，**2等星**の約何倍の明るさになり
ますか。

☐ **2** **表面の温度**が高いのは，赤い星，青白い星
のどちらですか。

☐ **3** 太陽のように，**自分で光を出している星**を
何といいますか。

☐ **4** 地球のように，**太陽のまわりを回っている
星**を何といいますか。

☐ **5** **北極星**の高さは，観察している場所の何と
同じになりますか。

☐ **6** はくちょう座の**デネブ**，こと座の**ベガ**，わ
し座の**アルタイル**を結んでできる三角形の
名まえを答えなさい。

☐ **7** **さそり座**を形づくる，赤い色をした1等星
の名まえを答えなさい。

☐ **8** オリオン座の**ベテルギウス**，おおいぬ座の
シリウス，こいぬ座の**プロキオン**を結んで
できる三角形の名まえを答えなさい。

☐ **9** **オリオン座**の2つの1等星のうち，赤い色
をした星の名前を答えなさい。

☐ **10** 北の空の**星の動きのほぼ中心にある星**の名
まえを答えなさい。

☐ **11** 北の空の星は，時計の針と同じ向き，反対
の向きのどちらに動いていますか。

☐ **12** 空全体の星は，1時間に約何度ずつ動いて
いますか。

☐ **13** 空全体の星は，どの方位からどの方位へ回
るように動いていますか。

つまずいたら
調べよう

1▶P.227
1 1星の明るさ

2▶P.228
1 2星の色

3▶P.229
1 4いろいろな星

4▶P.230
1 4いろいろな星

5▶P.233
2 3北の空の星

6▶P.235
2 5夏の星座

7▶P.235
2 5夏の星座

8▶P.237
2 7冬の星座

9▶P.237
2 7冬の星座

10▶P.238
3 1北の空の星の動き

11▶P.238
3 1北の空の星の動き

12▶P.240
3 3星の1日の動き

13▶P.240
3 3星の1日の動き

入試問題にチャレンジ！

解答▶別冊 P.558

地球編

第1章 天気のようすと変化

第2章 星座

第3章 太陽・月・地球

第4章 流れる水のはたらき

第5章 大地のつくりと変化

1 右の図は，ある星座を示しています。これについて次の問いに答えなさい。

（日本女子大附属中）

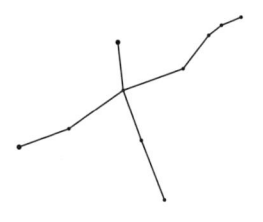

(1) 星座名を答えなさい。

（　　　　　　　　　）

よくでる (2) この星座にふくまれる1等星の名まえを書きなさい。

（　　　　　　　）

(3) (2)の星はどこにありますか。○で囲みなさい。

(4) 空気のきれいな暗い空でこの星座を見ると，よく晴れているのにうすいかすみのようなものが重なって見えました。このかすみのようなものを何といいますか。

（　　　　　　　）

2 下の図は，星座早見のつくりを示しています。これについて，次の問いに答えなさい。

（関東学院中）

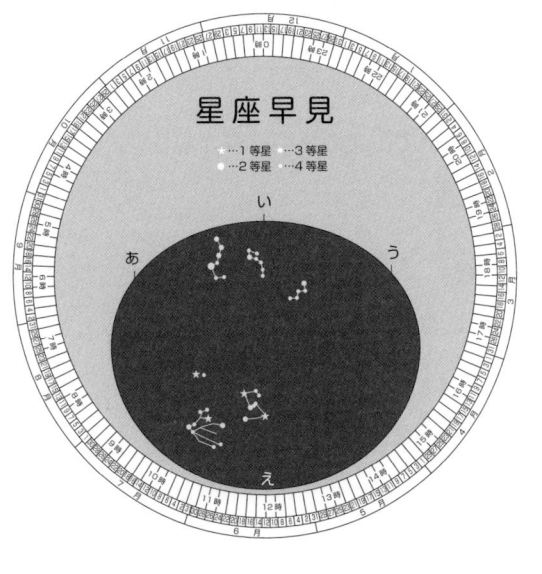

(1) 星座早見に記されている**あ～え**のうち，**北**と**東**にあたるものはどれですか。　　　　　　　　　　　　　　　　北（　　　）東（　　　）

よくでる(2) 前の図は2月10日のある時刻の星座の位置を表しています。観測時刻は何時ごろですか。次の**ア～オ**から正しいものを選び，記号で答えなさい。　　　　　　　　　　　　　　　　　　　　　　　　（　　　）

　　ア　午前10時ごろ　　　**イ**　正午ごろ　　　　　**ウ**　午後6時ごろ

　　エ　午後8時ごろ　　　**オ**　午後10時ごろ

(3) 2月10日のこの時刻に見られる北斗七星，北極星とカシオペア座の位置を正しく表している図を次の**ア～エ**より選び，記号で答えなさい。　　　　　　　　　　　　　　　　　　　　　　　　　　　　　（　　　）

ア　　　　　　**イ**　　　　　　　**ウ**　　　　　　**エ**

西　北　東　　　東　北　西　　　西　北　東　　　東　北　西

(4) 図の位置から6時間後の北斗七星，北極星とカシオペア座の位置を表している図を次の**ア～オ**より選び，記号で答えなさい。（　　　）

ア　　　　　**イ**　　　　　**ウ**　　　　　**エ**　　　　　**オ**

北　　　　　　北　　　　　　北　　　　　　北　　　　　　北

3　星座の観察について，次の問いに答えなさい。　　　　　　　（和洋国府台女子中）

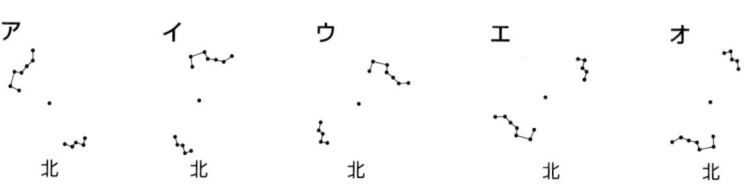

図1

A

イ　　　　　ウ

ア　　　　　　　　　　エ

30°

北極星

北

図2

アルデバラン

ベテルギウス

リゲル

プロキオン

シリウス

地球編

第1章 天気のようすと変化

第2章 星座

第3章 太陽・月・地球

第4章 流れる水のはたらき

第5章 大地のつくりと変化

(1) 図1のAは12月15日，夜7時の北の空の星座を示しています。北極星をさがすために利用できる，Aの星座名を答えなさい。

(　　　　　)

よくでる (2) 2時間後の夜9時にAの星座は，どの位置に観察できますか。図1のア～エから選び，記号で答えなさい。 (　)

(3) 図2は1月15日，夜8時の南東の空に見られる星座を示しています。

図2の観察で，冬の大三角はどれですか。右の図を線でつなぎ，冬の大三角形の形を示しなさい。

アルデバラン

ベテルギウス

リゲル

プロキオン

シリウス

④ 図は，北半球で月のない晴れた日にカメラのシャッターを開けたままにして，ある方角の星の動きをさつえいした写真をもとに作図したものです。次の問いに答えなさい。

(城北中)

A=30°

(1) この写真をさつえいした方角は，東・西・南・北のどれですか。

(　　)

(2) 図の円の中心付近にある星の名まえを答えなさい。 (　　　)

(3) 図の円の角Aは30°でした。カメラのシャッターを開けていた時間（露出時間）は約何時間ですか。 (　　　)

第3章

太陽・月・地球

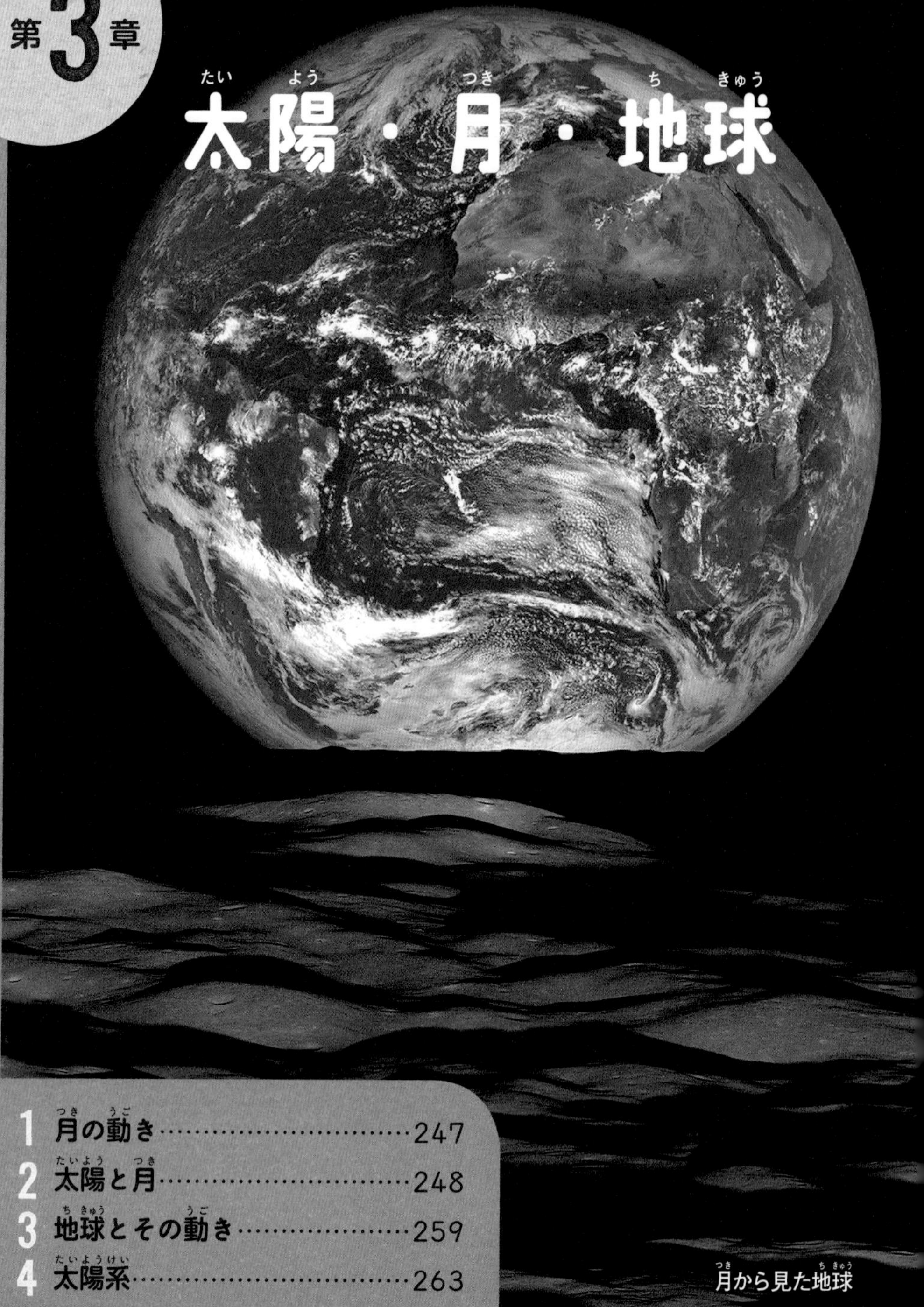

月から見た地球

1 月の動き……247
2 太陽と月……248
3 地球とその動き……259
4 太陽系……263

月の動き **4**年

地球編

第1章
変化
天気のようすと

第2章
星座

第3章
太陽・月・地球

第4章
流れる水の
はたらき

第5章
大地のつくりと
変化

1 月の動き 4年

1 月の動き

月の位置の観察は，必ず大人といっしょに行う。

観察

時刻を変えて，月の位置を調べよう

ねらい
時刻によって，月がどのように動くか調べる。

方法
① 月の位置（方位と高さ）①と形を調べ，建物や木などといっしょに記録する②。
② 1〜2時間後に同じ場所に立ち，月の位置を記録する。

①月の方位は方位磁針で，月の高さは，にぎりこぶし1つ分が約10度になることを利用して調べる。

90°（直角）

10°
0°
（目の高さ）

②目じるしにするため。

結果

〈上げんの月〉
午後3時
午後2時
東　南→
〈結果〉右（南）のほうへ
上がっていった。

〈上げんの月〉
午後6時　午後7時
南　西→
〈結果〉西のほうへ低くなりながら動いた。

〈満月〉
午後9時
午後8時
東　南→
〈結果〉南のほうへ高くなりながら動いた。

わかったこと

月は，東から南を通って西へ動くことがわかった。

月の1日の動き
　月は，太陽と同じように，東から出て南の空の高いところを通り，西にしずむ。

月の形とその動き
　月の形は，毎日少しずつ変化するが，形によって同じ位置に見える時刻が変わる 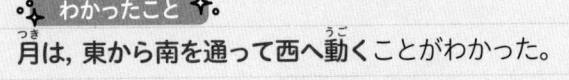 P.255。

2 太陽と月

1 太陽のようす

太陽は，非常に強い光を出しているので，太陽のようすを観察するときは，十分な注意が必要である。

しゃ光板①の使い方

しゃ光板を目の前にかざして，太陽がしゃ光板のまん中にくるようにする。

> ⚠️ **ここに注意！**
> 太陽の観察には必ずしゃ光板を使う。黒い下じきや写真のフィルムなどの黒いものであっても，目に有害な紫外線や赤外線を防ぐことはできないので絶対に使わない。

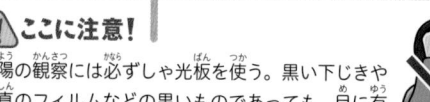

太陽の形と大きさ

太陽は，地球のように，球形をしている。その直径は約140万kmと，地球の直径の約109倍②もある。

太陽までのきょり

地球から太陽までのきょりは約1億5000万kmで，地球から月までのきょりの約400倍である。

太陽のつくり

太陽は，固体や液体ではなく，気体からできている。中心部の温度は約1600万℃にも達する。太陽の表面の温度は約6000℃である。

●**黒点**　太陽の表面には，黒いしみのように見える部分がある。この部分を**黒点**という。

黒点が黒く見えるのは，まわり（約6000℃）よりも

用語

しゃ光板
①太陽を観察する器具。目に有害な太陽の光線（紫外線や赤外線）を防ぐことができる。

🔍 **もっとくわしく**

②太陽を半径1mのボールと考えると，地球は1円玉（半径1cm）とほぼ同じ大きさになる。

この部分の温度が約4000℃と低いためである。

● **プロミネンス（紅炎）** プロミネンスは，太陽の表面からふき出し，ほのおのように見える。

● **コロナ** 太陽の外側をとりまく，100万℃をこえる高温の気体の層を**コロナ**という。ふだんは見ることができないが，かいき日食 ○ P.257 のときに見られる。

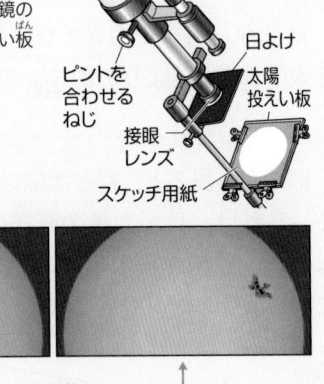

核融合が起こっている（1600万℃）

プロミネンス（紅炎）

ガス球

中心部

コロナ（100万℃以上）

彩層（6000〜10000℃）

光球

黒点（約4000℃）

↑太陽のつくり

地球編

第1章 天気のようすと

第2章 星座

第3章 太陽・月・地球

第4章 流れる水のはたらき

第5章 大地のつくりと変化

太陽のエネルギー

太陽は，おもに水素 ○ P.378 からできている。太陽の中心で，<u>水素が核融合する</u>①ときに，とても大きなエネルギーを出す。これが太陽のエネルギーのもととなり，このエネルギーによって，太陽は光や熱を出している。

用語

水素の核融合

①水素どうしがしょうとつして，それぞれが合体し，別のもの（ヘリウム）になる変化。太陽の中心は非常に高温で，密度 ○ P.318 がとても大きいので，このような変化が起こる。

🔍 **もっとくわしく**

太陽の黒点の観察

望遠鏡を使って，太陽の黒点を観察することができる。望遠鏡の接眼レンズのうしろに投えい板をとりつけ，太陽の像を投えい板にうつして黒点の観察をする。

ファインダー

ピントを合わせるねじ

接眼レンズ

日よけ

太陽投えい板

スケッチ用紙

〈黒点のスケッチ〉

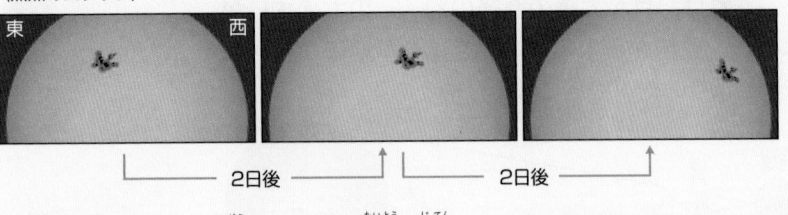

東　西

2日後　　2日後

・黒点の位置が東から西へ移動することから，太陽が自転していることがわかる。
・黒点の形が中央では丸く，はしのほうではだ円形に見えることから，太陽が球の形をしていることがわかる。

② 月のようす

月は，太陽とちがって，自分で光を出していないので，表面のようすをそう眼鏡や望遠鏡で直接観察することができる。

月の形と大きさ

月は，地球や太陽と同じように球形をしている。その直径は約3500kmで，地球の約$\frac{1}{4}$①，太陽の約$\frac{1}{400}$の大きさになる。

↑月のようす

月までのきょり

地球から月までのきょりは約38万kmで，地球から太陽までのきょりの約$\frac{1}{400}$である。

月と太陽の見かけの大きさ

地球から見ると，月と太陽はほぼ同じ大きさに見える。これは，月が太陽の直径の約$\frac{1}{400}$の大きさしかないが，地球から太陽までのきょりが地球から月までのきょりの約400倍になるためである。

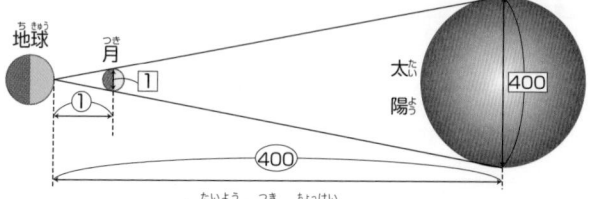

↑太陽と月の直径ときょり

もっとくわしく

①地球を直径約10cmのソフトボールと考えると，月は直径2.5cmのビー玉の大きさになる。

月の表面のようす

月には空気も水もなく，表面は岩石や砂でおおわれている。

● **表面の温度** 月には空気も水もないので，風がふいたり雨がふったりすることがない。このため，**昼夜の温度差がおよそ300℃と大きい**①。

● **クレーター** 月の表面には，たくさんの丸いくぼみが見られる。このくぼみを，**クレーター**という。クレーターは，**いん石のしょうとつによってできたものである**②。

↑クレーター

● **月の海と月の陸** 月の表面で，暗く見える部分を**月の海**③，明るく見える部分を**月の陸**という。クレーターは，月の陸の部分に多く見られる。

月面上でのものの重さ

月は地球よりも小さいため，**月の重力** ▶P.497 は地球の重力の約$\frac{1}{6}$④になる。このため，ものの重さを月でばねばかりではかったときの目もりは約$\frac{1}{6}$になるが，上皿てんびんではかると，分銅の重さも約$\frac{1}{6}$になるので，**はかる重さは変わらない**⑤。

1kg 1kg 1kg

0.17kg 1kg 1kg

地球

月

↑地球上と月面上でのものの重さ

もっとくわしく

①日光が当たっている昼間は，月面の温度は約130℃に達するが，日光が当たらない夜は約－170℃まで下がる。

②月には空気や水がないため，風がふいたり，雨がふったりすることがないので，いん石がぶつかったあとがそのまま残されている。

ここに注意！

③「海」とよばれていても，そこに水があるわけではない。

もっとくわしく

④重力の大きさは，その星の直径や重さによって変わる。太陽の重力は地球の約28倍にもなる。

⑤1kgの分銅の重さは，地球の重力によって，分銅が地球に引きつけられる力の大きさである。上皿てんびんで比べている1kgとは，分銅やおもりそのものの持っている量のことで，これを質量という。月の上でも質量は1kgのままである。

第1章 天気のようすと変化

第2章 星座

第3章 太陽・月・地球

第4章 流れる水のはたらき

第5章 大地のつくりと変化

月の満ち欠け

　月は太陽の光を反射して光っているので，地球から観察すると，月の形は毎日少しずつ変化しているように見える。これを，月の満ち欠けという。

③ 月の形の変化

　月は，**地球のまわりを回っている**①。このため，地球から見ると，月と太陽の位置関係が変化するため，月の形が変わっているように見える。

つまずいたら
①月は，地球のまわりを回る衛星である。

▶ P.230

太陽の位置

　月の形が変わっても，月が光って見える側に太陽がある。

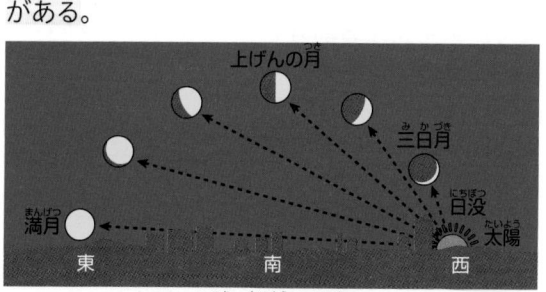

↑月と太陽の位置
（日没時の太陽とこの時の月の位置と見え方の関係）

月の形の変化

　月は新月→三日月→上げんの月→満月→下げんの月→新月と形が変わって見える。新月から次の新月まで約1か月かかる。

↑三日月　　↑上げんの月　　↑満月　　↑下げんの月　　↑26日の月

- **新月**　月が太陽と同じ方向にあるため①，見ることができない。これを新月という。
- **上げんの月**　右半分が光って見える月を，上げんの月という。
- **満月**　月が太陽と反対側にあるとき，月は円形に見える。これを満月という。
- **下げんの月**　左半分が光って見える月を，下げんの月という。

月れい

新月からの日数を**月れい**という。新月を0日として，日数を数える。

🔍 **もっとくわしく**

①新月のときは，月は太陽の光の当たっていない面を地球に向けている。

月の形	新月	三日月	上げんの月	満月	下げんの月	26日の月	次の新月
月れい	0日	約3日	約7.5日	約15日	約22.5日	26日	約29.5日

↑月の形と月れい

月の満ち欠けの原因

月は地球のまわりを公転②しているので，地球から見たときに，月の位置によって，太陽の光が当たっている部分の見え方が変わるため，月の形が変化しているように見える。

用語

公転

②星がほかの星のまわりを決まった向きに回ること。
地球も太陽のまわりを公転している。　→ P.261

上げんの月　◀約7.5日

月の公転方向

新月　▲0日

満月　▲約15日

下げんの月　◀約22.5日

太陽の光

↑月の満ち欠け

●**月の公転**　月が地球のまわりを回ることを，月の公転という。月が地球のまわりを**1回公転するのに約27.3日かかる**①。

月の裏側が見えない理由

　月は，いつも地球に同じ面を向けていて，地球から月の裏側を見ることはできない。これは，月が地球のまわりを1回公転する間に，月がちょうど1回同じ向きに**自転**②しているためである。

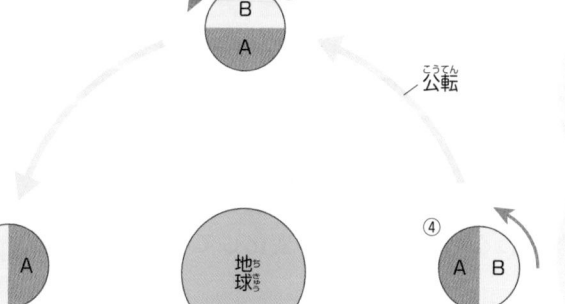

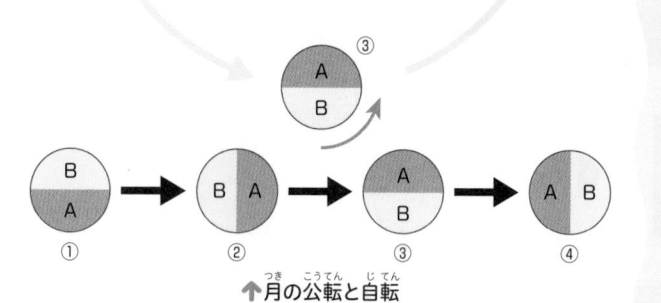

↑月の公転と自転

もっとくわしく

①月は約27.3日で1回公転するのに，新月から次の新月まで約29.5日かかるのは，地球が太陽のまわりを公転しているから。

用語

自転

②星がある軸を中心に，決まった向きにこまのように回転すること。地球も自転している。

→ P.260

太陽と月　**6**年　発展

地球編

第1章 天気のようすと変化

第2章 星座

第3章 太陽・月・地球

第4章 流れる水のはたらき

第5章 大地のつくりと変化

月が見える時刻

入試でる度
★★★☆☆

月の満ち欠けと月の見える時刻

月は，東から出て南の空を通り，西にしずむ。その形によって，同じ位置に見える時刻が変化する。

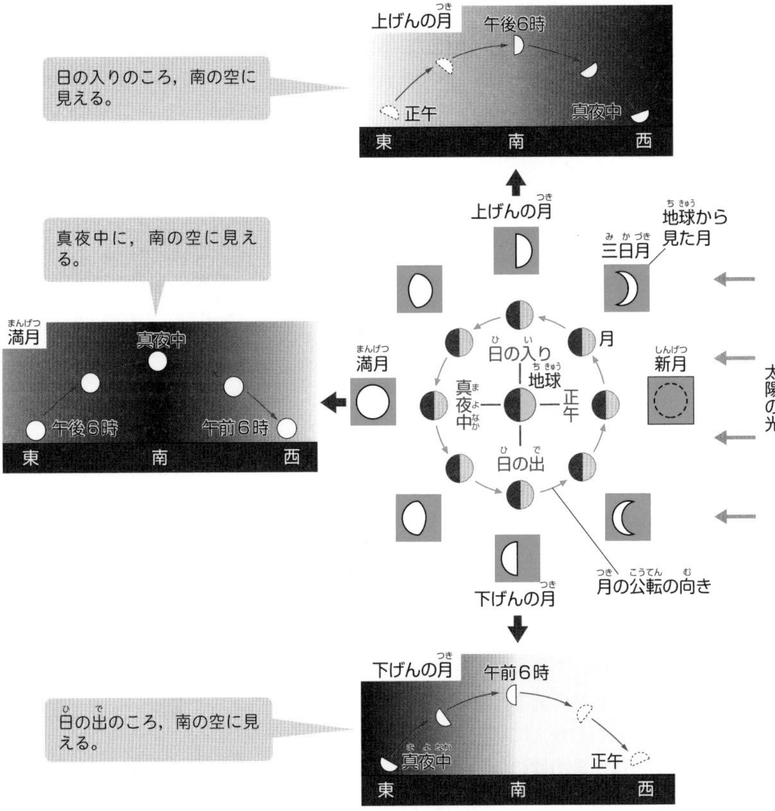

日の入りのころ，南の空に見える。

上げんの月　午後6時
正午　真夜中
東　南　西

地球から見た月

三日月

上げんの月

真夜中に，南の空に見える。

満月

満月　真夜中
午後6時　午前6時
東　南　西

日の入り
地球
正午
真夜中
日の出

新月

大陽の光

月の公転の向き

下げんの月

下げんの月　午前6時
真夜中　正午
東　南　西

日の出のころ，南の空に見える。

↑月の形と見える時刻

月の形	月れい	東から出る時刻	真南にくる時刻	西にしずむ時刻
新月	0日	午前6時	正午	午後6時
三日月	約3日	午前8時	午後2時	午後8時
26日の月	約26日	午前3時	午前9時	午後3時

↑月の形と同じ位置にくる時刻

方位や時刻を考えよう

地球から外側を見たとすると，正面の方向が南，左手の方向が東，右手の方向が西になる。

ここが大切

南を向いて，手を広げて立ったとき，

左手が東，右手が西になる。

南
180°
東　　　　　　　西

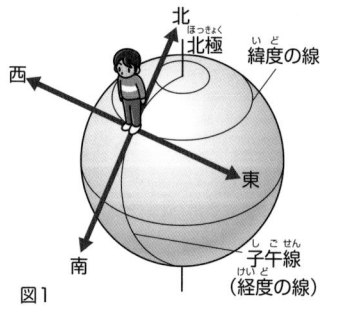

西
北
北極
緯度の線
東
南
子午線
（経度の線）
図1

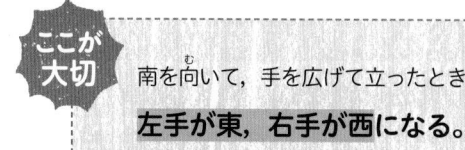

A
南
東　　西
B　北極　D
西　東
南
C
自転の向き
太陽の光
図2

地球の自転の向きから考えると，図2のAが日の入り，Bが真夜中，Cが日の出，Dが正午ごろになる。

ここが問われる！

太陽と月，地球の位置関係で，月の形や見える時刻がわかる。たとえば，月の公転のようすを表した右の図で，地球上のAの場所は真夜中をむかえていて，月が㋐の位置にあれば，**東の空の低いところに下げんの月**，㋑の位置にあれば，**南の空の高いところに満月**，㋒の位置にあれば，**西の空の低いところに上げんの月**が見られる。

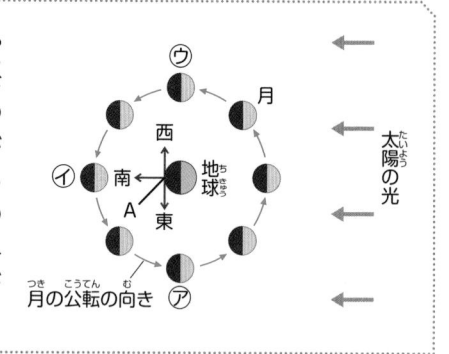

㋒
月
西
㋑　南　地球　太陽の光
A
東
月の公転の向き　㋐

中学入試対策

日食と月食

入試でる度
★★☆☆☆

日食

日食とは，太陽全体またはその一部が月にかくされる現象。太陽，月，地球の順にならんだときはふつう新月になるが，太陽－月－地球の順に一直線にならんだときに日食が見られる。

●**かいき日食** かいき日食では，太陽全体が月にかくされる。このとき，コロナ 〇P.249 を観察することができる。地球上の限られた場所でしか見られない。

↑かいき日食

●**部分日食** 部分日食のときは，太陽の一部が欠けて見える。

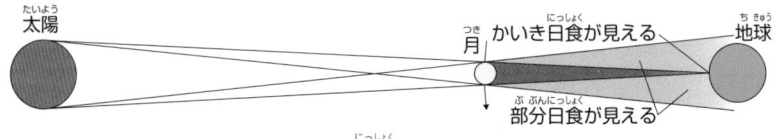

太陽　月　かいき日食が見える　地球
部分日食が見える

↑日食のしくみ

月食

月食とは，月全体またはその一部が地球のかげに入り，欠けて見える現象。太陽，地球，月の順にならんだときはふつう満月になるが，太陽－地球－月の順に一直線にならんだときに月食が見られる。

●**かいき月食** かいき月食では，月全体が地球のかげに入る。
●**部分月食** 部分月食のときは，月の一部が欠けて見える。

太陽　地球　かいき月食の終わり　月
かいき月食の始まり

↑月食のしくみ

ここが問われる！

月食のとき，月の東のほう（左のほう）からだんだん欠けていく。
➡**地球から見ると，月は西から東に公転していくことがわかる。**

中学入試対策

太陽の動き

入試でる度
★★☆☆☆

太陽の南中

太陽は正午ごろに南中 ○ P.198 するが，このとき，太陽の高さが1日のうちでもっとも高くなる。

- **南中高度**　太陽が南中したときの高さを**南中高度**という。
- **南中時刻**　太陽が南中した時刻を**南中時刻**という。日本では，東経135度の兵庫県明石市で太陽が南中したときを正午と決めている。東経135度より東にある地域は正午より前に南中し，西にある地域は正午よりあとに南中する。

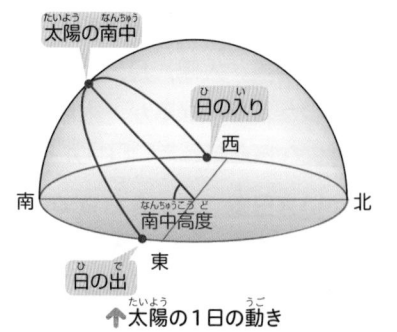

↑太陽の1日の動き

> ### ここが問われる！
> 地球は1日で1回自転しているので，南中時刻は**経度が1度変わると**，24×60÷360 = **4[分]** ずれることになる。よって，東経140度の東京での南中時刻は，正午よりも4×(140 − 135) = 20[分]はやくなる。つまり，東京では午前11時40分ごろに南中することになる。

季節とぼうのかげのでき方

季節によって太陽の通り道が変わるため，かげのでき方も変わる。

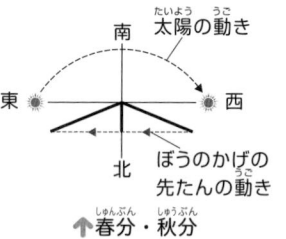

↑春分・秋分

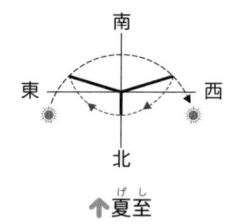

↑夏至

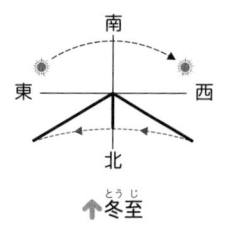

↑冬至

- **春分・秋分**　かげの先は，東西の線と平行に動いていく。
- **夏至**　真北にできるかげは1年でもっとも短い。かげが南側にもできる。
- **冬至**　真北にできるかげは1年でもっとも長い。かげは北側にしかできない。

地球編

第1章
変化
天気のようすと

第2章
星座

第3章
太陽・月・地球

第4章
流れる水の
はたらき

第5章
大地のつくりと
変化

3 地球とその動き　発展

1　地球のようす

わたしたちのすむ地球は，ほかの星とちがい，生物がすむのに適したかん境になっている。

地球の形と大きさ

地球は球形をしていて，その直径は約1万3000kmである。

地球の表面

地球の表面の約70％は海で，残りが陸地などになる。

生命が存在する地球

地球の表面には，液体の水が豊富にある。また，地球はちっ素や酸素からなる**大気**①におおわれている。このため，平均気温は15℃ぐらいに保たれていて，生物が生きていくのに適した環境になっている。

用語
大気
①地球をつつむ空気の層。高さ500kmぐらいまでは大気があるとされる。

↑宇宙から見た地球

特ちょう	太陽	月	地球
形	球形	球形	球形
直径	約140万km（地球の約109倍）	約3500km（地球の約$\frac{1}{4}$）	約1万3000km
地球からのきょり	約1億5000万km（月までのきょりの約400倍）	約38万km（太陽までのきょりの約$\frac{1}{400}$）	—
表面のようす	全体が気体でできている	岩石や砂からなる	岩石や液体の水があり，大気につつまれる
表面の温度	約6000℃（黒点は約4000℃）	−170〜130℃	平均15℃ぐらい

↑太陽・月・地球の特ちょう

地球の動き

入試でる度 ★★★☆☆

太陽や星の動きは，地球の自転や公転による見かけの運動である。

地球の自転

地球は，地軸を中心にして，1日に1回，西から東に向かって回転している。これを地球の自転という。太陽や星が，東から西へ動いているように見えるのは，地球が自転しているためである。北極星は，地軸を北極の上にのばした方向にあるので，時間がたってもほとんど動かない。

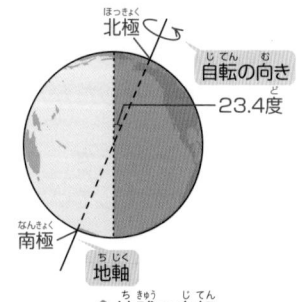

↑地球の自転

●地軸　北極と南極を結んだ線を地軸という。

地球は地軸を公転面に対して66.6度（公転面に垂直からは23.4度）かたむけたまま，太陽のまわりを回っている。

場所による星の動き

1日の星の動きは，地球の自転による見かけの動きなので，観察する場所の緯度によって，動くようすが変わる。

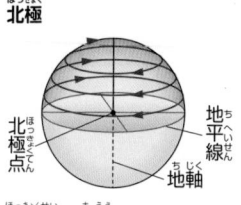

北極

北極星は真上に見え，ほかの星は，地平線と平行に動いていく。

北半球（たとえば北緯30度）

星は，東のほうから南の空を通り，西のほうへ動いていく。

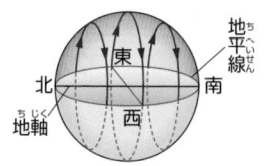

赤道

北極星は地平線上にあり，ほかの星は，地平線に垂直に動いていく。

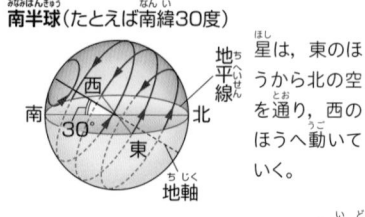

南半球（たとえば南緯30度）

星は，東のほうから北の空を通り，西のほうへ動いていく。

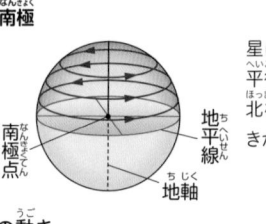

南極

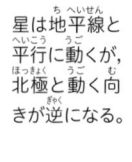

星は地平線と平行に動くが，北極と動く向きが逆になる。

↑緯度と星の動き

地球編

第1章 天気のようすと変化

第2章 星座

第3章 太陽・月・地球

第4章 流れる水のはたらき

第5章 大地のつくりと変化

地球の公転

地球は，太陽のまわりを1年（約365日）かけて1周している。これを地球の**公転**という。地球の公転の向きは自転の向きと同じである。

星の1年の動き

地球が公転しているために，同じ時刻に見える星の位置は，少しずつずれていき，1年たつともとの位置に見えるようになる。よって，同じ時刻に見える星の位置は1か月で30度西に動く。また，同じ位置に星が見える時刻は1か月に2時間ずつ早くなる。

● **季節の星座** 季節によって見える星座が変わるのは，地球が公転しているからで，太陽と反対側にある星座は真夜中に南中する。また，太陽と同じ側にある星座は見ることができない。

↑地球の公転と太陽の近くに見られる星座

南中高度と地軸のかたむき

地球は，地軸をかたむけたまま，太陽のまわりを公転しているため，太陽の南中高度が季節によって変化する。

北緯35°の京都の南中高度は，
90°－35°＋23.4°＝78.4°

北緯35°の京都の南中高度は，
90°－35°－23.4°＝31.6°

↑季節による南中高度の変化

●**春分・秋分**　太陽の光は地軸に垂直に当たるので，太陽の南中高度は90度からその場所の緯度を引いた角度と同じになる。
●**夏至**　北半球では，地軸が太陽のほうに23.4度かたむくので，太陽の南中高度は春分・秋分よりも23.4度高くなる。
●**冬至**　北半球では，地軸が太陽と反対の向きに23.4度かたむくので，太陽の南中高度は春分・秋分のときよりも23.4度低くなる。

北半球での太陽の南中高度は，次の式で求めることができる。

春分・秋分…南中高度＝90°－その場所の緯度

夏至…………南中高度＝90°－その場所の緯度＋23.4°

冬至…………南中高度＝90°－その場所の緯度－23.4°

季節と太陽の動き

　地球が地軸をかたむけたまま公転しているため，太陽の通り道は季節によって変化する。
●**春分・秋分**　太陽は真東から出て，真西にしずむ。
●**夏至**　太陽は，真東より北に寄ったところから出て，真西よりも北に寄ったところにしずむ。
●**冬至**　太陽は，真東より南に寄ったところから出て，真西よりも南に寄ったところにしずむ。

↑季節による太陽の通り道

ここが問われる！

南半球では，冬至のころに地軸が太陽のほうにかたむき，夏至のころに地軸が太陽と反対にかたむく。➡太陽の高さがもっとも高くなるのは冬至，もっとも低くなるのは夏至となる。
南半球では，太陽は東から出て北の空の高いところを通り，西にしずむ。➡太陽の通り道は，北半球とは逆の向きにかたむく。

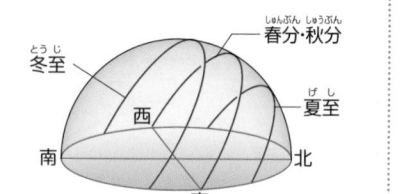

↑南半球の太陽の動き

4 太陽系

発展

1 太陽系とは

太陽を中心として、太陽のまわりを回るわく星、そのまわりを回る衛星などの集まりを**太陽系**という。

太陽系のわく星

太陽系のわく星①は、太陽に近いほうから順に、水星、金星、地球、火星、木星、土星、天王星、海王星の8つである。

↑太陽系

第1章 天気のようすと変化

第2章 星座

第3章 太陽・月・地球

第4章 流れる水のはたらき

第5章 大地のつくりと変化

もっとくわしく

①太陽系のわく星は、すべて同じ向き（北極星のほうから見て、時計の針と反対の向き）に公転している。また、すべてのわく星がほぼ同じ面を公転している。

わく星	直径（地球=1）	密度（g/cm³）	太陽からのきょり（億km）	1回の公転にかかる時間（年）	衛星の数
水星	0.38	5.43	0.58	0.24	0
金星	0.95	5.24	1.08	0.62	0
地球	1.00	5.51	1.50	1.00	1
火星	0.53	3.93	2.28	1.88	2
木星	11.2	1.33	7.78	11.86	※79
土星	9.4	0.69	14.29	29.46	※65
天王星	4.0	1.27	28.75	84.02	※27
海王星	3.9	1.64	45.04	164.77	※14

↑太陽系のわく星の特ちょう

※2018年7月末までに確認されている数
出典『理科年表 2019』

263

② 地球型わく星

　太陽系のわく星は，地球型わく星と木星型わく星に分けられる。

地球型わく星

　水星・金星・地球・火星を**地球型わく星**という。地球型わく星は，木星型わく星にくらべ，直径が小さくて軽いが密度は大きい①。また，衛星の数が少ない。

●**水星**　水星は，太陽にもっとも近いところを公転するわく星で，直径が地球の約0.38倍しかなく，月よりも少し大きい。大気 ➡P.259 をもたないため，表面の温度が昼は約400℃まで高くなり，夜は約−160℃となり，昼夜の温度差がとても大きい。また，表面にはたくさんのクレーター ➡P.251 がある。

●**金星**　金星は，大きさや密度が地球によく似ている。濃い大気のほとんどが二酸化炭素でできているため，温室効果 ➡P.186 によって，表面の温度が高く，昼も夜も約470℃にもなる。金星は，ほかのわく星とはちがい，公転する向きとは逆向きに自転していて，1回自転するのに約243日もかかる。水星や金星のように地球の内側を公転するわく星②は，地球から見ると，満ち欠けをして見え，日の出前の東の空か，日の入り後の西の空でしか観察できない。

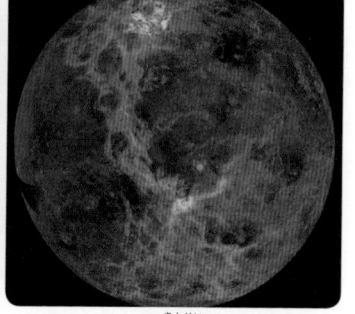

↑水星 ©NASA　　**↑金星**

🔍 **もっとくわしく**

①地球型わく星は，中心付近が鉄などの重い金属でできていて，表面は岩石などでおおわれているため，密度が大きい。

用語

内わく星
②水星と金星。地球の内部を公転するわく星のこと。これに対して，地球の外側を公転するわく星を外わく星という。

地球編

第1章 天気のようすと変化

第2章 星座

第3章 太陽・月・地球

第4章 流れる水のはたらき

第5章 大地のつくりと変化

● **地球** 地球は，表面に液体の水が豊富にあり，酸素をふくむ大気におおわれている。また，平均気温が15℃ぐらいと，生物が生きていくのに適したかん境にある。

● **火星** 火星は，地球のすぐ外側を公転し，地球から観察すると赤い色をしている。大気はとてもうすく，そのほとんどが二酸化炭素からできている。表面には，水が流れてしん食 ⊙P.275 されたような地形が見られ，大昔には液体の水があったと考えられている。

↑地球

↑火星

③ 木星型わく星

木星型わく星は，地球型わく星とはまったくちがった性質をもっている。

木星型わく星

木星・土星・天王星・海王星を**木星型わく星**という。木星型わく星は，地球型わく星に比べ，直径が大きくて重いが，密度は小さい①。また，たくさんの衛星をもっている。

● **木星** 木星は，太陽系で最大のわく星である。直径は地球の約11倍，重さは約318倍もあるが，密度は1.33g/㎤と小さい。厚い大気におおわれ，表面にしま模様やうずが見られる。

● **土星** 土星は，太陽系で2番目に大きいわく星である。直径は地球の約9.4倍，重さは約95倍にもなるが，密度は0.69g/㎤と太陽系のわく星の中でいちばん小さい。土星は，岩石や氷のつぶが集まった，美しい環をもつことで有名である。

🔍もっとくわしく

①木星型わく星は，中心は岩石や鉄などからなるが，そのまわりは水素などを多くふくんだ気体でできているために，密度が小さくなる。

↑木星　　　　　　↑土星

●**天王星**　天王星は青みをおびて見えるわく星で，自転の軸が大きくかたむいていて，横だおしになった状態で公転している。

●**海王星**　海王星は青いわく星で，太陽からもっとも遠いところを公転しているわく星である。太陽から遠いため，約−220℃と表面の温度がきわめて低い。

ここが大切　地球型わく星と木星型わく星のちがい

地球型わく星	水星・金星・地球・火星。おもに岩石でできているため，小さくて密度が大きい。衛星の数が少ない。
木星型わく星	木星・土星・天王星・海王星。おもに気体でできているため，大きくて密度が小さい。衛星の数が多い。

④ そのほかの小天体

太陽系には，太陽やわく星，衛星のほかに，小わく星やすい星などがある。

小天体
　小わく星，すい星，流星，いん石などをまとめて，小天体という。

●**小わく星**　小わく星は，わく星に比べてとても小さい星で，おもに火星と木星の間にあり，太陽のまわりを公転している。小わく星の中でも大きなものは球形をしているが，それ以外のものは球形をしていない。

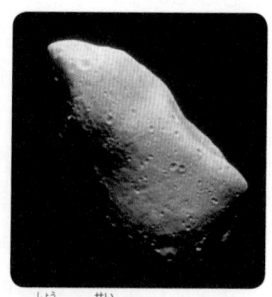

↑小わく星ガスプラ ©NASA

●**すい星** すい星は，氷のつぶやちりなどが集まっ
てできた星で，太陽のまわりを長いだ円のきどうを
えがいて公転している。太陽に近づくと，温度が
上がって氷がとけ，ちりやガスなどを放出し，太陽
と反対側に**長い尾を引く**ことがある。

↑すい星

●**流星** すい星が残したちりや地球のまわりをただ
よっているちりが，地球に引きつけられて大気中に
飛びこみ，大気とのまさつによって光を出す現象
を**流星**①という。

●**いん石** とても小さい星などが，地球などの大き
な星に引きつけられ，大気中に飛びこみ，燃えつ
きずに地上に達したものを**いん石**という。月では，
大気がないため，多くのいん石が表面にしょうとつ
して，クレーターがつくられている。

↑流星群

地球編

第1章 天気のようすと
変化

第2章 星座

第3章 太陽・月・地球

第4章 流れる水の
はたらき

第5章 大地のつくりと
変化

🔍 **もっとくわしく**

①しぶんぎ座流星群（1
月），ペルセウス座流星
群（8月），ふたご座流
星群（12月）は毎年，
決まった時期に見られる
ため，三大流星群とよば
れる。

金星の見え方

金星は地球の内側を公転しているため，地球から見ると，いつも太陽の近くにあり，日の出前の東の空か，日の入り後の西の空でしか見られない。

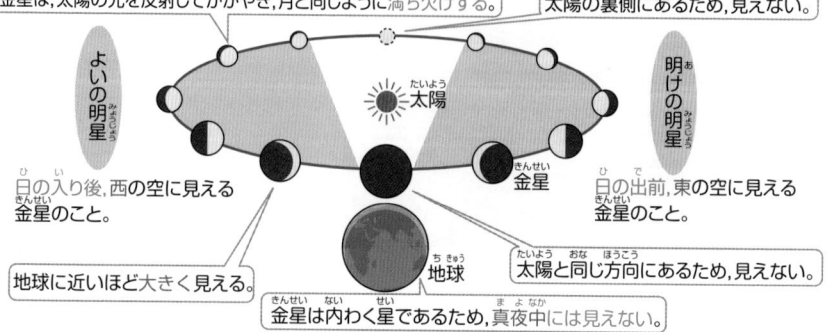

金星は，太陽の光を反射してかがやき，月と同じように満ち欠けする。

太陽の裏側にあるため，見えない。

よいの明星

明けの明星

日の入り後，西の空に見える金星のこと。

日の出前，東の空に見える金星のこと。

太陽と同じ方向にあるため，見えない。

地球に近いほど大きく見える。

金星は内わく星であるため，真夜中には見えない。

↑金星の見え方

金星の見え方

金星は太陽の光を反射して光っているので，地球から観察すると，月のように満ち欠けをして見える。また，地球からのきょりが変わるので，見かけの大きさが大きく変化し，地球に近いときは大きく，地球から遠いときは小さく見える。

よいの明星

日の入り後，西の空に見える金星を**よいの明星**という。地球から見て金星が太陽より東（左）側にあるときに見られ，東側が欠けて見える。

明けの明星

日の出前，東の空に見える金星を**明けの明星**という。地球から見て金星が太陽より西（右）側にあるときに見られ，西側が欠けて見える。

ここが問われる！

地球に近いほど，地球から見えるはんいに太陽の光が当たらない部分が多くなる。

➡**地球に近いほど，金星は大きく欠けて見える。**

地球から見える部分

太陽

金星

公転の向き

地球

入試要点チェック

解答▶別冊…P.559

地球編

第1章 天気のようすと 変化

第2章 星座

第3章 太陽・月・地球

第4章 流れる水の はたらき

第5章 大地のつくりと 変化

つまずいたら
調べよう

☐ **1** 太陽の表面に見られる黒いしみのように見える部分を何といいますか。

☐ **2** 1の部分の位置が**東から西へ移動する**のは，太陽が何とよばれる運動をしているためですか。

☐ **3** **太陽全体またはその一部が月にかくされる現象**を何といいますか。

☐ **4** **月全体またはその一部が地球のかげにかくれてしまう現象**を何といいますか。

☐ **5** **真北にできたかげが1年でいちばん短くなる**のはいつですか。

☐ **6** **地球の自転の向き**は，東から西，西から東のどちらですか。

☐ **7** **太陽や星の1日の動き**は，何による見かけの運動ですか。

☐ **8** 地球上のどこで観察すると，**星が地平線と垂直に動いていく**ように見えますか。

☐ **9** 同じ時刻に見える星の位置は，1か月で何度西に動きますか。

☐ **10** 同じ位置に星が見える時刻は，1か月に何時間ずつ早くなりますか。

☐ **11** 北緯40度の地点では，**秋分の日の太陽の南中高度**は何度になりますか。

☐ **12** **地球型わく星**とよばれるのは，水星・金星・地球ともう1つは何というわく星ですか。

☐ **13** 小さくて密度が大きいのは，**地球型わく星**，**木星型わく星**のどちらですか。

☐ **14** **日の入り後，西の空に見られる金星**を何といいますか。

1▶P.248
2 1 太陽のようす

2▶P.249
2 1 太陽のようす

3▶P.257
2 入試 日食と月食

4▶P.257
2 入試 日食と月食

5▶P.258
2 入試 太陽の動き

6▶P.260
3 入試 地球の動き

7▶P.260
3 入試 地球の動き

8▶P.260
3 入試 地球の動き

9▶P.261
3 入試 地球の動き

10▶P.261
3 入試 地球の動き

11▶P.262
3 入試 地球の動き

12▶P.264
4 2 地球型わく星

13▶P.264
4 2 地球型わく星

14▶P.268
4 入試 金星の見え方

入試問題にチャレンジ！

解答▶別冊…P.559

1 次の文を読み，あとの問いに答えなさい。 （桐蔭学園中）

　　ある日の午後6時ごろ，横浜から見上げると南の空に半月が見えていました。右の図はそのときのようすです。このあと月は西に進み地平線にしずんでいきました。

図
𝔻

南

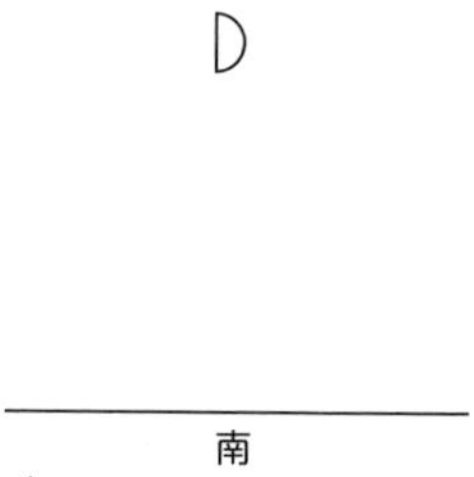

(1) この日，月がしずんだ時刻はいつですか。次のア〜エのうちから1つ選び，記号で答えなさい。　（　　）

　　ア 午後9時ごろ　　イ 午後12時（真夜中）ごろ
　　ウ 午前3時ごろ　　エ 午前6時ごろ

(2) この日，西の地平線にしずむ直前の月のようすを示しているのはどれですか。次のア〜エのうちから1つ選び，記号で答えなさい。

（　　）

　　ア　　　　イ　　　　ウ　　　　エ

(3) 図の月を見てから15日後，横浜から見上げるとやはり南の空に月が見えていました。その時刻はいつですか。次のア〜オのうちから1つ選び，記号で答えなさい。　（　　）

　　ア 午後6時ごろ　　　　　イ 午後9時ごろ
　　ウ 午後12時（真夜中）ごろ　　エ 午前3時ごろ
　　オ 午前6時ごろ

よくでる(4) またそのときの月の形はどうなっていますか。次のア〜エのうちから1つ選び，記号で答えなさい。　（　　）

　　ア　　　　イ　　　　ウ　　　　エ

地球編

第1章 天気のようすと変化

第2章 星座

第3章 太陽・月・地球

第4章 流れる水のはたらき

第5章 大地のつくりと変化

2 右の図1は，日本での春分，冬至，夏至の日の太陽の日周運動を示しています。次の問いに答えなさい。

(聖心女子学院中等科)

図1

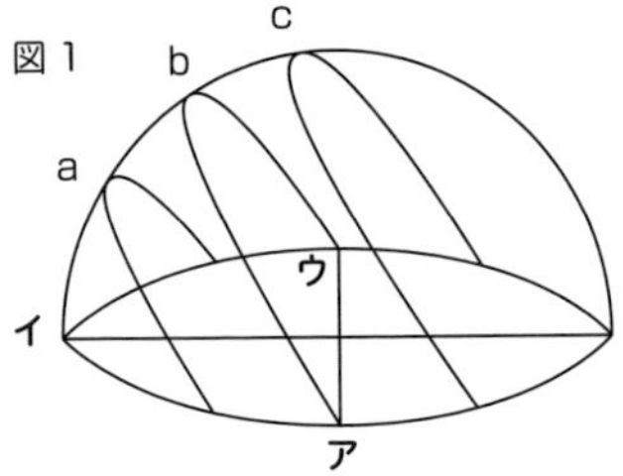

(1) 図1の**ア**，**イ**の方位をそれぞれ答えなさい。

　　　　　　　ア（　　　）イ（　　　）

(2) 真東から太陽が出るのは，春分，冬至，夏至のいつですか。

（　　　　　　）

(3) 春分，冬至，夏至の日の太陽の日周運動を示しているのは，図1のa～cのどれですか。それぞれ選び，記号で答えなさい。

　　　　　　　春分（　　　）　冬至（　　　）　夏至（　　　）

(4) 日本の時刻は，東経135度，北緯35度の明石市で決められます。春分の日の明石市での南中高度は何度ですか。（　　　　）

(5) 図1から考えて，太陽は1日に何度日周運動をしますか。

（　　　　　　）

(6) 月は，図1の**ア**～**ウ**のどちらからのぼりますか。記号で答えなさい。

（　　　　　　）

(7) 正午に南中する月を何といいますか。（　　　　）

(8) 図1の**ア**の方角の上空に真夜中に見える月を何といいますか。

（　　　　　　）

(9) 図2は，地球が太陽のまわりを公転しているようすを表しています。

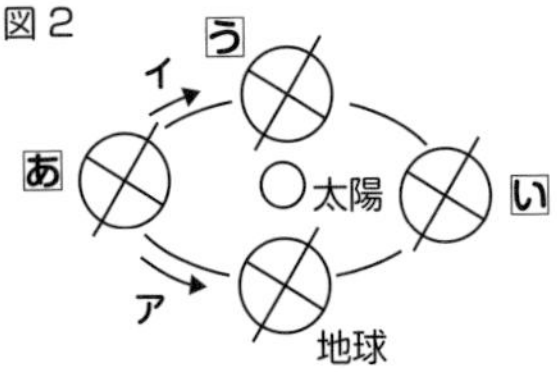

① 地球は図2の**ア**，**イ**のどちらの方向に公転していますか。

（　　　　）

図2

よくでる ② 北半球で図2の**あ**，**い**，**う**の季節の日周運動を，図1のa，b，cからそれぞれ選び，記号で答えなさい。

　　　　　　　あ（　　　）　い（　　　）　う（　　　）

③ 図2のように，地球がかたむいて公転していることからどんなことが起こりますか。

（　　　　　　　　　　　　　　　　　　　）

271

第4章

流れる水のはたらき

面河渓 V字谷（愛媛県）

1 流れる水のはたらき..............273

2 川の水のはたらき................276

1

流れる水のはたらき

4年 **5**年

1 雨水の行方と地面のようす

雨水は，地面の高いところから低いところに向かって流れ，やがて，もっとも低いところに集まってたまる。

土の粒の大きさと水のしみこみ方

土の粒の大きさによって，水のしみこみ方にちがいがある。

実験

土の粒の大きさと水がしみこむまでの時間を調べる

ねらい

土の粒の大きさと水のしみこみ方を調べる。

方法

1 校庭の土と砂場の砂の粒の大きさを虫めがねで調べる。

2 ペットボトルを切りとって右の図のような装置をつくり，校庭の土と砂場の砂をそれぞれ入れ，同量の水を同時に入れ，水がしみこむまでの時間を調べる。

水　校庭の土　水　砂場の砂
輪ゴム
ガーゼ
切りとったペットボトル

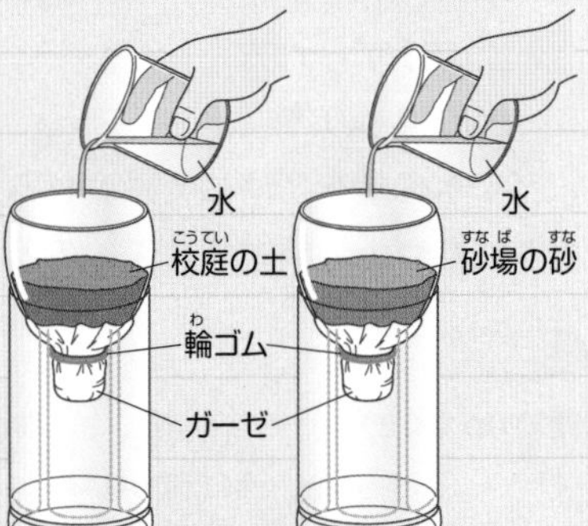

結果

	校庭の土	砂場の砂
粒の大きさ	小さい	大きい
しみこむまでの時間	5分30秒	2分55秒

わかったこと

土の粒の大きさが大きいほうが水はしみこみやすい。

② しん食・運ぱん・たい積

　流れる水には，地面をけずったり，土や石を運んだり，運んできた土や石を積もらせたりするはたらきがある。流れる水のはたらきは，土地のかたむきや水の量によって変化する。

実験

流れる水のはたらきと土地のかたむきや水の量の関係を調べる

ねらい

流れる水のはたらきが大きくなる条件を調べる。

方法

1 土で山をつくり，上から水を少しずつ流していく。土地のかたむきのちがうところや曲がって流れているところ①で，次の点を調べる。

・水の流れる速さ②
・土のけずられ方
・土の積もり方

2 流す水の量を増やして，流れる速さや土のけずられ方や土の積もり方を1のときとくらべる③。

①曲がって流れているところでは，流れの両側に旗を立てておく。

②木くずやおがくずを流すと，流れる速さがわかりやすい。

③水の量を変えるときは，調べたい条件以外の条件が同じになるように，同じ場所で観察する。

結果

〈土地のかたむき〉

流れが速い。深くけずられていた。

かたむきが大きい。

流れがおそい。土がたまっていた。

かたむきが小さい。

〈曲がって流れているところ〉

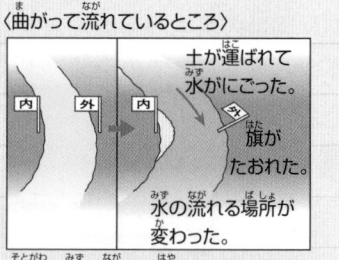

土が運ばれて水がにごった。

旗がたおれた。

水の流れる場所が変わった。

内　外　内

〈水の量〉
流す水の量が多くなると，水の流れが速くなって，土や石がたくさん流された。

外側は水の流れが速く，地面がけずられ，内側は水の流れがおそく，土が積もった。

第1章 天気のようすと変化

∘•⌇ わかったこと ✧∘

土地のかたむきが大きいところや曲がって流れているところの外側では，<u>水の流れが速く，けずるはたらきや運ぶはたらきが大きい</u>①ことがわかった。

土地のかたむきが小さいところや曲がって流れるところの内側では，**水の流れがおそく，土や石を積もらせるはたらきが大きい**ことがわかった。

水の量が増えると，**けずるはたらきや運ぶはたらきが大きくなる**こともわかった。

🔍 もっとくわしく

①まっすぐに流れているところでは，真ん中付近の水の流れが両はしよりも速いため，真ん中付近の川底が深くけずられている。

第2章 星座

しん食

流れる水が地面をけずるはたらきを，**しん食**という。しん食のはたらきは，水の流れが速いと大きくなる。また，流れる水の量が増えると，しん食のはたらきは大きくなる。

第3章 太陽・月・地球

運ぱん

流れる水が，しん食によってけずられた土や石を運ぶはたらきを，**運ぱん**という。運ぱんのはたらきは，水の流れが速いと大きくなる。また，流れる水の量が増えると，運ぱんのはたらきは大きくなる。

第4章 流れる水のはたらき

たい積

流れる水が運んできた土や石を積もらせるはたらきを，**たい積**という。たい積のはたらきは，<u>水の流れがおそくなったときに行われる</u>②。

🔍 もっとくわしく

②流れの上流でしん食や運ぱんがさかんに行われているほど，流れがおそくなったところにたくさんの土や石がたい積する。

第5章 大地のつくりと変化

ここが大切

流れる水のはたらきは，水の流れの速さによって変わる。

水の流れるところ		水の流れの速さ	さかんに行われるはたらき
土地のかたむき	大きい	速い	しん食，運ぱん
	小さい	おそい	たい積
曲がって流れるところ	外側	速い	しん食，運ぱん
	内側	おそい	たい積

2 川の水のはたらき

① 川のようす

　同じ川でも，山の中を流れているときや川が平地に出たあたり，海の近くでは，水の流れの速さが変わるため，土地のようすが大きくちがっている。

川の上流

　川の上流は，ふつう山の中にあり，土地のかたむきが大きいために，水の流れが速く，しん食や運ぱんがさかんに行われる。川はばがせまく，角ばった大きな石が見られる。

↑川の上流（長良川　岐阜県）

川が平地に出たあたり

　川が平地に出たあたりでは，土地のかたむきが小さくなるために水の流れがおそくなり，しん食や運ぱんは上流ほどさかんではなく，たい積が見られるようになる。川はばが広く，川原も見られる。川原には，丸くて小さな石が見られる。

↑川が平地に出たあたり

川の下流

　平地などの川の下流では，土地がほとんどかたむいていないため，水の流れがとてもおそくなり，さかんにたい積が行われる。川はばがさらに広くなり，運ばれてきた土や小石が広い川原や川底に積もる。海や湖の近くでは，砂やどろが積もっている。

↑川の下流

川原に見られる石の形の変化

　上流では角ばった大きな石が見られるが，下流にいくほど見られる石は丸くて小さくなる。

●**上流** がけくずれで落下した石や岩石が割れてできた石①などが川底に見られる。このため，川底の石は角ばっていて大きい。長い間雨が降り続いたり，大雨が降ったりすると，大きな石が運ぱんされる。

流されているうちに，石と石がぶつかって小さくなり，石や砂でこすれて角が丸くなる。

●**下流** 流されて，石はさらに小さくなり，砂やどろまで小さくなるものもある。

用語

風化

①岩石が風雨などのはたらきによって表面からくずれていくこと。岩石の割れ目にしみこんだ水が氷になって体積が大きくなることで岩石が割れたり，昼と夜の温度の変化によって岩石がふくらんだりちぢんだりすることをくり返して岩石が細かく割れる。

地球編

第1章 天気のようすと変化

第2章 星座

第3章 太陽・月・地球

第4章 流れる水のはたらき

第5章 大地のつくりと変化

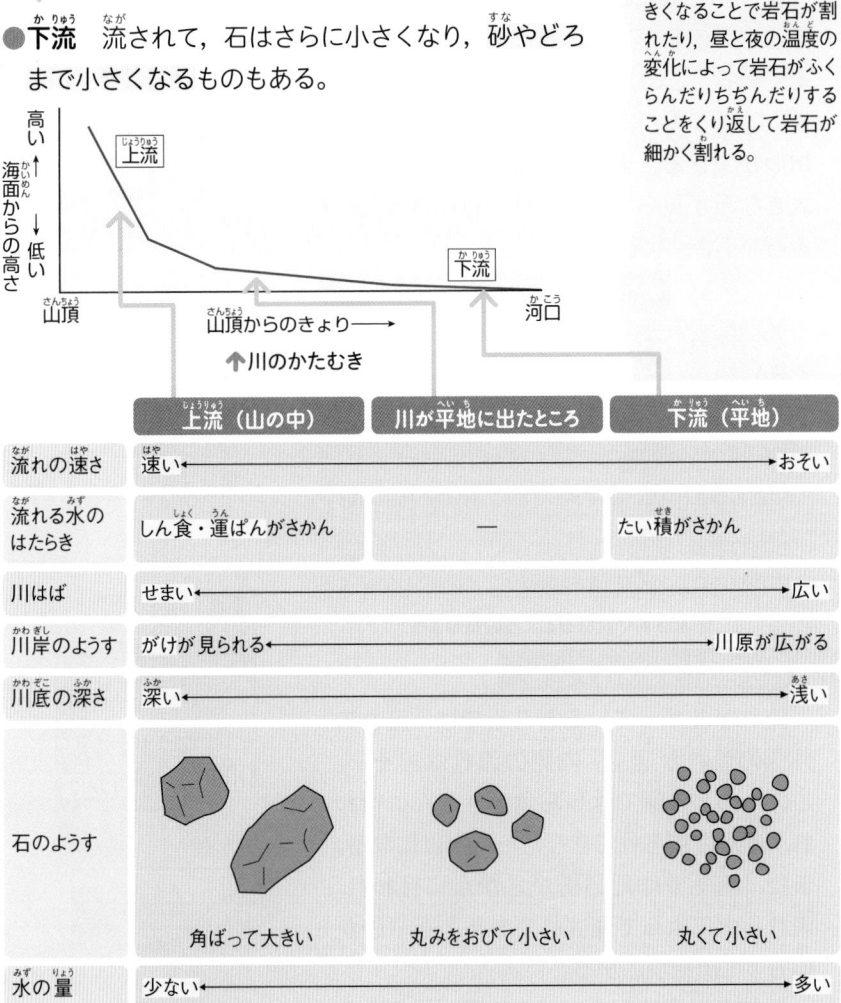

	上流（山の中）	川が平地に出たところ	下流（平地）
流れの速さ	速い ⟵⟶ おそい		
流れる水のはたらき	しん食・運ぱんがさかん	―	たい積がさかん
川はば	せまい ⟵⟶ 広い		
川岸のようす	がけが見られる ⟵⟶ 川原が広がる		
川底の深さ	深い ⟵⟶ 浅い		
石のようす	角ばって大きい	丸みをおびて小さい	丸くて小さい
水の量	少ない ⟵⟶ 多い		

↑川のようす

中学入試対策！ ▶ 川の水のはたらき

　同じ川でも，まっすぐに流れているところと流れが曲がっているところでは，川のようすがちがっている。

まっすぐに流れているところ

　まっすぐに流れているところでは，真ん中ほど水の流れが速く，岸に近いほど流れがおそくなる。このため，真ん中付近の川底は大きくけずられ，岸にいくほど浅くなり，両岸に川原ができる。また，真ん中付近の川底には大きな石が見られるが，岸に近いほど見られる石が小さくなる。

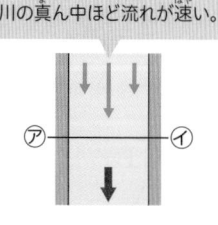

川の真ん中ほど流れが速い。

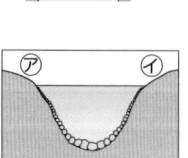

真ん中ほど深く
大きな石が多い。

↑水の流れと川底のようす

	真ん中	岸の近く
水の流れの速さ	速い ←	→ おそい
流れる水のはたらき	しん食・運ぱんがさかん	たい積がさかん
川底の深さ	深い ←	→ 浅い
川底の石の大きさ	大きい ←	→ 小さい

↑まっすぐ流れるところの特ちょう

流れが曲がっているところ

　流れが曲がっているところでは，流れの外側の流れが速く，内側の流れはおそい。このため，外側ではしん食がさかんに行われ，岸がけずられてきりたったがけになる。また，内側ではたい積がさかんに行われ，流れる水によって運ばれてきた小石や砂が積もって川原が広がる。
　外側の川底は深く，大きな石が見られるが，内側に向かってだんだん川底が浅くなり，見られる石も小さくなっていく。

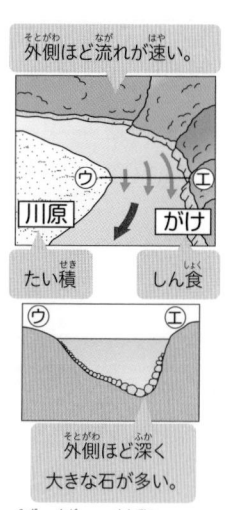

外側ほど流れが速い。

川原　がけ

たい積　しん食

外側ほど深く
大きな石が多い。

↑水の流れと川底のようす

	曲がった流れの内側	曲がった流れの外側
水の流れの速さ	おそい ←――――――――――→ 速い	
流れる水のはたらき	たい積がさかん	しん食がさかん
川底の深さ	浅い ←――――――――――→ 深い	
川底の石の大きさ	小さい ←――――――――――→ 大きい	
岸のようす	川原が広がっている	切り立ったがけになっている

↑流れが曲がっているところの特ちょう

ここが大切

同じ川でも，場所によって水の流れる速さがちがう。

まっすぐに流れるところ…水の流れは**真ん中が速く，岸の近くがおそい。**

流れが曲がっているところ……水の流れは**外側が速く，内側がおそい。**

ここが問われる！

川が曲がっているところでは，流れの外側ではしん食がさかんに行われて岸をけずっていき，流れの内側ではたい積がさかんに行われ，川原が広がっていく。

➡岸がけずられるのを防ぐためには，流れの外側にがんじょうなてい防をつくる必要がある。

理科の宝箱

海の水のはたらき

海の水にも，川の水と同じように，**しん食，運ぱん，たい積**というはたらきがある。

海岸に打ち寄せる波によって，**岸の岩などがけずりとられる。**けずりとられた小石や砂は，**潮が引くときに波によって運ばれる。**潮の流れで運ばれた砂や小石は，**流れのゆるやかな入り江などにたい積していく。**

日本三景のひとつの天橋立は，潮の流れで運ばれた砂や小石が流れのゆるやかなところに，ほぼまっすぐに

たい積してできたものである。

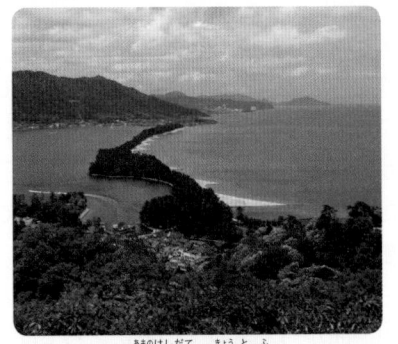

↑天橋立（京都府）

② 川で見られる地形

Ｖ字谷

　山の中で，土地のかたむきが大きいところでは，川の水の流れがとても速く，しん食がさかんに行われる。このため，川底が大きくけずられて，深い谷ができる。また，この谷は，断面がＶ字形をしているので，**Ｖ字谷**とよばれる。

↑**Ｖ字谷**（黒部峡谷　富山県）

せん状地

　川が山地から急に平地に出ると，水の流れが急におそくなり，たい積がさかんに行われるようになる。平地になったところを中心にして，これまで運んできた石や砂などを積もらせて，おうぎ形の地形をつくる。このような地形を**せん状地**①という。

↑**せん状地**（山梨県笛吹市）

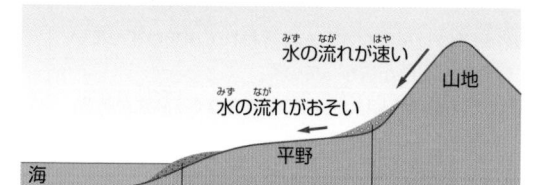
↑**流れる水による地形**

水の流れが速い
水の流れがおそい
山地
平野
海
三角州（砂，どろ）
せん状地（れき，砂）

もっとくわしく

①せん状地は石や砂でできていて，水がしみこみやすいので，雨水が地下水となって流れ，せん状地の境目でわき水となって出てくることがある。

三角州

　大きな川の河口近くでは，土地のかたむきがほとんどないため，水の流れがとてもおそくなり，たい積がさかんに行われる。このため，細かい砂や土が積もって三角形のような形をした土地ができる。このようにしてできた平地を**三角州**という。

↑**三角州**
（雲出川河口　三重県津市）

三日月湖

　川が曲がって流れているところでは，流れの外側はけずられ続け，内側には土砂が積もっていくので，川の曲がり方がだんだん大きくなる。このため，川はへ

地球編

第1章 天気のようすと変化

第2章 星座

第3章 太陽・月・地球

第4章 流れる水のはたらき

第5章 大地のつくりと変化

ビの動きのように曲がりくねるようになる。これを川の**だ行**という。

　こう水などでたくさんの水が川に流れると，川岸をけずり，流れのとても速い水がだ行している部分を通らずに，まっすぐに流れることがある。このような場合，その後は水がまっすぐなところを通るようになり，曲がった部分がとり残されて，三日月形の湖ができる。このようにしてできた湖を**三日月湖**という。

↑**三日月湖**（北海道奈井江町）

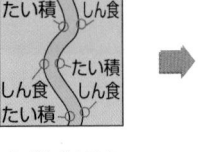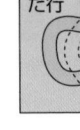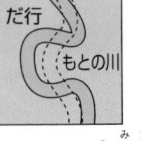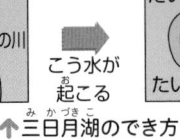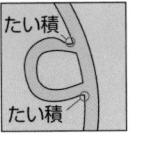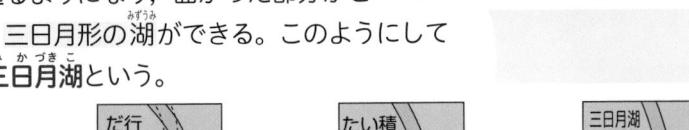
↑**三日月湖のでき方**

河岸段丘

　川とほぼ平行に，<u>階段のような形になった地形[1]</u>を，**河岸段丘**という。地震などの大地の変化によって，川の付近の土地がもち上がると，流れる水のはたらきが大きくなり，しん食によってもとの川原をほり下げて，下段に新しい川原ができる。これをくり返すことで階段のような地形ができる。

↑**河岸段丘のでき方**

③ 大雨による土地の変化

大雨による災害

　台風で大雨がふったり，梅雨などで雨がふり続いたりすると，川の水の量が急に増えて，流れがとても速くなる。このため，流れる水のはたらきが大きくなり，<u>こう水</u>[3]が起こり，川岸がくずれ，水がまわりにあふれ出すことがある。

もっとくわしい

[1] このような地形は海岸でも見られ，海岸段丘とよばれる。

[2] 河岸段丘で見られる平らな部分を段丘面といい，上にある段丘面のほうが古い時代にできたものである。

用語

こう水

[3] 大雨がふったり，春に山の雪がとけたりして，川の水が急に増えてしまうため，川の水がてい防をこえたり，しん食でてい防がくずされたりしてしまう。このため，まわりの地域が水につかってしまうこと。

災害を防ぐくふう

てい防や遊水地，砂防ダムなど，川には災害を防ぐために，いろいろなくふうがされている。また，こう水による被害を少なくするために，こう水ハザードマップなどもつくられている。

↑てい防（大栗川　東京都多摩市）
コンクリートで川岸を固めて，川岸がけずられるのを防ぐ。

↑護岸ブロック（荒川　埼玉県戸田市）
川岸に護岸ブロックを置いて，川岸がけずられるのを防ぐ。

↑砂防ダム（大雪山　北海道）
小さなダムをいくつもつくり，石や砂が一気に流されるのを防ぐ。

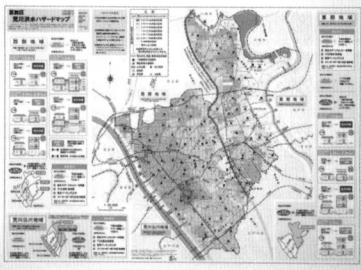

↑遊水地（渡良瀬遊水地）
川の水の量が増えたときに，川の水を一時的にためて，下流でこう水が起こるのを防ぐ。

←こう水ハザードマップ
こう水が起こったときに予想される水につかる範囲やひなん場所などを示している。

自然を考えた川

川岸をコンクリートのてい防で固めることで，それまで川にすんでいた生物がすめなくなることが起きている。そこで，魚道①をつくるなど，生物がすみやすくなるようなくふうをされた川が増えてきている。

🔍 もっとくわしく

①坂をつくって魚が川を移動できるようにした。

↑魚道

理科の宝箱　森林は緑のダム

森林の土は，土の間に小さなあながたくさんあいていて，雨水をたくわえるはたらきがある。たくさん雨が降ったときは，土の中に水をたくわえ，こう水を防ぐとともに木の根で土砂くずれを防ぐことができる。また，雨が降らなくても，たくわえた水によって川が流れ続けることができる。

↑森林の保護

中学入試対策

第4章
流れる水のはたらき

入 試 要 点 チェック

解答▶別冊…P.560

地球編

つまずいたら
調べよう

□ **1** 流れる水が地面をけずるはたらきを，何といいますか。

1▶P.275
1 **2** しん食・運ぱん・たい積

□ **2** 流れる水がけずられた土や石を運ぶはたらきを，何といいますか。

2▶P.275
1 **2** しん食・運ぱん・たい積

□ **3** 流れる水が運んできた土や石を積もらせるはたらきを，何といいますか。

3▶P.275
1 **2** しん食・運ぱん・たい積

□ **4** まっすぐに流れているところで，水の流れが速いのは，川の真ん中，岸の近くのどちらですか。

4▶P.278
2 入試 川の水のはたらき

□ **5** 流れが曲がっているところで，水の流れが速いのは，流れの内側，外側のどちらですか。

5▶P.278
2 入試 川の水のはたらき

□ **6** 流れが曲がっているところで，川底が深いのは，流れの内側，外側のどちらですか。

6▶P.278
2 入試 川の水のはたらき

□ **7** 流れが曲がっているところで，川底の石が大きいのは，流れの内側，外側のどちらですか。

7▶P.278
2 入試 川の水のはたらき

□ **8** 流れが曲がっているところで，川原が広がっているのは，流れの内側，外側のどちらですか。

8▶P.278
2 入試 川の水のはたらき

□ **9** 川の上流に見られる，**川底が大きくけずられてできた深い谷**を何といいますか。

9▶P.280
2 **2** 川で見られる地形

□ **10** 川が山地から急に平地に出てきたところに見られる，**おうぎ形の地形**を何といいますか。

10▶P.280
2 **2** 川で見られる地形

□ **11** 河口付近で見られる，**三角形のような形**をした土地を何といいますか。

11▶P.280
2 **2** 川で見られる地形

□ **12** 川とほぼ平行に見られる，**階段のような形**になった地形を何といいますか。

12▶P.281
2 **2** 川で見られる地形

第4章 流れる水のはたらき

入試問題にチャレンジ！

解答▶別冊…P.560

1 川の水のはたらきについて，次の問いに答えなさい。

(世田谷学園中)

(1) 川の中流の特ちょうを表している文はどれですか。次の**ア**〜**ウ**のうちから１つ選び，記号で答えなさい。　　　　　　　　（　　　）

ア　川原に角のとれた丸みのある大きな石がよく見られる。

イ　角ばった岩があったり，小さなたきがあったりする。

ウ　川底に砂やねん土が非常に多い。

よくでる (2) 次の①〜③の地形は，川の水のはたらきによってできます。これらの地形は，おもにどのようなはたらきによってできますか。また，それはどのような場所にできますか。はたらきを次の**ア**〜**ウ**から，場所を**エ**〜**カ**からそれぞれ１つずつ選び，記号で答えなさい。ただし，同じ記号を何回用いてもよいものとします。

①　Ｖ字谷　　　はたらき（　　　）　場所（　　　）
②　三角州　　　はたらき（　　　）　場所（　　　）
③　せん状地　　はたらき（　　　）　場所（　　　）

ア　たい積作用　　**イ**　しん食作用　　**ウ**　運ぱん作用
エ　上流　　　　　**オ**　中流　　　　　**カ**　下流

(3) 次の文の（　**a**　）〜（　**c**　）にあてはまることばを次の**ア**〜**エ**から１つずつ選び，記号で答えなさい。

a（　　　）　b（　　　）　c（　　　）

　　まっすぐな川では，流れる水の速さは川の中心部で大きく，川岸に近くなるにつれて小さくなります。川の曲がっているところでは，流れる水の速さは（　**a**　）のほうが（　**b**　）より大きくなります。したがって，しん食作用は，（　**a**　）のほうが強く行われ，たい積作用は，（　**b**　）のほうが強く行われるため，川の曲がり方はしだいに（　**c**　）なります。

ア　内側　　**イ**　外側　　**ウ**　大きく　　**エ**　小さく

2 川を流れる水のはたらきや岩石のようすについて，次の問いに答えなさい。

(専修大学松戸中)

よくでる(1) 右の図のように川が曲がって流れているところでは，川岸A，Bのようすはどのようになっていますか。次の**ア**〜**エ**から1つ選び，記号で答えなさい。　（　　）

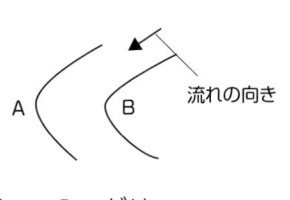

流れの向き

ア A…川原　　B…川原　　**イ** A…川原　　B…がけ
ウ A…がけ　　B…川原　　**エ** A…がけ　　B…がけ

(2) 図の川岸が(1)で答えたようになるのはなぜですか。「Aでは〜，Bでは〜」という形で簡単に説明しなさい。
　（　　　　　　　　　　　　　　　　　　　　　　　　　）

(3) 川原で見られる石の大きさをはかって，大，中，小に区別しました。また，丸みをおびているものを○，角ばっているものを□，その中間のものを△で表し区別しました。川原の一定の面積あたりにふくまれる石のようすとそれぞれの個数を表にまとめたとき，下流での結果を表しているのはどれになりますか。次の**ア**〜**エ**からもっとも適切なものを1つ選び，記号で答えなさい。　（　　）

ア

	○	△	□	計
大	0	0	0	0
中	21	14	0	35
小	45	17	3	65
計	66	31	3	100

イ

	○	△	□	計
大	0	20	43	63
中	0	9	22	31
小	0	2	4	6
計	0	31	69	100

ウ

	○	△	□	計
大	2	20	41	63
中	2	11	18	31
小	1	2	3	6
計	5	33	62	100

エ

	○	△	□	計
大	13	16	18	47
中	12	10	10	32
小	8	9	4	21
計	33	35	32	100

地球編

第1章 天気のようすと変化

第2章 星座

第3章 太陽・月・地球

第4章 流れる水のはたらき

第5章 大地のつくりと変化

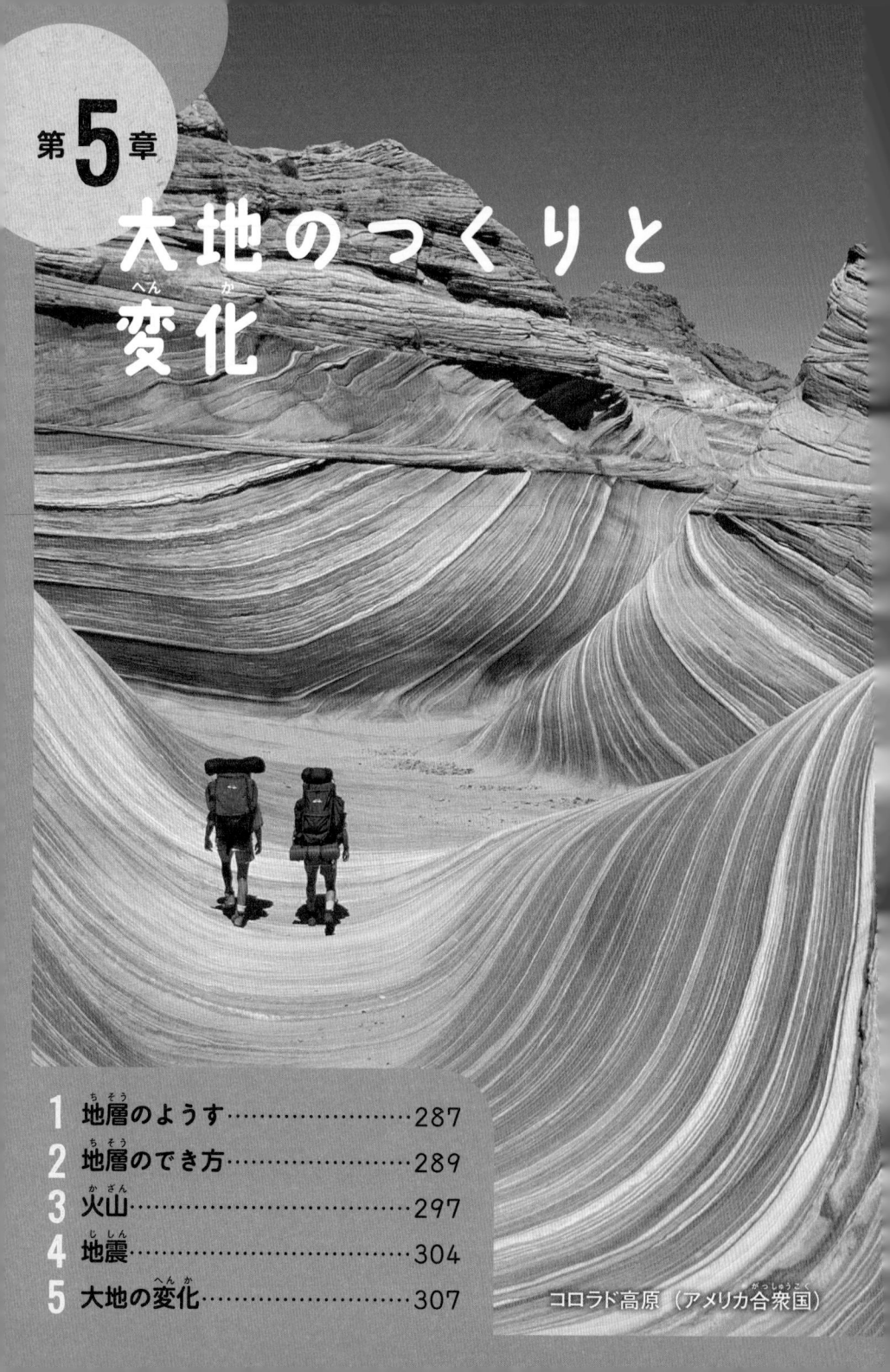

大地のつくりと変化

1 地層のようす……………287

2 地層のでき方……………289

3 火山………………297

4 地震………………304

5 大地の変化………………307

コロラド高原（アメリカ合衆国）

□□は、ゆく人だ。

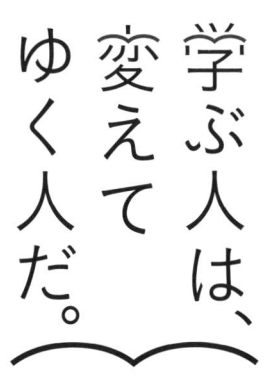

学ぶ人は、
変えて
ゆく人だ。

目の前にある問題はもちろん、

人生の問いや、社会の課題を自ら見つけ、

挑み続けるために、人は学ぶ。

「学び」で、少しずつ世界は変えてゆける。

いつでも、どこでも、誰でも、

学ぶことができる世の中へ。

旺文社

1 地層のようす

6年

① 地層とは

　がけを観察すると，しまのようなもようが見られることがある。

地層とは

　がけや切り通しで見られるしまもようは，れき（小石）・砂・どろなどが層になって重なったものである。このように，れき・砂・どろなどの層が積み重なったものを**地層**という。

↑地層

観察

地層のようすを観察する

ねらい

地層をつくるものや地層の広がりを調べる①。

方法

持っていくもの

手ぶくろ　スコップ　地図　採集したものを入れるポリエチレンの袋　巻き尺　色鉛筆　スケッチ板　カメラ　ルーペ　新聞紙　油性ペン

1. 地層全体を見て，それぞれの層の色や積み重なり方を調べ，スケッチする。
2. それぞれの層の厚さや色，ふくまれる粒の形や大きさ，手ざわり②などを調べる。
3. はなれたところの地層も観察し，地層がどのようにつながっているか調べる。

⚠ ここに注意！

①地層を観察するときは，安全に注意し，決められたところ以外には行かないようにする。また，上からの落石に気をつける。
②必要以上に地層をくずさないようにする。

帽子　リュックサック　長そで　作業用手ぶくろ　しっかりしたくつ　長ズボン
↑観察のときの服装

287

結果

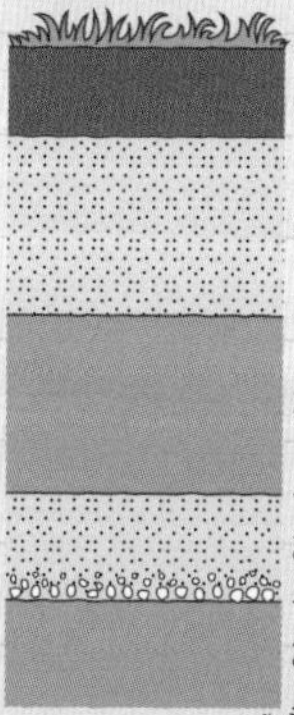

およそ1m	土・赤い茶色	
およそ2m	砂・黄色がかった灰色	
およそ2m	どろ・灰色	
およそ1.2m	砂・黄色がかった灰色・下のほうがつぶが大きかった。	
およそ1.2m	どろ・灰色	

しまもようの表面を少しけずると，おくにも続いていた。
しまもようは，横にも続いていた。

用語

れき
①直径が2mm以上の粒。ゴマ粒よりも大きい。

砂
②直径が0.06mmから2mmの粒。グラニュー糖ぐらいの大きさ。

どろ
③直径が0.06mm以下の粒。粒が肉眼では見えない。

✦ わかったこと ✦

それぞれの層のようすから，地層がしまもように見えるのは，**色や大きさのちがうれき①や砂②，どろ③などが層になって積み重なっている**ためであることがわかる。

② ボーリング試料

　学校の下など，地層を直接観察できないときは，ボーリング試料を使って地層を調べることができる。

ボーリング試料で地層を調べる

　1つの場所のボーリング試料を地表からの深さの順にならべ，図に表す。別の場所のボーリング試料をもとにした図と比べ，似ている層を点線でつなぎ，地層の広がりを調べる。

●**ボーリング試料**　大きな建物を建てるとき，パイプを地面に打ちこんで，その土地の地下深くの土や岩石をほりとることを**ボーリング**という。このときにほりとったものを，**ボーリング試料**とよぶ。

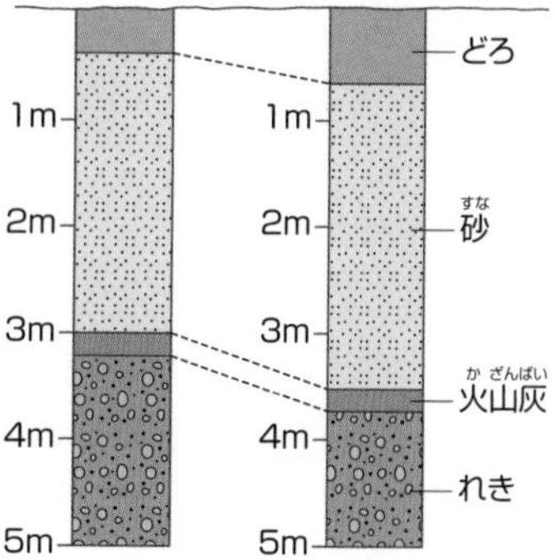

どろ
1m　　1m　　砂
2m　　2m　　
3m　　3m　　火山灰
4m　　4m　　れき
5m　　5m

↑地層の広がりを調べる

地球編

第1章 天気のようすと変化

第2章 星座

第3章 太陽・月・地球

第4章 流れる水のはたらき

第5章 大地のつくりと変化

2 地層のでき方

6年 **発展**

1 流れる水によってできる地層

流れる水のはたらきで運ぱんされたれきや砂，どろは，海や湖の底などにたい積する。

実験

地層のでき方を調べる①

ねらい

水の中で，土はどのようにたい積するのか調べる。

方法

1 砂やどろをふくんだ土を空きびんに入れ，水を加えて，びんをよくふる。

ふたをしっかりしめる。

2 静かに置いておき，しばらくたってから①，びんの中のようすを調べる。

①びんをふったすぐあとは，どろなどが混じって水がにごっているが，しばらくすると，水はとう明になってくる。

結果

ふった直後

　　どろ
　　砂

・砂はすぐにしずんだ。
・しばらくたつと，どろもしずんで水がきれいになった。

地層のでき方を調べる②

ねらい

土を水の中に流しこんだときのようすを調べる。

方法

1. 次のような装置を組み立て，れき・砂・どろ
の混じった土をといの上に置く。

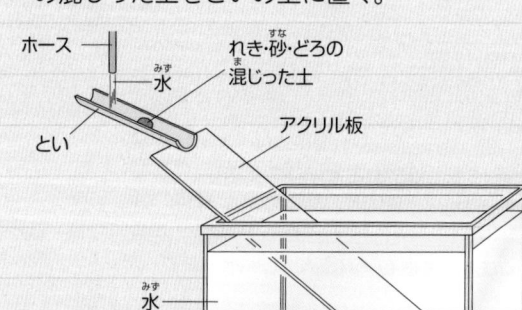

ホース
水
とい
れき・砂・どろの混じった土
アクリル板
水そう
水

2. といに少しずつ水を流し，水を入れた水そう①
に土を流しこむ。
3. しばらくして流しこんだ土がしずんだら②，も
う一度水を流して，土を流しこむ。

①といは川，水を入れた水そうは海や湖にあたる。
②水そうの水のにごりがうすくなると，土がしずんだことがわかる。

結果

水
どろ
砂
れき

もう一度流す →

水

・水を流すと，れき・砂・どろに分かれて積もった。
・もう一度水を流すと，れき・砂・どろに分かれた層
が2つできた。

✦ わかったこと ✦

粒の大きさで分かれた層ができたことから，流
れる水のはたらきによって運ばれた土は，**れき・
砂・どろに分けられて，順に水の底に積もる**③。

③下から，れき→砂
→どろの順に，水平
に層をつくっている。

地層のでき方

　流れる水のはたらきで運ぱんされてきたれき・砂・どろなどは，粒の大きさによって分かれ，海や湖の底に水平な層になってたい積する。<u>それが何度かくり返されて</u>①，地層ができる。

● **れき・砂・どろの積もり方**　粒の大きいものはすぐにしずみ，粒の小さいものはしずみにくいので，河口近くにはれきや砂，沖のほうにはどろがたい積する。

● **地層の新旧**　運ばれてきたれき・砂・どろは，古い層の上へたい積するので，ふつう，<u>下にある層のほうが古い</u>②。

● **水のはたらきでできる地層**　流れる水のはたらきでできる地層には，次のような特ちょうがある。

陸地

どろ
砂
れき

A B　　A B

↑地層のでき方

> ・地層にふくまれるれきは，角がとれて丸みを帯びている。
> ・1つの層の中でも，下のほうには大きな粒，上のほうには小さな粒が見られる。
> ・化石③が見られることがある。

🔍 **もっとくわしく**

①水の流れの速さによって，たい積する粒の大きさが変わる。

②上の図では，たい積がくり返され，れき，砂，どろ，砂の順に積もっている。

用語
化石
③大昔の生き物のからだや，動物のすみかやあしあとなど生き物の生活のあとなどが残っているもの。

② 火山灰によってできる地層

　火山がふん火 ➡ P.297 すると，ふき出された火山灰などが広いはんいにふり積もって，地層ができることがある。火山灰によってできた地層としては，関東平野に広がる関東ローム層 ➡ P.298 が有名である。

↑火山灰でできた地層

地球編

第1章 天気のようすと変化

第2章 星座

第3章 太陽・月・地球

第4章 流れる水のはたらき

第5章 大地のつくりと変化

●**火山灰によってできる地層**　火山灰などによってできる地層には，次のような特ちょうがある。

> ・地層の中に，角ばった石や軽石とよばれる小さなあながたくさんあいた石がふくまれる。
> ・地層をつくる粒は角ばっているものが多く，ガラスのようにとう明なものもある。

化石

入試でる度 ★★☆☆☆

化石のでき方

地層ができるとき，そこにすんでいた生物のからだや生活のあとが，地層の中に残されて，長い年月の間におし固められて，化石ができる。

化石からわかること

化石は，地層がたい積した当時のようすを知る手がかりになったり，化石をふくむ地層ができた時代を知る手がかりになったりする。

●**示相化石**　地層がたい積した当時のかん境を知る手がかりとなる化石を，**示相化石**という。

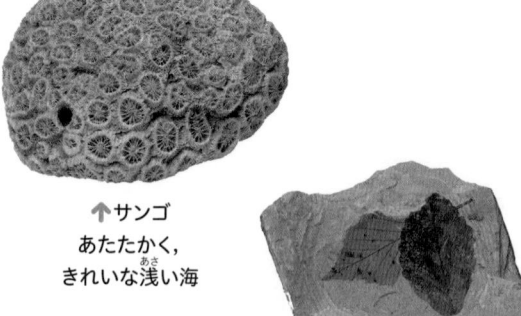

↑サンゴ
あたたかく，
きれいな浅い海

↑ブナ
やや寒い気候のところ

↑シジミ
海水と淡水が混じった
河口や湖付近

●**示準化石** 地層が
たい積した時代を
知る手がかりとなる
化石を，**示準化石**
という。

化石の例

古生代
5億4000万年前から
2億4500万年前まで

↑サンヨウチュウ

中生代
2億4500万年前から
6500万年前まで

↑アンモナイト

新生代
6500万年前から
現在まで

↑ナウマンゾウの歯

ここが問われる！

アサリやハマグリは浅い海で暮らしているので，アサリやハマグリの化石が見つかれば，その化石をふくむ地層が浅い海にたい積したことがわかる。➡その生物が現在生活している場所を考えると，化石がたい積した当時のかん境を知ることができる。

中学入試対策▶

たい積岩

入試でる度
★★☆☆☆

がけや切り通しで見られる地層をつくっている岩石。

たい積岩

海底や湖底などにたい積したれき・砂・どろは，地層となって積み重なり，さらに長い年月の間に，上にたい積したものの重さでおし固められて岩石になる。このようにしてできた岩石を**たい積岩**という。

いろいろなたい積岩

れき岩，砂岩，でい岩は，ふくまれる粒の大きさによって区別される。

たい積岩	岩石のようす	特ちょう
れき岩		れき（直径2mm以上）が砂などといっしょに固められてできた岩石。ふくまれるれきは，丸みをおびている。
砂岩		砂（直径0.06〜2mm）が固まってできた岩石。粒の大きさがそろったものが多い。
でい岩	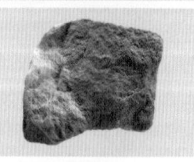	どろ（直径0.06mm以下）が固まってできた岩石。表面をけずると，粉のようになる。
石灰岩		サンゴやフズリナなどのから，貝がらなどの石灰分や，海水中の石灰分が固まってできた岩石。うすい塩酸をかけると，二酸化炭素が発生する。
チャート		ホウサンチュウのからなどにふくまれる二酸化ケイ素や，海水中の二酸化ケイ素が固まってできた岩石。うすい塩酸をかけても変化しない。
ぎょう灰岩		火山灰（直径2mm未満）などが固まってできた岩石。岩石にふくまれる粒は角ばっている。

↑代表的なたい積岩

ここが問われる！

岩石にふくまれる粒が角ばっている➡**ぎょう灰岩**
粒の直径が2mm以上➡**れき岩**　0.06〜2mm➡**砂岩**　0.06mm以下➡**でい岩**
うすい塩酸をかけると二酸化炭素のあわが出る➡**石灰岩**

学入試対策

地層の読みとり

入試でる度 ★★★☆☆

地層のようすから，地層がたい積した当時のかん境などがわかる。

地層からわかる過去の海の深さ

流れる水のはたらきで運ばれてきたれき・砂・どろなどがたい積するとき，粒の大きいものは河口付近にたい積し，粒の小さなものは沖のほうまで運ぱんされる。このため，右の図のように，地層をつくっている粒が，れき→砂→どろと，下から上にだんだん小さくなっているので，この付近が浅い海から深い海へ変わったことがわかる。

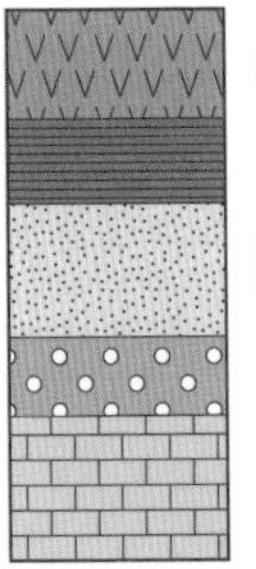

火山灰の層

どろの層

細かい砂の層

れきの層

↑地層

整合と不整合

地層の重なり方には，たい積が連続した整合とたい積が中断した不整合がある。

● **整合**　海底などで連続してたい積した地層の重なり方を，整合という。地層にしん食のあとがなく，平行に重なっている。

整合

不整合面

整合

不整合

↑整合と不整合

● **不整合**　上下の地層が連続していない地層の重なり方を**不整合**といい，不連続に重なった2つの層の間の面を**不整合面**とよぶ。
海底でたい積した地層が隆起 ▶P.309 して陸地になり，風化 ▶P.277 やしん食を受けたあと，沈降 ▶P.309 して再び海底になり，その上にたい積が行われたときに見られる。不整合面は，陸上になっているときに風化やしん食を受けるためにでこぼこがある。不整合面のすぐ上の層には，すぐ下の層のれきがふくまれていることが多い。

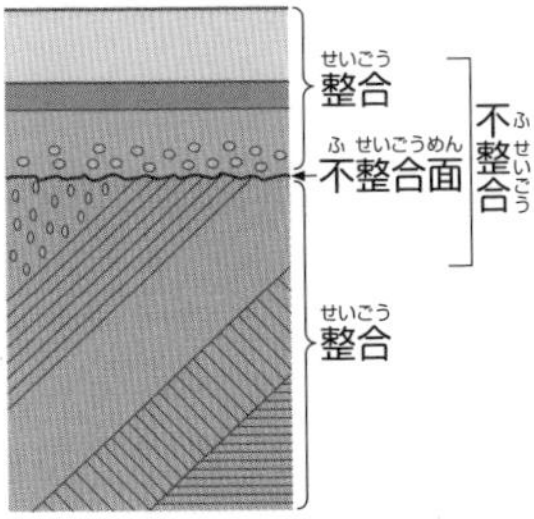

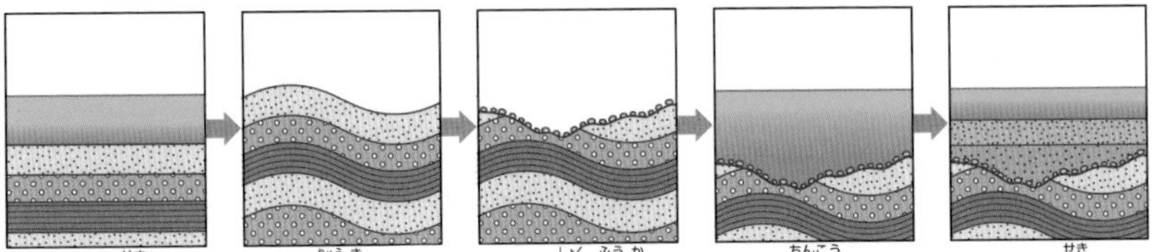

たい積　→　隆起　→　しん食・風化　→　沈降　→　たい積

↑不整合面のでき方

かぎ層

　はなれた地域の地層をくらべるときに手がかりになる層を，**かぎ層**という。広いはんいにふき出す火山灰の層や同じ時代の示準化石 ◯P.293 をふくむ層などがかぎ層として利用される。かぎ層は同じ時期にたい積しているので，かぎ層をもとに，地層の広がりを知ることができる。

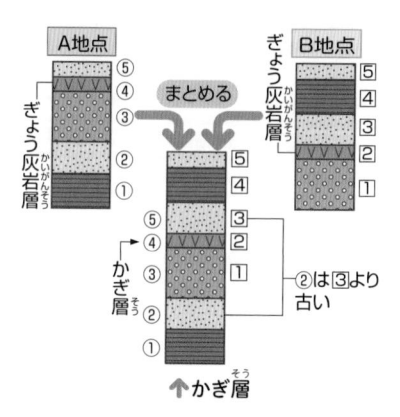

ここが大切

　地層は，さまざまな過去のできごとを表している。その順番を決めるときには，次のような点に注目する。

1　**下にある層のほうが古い。**
2　**断ち切っている面は断ち切られている面よりも新しい。**
3　**でこぼこになっている地層の境目は不整合面。**

ここが問われる！

　地層はふつう，下にあるほうが古いので，右の図で地層がたい積した順にならべるとC→B→Aとなる。地層AとBの間，地層BとCの間は不整合になっているので，たい積が中断し，地層が隆起・沈降 ◯P.309 したことがわかる。また，Cの断層面 ◯P.309 は地層BとCの間の不整合面で断ち切られているので，地層Cの断層のほうが古い。

→古いできごとから順にならべると，**地層Cのたい積→地層Cの断層→地層BとCの間の不整合→地層Bのたい積→地層AとBの間の不整合→地層Aのたい積。**

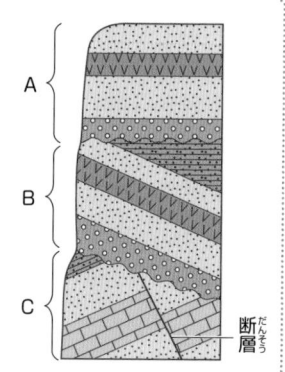

地球編

第1章 天気のようすと変化

第2章 星座

第3章 太陽・月・地球

第4章 流れる水のはたらき

第5章 大地のつくりと変化

3 火山

6年 発展

1 火山のふん火

火山がふん火すると，火口からよう岩が流れ出たり，火山灰などが広いはんいにふき出されたりする。

火山のふん火

火山の地下の深いところは，温度が高く，圧力も大きい。このため，岩石がとけてどろどろになっている。これを**マグマ**という。

マグマは地表付近までのぼってきて**マグマだまり**にたまっているが，このマグマがさらに上しょうして，火山のふん火が始まる。

↑火山のふん火

（図中ラベル：火山灰，火さい流，よう岩，マグマ）

火山のふん出物

火山のふん火によって，**火山ガス**①，**よう岩**②，**火山灰**③，**軽石**④などがふき出される。

用語

火山ガス
①水蒸気を主成分とし，ほかに二酸化炭素や二酸化いおうなどをふくむ。

よう岩
②マグマが地表に流れ出したものやそれが冷えて固まったもの。

火山灰
③火山のふん火のときにふき出されたもののうち，直径が2mm以下の粒。

軽石
④ふん火のときにふき出されたマグマが，上空で冷えて固まったもの。固まるときに火山ガスがぬけ，たくさんのあながあいている。

観察

火山灰を調べる

ねらい

火山灰にふくまれるものを調べる。

方法

1 火山灰を蒸発皿に少しとり，水を加える。
2 火山灰を指でこすって洗う⑤。
3 水をかえてにごらなくなるまで洗う。

⑤親指の腹の部分でよくこする。

↑火山灰
（北海道苫小牧市）

水を加えて
かき混ぜる。
火山灰

蒸発皿
何回もくり返す。

にごった水を
捨てる。

親指の腹でよくこすって洗う。

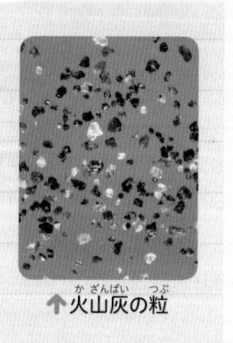

↑火山灰の粒

4 残った粒をかんそうさせ，そう眼実体けんび鏡やかいぼうけんび鏡で観察する。

・∘⟡ **わかったこと** ⟡∘・

火山灰の粒は**角ばったものが多く**，ガラスのようにとう明なものもある。

●**火山灰の広がり**　ふん火のとき，軽い火山灰は偏西風 ➡P.214 によって運ばれ，広い地域にわたって降りそそぐ。

約2万6000年〜2万9000年前のふん火による火山灰の分布

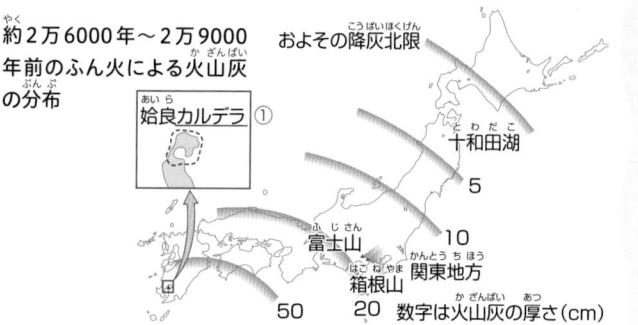

およその降灰北限

姶良カルデラ①

十和田湖

5

富士山

10

箱根山　関東地方

50　20　数字は火山灰の厚さ(cm)

🔍 **もっとくわしく**

①カルデラは，火山のふん火によってできたくぼ地のこと。このふん火のあとにできたのが桜島である。

理科の宝箱　**火山灰でできた地層**

火山が多い日本では，火山灰でできた地層が全国にある。有名なものに**関東平野に広がる関東ローム層や九州の南部に広がるシラス**などがあげられる。
関東ローム層は，富士山や箱根山，八ヶ岳，浅間山などがふん火したときの火山灰が風化し，赤土になったものである。

↑関東ローム層（千葉県銚子市）

地球編

第1章 天気のようすと変化

第2章 星座

第3章 太陽・月・地球

第4章 流れる水のはたらき

第5章 大地のつくりと変化

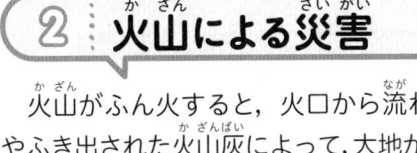

② 火山による災害

火山がふん火すると，火口から流れ出したよう岩やふき出された火山灰によって，大地がおおわれたり，有害な火山ガスが発生したりすることがある。

よう岩による災害

火山がふん火するとき，**火さい流**①や**よう岩流**②によって，人命が失われることがある。また，よう岩が田畑や建物などをおおってしまうこともある。

↑火さい流

↑よう岩流

用語

火さい流
①よう岩のかけらや火山灰が火山ガスといっしょになって，山の斜面を高速で流れ下りる現象。

よう岩流
②液体のようにねばりけの少ないよう岩が，山の斜面を流れ下りる現象。

火山灰による災害

火山のふん火によってふき出した火山灰は，田畑や建物をおおう。火山灰は，大雨のときに流され，川の流れを変えたり，川をせき止めたりすることがある。

↑火山灰でおおわれた大地

火山のふん火に備える

日本は火山の多い国である。火山のふん火に備えてさまざまな研究が行われている。

●**ふん火警報・ふん火予報**　全国の火山を対象にして，火山の観測をもとに火山のふん火を予測し，**ふん火警戒レベル**③を発表している。

もっとくわしく

③ふん火警戒レベルは「レベル1　活火山であることに留意」「レベル2　火口周辺規制」「レベル3　入山規制」「レベル4　ひなん準備」「レベル5　ひなん」の5つのレベルに分けられる。

●**火山ハザードマップ**

　火山がふん火した
ときのいろいろな被
害を予想し，ひなん
が必要な地域などを
示したもの。

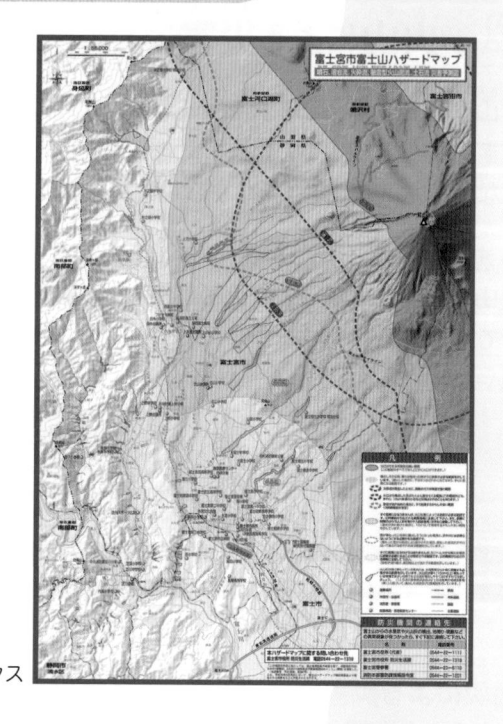

富士山ハザードマップ→
発行：富士宮市危機管理局
作成：株式会社中央ジオマチックス

③　**日本の火山**

　日本には，多くの火山があり，現在もふん火をくり
返しているものも多い。

日本のおもな火山

　日本には，海底にあるものをふくめ
て111以上の**活火山**①がある。活火山に
は，雲仙普賢岳（長崎県）や桜島（鹿
児島県），三原山（東京都）のようにふ
ん火をくり返している火山から，ほと
んどふん火していない火山までさまざ
まある。富士山も最後にふん火した
のは江戸時代であるが，活火山のひと
つである。

用語
活火山
①1万年以内にふん火し
たことがあるか，現在水
蒸気などが出ている火
山。

▲ ランクAの火山：活動度が特に高い
▲ ランクBの火山：活動度が高い
▲ ランクCの火山：活動度が低い
▼ ランク分け対象外の火山

十勝岳
渡島大島
磐梯山
浅間山
青ヶ島
伊豆鳥島
雲仙岳
桜島

45°
40°
35°
30°
25°

0　　500km

125°　130°　135°　140°　145°

↑日本の活火山の分布

地球編

第1章　天気のようすと変化

第2章　星座

第3章　太陽・月・地球

第4章　流れる水のはたらき

第5章　大地のつくりと変化

マグマのねばりけと火山の形

　火山には，三原山のようにかたむきがゆるやかな形のものや，雲仙普賢岳のようにおわんをふせたような形のものがある。火山の形やふん火のようすは，地下にあるマグマのねばりけ①によって変わる。

🔍 **もっとくわしく**

①マグマのねばりけは，マグマの成分によって変わる。

ねばりけ	強い	中間	弱い
よう岩の色	白っぽい ←――――――――――――→ 黒っぽい		
火山の形			
ふん火のようす	激しくばく発的なふん火をする。	よう岩と火山灰が交互に重なるようなふん火をする。	よう岩が地表に流れ出るようなおだやかなふん火をする。
火山の例	雲仙普賢岳・有珠山	桜島・富士山・浅間山	マウナロア

●**よう岩ドーム**　おわんをふせたような形をしたよう岩のかたまりを**よう岩ドーム**といい，ねばりけの強いマグマがもり上がってつくられる。非常に激しいふん火をしたり，火さい流を発生させたりする。

火山による大地の変化

　火山活動でマグマがもり上がって新しい山ができたり，よう岩によって川がせき止められて新しい湖ができたりする。海底に火山がある場合，火山のふん火をくり返して新しい島ができることもある。

↑火山活動でできた山
（昭和新山　北海道）

↑火山のふん火でできた湖
（中禅寺湖　栃木県）

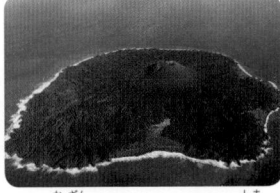

↑火山のふん火でできた島
（西之島新島　東京都）

海上保安庁海洋情報部ＨＰ
2019年1月31日撮影

理科の宝箱

火山のめぐみ

　火山のふん火は，わたしたちの生活に大きな被害をおよぼすことがある一方，火山のまわりは**美しい景観**や**温泉**などによって，観光地になっている。また，最近は，**自然エネルギーとして，火山の地下の熱を利用した地熱発電**が注目されている。

　地面にしみこんだ雨水などが，地下の岩石の割れ目を通って，マグマだまりの近くまで達すると，**マグマの熱によって熱せられ，とても温度の高い水や水蒸気となり**，一部はそこにたまる。これを**地熱貯留層**という。地熱発電では，この地熱貯留層から水蒸気をくみ出し，その水蒸気で発電機のタービンを回して電気をつくる。使い終わった水蒸気は，再び地下深くにもどされる。

　自然エネルギーの利用としては太陽光発電が有名だが，**太陽光発電は夜や天気が悪いときには電気をつくれない。**しかし，**地熱発電では安定して電気をつくり続けることができる。**

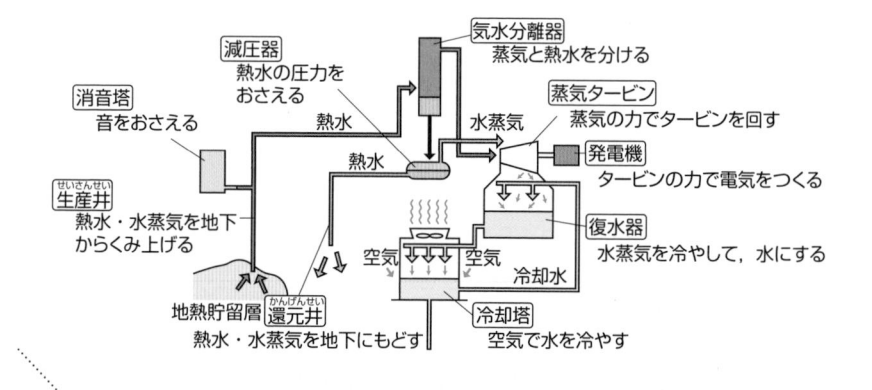

消音塔　音をおさえる

減圧器　熱水の圧力をおさえる

気水分離器　蒸気と熱水を分ける

蒸気タービン　蒸気の力でタービンを回す

発電機　タービンの力で電気をつくる

復水器　水蒸気を冷やして，水にする

冷却塔　空気で水を冷やす

生産井　熱水・水蒸気を地下からくみ上げる

還元井　熱水・水蒸気を地下にもどす

地熱貯留層

熱水

熱水

水蒸気

空気　空気　冷却水

火成岩
かせいがん

入試でる度
★★★★★

地球編

第1章 天気のようすと変化

第2章 星座

第3章 太陽・月・地球

第4章 流れる水のはたらき

第5章 大地のつくりと変化

マグマが冷えて固まってできた岩石を**火成岩**という。火成岩は，マグマの冷え方のちがいによって，**火山岩**と**深成岩**に分けられる。火成岩は，たい積岩とちがって，化石がふくまれることはない。

火山岩
かざんがん

マグマが地表や地表付近で急に冷やされてできた岩石を，火山岩という。マグマが急に冷やされたため，目に見えないほどの小さな粒（**石基**）の間に大きな粒（**はん晶**）がちらばっている。このようなつくりを**はん状組織**という。代表的な火山岩に，流もん岩，安山岩，げんぶ岩がある。

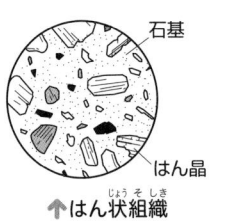

石基

はん晶

↑はん状組織

深成岩
しんせいがん

マグマが地下の深いところで，ゆっくり冷やされてできた岩石を，深成岩という。マグマがゆっくりと冷やされたので，岩石が大きな粒だけでできている。このようなつくりを**等りゅう状組織**という。代表的な深成岩に，花こう岩，せん緑岩，はんれい岩がある。

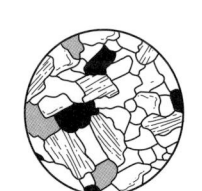

↑等りゅう状組織

火山岩			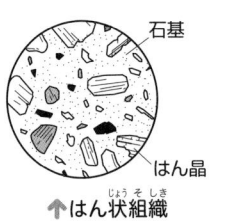
	流もん岩	安山岩	げんぶ岩
深成岩	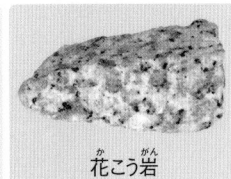		
	花こう岩	せん緑岩	はんれい岩
色	白っぽい ◀━━━━━━━━━━━━━━━▶ 黒っぽい		

ここが問われる！

火成岩がたい積岩とちがうところは，**粒が角ばっていて，化石をふくむことがない。**

4 地震

6年

1 地震とは

地震のゆれは波となって，地震が発生した場所から，地下にある岩石や地層の中を伝わっていく。この波を**地震波①**という。

●**震源と震央**　地震が発生した地下の場所を震源，震源の真上の地表の地点を震央という。

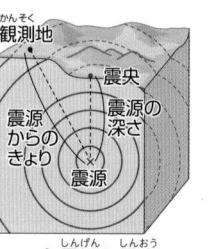
↑震源と震央

地震のゆれ

地震のとき，はじめの小さなゆれを初期微動，あとからくる大きなゆれを**主要動②**という。

S波到着
P波到着
初期微動　　主要動
↑地震のゆれ

用語

地震波

①地震波には，速い波であるP波とおそい波であるS波がある。P波は初期微動を引き起こし，S波は主要動を引き起こす。

2 地震の大きさ

土地のゆれの大きさは震度で表されるが，地震そのものの規模は**マグニチュード**で表される。

震度

ある地点での**地震のゆれの大きさ③**は，震度で表される。日本では，**震度0から震度7まで10段階に分けられる④**。震度は震源からはなれるほど小さくなる。

マグニチュード

地震そのものの規模は，マグニチュード（M）で表される。マグニチュードが1大きいとエネルギーは**約32倍**，2大きいと**約1000倍**になる。2011年3月11日に発生した東北地方太平洋沖地震はM9.0と，これまで日本で観測されたなかで最大であった。

もっとくわしく

②震源からのきょりが遠いほど，初期微動を感じてから主要動を感じるまでの時間が長くなる。

③地震のゆれを観測するときに用いられる装置を地震計という。地面がゆれても，おもりと針が動かないので，地震のゆれを記録できる。

上下のゆれの記録

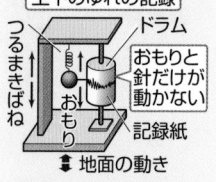

ドラム
おもりと針だけが動かない
つるまきばね
おもり
記録紙
↕地面の動き

⚠ここに注意！

④震度5と震度6は，それぞれ弱・強の2つに分けられるので，全部で10段階になる。

③ 地震の被害と安全への対策

地球編

第1章 天気のようすと 変化

第2章 星座

第3章 太陽・月・地球

第4章 流れる水の はたらき

第5章 大地のつくりと 変化

地震のときに震度が大きかった地域は，はげしいゆれによって大きな被害が生じることが多い。

地震による災害

地震によって，建物や道路がこわれたり，地すべりや山くずれ，液状化などが起こったりすることがある。また，震源が海底にある場合，津波のおそれもある。

● **建物の倒かい**　大きな地震が起きると，地震のゆれによって，建物がたおれてしまうことがある。また，家の中で料理や暖房のために使っていた火が燃え広がり，広いはんいで火災が発生することがある。

↑建物の倒かい

● **道路などの破かい**　地震のゆれによって，道路や橋などがこわれることがある。それにともなって，電信柱がたおれたり，地下の水道管やガス管が破かいされたりして，電気や水，ガスなどが送られてこなくなることで，わたしたちの生活に大きな影きょうをあたえる。

↑道路の破かい

● **地すべりや山くずれ**　山のしゃ面の一部がかたまりのまますべり落ちることを地すべり，山のしゃ面がくずれ落ちることを山くずれという。地すべりや山くずれによって，道路や建物がうまってしまい，大きな被害が出ることがある。

↑地すべり

● **液状化**　うめ立て地や海や川のそばで，地震のゆれによって，地ばんが液体のようになる現象を液状化(現象)という。砂や土が水とともにふき出して，建物がかたむいたり，地下の水道管やガス管が破かいされたりといった被害が生じる。

↑液状化

津波のしくみ

海底で大きな地震が起きたとき，海底が隆起・沈降 ◯P.309 することで，海面が大きく上下し，大きな波となって，まわりに広がっていくことがある。これが津波である。津波は1回だけで終わらずに，第2波，第3波…とおし寄せてくることもある。**津波の高さは，海岸付近の地形によって大きく変わる**①。

↑津波による被害

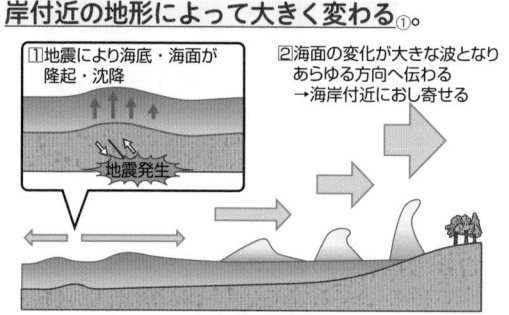

①地震により海底・海面が隆起・沈降

②海面の変化が大きな波となりあらゆる方向へ伝わる
→海岸付近におし寄せる

地震発生

↑津波の発生のしくみ

🔍 **もっとくわしく**

①みさきの先たんやV字形のわんの奥のほうなどでは，いくつもの波が重なってしまい，津波の高さが高くなってしまう。

津波の高さ　高い

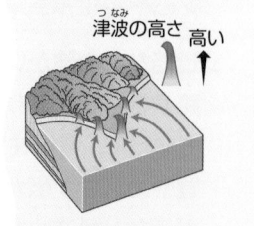

● **津波への対応**　2011年に起きた東日本大震災では，津波によって大きな被害が生じた。海底で地震が起きたときは，できるだけすばやく，海からはなれた高いところにひなんすることが大切である。

安全への対策

大きな地震が起きたとき，すばやくひなんできるように**緊急地震速報**②が発表される。また，大きな地震で災害が起こったときのひなんの方法やその後の生活についても，さまざまな対策が立てられている。

● **緊急地震速報**　初期微動を起こす地震波（P波）が2か所以上の観測点で観測され，最大震度が5弱以上と予測された場合に，**緊急地震速報**が発表される。

● **学校でのひなん訓練**　ふだんからひなん訓練をしっかりすることで，実際に地震にあったときに，冷静に行動することができる。

● **防災倉庫**　学校や公民館などの災害時の避難所には，食料や医薬品などが保管されている。

②緊急地震速報では，地震の発生直後に，震源に近い観測点の地震計でとられた観測データを分析して，主要動を起こす波が到着する時刻や震度を予想する。

5 大地の変化

1 地球の内部

地震波の伝わり方のちがいから，地球の内部は一様ではなく，中心から，核，マントル，地かくといったいくつかの層に分かれているとされている。

地かく

地球のもっとも外側をおおっているうすい岩石の層を，**地かく**という。地かくの厚さは場所によってちがい，山岳部では30～50km，平野部では20～30km，海底では5～10kmぐらいである。

↑地球の内部のようす

マントル

地かくの下から深さ約2900kmまでの部分を，**マントル**という。マントルは岩石の層で，マントルの上のほうと地かくを合わせて**プレート**（岩石の板）となる。プレートの下は地球の内部の高い熱によって，やわらかい層になっているため，プレートは動くことができる。

●**プレート**　地球の表面は，十数枚のプレートでおおわれている。1年に数cmプレートが動くことで，地震が起きたり，火山の活動が起こったりすると考えられている。

核

地表から深さ約2900kmのところから地球の中心までの部分を，核という。核は深さ2900～5100kmぐらいの外核と，それより中心に近い内核に分けられる。核は，鉄などの金属でできていて，外核は非常に温度の高い液体，内核は固体①になっていると考えられている。

もっとくわしく

①内核の温度はおよそ6000℃とされているが，圧力がとても大きいので，液体や気体の状態ではなく，固体の状態になっている。

② プレート

日本列島付近には，いくつかのプレートの境界があるため，地震が起こったり，火山がふん火したりする。

日本付近のプレート

日本付近には，ユーラシアプレート，北アメリカプレートという陸のプレートと，太平洋プレート，フィリピン海プレートという海のプレートがある。このプレートの境界にそって日本列島がある。

■ 海のプレート　〜〜しずみこむ境界
┼ しょうとつする境界　←プレートの動く向き

↑日本付近のプレート

プレートの境界

海のプレートは**海嶺**①でつくられる。たんじょうした海のプレートは，海底を少しずつ移動していき，**海溝**②で陸のプレートの下にしずみこんでいる。

日本列島　海のプレート
日本海溝　海嶺
陸のプレート

・地震が発生しやすい場所
↑プレートの動き

大きな地震が起こるしくみ

海のプレートが陸のプレートの下にしずみこむとき，陸のプレートが海のプレートにひきずりこまれる。陸のプレートがゆがみにたえきれなくなってもとにもどろうとして，急に隆起したり，プレートがこわれたりして大きな地震が起こる。

●**震源の分布**　大きな地震の震源は，太平洋側で浅く，大陸側に向かって，深さがだんだん深くなる。これは，プレートのしずみこむ面にそっている。

陸のプレート　海のプレート

↓
陸のプレートが海のプレートにひきずりこまれる

陸のプレートがもとにもどろうとする

ここで地震が起こる！

↑地震の起こるしくみ

用語

海嶺
①海底の大山脈。マグマが上しょうして，新しいプレートがつくられる。

海溝
②海底が谷のように深くなっているところ。海のプレートが陸のプレートの下にしずみこむ。深い海溝では，10000mをこえる深さがある。

地球編

第1章 天気のようすと変化

第2章 星座

第3章 太陽・月・地球

第4章 流れる水のはたらき

第5章 大地のつくりと変化

③ 大地の動き

地層を観察すると，かたむいた地層や曲がった地層，割れ目が入ってずれている地層などが見られる。

隆起と沈降

海面に対して土地がもち上がることを**隆起**，逆に，海面に対して土地が下がることを**沈降**という。

● **隆起による地形**　土地が隆起することによって，海岸段丘や河岸段丘 ➡ P.281 などができる。

● **沈降による地形**　土地が沈降することによって，**リアス海岸**①や**多島海**②などができる。

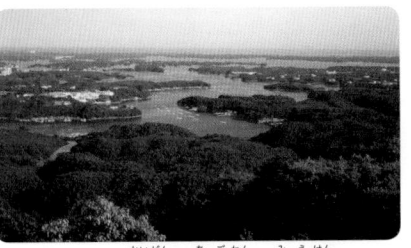

↑リアス海岸（英虞湾　三重県）

↑多島海（瀬戸内海　芸予諸島）

断層

横から大きな力がはたらいて生じた地層や土地のずれを**断層**という。

● **正断層**　両側に地層を引っ張るような力がはたらいたときにできる断層を，**正断層**という。正断層では，断層面の上側の地層が下側の地層に対してずり下がっている。

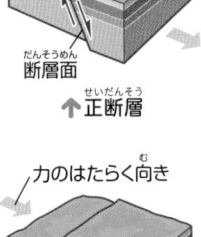

断層面

↑正断層

● **逆断層**　両側から地層をおしつけるような力がはたらいたときにできる断層を，**逆断層**という。逆断層では，断層面の上側の地層が下側の地層にのり上げている。

力のはたらく向き

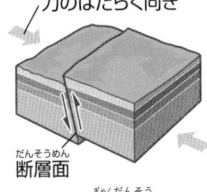

断層面

↑逆断層

用語

リアス海岸

①海岸線が複雑に入り組んだ海岸。陸上でしん食を受けた土地が沈降し，谷であった部分に海水が入りこんでできたものである。

用語

多島海

②リアス海岸が見られる地域には，たくさんの島が見られる。このような地形は，土地の沈降によって，谷であった部分に海水が入りこみ，山の上の部分だけが島になって残ったものである。

直下型地震のしくみ

　内陸で起こる震源の浅い地震を，**直下型地震**という。**直下型地震**は，プレートの動きによって力が加わり，**活断層**の活動などによって生じる。震源が浅いため，マグニチュードが小さくても地面のゆれが大きくなることが多い。

●**活断層**　最近数十万年間に，くり返しずれて活動したあとが残されている断層。今後も活動して地震を引き起こす可能性があると考えられている。**1995年（平成7年）におきた兵庫県南部地震も活断層①による地震**とされている。

しゅう曲

　プレートの動きによって，地層に横からのおす力がはたらき，地層が波打つように曲がることを**しゅう曲**という。

力 →　← 力

↑しゅう曲

🔍 **もっとくわしく**

①兵庫県南部地震は，長さ約50kmにもおよぶ活断層が動いたために発生したとされている。この断層が地表まで現れたのが，野島断層である。

↑野島断層（淡路島）

🎁 **理科の宝箱**　　ヒマラヤ山脈のアンモナイトの化石

　ヒマラヤ山脈では，標高8000mをこえる山々が連なり，世界の屋根とよばれている。そのひとつのエベレスト山は，標高が8840mをこえる世界でもっとも高い山である。

　ヒマラヤ山脈では，アンモナイト ▷P.293 など**海で生活していた生き物の化石が見つかっている**。また，エベレスト山には石灰岩 ▷P.294 でできた白っぽい層がある。このことから，ヒマラヤ山脈は**海底でたい積した地層**でできていることがわかる。

　ヒマラヤ山脈は，今から約4000万年前に，**インド半島をのせた陸のプレートがユーラシアプレートとぶつかり**，その間にあった海底がおし上げられてできたものとされている。

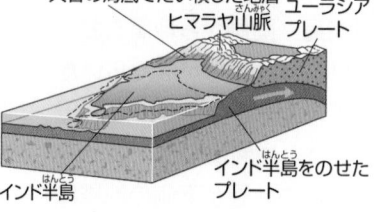

大昔の海底でたい積した地層　ヒマラヤ山脈　ユーラシアプレート
インド半島をのせたプレート
インド半島

入試要点チェック

つまずいたら
調べよう

☐ **1** 地層をつくる粒のうち，**直径が2mm以上のもの**を何といいますか。

☐ **2** れき・砂・どろのうち，もっとも沖のほうにたい積するものはどれですか。

☐ **3** 地層がたい積した当時のまわりのかん境を知る手がかりとなる化石を，何といいますか。

☐ **4** 地層がたい積した時代を知る手がかりとなる化石を，何といいますか。

☐ **5** うすい塩酸をかけると，二酸化炭素のあわが出るたい積岩は，何ですか。

☐ **6** 火山灰が固まってできたたい積岩を，何といいますか。

☐ **7** 上下の層の**たい積が連続していないような**地層の重なり方を，何といいますか。

☐ **8** はなれた地域の**地層をくらべるときに手がかりとなる層**を，何といいますか。

☐ **9** 火山の地下の深いところにある，**岩石がとけてどろどろになったもの**を，何といいますか。

☐ **10** **はん状組織**をもつのは，深成岩，火山岩のどちらですか。

☐ **11** 地震そのものの規模を表すのは，震度，マグニチュードのどちらですか。

☐ **12** 地震のゆれによって，**地ばんが液体のよう**になる現象を何といいますか。

☐ **13** 地球の表面をおおう**十数枚の岩石の板**を，何といいますか。

1▶P.288
1 1 地層とは

2▶P.291
2 1 流れる水によってできる地層

3▶P.292
2 入試 化石

4▶P.293
2 入試 化石

5▶P.294
2 入試 たい積岩

6▶P.294
2 入試 たい積岩

7▶P.295
2 入試 地層の読みとり

8▶P.296
2 入試 地層の読みとり

9▶P.297
3 1 火山のふん火

10▶P.303
3 入試 火成岩

11▶P.304
4 2 地震の大きさ

12▶P.305
4 3 地震の被害と安全への対策

13▶P.307
5 1 地球の内部

入試問題にチャレンジ！

解答▶別冊…P.560

1 右の図は，水平な道の片側に見られた3つのがけのようすをスケッチしたものです。これを見て，次の問いに答えなさい。

（西武学園文理中）

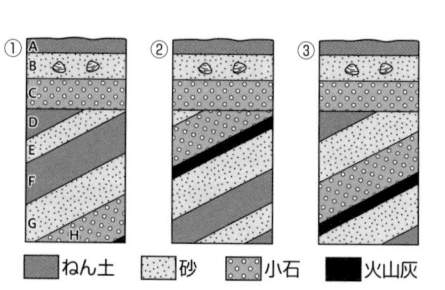

■ ねん土　░ 砂　◌ 小石　■ 火山灰

(1) ①のがけの**C**層と**D**層・**E**層とでは地層のかたむきがちがっています。このようなかたむきのちがう地層どうしの境界のことを何といいますか。　　　　　　　　　　　　　　　　（　　　　　　）

(2) ①のがけの**B**層にはアサリの化石がふくまれていました。このような過去の環境を推定する手がかりとなる化石のことを特に何といいますか。　　　　　　　　　　　　　　　　（　　　　　　）

(3) ①のがけの**F**層・**G**層・**H**層が積もる間，この地域のようすはどのように変わっていきましたか。次の**ア～エ**のうちから1つ選び，記号で答えなさい。　　　　　　　　　　　　　（　　　　　　）
　　ア　深い水の中だったときから，しだいに浅くなっていった。
　　イ　深い水の中だったときから，さらに深くなっていった。
　　ウ　浅い水の中だったときから，しだいに深くなっていった。
　　エ　浅い水の中だったときから，さらに浅くなっていった。

(4) ①，②，③のがけの下のほうの地層が，どれもななめにかたむいているのはなぜか，答えなさい。
　　（　　　　　　　　　　　　　　　　　　　　　　　　　）

(5) この3つのがけのならんでいる順番は，がけに向かって左から見てどうなりますか。次の**ア～エ**のうちから1つ選び，記号で答えなさい。　　　　　　　　　　　　　　　　（　　　　　　）
　　ア　①→②→③の順　　**イ**　①→③→②の順
　　ウ　②→③→①の順　　**エ**　③→②→①の順

(6) ②のがけの道の反対側もがけになっていました。この反対側のがけのスケッチとして正しいものを，次の**ア～エ**のうちから1つ選び，記号で答えなさい。　　　　　　　　　　　（　　　　　　）

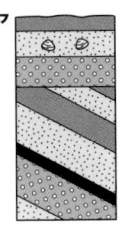

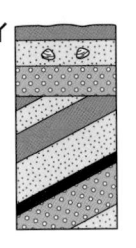

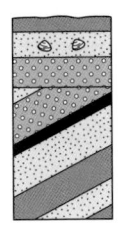

ア　　　　　イ　　　　　ウ　　　　　エ

地球編

第1章 天気のようすと変化

第2章 星座

第3章 太陽・月・地球

第4章 流れる水のはたらき

第5章 大地のつくりと変化

2 次の文を読み，あとの問いに答えなさい。 （白百合学園中）

　地震が発生したときに，ある地点でのゆれを観測すると，最初に小さなゆれがあり，少しおくれて大きくゆれる場合が多くあります。この最初の小さなゆれを（ ① ），次にくる大きなゆれを（ ② ）とよびます。図1は地震が発生し，地表に届くまでのようすを表したものです。地震が発生した場所を「震源」，震源の真上の地表の地点を「震央」，観測地点から震央までのきょりを「震央距離」，そして，観測地点から震源までのきょりを「震源きょり」といいます。

図1

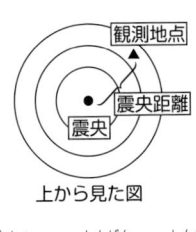

上から見た図　　　横から見た図

　地震が発生すると，震源から2種類の地震波が発生します。はじめにきて小さなゆれを引き起こす地震波は「P波」，あとからきて大きなゆれを引き起こす地震波を「S波」といいます。P波がとどいてからS波が届くまでの時間を初期微動継続時間といいます。そして，震源きょりは，初期微動継続時間に比例し，次の式で求めることができます。

> 震源きょり〔km〕＝ 5×初期微動継続時間〔秒〕

　表1はある地域で地震が発生したとき，A〜D地点にP波が到達した時刻とS波が到達した時刻を表したものです。

表1

地点	P波が到達した時刻	S波が到達した時刻	初期微動継続時間
A	（ ③ ）	7時40分39秒	12秒
B	7時40分30秒	7時40分45秒	（ ④ ）
C	7時40分35秒	（ ⑤ ）	20秒
D	7時40分39秒	7時41分03秒	24秒

(1) 前の文章中の（　①　）～（　②　）にあてはまるもっとも適当なものを，次の**ア**～**エ**のうちから選び，記号で答えなさい。

①（　　　）②（　　　）

ア　初期微動　　**イ**　超音波　　**ウ**　波長　　**エ**　主要動

(2) 表1の空欄（　③　）～（　⑤　）にあてはまる時刻，および時間を答えなさい。

③（　　　　　　）④（　　　　　　）⑤（　　　　　　）

(3) 表1の**C地点**の震源きょりは何 km ですか。　　　　（　　　　　　）

(4) (2)で完成した表1のデータをもとに，横軸に時刻，たて軸に震源きょりをとり，P波とS波が伝わるようすを示すグラフをそれぞれ書きなさい。ただし，P波を示すグラフにはP，S波を示すグラフにはSと書きなさい。

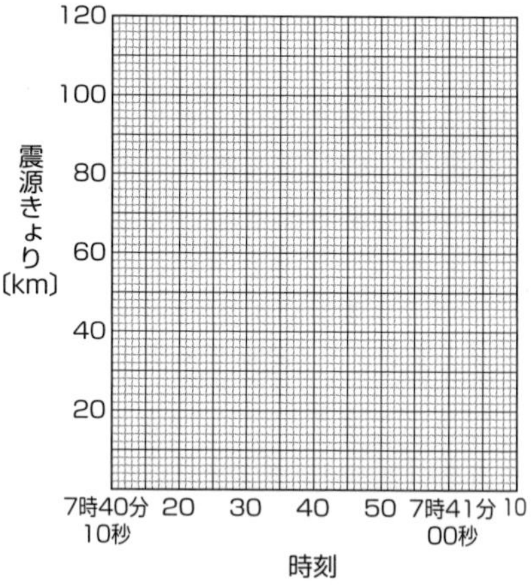

（グラフ：縦軸 震源きょり〔km〕 20, 40, 60, 80, 100, 120　横軸 時刻 7時40分10秒, 20, 30, 40, 50, 7時41分00秒, 10）

よくでる (5) (4)のグラフから，この地震が発生した時刻を求めなさい。また，P波の速さとS波の速さはそれぞれ何 km/秒か。

時刻（　　　　　　　　　）

P波の速さ（　　　　　　　　）　**S波の速さ**（　　　　　　　　）

(6) 図2は別の日に起こった地震のゆれを**E**～**I**の5地点で観測した記録です。**E**～**I**の5地点は図3の■のいずれかの場所に対応します。図2から，5つの観測地点**E**～**I**の位置を推定し，図3の（　）に記号を書き入れなさい。

図2

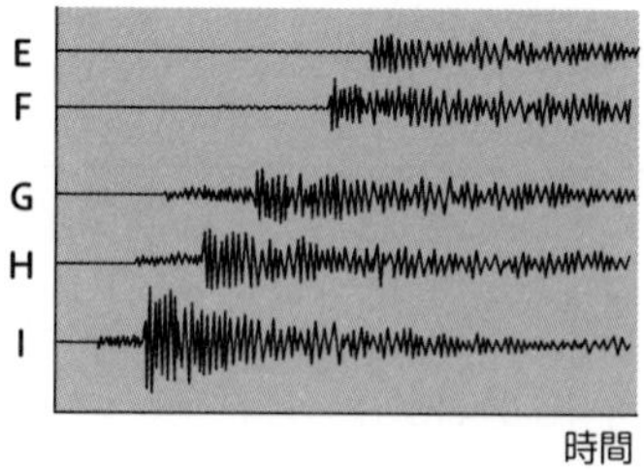

（地震波形記録：E, F, G, H, I　横軸 時間）

図3

（図3：上から見た図と横から見た図。■の観測地点（　）が複数，震央●，震源×）

震央　●　上から見た図
　　　　×　横から見た図
震源

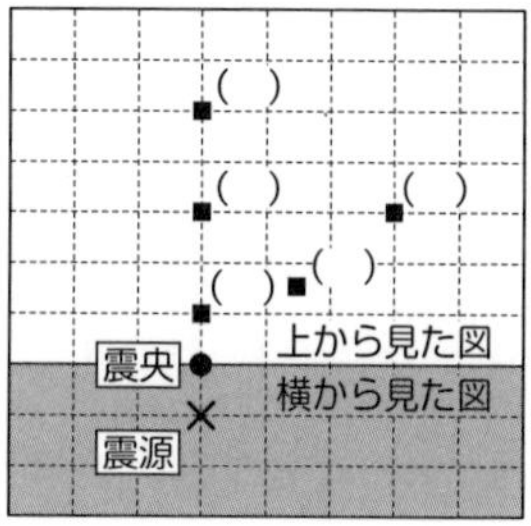

物質 編

第1章　ものの量 ……………………………………… 316

第2章　温度とものの変化 …………………………… 322

第3章　もののとけ方 ………………………………… 340

第4章　ものの燃え方と空気 ………………………… 356

第5章　気体の性質 …………………………………… 372

第6章　水よう液の性質 ……………………………… 384

この編では，身のまわりの物質について学習します。物質といっても，そのすがたは固体，液体，気体などさまざまです。それぞれの物質はどのように変化し，どのような性質があるのかを確認しましょう。

ものの量
りょう

1 ものの重さと体積・・・・・・・・・・・・・317

海にうかぶ流氷
りゅうひょう

1 ものの重さと体積

3年 **発展**

1 ものの重さ

身のまわりにあるものには，それぞれ重さがある。

ものの形と重さ

ものの重さは，グラム〔g〕やキログラム〔kg〕で表される。

実験

ものの形と重さの関係を調べる

ねらい

ねん土の形を変えて，重さを調べる。

方法

1 電子てんびん①で調べるねん土の重さをはかる。
2 ねん土の形を変えて②，重さをはかる。

入れもの　ねん土　うすく平らにする

細くのばす

電子てんびん　細かく分ける

⚠️ **ここに注意!**

①ねん土の重さをはかる前に，電子てんびんに入れものをのせて，数字を0にする。

➡️ P.546

②形を変えるとき，ねん土が手についたり，こぼれたりしたときは，それをすべて集めて入れものに入れてから，重さをはかる。

結果

はじめの重さ		87g
形	予想	重さ
うすく平らにしたとき	軽くなる	87g
細くのばしたとき	軽くなる	87g
細かく分けたとき	重くなる	87g

✨ わかったこと ✨

ものの形を変えても，ものの重さは変わらない。

第2章
温度とものの変化

第3章
もののとけ方

第4章
空気
ものの燃え方と

第5章
気体の性質

第6章
水よう液の性質

② ものの重さと体積

同じ体積でくらべる①と，ものの種類によって，重さがちがう。

ここに注意！

①体積が大きくなると，重さも大きくなるので，同じ体積でくらべる。

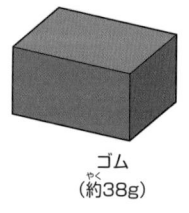
ゴム
（約38g）

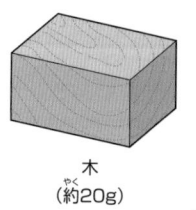
木
（約20g）

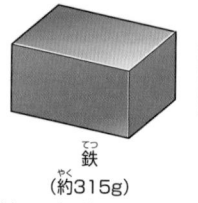
鉄
（約315g）

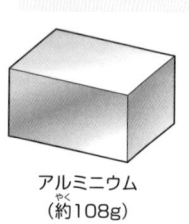
アルミニウム
（約108g）

↑いろいろなものの重さ（体積40cm³）

密度

密度がわかれば，身のまわりのものが何でできているかを見分けることができる。

●**密度**　1cm³あたりのものの重さを**密度**という。密度は，ものの種類によって決まっている。

ものの種類	密度〔g/cm³〕	ものの種類	密度〔g/cm³〕
なまり	11.35	ガラス	2.2 ～ 2.6
銅	8.96	レンガ	1.2 ～ 2.2
鉄	7.87	ゴム	0.91 ～ 0.96
アルミニウム	2.70	木（ひのき）	0.49

↑いろいろなものの密度

ここが大切　密度が同じものは，同じ種類のものからできていることがわかる。

$$密度〔g/cm^3〕= \frac{ものの重さ〔g〕}{ものの体積〔cm^3〕}$$

●**ものの体積のはかり方**　ものの体積は，ものがおしのけた水の体積②ではかることができる。

もっとくわしく

②おしのけられた水の体積の分だけ，水面が上がる。

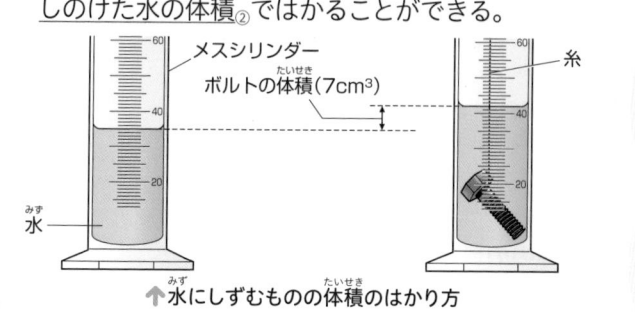

メスシリンダー
ボルトの体積（7cm³）
糸
水

↑水にしずむものの体積のはかり方

物質編

第1章 ものの量

第2章 変化とものの温度と

第3章 もののとけ方

第4章 ものの燃え方と空気

第5章 気体の性質

第6章 水よう液の性質

学入試対策！ **密度ともののうきしずみ** 入試でる度 ★★★☆☆

もののうきしずみ

水などの液体にものを入れたとき，それが液体にうくかしずむかは，密度によって決まる。ものの密度が液体よりも小さいときはうくが，大きいときはしずむ。

カシの木

アルコール　　　　　　水

カシの木（密度 約0.85g/cm³）は，アルコール（密度 0.79g/cm³）にはしずむが，水（密度1.00g/cm³）にはうく。

↑カシの木のうきしずみ

液体の種類	密度〔g/cm³〕
水	1.00
海水	1.01〜1.05
アルコール	0.79
なたね油	0.91〜0.92

↑液体の密度

ここが大切

もののうきしずみは，密度によって決まる。

うくとき……ものの密度＜液体の密度

しずむとき…ものの密度＞液体の密度

もののうきしずみの原因

水中にあるものには，浮力という力がはたらいている。この浮力とものの重さの関係で，ういたりしずんだりする ▶ P.503 。

ここが問われる！
ものの密度の大小

液体にうくものの密度は液体より小さく，しずむものの密度は液体より大きい。たとえば，卵は水にしずむが，こい食塩水にはうく。このとき，卵の密度は水よりも大きく，こい食塩水よりも小さい。

➡ 密度が大きい順に並べると，こい食塩水，卵，水となる。

入試要点チェック

解答▶別冊…P.562

つまずいたら
調べよう

- [ ] **1** 身近なものの重さの単位には，**グラム〔g〕**以外に何がありますか。

- [ ] **2** ものの形を変えると，ものの重さはどうなりますか。

- [ ] **3** ものをいくつかに分けたとき，全体の重さはどうなりますか。

- [ ] **4** 同じ体積でくらべたとき，ものの重さは何によって変わりますか。

- [ ] **5** **1 cm³ あたりのものの重さ**を，何といいますか。

- [ ] **6** **密度**は，ものの重さを何で割って求めることができますか。

- [ ] **7** 同じ体積の場合，密度の大きいものと密度の小さいものでは，どちらのほうが重いですか。

- [ ] **8** 同じ重さの場合，密度の大きいものと密度の小さいものでは，どちらのほうの体積が大きくなりますか。

- [ ] **9** 水などの液体にものを入れたとき，それがうくかしずむかは，ものの何によって決まりますか。

- [ ] **10** ものが液体にうくときは，ものの密度はものを入れた液体の密度にくらべてどうなっていますか。

- [ ] **11** ものが液体にしずむときは，ものの密度はものを入れた液体の密度にくらべてどうなっていますか。

- [ ] **12** 水中にあるものには，重力以外にどのような力がはたらきますか。

1▶P.317
1 **1** ものの重さ

2▶P.317
1 **1** ものの重さ

3▶P.317
1 **1** ものの重さ

4▶P.318
1 **2** ものの重さと体積

5▶P.318
1 **2** ものの重さと体積

6▶P.318
1 **2** ものの重さと体積

7▶P.318
1 **2** ものの重さと体積

8▶P.318
1 **2** ものの重さと体積

9▶P.319
1 入試 密度ともののうきしずみ

10▶P.319
1 入試 密度ともののうきしずみ

11▶P.319
1 入試 密度ともののうきしずみ

12▶P.319
1 入試 密度ともののうきしずみ

入試問題にチャレンジ！

解答▶別冊…P.562

物質編

第1章 ものの量

第2章 温度とものの変化

第3章 もののとけ方

第4章 ものの燃え方と空気

第5章 気体の性質

第6章 水よう液の性質

1 次の文を読み，あとの問いに答えなさい。ただし，文中に出てくる「密度」とは，1 cm³ あたりの重さ〔g〕のことを表します。 （明治学院中）

　ビーカー A とビーカー B に，同じ温度で，同じ重さの水を，同じ体積になるようにはかりとり，A のみをアルコールランプで熱してビーカー内の水の体積と重さをくらべる実験をしました。その結果，体積は A ① B，重さは A ② B となりました。このことから，同じ体積でくらべた場合，水の密度は温度が高い水のほうが冷たい水よりも ③（大きい・小さい）といえます。
　このような温度と密度の関係は，水以外のほかの液体にも同じようにあてはまります。

(1) ①，②にあてはまる記号の組み合わせとして，正しいのは，右の**ア〜エ**のうちどれですか。記号で答えなさい。　（　　　）

(2) ③にあてはまる語句として正しいほうを選び，答えなさい。　（　　　）

	①	②
ア	=	>
イ	=	<
ウ	>	=
エ	<	=

　ところで，ある物体の密度が液体の密度よりも小さいと物体は液体にうき，反対に液体の密度よりも大きいと物体はしずみます。このように，物体が液体にうくかしずむかは，密度をくらべればわかります。

よくでる (3) 下線部に関連して，次の①，②のときの答えの組み合わせとして，正しいものは右の**ア〜エ**のどれですか。記号で答えなさい。　（　　　）

① 1円玉の入ったコップに水を入れたとき，1円玉はうくか，しずむか。ただし，水の密度は1 cm³ あたり1gとし，1円玉の体積は0.5cm³，重さは1gとする。

② 氷の密度は水の密度より大きいか，小さいか。

	①	②
ア	うく	大きい
イ	うく	小さい
ウ	しずむ	大きい
エ	しずむ	小さい

第2章

温度とものの変化

1 空気と水の性質……………………323

2 もののあたたまり方……………325

3 温度と体積の変化………………330

4 水の状態変化………………………333

氷になった滝（長野県）

1 空気と水の性質

4年

１ 閉じこめた空気の性質

ポリぶくろに閉じこめた空気をおすと，手ごたえを感じる。

閉じこめた空気の性質

閉じこめた空気をおすと，体積が小さくなる①。空気の体積が小さくなるほど，もとにもどろうとして，おし返す力が大きくなる。空気鉄ぽうは，この空気の性質を利用したものである。

> ⚠️ **ここに注意！**
> ①力を加えるのをやめると，空気はもとの体積にもどる。

実験

空気鉄ぽうで玉を飛ばそう

ねらい

空気鉄ぽうで玉を飛ばす方法を調べる。

方法

玉②の位置やつめ方を変えて，空気鉄ぽうで玉を飛ばす③。

輪ゴム　後玉　前玉
おし棒　つつ

結果

・前玉を後玉からはなしたときほど，よく飛んだ。
・玉をきつくつめたほうが，よく飛んだ。
・後玉が前玉にふれる前に，前玉が飛んだ。

✦ わかったこと ✦

前玉は，つつの中のおしちぢめられた空気がもとにもどろうとする力によって飛ぶ。

> ⚠️ **ここに注意！**
> ②しめらせたティッシュペーパーや新聞紙，ジャガイモなどを玉として使う。
>
> ③おし棒をおす手がつつにぶつからないように，輪ゴムの手前をにぎる。
>
>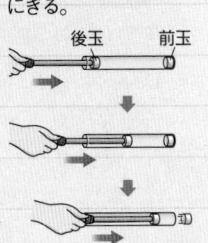
> 後玉　前玉

第1章 ものの量

第2章 変化とものの 温度とものの

第3章 もののとけ方

第4章 空気 ものの燃え方と

第5章 気体の性質

第6章 水よう液の性質

2 閉じこめた水の性質

空気鉄ぽうに水を入れて，おし棒をおしても，前玉は水といっしょに下に落ちる。

実験

空気や水をおしたときの様子

ねらい

空気や水を注射器に入れ，ピストンをおしたときの様子を調べる。

方法

A～Cの注射器を用意し，ピストンをおす①。

A　　　　　B　　　　　C

ピストン
おす　　　おす　　　おす
つつ
空気
水
空気
ビニル
テープ
をまく
水

結果

A	ピストンは下がった
B	ピストンは下がらなかった
C	ピストンは下がったが，水面の位置は変わらなかった②

わかったこと

空気はおしちぢめられるが，水はおしちぢめられない。

ここに注意！

①注射器のつつをしっかりにぎり，真上からピストンをゆっくりおしていく。

②水面の位置が変わらなかったことから，水はおしちぢめられないことがわかる。

ここが大切

閉じこめられた空気や水をおしていくとき，次のようになる。

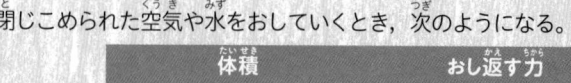

	体積	おし返す力
空気	小さくなる	大きくなっていく
水	変わらない	変わらない

2 もののあたたまり方

熱①は，エネルギー ▶P.455 のひとつで，あたたかさや冷たさを示す温度とは別のものである。

用語
①熱とは，温度の高いものから低いものへと移動するエネルギーのこと。

1 金属のあたたまり方

全体が鉄でできたフライパンを熱すると，やがて持つところも熱くなる。

実験

金属のあたたまり方を調べる

ねらい
金属の棒や板を使って，あたたまり方を調べる。

方法
金属の棒や板にろうをぬり②，実験用ガスコンロ ▶P.541 を使って③熱し，ろうのとけ方を観察する。

⚠ ここに注意！
②火がついて燃えないように，ろうはできるだけうすくぬる。
③実験用ガスコンロのかわりに，アルコールランプを使ってもよい。
▶P.543

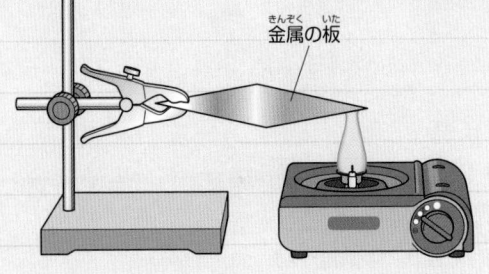

金属の棒
金属のトレー
実験用ガスコンロ

金属の板

物質編

第1章 ものの量

第2章 変化とものの 温度とものの

第3章 もののとけ方

第4章 ものの燃え方と 空気

第5章 気体の性質

第6章 水よう液の性質

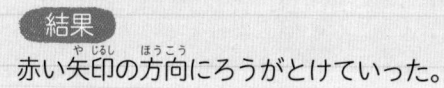
結果

赤い矢印の方向にろうがとけていった。

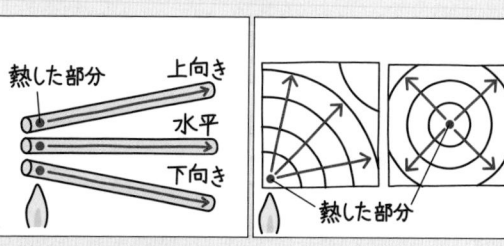

熱した部分　上向き
水平
下向き

熱した部分

✧ わかったこと ✧

金属は，熱した部分から順に熱が伝わっていく。

熱の伝導

　金属は，熱した部分から順に熱が伝わる①。このようなあたたまり方を，熱の伝導という。

2 ┊ 水のあたたまり方

　おふろに入るとき，上のほうはあたたかいが，下のほうはまだぬるいことがある。

実験

水のあたたまり方を調べる

ねらい

示温テープを使って，水のあたたまり方を調べる。

方法

1 プラスチックの板に示温テープ②をはり，水を3分の2ぐらい入れた試験管に入れる。

示温テープ
ふっとう石

実験用ガスコンロ

もっとくわしく

①鉄やアルミニウムなどの金属は熱を伝えやすいが，木やガラス，プラスチックなどは熱を伝えにくい。

②示温テープは，決まった温度よりも高くなると色が変わる。

326

2 試験管の中にふっとう石①を入れ，実験用ガスコンロで熱し，示温テープの色の変化を調べる。

結果

・試験管の底を熱すると，上のほうから色が変わり，やがて全体の色が変わった。
・水面近くを熱すると，上のほうはすぐに色が変わったが，下のほうはなかなか色が変わらなかった。

✧ わかったこと ✧

あたためられた水は上に動き，上にある温度の低い水が下に動く②ことで，全体があたためられる。

⚠️ **ここに注意!**

①突然ふっとうして，水がふき出すのを防ぐために，ふっとう石を入れる。

🔍 **もっとくわしく**

②同じ体積でくらべると，冷たい水は重く，あたたかい水は軽い。

➡️ P.336

物質編

第1章 ものの量

第2章 温度とものの変化

第3章 もののとけ方

第4章 ものの燃え方と空気

第5章 気体の性質

第6章 水よう液の性質

---

③ 空気のあたたまり方

熱気球は，ガスバーナーであたためられた空気が軽くなることで，上空まで上がっていく。

実験

空気のあたたまり方を調べる

ねらい

線こうのけむりで，空気のあたたまり方を調べる。

方法

電熱器に，線こうのけむりを近づけて，けむりの動きを調べる。

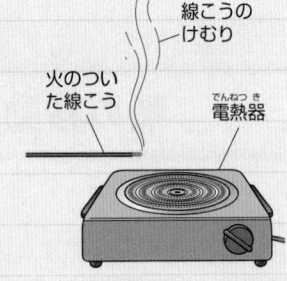

線こうのけむり
火のついた線こう
電熱器

結果

・線こうのけむりは上のほうへ動いていった。

✦・ **わかったこと** ✦・
あたためられた空気は上のほうへ動いていく。

熱の対流

　水や空気は、あたためられると上に動くことで、全体があたたまっていく。このようなあたたまり方を、熱の**対流**という。

4 熱の放射

　太陽の光は空気を通りぬけ、地面をあたためる①。

熱の放射

　太陽の光やたき火は、空気を通りぬけてからだなどを直接あたためる。このようなあたたまり方を、熱の**放射**②といい、出された熱を**放射熱**という。

放射熱の反射と吸収

　黒っぽいものは放射熱を吸収しやすいため、あたたまりやすい。しかし、白っぽいものは放射熱を反射するため、あたたまりにくい。

つまずいたら

①このため、晴れた日に気温が最高になる時刻は、太陽の南中時刻や地面の温度が最高になる時刻よりもおそい。

➡ P.199

🔍 **もっとくわしく**

②熱の伝導や対流では、熱を伝えるものが必要であるが、放射は真空中でも熱が伝わる。

中学入試対策

熱の移動と熱量

入試でる度 ★★☆☆☆

熱量

　熱を数量で表したものを熱量という。1gの水の温度を1℃上げるのに必要な熱の量を**1カロリー**という。

水の重さ〔g〕× 温度変化〔℃〕＝熱量〔カロリー〕

物質編

第1章 ものの量

第2章 温度とものの変化

第3章 もののとけ方

第4章 ものの燃え方と空気

第5章 気体の性質

第6章 水よう液の性質

熱の移動

温度のちがう2つのものが接しているとき，温度の高いものから低いものへ熱が移動する。両方の温度が等しくなると，熱の移動は止まる。このとき，温度が高いものが失った熱量と，温度が低いものが受けとった熱量は等しくなる。

温度

時間

↑水の温度変化

温度が高いもの

等しい温度

温度が低いもの

水の温度変化

温度のちがう水が接しているとき，次の関係が成り立つ。

> **ここが大切**
>
> 温度の高い水が失った熱量と温度の低い水が受けとった熱量は等しいので，
>
> $$温度の高い水の重さ〔g〕×下がった温度〔℃〕$$
> $$＝温度の低い水の重さ〔g〕×上がった温度〔℃〕$$
>
> このとき，**水の重さと温度変化は反比例する。**

ここが問われる！
変化しなくなったときの水の温度

20℃の水A500gの中に80℃の湯B100gを入れたときに，水全体の温度が何度になるかを調べるときは，「水の重さと温度変化は反比例する」ことを利用する。

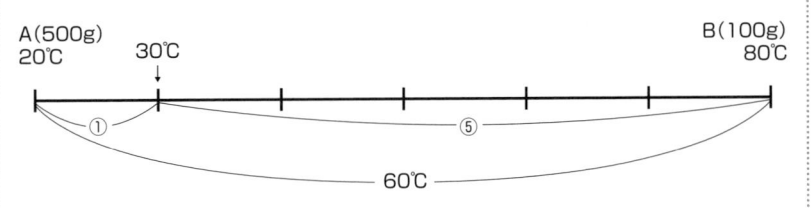

A(500g)
20℃

30℃

B(100g)
80℃

① ⑤

60℃

20℃の水Aと80℃の湯Bの重さの比は，500：100＝5：1になるので，温度変化の比はA：B＝1：5。したがって，80−20＝60〔℃〕を1：5に分けると，Aは10℃上がって，Bは50℃下がる。
➡ 水全体の温度は30℃になる。

3 温度と体積の変化

4年

1 空気の温度と体積

少しへこんだピンポン玉を湯につけると，もとの形にもどる。

実験

温度による空気の体積の変化を調べる

ねらい

空気をあたためたり冷やしたりしたときの体積の変化を調べる。

方法

1 少しへこませたマヨネーズの容器を約60℃の湯につける。

2 1のマヨネーズの容器を氷水につける。

結果

あたためる → 冷やす

あたためる → 冷やす

マヨネーズの容器

✦ わかったこと ✦

空気をあたためると体積が大きくなり，冷やすと体積が小さくなる。

別の実験

試験管の口に石けん水のまくをはる。

石けん水のまく

まくがふくらんだ。

冷やす ⇅ あたためる

石けん水のまく

まくがへこんで，試験管の中まで入った。

空気の温度と体積

空気は，あたためられると体積が大きくなり（ぼう張①），冷やすと体積が小さくなる（収縮）。空気の温度が変わって体積が変化しても，重さは変わらない。このため，同じ体積でくらべると重さが変わる。

用語

ぼう張
①体積が大きくなること。

② 水の温度と体積

棒温度計は，温度によって液体の体積が変わることを利用している。

実験

温度による水の体積の変化を調べる

ねらい

水をあたためたり冷やしたりしたときの体積の変化を調べる。

方法

1 水を満たした丸底フラスコに，ガラス管つきのゴムせん①をはめ，水面の位置に印をつける。
2 丸底フラスコを約60℃の湯にしばらくつける。
3 丸底フラスコを氷水にしばらくつける。

①水の体積の変化は，目で見てもわからないぐらい小さい。このため，細いガラス管の水面の位置が動くことから調べる。

結果

ガラス管 上がる 印

印をつける

印 下がる

水 湯

空気中 水

氷水 水

水は，あたためると体積が大きくなり，冷やすと小さくなる

わかったこと

水をあたためると体積が大きくなり，冷やすと体積が小さくなる。

水の温度と体積

水も空気と同じように，あたためられると体積が大きくなり，冷やされると体積が小さくなる②。温度による水の体積の変化は，空気よりも小さい。

ほかの液体も，あたためられると体積が大きくなり，冷やされると体積が小さくなる。棒温度計はこの性質を利用したもので，ガラス管の中に色をつけたアルコールや灯油を入れ，温度を測定している。

もっとくわしく

②水は，4℃のときの体積がいちばん小さく，体積の変化の割合は温度によって変わる。アルコールなどは，温度による体積の変化の割合が一定になる。

第1章 ものの鑑

第2章 温度とものの変化

第3章 もののとけ方

第4章 ものの燃え方と

第5章 気体の性質

第6章 水よう液の性質

③ 金属の温度と体積

実験

温度による金属の体積の変化を調べる

ねらい

金属の玉を熱したり冷やしたりしたときの体積
の変化を調べる。

方法

1 金属の玉①を熱して，輪を通りぬけられるか②調べる。

2 1の玉を冷やし，輪を通りぬけられるか調べる。

結果

①金属の玉を熱する
前に，金属の玉が輪
を通りぬけられるかど
うか調べておく。

②金属の玉の体積が
大きくなると，輪を通
りぬけられなくなる。

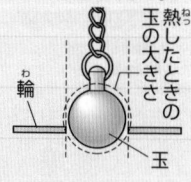

輪を通る　→　熱する　→　輪を通らなくなる　→　冷えるとふた
たび輪を通る

✦ わかったこと ✦

金属を熱すると体積が大きくなり，冷やすと体
積が小さくなる。

金属の温度と体積

　金属も空気や水と同じように，熱せられると体積が大きくなり，冷やされ
ると体積が小さくなるが，体積の変わり方は，空気や水よりもずっと小さい。

理科の宝箱　　　　　ぼう張率

　ものの種類によって，温度による体
積の変化の割合がちがう。温度によっ
て体積や長さが増える割合を，ぼう
張率という。

　鉄などの金属のぼう張率はガラス
のぼう張率よりも大きくなる。このた
め，ガラスびんのふたが開かないと
き，金属のふたの部分を湯につけると，
ふたのほうが大きくふくらんで，ふた
を楽に開けることができる。

物質編

第1章 ものの量

第2章 温度とものの変化

第3章 もののとけ方

第4章 ものの燃え方と空気

第5章 気体の性質

第6章 水よう液の性質

4 水の状態変化

4年

1 水のすがたの変化

水を熱すると，水面のすぐ近くには何も見えない①が，その上には白い湯気②が見える。

水のすがた

液体の水を熱すると気体の水蒸気③になり，冷やしていくと固体の氷になる。

●**気体** 水蒸気や空気のように，目に見えず，自由に形を変えることのできるものを**気体**という。

●**液体** 水やアルコールのように，自由に形を変えることのできるものを**液体**という。

●**固体** 氷や鉄のように，かたまりになっていて形が変わりにくいものを**固体**という。

水蒸気(気体)

湯気(液体)

水蒸気(気体)

あわ(気体)

水(液体)

↑水を熱したときの変化

⚠️**ここに注意!**
①水面のすぐ上のところには，目に見えない水蒸気がある。

用語
湯気
②水蒸気が空気中で冷やされて，細かい水てきに変わったもの。白いけむりのように見える。

水蒸気
③水が目に見えない気体のすがたに変わったもの。冷やされると，水になる。

333

状態変化

　ものが温度によって，固体，液体，気体とすがたを変えることを**状態変化**という。水はあたためると状態変化して水蒸気になるが，冷やすとふたたび状態変化して水にもどる。このように，状態変化では，もののすがたが変わるだけで，ものが別のものに変化するわけではない。

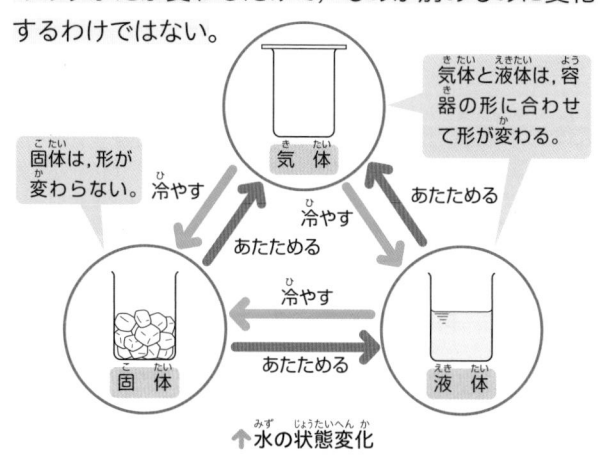

気体と液体は，容器の形に合わせて形が変わる。

固体は，形が変わらない。

↑水の状態変化

② 温度と水の状態の変化

　水は，熱すると水蒸気になったり，冷やすと氷になったりする。

ふっとうと蒸発

　水が水蒸気に変わる現象には，ふっとうと蒸発の2つがある。

●**ふっとう**　水を熱したとき，100℃ぐらいになると，水の中からさかんに水蒸気のあわが出て，わき立つ。この現象を水の**ふっとう**という。

●**蒸発**　水が水面から水蒸気になることを**蒸発**という。洗たく物がかわいたり，水たまりの水がなくなったりするのは，水が蒸発するためである。蒸発は，気温が高く，しつ度 ⇒P.210 が低いときにさかんに行われる。

水蒸気のあわ　水
↑水のふっとう

水蒸気　水
↑水の蒸発

氷を熱したときの温度変化

0℃より低い温度①の氷を熱したときの温度は，下のグラフのように変化する。

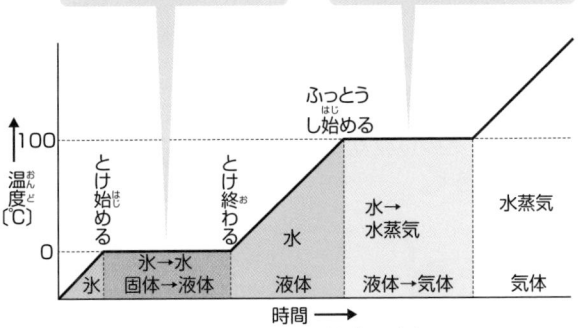

氷がとけている間は，温度は一定（0℃）で変化しない。

水がふっとうしている間は，温度は一定（100℃）で変化しない。

↑氷を熱したときの温度の変化

・氷は0℃ぐらいになるととけ始め，全部が水に変わるまで，温度がほぼ0℃で変わらない②。
・水は100℃ぐらいでふっとうし始め，ふっとうしている間は，温度はほぼ100℃で変化しない②。

水を冷やしたときの温度変化

ビーカーの氷に水と食塩を混ぜたもの③を加え，試験管の水を冷やしたとき，下のグラフのように温度が変化する。

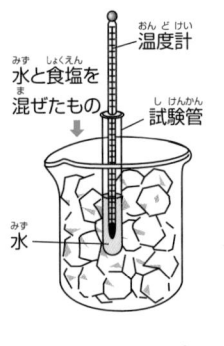

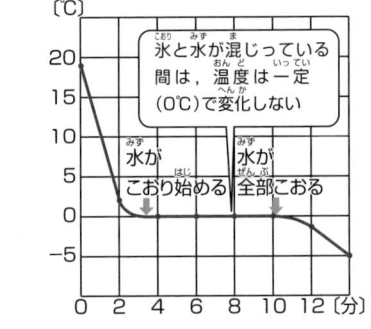

氷と水が混じっている間は，温度は一定（0℃）で変化しない

水がこおり始める　水が全部こおる

↑水を冷やしたときの温度の変化

⚠️ここに注意！

①0℃よりも低い温度は，温度計の目盛りを0から下に数えて，れい下（または氷点下）何度という。下の図の場合，「れい下6度」と読み，「−6℃」と書く。

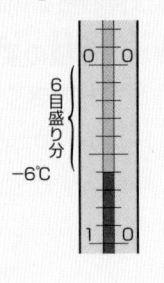

🔍もっとくわしく

②氷が水に変わったり，水が水蒸気に変わったりするときに，熱を必要とするため。

③氷だけでは，試験管の水をこおらせることができない。氷に水と食塩を混ぜたものを加えると，−20℃ぐらいまで温度を下げることができるため，試験管の水をこおらせることができる。

物質編

第1章 ものの重さ

第2章 温度とものの変化

第3章 もののとけ方

第4章 ものの燃え方と空気

第5章 気体の性質

第6章 水よう液の性質

・水は，0℃ぐらいでこおり始め，全部がこおるまで，温度はほぼ0℃で変わらない①。

状態変化と体積

状態変化では，ものの体積は変わるが，ものの重さは変わらない。

●**水の体積の変化**　水が水蒸気になるとき，体積はとても大きくなる②。また，水が氷になるときも，体積は大きくなる。このため，氷のほうが水よりも密度が小さい③ので，氷は水にうく。

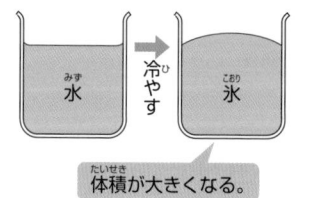

体積が大きくなる。

↑水→氷の変化

●**水以外の体積の変化**　水以外のものも，液体から気体になるときには，体積がとても大きくなる。しかし，ほとんどのものは液体から固体になるときには，体積が小さくなる。

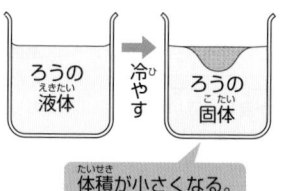

体積が小さくなる。

↑ろうの変化

もっとくわしく

①水がこおるときに，まわりに熱を出すため，水がこおっている間は，冷やしても温度が変わらない。

②水が水蒸気に変わるとき，体積は約1700倍にもなる。

つまずいたら

③水が氷になっても重さは変わらないが，体積が大きくなるため，密度は小さくなる。

▶ P.318

入試要点チェック

解答▶別冊…P.562

物質編

第1章
ものの量

第2章
変化 温度とものの

第3章
もののとけ方

第4章
空気と ものの燃え方と

第5章
気体の性質

第6章
水よう液の性質

つまずいたら
調べよう

☐ 1 閉じこめた空気と水をおしたとき,体積が小さくなるのはどちらですか。

☐ 2 金属のように,熱した部分から順に熱が伝わることを何といいますか。

☐ 3 水や空気は,あたためられると上に動くことで,全体をあたためる。このような熱の伝わり方を何といいますか。

☐ 4 太陽の光やたき火は,空気を通りぬけて地面やからだを直接あたためる。このような熱の伝わり方を何といいますか。

☐ 5 太陽の光に当てたとき,あたたまりやすいのは黒っぽいもの,白っぽいもののどちらですか。

☐ 6 1gの水の温度を1℃上げるのに必要な熱量を何といいますか。

☐ 7 水を熱するとき,水の重さと温度変化の間にはどのような関係がありますか。

☐ 8 温度変化にともなって体積が大きく変化する順に,水,空気,金属をならべなさい。

☐ 9 ものが温度によって,固体,液体,気体とすがたを変えることを何といいますか。

☐ 10 水を熱したとき,100℃ぐらいになると,水の中からさかんにあわが出てわき立ちます。この現象を何といいますか。

☐ 11 水が水面から水蒸気になることを何といいますか。

☐ 12 水が氷になると,体積はどのように変化しますか。

1▶P.323
1 1閉じこめた空気の性質

2▶P.326
2 1金属のあたたまり方

3▶P.328
2 3空気のあたたまり方

4▶P.328
2 4熱の放射

5▶P.328
2 4熱の放射

6▶P.328
2 入試熱の移動と熱量

7▶P.329
2 入試熱の移動と熱量

8▶P.332
3 3金属の温度と体積

9▶P.334
4 1水のすがたの変化

10▶P.334
4 2温度と水の状態の変化

11▶P.334
4 2温度と水の状態の変化

12▶P.336
4 2温度と水の状態の変化

入試問題にチャレンジ！

解答▶別冊…P.562

1 水と油のあたたまりやすさのちがいを調べるため，0 ℃の水 100 g と 0 ℃の油 100 g をそれぞれ別のビーカーに入れ，同じように加熱したときの温度の変化を調べました。その結果は右のグラフのようになりました。このグラフを見て，次の問いに答えなさい。

(城北中)

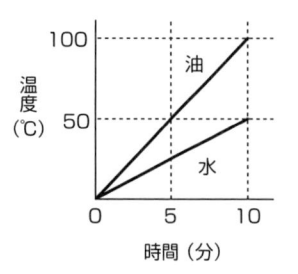

(1) 20℃の油 200 g と 20℃の水 200 g をそれぞれ別のビーカーに入れ，同時に同じように加熱を始めました。油の温度が 60℃になったときの水の温度は何℃ですか。　　　　　（　　　　）

よくでる(2) 油の入ったビーカーのはしを加熱したとき，油の動く様子はどのようになりますか。正しいものを，次の**ア**〜**エ**から１つ選び，記号で答えなさい。　　　　　　　　　　　　　　　（　　　　）

ア　　　　　　　イ　　　　　　　ウ　　　　　　　エ

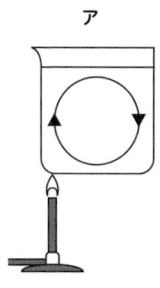 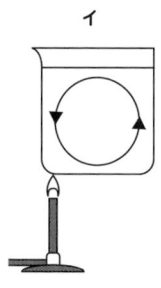 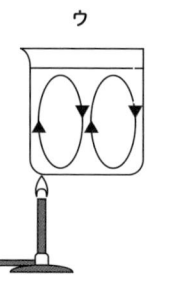 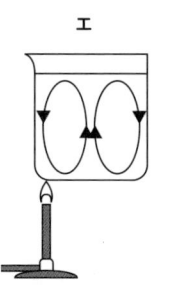

よくでる(3) 80℃の水の中におがくずを入れ，氷の入った試験管を水の中に入れました。このとき，おがくずの動く様子はどのようになりますか。正しいものを，次の**ア**〜**エ**から１つ選び，記号で答えなさい。

（　　　　）

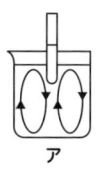 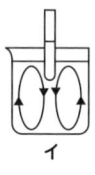 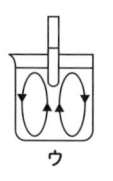 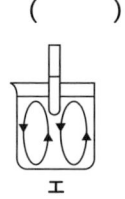

ア　　　　　　　イ　　　　　　　ウ　　　　　　　エ

物質編

第1章 ものの量

第2章 温度とものの変化

第3章 もののとけ方

第4章 ものの燃え方と空気

第5章 気体の性質

第6章 水よう液の性質

2 水や雲に関する次の問いに答えなさい。　　　　（お茶の水女子大学附属中）

よくでる(1) 次の図は，ビーカーに入れた水をアルコールランプであたためたときの様子を表しています。図の①〜⑤では，水はそれぞれどのような状態ですか。次のア〜ウからそれぞれ1つずつ選び，記号で答えなさい。

①（　　　）②（　　　）③（　　　）
④（　　　）⑤（　　　）

ア　固体　イ　液体　ウ　気体

⑤湯気が消えたところ

④湯気のところ

穴のあいたアルミニウムはく

③見えないけれど熱いところ

②あわの部分

①湯の部分

(2) 空にある雲は，水がどのような状態にありますか。次のア〜ウから1つ選び，記号で答えなさい。　　　　（　　　）
ア　固体　イ　液体　ウ　気体

もののとけ方

1 ものがとける量 ……………… 341

2 水よう液のこさ ……………… 346

3 結しょうのとり出し方 ……… 348

竹富島の海岸（沖縄県）
海には塩分が約 3.5％とけている。

1 ものがとける量

1 ものがとけるとは

食塩を水にとかすと，食塩の粒は見えなくなるが，その液をなめると塩からいので食塩はなくなっていないことがわかる。

水の中でものの形が見えなくなり，全体に広がり，すき通った液になることを「ものがとけた」という。

●**水よう液**　ものが水にとけた液を，水よう液①という。食塩水は食塩，砂糖水は砂糖が水にとけた水よう液である。

もっとくわしく

①水よう液には，次のような性質がある。

・色がついていることもあるが，とう明である。

・とけているものが，液全体に，均一に広がっている。

・時間がたっても，とけているものが水と分かれない。

実験

水よう液の重さを調べる

ねらい

水に食塩をとかす前とあとの重さをくらべる。

方法

水を入れた容器　ふた　食塩　　食塩を容器に入れ，ふたをしてよくふる　　食塩水　薬包紙②

電子てんびん　**210**g　→　210g　　**210**g　810g

⚠ ここに注意!

②食塩を入れたあとの薬包紙も皿にのせる。

結果

・食塩をとかしたあとの全体の重さは210gで，食塩をとかす前の全体の重さ210gと変わらなかった。

ここが大切　ものが水にとけて見えなくなっても，とけたものはなくなっていない。

水の重さ＋とかしたものの重さ＝水よう液の重さ

341

2 水の量とものがとける量

水にたくさんの食塩を入れると，よくかき混ぜてもとけ残りが出る。

実験

水にとけるものの量を調べる

ねらい

水の量とものがとける量の関係を調べる。

方法

1. メスシリンダー ➡ P.544 で10℃の水を50mL
   ずつビーカーにはかりとり，食塩やホウ酸，ミョ
   ウバンを1gずつ加えてガラス棒①でよくかき
   混ぜ，とけ残りが出るまでくり返す。
2. 水の量を2倍，3倍にした場合についても，1
   と同じように実験する②。

結果

水の量ととける量との関係

・水の温度…10℃

（縦軸）とける量 [g]　（横軸）水の量 [mL]

凡例：ミョウバン／食塩／ホウ酸

わかったこと

水の量が2倍になるととける量も2倍になり，水
の量が3倍になるととける量も3倍になる。

水の量とものがとける量

　一定の量の水にとけるものの量には限りがあり，水
の温度が一定のとき，その量はとかすものの種類に
よって決まっている。水の量が増えると，ものがとけ
る量も増える③。

⚠ ここに注意！

①ビーカーが傷つか
ないように，ガラス棒
の先にゴム管をつけ
る。

ガラス棒　ビーカー　ゴム管

②水の温度を同じに
して，食塩やホウ酸,
ミョウバンをとかす。

🔍 もっとくわしく

③水の温度が一定のと
き，ものがとける量は水
の量に比例する。

③　水の温度とものがとける量

熱い湯のほうが冷たい水よりも，たくさんの砂糖をとかすことができる。

実験

水の温度とものがとける量の関係を調べる

ねらい

水の温度を変えて，ものがとける量を調べる。

方法

1 水を50mLずつビーカーにはかりとり，水の温度を10℃にして，食塩，ホウ酸，ミョウバンを1gずつ入れてよくかき混ぜ，とけ残りが出るまでくり返す。

2 湯であたためて水の温度を30℃と50℃とした場合についても，1と同じように実験する①。

⚠️ここに注意！

①水の温度を変えるときは，ビーカーに入れる水の量は同じにして（この場合は50mL），食塩やホウ酸，ミョウバンをとかす。

60〜70℃の湯

水

結果

水の温度ととける量との関係
・水の量…50mL
■ミョウバン　■食塩　■ホウ酸

とける量 (g)
(縦軸) 10, 20, 30, 40, 50
(横軸) 10　30　60　(℃)
水の温度

✧ わかったこと ✧

食塩は，水の温度が高くなっても，とける量があまり変わらないが，ホウ酸やミョウバンは，水の温度が高くなるほど，とける量が増える。

水の温度とものがとける量

水の温度が高くなっても，食塩のように，とける量があまり変わらないものもあるが，ホウ酸やミョウバンのように，とける量が増えるものもある。二酸化炭素などの気体が水にとける量は，温度が高くなるほど少なくなる②。

🔍 もっとくわしく

②例えば，炭酸水をあたためると，とけきれなくなった二酸化炭素のあわがさかんに出る。

第1章 ものの量

第2章 温度とものの変化

第3章 もののとけ方

第4章 ものの燃え方と空気

第5章 気体の性質

第6章 水よう液の性質

中学入試対策 ほう和水よう液とよう解度曲線 入試でる度 ★★★☆☆

ほう和水よう液

決まった量の水にとかしていったとき，ものがそれ以上とけることのできなくなった水よう液を，**ほう和水よう液**という。とけ残りのある水よう液のうわずみの部分は，ほう和水よう液になっている。

よう解度

水100gにとけることができる限度のものの重さを，**よう解度**という。水の温度が高くなると，固体の場合はふつうよう解度が大きくなるが，食塩の場合はよう解度があまり変化しない。

● いろいろな物質の，水の温度によるよう解度の変化

水の温度	よう解度					
	0℃	20℃	40℃	60℃	80℃	100℃
食塩	35.6g	35.8g	36.3g	37.1g	38.0g	39.3g
ホウ酸	2.8g	4.9g	8.9g	14.9g	23.5g	38.0g
ミョウバン	3.0g	5.9g	11.7g	24.8g	71.0g	―
砂糖	179.2g	203.9g	238.1g	287.3g	362.1g	485.2g

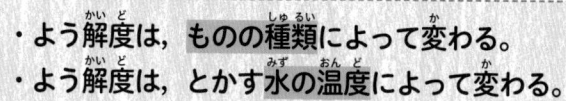

ここが大切
・よう解度は，ものの種類によって変わる。
・よう解度は，とかす水の温度によって変わる。

よう解度曲線

　水の温度によるよう解度の変化のようすを，グラフに表したものを，**よう解度曲線**という。よう解度曲線に表すことで，例えば右の図では，ホウ酸やミョウバンは，水の温度が高いととける量が増え，一方，食塩は水の温度が高くてもとける量はあまり変わらないということがよくわかる。

↑よう解度曲線

第1章
ものの量

第2章
温度とものの
変化

第3章
もののとけ方

第4章
ものの燃え方と
空気

第5章
気体の性質

第6章
水よう液の性質

ここが問われる！
水の量とよう解度

　水の温度が一定のとき，**とけることのできるものの量は，水の量に比例する。** 40℃のときのミョウバンのよう解度は11.7gなので，100gの水に11.7gのミョウバンがとける。

→ 40℃の水200gには2倍の23.4g，40℃の水300gには3倍の35.1gのミョウバンをとかすことができる。

2 水よう液のこさ

発展

水よう液のこさの表し方 （ 入試でる度 ★★★☆☆ ）

水よう液のこさ

水よう液のこさを表すときは，とけているものの重さが水よう液全体の重さの何パーセント（%）にあたるかという割合で表す。

ここが大切

水よう液のこさは，次のような式で表される。

$$水よう液のこさ〔\%〕= \frac{とけているものの重さ〔g〕}{水よう液の重さ〔g〕} \times 100$$

水の重さ〔g〕+とけているものの重さ〔g〕=水よう液の重さ〔g〕より，次のように表すこともできる。

$$水よう液のこさ〔\%〕= \frac{とけているものの重さ〔g〕}{水の重さ〔g〕+とけているものの重さ〔g〕} \times 100$$

ここが問われる！

式の変形

実際の問題を解くときは，上の式を変形してから利用する。

$$とけているものの重さ〔g〕=水よう液の重さ〔g〕\times \frac{水よう液のこさ〔\%〕}{100}$$

$$水よう液の重さ〔g〕= \frac{とけているものの重さ〔g〕}{水よう液のこさ〔\%〕} \times 100$$

（例題） 20%の食塩水125gをつくるのに必要な水の重さは何g？

（解き方） 20%の食塩水125gをつくるのに必要な食塩の量は，

$$125 \times \frac{20}{100} = 25〔g〕$$

よって，20%の食塩水125gをつくるのに必要な水の重さは，

$$125 - 25 = 100〔g〕$$

水よう液のこさと重さ

入試でる度 ★★☆☆☆

物質編

第1章 ものの量

第2章 温度とものの変化

第3章 もののとけ方

第4章 空気 ものの燃え方と

第5章 気体の性質

第6章 水よう液の性質

水よう液の体積と重さ

ものを水にとかしたとき，水よう液の重さは，水の重さととかしたものの重さの和となる。また，ものを水にとかすと，水よう液の体積はほんの少し増えるが，増えた分の体積は，とかしたものの体積よりもずっと小さい。

このため，同じ体積でくらべると，こい水よう液のほうが重くなる。

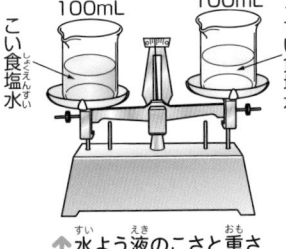

100mL　100mL

こい食塩水　うすい食塩水

↑水よう液のこさと重さ

水よう液をうすめる

水よう液をうすめるときは水を加える。2倍にうすめるときは水よう液の重さを2倍にするため，水よう液と同じ重さの水を加え，3倍にうすめるときは水よう液の重さを3倍にするため，水よう液の2倍の重さの水を加える。

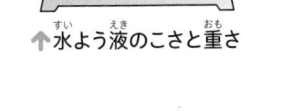

もとの水よう液を1とする　＋　水2　→　3倍にうすめた液

↑水よう液を3倍にうすめる

ここが問われる！

食塩水をうすめる

水よう液を○倍にうすめるときは，水よう液の（○－1）倍の重さの水を加えればよい。

（例題） 20%の食塩水10gをうすめて5%の食塩水にするときに加える水の量は？

（解き方） このとき，食塩水のこさは$\frac{5}{20} = \frac{1}{4}$になっているので，4倍にうすめることになる。

よって，10×(4－1)＝30(g)の水を加えればよい。

理科の宝箱　気体がとけた水よう液

気体も，水にとけて水よう液になる **◯P.394**。たとえば，二酸化炭素が水にとけた水よう液が炭酸水である。

気体は軽くて重さがないように思われるが，実際には，気体にも重さがある。

例えば，0℃のときに，二酸化炭素1000cm³の重さは約2.0gになる。これを水にとかすと，とかした二酸化炭素の分だけ，水よう液の重さが重くなる。

3 結しょうのとり出し方

1 結しょうとは

こい食塩水を浅い入れ物に入れ，そのまま置いておくと，やがて白い粒が出てくる。

結しょう

こい食塩水から出てきた白い粒は，食塩の粒である。食塩の粒のように，規則正しい形をした固体を，**結しょう**という。結しょうは，ものの種類によって形が決まっている。

2 食塩とホウ酸の結しょう

水よう液にふくまれているものを，結しょうとしてとり出す①には，水を蒸発させる方法と，水よう液を冷やす方法がある。

用語

再結しょう
①水を蒸発させたり，温度を下げたりして，水よう液にとけているものを，結しょうとしてとり出す操作を，再結しょうという。

実験

水よう液を熱してとかしたものをとり出す

ねらい

食塩水やホウ酸水から水を蒸発させて，とけているものをとり出すことができるか調べる。

方法

① とけ残りがある食塩水やホウ酸水をつくり，ろ過 ⏵P.547 してとけ残りをとり除く。

蒸発皿　食塩水

第1章 ものの重さ

第2章 温度とものの変化

第3章 もののとけ方

第4章 ものの燃え方と空気

第5章 気体の性質

第6章 水よう液の性質

2 ピペット ▶P.534 を使って，ろ過した液を蒸発皿に少しずつとり，ガスコンロで熱する①。

⚠ここに注意！
①水よう液を熱するときは，液が飛ぶことがあるので，安全めがね ▶P.547 を使う。また，出てきたものが飛び散らないように，液がなくなる前に火を消す。

水よう液を冷やしてとかしたものをとり出す

ねらい
食塩水やホウ酸水を冷やして，とけているものをとり出せるか調べる。

方法
1 とけ残りがある食塩水やホウ酸水をつくり，ろ過してとけ残りをとり除く。
2 ろ過した液を，氷水で冷やす。

ろ過した液

氷水

結果

	食塩	ホウ酸
ろ過した液を熱する	粒をとり出せた	粒をとり出せた
ろ過した液を冷やす	粒をとり出せなかった	粒をとり出せた

↑食塩の結しょう

↑ホウ酸の結しょう

✨ わかったこと ✨

ろ過した液を熱すると，食塩水からもホウ酸水からも，粒をとり出すことができた。しかし，ろ過した液を冷やすと，ホウ酸水からは粒をとり出せたが，食塩水からはとり出せなかった。  ➡ P.349

大きな結しょうをつくるには

　温度の高い水にホウ酸などをとけるだけとかし，それを発ぽうポリスチレン①などの箱に入れ，とてもゆっくり冷やしていくと，氷水などで急に冷やすよりも，大きな結しょうをつくることができる。

🔍 もっとくわしく

①発ぽうポリスチレンは，熱を伝えにくいため，中のものがあたたまりにくく，冷えにくくなる。

↑食塩（立方体）　　↑ミョウバン（正八面体）　　↑りゅう酸銅

中学入試対策 結しょうのとり出し方とよう解度曲線 〔入試でる度 ★★☆☆☆〕

結しょうのとり出し方

　結しょうをとり出すには，水を蒸発させる方法と水よう液を冷やす方法がある。

●水を蒸発させる方法

　水よう液を熱すると，水だけが蒸発してとけているものはあとに残る。このため，水の量が減り，とけていたものがとけき

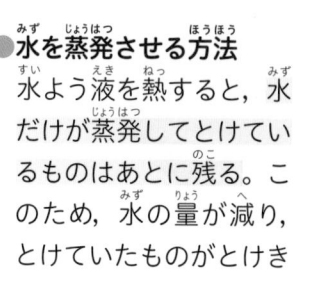

水だけが蒸発する

とけていたものがあとに残る

熱し続ける

とけているもの（見えない）

↑水を蒸発させたときのようす

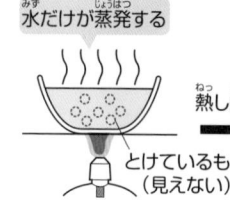

れなくなって，結しょうとなって出てくる。

●**水よう液を冷やす方法**　ホウ酸やミョウバンのように，水の温度によってよう解度 ▶P.344 が大きく変わるものは，水よう液を冷やすことによって，結しょうをとり出すことができる。

●**食塩の結しょうをとり出す方法**　食塩のように，水の温度が変わってもよう解度があまり変化しないものの水よう液からは，水よう液を冷やす方法では，結しょうをほとんどとり出すことができない。そのため，食塩の結しょうをとり出すときは，水を蒸発させる方法を用いる。

出てくる結しょうの量

　決まった量の水にとかしていったとき，ものがそれ以上とけることができなくなった状態を**ほう和**という。

　ホウ酸やミョウバンの水よう液を冷やしていくと，よう解度が小さくなり，ある温度で水よう液はほう和となる。さらにその温度よりも冷やすと，とけきれなくなったものが結しょうとなって出てくる。

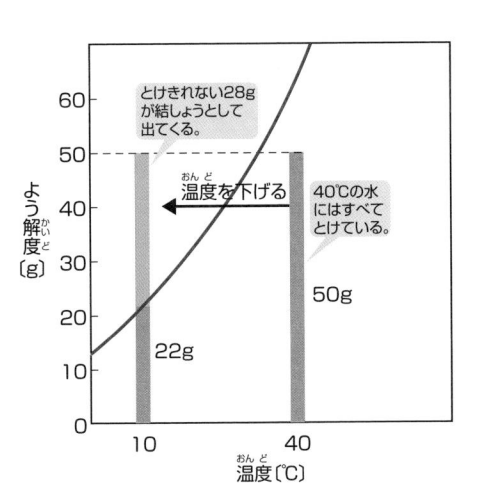

↑しょう酸カリウムの水よう液を冷やしたとき

とけきれない28gが結しょうとして出てくる。

温度を下げる

40℃の水にはすべてとけている。

50g

22g

物質編

第1章 ものの量

第2章 温度とものの変化

第3章 もののとけ方

第4章 ものの燃え方と空気

第5章 気体の性質

第6章 水よう液の性質

ここが問われる！
出てくる結しょうの量
水よう液を冷やしていったとき出てくる結しょうの量は，
とかしたものの重さ－冷やしたあとの温度でのよう解度（水100gの場合）で表される。

入試要点チェック

解答▶別冊…P.563

つまずいたら
調べよう

□ **1** 水よう液の重さは，水の重さと何の重さの和となりますか。

□ **2** 水の温度が一定のとき，ものがとける量は何に比例しますか。

□ **3** 水の温度が高くなっても，とける量があまり変わらないのは，食塩，ホウ酸のどちらですか。

□ **4** 水の温度が高くなると，水にとける気体の量はどうなりますか。

□ **5** 決まった量の水にものをとかしていったとき，ものが**それ以上とけることのできなくなった水よう液**を，何といいますか。

□ **6** **水100gにとけることのできる限度のものの重さ**を何といいますか。

□ **7** 水よう液のこさは，とけているものの重さが何の重さにしめる割合を％で表したものですか。

□ **8** 同じ体積でくらべたときに重いのは，うすい水よう液，こい水よう液のどちらですか。

□ **9** 食塩の粒のように，**規則正しい形をした粒**を，何といいますか。

□ **10** とけ残りのある食塩水をろ過した液は，水，食塩水のどちらですか。

□ **11** とけ残りのある水よう液をろ過した液を冷やしたとき，結しょうをとり出せるのは食塩水，ホウ酸水のどちらですか。

□ **12** 水よう液を氷水などで急に冷やすと，出てくる粒の大きさはどうなりますか。

1▶P.341
1 1ものがとけるとは

2▶P.342
1 2水の量とものがとける量

3▶P.343
1 3水の温度とものがとける量

4▶P.343
1 3水の温度とものがとける量

5▶P.344
1 入試 ほう和水よう液とよう解度曲線

6▶P.344
1 入試 ほう和水よう液とよう解度曲線

7▶P.346
2 入試 水よう液のこさの表し方

8▶P.347
2 入試 水よう液のこさと重さ

9▶P.348
3 1結しょうとは

10▶P.348
3 2食塩とホウ酸の結しょう

11▶P.349
3 2食塩とホウ酸の結しょう

12▶P.350
3 2食塩とホウ酸の結しょう

入試問題にチャレンジ！

解答▶別冊…P.563

物質編

第1章
ものの量

第2章
温度とものの
変化

第3章
もののとけ方

第4章
ものの燃え方と
空気

第5章
気体の性質

第6章
水よう液の性質

1 ビーカー **A**（重さ 90g）に水 100g を入れました。その水に食塩 50g を加えてよくかき混ぜると，図 2 のようにビーカーの底にとけ残った食塩がたまりました。次の問いに答えなさい。ただし，この実験操作中に温度の変化や水の蒸発はなかったものとします。

(筑波大学附属中)

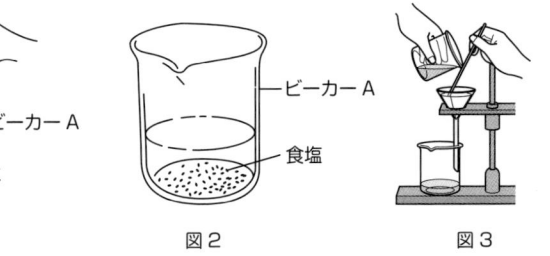

図1　　　　　　　　図2　　　　　　　　図3

よくでる(1) 図 2 の状態で，ビーカー全体の重さをはかるとどうなりますか。次の**ア〜ウ**から正しいものを 1 つ選び，記号で答えなさい。

（　　　）

　ア　240g になる。　　**イ**　240g より重くなる。
　ウ　240g より軽くなる。

(2) 次に，図 2 のビーカーの中身をろ過すると，ろ紙の上に食塩が残りました。ろ過をした液体はほかのビーカー **B** に入れました。ビーカー **B** の液体に，別の食塩を加えてかき混ぜ，再びろ過をしてほかのビーカー **C** に入れました。このときのビーカー **C** にたまった液体について，正しく述べているものは次の**ア〜エ**のどれですか。記号で答えなさい。

（　　　）

　ア　ビーカー **C** にたまった液体は，ビーカー **B** にたまった液体よりこい食塩水である。

　イ　ビーカー **C** にたまった液体は，ビーカー **B** にたまった液体と同じこさの食塩水である。

　ウ　ビーカー **C** にたまった液体は，ビーカー **B** にたまった液体よりうすい食塩水である。

　エ　ビーカー **C** にたまった液体には，食塩はとけていない。

2 図1は，**A**（食塩），**B**（しょう酸カリウム），**C**（ミョウバン）が100gの水にとける重さと水の温度との関係を表したものである。次の問いに答えなさい。

（江戸川学園取手中）

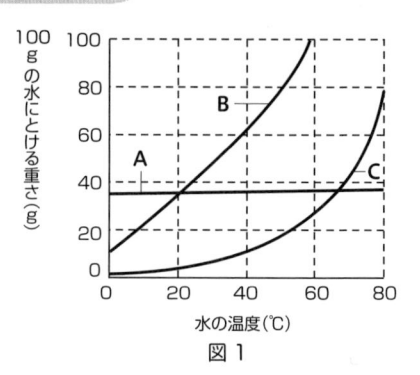

図1

(1) 40℃の水100gを用いて，**A**～**C**のほう和水よう液をつくりました。水にとかしたそれぞれの物質の重さを重い順にならべ，**A**～**C**の記号で答えなさい。　　　　　　（　　　　　　　）

(2) (1)でつくった**A**～**C**のほう和水よう液を10℃まで冷やすと，**B**，**C**の水よう液からは結しょうが出てきましたが，**A**の水よう液からはあまり出てきませんでした。その理由をかんたんに答えなさい。
（　　　　　　　　　　　　　　　　　　　　　　　　　　　）

(3) 結しょうをとり出すには，水よう液を冷やすほかにどのような方法がありますか。
（　　　　　　　　　　　　　　　　　　　　　　　　　　　）

(4) 図2の**a**，**b**は，(2)で出てきた結しょうのうちの2つをルーペで観察し，スケッチしたものです。それぞれ何の結しょうをスケッチしたものですか。物質の名まえで答えなさい。

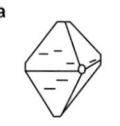
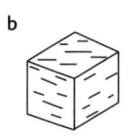

図2

a（　　　　　　　）**b**（　　　　　　　）

物質編

第1章
ものの量

第2章
温度とものの変化

第3章
もののとけ方

第4章
ものの燃え方と空気

第5章
気体の性質

第6章
水よう液の性質

3 次の表は 100g の水にとけるミョウバンの最大量を表しています。これを参考にしてあとの問いに答えなさい。

（慶應義塾中等部）

水温	0℃	20℃	40℃	60℃	80℃	92.5℃
ミョウバンの量	3.0g	5.9g	11.7g	24.8g	71.0g	119.0g

(1) 表の水温を横じく，ミョウバンの量をたてじくにとり，グラフをえがきました。グラフの形はどのようになりますか。次の**ア～カ**から選びなさい。　　　　（　　　）

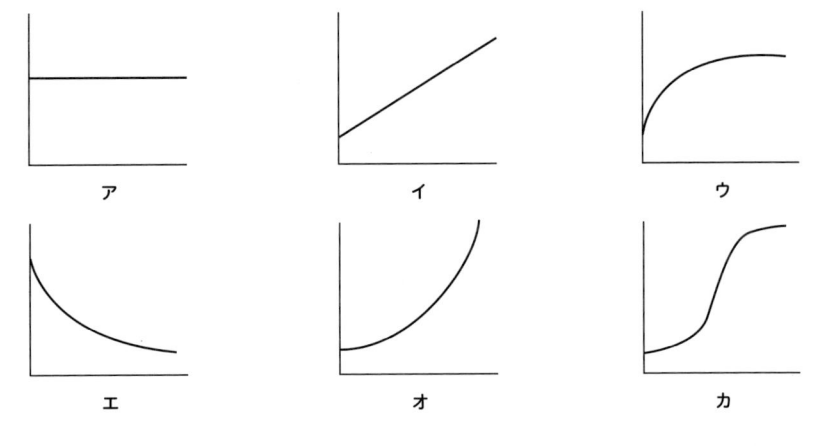

ア　イ　ウ

エ　オ　カ

(2) 水温と水にとける二酸化炭素の量の関係を表すグラフをえがくと，その形はどのようになりますか。(1) の**ア～カ**から選びなさい。

（　　　）

(3) 60℃のミョウバンのほう和水よう液のこさは小数第2位を四捨五入すると，　**ア**　.**イ**　％です。　**ア**　，**イ**　にあてはまる数値を書きなさい。

ア（　　　）イ（　　　）

よくでる(4) 40℃の水 150g にミョウバンをとけるだけとかした水よう液を 20℃まで冷やしました。このとき，水にとけきれずに出てくるミョウバンの固体の量は小数第2位を四捨五入すると**ア**.**イ**g になります。**ア**，**イ**にあてはまる数値を書きなさい。

ア（　　　）イ（　　　）

1 ものが燃えるしくみ・・・・・・・・・・・・357

2 ものの燃え方・・・・・・・・・・・・・・・・・・363

どんど焼き（長野県）

1 ものが燃えるしくみ

6年

1 ものの燃え方と空気の量

ふたをすれば，アルコールランプの火をすぐに消すことができる。

ᐅ実験

ものの燃え方と空気の量

ねらい

大きさのちがう容器の中にろうそくを入れて，ろうそくの火が燃える様子を調べる。

方法

1 燃えているろうそくに，長さのちがうつつをかぶせ①，ふた②をする。

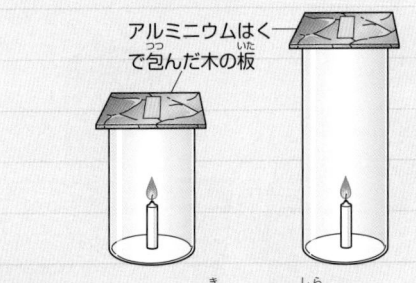

アルミニウムはくで包んだ木の板

2 どちらが早く火が消えるか調べる。

結果

短いつつをかぶせたほうが，ろうそくの火が早く消えた③。

✧ わかったこと ✧

空気の量が多いほど，長く燃えることができる。

⚠ ここに注意!

①つつは熱くなるので，冷めるまでさわらないようにする。
②木の板をアルミニウムはくで包んだふたを使う。

③ろうそくの火は，次第に小さくなり，やがて消えてしまう。

第1章 ものの量

第2章 温度とものの変化

第3章 もののとけ方

第4章 ものの燃え方と空気

第5章 気体の性質

第6章 水よう液の性質

空気の成分

　空気は，ちっ素や酸素，二酸化炭素などの気体が混じってできている。空気の成分のうち，体積の割合で，約78%はちっ素，約21%は酸素で，二酸化炭素などの気体も少しふくまれる。

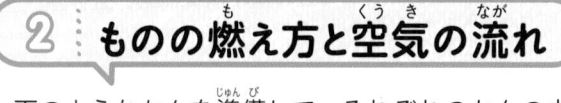

ちっ素 約78%	酸素 約21%

その他約1%（二酸化炭素約0.04%など）———

↑空気の成分（体積の割合）

② ものの燃え方と空気の流れ

　下のようなかんを準備して，それぞれのかんの中で，割りばしを燃やす。このとき，かんの下にあなを開けたものがいちばんよく燃える①。

○もっとくわしく

①割りばしを熱すると炭ができるが，炭はほのおを出さずに赤く光りながら燃えて，最後には灰になる。

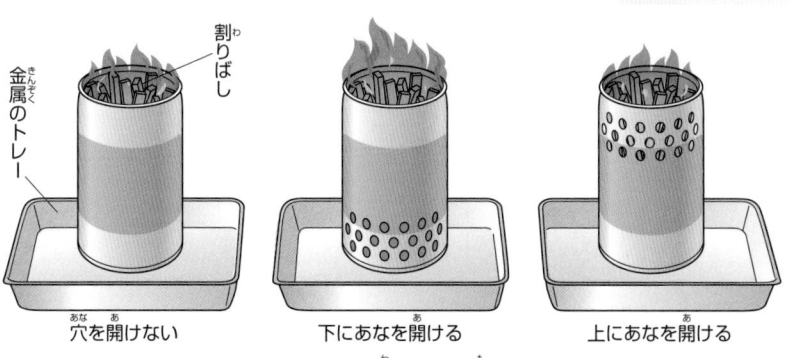

金属のトレー　割りばし

穴を開けない　　　　下にあなを開ける　　　　上にあなを開ける

↑かんの中で割りばしを燃やす

ものの燃え方と空気の流れ

　かんの下のほうにあなを開けると，割りばしは燃え続けることができる。

物質編

第1章
ものの量

第2章
温度とものの変化

第3章
もののとけ方

第4章
ものの燃え方と空気

第5章
気体の性質

第6章
水よう液の性質

実験

ろうそくを燃やし続ける方法を調べる

ねらい

条件を変えて，ろうそくを燃やし続ける方法や，そのときの空気の動きを調べる。

⚠ **ここに注意！**

①ものを燃やすときは，近くに紙などの燃えやすいものを置かない。

方法

1 集気びんの上や下を開けて，<u>ろうそくの燃え方①</u>を調べる。

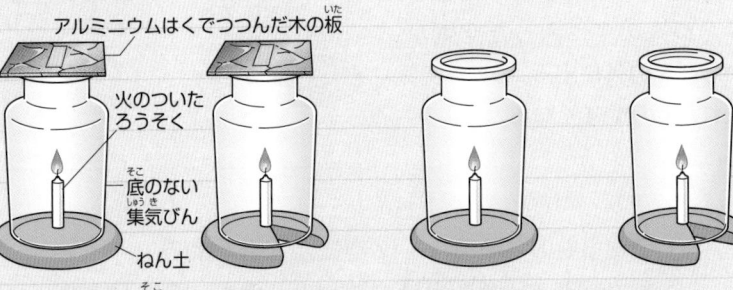

アルミニウムはくでつつんだ木の板

火のついたろうそく

底のない集気びん

ねん土

2 びんの口や底のすき間に線こうのけむりを近づけて，<u>けむりの動き②</u>を調べる。

②空気の動きを調べるために使う。

結果

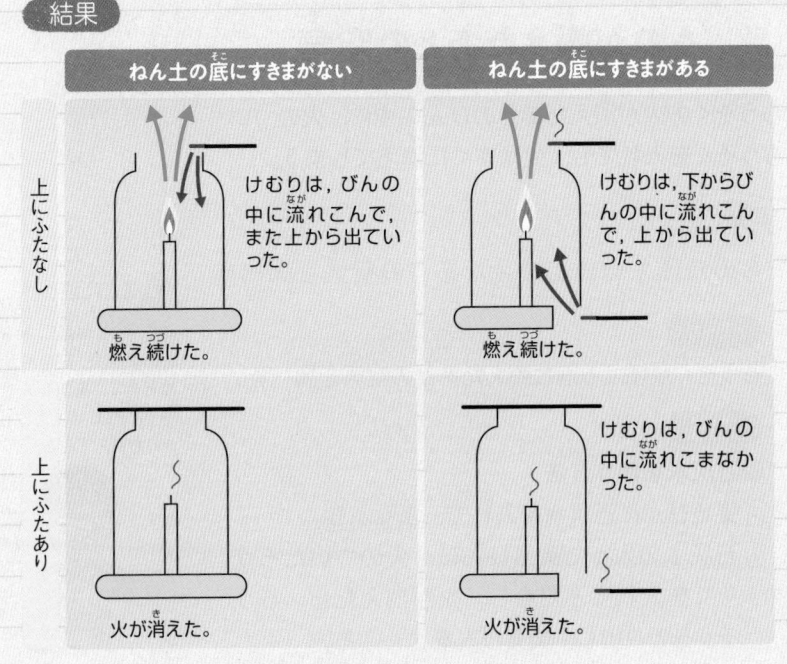

	ねん土の底にすきまがない	ねん土の底にすきまがある
上にふたなし	けむりは，びんの中に流れこんで，また上から出ていった。 燃え続けた。	けむりは，下からびんの中に流れこんで，上から出ていった。 燃え続けた。
上にふたあり	火が消えた。	けむりは，びんの中に流れこまなかった。 火が消えた。

・o⊹ わかったこと ✦・o。
ものが燃え続けているときは，集気びんの中に
空気が流れこみ，外に空気が出ていく。

ものが燃え続けるための条件

　ものが燃え続けるためには，空
気が入れかわる必要がある。集気
びんの上と下にすきまがあると，
<u>下からびんの中に入った空気が，
上からびんの外に出る</u>①ので，空気
が入れかわりやすくなる。

空気の
流れ

つまずいたら

①ろうそくの火にあたた
められて，空気は上のほ
うへ動く。

　→ **P.327**

**ここが
大切**　　ものが燃え続けるための条件は，

**①燃えるものがある　　②空気が入れかわる
③ものが燃え始める温度（発火点）より，温度が高い**

③ ものが燃えたあとの空気

　ろうそくの火が消えたあとのびんの中に，火のつい
たろうそくを入れても，火はすぐに消えてしまう。

・実験

ものが燃える前と燃えたあとの空気を調べる

ねらい
ろうそくが燃える前と燃えたあとの空気を調べる。

方法
●**石灰水を使う方法**
1 集気びんに石灰水を入れて，<u>よくふる</u>②。
2 石灰水の入った集気びんに，火のついたろう
　そくを入れてふたをし，火が消えたら，ろう
　そくをとり出し，集気びんをよくふる。

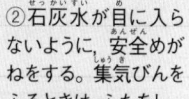

⚠ここに注意！

②石灰水が目に入ら
ないように，安全めが
ねをする。集気びんを
ふるときは，ふたをしっ
かりおさえてふる。

物質編

第1章 ものの量

第2章 温度とものの変化

第3章 もののとけ方

第4章 ものの燃え方と空気

第5章 気体の性質

第6章 水よう液の性質

●**気体検知管** ▶P.546 **を使う方法**

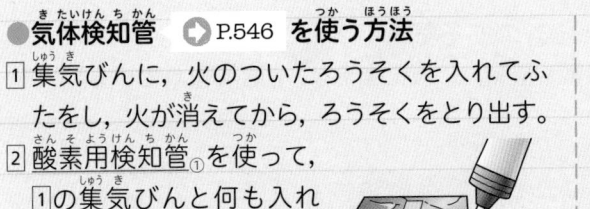

1. 集気びんに，火のついたろうそくを入れてふたをし，火が消えてから，ろうそくをとり出す。
2. 酸素用検知管①を使って，1の集気びんと何も入れていない集気びんの中の空気にふくまれる酸素の体積の割合を調べる。
3. 二酸化炭素用検知管を使って，二酸化炭素の体積の割合を調べる。

①酸素用検知管は熱くなるので，ゴムのカバーの部分を持つ。

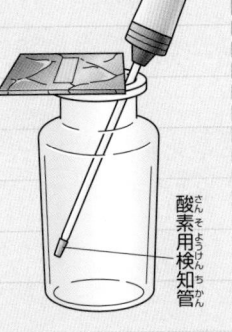

酸素用検知管

結果

	酸素の割合	二酸化炭素の割合	石灰水の様子
燃やす前	21%ぐらい	0.03%ぐらい	ほとんど変化しない
燃やしたあと	17%ぐらい	3%ぐらい	白くにごった

わかったこと

ろうそくが燃えると，酸素が減り，二酸化炭素が増える。

ろうそくが燃えたあとの空気

ろうそくなどが燃えると，空気中の酸素の一部が使われて，二酸化炭素ができる②。

もっとくわしく

②ろうそくなどには炭素がふくまれていて，この炭素が酸素と結びついて，二酸化炭素ができる。

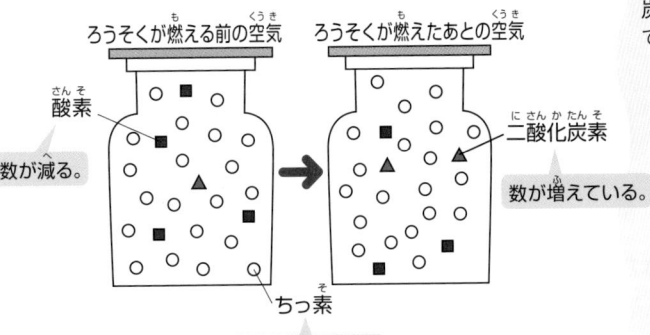

ろうそくが燃える前の空気　　ろうそくが燃えたあとの空気

酸素　数が減る。

二酸化炭素　数が増えている。

ちっ素　数は変化しない。

↑燃える前と燃えたあとの空気の成分

ものを燃やすはたらきのある気体

空気中には，ちっ素や酸素，二酸化炭素などがふくまれている。

実験

ものを燃やすはたらきのある気体を調べる

ねらい

ちっ素，酸素，二酸化炭素の中に火のついた線こうを入れ，燃えるようすを調べる。

方法

1 集気びんに，ちっ素，酸素，二酸化炭素を入れる①。
2 それぞれの集気びんに火のついた線こうを入れ，燃え方を調べる。

①酸素や二酸化炭素は，つくることができる。

🔴 P.376〜378

結果

酸素の中では，線こうは激しく燃えたが，ちっ素や二酸化炭素の中では，火はすぐに消えた。

↑酸素中での燃え方

● **ものを燃やすはたらきのある気体**　酸素にはものを燃やすはたらきがあるが，ちっ素や二酸化炭素にはそのはたらきはない。

2 ものの燃え方

発展

1 ろうそくの燃え方

ろうそくが燃えると，二酸化炭素や水蒸気ができて，① ろうそくは小さくなっていく。

○ もっとくわしく

①ろうそくの成分には，炭素や水素がふくまれていて，酸素と結びついて，炭素は二酸化炭素，水素は水蒸気に変わる。

ろうそくのほのお

ろうそくのほのおは，外側から**外えん**，**内えん**，**えん心**という３つの部分に分かれている。

- 外えん（約900〜1400℃）
- 内えん（約500〜1200℃）
- えん心（約300〜900℃）

色がうすく見えにくい。空気に十分にふれるので，完全に燃えて，もっとも温度が高い。

明るくかがやいて見える。十分に空気にふれないため，燃え残ったすすが熱せられて，明るくかがやく。

うす暗く見える。ろうの気体があるが，空気がないため，ほとんど燃えていない。

↑ろうそくのほのおのつくり

ろうそくが燃えるしくみ

火をつけると，熱せられて固体のろうが液体に変わる。液体のろうは，ろうそくのしんを伝わって上しょうし，さらに熱せられて，気体に変わる。この気体のろうが，ほのおをあげて燃える。

実験

ろうそくが燃えるしくみを調べる

ねらい

液体のろうがしんの部分を伝わって，上しょうすることを調べる。

物質編

第1章 ものの量

第2章 温度とものの変化

第3章 もののとけ方

第4章 ものの燃え方と空気

第5章 気体の性質

第6章 水よう液の性質

方法

火のついたろうそくのしんをピンセットではさむ。

結果

しんをつまむと, ろうそくの火が消えた。

✦ **わかったこと** ✦

しんをつまむと, 液体のろうがしんをのぼれなくなるので, **燃えるものがなくなり, 火が消える。**

ねらい

えん心の部分の気体の性質を調べる。

方法

えん心の部分にガラス管を入れて, 出てくるけむり①にマッチの火を近づける。

結果

・ガラス管の先から白いけむりが出てきた。
・白いけむりにマッチの火を近づけると, ほのおをあげて燃えた。

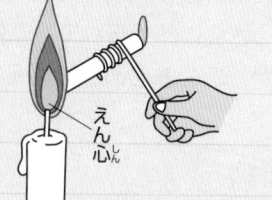

えん心

✦ **わかったこと** ✦

えん心の部分には, **燃える気体がふくまれている。**

①このとき出てくる白いけむりは, 気体のろうが急に冷やされてできた, 固体のろうの小さな粒である。火を近づけると, 再び気体のろうになって, ほのおをあげて燃える。

② アルコールの燃え方

アルコールランプのほのおは，全体として，<u>ろうそくのほのおよりも暗い</u>①。

アルコールランプが燃えるしくみ

アルコールランプに入れたアルコールは，しんを伝わって，上のほうまでのぼっていく。アルコールは蒸発しやすいため，しんの上のほうではさかんに気体に変わっている。このため，しんのまわりの空気には，たくさんの気体のアルコールがふくまれていて，しんにふれなくても火がつく。

🔍 **もっとくわしく**

①アルコールにも炭素がふくまれているが，ふくまれる炭素がろうそくよりも少ないため，ろうそくのほのおよりも暗く見える。しかし，アルコールのほのおの温度は，ろうそくよりも高い。

中学入試対策 ▶ 木のむし焼き（かん留）

(入試でる度 ★★☆☆☆)

空気をあたえないようにして，強く熱することを**むし焼き（かん留）**という。

🔬 実験

木をむし焼きにしたときの様子を調べる

ねらい

割りばしをむし焼きにしたときの様子を調べる。

方法

試験管の中に割りばしを入れ，<u>試験管の口のほうを少し下げて</u>②，熱する。

②出てきた液体が熱している部分に流れて，試験管が割れるのを防ぐため。

結果

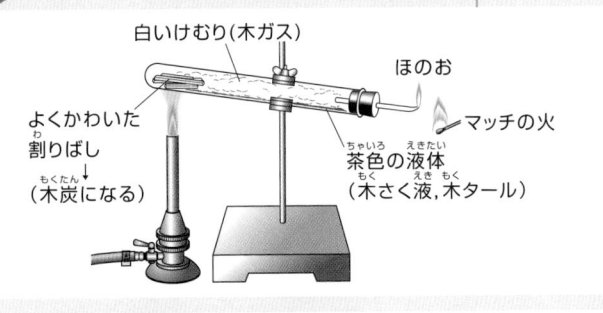

白いけむり（木ガス）
ほのお
マッチの火
よくかわいた割りばし（木炭になる）
茶色の液体（木さく液，木タール）

物質編

第1章 ものの姿

第2章 変化とものの温度

第3章 もののとけ方

第4章 ものの燃え方と空気

第5章 気体の性質

第6章 水よう液の性質

　木をむし焼きにしたときには，**木ガス**という気体が出て，**木炭**が あとに残る。試験管にたまる液体は，**木さく液**と**木タール**である。

●**木ガス**　水素 ▶ P.378 をふくむため，火を近づけるとほのお をあげて燃える。

●**木さく液**　黄かっ色の液体で，酸性を示す。

●**木タール**　こいかっ色のどろどろした液体。

●**木炭**　黒い固体で，主な成分は炭素である。空気中で熱すると， 固体のまま，ほのおを出さずに赤く光りながら燃える。

↑木炭が燃えるようす

ここが問われる!

木のむし焼きで出てくるものの性質

出てくるもののうち，燃えるのは木ガスと木炭。

木ガス ➡ ほのおをあげて燃える。　　**木炭** ➡ ほのおを出さずに燃える。

③ 金属の燃え方

金属を熱すると，酸素と結びついて別のものに変わる①。

金属を熱したときのようす

熱すると，マグネシウムなどは光を出して燃えるが，銅は色が変わっていくだけである。

●**マグネシウム** 銀色をしたマグネシウムの粉を熱すると，白っぽい光を出して激しく燃え，あとに白い粉（酸化マグネシウム）が残る。

●**スチールウール** スチールウール（鉄を糸のように細くしたもの）を熱すると，赤く光りながら燃え，燃えたあとには黒いもの（酸化鉄）が残る。

●**銅** 赤茶色をした銅の粉を熱すると，光を出さずに変化して，黒いもの（酸化銅）が残る。

赤茶色の銅の粉 　ステンレスの皿 　黒色の酸化銅

↑銅を熱したときの変化

酸化と燃焼

ものが酸素と結びつくことを，**酸化**という。酸化のうち，光や熱を出しながら，激しく酸素と結びつく変化を，**燃焼**②という。

●**酸化物** 酸化されてできたものを酸化物③という。

熱したときの重さの変化

金属を熱すると，結びついた酸素の分だけ，酸化物は重くなる。

熱する前の重さ	+	結びついた酸素の重さ	=	酸化物の重さ

もっとくわしく

①別のものに変わるため，その性質も変化する。例えば，鉄は磁石に引きつけられ，電気を通すが，酸化鉄は磁石にほとんど引きつけられず，電気も通さない。

②マグネシウムとスチールウールの酸化は燃焼だが，銅の酸化は燃焼ではない。

③ろうそくやアルコールが燃えたとき，炭素と酸素が結びついてできる二酸化炭素も，酸化物にふくまれる。

第1章 ものの量

第2章 温度とものの

第3章 もののとけ方

第4章 ものの燃え方と空気

第5章 気体の性質

第6章 水よう液の性質

実験

金属を熱したときの重さの変化を調べる

ねらい

銅の粉を熱して，熱する前と熱したあとの重さの変化を調べる。

方法

1 銅の粉をステンレスの皿に入れ，皿をふくめた全体の重さをはかる。

2 ガスバーナー ▶P.542 で銅を熱する①。

3 熱するのをやめて，皿が十分に冷えてから，皿全体の重さをはかる。

4 銅の粉の重さを変えて，1〜3をくり返す。

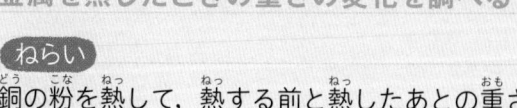

1　ステンレスの皿　銅の粉　電子てんびん

熱する前の全体の重さをはかる

十分に熱する

加熱後の物質（酸化銅）

3

熱したあとの全体の重さをはかる

結果

・グラフが原点を通る直線になっているので，熱する前の重さと熱したあとの重さは比例していることがわかった。

2.5
2.0
酸化銅の重さ〔g〕
1.5
1.0
0.5
0　0.5 1.0 1.5 2.0
銅の重さ〔g〕

①銅が完全に酸化されるように，空気にふれさせるため，銅の粉をよくかき混ぜ，重さが変わらなくなるまで，熱する。

結びつく酸素の割合

金属を熱したとき，できた酸化物の重さは，熱する前の金属の重さに比例する。金属の種類によって，結びつく酸素の重さの割合は決まっている。

銅 ： 酸素 ＝ 4：1　　マグネシウム ： 酸素 ＝ 3：2

理科の宝箱　さびを防ぐには？

燃焼は，光や熱を出しながら進む，激しい酸化である。これに対して，ゆっくりと進む酸化のひとつに，金属がさびることがあげられる。

鉄などの金属は，そのままで空気中の酸素と結びついて，ゆっくりと酸化され，さびを生じる。さびを防ぐためには，金属にペンキをぬったり，さびにくい別の金属で表面をおおったり（めっき）して，金属が空気にふれないようにする。

第4章
ものの燃え方と空気

入試要点チェック

解答▶別冊…P.564

□ 1 空気中で，**体積の割合で約80％をしめている気体**は何ですか。

□ 2 酸素が空気中にしめる体積の割合は約何％ぐらいですか。

□ 3 ろうそくが燃えるときに，**使われる気体**は何ですか。

□ 4 ろうそくが燃えるときに，**できる気体**は何ですか。

□ 5 ろうそくのほのおで，**いちばん外側の部分**を，何といいますか。

□ 6 ろうそくのほのおで，**いちばん内側の部分**を，何といいますか。

□ 7 ろうそくのほのおの中で，**明るくかがやいて見える部分**はどこですか。

□ 8 ろうそくは，ろうがどのようなすがたになって燃えますか。

□ 9 木などを，**空気をあたえないようにして，強く熱する**ことを何といいますか。

□ 10 木を**むし焼き**にしたときに出てくる気体は何ですか。

□ 11 木を**むし焼き**にしたときに出てくる**液体のうち，酸性を示すもの**は何ですか。

□ 12 光や熱を出しながら，**激しく酸素と結びつく変化**を，何といいますか。

□ 13 酸化物の重さは，熱する前のものの重さと何の重さの和になりますか。

□ 14 酸化物の重さは，熱する前の金属の重さとどのような関係がありますか。

つまずいたら調べよう

1▶P.358 ❶①ものの燃え方と空気の量

2▶P.358 ❶①ものの燃え方と空気の量

3▶P.361 ❶③ものが燃えたあとの空気

4▶P.361 ❶③ものが燃えたあとの空気

5▶P.363 ❷①ろうそくの燃え方

6▶P.363 ❷①ろうそくの燃え方

7▶P.363 ❷①ろうそくの燃え方

8▶P.363 ❷①ろうそくの燃え方

9▶P.365 ❷入試 木のむし焼き（かん留）

10▶P.366 ❷入試 木のむし焼き（かん留）

11▶P.366 ❷入試 木のむし焼き（かん留）

12▶P.367 ❷③金属の燃え方

13▶P.367 ❷③金属の燃え方

14▶P.367 ❷③金属の燃え方

入試問題にチャレンジ！

解答▶別冊…P.565

1 右の図はろうそくを燃やしたときのほのおの様子を表しています。次の問いに答えなさい。

(獨協埼玉中)

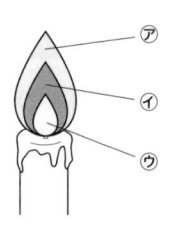

よくでる(1) 右の図の⑦・⑦・⑦にあてはまる文の組み合わせが正しいものを右の1～6から1つ選び，番号で答えなさい。

（　　　　　）

A 温度が高く，炭素が光っている部分

B 明るくないが温度がもっとも高い部分

C 温度は低く，ろうが気体になっている部分

	⑦	⑦	⑦
1	A	B	C
2	A	C	B
3	B	A	C
4	B	C	A
5	C	A	B
6	C	B	A

(2) ろうそくとアルコールのほのおの明るさを調べるために，アルコールを試験管に入れて，90℃以上の湯が入ったビーカーの中にしばらくつけておき，アルコールがふっとうし始めたとき試験管の口に火を近づけるとほのおを出して燃えました。この観察から次のことがわかりました。

	⑦	⑦
1	明るい	大きい
2	暗い	大きい
3	明るい	小さい
4	暗い	小さい

アルコールのほのおはろうそくに比べて（　⑦　）。これはアルコールはろうそくに比べて炭素の割合が（　⑦　）からである。

文中の⑦・⑦にあてはまることばの組み合わせが正しいものを上の1～4から選び，番号で答えなさい。（　　　）

2 次の文章を読んで，あとの問いに答えなさい。 (高輪中)

右の図のように，木片の入った試験管を加熱しました。しばらくすると，①固体と②液体が生じ，ガラス管の先からけむりが発生しました。

また，別の木片に空気中で火をつけたところ③ほのおをあげて燃えだしました。

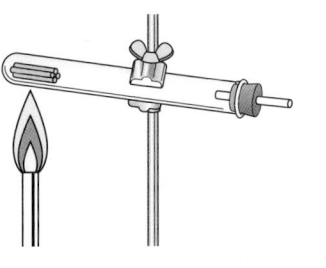

よくでる (1) 図のように，試験管の口を下げて加熱する理由をかんたんに説明しなさい。

(   )

(2) 下線部①の固体中にふくまれるおもな成分は何ですか。次の**ア〜オ**から1つ選び，記号で答えなさい。 (   )

ア 炭素　　**イ** いおう　　**ウ** ナトリウム
エ 酸素　　**オ** 水素

(3) 下線部①の固体を空気中で燃やしたところ，赤みをおびて光るだけでほのおはあがりませんでした。ほのおがあがらなかった理由をかんたんに説明しなさい。

(   )

(4) 下線部②の液体に少量の水を加えてよくかき混ぜ，その上ずみ液をリトマス紙につけると，リトマス紙の色の変化はどうなりますか。次の**ア〜ウ**から1つ選び，記号で答えなさい。 (   )

ア 変化なし　　**イ** 赤色から青色　　**ウ** 青色から赤色

(5) 下線部③で，燃えたあとに残った灰に少量の水を加えてよくかき混ぜ，その上ずみ液をリトマス紙につけるとリトマス紙の色の変化はどうなりますか。次の**ア〜ウ**から1つ選び，記号で答えなさい。

(   )

ア 変化なし　　**イ** 赤色から青色　　**ウ** 青色から赤色

よくでる (6) 次の**ア〜オ**から，ものを燃やすのに必要な気体を1つ選び，記号で答えなさい。 (   )

ア メタン　　**イ** 二酸化炭素　　**ウ** 水素
エ 水蒸気　　**オ** 酸素

第1章 ものの量
第2章 温度とものの変化
第3章 もののとけ方
第4章 ものの燃え方と空気
第5章 気体の性質
第6章 水よう液の性質

第5章

気体の性質

1 気体の集め方・・・・・・・・・・・・・・・・・・373
2 いろいろな気体・・・・・・・・・・・・・・・・・・376

1 気体の集め方

1 気体の集め方

　気体の集め方には，下の図のように，水上置換法，上方置換法，下方置換法の３つの方法がある。

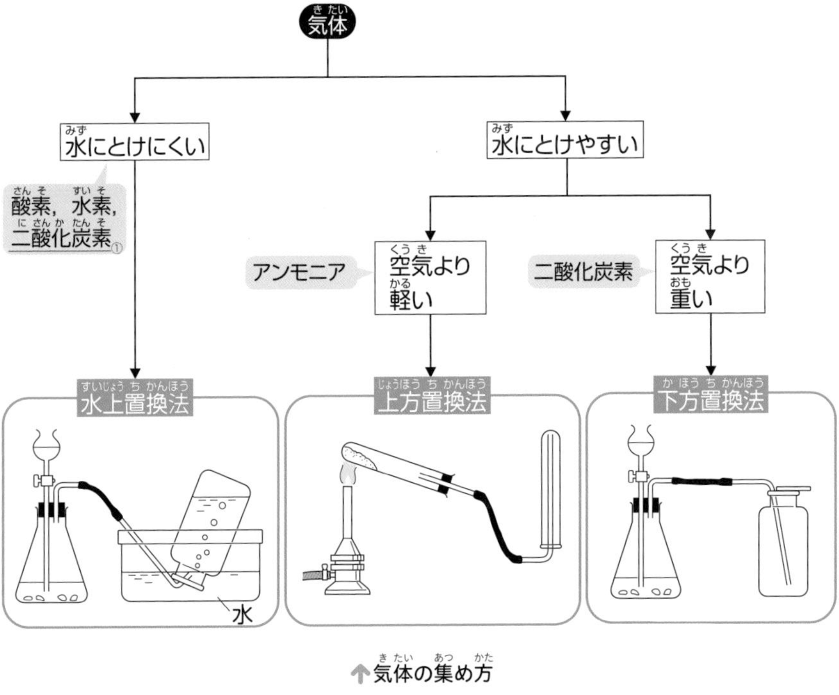

気体

| 水にとけにくい | 水にとけやすい |

酸素，水素，二酸化炭素①

アンモニア　｜　空気より軽い

二酸化炭素　｜　空気より重い

水上置換法　　**上方置換法**　　**下方置換法**

水

↑気体の集め方

　気体を集めるときは，集める気体の性質に適した集め方を選ぶ必要がある。それぞれの集め方については，次のページでくわしく説明する。

⚠ ここに注意!

①二酸化炭素は水にとけるが，とける量が少ないので水上置換法でも集めることができる。

第1章 ものの量

第2章 温度とものの変化

第3章 もののとけ方

第4章 ものの燃え方と空気

第5章 **気体の性質**

第6章 水よう液の性質

② 水上置換法
すいじょう ち かん ほう

ここに注意！

①水そうの中で，集気びんを横にして，中を水で満たしてから，立てる。

②気体が集まったら，水そうの中でふたをしてから，集気びんをとり出す。

　酸素のように，水にとけにくい気体は，**水上置換法**で集める。水上置換法では，水を満たした集気びんを逆さまに立て①，そこに気体を入れていく②。

発生した気体
集気びん
ふた
水そう
水そうの中でふたをしてとり出す

↑水上置換法

●**水上置換法の特ちょう**　水と置きかえて気体を集めるため，空気が混じりにくい。このため，二酸化炭素のように，水に少しとける気体を集めるときにも使われる。

③ 上方置換法
じょうほう ち かん ほう

　アンモニア ○P.379 のように，水にとけやすく，空気よりも軽い気体③は，**上方置換法**で集める。上方置換法では，集気びんや試験管④を逆さまに立てて，その中に気体を入れると，空気より軽い気体がびんの上にたまり，空気が外におし出される。

発生した気体

↑上方置換法

もっとくわしく

③同じ体積で比べたときに，空気よりも軽い気体，つまり密度が小さい気体を集めるときに，上方置換法を使う。

○P.318

ここに注意！

④水にとけやすい気体を集めるので，かわいた集気びんや試験管を使う。

物質編

第1章 ものの量

第2章 温度とものの変化

第3章 もののとけ方

第4章 空気

第5章 ものの燃え方と 気体の性質

第6章 水よう液の性質

④ 下方置換法

二酸化炭素のように，水にとけやすく，空気よりも重い気体①は，**下方置換法**で集める。下方置換法では，集気びんや試験管の口を上に向け，その中に気体を入れると，空気より重い気体がびんの下にたまり，空気が外におし出される。

発生した気体

↑下方置換法

● **上方置換法や下方置換法の特ちょう** 集めた気体の中に，空気が混ざってしまう②。

🔍 **もっとくわしく**

①同じ体積で比べたときに，空気よりも重い気体，つまり密度が大きい気体を集めるときに，下方置換法を使う。

②気体は広がりやすいので，集気びんや試験管の中に空気の一部が残ってしまう。

ここが大切 気体の集め方をまとめると，次のようになる。

水にとけにくい ━━━━━━━━━→		**水上置換法**
水にとけやすい ━━┓	**空気より軽い** ━→	**上方置換法**
ステップ1 ┗━→	**空気より重い** ━→	**下方置換法**
	ステップ2	

2 いろいろな気体

1 酸素

酸素は生物が呼吸 ▶ P.146 をするときに使われる気体で，植物が光合成 ▶ P.95 をするときにつくられる。

酸素の性質

- 無色でにおいがなく，空気よりやや重い（空気の約1.1倍の重さ）。
- 空気の成分のうち，体積で約21%をしめる。
- 水にほとんどとけない①。
- ほかのものを燃やすはたらき（**助燃性**）があるが，酸素自体は燃えない。

酸素のつくり方

二酸化マンガン（しょくばい）②にうすい過酸化水素水（オキシドール）を加えると，酸素をつくることができる。つくった酸素は，水上置換法で集める③。

うすい過酸化水素水
（オキシドール）

酸素

二酸化マンガン

↑酸素のつくり方

🔍 もっとくわしく

①酸素は，20℃の水1cm³中に，約0.03cm³しかとけないが，水中の生物は，これを使って呼吸し，生活している。

用語

しょくばい
②二酸化マンガンは，過酸化水素水が水と酸素に分かれる変化をはやく進めるはたらきがあるが，二酸化マンガン自体は変化しない。このようなはたらきをするものを，しょくばいという。

⚠ここに注意！

③はじめに出てくる気体には，三角フラスコなどに入っていた空気が多くふくまれているので，気体が出始めて，しばらくしてから集める。

いろいろな気体 **発展**

物質編

第1章 ものの重

第2章 温度とものの変化

第3章 もののとけ方

第4章 ものの燃え方と空気

第5章 気体の性質

第6章 水よう液の性質

酸素中でのものの燃え方

　酸素にはものを燃やすはたらきがあるので，酸素中では，空気中より激しくものが燃え，空気中では，ほのおを出さないようなものでも，ほのおをあげて燃える。

↑線こう
空気中では赤くなるだけで，ほのおは出ない

↑スチールウール
空気中では赤くなるだけで，火花は出ない

② 二酸化炭素

　二酸化炭素は，生物が呼吸をするときに出される気体である。また，植物が光合成をするときに，材料として使われる。

二酸化炭素の性質

・無色でにおいがなく，空気より重い（空気の約1.5倍の重さ）。

・水に少しとける①。二酸化炭素の水よう液は，炭酸水とよばれ，酸性を示す。

・石灰水に通すと，白くにごる。

・地球温暖化 ▶P.186 の原因とされる気体のひとつである。

・ほかのものを燃やすはたらきはない。

↑石灰水に通すと白くにごる

🔍 **もっとくわしく**

①20℃の水1cm³中に，約0.9cm³の二酸化炭素がとける。

377

二酸化炭素のつくり方

　石灰石①にうすい塩酸を加えると，二酸化炭素をつくることができる。つくった二酸化炭素は，下方置換法や水上置換法で集める②。

↑二酸化炭素のつくり方

もっとくわしく

①石灰石のかわりに，大理石や貝がら，卵のからなどを使っても，二酸化炭素が発生する。

ここに注意！

②はじめに出てくる気体には，三角フラスコなどに入っていた空気が多くふくまれているので，気体が出始めて，しばらくしてから集める。

③　水素

　水素は，最近注目されている燃料電池 ▷P.459 の燃料として使われる気体である。

水素の性質

・無色でにおいがなく，気体の中でもっとも軽い（空気の約0.07倍の重さ）。
・水にとけにくい③。
・火をつけると，ポッと音を立てて水素自身が燃える。
・水素が燃えると，水（水蒸気）ができる。

水素のつくり方

　アルミニウムやあえんなどの金属にうすい塩酸を加えると，水素をつくることができる。つくった水素は，水上置換法で集める④。

↑水素のつくり方

もっとくわしく

③水素は，20℃の水1cm³中に，約0.02cm³しかとけない。

ここに注意！

④はじめに出てくる気体には，三角フラスコなどに入っていた空気が多くふくまれているので，気体が出始めて，しばらくしてから集める。

④ アンモニア

アンモニアは，生ごみなどのくさいにおいの原因のひとつとなる気体である。

アンモニアの性質

・無色で，鼻をさすようなにおいがする。空気よりも軽い（空気の重さの約0.6倍）。
・水に非常にとけやすい①。アンモニアの水よう液はアンモニア水とよばれ，アルカリ性を示す。

アンモニアのつくり方

塩化アンモニウムと水酸化カルシウムを混ぜて熱すると，アンモニアをつくることができる。また，アンモニア水を熱しても，アンモニアが出てくる。アンモニアは水に非常にとけやすく，空気より軽いので，上方置換法で集める。

⑤ ちっ素

ちっ素は変化しにくい気体で，中身が悪くならないように，おかしなどのふくろにつめられている。

ちっ素の性質

・無色でにおいがなく，空気より少し軽い（空気の重さの約0.97倍）。
・水にとけにくい②。
・空気の成分のうち，体積で約78％をしめる。

⑥ そのほかの気体

二酸化いおうや二酸化ちっ素は，雨水にとけて，まわりの環境に悪いえいきょうをあたえる。

物質編

第1章 ものの量

第2章 温度とものの変化

第3章 もののとけ方

第4章 空気

ものの燃え方と

第5章 気体の性質

第6章 水よう液の性質

🔍 **もっとくわしく**

①20℃の水1cm³中に，約702cm³のアンモニアがとける。下の写真のような装置をつくり，スポイトを使って水を入れると，丸底フラスコの中のアンモニアが水にとけ，フェノールフタレインよう液を入れたビーカーの水が，赤いふん水のようにふき出す。

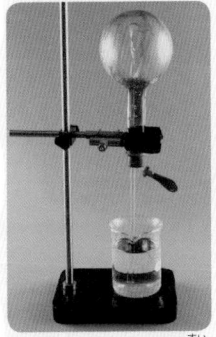
↑アンモニアのふん水

②ちっ素は，20℃の水1cm³中に，約0.02cm³しかとけない。

379

二酸化いおう

二酸化いおうは，石油や石炭，天然ガスなど①を燃やしたときに生じる気体で，体に悪いえいきょうをあたえる。また，雨水にとけて，ありゅう酸などの強い酸性の水よう液となり，酸性雨 ▶P.188 をふらせる。

二酸化ちっ素

二酸化ちっ素は，自動車のはい気ガスなどにふくまれ，体に悪いえいきょうをあたえる。また，雨水にとけて，しょう酸などの強い酸性の水よう液となり，酸性雨をふらせる。

中学入試対策 ▶ # 気体のまとめ　　入試でる度 ★★★☆☆

入試によく出る気体の性質は，次のようにまとめられる。

気体	水へのとけ方	重さ	つくり方	特ちょう
酸素	とけにくい	空気より少し重い	うすい過酸化水素水（オキシドール）＋二酸化マンガン（水上置換法）	ものを燃やすはたらきがある。空気の体積の約21％をしめる。
二酸化炭素	少しとける	空気より重い	石灰石＋うすい塩酸（下方置換法か水上置換法）	石灰水を白くにごらせる。
水素	とけにくい	いちばん軽い	あえんなどの金属＋うすい塩酸（水上置換法）	空気中で燃えて，水ができる。
アンモニア	非常によくとける	空気より軽い	塩化アンモニウム＋水酸化カルシウム→熱する（上方置換法）	水にとけてアルカリ性の水よう液になる。
ちっ素	とけにくい	空気より少し軽い	―	空気の体積の約78％をしめる。

入試要点チェック

☐ **1** 水にとけにくい気体は，水上置換法，上方置換法，下方置換法のどの方法で集めますか。

1▶P.373
① 1 気体の集め方

☐ **2** 水にとけやすく，空気よりも軽い気体は，水上置換法，下方置換法，上方置換法のどの方法で集めますか。

2▶P.373
① 1 気体の集め方

☐ **3** 水にとけやすく，空気よりも重い気体は，水上置換法，下方置換法，上方置換法のどの方法で集めますか。

3▶P.373
① 1 気体の集め方

☐ **4** 二酸化マンガンにうすい過酸化水素水（オキシドール）を加えたときに発生する気体は，何ですか。

4▶P.376
② 1 酸素

☐ **5** 石灰石にうすい塩酸を加えたときに発生する気体は，何ですか。

5▶P.378
② 2 二酸化炭素

☐ **6** アルミニウムやあえんなどの金属にうすい塩酸を加えたときに発生する気体は，何ですか。

6▶P.378
② 3 水素

☐ **7** ほかのものを燃やすはたらきがある気体は，何ですか。

7▶P.376
② 1 酸素

☐ **8** 石灰水に通すと，石灰水を白くにごらせる気体は，何ですか。

8▶P.377
② 2 二酸化炭素

☐ **9** マッチの火を近づけると，ポッと音を出して燃える気体は，何ですか。

9▶P.378
② 3 水素

☐ **10** 空気中で水素が燃えたときにできるものは，何ですか。

10▶P.378
② 3 水素

☐ **11** 二酸化炭素の水よう液は，酸性，中性，アルカリ性のどの性質を示しますか。

11▶P.377
② 2 二酸化炭素

☐ **12** アンモニアの水よう液は，酸性，中性，アルカリ性のどの性質を示しますか。

12▶P.379
② 4 アンモニア

つまずいたら
調べよう

第1章
ものの重さ

第2章
温度とものの変化

第3章
もののとけ方

第4章
空気とものの燃え方

第5章
気体の性質

第6章
水よう液の性質

第5章 気体の性質

入試問題にチャレンジ！

解答▶別冊…P.565

1 気体**A**〜**D**の性質を調べるために実験を行いました。次の問いに答えなさい。ただし，気体は酸素，二酸化炭素，水素，アンモニアのいずれかです。

（芝浦工業大学中）

〔実験1〕　右の図のような器具を用いて，気体**A**を発生させた。気体**A**を試験管に集めて，火のついた線こうを入れたところ，赤いほのおを出して激しく燃えた。

〔実験2〕　塩酸の中にある<u>金属</u>を入れたところ気体**B**が発生した。

〔実験3〕　気体**C**を水にとかして，BTBよう液を入れたところ，青色になった。

〔実験4〕　〔実験1〕で用いた装置の**X**に塩酸，**Y**に石灰石を入れて反応させたところ，気体**D**が発生した。

ピンチコック

X

Y

よくでる(1) 次の文は〔実験1〕について述べたものです。空らんにもっとも適することばを入れなさい。また，この　③　の集め方を示しているものは，どれですか。下の**ア**〜**ウ**から1つ選び，記号で答えなさい。

① (　　　　　　　　)　② (　　　　　　　　)
③ (　　　　　　　　)　　　気体の集め方 (　　　　)

Xに　①　，**Y**に　②　を入れた。気体が出始めたら少し待って，試験管に集めた。気体の集め方は，　③　法を用いた。

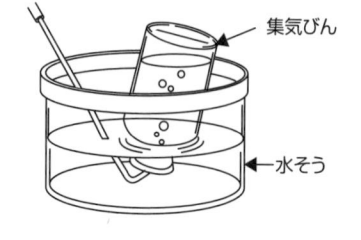

ア

集気びん

水そう

イ

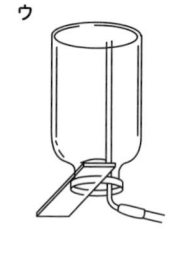

ウ

物質編

第1章 ものの量

第2章 温度とものの変化

第3章 もののとけ方

第4章 ものの燃え方と空気

第5章 気体の性質

第6章 水よう液の性質

(2) 〔実験2〕の下線部の金属として，適さないものはどれですか。次のア～エから1つ選び，記号で答えなさい。　（　　）

　　ア　銀　　イ　鉄　　ウ　アルミニウム　　エ　あえん

(3) 気体Cの性質はどれですか。次のア～カから適するものをすべて選び，記号で答えなさい。　（　　）

　　ア　水よう液はアルカリ性である。
　　イ　水よう液は酸性である。
　　ウ　刺激臭をもつ。　　エ　無臭である。
　　オ　気体は有色である。　　カ　気体は無色である。

(4) 発生した気体Dを石灰水に通してふるとどのような変化が起きますか。簡潔に説明しなさい。　（　　）

2　次の表のA～Fは，「水素・酸素・ちっ素・二酸化炭素・アンモニア・塩素」のどれかです。次の問いに答えなさい。

（白百合学園中）

気体	水へのとけ方	水よう液の性質	色・におい	そのほかの特ちょう
A	とけにくい	―	無色・においはない	ものを燃やすはたらきがある
B	少しとける	（ア）	無色・においはない	光合成で使われる
C	とけにくい	―	無色・においはない	液体は，冷きゃくざいとして用いられる
D	非常にとけやすい	（イ）	無色・鼻をさすにおい	虫さされ用の薬の成分にも用いられている
E	とけやすい	酸性	黄緑色・鼻をさすにおい	水道水の殺きんざいとして用いられている
F	とけにくい	―	無色・においはない	"ポン"と音を立てて燃える

(1) A～Fの気体はそれぞれ何ですか。

A（　　）　B（　　）
C（　　）　D（　　）
E（　　）　F（　　）

(2) ア，イにあてはまる語句をそれぞれ答えなさい。

ア（　　）　イ（　　）

第6章

水よう液の性質

1 酸性・アルカリ性・中性……385
2 中和…………………………390
3 気体がとけている水よう液……394
4 金属を変化させる水よう液……396

草津温泉（群馬県）
草津温泉の水質は酸性である。

1 酸性・アルカリ性・中性

6年

1 水よう液の分類

水よう液は，その性質によって，酸性，アルカリ性，中性に分けられる。

水よう液の性質の見分け方

水よう液が酸性，アルカリ性，中性のどの性質を示すかは，リトマス紙やBTBよう液，ムラサキキャベツ液などを使って調べることができる。

● **リトマス紙** <u>リトマス紙</u>①には，青色のものと赤色のものがあり，色の変化によって，水よう液の性質を調べることができる。

もっとくわしく

①リトマス紙は，リトマスゴケという植物からとったしるを，ろ紙に染みこませたものである。

性質	酸性	アルカリ性	中性
色の変化	青色リトマス紙→赤色 赤色リトマス紙は変化しない。	赤色リトマス紙→青色 青色リトマス紙は変化しない。	赤色リトマス紙も青色リトマス紙も変化しない。

● **BTBよう液** BTBよう液を水よう液に加えると，酸性で黄色，中性で緑色，アルカリ性で青色になる。

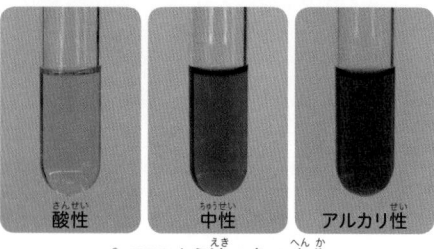

酸性　中性　アルカリ性

↑BTBよう液の色の変化

●**ムラサキキャベツ液**　ムラサキキャベツ液①を使って，水よう液の性質を調べることができる。ムラサキキャベツ液を水よう液に加えたときの水よう液の色の変化は次の表のようになる。

強い酸性	弱い酸性	中性	弱いアルカリ性	強いアルカリ性
赤色	うすい赤色	むらさき色	緑色	黄色

↑ムラサキキャベツ液の色の変化

2 **酸性**

塩酸や炭酸水のように，青色リトマス紙を赤色に変える性質を，**酸性**という。

酸性の水よう液の性質

酸性の水よう液には，次のような共通する性質が見られる。

・青色リトマス紙の色を，赤色に変える。
・緑色のBTBよう液の色を，黄色に変える。
・なめると，すっぱい味がする②。
・鉄などの金属をとかす ▶ P.396 。

リトマス紙の色の変化

リトマス紙の色の変化	BTBよう液の色の変化
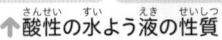	

↑酸性の水よう液の性質

おもな酸性の水よう液

　塩酸は強い酸性を示すが，炭酸水やホウ酸水，レモンのしるは弱い酸性を示す。

●**塩酸**　塩酸は，塩化水素①という気体が水にとけた水よう液で，鼻をさすようなにおいがする。石灰石を加えると，二酸化炭素が発生する  P.378 。

●**炭酸水**　炭酸水  P.377 は，二酸化炭素が水にとけた水よう液。石灰水を混ぜると，白くにごる。

↑石灰水を混ぜる

●**す**　料理に使われるすは，さく酸②とよばれる液体などをふくむため，酸性を示す。鼻をさすようなにおいがする。

●**ホウ酸水**　ホウ酸水は，ホウ酸が水にとけた水よう液である。

●**レモンのしる**　レモンなどの果物のしるは，クエン酸③などをふくむため，酸性を示す。

③ **アルカリ性**

　石灰水やアンモニア水のように，赤色リトマス紙を青色に変える性質を，**アルカリ性**という。

アルカリ性の水よう液の性質

　アルカリ性の水よう液には，次のような共通する性質が見られる。

・赤色リトマス紙の色を，青色に変える。
・緑色のBTBよう液の色を，青色に変える。
・無色のフェノールフタレインよう液を，赤色に変える。
・なめると，苦い味がする④。

用語

塩化水素
①塩化水素は，水にとけやすい気体で，20℃の水1cm³に約440cm³もとけることができる。

さく酸
②さく酸は，鼻をさすようなにおいのある液体です。すは，さく酸を4%ぐらいふくんでいるため，酸性を示す。

クエン酸
③クエン酸は白い固体で，家庭でも，電気ポットなどにこびりついたものをとり除くときなどに使われる。

⚠️**ここに注意!**
④水酸化ナトリウム水よう液などは，危険なので，なめてはいけない。

物質編

第1章　ものの鑑
第2章　温度とものの変化
第3章　もののとけ方
第4章　ものの燃え方と空気
第5章　気体の性質
第6章　水よう液の性質

リトマス紙の色の変化	BTBよう液の色の変化	フェノールフタレインよう液の色の変化
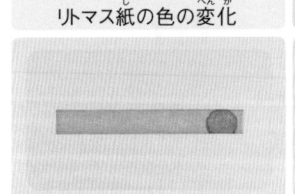	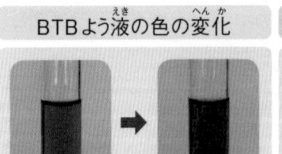	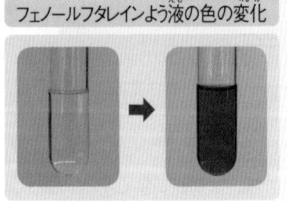

↑アルカリ性の水よう液の性質

主なアルカリ性の水よう液

水酸化ナトリウム水よう液や石灰水は強いアルカリ性を示すが，アンモニア水は弱いアルカリ性を示す。

● **水酸化ナトリウム水よう液**　水酸化ナトリウム水よう液①は，水酸化ナトリウムが水にとけた水よう液である。

● **石灰水**　石灰水は，水酸化カルシウム（消石灰）が水にとけた水よう液である。石灰水に二酸化炭素を通すと，白くにごる ▶P.377 。

● **アンモニア水**　アンモニア水は，アンモニア ▶P.379 が水にとけた水よう液で，鼻をさすようなにおいがする。

● **重そう水**　重そう水は，炭酸水素ナトリウム（重そう）が水にとけた水よう液で，熱すると二酸化炭素が発生する②。

4 中性

食塩水や砂糖水のように，赤色リトマス紙の色も青色リトマス紙の色も変えない水よう液の性質を，中性という。

もっとくわしく

①水酸化ナトリウム水よう液は，二酸化炭素をよく吸収する。たんぱく質をとかすので，指などにつくと，皮ふがとけてぬるぬるするので，手でさわったり目に入れたりしないよう，とりあつかいに注意する。

②炭酸水素ナトリウム（重そう）は，熱すると二酸化炭素が発生するので，ホットケーキをふくらませたりするときに使われる。

中性の水よう液の性質

中性の水よう液には，次のような共通の性質が見られる。

・青色リトマス紙と赤色リトマス紙のどちらにつけても，色を変えない。

・緑色のBTBよう液を入れても，緑色のまま色が変化しない。

主な中性の水よう液

食塩水や砂糖水，アルコール水は中性を示す。また，水よう液ではないが，蒸留水①も中性である。

●**食塩水** 食塩水は，食塩が水にとけた水よう液である。

●**砂糖水** 砂糖水は，砂糖が水にとけた水よう液である。

●**アルコール水** アルコール水は，液体のアルコール（エタノール）が水にとけた水よう液である。

用語

蒸留水

①水道水には，殺きんのために塩素などがとけているが，蒸留水はほとんど何もとけていない，純すいな水である。

第1章 ものの量

第2章 温度とものの変化

第3章 もののとけ方

第4章 ものの燃え方と空気

第5章 気体の性質

第6章 水よう液の性質

中学入試対策 ▶ 酸性・アルカリ性・中性のまとめ （入試でる度 ★★☆☆☆）

BTBよう液やフェノールフタレインよう液のように，水よう液の性質によって，色が変わる薬品のことを**指示薬**という。

水よう液の性質	酸性	中性	アルカリ性
リトマス紙	青色→赤色	変化しない	赤色→青色
BTBよう液	黄色	緑色	青色
フェノールフタレインよう液	無色	無色	赤色
例	塩酸・炭酸水・す・ホウ酸水	食塩水・砂糖水・アルコール水・蒸留水	水酸化ナトリウム水よう液・石灰水・アンモニア水

2 中和

発展

1 中和

　酸性の水よう液にアルカリ性の水よう液を混ぜ合わせると，水よう液の性質が変わることがある。

中和
　酸性の水よう液とアルカリ性の水よう液を混ぜ合わせると，おたがいの性質を打ち消し合う反応が起こる。これを中和①という。

⚠ ここに注意!
①中和しても，水よう液が中性を示すとは限らない。

実験

酸性の水よう液にアルカリ性の水よう液を混ぜ合わせる

ねらい
うすい塩酸に，うすい水酸化ナトリウム水よう液を少しずつ加えていった②ときの変化を調べる。

方法
１ うすい塩酸に，緑色のBTBよう液を数てき加える。
２ ピペットを使って，１にうすい水酸化ナトリウム水よう液を少しずつ加え③，色の変化を調べる。

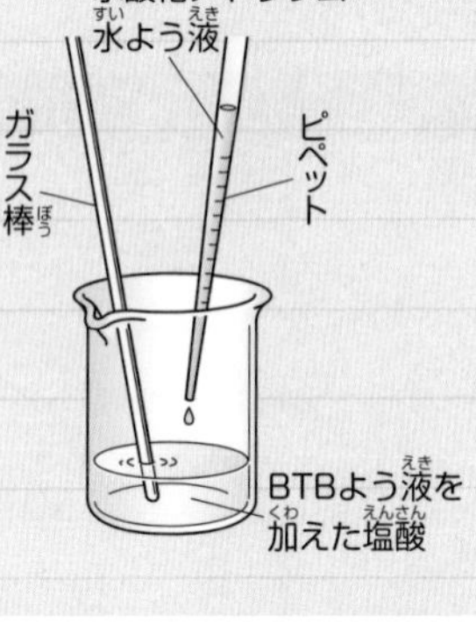

⚠ ここに注意!
②実験を行うときは，水よう液が目に入らないように，安全めがねをかける。

③色が変わりそうになったら，うすい水酸化ナトリウム水よう液を1てき加える度に，かき混ぜて，色を確認する。

水酸化ナトリウム水よう液
ガラス棒
ピペット
BTBよう液を加えた塩酸

中和 発展

物質編

第1章 ものの量

第2章 温度とものの変化

第3章 もののとけ方

第4章 ものの燃え方と空気

第5章 気体の性質

第6章 水よう液の性質

結果

↑酸性　　　↑中性　　　↑アルカリ性

ねらい

緑色になった液にふくまれているものを調べる。

方法

1 緑色になった液①の一部を，スライドガラスにとり，水分を蒸発させる。

2 スライドガラスをけんび鏡で観察する。

結果

・水分を蒸発させて，けんび鏡で観察すると，とう明で四角い形をした結しょうが見られた。

・結しょうの形から，出てきたものは食塩だと分かった。

↑出てきた結しょう

①中和によってできたものを調べるので，緑色になった液を使う。青色になった液は，水分を蒸発させると，食塩だけでなく，水酸化ナトリウムも出てくる。

中和によってできるもの

塩酸と水酸化ナトリウム水よう液を混ぜ合わせると，食塩②ができる。このように，中和したときにできるものを，塩③という。中和のときは，塩といっしょに水もできる。

| 酸性の水よう液 | + | アルカリ性の水よう液 | → | 水 | + | 塩 |

もっとくわしく

②食塩のことを，塩化ナトリウムという。

③食塩は，水よう液にとけているが，水にとけにくいため，白い粒などになって出てくる塩もある。

中和と水よう液の性質

酸性の水よう液の中の酸性を示す粒と，アルカリ性の水よう液の中のアルカリ性を示す粒の数が同じとき，中性を示す。どちらかのほうが多いときは，多いほうの粒の性質を示す。

↑中和するときの変化

中学入試対策 ▶ # 中和するときの体積　(入試でる度 ★★★☆☆)

ちょうど中和するときの体積

　同じ体積の酸性の水よう液とアルカリ性の水よう液を混ぜ合わせても，液が中性になる（ちょうど中和する）とは限らない。

　BTBよう液を加えたうすい塩酸に，うすい水酸化ナトリウム水よう液を少しずつ混ぜていき，液が緑色になったときの水酸化ナトリウム水よう液の体積を調べた。うすい塩酸の体積を変えて調べると，右のグラフのようになった。

中和 発展

物質編

第1章 ものの重さ

第2章 温度とものの変化

第3章 もののとけ方

第4章 空気とものの燃え方

第5章 気体の性質

第6章 水よう液の性質

グラフの様子から，ちょうど中和したときのうすい塩酸の体積とうすい水酸化ナトリウム水よう液の体積は比例することがわかる。

酸性の水よう液とアルカリ性の水よう液の混合

酸性の水よう液とアルカリ性の水よう液を混ぜ合わせたとき，混合した液は，ちょうど中和する体積よりも多いほうの水よう液の性質が現れる。

ここが問われる！
中和しないで残る水よう液

水よう液を混ぜ合わせたあとの液の性質は，次の手順で考える。

1 ちょうど中和するときの体積を考える。

「ちょうど中和するとき，酸性の水よう液の体積とアルカリ性の水よう液の体積は比例する」ことを利用すれば，体積を求めることができる。

2 中和しないで残る水よう液を考える。

混ぜ合わせたあとの液は，1 で求めた体積よりも，酸性の水よう液のほうが多ければ酸性，アルカリ性の水よう液のほうが多ければアルカリ性になる。

（例題）
うすい塩酸30cm³とうすい水酸化ナトリウム水よう液12cm³を混ぜ合わせると，ちょうど中和した。次に，うすい塩酸45cm³にBTBよう液を加え，うすい水酸化ナトリウム水よう液20cm³を混ぜると，液の色は何色になるか？

（解き方）
うすい塩酸45cm³とちょうど中和するために必要な水酸化ナトリウム水よう液の体積は，

$45 \times \dfrac{12}{30} = 18$ 〔cm³〕

塩酸		水酸化ナトリウム水よう液				
45cm³	+	18cm³	+	2cm³	→	アルカリ性
ちょうど中和				アルカリ性		

よって，うすい水酸化ナトリウム水よう液が 20−18 = 2 〔cm³〕 余る。
→ 液はアルカリ性を示し，液の色は青色になる。

3 気体がとけている水よう液

6年

1 気体がとけている水よう液

水よう液には，固体だけでなく，液体や気体がとけた水よう液もある ⮕ P.386～P.389 。

もののすがた	水よう液の例
固体	ホウ酸水・水酸化ナトリウム水よう液・石灰水・重そう水・食塩水・砂糖水
液体	す・アルコール水
気体	塩酸・炭酸水・アンモニア水

↑水よう液にとけているもののすがた

水よう液にとけている気体

炭酸水は二酸化炭素が水にとけた水よう液である。

○ 実験

炭酸水にとけているものを調べる

ねらい

炭酸水をあたため，出てきた気体の性質を調べる。

方法

1 炭酸水をあたため①，出てきた気体を，水で満たした2本の試験管に集める。

2 試験管の1本に，石灰水を入れて，よくふる。

3 残りの試験管に，火のついた線こうを入れる。

炭酸水

炭酸水

手であたためる

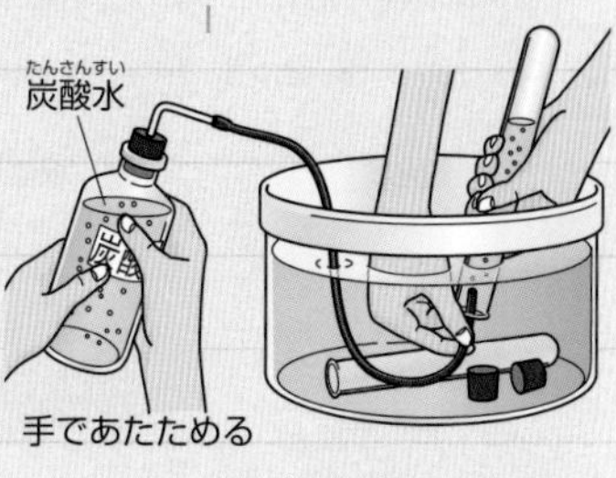

結果

・試験管に入れた石灰水は白くにごった。
・火のついた線こうを入れると，火がすぐに消えた。
・出てきた気体は，二酸化炭素と考えられる。

つまずいたら

①気体は，水の温度が高いほど，とける量が減る。

⮕ P.343

394

物質編

第1章 ものの量

第2章 温度とものの変化

第3章 もののとけ方

第4章 ものの燃え方と空気

第5章 気体の性質

第6章 水よう液の性質

実験

二酸化炭素が水にとけるかを調べる

ねらい

水を入れたペットボトルに二酸化炭素を入れてよくふると，ペットボトルにどのような変化が見られるか調べる。

方法

1 ペットボトルを水で満たし，ボンベの二酸化炭素を半分ぐらい入れる。
2 ふたをして，ペットボトルをよくふる。
3 ペットボトルの中の液を，石灰水に入れる。

二酸化炭素を半分ぐらい入れる

ふた

結果

- ペットボトルをよくふると，ペットボトルが大きくへこんだ。
- 液を石灰水に入れると，石灰水が白くにごった。
- 二酸化炭素が水にとけたため，<u>ペットボトルがへこんだ</u>①と考えられる。

🔍 もっとくわしく

①二酸化炭素が水にとけると，ペットボトルの中の気体の体積が小さくなり，気圧 ▶P.202 によって，ペットボトルがへこむ。

● **気体がとけた水よう液の性質**　とけた気体の種類によって，水よう液の性質が変わる。

水よう液	とけている気体	水よう液の性質
炭酸水	二酸化炭素	酸性
塩酸	塩化水素	酸性
アンモニア水	アンモニア	アルカリ性

↑気体がとけた水よう液

気体がとけた水よう液に共通する特ちょう

気体がとけた水よう液を熱すると，とけきれなくなった気体が空気中に出てくる。さらに熱し続けると，<u>水やとけていた気体がすべて気体に変わり</u>②あとに何も残らない。

🔍 もっとくわしく

②温度が高いほど，さかんに気体に変わる。

ここが大切　水よう液を熱すると，固体がとけた水よう液はあとに固体が残るが，

気体がとけた水よう液は，あとに何も残らない。

4 金属を変化させる水よう液

6年

1 酸性の水よう液と金属の反応

アルミニウムや鉄，あえんなどの金属にうすい塩酸を加えると，水素のあわを出しながら金属がとけていく①。

もっとくわしく

①金属には，銅や銀などのように，うすい塩酸にとけないものもある。

実験

金属に塩酸を注いだときの様子を調べる

ねらい

金属にうすい塩酸を注いだときの様子を調べる。

方法

アルミニウムや鉄，あえん，銅をそれぞれ試験管に入れ，試験管にうすい塩酸を注ぐ②。

⚠ ここに注意！

②実験中は，安全めがね ▶ P.547 をかけ，必ず窓を開けておく。発生した気体が燃えることがあるので，近くで火を使ってはいけない。

結果

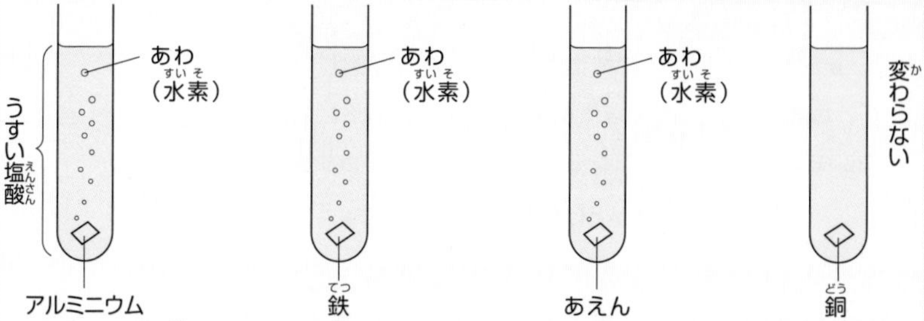

・アルミニウムや鉄，あえんからはさかんにあわが出て，だんだん小さくなった。試験管にさわると，あたたかくなっていた。
・銅は変化が見られなかった。

わかったこと

アルミニウム，鉄，あえんは塩酸にとけ，気体が発生する。銅は塩酸にとけない。

物質編

第1章 ものの量

第2章 温度とものの変化

第3章 もののとけ方

第4章 ものの燃え方と空気

第5章 気体の性質

第6章 水よう液の性質

◦ 実験

とけた金属のゆくえを調べる

ねらい

うすい塩酸に金属がとけた液を蒸発させたときに，あとに残るものを調べる。

方法

1 うすい塩酸にアルミニウムや鉄をとかした液を，それぞれ蒸発皿にとる。

2 蒸発皿を弱い火で熱し①，液が少し残っているうちに，火を消す。

3 アルミニウムをとかした液を入れた蒸発皿が冷めてから，残ったものを集めて，うすい塩酸を加えたり，電流を流したりして，アルミニウムの性質とくらべる。

4 鉄をとかした液を入れた蒸発皿が冷めてから，残ったものを集めて，磁石を近づけたり，うすい塩酸を加えたり，電流を流したりして，鉄の性質とくらべる。

⚠️ ここに注意！

①実験中は，窓を開け，安全めがね ▶P.547 をかける。加熱中は，蒸発した気体を吸いこまないように，蒸発皿に顔を近づけない。

結果

	色	うすい塩酸	電流
アルミニウム	銀色	うすい塩酸に，あわを出しながらとけた。	電流が流れた。
蒸発皿に残ったもの	白色	うすい塩酸にとけたが，あわは出なかった。	電流は流れなかった。

↑アルミニウムをとかした液

	色	磁石	うすい塩酸	電流
鉄	銀色	磁石に引きつけられた。	うすい塩酸に，あわを出しながらとけた。	電流が流れた。
蒸発皿に残ったもの	黄色	磁石に引きつけられなかった。	うすい塩酸にとけたが，あわは出なかった。	電流は流れなかった。

↑鉄をとかした液

✦ わかったこと ✦

蒸発皿に残ったものは，もとの金属とは性質がちがうので，別のものと考えられる。

とけた金属のゆくえ

　金属をとかした液を蒸発させたときに，あとに残ったものは，もとの金属とはちがう性質を示すので，もとの金属とは別のもの①である。

もっとくわしく

①アルミニウムは塩化アルミニウム，鉄は塩化鉄というものに変わる。

2 アルカリ性の水よう液と金属の反応

　うすい塩酸以外にも，金属をとかして別のものに変化させる水よう液がある。

実験

金属に水酸化ナトリウム水よう液を注いだときの様子を調べる

ねらい

アルミニウムと鉄，銅に，うすい水酸化ナトリウム水よう液を注いだときの様子を観察する。

方法

アルミニウムと鉄，銅をそれぞれ試験管に入れ，試験管にうすい水酸化ナトリウム水よう液を注ぐ②。

⚠ ここに注意！

②実験中は，安全めがね ▶ P.547 をかけ，窓を開けておく。水酸化ナトリウム水よう液は，皮ふをとかすはたらきがあるので，取りあつかいに十分注意する。

結果

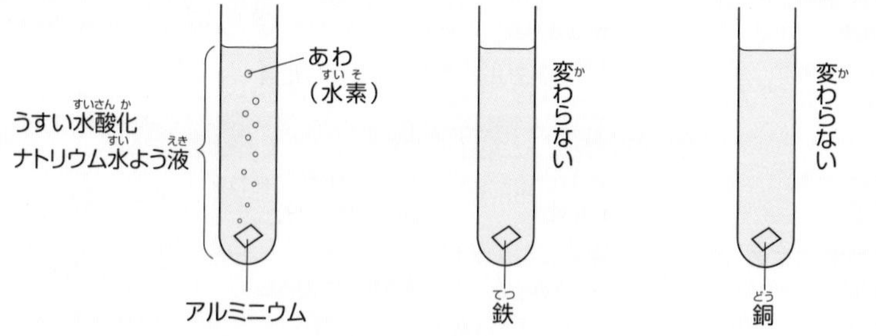

うすい水酸化ナトリウム水よう液

あわ（水素）

アルミニウム

鉄　変わらない

銅　変わらない

・アルミニウムからはさかんにあわが出て，だんだん小さくなった。
・鉄と銅は，変化が見られなかった。

金属を変化させる水よう液

うすい塩酸は，アルミニウムや鉄を変化させるが，銅は変化させない。うすい水酸化ナトリウム水よう液は，アルミニウムを変化させるが，鉄や銅は変化させない。

このように，水よう液の種類によって，変化させる金属の種類が変わる。

水よう液	アルミニウム	鉄	銅
うすい塩酸	○	○	×
うすい水酸化ナトリウム水よう液	○	×	×
食塩水	×	×	×

○…とける　×…とけない
↑水よう液の種類と金属のとけ方

物質編

第1章 ものの量

第2章 温度とものの変化

第3章 もののとけ方

第4章 ものの燃え方と空気

第5章 気体の性質

第6章 水よう液の性質

中学入試対策 いろいろな金属と水よう液の反応 入試でる度 ★★★☆☆

水よう液による金属の変化

●うすい塩酸による金属の変化

アルミニウム	+	うすい塩酸	→	塩化アルミニウム	+	水素
鉄	+	うすい塩酸	→	塩化鉄	+	水素
あえん	+	うすい塩酸	→	塩化あえん	+	水素

●うすい水酸化ナトリウム水よう液と金属の反応

アルミニウム	+	水酸化ナトリウム水よう液	→	アルミン酸ナトリウム	+	水素

いろいろな水よう液と金属の変化

水よう液の種類によって，とける金属の種類が変わるが，水よう液のこさによっても，とける金属が変わることがある。

水よう液	アルミニウム	鉄	あえん	銅	銀	金
塩酸	○	○	○	×	×	×
りゅう酸	○	○	○	△	×	×
炭酸水	×	×	×	×	×	×
水酸化ナトリウム水よう液	○	×	△	×	×	×
アンモニア水	×	×	×	×	×	×

○…とける　　△…こい水よう液にはとける　　×…とけない

ここが問われる！
発生する水素の体積

　水よう液によって金属が変化して，水素が発生する場合，水よう液が十分にあるときは，発生する水素の体積は，金属の重さに比例する。
　金属が十分にあるとき，発生する水素の体積は，水よう液の体積に比例する。

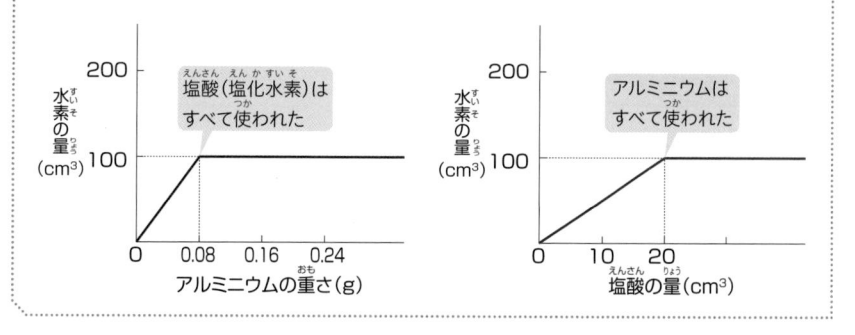

入試要点チェック

解答▶別冊…P.566

つまずいたら
調べよう

☐ **1** 緑色の**BTBよう液**を酸性の水よう液に加えたとき，液の色は何色になりますか。

☐ **2** 緑色の**BTBよう液**をアルカリ性の水よう液に加えたとき，液の色は何色になりますか。

☐ **3** 塩酸は，何という気体が水にとけた水よう液ですか。

☐ **4** 無色の**フェノールフタレインよう液**を，赤色に変えるのは何性の水よう液ですか。

☐ **5** 酸性の水よう液とアルカリ性の水よう液を混ぜ合わせると，**おたがいの性質を打ち消し合う**。このことを何といいますか。

☐ **6** 酸性の水よう液をアルカリ性の水よう液に混ぜ合わせたときにできるものを，2つ答えなさい。

☐ **7** **ちょうど中和したとき**，酸性の水よう液の体積とアルカリ性の水よう液の体積の間にはどのような関係がありますか。

☐ **8** **二酸化炭素が水にとけた水よう液**を，何といいますか。

☐ **9** うすい塩酸にアルミニウムを加えたときに発生する気体は，何ですか。

☐ **10** うすい塩酸に鉄を加えたとき，液の温度はどうなりますか。

☐ **11** うすい水酸化ナトリウム水よう液に加えたとき，あわを出しながらとけるのは，アルミニウム，鉄，銅のどれですか。

☐ **12** 一定の体積の塩酸に鉄を加えたとき，発生する気体の体積は，何に比例しますか。

1▶P.385
1 水よう液の分類

2▶P.385
1 水よう液の分類

3▶P.387
1 酸性

4▶P.387
1 アルカリ性

5▶P.390
2 中和

6▶P.391
2 中和

7▶P.393
2 入試 中和するときの体積

8▶P.394
3 気体がとけている水よう液

9▶P.396
4 酸性の水よう液と金属の反応

10▶P.396
4 酸性の水よう液と金属の反応

11▶P.398
4 アルカリ性の水よう液と金属の反応

12▶P.400
4 入試 いろいろな金属と水よう液の反応

第1章
ものの量

第2章
温度とものの変化

第3章
もののとけ方

第4章
ものの燃え方と空気

第5章
気体の性質

第6章
水よう液の性質

入試問題にチャレンジ！

解答▶別冊…P.566

1　うすい塩酸，アンモニア水，炭酸水，石灰水，砂糖水の5種類の水よう液を試験管に用意し，その性質を調べるためにいくつかの実験をしました。次の表はその結果をまとめたものです。あとの問いに答えなさい。

(関東学院六浦中)

	水よう液A	水よう液B	水よう液C	水よう液D	水よう液E
におい	なし	なし	鼻がツンとする	なし	なし
緑色のBTBよう液を入れる	（ ア ）色	（ イ ）色	（ ア ）色	（ イ ）色	（ ウ ）色
フェノールフタレインよう液を入れる	（ エ ）色	変化なし	（ エ ）色	変化なし	変化なし
よくみがいた鉄くぎを入れる	変化なし	気体が発生	変化なし	変化なし	変化なし
蒸発皿に少量をとり熱する	白いものが残る	何も残らない	何も残らない	何も残らない	黒いものが残る

(1) 表中の**ア**～**エ**に入る色を答えなさい。

　　　　　　ア（　　　　）イ（　　　　）ウ（　　　　）エ（　　　　）

よくでる(2) 表中の水よう液**A**～**E**はそれぞれ何ですか。

　　　　　　　　　A（　　　　　　　）B（　　　　　　　）
　　　　　　　　　C（　　　　　　　）D（　　　　　　　）
　　　　　　　　　　　　　　　　　　E（　　　　　　　）

(3) 水よう液**B**によくみがいた鉄くぎを入れたとき，発生した気体は何ですか。　　　　　　　　　　　　　　　　　（　　　　　）

(4) 水よう液**D**は何という物質が水にとけたものですか。

　　　　　　　　　　　　　　　　　　　（　　　　　）

(5) 水よう液**A**と水よう液**D**を混ぜるとどのようになりますか。かんたんに説明しなさい。　　（　　　　　　　　　　　　　）

物質編

第1章 ものの量

第2章 温度とものの変化

第3章 もののとけ方

第4章 空気ともののの燃え方と

第5章 気体の性質

第6章 水よう液の性質

2 次の実験について，あとの問いに答えなさい。　　　　　　　　（世田谷学園中）

〔実験1〕 次の**ア～オ**のように，塩酸にいろいろな固体を加える実験を行った。

ア 塩酸に鉄を加える。　　　　　　**イ** 塩酸に銅を加える。

ウ 塩酸にあえんを加える。　　　　**エ** 塩酸に石灰石を加える。

オ 塩酸にアルミニウムを加える。

(1) 燃える性質をもつ気体が発生する実験はどれですか。**ア～オ**からすべて選び，記号で答えなさい。　　　　　　　（　　　　　）

(2) 固体を加えても，何の変化も起こらない実験はどれですか。**ア～オ**から1つ選び，記号で答えなさい。　　　　　　（　　　　　）

(3) (2)の実験では何の変化も起こらなかったので，水よう液を加熱しました。すると，水蒸気以外の気体が発生しました。発生した気体の名まえを漢字で答えなさい。　　　　　（　　　　　）

〔実験2〕 次の**カ～ケ**のように，いろいろな体積の塩酸と水酸化ナトリウム水よう液を混ぜる実験を行った。

実験	塩酸の体積 [cm³]	水酸化ナトリウム水よう液の体積 [cm³]	BTBよう液を入れたときの混合液の色
カ	20	30	緑色
キ	30	40	A 色
ク	35	55	B 色
ケ	C	78	緑色

※**カ～ケ**で用いた塩酸と水酸化ナトリウム水よう液はどちらもそれぞれ同じこさです。

(4) A と B にあてはまる色をそれぞれ答えなさい。

A（　　　　　） B（　　　　　）

(5) C にあてはまる数値を答えなさい。　　　　（　　　　　）

(6) 塩酸と水酸化ナトリウム水よう液の混合液80cm³にBTBよう液を入れると緑色になりました。このとき用いた塩酸の体積は何cm³でしたか。　　　　　　（　　　　　）

(7) 塩酸44cm³と水酸化ナトリウム水よう液52cm³を混ぜた混合液にBTBよう液を入れました。この混合液の色を緑色にするためには，2倍のこさの水酸化ナトリウム水よう液を何cm³加えればよいですか。　　　　　　（　　　　　）

403

3 ある重さのスチールウールに，うすい塩酸を加えて変化を見る実験をしました。実験の手順1〜手順4を読んで，あとの問いに答えなさい。

（学習院中等科）

〔手順1〕　同じ重さのスチールウール6個と，うすい塩酸を用意した。

〔手順2〕　用意したスチールウールのうち5個を，それぞれ別の試験管に入れた。それぞれの試験管に，手順1で用意した塩酸10mL，20mL，30mL，40mL，50mLを加えた。加えた塩酸の体積と発生した気体の体積の関係をグラフに◆で表した。

〔手順3〕　用意したうすい塩酸25mLに，水を25mL加えてよく混ぜた。

〔手順4〕　手順2で使わなかったスチールウール1個を試験管に入れた。次に手順3で用意した塩酸から10mLをとり試験管に加えた。加えた塩酸の体積と発生した気体の体積の関係をグラフに●で表した。

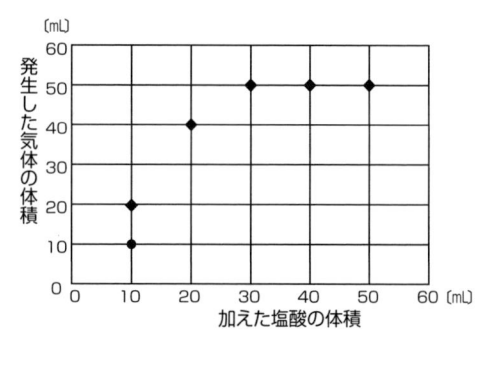

〔よくでる〕(1) 発生した気体は何ですか。漢字で答えなさい。　（　　　　　　）

(2) 手順2の結果から，スチールウール1個をすべてとかすためには，手順1で用意した塩酸の体積は少なくともどれだけあればよかったですか。答えなさい。　（　　　　　　）

(3) 手順4の結果から，スチールウール1個をすべてとかすためには，手順3で用意した塩酸の体積は少なくともどれだけあればよかったですか。答えなさい。　（　　　　　　）

(4) 手順2で50mLの塩酸を加えた試験管から気体の発生がおさまったあと，さらに手順1で準備したものと同じ重さのスチールウール1個を加えるとどうなりますか。次の**ア**〜**エ**からすべて選び，記号で答えなさい。　（　　　　　　）

ア　気体が発生する。　　**イ**　水よう液がアルカリ性になる。

ウ　スチールウールがとけていく。　　**エ**　何も起こらない。

エネルギー編

第**1**章	光と音の性質	406
第**2**章	磁石の性質	424
第**3**章	電流のはたらき	434
第**4**章	ものの運動	470
第**5**章	力のはたらき	482

この編では，わたしたちの身の回りで見られる現象について，その性質や法則について学習します。このようなきまりや法則を理解することで，今まであたりまえに見てきた現象も，興味深く感じることができます。

第1章

光と音の性質

1 光の性質‥‥‥‥‥‥‥‥‥‥407

2 とつレンズ‥‥‥‥‥‥‥‥412

3 音の性質‥‥‥‥‥‥‥‥‥417

1 光の性質

1 光の直進

　空気中や水中など，同じものの中では，光はまっすぐに進む。これを光の**直進**という。

光の進み方

　光源①から出た光は広がっていく。太陽の光も広がっているが，太陽は地球から約1億5000万kmもはなれたところにあるので，太陽の光は平行に進むと考えてよい。

　下の図のように，スリット（細いすき間）をあけた板をとりつけた装置に，太陽の光やまめ電球の光を当てると，光の進み方のちがいを観察することができる。

用語

光源
①まめ電球や太陽のように，みずから光を出しているもの。

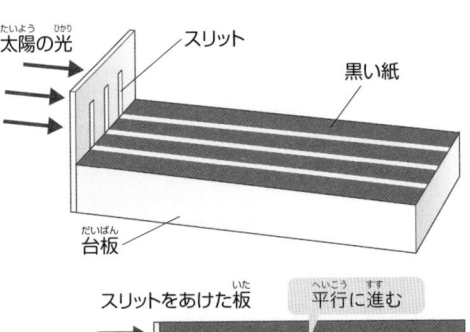

太陽の光　スリット　黒い紙
台板

スリットをあけた板　平行に進む
太陽
↑太陽の光の進み方

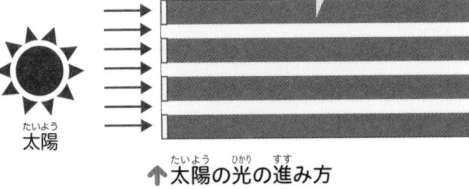

広がって進む
まめ電球
↑まめ電球の光の進み方

ものが見えるしくみ

「ものが見えた」と感じることができるのは，ものから出た**光が目に入り，その刺激が脳に伝えられる**からである。 ●P.142

このとき，目に入る光は，ものから直接出ている光でも，ものに当たってはね返った光でもかまわない。

しかし，光がまったくない真っ暗な場所では，**目に光が入らないため，もの**を見ることができない。

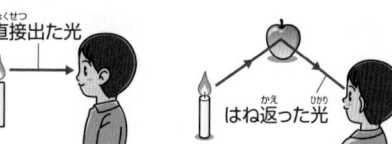

2 光の反射

光は，鏡などのものに当たってはね返る。この現象を，光の**反射**という。

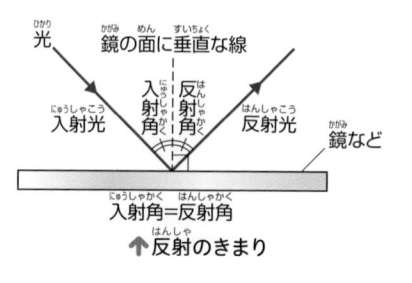

↑光の反射

光の反射

光を鏡に当てたとき，鏡に当たる光を**入射光**，反射する光を**反射光**という。このとき，入射光と鏡の面に垂直な線がなす角を**入射角**，反射光と鏡の面に垂直な線がなす角を**反射角**という。

●**反射のきまり**　鏡など表面が平らなものに光が当たるとき，入射角と反射角は等しくなる。

光　　　鏡の面に垂直な線

入射光　入射角　反射角　反射光　鏡など

入射角＝反射角

↑反射のきまり

第1章 光と音の性質

第2章 磁石の性質

第3章 電流のはたらき

第4章 ものの運動

第5章 力のはたらき

ここが大切

鏡のような平らなものに光が当たるとき，

入射角 = 反射角

鏡にうつる像

鏡などにうつって見えるものを像という。鏡を対称の軸として，実物と線対称の位置に像が見える①。

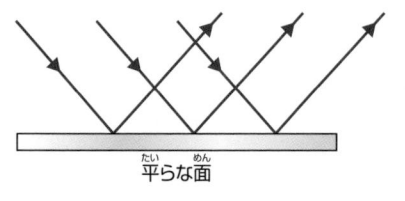

像（虚像）

鏡

↑像ができる位置

もっとくわしく

①このため，わたしたちの目には，鏡の中に実物があり，鏡の中のものから光が直進してきたように見える。

理科の宝箱

乱反射

紙のように表面ででこぼこしているものに光が当たると，反射した光はいろいろな方向に進む。このような反射を**乱反射**という。

光が乱反射するため，いろいろな方向からものを見ることができる。

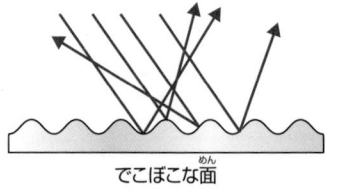

平らな面

でこぼこな面

③ 光のくっ折

　光は，同じものの中では直進する。しかし，光が空気中から水中やガラス中へ，水中やガラス中から空気中へ，というように，種類のちがうものの中へ進むときは，その境目で折れ曲がって進む。この現象を，光の**くっ折**という。このとき，光の一部は反射する。

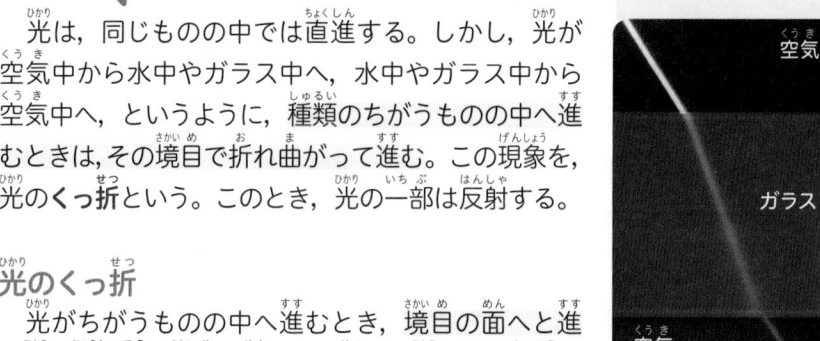

↑光のくっ折

光のくっ折

　光がちがうものの中へ進むとき，境目の面へと進む光を**入射光**，境目の面でくっ折した光を**くっ折光**という。このとき，入射光と境目の面に垂直な線がなす角を**入射角**，くっ折光と境目の面に垂直な線がなす角を**くっ折角**という。

● **境目に垂直に光が当たるとき**　光は，そのまま直進する。

● **空気中→ガラス中（水中）**

　空気中からガラス中（水中）へと進む光は，境目の面から遠ざかるようにくっ折する。このとき，くっ折角は入射角よりも小さくなる。

● **ガラス中（水中）→空気中**

　ガラス中（水中）から空気中へと進む光は，境目の面に近づくようにくっ折する。このとき，くっ折角は入射角よりも大きくなる。

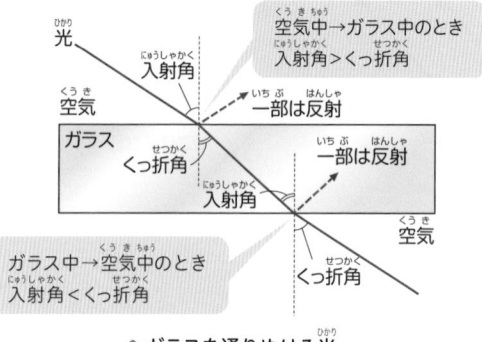

↑ガラスを通りぬける光①

空気中→ガラス中のとき
入射角＞くっ折角

ガラス中→空気中のとき
入射角＜くっ折角

🔍 **もっとくわしく**

①ガラスを通りぬけた光は，入射光と平行になるように進む。

光の性質 **3** 年 **発展**

エネルギー編

第1章 光と音の性質

第2章 磁石の性質

第3章 電流のはたらき

第4章 ものの運動

第5章 力のはたらき

④ 水中でのものの見え方

水中にあるものを空気中から観察すると，実際とはちがって見えることがある。

うかび上がるコイン

茶わんの中にコインを入れ，静かに水を注いでいくと，コインがうかび上がって見える。

これは，コインからの光は，水中から空気中へ出るときに，水面に近づくようにくっ折するが，人には光が直進してきたように見えるためである。

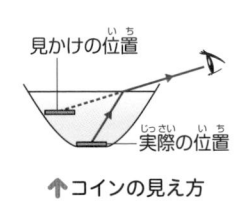

見かけの位置

実際の位置

↑コインの見え方

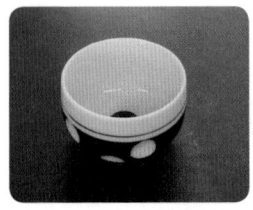
水を注ぐ

↑うかび上がるコイン

2ひきの金魚

金魚のいる水そうをななめ下から見上げると，水面に金魚がうつって，2ひきの金魚がいるように見える。これは，光の全反射による現象である。

↑2ひきに見える金魚

411

●**全反射** 水中やガラス中から空気中に光が出るとき，入射角がある角度より大きくなると，光はくっ折しないで，すべて反射してしまう。これを光の**全反射**という。

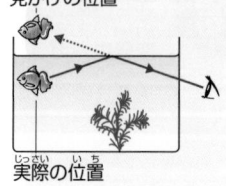

見かけの位置

実際の位置

↑**2ひきの金魚の見え方**

**理科の
宝箱**

プリズムを通る光

ガラスなどでできた三角柱を，プリズムという。プリズムに太陽の光をななめに当てると，光がいろいろな色に分かれる。

これは，**太陽の光はいろいろな色の光が混ざり合っていて，色によってくっ折する割合がちがう**ためである。

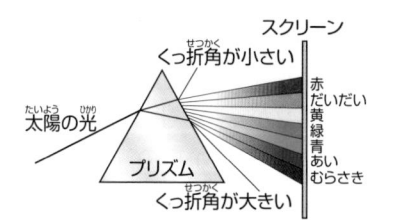

スクリーン

くっ折角が小さい

太陽の光

プリズム

くっ折角が大きい

赤
だいだい
黄
緑
青
あい
むらさき

2 とつレンズ

発展

1 とつレンズのはたらき

虫めがねのように，中心がまわりよりも厚くなっているレンズを**とつレンズ**という。

とつレンズのはたらき

とつレンズの光軸に平行な光を当てると，光は1点に集まる①。この点を**しょう点**という。しょう点は，とつレンズの両側にある。

⚠**ここに注意！**

①光は，空気中からとつレンズに入るときととつレンズから空気中に出るときの2回くっ折するが，図に表すときは，簡単に表すために1回しかくっ折していないようにかくことが多い。

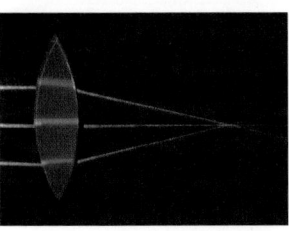 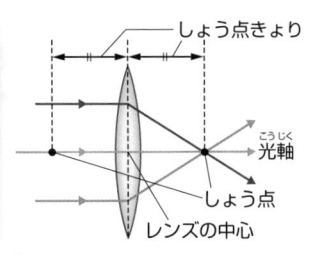

↑光軸に平行な光を当てたとき

● **光軸** とつレンズの中心を通り，とつレンズに対して垂直な線を光軸という。

● **しょう点きょり** レンズの中心からしょう点までのきょりを<u>しょう点きょり</u>①という。

とつレンズを通った光

とつレンズを通る光のうち，次の3つの光の進み方を利用すると，できる像の位置や大きさを調べることができる。

● **光軸に平行な光** 反対側のしょう点を通る（光①）。

● **レンズの中心を通る光** そのまま直進する（光②）。

● **しょう点を通る光** 光軸に平行に進む（光③）。

🔍 **もっとくわしく**

①ふつう，とつレンズのふくらみが大きいほど，しょう点きょりが短くなる。

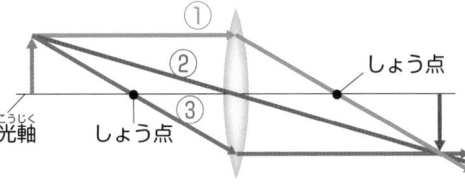

↑とつレンズを通った光の進み方

エネルギー編

第1章 光と音の性質

第2章 磁石の性質

第3章 電流のはたらき

第4章 ものの運動

第5章 力のはたらき

とつレンズによる像

とつレンズを使うと，ものの像をスクリーンにうつし出したり，ものが大きく見えたりする。

実像

ものから出た光はあらゆる向きに進んでいく。ものがとつレンズのしょう点より外側にあるときは，とつレンズを通った光はすべて1点に集まる。

ここにスクリーンを置くと，スクリーン上に，上下・左右が逆向きの像がうつる。これを実像という。ものの位置によって，像ができる位置や像の大きさが変わる。

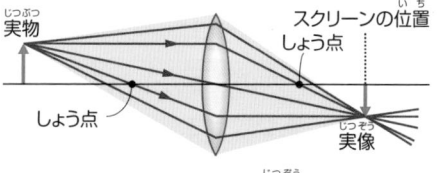

↑とつレンズと実像

●**ものがしょう点きょりの2倍の位置より遠くにあるとき**　しょう点としょう点きょりの2倍の位置の間に，実物よりも小さい実像ができる（図1）。

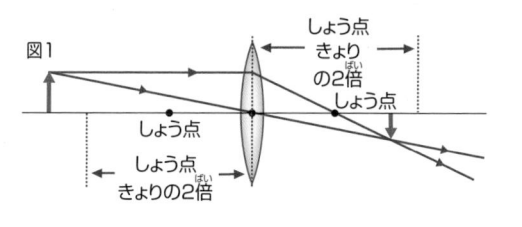

エネルギー編

第1章 光と音の性質

第2章 磁石の性質

第3章 電流のはたらき

第4章 ものの運動

第5章 力のはたらき

●**ものがしょう点きょりの2倍の位置にあるとき**　しょう点きょりの2倍の位置に，実物と同じ大きさの実像ができる（図2）。

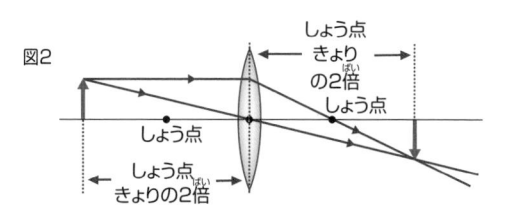

図2

●**ものがしょう点としょう点きょりの2倍の位置の間にあるとき**　しょう点きょりの2倍の位置よりも遠くに，実物よりも大きい実像ができる（図3）。

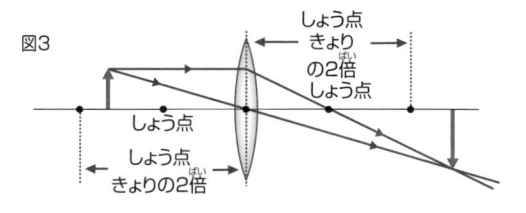

図3

虚像

　ものがしょう点より内側にあるとき，とつレンズを通った光は広がって進むために実像はできないが，とつレンズをのぞくと，ものと同じ向きに実物より大きな像が見える。

　この像は実際に光が集まってできた像ではなく，そこから光が出ているように見える見かけの像で，スクリーンにうつすことができない。このような像を，**虚像**という。

　花のつくりなどを虫めがねで大きくして観察するときに，見える像は虚像である。

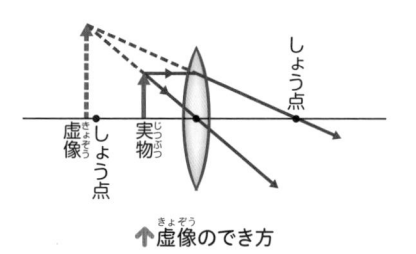

↑虚像のでき方

しょう点上にものがあるとき

とつレンズのしょう点上にものがあるときは，実像も虚像もできない。

が問われる！

像のようすを調べる

とつレンズによってできる像の位置や大きさを，図をかいて求める問題がよく出題される。
とつレンズを通る光のうち，次の3つの道すじがわかりやすいので，そのうちの2本を使って図をかこう。

・光軸に平行な光➡反対側のしょう点を通る。
・レンズの中心を通る光➡そのまま直進する。
・しょう点を通る光➡光軸に平行に進む。

例

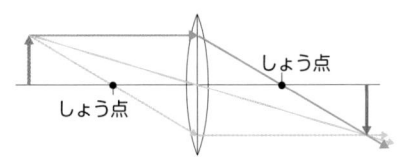

光軸に平行な光の道すじをかく。

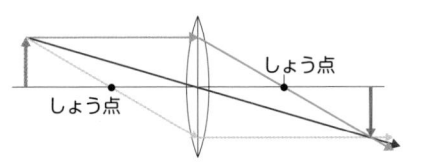

レンズの中心を通る光の道すじをかく。2本
の道すじの交点から光軸に向かって引いた垂
直な線が像を表す。

3 音の性質

1 音の出るわけ

たいこはたたくと音が出るが，ギターはげんをはじくと音が出る。

音の発生

音が出ているたいこの皮にさわると，皮が**しん動**①していることがわかる。このように，ものがしん動することで，音が発生する。ギターもげんがしん動することで音が出る。たいこやギターのように，しん動して音を出しているものを，**音源**という。

音を伝えるもの

たいこの前に火のついたろうそくを置き，たいこをたたくと，ろうそくの火がゆれる。これは，たいこの皮のしん動が空気に伝わり，空気がしん動するためである。ろうそくの火は，たいこに近いほど大きくゆれる。これは，音源のしん動は空気に伝わって，まわりに広がっていくが，音源から遠くなるほど小さくなっていくためである。

●**音を伝えるもの** 音のしん動は，空気のような気体の中だけではなく，水のような液体，金属のような固体の中にも伝わっていく。

●**真空中での音の伝わり方** 右の図のような装置で，フラスコを熱して水をふっとうさせると，水蒸気によって空気が追い出される。水がなくなったら火を消して，ピンチコックをする。十分冷めてからフラスコをふると，フラスコ内の水蒸気の多くが水にもどり，気体が少ない状態になるため，すずの音が聞こえない。このように，**真空**②中では，音は伝わらない。

用語

しん動
①ものが一定のはばでゆれ動くこと。

真空
②容器などの中に，気体が存在しない状態。

↑空気のしん動のようすを調べる

↑真空に近い状態をつくる

② 音の三要素

音の高さ，音の大きさ，音色を音の三要素という。モノコードを使えば，音の高さや大きさがどのように変わるかを調べることができる。

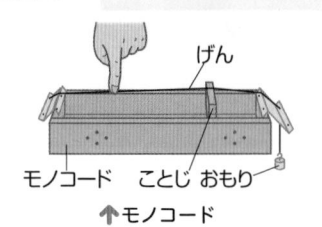

↑モノコード

音の高さ

モノコードのげんの長さやげんをはる強さ，げんの太さを変えると，音の高さは次のように変化する。

	高い音	低い音
げんの長さ	短い	長い
げんをはる強さ	強い	弱い
げんの太さ	細い	太い

1秒間にしん動する回数をしん動数という。音の高さはしん動数によって変わり，しん動数が多いほど，高い音が出る。

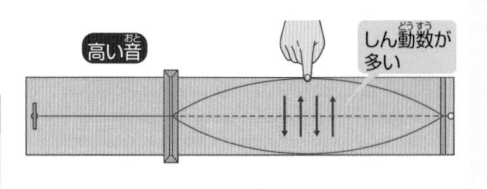

↑げんの長さと音の高さ

ここが大切　モノコードのげんをはじくとき，

細いげんを**強く**はり，はじく部分を**短く**するほど，**高い音**が出る。

● **試験管の中の空気のしん動**　水の量を変えた試験管の口をふくと，水の量が多いほど，音が高くなる①。

↑空気のしん動

● **試験管のしん動**　水の量を変えた試験管のふちをたたくと，水の量が少ないほど，音が高くなる②。

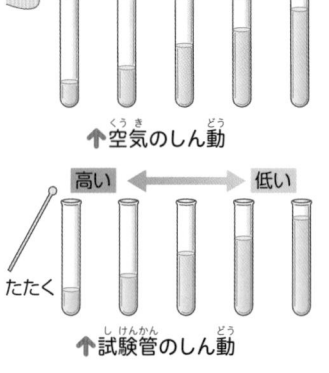

↑試験管のしん動

🔍 **もっとくわしく**

①水の量が多いほど，空気の量が少なくなり，しん動数が多くなるから。

②水が試験管のしん動をおさえるため，水の量が多いほど，しん動数が少なくなるから。

エネルギー編

第1章 光と音の性質

第2章 磁石の性質

第3章 電流のはたらき

第4章 ものの運動

第5章 力のはたらき

音の大きさ

モノコードのげんを強くはじくと大きな音が出て，弱くはじくと小さな音が出る。げんを強くはじくと大きくしん動するが，弱くはじくとげんのしん動が小さくなる。

もののしん動のはばを，**しんぷく**という。音の大きさはしんぷくによって変わり，しんぷくが大きいほど音が大きくなる。

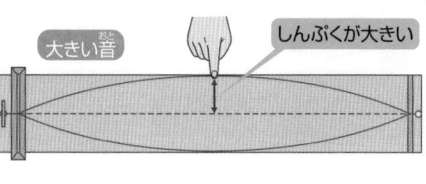
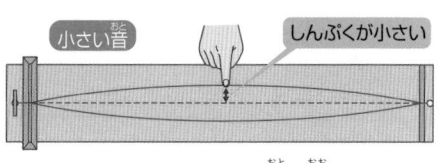

↑しんぷくの大きさと音の大きさ

ここが大切

モノコードのげんをはじくとき，

しんぷくが**大きい…大きな音**が出る。

しんぷくが**小さい…小さな音**が出る。

音色

ピアノとバイオリンで，同じ大きさで同じ高さの音を出しても，音がちがう。このように，音源のちがいによる音のちがいを，**音色**という。

理科の宝箱
音の反射と吸収

やまびこは，山に向かって出した声がはね返って聞こえるものである。このように，**音はものに当たるとはね返る**。これを，**音の反射**という。

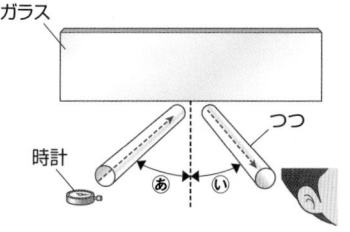

つつで音の進む方向を集中させると，角あと角いが等しくなっているときに，反射した音がいちばんよく聞こえる。

音が反射するとき，音の一部はものに吸収されて，音が小さくなる。

コンクリートや金属，ガラスなど，**かたいものは音を反射しやすく**，スポンジや綿，布など，**やわらかくて小さなあながたくさんあいているものは音を吸収しやすい**ので，防音室などのかべには布などがはられている。

音の速さ

入試でる度　★☆☆☆☆

空気中での音の速さ

気温が15℃のときに音が伝わる速さは，秒速で約340mになる。空気中を音が伝わる速さは気温によって変化し，下の式で求められる。

ここが大切

ある気温での音の秒速は，

音の速さ（秒速）＝331.5〔m〕＋0.6〔m〕×気温〔℃〕

● **光の速さと音の速さ**　光の速さは秒速約30万kmで，音よりもとても速いので，いなずまが光ったあとにかみなりが鳴ったり，遠くはなれた場所の花火が見えたあとに音がおくれて聞こえたりする。

いろいろなものの中での音の速さ

音を伝えるものの種類によって，音の速さが変わる。
音は，液体の中では気体の中よりも速く伝わり，固体の中では液体の中よりもさらに速く伝わる。

ここが大切

ものの中を伝わる音の速さは，

気体 ＜ 液体 ＜ 固体

の順に速くなる。

音を伝えるもの	音の速さ（秒速）
空気（15℃）	約340m
水（23〜27℃）	約1500m
海水（20℃）	約1513m
ガラス	約5440m
鉄	約5950m

↑いろいろなものの中での音の速さ

ここが問われる！
建物までのきょりを求める

建物からはなれたところから建物に向かって音を出し，はね返った音が聞こえるまでの時間から，建物までのきょりや音の速さなどを求める問題がよく出題される。
➡音が進んだきょりは建物と音源までのきょりの2倍になることに注意する。

エネルギー編

第1章
光と音の性質

第2章
磁石の性質

第3章
電流のはたらき

第4章
ものの運動

第5章
力のはたらき

□ 1 光は，同じものの中ではまっすぐに進みます。この現象を何といいますか。

□ 2 光は，鏡などに当たってはね返ります。この現象を何といいますか。

□ 3 光がはね返るとき，入射角と反射角の間にはどのような関係がありますか。

□ 4 光は，ちがう種類のものの中へ進むとき，その境目で折れ曲がります。この現象を何といいますか。

□ 5 水中から空気中に光が進むとき，入射角がある角度以上になると，光はくっ折しないですべて反射してしまいます。この現象を何といいますか。

□ 6 とつレンズの光軸に平行な光を当てると，光は1点に集まります。この点を何といいますか。

□ 7 ものがとつレンズのしょう点よりも外側にあるとき，スクリーン上に上下・左右が逆向きの像がうつります。この像を何といいますか。

□ 8 ものがとつレンズのしょう点より内側にあるとき，とつレンズをのぞくと，ものと同じ向きに実物よりも大きな像が見えます。この像を何といいますか。

□ 9 モノコードのげんなどが1秒間にしん動する回数を，何といいますか。

□ 10 モノコードのげんなどがしん動するはばを，何といいますか。

つまずいたら
調べよう

1▶P.407
■1 1光の直進

2▶P.408
■1 2光の反射

3▶P.408
■1 2光の反射

4▶P.410
■1 3光のくっ折

5▶P.412
■1 4水中でのものの見え方

6▶P.412
■2 1とつレンズのはたらき

7▶P.414
■2 入試 とつレンズによる像

8▶P.415
■2 入試 とつレンズによる像

9▶P.418
■3 2音の三要素

10▶P.419
■3 2音の三要素

第1章 光と音の性質

入試問題にチャレンジ！

解答▶別冊…P.569

1 光の進み方について，次の問いに答えなさい。ただし，図は上から見たものとします。

(光塩女子学院中等科)

図1　鏡X

図2　鏡X　水そう　水　柱　ア　イ　ウ　エ　オ

図3　鏡X　鏡Y　光　柱　ア　イ　ウ　エ　オ

よくでる (1) 図1で**ア**点にいる女の子には，鏡**X**にうつるお母さんが見えています。お母さんは，**イ，ウ，エ，オ**点のどこかにいます。お母さんの位置として考えられるものを図1の**イ〜オ**から2つ選び，記号で答えなさい。　　　　　　　　　　（　　　　　　）

(2) **ア**点の女の子が鏡**X**にうつるお母さんを見ていると，水の入ったとう明な水そうが運ばれてきました。水そうが図2のように置かれると，お母さんのすがたが鏡にうつらなくなりました。(1)の位置からお母さんが動いていないとすると，お母さんはどこにいたのですか。**イ〜オ**から1つ選び，記号で答えなさい。ただし，光は図2の水そうの中を通るとき，図4のように進むものとします。　　　　　　　　　　（　　　　　　）

図4

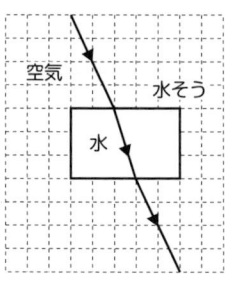

空気　水そう　水

(3) 図2の水そうをとりさり，もう1枚の鏡**Y**を図3のように置きました。すると，**ア**点の女の子には**イ**点にやってきたお父さんが鏡**X**にうつって見えました。図3で**イ**点のお父さんから矢印の向きに進んだ光が，**ア**点の女の子に届くまでの光の道すじを太い実線で作図しなさい。

エネルギー編

第1章 光と音の性質

第2章 磁石の性質

第3章 電流のはたらき

第4章 ものの運動

第5章 力のはたらき

2 次の図の（1）～（3）で，光の進み方として正しいものを1つずつ選び，記号で答えなさい。
(聖セシリア女子中)

(1)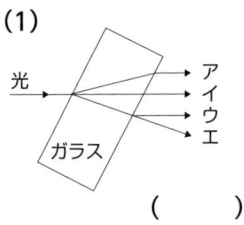

(2)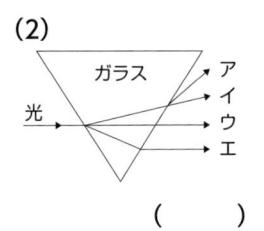

(3)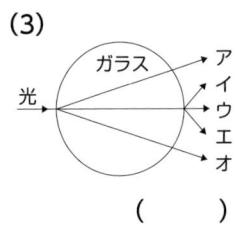

( )　　　　　　　　( )　　　　　　　　( )

3 音が空気中を伝わる速さは気温によって変化します。気温が0℃のとき，音は毎秒331mの速さで伝わります。また，気温が1℃上しょうするごとに，音の伝わる速さは毎秒0.6mずつ増加します。これについて，次の問いに答えなさい。ただし，答えが小数の場合は，小数第2位を四捨五入して答えなさい。
(東邦大学付属東邦中)

(1) 空気中を伝わる音の速さが毎秒363.4mのとき，気温は何℃ですか。　　　　　　　　　　　　　　　　　　　( )

(2) 下の図のように，音を出すことのできるスピーカーと音を反射する板が800mはなれて置かれています。このときの気温は15℃でした。スピーカーから音を出し始めると同時に，板を毎秒20mの速さで図の矢印の向きに動かしました。また，スピーカーからは24秒間音を出しました。
板から反射した音がスピーカーの位置で聞こえ始めるのは，スピーカーから音を出し始めてから何秒後ですか。　　　( )

```
スピーカー                    音を反射する板
                                   毎秒20m
                                    ⇒

        ├──────────800m──────────┤
```

(3) (2)のとき，板から反射した音は何秒間聞こえ続けますか。
　　　　　　　　　　　　　　　　　　　　　　　　( )

第**2**章

磁石の性質

1 磁石の力 ····························425

2 磁石の極 ····························427

磁石を利用したクリップ置き

1 磁石の力

エネルギー編

第1章 光と音の性質

第2章 磁石の性質

第3章 電流のはたらき

第4章 ものの運動

第5章 力のはたらき

1 磁石とは

冷蔵庫のとびらにつけてあるクリップやタイマーなどには磁石がついていて，磁石のはたらきでとびらから落ちない。

磁石につくもの

鉄のかんは磁石に引きつけられるが，アルミニウムのかんは磁石に引きつけられない。

磁石は鉄でできたものを引きつけるが，紙やガラス，プラスチック，<u>鉄以外のほとんどの金属は引きつけない</u>①。

もっとくわしく

①アルミニウムや銅，銀，金など，ほとんどの金属は磁石に引きつけられない。しかし，ニッケルやコバルトなどの金属は磁石に引きつけられる。

ここが大切 **磁石に引きつけられるのは鉄，**
ほかの金属はほとんど引きつけられない。

2 磁石の力

ゼムクリップにつけた糸の先をセロハンテープでとめ，磁石を近づけると，ゼムクリップが宙にうく。

また，プラスチックでできたはさみの取っ手の部分に，磁石を近づけると，<u>取っ手が磁石に引きつけられる</u>②。

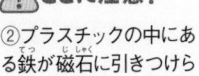 **ここに注意！**

②プラスチックの中にある鉄が磁石に引きつけられる。

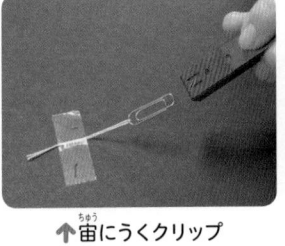

↑宙にうくクリップ

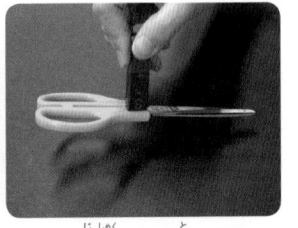

↑磁石につく取っ手

このように，磁石が鉄を引きつける力は，はなれていてもはたらく力である。ただし，磁石の力は，ものからはなれるほど小さくなる。

③ 磁石の力の強いところ

鉄を引きつけるときの磁石の力の大きさは，引きつけられるゼムクリップの数や砂鉄①の量で調べることができる。

ゼムクリップを使って調べる

棒磁石のいろいろな部分にゼムクリップを近づけ，引きつけられたゼムクリップの数を調べると，次のようになった。

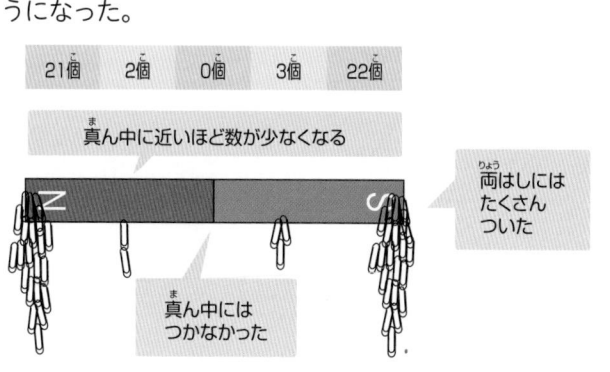

21個　　2個　　0個　　3個　　22個

真ん中に近いほど数が少なくなる

真ん中にはつかなかった

両はしにはたくさんついた

↑ゼムクリップの数のちがい

ゼムクリップの数から，鉄を引きつける磁石の力は，両はしがいちばん強く，中央に近くなるほど弱くなり，中央では引きつける力がはたらかないことがわかる。

砂鉄を使って調べる

棒磁石の上に，とう明なプラスチックの下じきを置き，下じきの上に砂鉄をまくと，次のようなもようができる。このとき，砂鉄がたくさんついているほど，鉄を引きつける力が強いことがわかるので，磁石の両はしが，鉄を引きつける力がもっとも大きくなる。

用語

砂鉄

①長い年月の間に，岩石がしん食され，風化 ➡ P.277 して，中にふくまれていた鉄分が砂のように細かくなったもの。

エネルギー編

第1章 光と音の性質

第2章 磁石の性質

第3章 電流のはたらき

第4章 ものの運動

第5章 力のはたらき

↑棒磁石のまわりの砂鉄のようす

ここが大切

鉄を引きつける磁石の力は、
両はしがいちばん強く、中央に近いほど弱くなる。

2 磁石の極

3年

1 磁石の極

磁石の両はしは、鉄を引きつける力がもっとも大きい。この部分を磁石の極という。

磁石の極

磁石を自由に動けるようにすると、磁石は必ず南北方向を向いて止まる。このとき、北をさす極をN極、南をさす極をS極という。

↑自由に動く磁石

磁石の極の間の力

1つの磁石のN極と別の磁石のN極、または磁石のS極と別の磁石のS極を近づけると、しりぞけ合う力がはたらく。1つの磁石のN極と別の磁石のS極を近づけると、引き合う力がはたらく。

このように、磁石の間ではたらく力を**磁力**という。

↑磁石の間にはたらく力

ここが大切

2つの磁石を近づけたとき、

同じ極どうし…**しりぞけ合う。**　　ちがう極どうし…**引き合う。**

磁石をつなげる

1つの磁石のN極と別の磁石のS極をつなげると、つなげたN極とS極は磁石の極ではなくなり、1つの磁石になる。

| S | N S | N |

極の性質はなくなる

↑磁石をつなげる

磁石を2つに切る

<u>ゴム磁石</u>①をはさみで2つに切ると、切った部分にそれぞれ新しいN極とS極ができ、2つの磁石に分かれる。

用語

ゴム磁石

①ゴム磁石は、磁石を細かくくだいて、ゴムやプラスチックと混ぜ合わせたもの。やわらかいため、曲げたり切ったりできる。

ゴム磁石

S極になる　　N極になる

鉄くぎ

↑磁石を2つに切る

エネルギー編

第1章 光と音の性質

第2章 磁石の性質

第3章 電流のはたらき

第4章 ものの運動

第5章 力のはたらき

② 方位磁針

　磁石を自由に動けるようにすると，磁石は南北方向を向いて止まる。方位磁針は，この磁石の性質を利用したものである。

方位磁針

　磁針①は磁石になっていて，中央を点で支えているため，自由に動くことができる。針の色のついたほうがN極で，針が止まったとき，北をさす。

↑方位磁針

方位磁針が南北をさす理由

　地球は大きな磁石になっていて，北極付近にS極，南極付近にN極がある②。このため，磁針のN極はS極のある北極，磁針のS極はN極のある南極のほうへ動く。

↑地球の極

用語
磁針
①方位磁針の針を，磁針という。

🔍 **もっとくわしく**
②正確には，磁針のN極がさすのは北極点ではなく，少しずれた地点になる。

③ 磁石をつくる

　強い磁石は，2本の鉄のくぎをたてにならべて引きつけることができる。このとき，上のくぎをそっと磁石からはなしても，下のくぎははずれない。

磁石につけた鉄

　2本の鉄のくぎを磁石のN極につけたあと，上のくぎをゼムクリップに近づけると，ゼムクリップが引きつけられる。

　このとき，鉄のくぎの頭の部分を方位磁針に近づけると，方位磁針のN極が引きつけられ，下の図のように，くぎの先の部分を方位磁針に近づけると，N極が遠ざかることから，<u>くぎの頭はS極，くぎの先はN極になっている</u>①ことがわかる。

　このように，鉄は磁石につけると，磁石になる。

○ **もっとくわしく**

①鉄のくぎを磁石につけたとき，磁石につけた部分は，磁石の極とちがう極になる。

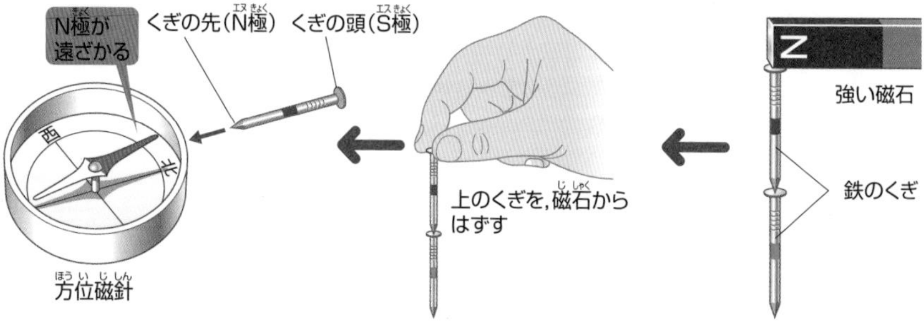

N極が遠ざかる　くぎの先(N極)　くぎの頭(S極)

上のくぎを，磁石からはずす

方位磁針

↑磁石につけた鉄のくぎ

強い磁石

鉄のくぎ

磁石でこすった鉄

　鉄のくぎを，<u>磁石で同じ向きに何度もこすると，鉄のくぎが磁石になる</u>②。

○ **もっとくわしく**

②こすり始めた部分は，磁石の極と同じ極になる。

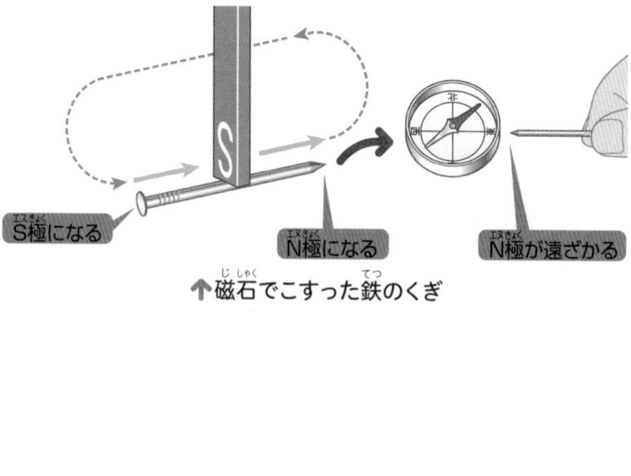

S極になる　　N極になる　　N極が遠ざかる

↑磁石でこすった鉄のくぎ

入試要点チェック

解答▶別冊…P.570

エネルギー編

第1章 光と音の性質

第2章 磁石の性質

第3章 電流のはたらき

第4章 ものの運動

第5章 力のはたらき

つまずいたら
調べよう

☐ **1** 磁石に引きつけられるものは，おもに何か
らできていますか。

☐ **2** **磁石の力**がいちばん強いのは，磁石のどの
部分ですか。

☐ **3** 磁石の力がはたらかないのは，磁石のどの
部分ですか。

☐ **4** 磁石を自由に動けるようにすると，南北・
東西のどちらの方向を向いて止まりますか。

☐ **5** 1つの磁石のN極と別の磁石のN極とを近
づけると，2つの磁石の間にどのような力
がはたらきますか。

☐ **6** 1つの磁石のS極と別の磁石のS極を近づ
けると，2つの磁石の間にどのような力が
はたらきますか。

☐ **7** 1つの磁石のN極と別の磁石のS極を近づ
けると，2つの磁石の間にどのような力が
はたらきますか。

☐ **8** **方位磁針**の針で，めだつ色のついたほうは
何極になりますか。

☐ **9** 方位磁針のN極はどの方位をさして止ま
りますか。

☐ **10** **地球は大きな磁石**になっていますが，N極
があるのは，北極付近，南極付近のどちら
ですか。

☐ **11** 強い磁石に2本のくぎをたてにならべてつ
けたあと，上のくぎをそっとはずすと，下
のくぎはどうなりますか。

☐ **12** 磁石のN極にくぎの頭をつけたとき，くぎ
の先は何極になっていますか。

1▶P.425
1 1 磁石とは

2▶P.426
1 3 磁石の力の強いところ

3▶P.426
1 3 磁石の力の強いところ

4▶P.427
2 1 磁石の極

5▶P.428
2 1 磁石の極

6▶P.428
2 1 磁石の極

7▶P.428
2 1 磁石の極

8▶P.429
2 2 方位磁針

9▶P.429
2 2 方位磁針

10▶P.429
2 2 方位磁針

11▶P.429
2 3 磁石をつくる

12▶P.430
2 3 磁石をつくる

1 磁石のはたらきについて，次の問いに答えなさい。 （和洋国府台女子中）

(1) 磁石につかないものはどれですか。次の**ア**〜**エ**から1つ選び，記号で答えなさい。 （　　　）

　ア 鉄くぎ　　　　　**イ** アルミかん
　ウ スチールかん　　**エ** 黒板

よくでる(2) 図1のように，棒磁石のまわりに方位磁針を置きました。**A**，**B**の位置に置いた方位磁針はそれぞれどのようにふれますか。次の**ア**〜**エ**から1つずつ選び，記号で答えなさい。

図1

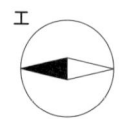

A （　　　）　**B** （　　　）

 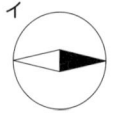 

(3) 図2のように，ゴムの棒磁石を中央で切りました。切ったところを近づけ合うと，どうなりますか。次の**ア**〜**ウ**から1つ選び，記号で答えなさい。 （　　　）

図2

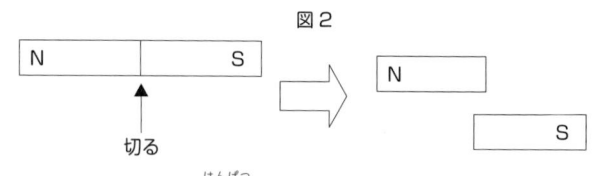

切る

　ア 引き合う　　**イ** 反発し合う
　ウ 引き合いも反発もしない

エネルギー編

第1章 光と音の性質

第2章 磁石の性質

第3章 電流のはたらき

第4章 ものの運動

第5章 力のはたらき

2 磁石とぬい針を使って，いろいろな実験をしました。図1のように，棒磁石のN極にぬい針Aを下げ，その下にもう1本ぬい針Bを下げます。次の問いに答えなさい。

（フェリス女学院中）

ぬい針A

ぬい針B

図1

(1) ぬい針Bの下のはしに，別の棒磁石のN極を近づけると，ぬい針Bはどうなりますか。次のア〜ウから1つ選び，記号で答えなさい。　　　　（　　　）
   ア　別の棒磁石から遠ざかるように動く。
   イ　別の棒磁石に近づくように動く。
   ウ　動かない。

(2) 図2のように，棒磁石のN極に別の棒磁石のS極をくっつけると，N極に下がっていたぬい針はどうなりますか。

図2

（　　　　　　　　　　　　　　　　　　　　　　　　　）

(3) ぬい針に磁石の性質をもたせる方法として，磁石でこする方法が知られています。このとき，磁石のこすり方について，注意しなければならないことを書きなさい。
   （　　　　　　　　　　　　　　　　　　　　　　　　　）

(4) (3)のぬい針を使って，南北を調べるにはどうしたらよいですか。その方法を1つ答えなさい。
   （　　　　　　　　　　　　　　　　　　　　　　　　　）

よくでる (5) 地球も大きな磁石であることが知られています。実際に磁石の性質をもつしくみは棒磁石とは異なりますが，地球の中に大きな棒磁石が入っていると考えることにすると，地理上の北極付近にあるのはN極，S極のどちらですか。　　　　（　　　）

433

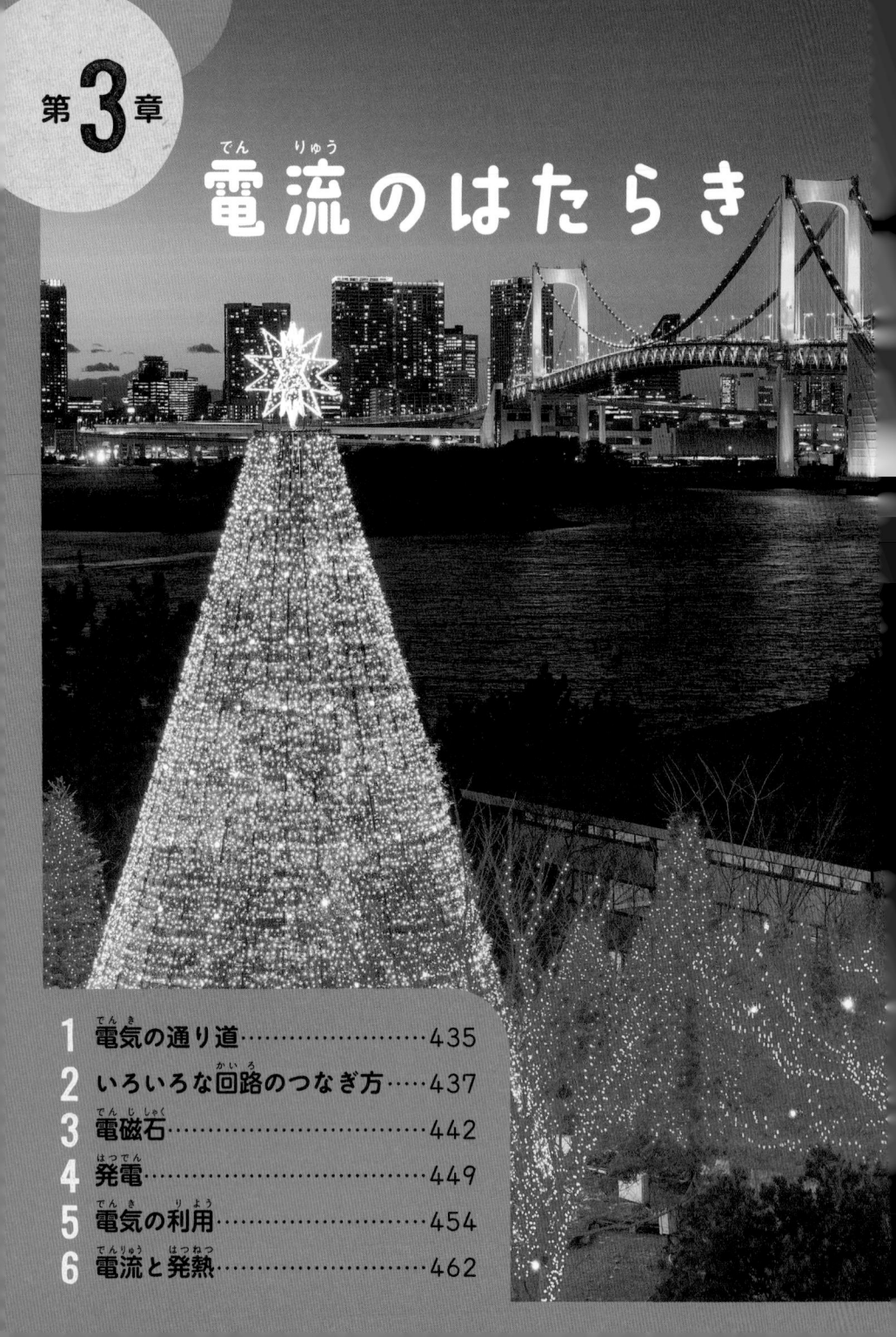

第3章

電流のはたらき

1 電気の通り道 …………………… 435
2 いろいろな回路のつなぎ方 ……437
3 電磁石 ………………………… 442
4 発電 …………………………… 449
5 電気の利用 ……………………… 454
6 電流と発熱 ……………………… 462

1 電気の通り道 **3**年 **4**年

第1章 光と音の性質

第2章 磁石の性質

第3章 電流のはたらき

第4章 ものの運動

第5章 力のはたらき

1 まめ電球がつくとき

まめ電球とかん電池をつなげたとき，明かりがつくときとつかないときがある。

実験

明かりがつくときのつなぎ方を調べる

方法

いろいろなつなぎ方で，まめ電球とかん電池をつなぐ。

結果

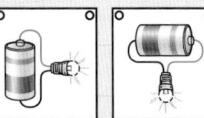

明かりがついた　　　　　明かりがつかなかった

✦ わかったこと ✦

かん電池の＋極，まめ電球，かん電池の－極が導線①で輪のようにつながっているとき，電気の通り道ができ，明かりがつく。

⚠ ここに注意！

①導線をつなぐときは，下の図のようにする。

① ビニルのおおいをはぐ

② 導線をねじる

③ 2本の導線を合わせてねじる

④ つないだところにセロハンテープをまく

回路

電気の通り道を，**回路**という。まめ電球をつないだ回路で，フィラメント（明るく光るところ）が切れていたり，ソケットがゆるんでいたりすると，電気が流れないため，明かりがつかない。

明かりがつく
まめ電球
電気の通り道
ソケット

明かりがつかない
フィラメント
切れている
はなれている

↑まめ電球のつくり

回路を図で表す

回路のようすは，下のような**電気用図記号**を使って表すと，わかりやすい。このような図を**回路図**という。

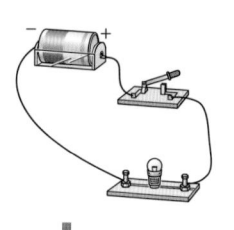

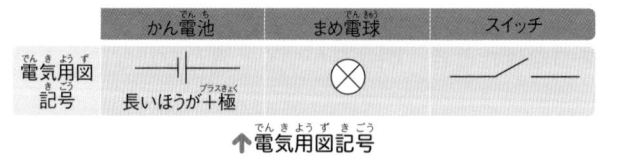

	かん電池	まめ電球	スイッチ
電気用図記号	—|⊢— 長いほうが＋極	⊗	—/—

↑電気用図記号

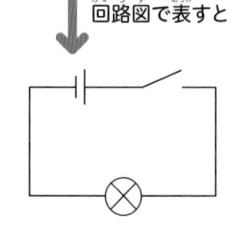

回路図で表すと

2 電流

回路を流れる電気の流れを，**電流**という。電流は，かん電池の＋極から出て，まめ電球やモーターなどを通り，かん電池の－極へ流れる。

実験

電流の向きとモーターの回る向きを調べる

方法

1 回路をつくってモーターを回し，モーターの回る向きと電流の向き①を調べる。

2 かん電池の向きを逆にして，モーターの回る向きと電流の向きを調べる。

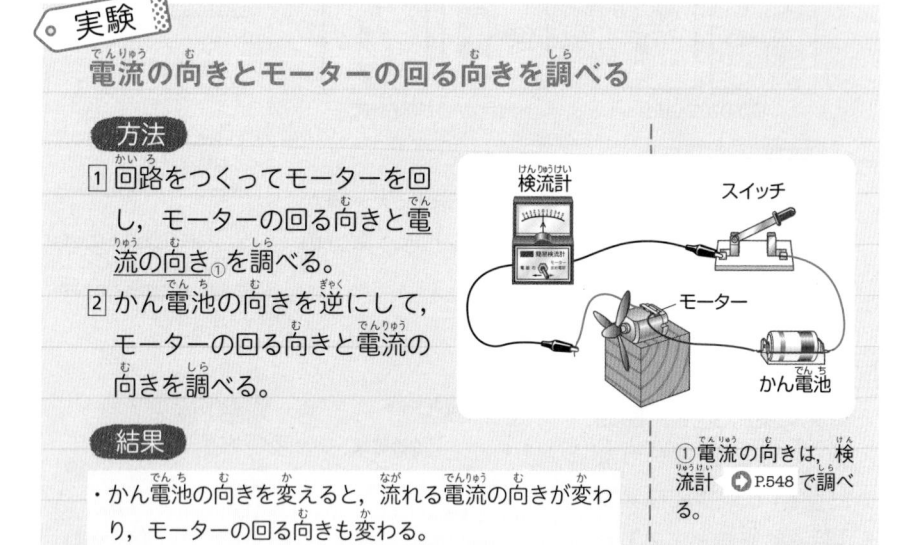

結果

・かん電池の向きを変えると，流れる電流の向きが変わり，モーターの回る向きも変わる。

①電流の向きは，検流計 ▶P.548 で調べる。

導体と不導体

金属のように電流が流れやすいものを**導体**，ガラスやプラスチックのように電流が流れにくいものを**不導体**または**絶えん体**という。

エネルギー編

第1章　光と音の性質

第2章　磁石の性質

第3章　電流のはたらき

第4章　ものの運動

第5章　力のはたらき

2 いろいろな回路のつなぎ方

4年

1 かん電池の直列つなぎ

　かん電池の＋極と別のかん電池の－極をつなぐつなぎ方を，かん電池の**直列つなぎ**という。

実験

かん電池の直列つなぎと電気のはたらきの関係を調べる

ねらい

かん電池を直列につないだときの電気のはたらきを，かん電池1個のときとくらべる。

方法

① 図1のような回路で，かん電池2個を直列につないだときのモーターの回り方を，かん電池1個のときとくらべる。

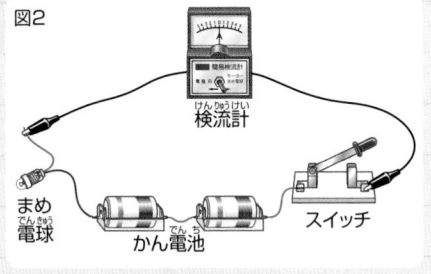

図1　検流計　スイッチ　モーター　かん電池

② 図2のような回路で，かん電池2個を直列につないだときのまめ電球の明るさと電流の大きさを，かん電池1個のときとくらべる。

図2　検流計　まめ電球　かん電池　スイッチ

結果

プロペラの速さ	1個のときよりも速い
まめ電球の明るさ	1個のときよりも明るい
検流計の針のふれ	1個のときより大きくふれた

かん電池の直列つなぎ

　かん電池を直列につなぐと，1個のときよりも流れる電流が大きくなり，電気のはたらきが大きくなる。かん電池を1個はずすと，電流が流れない①。

⚠️ここに注意！

①はずしたかん電池のところで，回路が切れてしまうから。

② かん電池のへい列つなぎ

　かん電池の＋極どうし，－極どうしをまとめてつなぐつなぎ方を，かん電池のへい列つなぎという。

実験

かん電池のへい列つなぎと電気のはたらきの関係を調べる

ねらい

かん電池をへい列につないだときの電気のはたらきを，かん電池1個のときとくらべる。

方法

1 図1のような回路で，かん電池2個をへい列につないだときのモーターの回り方を，かん電池1個のときとくらべる。

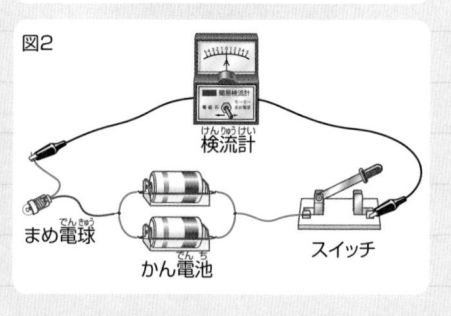

2 図2のような回路で，かん電池2個をへい列につないだときのまめ電球の明るさと電流の大きさを，かん電池1個のときとくらべる。

エネルギー編

第1章 光と音の性質

第2章 磁石の性質

第3章 電流のはたらき

第4章 ものの運動

第5章 力のはたらき

結果

プロペラの速さ	1個のときと同じ速さ
まめ電球の明るさ	1個のときと同じ明るさ
検流計の針のふれ	1個のときと同じめもりをさした

かん電池のへい列つなぎ

かん電池をへい列につないでも，流れる電流の大きさや電気のはたらきは，かん電池1個のときとほとんど変わらない。かん電池を1個はずしても，電流は流れる①。

●**かん電池のじゅ命** かん電池をへい列につなぐと，かん電池1個のときや直列つなぎのときより，はたらき続ける時間が長くなる②。

⚠️**ここに注意！**
①残ったかん電池で回路がつながっているから。

②へい列つなぎのかん電池1個から流れ出る電流の大きさは，かん電池1個のときや直列つなぎのときにくらべて小さくなるため。

中学入試対策
まめ電球のつなぎ方と明るさ
入試でる度 ★★★☆☆

まめ電球の直列つなぎ

電気の通り道が1本になるようなまめ電球のつなぎ方をまめ電球の**直列つなぎ**という。

●**まめ電球の明るさ** 直列につなぐまめ電球の数がふえるほど，まめ電球は暗くなっていく。

●**流れる電流の大きさ** つなぐまめ電球の数が2個，3個，…とふえるにつれて，流れる電流はまめ電球1個のときの，$\frac{1}{2}$，$\frac{1}{3}$，…と小さくなっていく。

↑まめ電球の直列つなぎ

●**まめ電球を1個はずしたとき**　はずしたまめ電球のところで回路が切れるので，電流が流れなくなり，ほかのまめ電球は消えてしまう。

●**かん電池のじゅ命**　かん電池から流れ出る電流が小さくなるので，かん電池がはたらき続ける時間は長くなる。

まめ電球のへい列つなぎ

電気の通り道がいくつかに枝分かれしているようなまめ電球のつなぎ方を，まめ電球の**へい列つなぎ**という。

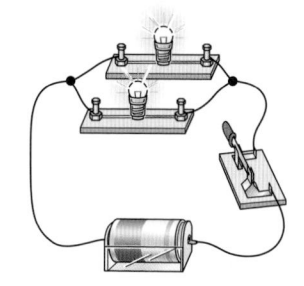

↑まめ電球のへい列つなぎ

●**まめ電球の明るさ**　へい列につなぐまめ電球の数がふえても，まめ電球1個のときと明るさは変わらない。

●**流れる電流の大きさ**　つなぐまめ電球の数がふえても，それぞれのまめ電球に流れる電流はまめ電球1個のときと同じになる。

●**まめ電球を1個はずしたとき**　残ったまめ電球で回路はつながっているので電流が流れ，ほかのまめ電球はついたままである。

●**かん電池のじゅ命**　まめ電球をふやすとかん電池から流れ出る電流が2倍，3倍，…となるので，かん電池がはたらき続ける時間は短くなる。

かん電池やまめ電球のつなぎ方と電流の大きさ

かん電池1個とまめ電球1個をつないだときの電流を基本として，このときに流れる電流を「1」とする。

●**かん電池の直列つなぎ**　電流の大きさはどこでも同じ。かん電池を2個，3個，…と直列につなぐと，電流を流そうとするはたらきが2倍，3倍，…になるので，電流の大きさも2倍，3倍，…になる。この電流を流そうとするはたらきを電圧という。

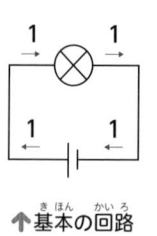

↑基本の回路

エネルギー編

第1章　光と音の性質

第2章　磁石の性質

第3章　電流のはたらき

第4章　ものの運動

第5章　力のはたらき

● **かん電池のへい列つなぎ**　まめ電球に流れる電流の大きさは，1個のときと同じになる。かん電池から流れ出る電流の和が，まめ電球に流れる電流の大きさになる。

● **まめ電球の直列つなぎ**　流れる電流の大きさはどこでも同じであるが，まめ電球を2個，3個，…とつなぐと電流の大きさは $\frac{1}{2}$，$\frac{1}{3}$，…となる。

● **まめ電球のへい列つなぎ**　まめ電球に流れる電流の大きさは，1個のときと同じである。まめ電球に流れる電流の大きさの和が，かん電池から流れ出る電流の大きさになる。

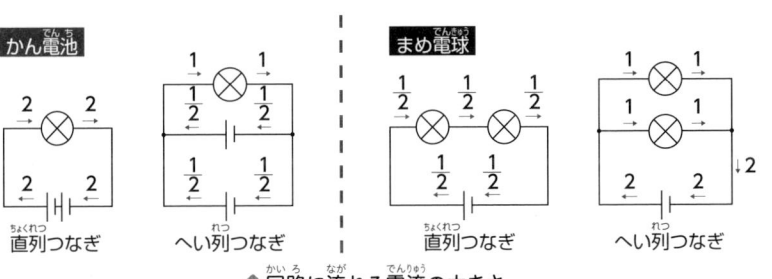

↑回路に流れる電流の大きさ

ここが問われる！

複雑な回路でのまめ電球の明るさ

下の図のような回路の場合，A，B 2つの部分に分けて考えると，AとBは直列につながっている。Bの部分のへい列につながれたまめ電球1個ずつに流れる電流の大きさは等しく，その和がAの部分に流れる電流の大きさとなる。
➡ Aのまめ電球がもっとも明るく，Bの部分の2個のまめ電球は同じ明るさ。

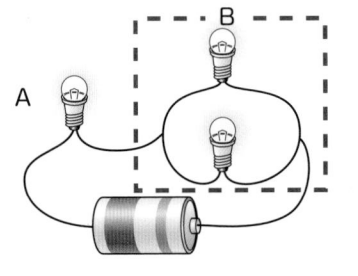

3 電磁石

でん じ しゃく

5 年

1 電磁石とは

でん じ しゃく

エナメル線①などの導線を同じ向きにまいたもの
を，**コイル**という。

コイルに，鉄く
ぎなどの鉄しんを
入れて電流を流す
と，鉄しんが磁石
になる。これを**電
磁石**という。

鉄くぎ

コイル

用語

エナメル線
①銅の線の表面を，エ
ナメルなど電気を通さな
いものでおおったもの。
コイルの両はしのエナメ
ルは，紙やすりなどでは
がしておく。

エナメルのまく

銅の線

コイルに入れるもの

銅やアルミニウム，ガラスなど，鉄以外のものを
コイルに入れて電流を流しても，磁石の性質を示さ
ない。

電磁石と永久磁石のちがい

でん じ しゃく えいきゅう じ しゃく

電磁石は，電流を流すのをやめると，磁石のはた
らきを失ってしまう②。これに対して，棒磁石やU字
形磁石，方位磁針のように，いつでも磁石の性質を
示すものを，**永久磁石**という。

もっとくわしく

②この性質を利用して，
電磁石を使って大きな
鉄のかたまりを決められ
た場所まで運び，そこで
はなすことができる。

	電磁石	永久磁石
ちがう点	・電流を流すのをやめると，磁石のはたらきを失う。 ・電流の向きによって，磁石の極を変えることができる ▶ P.443。 ・磁石の強さを変えることができる ▶ P.444〜445。	・磁石のはたらきはなくならない。 ・磁石の極が決まっている ▶ P.427。 ・磁石の強さは変えられない。
同じ点	・鉄を引きつける。 ・N極とS極があり，同じ極どうしはしりぞけ合い，ちがう極どうしは引き合う。 ・自由に動けるようにすると，N極は北，S極は南をさして止まる。	

↑電磁石と永久磁石の性質

でん じ しゃく えいきゅう じ しゃく せいしつ

442

② 電磁石の極

コイルに流れる電流の向きを変えたり，コイルのまき方を変えたりすると，電磁石の極が変わる。

○ 実験

電磁石の極を変える

ねらい

電流の向きを変えて，電磁石の極を調べる。

方法

1 電磁石を2つの方位磁針の間に置き，電磁石に電流を流し，磁針の向き①を調べる。
2 かん電池の向きを変え②，1と同じようにして磁針の向きを調べる。

1 電流の向き ＋極 －極
2 －極 ＋極 電流の向き

ねらい

導線をまく向きを変えて，電磁石の極を調べる。

方法

1 電磁石を2つの方位磁針の間に置き，電磁石に電流を流し，磁針の向きを調べる。
2 導線を逆にまいたコイルを使って，1と同じようにして磁針の向きを調べる。

1 電流の向き ＋極 －極
2 電流の向き ＋極 －極

✦ わかったこと ✦

流れる電流の向きを変えたり，導線をまく向きを変えたりすると，磁針のさす向きが反対になる。

つまずいたら

①方位磁針のN極が近づくほうがS極，S極が近づくほうがN極であった。

➡ P.430

②電流の向きは，かん電池の＋極から出て，コイルを通り，かん電池の－極に入る向きになるため，かん電池の向きを変えると，コイルを流れる電流の向きが反対になった。

➡ P.436

中学入試対策!

電磁石の極の決め方

〈 入試でる度 〉
★★☆☆☆

　電磁石の極は，コイルに流れる電流の向きや
コイルのまき方によって変わるが，**右手の法則**
を使うと，電磁石のＮ極を知ることができる。

●右手の法則

　右手の親指以外の４本の指を，コイルに流れ
る電流の向きに合わせると，のばした親指の向
きが電磁石のＮ極の向きになる。

手をにぎる向き（電流の向き）

親指の向き
（Ｎ極の向き）

右手

↑右手の法則

---

③ 電磁石の強さ

　コイルに流れる電流の大きさやコイルのまき数を変えると，電磁石の強さ
が変わる。

実験

電磁石の強さを変える

ねらい

電流の大きさを変えて①，電磁石の強さを調べる。

方法

かん電池１個のときとかん電池２個を直列につ
ないだとき②に流れる電流の大きさを電流計③で
はかり，引きつけられるゼムクリップの数を調べ
る。

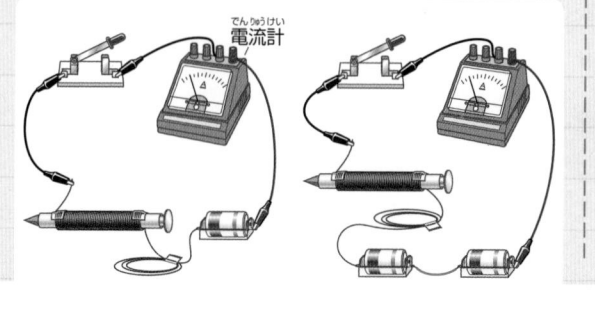

電流計

①このとき，コイルの
まき数など，電流の大
きさ以外の条件は同じ
にする。

つまずいたら

②かん電池２個を直
列につないだとき，か
ん電池１個のときの２
倍の電流が流れた。

⏵ P.440

③電流計の使い方は

⏵ P.549

エネルギー編

第1章 光と音の性質

第2章 磁石の性質

第3章 電流のはたらき

第4章 ものの運動

第5章 力のはたらき

結果

コイルのまき数は100回

かん電池の数	1個	2個
電流の大きさ	1.5A	3.0A
ゼムクリップの数	5個	11個

ねらい

コイルのまき数を変えて①，電磁石の強さを調べる。

方法

100回まきのコイル②と200回まきのコイルを使って，引きつけられるゼムクリップの数を調べる。

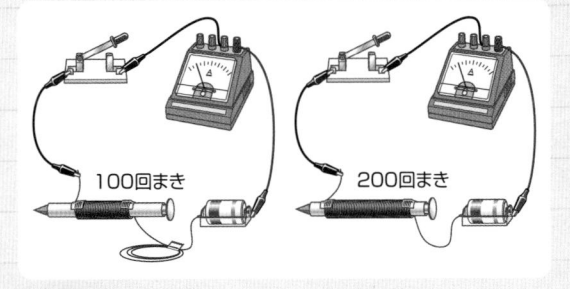

100回まき　　200回まき

結果

電流の大きさ1.5A（かん電池1個）

コイルのまき数	100回まき	200回まき
ゼムクリップの数	5個	10個

わかったこと

電流を大きくしたり，コイルのまき数を多くしたりすると，強い電磁石になる。

⚠️ **ここに注意！**

①このとき，コイルに流れる電流の大きさなど，コイルのまき数以外の条件は同じにする。

②導線の長さを同じにして実験する。100回まきのほうは，あまった導線をたばねておく。

電磁石の大きさ

電流を大きくしたり，コイルのまき数を多くしたりする以外に，コイルにまく導線を太くしたり③，導線をまくはばをせまくしたりすると，強い電磁石をつくることができる。また，コイルに入れる鉄しんを太くしても，強い電磁石をつくることができる。

🔍 **もっとくわしく**

③導線が太いほど，コイルに流れる電流が大きくなる。

445

導線のまわりの磁力

入試でる度
★★☆☆☆

導線のまわりにはたらく力

　１本の導線のまわりにいくつかの方位磁針を置いて，電流を流すと，磁針が決まった向きにふれる。これは，導線のまわりの空間に磁力がはたらくためである。

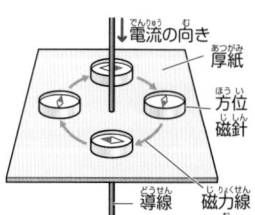

↑導線のまわりの磁力線

●**磁力線**　導線に電流を流したとき，磁針のＮ極がさす向きを結んでいったときにできる曲線を，**磁力線**という。

●**電流の向きと磁力線の向き**　導線に流れる電流の向きを反対にすると，磁力線の向きも反対になる。

●**右ねじの法則**　導線に電流が流れる向きに右ねじを進めたとき，右ねじをしめるときに回す向きに磁力線ができる。これを，**右ねじの法則**という。

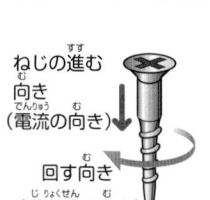

↑右ねじの法則

ここが大切

右ねじの法則では，
電流の向き…右ねじの**進む向き**　磁力線の向き…右ねじの**回る向き**

導線の上下に置いた磁針のふれ

　導線を南北方向に置き，導線の上と下にそれぞれ方位磁針を置く。電流を流すと，導線のまわりの磁力のはたらきによって磁針が左右にふれる。

●**方位磁針のふれる向きと方位磁針の位置**　方位磁針を導線の上に置いたときと下に置いたときでは，磁針は反対にふれる。

●**方位磁針のふれる向きと電流の向き**　電流の向きを逆にすると，磁針は反対にふれる。

北

↑電流の向き

南

↑磁針のふれ

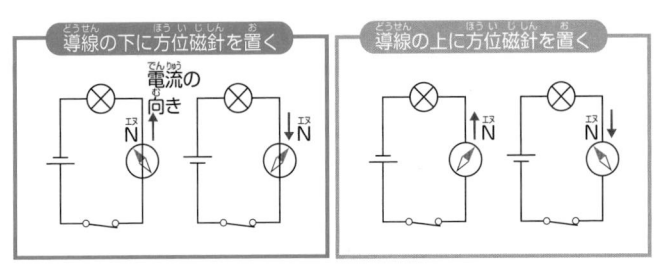

↑方位磁針のふれと方位磁針の位置や電流の向き

●**方位磁針のふれる向き**

　右手の手のひらと方位磁針で導線をはさんで，親指以外の4本の指を電流の向きに合わせると，親指のさす向きに磁針のN極がふれる。

↑方位磁針のふれる向きの調べ方

●**方位磁針のふれと電流の大きさ**　流れる電流が大きいほど，導線の上や下に置いた磁針のふれが大きくなる。

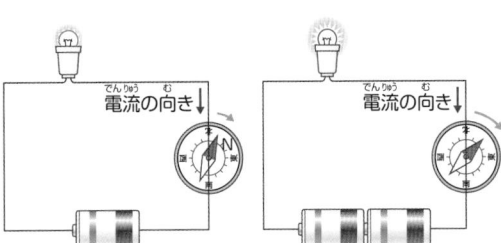

↑方位磁針のふれと電流の大きさ

●**方位磁針のふれと導線の本数**　方位磁針に導線を何重にもまいて電流を流すと，導線1本のときよりも磁針は大きくふれる。

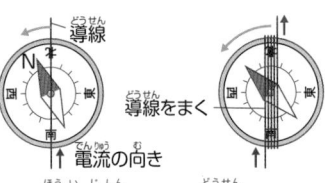

↑方位磁針のふれと導線の本数

ここが問われる！
二重にした導線の上下に置いた磁針のふれ方

右の図のように，二重にした導線の上や下に方位磁針を置くと，それぞれの導線のまわりの磁力は反対向きにはたらく。
➡磁力が打ち消し合い，磁針はふれない。

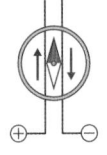
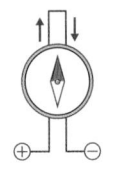

電磁石の利用

（入試でる度 ★☆☆☆☆）

同じ極どうしは反発し合い，ちがう極は引きつけ合うという電磁石と永久磁石の性質 ➡P.442 を利用したものに，**モーター**がある。

モーターのしくみ

モーターは，**電機子**とよばれる電磁石の極と**界磁石**とよばれる永久磁石の極が，引き合ったり，しりぞけ合ったりすることで，回転する。モーターが回転し続けるためには，電機子の極が半回転するごとに変わる必要がある。このときに，重要な役割をするのが整流子とブラシである。

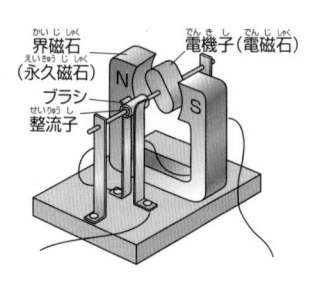

↑モーターの模型

●**整流子**　整流子は半回転するたびに別のブラシと接することで，電機子に流れる電流の向きが変化し，電機子の極が変わる。

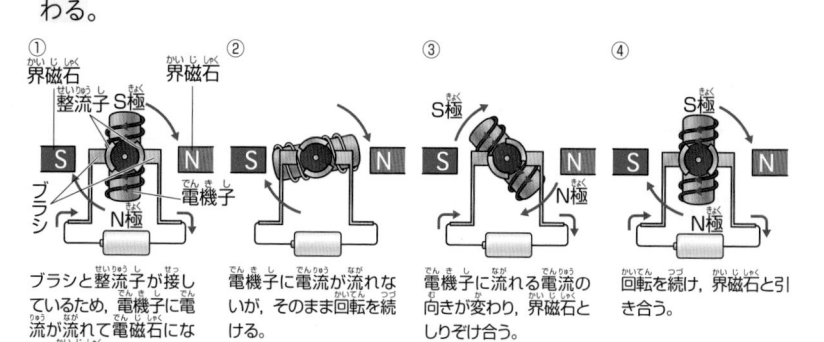

ブラシと整流子が接しているため，電機子に電流が流れて電磁石になり，界磁石と引き合う。

電機子に電流が流れないが，そのまま回転を続ける。

電機子に流れる電流の向きが変わり，界磁石としりぞけ合う。

回転を続け，界磁石と引き合う。

↑モーターの回転のしくみ

ここが問われる！
整流子のはたらき

電磁石の極は，電流の向きが変わると変化する。入試では，整流子のはたらきに関する出題が多い。また，電磁石の極を問う出題も見られるので，右手の法則 ➡P.444 をしっかり理解しておこう。

4 発電（はつでん）

6年

1 発電（はつでん）

電気（でんき）をつくることを，**発電**（はつでん）という。モーターを回す
ことで，発電（はつでん）することができる。このしくみを利用（りよう）し
たものに，**手回し発電機**（てまわしはつでんき）がある。

↑手回し発電機（てまわしはつでんき）

小形モーター

実験

手回し発電機（てまわしはつでんき）で発電（はつでん）する

ねらい

手回し発電機（てまわしはつでんき）から流（なが）れ出（で）る電流（でんりゅう）を調（しら）べる。

方法

1 手回し発電機（てまわしはつでんき）とモーター，まめ電球（でんきゅう），電子オ（でんし）ルゴールをつなぐ①。

2 手回し発電機（てまわしはつでんき）のハンドルを回し②，つないだ器具（きぐ）のようすを調（しら）べる。

3 手回し発電機（てまわしはつでんき）のハンドルを2と逆向（ぎゃくむ）きに回したとき，つないだ器具（きぐ）のようすを調（しら）べる。

4 手回し発電機（てまわしはつでんき）のハンドルを2より速（はや）く回したとき，つないだ器具（きぐ）のようすを調（しら）べる。

⚠ここに注意！

①電子オルゴールの（でんし）
＋極（プラスきょく）の線（せん）に，手回し（てまわし）
発電機（はつでんき）の＋極（きょく）をつな
ぐ。

②つないだ器具（きぐ）がこ
われることがあるの
で，手回し発電機（てまわしはつでんき）の
ハンドルを速（はや）く回しす
ぎない。

結果

	モーター	まめ電球（でんきゅう）	電子オルゴール（でんし）
2	回った	明かりがついた	音が鳴（おと な）った
3	2と逆向（ぎゃくむ）きに回った	明かりがついた	音が鳴らなかった（おと な）
4	2より速（はや）く回った	2より明るくついた	2より大きな音が出た（おお おと で）

手回し発電機（てまわしはつでんき）のハンドルを回すと電流（でんりゅう）が流（なが）れるが，ハンドルを回すのをや
めると電流（でんりゅう）が流（なが）れない。ハンドルを逆向（ぎゃくむ）きに回すと，流（なが）れる電流（でんりゅう）が逆向（ぎゃくむ）きに
なる。また，ハンドルを速（はや）く回すと，大（おお）きい電流（でんりゅう）が流（なが）れる。

② 光電池のはたらき

光電池①（太陽電池）に光を当てると，電気をつくることができる。しかし，厚紙などで光をさえぎると，光電池は電気をつくることができない。

光電池のはたらき

半とう明のシートを光電池の前に置くと，何も置かなかったときよりも電流が小さくなる。このように，光電池に当たる光が強いほど，回路に大きい電流が流れる。

⚠ ここに注意！

①光電池の電気用図記号は，かん電池と同じになる。

長いほうが＋極

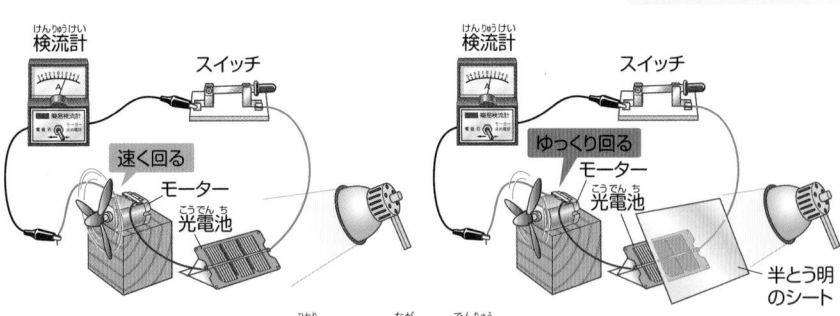

↑光の強さと流れる電流の大きさ

●**光が当たる面積と光電池のはたらき**　厚紙などで光電池の一部をおおうと，流れる電流は小さくなる。このように，光が当たる面積がせまくなると，光電池の電気をつくるはたらきが小さくなる。

🔍 もっとくわしく

②垂直に光を当てたとき，光電池に当たる光の量がもっとも多くなる。

●**光を当てる角度と光電池のはたらき**

光電池の電気をつくるはたらきは，光電池に当たる光の角度によって変わる。光電池に垂直に光が当たるとき②，回路に流れる電流がもっとも大きくなる。

日光

光電池

日光

↑光を当てる角度

光電池のじゅ命

かん電池とはちがい，光電池のはたらきは使い続

けてもほとんど弱くならないため，長い間とりかえる
必要_{ひつよう}がない。

③ 光電池の利用

光電池は長い間とりかえる必要_{ひつよう}がないので，人工_{じんこう}
衛星_{えいせい}などの電源_{でんげん}として利用_{りよう}されている。安い価格で
生産_{せいさん}できる光電池①が開発され，一般_{いっぱん}の家庭_{かてい}などでも
利用_{りよう}されるようになっている。

↑光電池を利用した時計

↑光電池をとりつけた家

●**光電池の特ちょう**　光電池は，光が当たるだけで
電気_{でんき}をつくるので，まわりの環境_{かんきょう}に悪いえいきょう
をおよぼさない。しかし，雨_{あめ}やくもりの日や夜間_{やかん}に
は，ほとんど電気_{でんき}をつくれないので，安定_{あんてい}して電気_{でんき}
を得るためには，光電池でつくった電気_{でんき}を蓄電池_{ちくでんち}②
などにためておく必要_{ひつよう}がある。

●**光電池の利用**　光電池は以前_{いぜん}から電たくなどの電_{でん}
源_{げん}として利用_{りよう}されていたが，
現在_{げんざい}では蓄電池_{ちくでんち}と組み合わせ
ることで，山の中など電線_{でんせん}を
設置_{せっち}することがむずかしい場_ば
所_{しょ}にある道路標識_{どうろひょうしき}や街路灯_{がいろとう}に
利用_{りよう}されている。

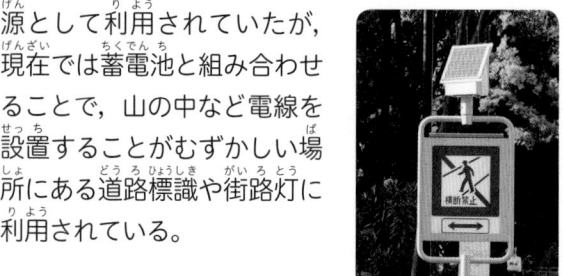
↑道路標識_{どうろひょうしき}（昼）　↑道路標識_{どうろひょうしき}（夜）

④ 蓄電（充電）

　電気をたくわえることを，蓄電（充電）という。コンデンサーを使うと，電気をたくわえることができる。

コンデンサー

　コンデンサーは蓄電器ともよばれ，発電機をコンデンサーにつないで電流を流すと，電気をたくわえる①ことができる。

　コンデンサーには＋たんしと－たんしがあり，実験が終わったときは，＋たんしと－たんしをつなぎ，たまった電気をなくしておく。

🔍 **もっとくわしく**

①電気をたくわえる装置には，コンデンサーのほかに蓄電池 ▶ P.451 がある。

🔬 実験

コンデンサーにたくわえた電気を使う

ねらい

手回し発電機でつくった電気をコンデンサーにため，まめ電球と発光ダイオードに流したときのようすをくらべる。

方法

① 手回し発電機とコンデンサーをつなぎ②，ハンドルを回す回数を変えて，電気をたくわえる。

コンデンサー
－たんし
－極
＋たんし
＋極
手回し発電機

② 電気をためたコンデンサーにまめ電球をつなぎ，明かりがついている時間を調べる。

③ 電気をためたコンデンサーに，発光ダイオードをつなぎ，明かりがついている時間を調べる。

⚠️ **ここに注意！**

②手回し発電機の＋極側にコンデンサーの＋たんし，－極側に－たんしをつなぐ。コンデンサーがこわれることがあるので，逆向きにつないだり，手回し発電機のハンドルを逆向きに回したり，速く回しすぎたりしないように注意する。

第1章 光と音の性質

第2章 磁石の性質

第3章 電流のはたらき

第4章 ものの運動

第5章 力のはたらき

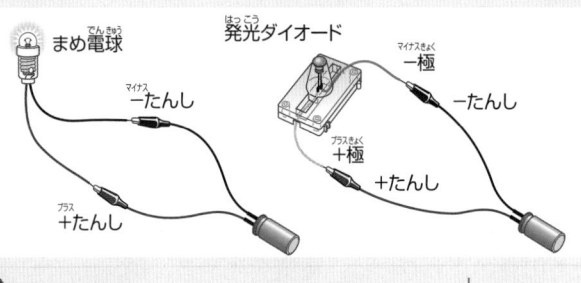

結果

ハンドルを回す回数	10回	20回	30回
まめ電球	8秒	14秒	17秒
発光ダイオード	—	2分30秒	—

わかったこと

ハンドルを回す回数が多いほど，たくさんの電気をたくわえられる。**発光ダイオードは，まめ電球よりも長い間明かりをつけることができる**①。

もっとくわしく

①まめ電球からは光以外に熱も出ているが，発光ダイオードからはほとんど熱が出てこない。このため，電気を効率よく使うことができる。

発光ダイオード

　発光ダイオードは，まめ電球よりも少ない電気で明かりをつけることができ，まめ電球よりも長持ちする。

　発光ダイオードには＋極と－極があり，流す電流の向きが決まっていて，逆向きに電流を流しても明かりがつかない。

短いほう　　長いほう
－極　　　　＋極
↑発光ダイオード

理科の宝箱

発光ダイオードの利用

　発光ダイオードは，**電球よりも電気を効率的に使うことができ，また長い間とりかえる必要がない。**

　このため，最近では電球のかわりに，信号機や電光掲示板などに利用されるようになっている。

　また，発光ダイオードは**さまざまな色のもの**があり，イルミネーションなどにも使われている。

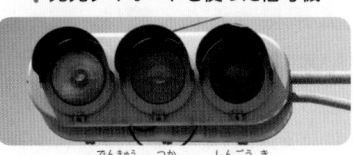

↑発光ダイオードを使った信号機

↑電球を使った信号機

5 電気の利用

6年

1 電気を利用したもの

　わたしたちの身のまわりには，電気を光や音，熱，運動などに変化させて利用する道具がたくさんある。

電気と光

　電気を光に変える電球や発光ダイオード ➡P.453 などは，照明などとして利用されるだけでなく，信号機，電光掲示板などにも利用されている。

↑電光掲示板

電気と音

　電気を利用して音を出す道具には，電子ブザーのような単純な音から，スピーカーのような複雑な音を出すものまである。音はもののしん動によって発生する ➡P.417 ので，電気によってしん動のようすを変えることで，音の高さを変えたり，いろいろな音色の音を出したりすることができる。

電気と熱

　電熱線に電流を流すことによって熱を発生する道具には，電気ポットやドライヤーなどがある ➡P.463。このほかに，電磁波によって食品に熱を生じさせる<u>電子レンジ</u>①や，磁力の変化によって，電流を生じ，鉄のなべなどに熱を発生させる<u>電磁調理器（IH調理器）</u>②などがある。

電気と運動

　せん風機や洗たく機は，電気によってモーター ➡P.448 が回転することを利用している。モーターには，けい帯電話に使われるような小さなものから，電車に使われるような大きなものまで，いろいろな大きさや強さのものがある。

🔍 **もっとくわしく**

①電子レンジでは，マイクロ波とよばれる電磁波が，空気やガラス，陶磁器などを通りぬけて，食品にふくまれる水分にはたらきかけて，熱を発生させる。

②電磁調理器の内部にあるコイルから発生した磁力線が，なべ底を通過するときに，うず電流を生じ，鉄でできたなべから熱が発生する。

エネルギー編

第1章 光と音の性質

第2章 磁石の性質

第3章 電流のはたらき

第4章 ものの運動

第5章 力のはたらき

② エネルギーの変換

ほかのものを動かしたり形を変えたりすることのできる能力のことを，**エネルギー**という。

いろいろなエネルギー

● **電気エネルギー**　電気のもつエネルギーを，**電気エネルギー**という。モーターの回転は，電気エネルギーを利用したものである。

● **熱エネルギー**　熱のもつエネルギーを，**熱エネルギー**という。火力発電 ⊃ P.456 では，熱エネルギーで発生した水蒸気で**タービン**①を回している。

● **光エネルギー**　光のもつエネルギーを，**光エネルギー**という。植物は，光エネルギーを利用して光合成 ⊃ P.95 を行っている。

● **音エネルギー**　音のもつエネルギーを，**音エネルギー**という。たいこをたたいたとき，前に置いたろうそくの火がゆれる ⊃ P.417 のは，音エネルギーによるものである。

● **化学エネルギー**　ものそのものがもっているエネルギーを，**化学エネルギー**という。

エネルギーの移り変わり

電気エネルギーは，熱エネルギーや光エネルギー，音エネルギー，化学エネルギーなどさまざまなエネルギーに移り変わる。

↑**熱エネルギーの発生**

用語

タービン

①羽根車ともよばれ，数十枚の羽根を円とうにとりつけ，羽根に水蒸気などをふきつけて，円とうを回転させる。火力発電では，タービンの回転によって発電機を動かす。

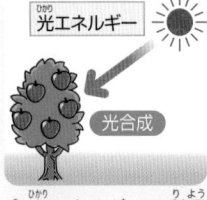

↑**光エネルギーの利用**

```
                          音エネルギー
                         ↑          ↑
                 スピーカー│          │マイクロフォン
                    モーター│          │光電池
  運動エネルギー ←───────→ 電気エネルギー ←───────→ 光エネルギー
           │    発電機  │    │    電球    │
  タービンの回転│ まさつ熱 │    │電池 じゅう電池へのじゅう電│
           ↓         ↓  電流による        ↓
        熱エネルギー     発熱  化学エネルギー
```

↑**エネルギーの移り変わり**

③ 発電の種類

　電気エネルギーは，送電線を使ってはなれた場所まで送ることができ，光や熱，運動エネルギーなど，ほかのエネルギーに変換しやすいため，わたしたちの生活に欠かせないものであり，消費量が増加している。

　現在，日本で行われている発電方法では，火力発電がもっとも多くて全体の80％近くをしめる。ついで水力発電，原子力発電の順になっている。

新エネルギー等
4%

原子力
7%

水力
13%

火力
76%

↑発電の割合（2019年7月）
※バイオマス発電・廃棄物発電
は新エネルギー等に計上

用語
化石燃料
①石油・石炭・天然ガスなどは，大昔の生物がもとになっているため，化石燃料とよばれる。

火力発電

　石油・石炭・天然ガスなどの<u>化石燃料</u>①を燃やしたときに出てくる熱エネルギーで，水蒸気を発生させ，その水蒸気でタービンを回して発電する。

もっとくわしく
②排煙脱硝装置や排煙脱硫装置，電気集じん器は，空気がよごれるのを防ぐために設置されている。

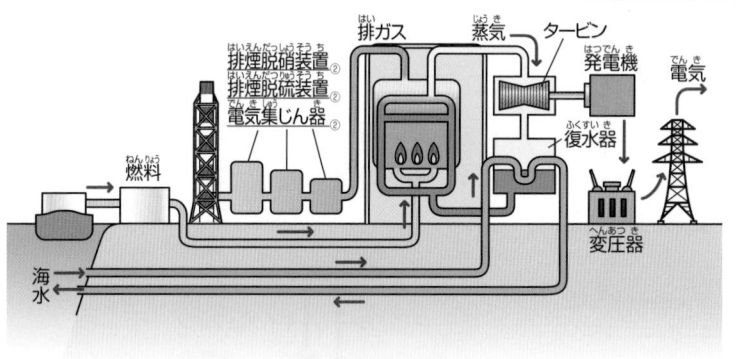

↑火力発電のしくみ

● **火力発電の長所**　火力を調節することで，発電する電気の量を調節できる。

● **火力発電の短所**　燃料となる化石燃料は，埋蔵量に限りがある。地球温暖化 ▶P.186 の原因とされる二酸化炭素が大量に発生する。

エネルギー編

第1章 光と音の性質

第2章 磁石の性質

第3章 電流のはたらき

第4章 ものの運動

第5章 力のはたらき

水力発電

　高い位置にあるダムなどから<u>水を落下させること</u>で，水車を回して発電する①。

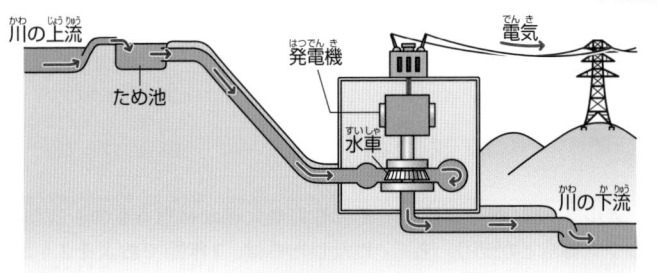

↑水力発電のしくみ

●**水力発電の長所**　ダムにためられる水は，太陽のエネルギーで海の水などが蒸発して，雨や雪となってふったものなので，限りがない。また，環境に悪い影響をあたえるものが発生しない。

●**水力発電の短所**　ダムを建設するのに適した場所は限られていて，ダムの建設によってまわりの環境が変化してしまう。

原子力発電

　ウランなどが**核分裂**②するときに出てくる熱エネルギーで水蒸気を発生させ，その水蒸気でタービンを回して発電する。

↑原子力発電のしくみ

●**原子力発電の長所**　ばく大なエネルギーを得ることができ，二酸化炭素などが発生しない。

🔍 もっとくわしく

①水力発電は，水を落下させればいつでも発電を行える。このため，電気をあまり使わない夜に，電気を使って水を上にある調整池まで上げ，電気の使用量の多い昼間に発電する揚水発電が注目されている。

用語
核分裂

②ウランなどが分かれて別のものに変わること。このとき，放射線が発生する。

●**原子力発電の短所**　人や作物，家畜などに放射線が大量に当たるととても危険なので，きびしい管理が求められる。いったん事故が起きてしまうと，広いはんいで放射線による被害が心配される。

理科の宝箱

放射線の性質

　放射線には，**アルファ線，ベータ線，ガンマ線，エックス線**などがあり，**ものを通りぬける性質**をもつ。この性質を利用したものに，CTスキャンやエックス線写真などがある。

　放射線が人のからだにあたえるえいきょうを表すために，**「シーベルト」**という単位が使われる。**1ミリシーベルトは0.001シーベルト**になる。胸のエックス線写真を1回撮影したときの放射線の量は，約0.1ミリシーベルトである。

　また，放射線には，宇宙からふりそ

そぐものや大地から出るものもあり，わたしたちは，**1年間でおよそ2.4ミリシーベルトの自然からの放射線を**あびている。

　ところが，大量の放射線をあびると，がんになったりすることがあるので，**放射線の管理は十分な注意が必要である。**

↑**環境放射線測定器**
（写真提供：㈱堀場製作所）

④ これからのエネルギーの利用

　太陽のエネルギーのように，使い続けてもなくならないエネルギーを，**再生可能なエネルギー**という。

太陽光発電

　光が当たると電気をつくり出す光電池 ◉P.450 を使って，発電を行う。光電池の価格が下がり，家庭にも普及し始めている。

●**太陽光発電の長所**　発電するときに，まわりの環境に影響をあたえるものが出ない。

●**太陽光発電の短所**　天気の影響を受けるため，安定した供給がむずかしい。まとまった量の電気を発電するためには，広い土地に光電池をしきつめる必要がある。

↑**太陽光発電**

風力発電

風の力を利用して，発電機につながるプロペラを回転させて，発電を行う。

●**風力発電の長所** 発電するときに，まわりの環境に影響をあたえるものが出ない。

●**風力発電の短所** 設置する場所が限られ，風の強さによって発電する電気の量が変わってしまう。また，プロペラが回転するときに大きな音が出る。

そのほかの発電

再生可能なエネルギーを利用した発電には，地熱発電 ⦿P.302 や，海の波の動きを利用した波力発電，木くずやサトウキビのしぼりかす，家畜のふん尿などを利用した**バイオマス発電**①などがある。

●**燃料電池** 再生可能なエネルギーではないが，水素を酸素と結びつけて水をつくることによって発電する装置を，燃料電池という。発電するときに有害なものが出てこないため，さまざまな場所で利用されるようになってきている。

エネルギーの有効利用

工場などで発電するとき，電気とともに熱が発生する。この熱を暖房や給湯などに利用することで，エネルギーのむだを少なくすることができる。このシステムを，**コージェネレーション**という。

家庭でも，燃料電池を利用した家庭用コージェネレーションが普及し始めている。

↑風力発電

🔍**もっとくわしく**

①バイオマス発電では，木くずなどを直接燃やすほかに，メタンという気体やアルコールに変えて，利用している。

↑燃料電池自動車

送電線
電力
電気
ガスなど
燃料電池
熱
温水
床暖房

↑家庭用コージェネレーション

⑤ ┊ プログラミング

　コンピュータが動くための手順や指示のことを**プログラム**といい，プログラムをつくることを**プログラミング**という。プログラムには，文字だけで指示するものや，文字と図形などを組み合わせて指示するものがある。

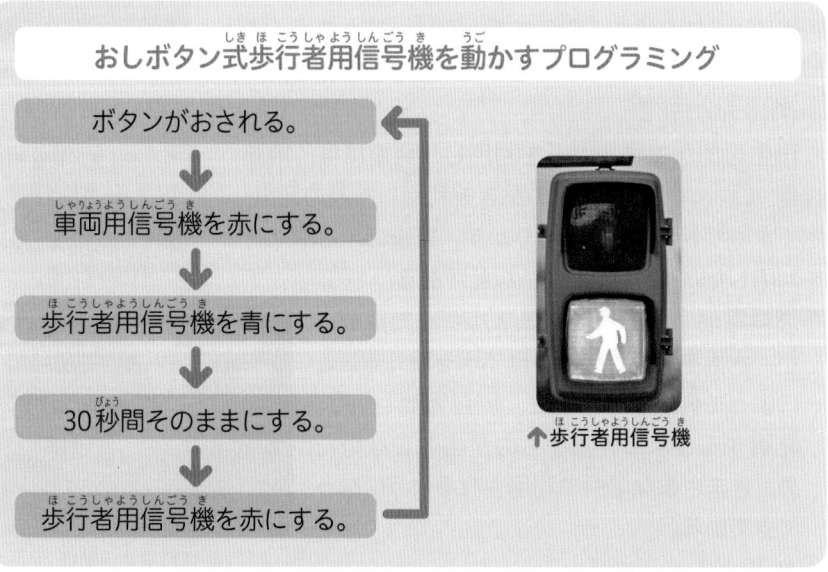

おしボタン式歩行者用信号機を動かすプログラミング

ボタンがおされる。

⬇

車両用信号機を赤にする。

⬇

歩行者用信号機を青にする。

⬇

30秒間そのままにする。

⬇

歩行者用信号機を赤にする。

↑歩行者用信号機

LEDを2回点滅させるプログラミング

LEDを光らせる。

⬇

2秒間そのままにする。

⬇

LEDを消す。

⬇

2秒間そのままにする。

LEDを光らせる。

⬇

2秒間そのままにする。

⬇

LEDを消す。

エネルギー編

第1章 光と音の性質

第2章 磁石の性質

第3章 電流のはたらき

第4章 ものの運動

第5章 力のはたらき

センサー

　人の動きや明るさを感知する装置を**センサー**①といい, 多くのセンサーは, プログラムによってコントロールされている。

①電気製品にセンサーがついていると電気を効率よく使うことができる。

●身のまわりにあるセンサー

反応するもの	明るさ	人の動き	温度
電気製品	・街灯	・自動ドア ・エスカレーター ・トイレの照明	・エアコン ・温度が高くなると自動消火するガスコンロ

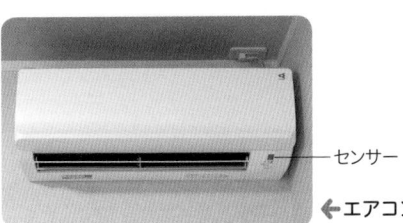

センサー

↑自動ドア

↑街灯

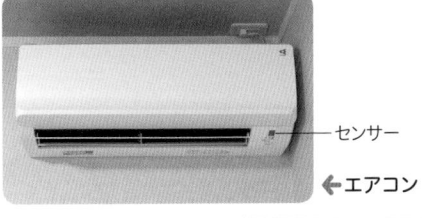

センサー

←エアコン

明るさに反応するセンサーがついた街灯のプログラミング

明るさセンサー 暗くなったら	明かりをつける。
明るさセンサー 明るくなったら	明かりを消す。

461

6 電流と発熱

6年 発展

1 電流による発熱

電気ポットやドライヤーの中には，電熱線という金属の線が入っていて，電熱線に電流を流すことで発熱させている。

実験

電熱線の太さと発熱のようすを調べる

ねらい

太さのちがう電熱線に電流を流し，発ぽうポリスチレンの板が切れるまでの時間を調べる。

方法

1 電源装置と太さのちがう電熱線をつなぐ。

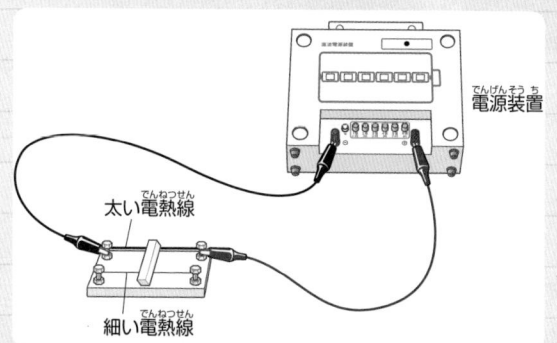

電源装置

太い電熱線

細い電熱線

①電熱線の長さや電源装置のめもり，発ぽうポリスチレンの板の大きさは同じにする。

2 太さのちがう電熱線にそれぞれ電流を流し①，発ぽうポリスチレンの板が切れるまでの時間を調べる。

②何回かくり返して実験し，その平均をとったほうが，正確な値を得ることができる。

結果

電熱線	1回目	2回目	3回目	平均
細い電熱線	4.0秒	3.9秒	4.1秒	4.0秒
太い電熱線	2.8秒	3.1秒	3.1秒	3.0秒

エネルギー編

第1章 光と音の性質

第2章 磁石の性質

第3章 電流のはたらき

第4章 ものの運動

第5章 力のはたらき

ねらい

太さのちがう電熱線を水の中に入れ，水のあたたまり方をくらべる。

方法

1 太さのちがう電熱線を2本用意し①，電熱線をえんぴつにまきつけて，コイルのようにする。

2 1の電熱線を用いて，右の図のような装置をつくり，ビーカーの水の温度変化を調べる②。

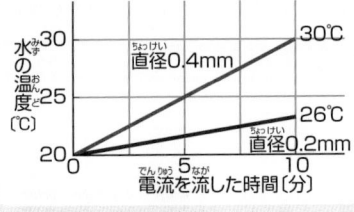

かん電池

温度計

割りばし

みのむしクリップつき導線

電熱線

20℃の水30mL

結果

水の温度〔℃〕

30℃ 直径0.4mm

26℃ 直径0.2mm

電流を流した時間〔分〕

① 2本の電熱線の長さは同じにする。

② ビーカーに入れる水の量は同じにする。

③ 電熱線が太いほど，流れる電流が大きいから。

わかったこと

電熱線に電流を流すと，発熱する。同じ条件では，**太い電熱線のほうがよく発熱する**③。

🎁 理科の宝箱

電流による発熱と光

電気ストーブやオーブントースターは，電流が流れると，**電熱線が発熱して赤く光って見える**。また，電気ポットやホットプレート，アイロンは内部に電熱線が入っていて，外から見てもわからないが，電流を流すと，やはり**電熱線が発熱して赤く光っている**。

このように，電熱線に電流が流れるとき，**熱といっしょに光が発生する**。

中学入試対策！ 電熱線のつなぎ方と発熱 〔入試でる度 ★★☆☆☆〕

電熱線の抵抗

　電流の流れにくさを抵抗という。抵抗が大きいほど，流れる電流は小さくなる。抵抗の大きさは金属の種類によって変わる。

●**抵抗の大きさと電熱線の長さや太さ**　抵抗の大きさは，電熱線の長さや太さによって変化する。このため，電熱線を流れる電流の大きさも，電熱線の長さや太さによって変わる。

	電熱線の長さ		電熱線の太さ	
	長い	短い	太い	細い
抵抗の大きさ	大きい	小さい	小さい	大きい
電流の大きさ	小さい	大きい	大きい	小さい

↑電熱線の長さ・太さと抵抗の大きさや電流の大きさ

電熱線のつなぎ方と発熱

　電熱線に電流を流したときに発生する熱の量を，**発熱量**という。

●**電熱線の長さと発熱量**　電熱線の直列つなぎでは長い電熱線の発熱量が大きく，電熱線のへい列つなぎでは短い電熱線の発熱量が大きい。

	電熱線の直列つなぎ	電熱線のへい列つなぎ
回路のようす	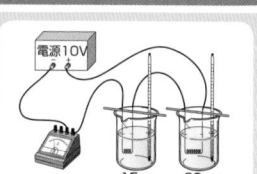	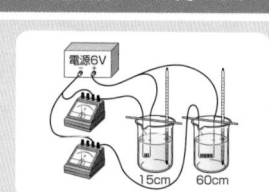
電流の大きさ	同じ大きさ	短いほうが大きい
電圧の大きさ	長いほうが大きい	同じ大きさ
発熱量	長いほうが大きい	短いほうが大きい

●**電熱線の太さと発熱量**　電熱線の直列つなぎでは細い電熱線の発熱量が大きく，電熱線のへい列つなぎでは太い電熱線の発熱量が大きい。

	電熱線の直列つなぎ	電熱線のへい列つなぎ
電流の大きさ	同じ大きさ	太いほうが大きい
電圧の大きさ	細いほうが大きい	同じ大きさ
発熱量	細いほうが大きい	太いほうが大きい

中学入試対策

第3章
電流のはたらき

入試要点チェック

解答▶別冊…P.571

エネルギー編

第1章 光と音の性質

第2章 磁石の性質

第3章 電流のはたらき

第4章 ものの運動

第5章 力のはたらき

つまずいたら
調べよう

☐ **1** 電流は，かん電池の何極から何極の向きに流れますか。

☐ **2** かん電池1個のときよりも回路に流れる電流が大きいのは，かん電池を**直列**，**へい列**のどちらにつないだときですか。

☐ **3** かん電池を1個はずしても，電流が流れるのは，かん電池を直列，へい列のどちらにつないだときですか。

☐ **4** まめ電球1個のときと同じ明るさになるのは，まめ電球を直列，へい列のどちらにつないだときですか。

☐ **5** 右手の親指以外の指を，コイルに流れる電流の向きに合わせたとき，のばした親指は電磁石のN極，S極のどちらを示しますか。

☐ **6** 電流が流れる向きに右ねじを進めたとき，磁力線の向きはどのように表されますか。

☐ **7** モーターの電機子に流れる電流の向きを半回転ごとに変えているのは，何とブラシのはたらきですか。

☐ **8** 光の当たる角度が**光電池**の面に対して何度になるときに，電気をつくるはたらきがいちばん大きくなりますか。

☐ **9** 日本で行われている**発電方法**でいちばん多いものは，何ですか。

☐ **10** 水素を酸素と結びつけて水をつくることによって発電する装置を，何といいますか。

☐ **11** 電熱線を直列につないだとき，発熱量が大きいのは，長い電熱線，短い電熱線のどちらですか。

1▶P.436
1 2 電流

2▶P.437〜439
2 1 かん電池の直列つなぎ，
2 かん電池のへい列つなぎ

3▶P.437〜439
2 1 かん電池の直列つなぎ，
2 かん電池のへい列つなぎ

4▶P.439〜441
入試 まめ電球のつなぎ方と明るさ

5▶P.444
3 入試 電磁石の極の決め方

6▶P.446
3 入試 導線のまわりの磁力

7▶P.448
3 入試 電磁石の利用

8▶P.450
4 2 光電池のはたらき

9▶P.456
5 3 発電の種類

10▶P.459
5 4 これからのエネルギーの利用

11▶P.464
6 入試 電熱線のつなぎ方と発熱

1 あきら君は，まめ電球，かん電池，2つのスイッチ（スイッチ1とスイッチ2）を用意し，リード線を使っていろいろな回路をつくり，スイッチの入れ方とまめ電球のつき方の関係を調べました。次の問いに答えなさい。

（筑波大学附属駒場中）

(1) 次の4つの回路**ア～エ**について，**A～D**の操作を行った。それぞれの操作で，まめ電球がつく回路はどれですか。すべて選び，記号で答えなさい。

A 両スイッチとも入れなかったとき　　　　　　　（　　　　　）
B スイッチ1だけ入れたとき　　　　　　　　　　（　　　　　）
C スイッチ2だけ入れたとき　　　　　　　　　　（　　　　　）
D 両スイッチとも入れたとき　　　　　　　　　　（　　　　　）

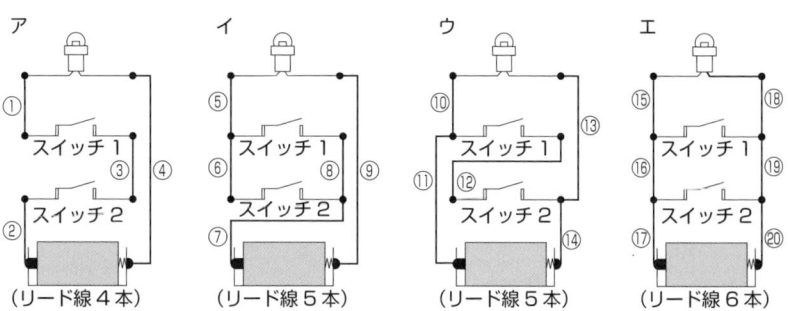

ア（リード線4本）　イ（リード線5本）　ウ（リード線5本）　エ（リード線6本）

(2) 使用したリード線①～⑳のうち，その1つだけを取り除いても，**A～D**のどれかの操作で同じ回路にあるまめ電球がつくものがあります。そのリード線の番号をすべて答えなさい。

（　　　　　　　　）

2 南北を示している方位磁針に，図1のようにコイルや電磁石を一定の位置に置いて方位磁針の向きの変化を調べました。次の問いに答えなさい。

(筑波大学附属中)

よくでる(1) コイルや電磁石を図2の①，②，③に変えて調べたところ，方位磁針の向きは図3の**ア**，**イ**，**ウ**のいずれかになりました。①〜③に反応した方位磁針の向きを図3の**ア**〜**ウ**からそれぞれ1つずつ選びなさい。ただし，方位磁針とコイルや電磁石の位置は，図1と同じものとします。

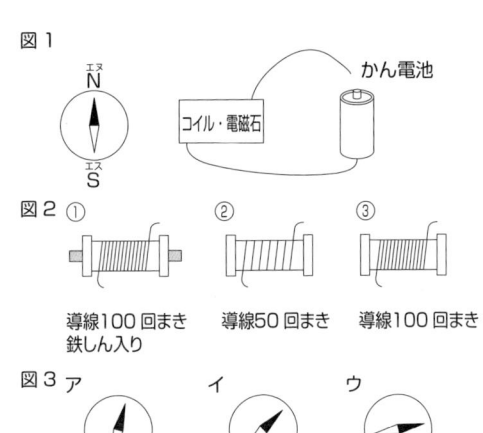

図1

図2 ① ② ③

導線100回まき　　導線50回まき　　導線100回まき
鉄しん入り

図3 ア　　　　　　イ　　　　　　ウ

① (　　　) ② (　　　) ③ (　　　)

(2) 次に，図1の状態でかん電池の向きだけを逆にして実験をしました。図2の①の電磁石を使ったときの方位磁針の向きにもっとも近いものを，次の**ア**〜**カ**から1つ選び，記号で答えなさい。　　(　　　)

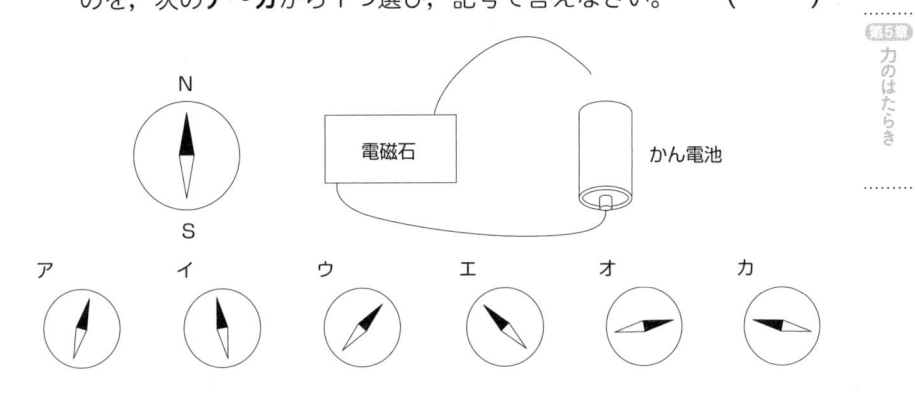

ア　　　　イ　　　　ウ　　　　エ　　　　オ　　　　カ

3 図1のように，回路の導線の下に方位磁針を置きました。スイッチを入れると，図2のように方位磁針の針がふれました。電池の向きを反対にすると，方位磁針の針は逆向きにふれました。次に図3のように回路をつくり，方位磁針を置きました。方位磁針A～Cは導線の下に置き，方位磁針Dは導線の上に置きました。次の問いに答えなさい。

(学習院中等科)

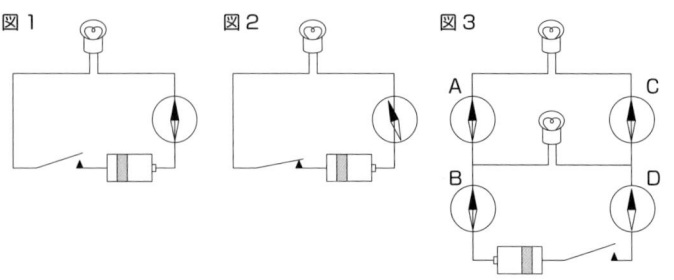

よくでる (1) 図3の回路のスイッチを入れたとき，方位磁針A～Dの針はそれぞれどのようになりますか。次の**ア**～**エ**から1つずつ選び，記号で答えなさい。

A（　　　）B（　　　）C（　　　）D（　　　）

ア 変わらない。　　　**イ** 図2と同じ向きにふれる。
ウ 回転し続ける。　　**エ** 図2と逆の向きにふれる。

(2) 図3の回路のスイッチを入れたとき，方位磁針A，Bの針のふれの角度をくらべると，どのようになりますか。次の**ア**～**エ**から1つ選び，記号で答えなさい。（　　　）

ア 方位磁針Bのふれの角度は，方位磁針Aのふれの角度のほぼ0.5倍である。

イ 方位磁針Bのふれの角度は，方位磁針Aのふれの角度とほぼ同じである。

ウ 方位磁針Bのふれの角度は，方位磁針Aのふれの角度より大きいが，方位磁針Aのふれの角度の2倍より大きくならない。

エ 方位磁針Bのふれの角度は，方位磁針Aのふれの角度の2倍より大きく，3倍より小さい。

エネルギー編

第1章 光と音の性質

第2章 磁石の性質

第3章 電流のはたらき

第4章 ものの運動

第5章 力のはたらき

④ 同じ長さで異なる種類の導線を使って，いろいろな実験をしました。次の問いに答えなさい。

(麗澤中)

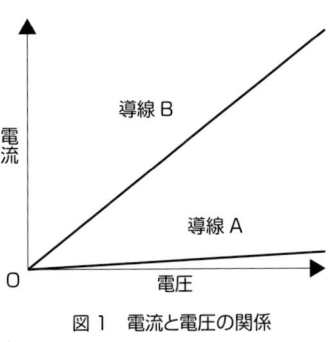

図1　電流と電圧の関係

(1) 図1は，各導線に電圧をかけたときに流れた電流の大きさをグラフに示したものです。電流が流れやすい素材は導線**A**と導線**B**のどちらですか。（　　　　　）

(2) 図2は，導線に電流を流し，水をあたためる装置です。この装置の？の部分に (1) の電流が流れやすい導線を用いるとたいへん危険です。このような回路を何というか答えなさい。（　　　　　）

図2

よくでる (3) 電流が流れにくい導線**C**と，**C**よりもさらに流れにくい導線**D**の2本を用いて，次のア～エのつなぎ方を考えました。図2の装置で，？の部分にア～エを入れ，同じ時間水をあたためました。水温が高くなった順にア～エをならべなさい。

（　　　　　　　）

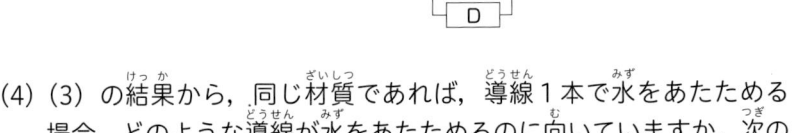

(4) (3) の結果から，同じ材質であれば，導線1本で水をあたためる場合，どのような導線が水をあたためるのに向いていますか。次のア～エから1つ選び，記号で答えなさい。　　（　　）

ア　細くて短い

イ　太くて短い

ウ　細くて長い

エ　太くて長い

ものの運動

1 ふりこの運動 ·························· 471

2 ものの運動 ·························· 475

ブランコに乗るパンダ

エネルギー編

第1章 光と音の性質

第2章 磁石の性質

第3章 電流のはたらき

第4章 ものの運動

第5章 力のはたらき

1 ふりこの運動

5年

1 ふりこの性質

糸などにおもりをつるして，左右にふれるようにしたものを，**ふりこ**という。

● **ふりこの長さ** 糸をつるす点（支点）からおもりの中心までの長さを，**ふりこの長さ**とする。

● **1往復** おもりがふれて，ふれ始めた位置にもどるまでを**1往復**という。

↑ふりこ

1往復する時間

ふりこが1往復する時間は，何によって変わるかを調べるときは，調べる条件だけを変え，ほかの条件はすべて同じにする（対照実験 ● P.56）。

● **1往復する時間の調べ方** ふりこが1往復する時間をストップウォッチではかると，実際にかかった時間とはかった時間とにずれが生じる①。このため，10往復する時間を何回かはかり，その平均をとり，ふりこが1往復する時間を求める②。

用語

誤差
①実際にかかった時間とはかった時間のずれを誤差という。

🔍 **もっとくわしく**

②たとえば3回はかったとすると，ふりこが10往復する時間の平均は，
(1回目＋2回目＋3回目)
÷3
ふりこが1往復する時間の平均は，
10往復する時間の平均
÷10

実験

ふりこが1往復する時間を調べる

ねらい

ふりこが1往復する時間は，おもりの重さ，ふりこの長さ，ふれはばのどれによって変わるかを調べる。

方法

1 **おもりの重さを変えて**①，1往復する時間を調べる。

①このとき，ふりこの長さとふりこのふれはばは同じにする。

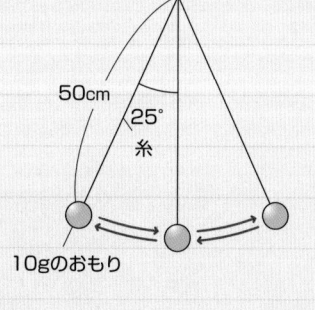

50cm　25°　糸

10gのおもり

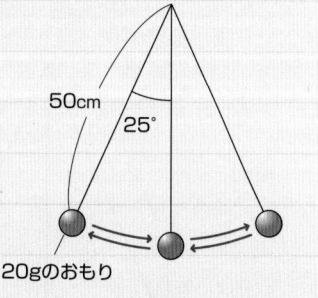

50cm　25°

20gのおもり

2 **ふりこの長さを変えて**②，1往復する時間を調べる。

②このとき，おもりの重さとふりこのふれはばは同じにする。

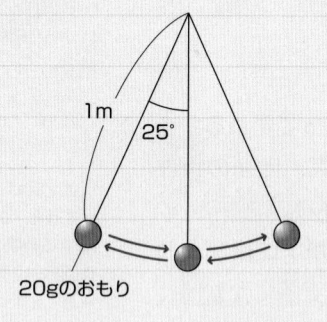

1m　25°

20gのおもり

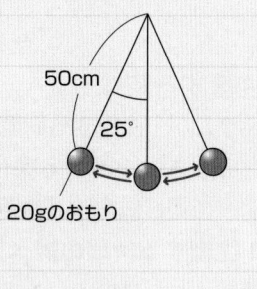

50cm　25°

20gのおもり

③ <u>ふりこのふれはばを変えて</u>①，1往復する時間を調べる。

①このとき，おもりの重さとふりこの長さは同じにする。

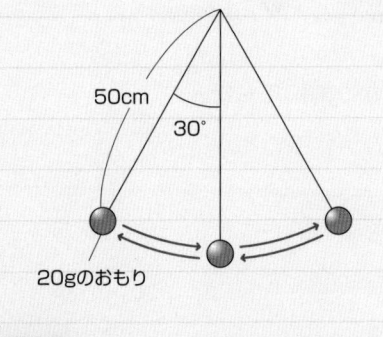

50cm
30°
20gのおもり

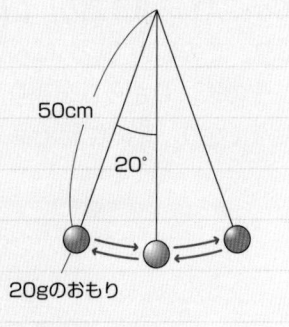

50cm
20°
20gのおもり

結果

おもりの重さ	1往復する時間
10g	1.4秒
20g	1.4秒

ふりこの長さ50cm，角度25°

ふりこの長さ	1往復する時間
50cm	1.4秒
1m	2.0秒

おもりの重さ20g，角度25°

ふれ始めの角度	1往復する時間
30°	1.4秒
20°	1.4秒

おもりの重さ20g，ふりこの長さ50cm

わかったこと

おもりの重さやふれはばを変えても，ふりこが1往復する時間は変わらないが，ふりこの長さが長いほうが1往復する時間が長くなった。

ここが大切

ふりこが1往復する時間は，ふりこの長さによって変わり，おもりの重さやふれはばとは関係しない。

ふりこの長さが長いほど，1往復する時間が長くなる。

② ふりこの速さ

　ふりこが1往復する時間は，ふりこの長さによって決まっているが，1往復する間におもりの速さはつねに変化している。

エネルギー編

第1章 光と音の性質

第2章 磁石の性質

第3章 電流のはたらき

第4章 ものの運動

第5章 力のはたらき

おもりの位置と速さ

　おもりの速さは，ふれ始めのAの位置では0であるが，AからBを通り，Cに向かう間にだんだん速くなり，Cの位置でいちばん速くなる。

　その後，CからDを通り，Eに向かう間にだんだんおそくなり，Eの位置では0になる。

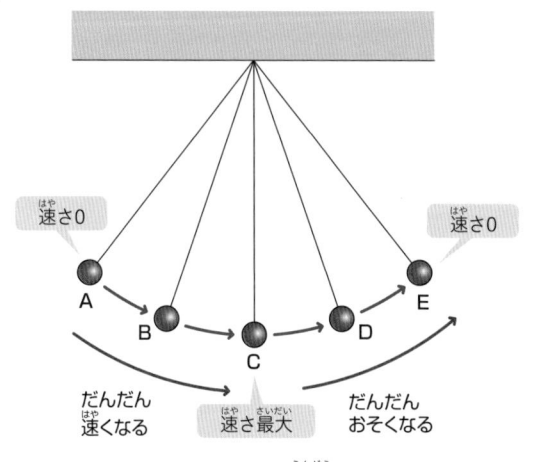

↑ふりこの運動

おもりの重さと速さ

　おもりの重さを変えても，速さは変わらない。

ふりこのふれはばと速さ

　ふれはばを変えても，1往復する時間は変わらない。このため，<u>ふれはばが大きいふりこほど，おもりは速く動く</u>①。おもりが速く動くほど，ほかのものを動かす力が大きくなる ▶ P.476 。

▶ P.476

🔍 **もっとくわしく**

①1往復する時間は等しいので，ふれはばが大きいと，1往復する間に移動するきょりが大きくなるため，おもりが速く動くことがわかる。

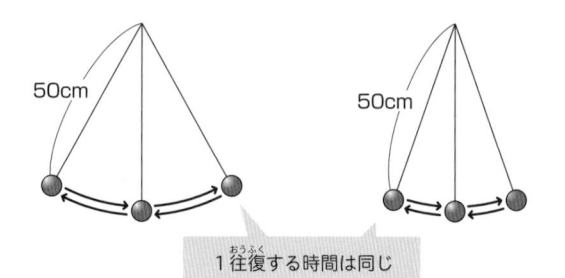

↑ふりこのふれはばとおもりの速さ

ものの運動 発展

エネルギー編

第1章 光と音の性質

第2章 磁石の性質

第3章 電流のはたらき

第4章 ものの運動

第5章 力のはたらき

2 ものの運動

発展

1 しゃ面でのおもりの運動

自転車に乗って坂を下っていくとき，自転車の速さはだんだん速くなる。

しゃ面をころがるおもりの速さ

高さのちがう位置から，同じ重さのおもりをころがしたとき，高い位置からおもりをころがすほど，おもりは速くなる。

A点からころがしたとき，D点での速さはもっとも速い

↑おもりの高さと速さ

●**おもりの重さと速さ** 同じ高さのところから，重さのちがうおもりをころがしても，おもりの速さは変わらない。

おもりのころがる高さ

しゃ面をころがるおもりは，ころがり始めた高さのところまでころがり上がろうとする①。

↑おもりがころがる高さ

🔍 **もっとくわしく**

①実際には，空気の抵抗やおもりとしゃ面との間ではたらくまさつ力によって，ころがり始めた高さより低いところまでしか上がらない。

理科の宝箱 **ものが落下する速さ**

真空 ➡P.417 中で，鳥の羽毛と鉄の球を同じ高さからそっと手をはなして落とすと，**同じ速さで落下し，同時に下につく**。このとき，ものの速さは**手をはなしてからの時間によって変**化する。

しかし，空気中で同じ実験をすると，**空気の抵抗がはたらくので，鉄の球より羽毛のほうがゆっくりと落下す**る。

動くおもりのはたらき

入試でる度
★★★☆☆

しゃ面をころがるおもりのはたらき

　右の図のような装置で，おもりの高さや重さを変えて，しゃ面におもりをころがすと，おもりはやがて木片にしょうとつし，木片が移動する。

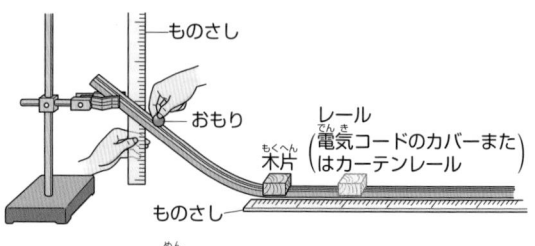

↑しゃ面をころがるおもりのはたらき

●**おもりの高さと木片の移動するきょり**　おもりの重さが同じとき，おもりが高い位置にあるほど，木片が移動するきょりは長くなる。

　➡高い位置からおもりをころがすほど，木片にしょうとつする直前のおもりの速さが速くなるので，おもりの速さが速いほど，木片が移動するきょりは長くなるといえる。

●**おもりの重さと木片の移動するきょり**　おもりの高さが同じとき，おもりが重いほど，木片が移動するきょりは長くなる。

ふりこのはたらき

　右の図のような装置で，おもりをはなす高さやおもりの重さを変えて，おもりをそっとはなす。おもりはやがて木片としょうとつし，木片が移動する。

●**おもりの高さと木片の移動するきょり**　おもりの重さが同じと

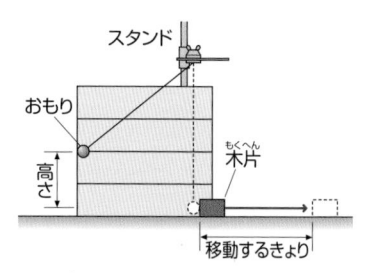

↑ふりこのおもりのはたらき

き，おもりを高い位置からはなすほど木片が移動するきょりは長くなる。ふりこのふれはばが大きいほどおもりの速さは速くなるので，おもりの速さが速いほど，木片が移動するきょりは長くなるといえる。

●**おもりの重さと木片の移動するきょり**　おもりをはなす高さが同じとき，おもりの重さが重いほど，木片が移動するきょりは長くなる。

エネルギー編

第1章 光と音の性質

第2章 磁石の性質

第3章 電流のはたらき

第4章 ものの運動

第5章 力のはたらき

> **ここが大切**
>
> 動くおもりのはたらきは，
> おもりの重さが同じとき…**おもりが速いほど大きい。**
> おもりの速さが同じとき…**おもりが重いほど大きい。**

水平な面でのしょうとつ

水平な面で2つのものがしょうとつするとき，ものの重さによってその後のようすが変わる。

● **2つのものが同じ重さのとき** 十円玉を十円玉にぶつけた場合，しょうとつ後，ぶつかった十円玉はその場に止まり，ぶつけられた十円玉ははじかれて動く。

しょうとつ前

しょうとつ後

● **ぶつかったもののほうが重いとき**
十円玉を一円玉にぶつけた場合，しょうとつ後，ぶつかった十円玉は同じ向きに少し動いて止まり，一円玉は大きくはじかれる。

しょうとつ前

しょうとつ後

● **ぶつけられたもののほうが重いとき** 十円玉を五百円玉にぶつけた場合，しょうとつ後，ぶつかった十円玉は反対向きに少し動いて止まり，五百円玉は少しはじかれる。

しょうとつ前

しょうとつ後

理科の宝箱 　運動エネルギーと位置エネルギー

動くおもりのように，**運動しているものがもっているエネルギー** 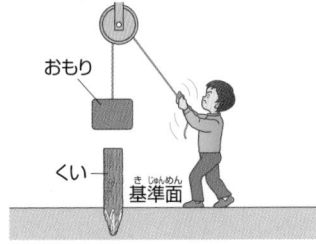P.455 を，**運動エネルギー**という。

一方，**高いところにあるものがもっているエネルギー**を，**位置エネルギー**という。高いところにあるおもりを落下させて，くいを打ちこむことができるのは，おもりが位置エネルギーをもっているからである。**位置エネル** **ギー**は，**ものが重いほど，またものが高い位置にあるほど大きくなる。**

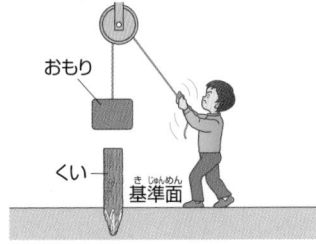

おもり

くい

基準面

477

中学入試対策

第4章
ものの運動

入試要点チェック

解答▶別冊…P.572

つまずいたら
調べよう

- [ ] **1** ふりこが**1往復する時間**は，何によって変化しますか。

- [ ] **2** **ふりこの速さ**がいちばん速くなるのは，おもりがどの位置にあるときですか。

- [ ] **3** おもりが**2**の位置にあるときの速さは，何によって変化しますか。

- [ ] **4** **しゃ面をころがるおもりの速さ**を速くするには，高い位置，低い位置のどちらからころがせばよいですか。

- [ ] **5** しゃ面をころがるおもりの速さは，おもりの重さによって変化しますか。

- [ ] **6** しゃ面をころがったおもりを木片にぶつけたとき，**木片が移動するきょりが長くなる**のは，おもりの速さが速いとき，おそいときのどちらですか。

- [ ] **7** しゃ面をころがったおもりを木片にぶつけたとき，木片が移動するきょりが長くなるのは，重いおもり，軽いおもりのどちらを使ったときですか。

- [ ] **8** ふりこのおもりを木片にぶつけたとき，木片が移動するきょりが長くなるのは，**ふれはば**が大きいとき，小さいときのどちらですか。

- [ ] **9** 十円玉に十円玉をぶつけたとき，ぶつけた十円玉はどうなりますか。

- [ ] **10** 一円玉に十円玉をぶつけたとき，ぶつけた十円玉はどうなりますか。

- [ ] **11** 五百円玉に十円玉をぶつけたとき，ぶつけた十円玉はどうなりますか。

1▶P.473
1 ①ふりこの性質

2▶P.474
1 ②ふりこの速さ

3▶P.474
1 ②ふりこの速さ

4▶P.475
2 ①しゃ面でのおもりの運動

5▶P.475
2 ①しゃ面でのおもりの運動

6▶P.476
2 入試 動くおもりのはたらき

7▶P.476
2 入試 動くおもりのはたらき

8▶P.476
2 入試 動くおもりのはたらき

9▶P.477
2 入試 動くおもりのはたらき

10▶P.477
2 入試 動くおもりのはたらき

11▶P.477
2 入試 動くおもりのはたらき

入試問題にチャレンジ！

解答▶別冊…P.572

エネルギー編

第1章 光と音の性質

第2章 磁石の性質

第3章 電流のはたらき

第4章 ものの運動

第5章 力のはたらき

1 太郎君は4人の班でふりこの実験をしました。次の表は，同じおもりを使ってふりこの長さを変えたときのふれる回数をまとめたものです。あとの問いに答えなさい。

(日本大学第一中)

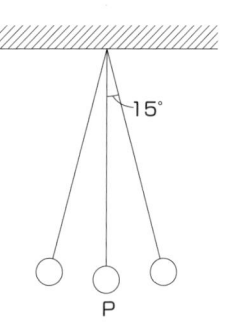

ふりこの長さ	25cm	50cm	100cm
1分間にふれる回数	60回	42回	30回

(1) 長さ 25cm のふりこは，1回ふれるのに何秒かかりますか。

(　　　　　)

(2) 長さが 100cm のふりこでは，1回ふれるのに何秒かかりますか。

(　　　　　)

(3) 長さが 225cm のふりこでは，1回ふれるのに何秒かかると考えられますか。

(　　　　　)

(4) P点でのおもりの速さは，①おもりの重さ，②ふりこのふれはば，③ふりこの長さと関係がありますか。関係がある場合は○を，関係がない場合は×を書きなさい。

①（　　　）②（　　　）③（　　　）

(5) 実験をするときには，同じ操作を何回かくり返し，その平均をとります。今回は4回の平均をとりました。その理由としてあてはまるものを，次のア〜エから1つ選び，記号で答えなさい。

(　　　　　)

ア　4人班なので，1人1回ずつ操作したから。

イ　正しい操作をしたつもりでも，得られる値にずれが出てしまうから。

ウ　いつ正しい値が手に入るかわからないので，多めに実験しておく必要があるから。

エ　時間帯によって実験から得られる値が変化するから。

2 100 gのおもりをいろいろな長さの糸にとりつけたふりこ**A**～**F**があります。糸の長さとふりこが1往復するのにかかる時間を調べたところ，表のような結果になりました。どのふりこも，図1のように，地面に垂直な位置から30°かたむけて手をはなして実験しました。これについてあとの問いに答えなさい。ただし，ふりこは同じはばでふれ続けるものとします。

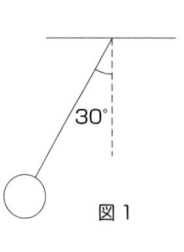

図1

（山手学院中）

	A	B	C	D	E	F
糸の長さ〔cm〕	25	50	100	200	225	**イ**
1往復するのにかかる時間〔秒〕	1.0	1.4	2.0	**ア**	3.0	4.2

(1) 表中の**ア**にあてはまる数字を答えなさい。　　　　（　　　　　　）

(2) 表中の**イ**にあてはまる数字を答えなさい。　　　　（　　　　　　）

(3) **C**のふりこを，図2のように，支点の真下50cmのところにくぎを打って実験しました。すると，ふりこが支点の真下にきたとき，糸がくぎに引っかかり，図2のようにふれました。このふりこが1往復するのにかかる時間は何秒ですか。
図2の糸の長さは，正確にかかれていません。

（　　　　　　）

よくでる (4) 図3のように，**A**～**E**のふりこを用いて，支点の真下にふりこがきたとき木片にしょうとつさせ，木片をすべらせる実験をしました。木片が止まるまでにすべるきょりがもっとも大きいのは，どのふりこですか。記号で答えなさい。（おもりはすべて100 gで同じ材質でできています。）

（　　　　）

 (5) 1往復するのに1.2秒かかるふりこと，2.1秒かかるふりこがあります。この2つのふりこを手で同じ向きに30°かたむけてから，同時に手をはなしました。手をはなした位置に，2つが同時にくるのは，手をはなしてから何秒後だと考えられますか。
もっとも早い時間を答えなさい。　　　（　　　　　　）

480

エネルギー編

第1章 光と音の性質

第2章 磁石の性質

第3章 電流のはたらき

第4章 ものの運動

第5章 力のはたらき

3 図のように，水平面，しゃ面，水平な床が段差なくなめらかにつながっています。床面のD点には木片が置いてあります。しゃ面の真ん中のM点から小球を静かにはなしたら，

しゃ面にそって動き，D点で木片に当たり，木片を15cm動かしました。しゃ面の最高点A，しゃ面の途中のB点，C点からそれぞれ小球を静かにはなしたら，木片が30cm，20cm，10cm動きました。小球がD点で木片に当たるときの速さは，A点ではなしたときがもっとも大きくなりました。次の問いに答えなさい。

(女子学院中)

(1) 実験結果から考えて，正しいものに○，まちがっているものに×，この結果からはわからないものに△を書きなさい。

① C点の床からの高さは，B点の高さの$\frac{2}{3}$倍である。（　　）

② しゃ面上でAB間の長さと，BC間の長さは等しい。（　　）

③ 小球がD点で木片に当たるときの速さは，C点ではなしたときがもっとも小さく，A点ではなしたときの$\frac{1}{3}$である。（　　）

よくでる (2) しゃ面のA点ではなした小球がB点を通るときの速さ①，その後C点を通るときの速さ②，また，B点ではなした小球がC点を通るときの速さ③とするとき，①〜③を大きい順にならべなさい。ただし，同じ速さのときは（　　）でくくりなさい。

例　①（②　③）　　　　　　　　　　（　　　　　　　　　）

(3) A点より左に10cmはなれたP点に小球を置き，指ではじくと，小球は動いてA点を通り，しゃ面を下って，D点で木片に当たりました。木片が動いたきょりは次のア〜オのどれですか。1つ選び，記号で答えなさい。　　　　　　　　　　　　　（　　　　）

ア　30cmより大きい。　　　イ　30cm

ウ　30cmより小さく20cmより大きい。

エ　20cm　　　　　　　　　オ　20cmより小さい。

力のはたらき

1 風やゴムの力 ……………………… 483

2 てこのしくみ ……………………… 485

3 かっ車と輪じく ………………… 492

4 力とばねののび方 ……………… 497

5 水圧ともののうきしずみ ……… 502

1 風やゴムの力

3年

1 風の力のはたらき

風には，ものを動かす力があり，風の強さによって，ものを動かす力の強さが変わる。

実験

風の強さと車が走るきょりを調べる

ねらい

車に当てる風の強さを変えて，車が走るきょりのちがいを調べる。

方法

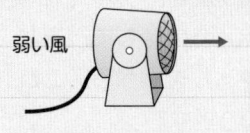

① 送風機の位置や向きは変えないように注意する。

1 送風機で弱い風を車に当てて，車が動いたきょりを調べる。これを3回くり返す①。　弱い風

2 送風機で強い風を車に当てて，車が動いたきょりを調べる。これを3回くり返す。　強い風

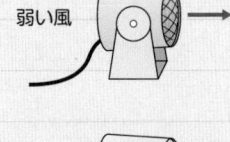

結果

	弱い風を当てたとき	強い風を当てたとき
1回目	3m70cm	8m40cm
2回目	3m30cm	8m15cm
3回目	3m40cm	8m20cm

わかったこと

風の強さが強いほど，ものを動かすはたらきは大きくなる。

② ゴムの力のはたらき

ゴムをのばすと，<u>もとにもどろうとする力</u>①がはたらく。このゴムの力でものを動かすことができ，ゴムののばし方によって，ものを動かす力の強さが変わる。

🔍 もっとくわしく

①変形したゴムやばねがもとにもどろうとする力を弾性力という。

実験

ゴムののばし方と車が走るきょりを調べる

ねらい

ゴムののばし方を変えて，車が走るきょりのちがいを調べる。

方法

1 ゴムを5cmのばして，車が動いたきょりを調べる。これを3回くり返す。

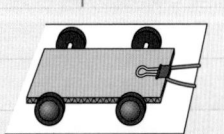

ゴムを
5cmのばす

2 ゴムを10cmのばして，車が動いたきょりを調べる。これを3回くり返す。

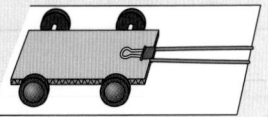

ゴムを
10cmのばす

結果

	5cmのばしたとき	10cmのばしたとき
1回目	4m60cm	8m30cm
2回目	4m75cm	8m10cm
3回目	4m40cm	8m40cm

✦ わかったこと ✦

ゴムを長くのばすほど，ものを動かすはたらきは大きくなる。

2 てこのしくみ

6年 発展

1 てこのしくみ

棒をある１点で支えて，棒の一部に力を加え，荷物などを持ち上げたり，動かしたりするものを，てこという。

支点・力点・作用点

てこには，支点，力点，作用点の３点がある。

● **支点** 棒を支えるところを，支点という。力を加えても支点は動かない。

● **力点** 棒に力を加えるところを，力点という。

● **作用点** 棒からものに力がはたらくところを，作用点という。

↑てこの３点

重いものを楽に持ち上げる方法

支点から力点までのきょりや支点から作用点までのきょりを変えると，重いものを楽に持ち上げることができる。

● **支点と力点のきょり** 支点から力点までのきょりを長くするほど，手ごたえが小さくなる。

↑てこの手ごたえを調べる

● **支点と作用点のきょり** 支点から作用点までのきょりを短くするほど，手ごたえが小さくなる。

ここが大切
重いものを楽に持ち上げるには，
支点から力点までのきょり……**長くする**。
支点から作用点までのきょり……**短くする**。

② てこがつり合うときのきまり

　てこのつり合いなどを調べるときは，実験用てこを使う。実験用てこは，支点がうでの中央にあり，おもりをつるさないとき，うでが水平になってつり合うようにつくられている。

 **実験**

てをかたむけるはたらきを調べる

ねらい

てこが水平につり合うときのきまりを見つける。

方法

1 左のうでにおもりをつるし，おもりの位置と重さを記録する。

2 右のうでにおもりをつるし①，てこが水平につり合うときの，おもりの位置と重さを調べる。

①左のうでの条件は変えない。

支点

左　6 5 4 3 2 1 ∩ 1 2 3 4 5 6　右
10g

→

6 5 4 3 2 1 ∩ 1 2 3 4 5 6
10g

3 左のうでにつるすおもりの位置や重さを変える。右のうでにおもりをつるし，つり合うときのおもりの位置や重さを調べる。

結果

おもり1個の重さは10g

	左のうで	右のうで					
おもりの位置	6	1	2	3	4	5	6
おもりの重さ〔g〕	10	60	30	20	×	×	10

エネルギー編

第1章 光と音の性質

第2章 磁石の性質

第3章 電流のはたらき

第4章 ものの運動

第5章 力のはたらき

	左のうで	右のうで					
おもりの位置	4	1	2	3	4	5	6
おもりの重さ〔g〕	30	120	60	40	30	×	20

	左のうで	右のうで					
おもりの位置	2	1	2	3	4	5	6
おもりの重さ〔g〕	40	80	40	×	20	×	×

･ﾟ わかったこと ✧･ﾟ

てこが水平につり合っているとき，左右のうでで，
おもりの重さ×支点からのきょりが等しくなって
いる。

てこが水平につり合うときのきまり

てをかたむけるはたらき①は，
力の大きさ（おもりの重さ）×支点からのきょりで
表される。
てこが水平につり合うとき，支点の左右で，てこを
かたむけるはたらきが等しくなる。

用語

力のモーメント

①てこをかたむけるはたらきのことを，力のモーメントという。モーメントの大きさは，「力の大きさ×支点からのきょり」で表される。てこは，力のモーメントが大きいほうにかたむく。

左のうで ┤ きょり ├ きょり ├ 右のうで

支点

30g

左のうでを
かたむける
はたらき
30×4=120

右のうでを
かたむける
はたらき
20×6=120

20g

↑てこがつり合うときのきまり

ここが大切

てこが水平につり合うとき，

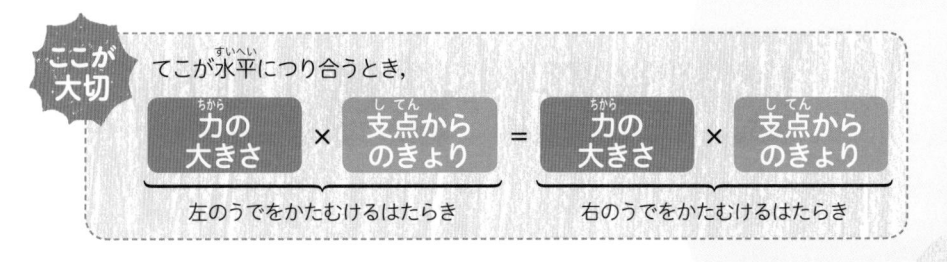

| 力の大きさ | × | 支点からのきょり | = | 力の大きさ | × | 支点からのきょり |

左のうでをかたむけるはたらき　　　　右のうでをかたむけるはたらき

いろいろなてこのつり合い

入試でる度
★★★★★

支点がはしにあるてこ

　支点がはしにあるてこが水平につり合っているとき，てこを上にかたむけるはたらきと，下にかたむけるはたらきが等しくなっている。

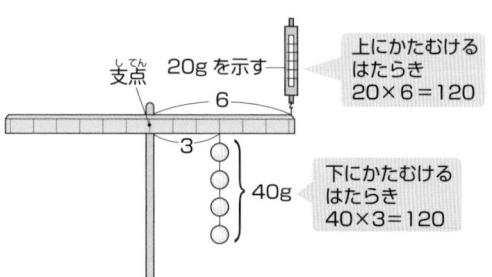

支点

20gを示す

6

上にかたむける
はたらき
20×6＝120

3

40g

下にかたむける
はたらき
40×3＝120

ばねばかりが示す値	×	支点からのきょり	＝	おもりの重さ	×	支点からのきょり

　　上にてこをかたむけるはたらき　　　　　　下にてこをかたむけるはたらき

3つ以上の力が加わるてこ

　3つ以上の力が加わって，てこが水平につり合っているとき，左のうでのてこをかたむけるはたらきの合計と，右のうでのてこをかたむけるはたらきの合計は等しくなっている。

支点

4　　　4

20g
40g

30g

左のうでをかたむ
けるはたらき
20×4＋40×1＝120

右のうでを
かたむける
はたらき
30×4＝120

左のうでをかたむけるはたらきの合計	＝	右のうでをかたむけるはたらきの合計

エネルギー編

第1章 光と音の性質

第2章 磁石の性質

第3章 電流のはたらき

第4章 ものの運動

第5章 力のはたらき

棒の重さを考えるてこ

棒の重さを考えるときは，重心の位置に棒の重さと同じ重さのおもりがつるしてあると考える。

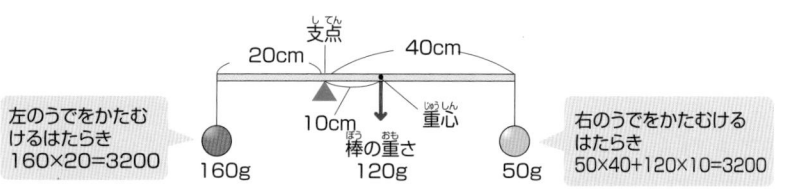

左のうでをかたむけるはたらき
160×20＝3200

右のうでをかたむけるはたらき
50×40＋120×10＝3200

支点
20cm　40cm
10cm　重心
棒の重さ
160g　120g　50g

● **重心**　そこを支えるとものをつり合わせることのできる点を，重心という。重心にひもをつけてつるすと棒は水平につり合う。太さがいちような棒の場合は，棒の真ん中に重心がある。重心が支点になっている場合は，つり合いを考えるときに棒の重さを無視できる。

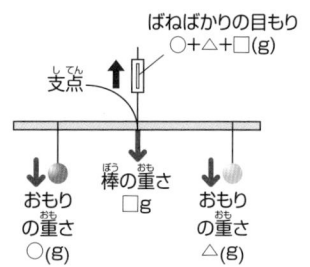

重心

↑太さがいちようでない棒

支点にかかる力

力点や作用点に力が加わっているとき，支点にも力が加わっている。支点にはたらく力は上向き，おもりの重さや棒の重さは下向きにはたらく。てこが水平につり合っているときは，下向きの力と上向きの力はつり合っている。

ばねばかりの目もり
○＋△＋□(g)

支点

おもりの重さ
○(g)

棒の重さ
□g

おもりの重さ
△(g)

| 上向きの力の合計 | ＝ | 下向きの力の合計 |

よって，支点にはたらく力は次のようになる。

| 支点にはたらく力 | ＝ | おもりの重さの合計 | ＋ | 棒の重さ |

ここが問われる！
加えた重さを求める

てこがつり合うときのきまりを利用すれば，おもりの重さや支点からのきょりなどを求めることができる。力が上向き・下向きのどちらにはたらくか，棒の重さを考えるのかどうかなどに注意しながら問題を解こう。いくつかのてこを組み合わせた問題では，**下のほうのてこから順に考えていけば**解答できる。

③ てんびん

　水平に支えられた棒の支点から，左右等しいきょりのところに同じ重さのものをつるすと，棒が水平につり合う。この性質を利用して，ものの重さをくらべたりはかったりできる道具を，**てんびん**という。

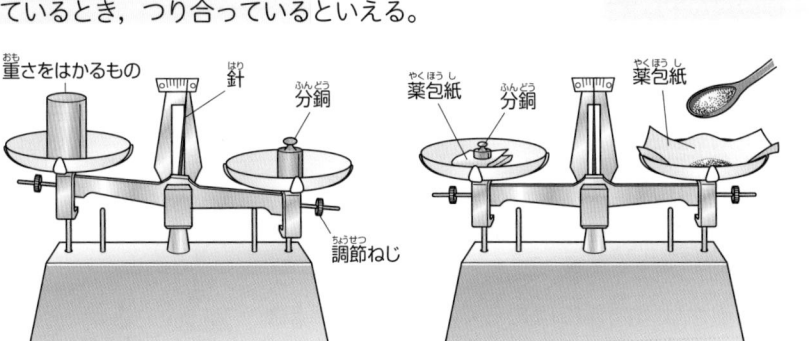

左右に等しくふれる

↑針のふれ

上皿てんびんの使い方

　上皿てんびんは，棒のつり合いを利用した道具である。上皿てんびんは，水平な台の上に置いて使用する。

●**上皿てんびんのつり合い**　針が左右に等しくふれているとき，つり合っているといえる。

重さをはかるもの　針　分銅

薬包紙　分銅　薬包紙

調節ねじ

↑重さをはかるとき　　↑薬品をはかりとるとき

●**重さをはかるとき（右ききの場合）**
① 重さをはかるものを左の皿にのせる。
② 右の皿に少し重いと思われる分銅をのせる①。
③ 針が右にかたむいたら（分銅が重すぎた場合），その次に重い分銅ととりかえる。
④ ③をくり返して，針が左右に等しくふれたときの分銅の重さ②の合計を求める。

●**薬品をはかりとるとき（右ききの場合）**
① はかりとる重さの分銅と薬包紙③を左の皿にのせる。
② 右の皿に薬包紙を置き，薬品を少しずつのせていき，つり合わせる。

⚠️ここに注意！

①分銅は，ピンセットを使って持つ。

②100mgと書かれた分銅の重さは0.1gである。

③両方の皿に薬包紙をのせておかないと，はかりとった薬品の量が薬包紙の分だけ少なくなる。

④ てこを利用した道具

てこを利用した道具にはいろいろなものがあるが，支点・力点・作用点の位置によって，次の３つに分けることができる。

支点が力点と作用点の間にあるてこ

支点から作用点までのきょりが，支点から力点までのきょりよりも短いと，力点に加えた力よりも大きな力を作用点に加えることができる。しかし，支点から作用点までのきょりが，支点から力点までのきょりよりも長いと，力点に加えた力よりも小さい力しか，作用点に加えることができない。

● **力の向き**　力点に加える力の向きと，作用点ではたらく力の向きが逆になる。

例 洋ばさみ，ペンチ，バール（くぎぬき）など

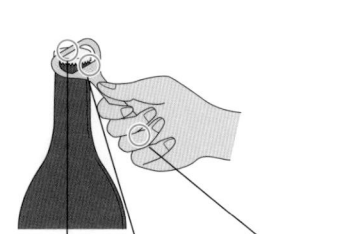

（下の刃の場合）
↑支点が間にあるてこ

作用点が支点と力点の間にあるてこ

力点に加えた力よりも大きな力を，作用点に加えることができる。

● **力の向き**　力点に加える力の向きと，作用点ではたらく力の向きが同じになる。

例 せんぬき，空きかんつぶし機など

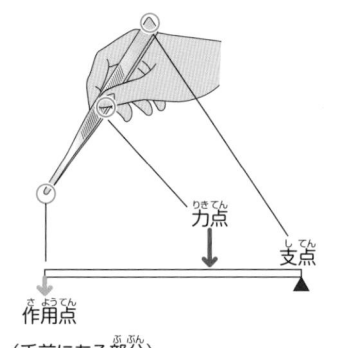

↑作用点が間にあるてこ

力点が支点と作用点の間にあるてこ

力点に加えた力よりも小さな力が，作用点に加わる。力点の動きよりも，作用点の動きを大きくできるので，細かい作業を行うときに利用される。

● **力の向き**　力点に加える力の向きと，作用点ではたらく力の向きが同じになる。

例 ピンセット，毛ぬき，トング（パンばさみ）など

作用点
（手前にある部分）
↑力点が間にあるてこ

エネルギー編

第1章 光と音の性質

第2章 磁石の性質

第3章 電流のはたらき

第4章 ものの運動

第5章 力のはたらき

3 かっ車と輪じく

発展

1 定かっ車と動かっ車

かっ車は，重い荷物などを持ち上げるときに使われ，定かっ車と動かっ車に分けられる。

定かっ車

上下に動かないように固定して用いられるかっ車を，**定かっ車**という。

● **力の向きと大きさ**　定かっ車を使えば，力の向きを変えることができる。ひもを引く力の大きさは，おもりの重さと等しくなる。

↑定かっ車

● **ひもを引く長さ**　ひもを引く長さは，おもりが持ち上がるきょりと等しくなる。

動かっ車

固定されていないために上下に動くかっ車を，**動かっ車**という。

● **力の大きさ**　ひもを引く力の大きさは，<u>おもりの重さの$\frac{1}{2}$になる</u>①。動かっ車の重さを考える場合は，（おもりの重さ＋かっ車の重さ）の$\frac{1}{2}$になる。

● **ひもを引く長さ**　<u>ひもを引く長さは，おもりを持ち上げるきょりの2倍</u>②になる。

力点に加えた力の大きさの2倍の力が作用点にはたらく

↑動かっ車

もっとくわしく

①動かっ車のはたらきは，作用点が支点と力点の間にあることと同じになる。支点から力点までのきょりが，支点から作用点までのきょりの2倍になっているので，ひもを引き上げる力はおもりの重さの$\frac{1}{2}$になる。

②おもりを1m持ち上げるためには，動かっ車の左右のひもを1mずつ引くので，ひもを引く長さは2mになる。

↑ひもを引く長さ

エネルギー編

第1章 光と音の性質

第2章 磁石の性質

第3章 電流のはたらき

第4章 ものの運動

第5章 力のはたらき

かっ車の組み合わせ

入試でる度
★★☆☆☆

1本のひもを使ったかっ車の組み合わせ （動かっ車の重さを考えない場合）

1本のひもを使ってかっ車を組み合わせる。

●**ひもを引く力** おもりは，動かっ車にかかるひも全体で支えている。よって，ひもを引く力の大きさは，おもりの重さを動かっ車にかかっているひもの本数で割ったものになる。

●**ひもを引く長さ** ひもを引く長さは，おもりを持ち上げるきょりを，動かっ車にかかっているひもの本数倍したものになる。

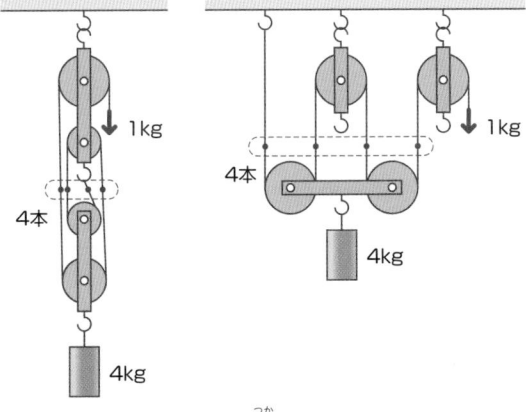

↑1本のひもを使った組み合わせ

| ひもを引く力 | = | おもりの重さ | ÷ひもの本数 |

| ひもを引く長さ | = | おもりを持ち上げるきょり | ×ひもの本数 |

2本以上のひもを使ったかっ車の組み合わせ　（動かっ車の重さを考えない場合）

2本以上のひもを使ってかっ車を組み合わせる。

●**ひもを引く力**　右の図で，動かっ車⑦にか
かったひも a におもりの重さの半分の 2 kg
の力がかかる。動かっ車①はひも a に引か
れるので，ひも b に 1 kg の力がかかる。
動かっ車⑦はひも b に引かれるので，ひも
c にかかる力は0.5kgになる。

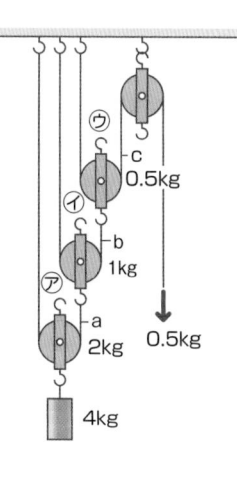

●**ひもを引く長さ**　動かっ車が 3 つあれば，
2×2×2＝8〔倍〕の長さを引くことになる。

$$\boxed{\text{ひもを引く力}} = \boxed{\text{おもりの重さ}} \times \underbrace{\frac{1}{2} \times \frac{1}{2} \times \frac{1}{2}}_{\text{動かっ車の数だけかける}}$$

$$\boxed{\text{ひもを引く長さ}} = \boxed{\text{おもりを持ち上げるきょり}} \underbrace{\times 2 \times 2 \times 2}_{\text{動かっ車の数だけかける}}$$

輪じく

入試でる度 ★★★★★

輪じく

輪じくは，じくとよばれる小さな円板と輪とよばれる大きな円板を組み
合わせたもので，2 つの円板はいっしょに回る。

輪じくとてこ

　輪じくの中心を「支点」，じくの部分を「作用点」，輪の部分を「力点」と考えると，輪じくは，てこの棒が円板になったものと考えることができる。このとき，支点から作用点までのきょりはじくの半径，支点から力点までのきょりは輪の半径になる。

輪じくのつり合い

　輪じくをつり合わせるとき，輪じくを回すはたらきは，かかる力×輪じくの半径となる。右まわりのはたらきと左まわりのはたらきが等しいときに，輪じくはつり合う。

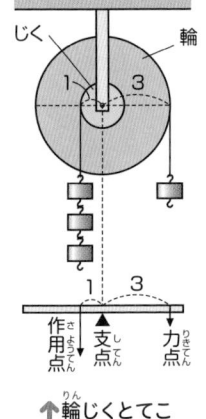

↑輪じくとてこ

> **ここが大切**
>
> _{左側} じくにかかる力×じくの半径 = 輪にかかる力×輪の半径 _{右側}
>
> **左まわりのはたらき**　**右まわりのはたらき**

ひもを引く長さ

　右の図で，輪とじくの半径の比は3：1より，輪の円周：じくの円周＝3：1となる。よって，おもりを10cm持ち上げるためには，ひもを30cm引っぱらなければならない。

> **ここが大切**
>
> 輪のひもの動き：じくのひもの動き
> **＝輪の半径：じくの半径**

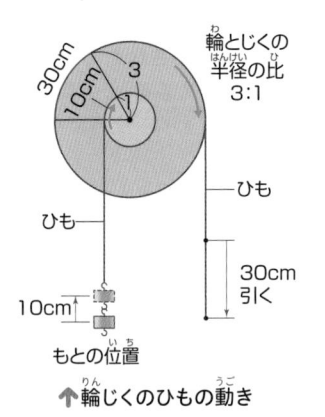

↑輪じくのひもの動き

輪じくの利用

輪に小さな力を加えることで，じくに大きな力をはたらかせることができるので，輪じくのしくみはいろいろな道具に使われている。

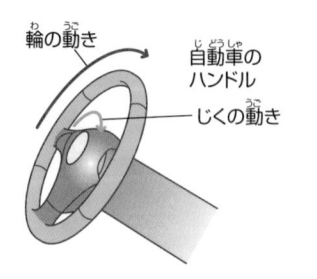

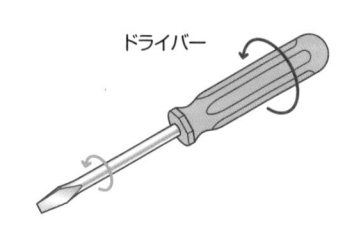
ドライバー

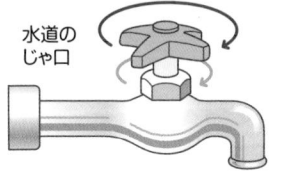
水道のじゃ口

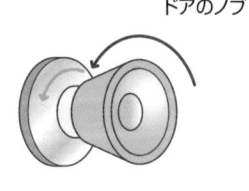
ドアのノブ

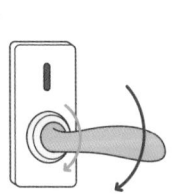

↑輪じくのしくみを使ったもの

理科の宝箱

仕事の原理

てこやかっ車，輪じくなどの道具を使うと，**小さな力で重いものを動かすことができる**が，力を加える長さは，道具を使わないときよりも長くなってしまう。

ものを動かしたとき，はたらいた力の大きさと，力の向きにものが動いたきょりとの積を，**仕事の大きさ**という。
仕事の大きさ
＝力の大きさ×ものが動いたきょり

たとえば，動かっ車を使ったとき，動かっ車の重さを考えない場合，加える力は荷物の重さの半分になるが，ひもを引く長さは荷物を持ち上げるきょりの2倍になってしまう。

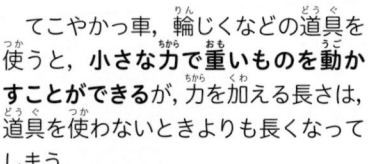

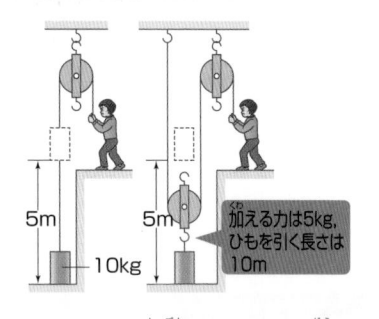

加える力は5kg，ひもを引く長さは10m

このため，仕事の大きさは，動かっ車を使ったときも定かっ車だけのときと同じになる。

このように，**道具を使っても，仕事の大きさは変わらない**。これを，仕事の原理という。

エネルギー編

第1章 光と音の性質

第2章 磁石の性質

第3章 電流のはたらき

第4章 ものの運動

第5章 力のはたらき

4 力とばねののび方 発展

1 重さと力

地球上にあるものには，必ず重力とよばれる力がはたらいている。

力とは

ものの形を変えたり，ものを支えたり，ものの運動の向きや速さを変えたりするとき，ものに力がはたらいているという。

ものの形を変える　ものを支える　ものの運動の向きや速さを変える

↑力のはたらき

● **力の大きさ**　力の大きさは，それと同じはたらきをするものの重さ①で表すことができる。

重力と重さ

手に持っていたリンゴをはなすと，リンゴは真下に落ちる。これは，リンゴに下向きの力がはたらいているからである。

地球上にあるすべてのものには，地球の中心に引きつける力がはたらいている。この力を重力という。

● **重さ**　ものの重さは，ものが受ける重力の大きさを表している。

地球の中心

↑重力の向き

もっとくわしく

①下の図の場合，50gのおもりをつるしたときののびと，手がばねを引っぱったときののびが同じなので，手が加えた力の大きさは50gとなる。

もとの長さ

のび

50g

手の力の大きさは50g

② ばねの性質

　スタンドなどにつり下げたばねにおもりをつるすと，ばねがのびるが，おもりをはずすと，もとの長さにもどる。

おもりの重さとばねののび

　ばねは，**自然長**①からのびたり縮んだりすると，もとにもどろうとして力がはたらく。このような性質を**弾性**といい，このときはたらく力を**弾性力**とよぶ。

用語
自然長
①ばねに力が加わっていないときのばねの長さ。

実験

おもりの重さとばねののびの関係を調べる

ねらい

ばねにつるすおもりの数を変えて，ばねののびの変化を調べる。

方法

1. 右の図のような装置を組み立てて，何もつるしていないときのばねの先に，ものさしの0の位置を合わせて，固定する②。
2. 10gのおもり1個をばねにつり下げて，ばねののびを調べる。
3. おもりの数を2個，3個，…とふやしていったときのばねののびを調べる。

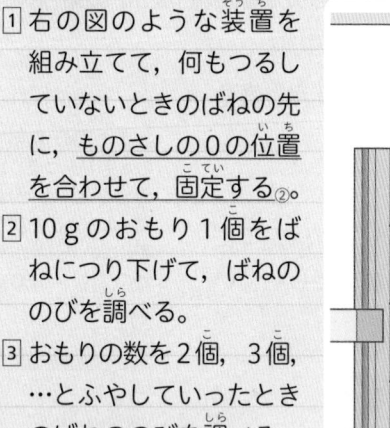
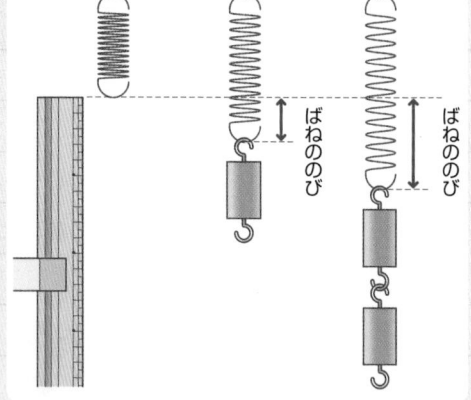

結果

おもり1個の重さは10g

おもりの重さ〔g〕	0	10	20	30	40
ばねののび〔cm〕	0	1.0	2.0	3.0	4.0

②このようにしておけば，ばねの先の位置が示すめもりがばねののびになる。

エネルギー編

第1章 光と音の性質

第2章 磁石の性質

第3章 電流のはたらき

第4章 ものの運動

第5章 力のはたらき

．∴．わかったこと．∴．

つるしたおもりの重さが2倍，3倍，…になると，ばねののびも2倍，3倍，…になるので，**ばねののびは，おもりの重さに比例する**①。

のび〔cm〕

4.0
3.0
2.0
1.0
0

0　10　20　30　40
重さ〔g〕

①グラフが原点を通る直線になっているので，比例していることがわかる。おもりの重さと比例するのは，ばねののびで，ばねの長さではないことに注意。

【ここが大切】 **ばねののび**は，**おもりの重さに比例**する。

ばねの利用

ばねの性質を利用したものはたくさんある②が，そのなかでばねののびがものの重さに比例することを利用したものに，**ばねばかり**がある。

●**ばねばかり**　ばねばかりは，内部にばねが入っていて，ものをつり下げることでばねがのび，ものの重さ，つまりものにはたらく重力を測定する。

月の重力は地球のおよそ$\frac{1}{6}$しかないので，地球上ではかると60gのものを，月面上でばねばかりを使ってはかるとおよそ10gになってしまう。

🔍もっとくわしく

②ばねの弾性を利用したものに，クリップがある。

しん動をやわらげるために利用されるものに，自転車のサドルなどがある。

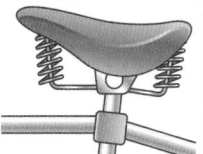

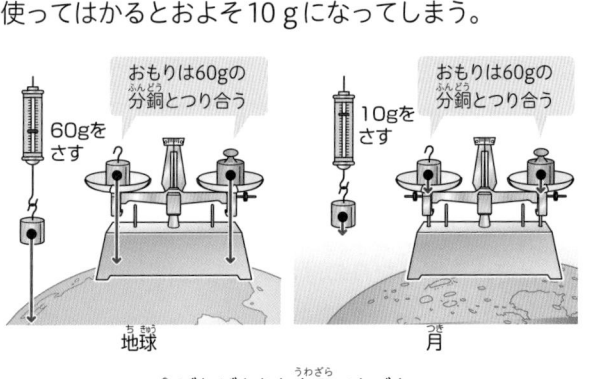

おもりは60gの分銅とつり合う

60gをさす

おもりは60gの分銅とつり合う

10gをさす

地球　　　　　　月

↑ばねばかりと上皿てんびん

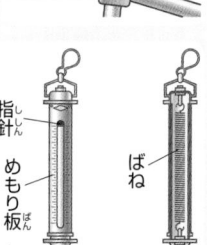

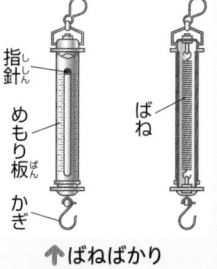

指針
めもり板
ばね
かぎ

↑ばねばかり

499

中学入試対策｜ **ばねののび，力のはたらき** （入試でる度 ★★★☆☆）

ばねの直列つなぎ

ばね2本をたてにつなぐと，上のばねにも下のばねにも，おもりの重さと同じ大きさの力がかかる。ばねの重さを考えないとき，それぞれのばねののびは，ばね1本のときと同じになり，ばね全体としてののびは，ばね1本のときの2倍になる。

●**ばねの直列つなぎとばねののび**　直列につなげるばねの数を2本，3本，…とすると，ばね全体ののびは2倍，3倍，…となる。ばねを直列につないだとき，ばね全体としてののびは，ばねの本数に比例する。

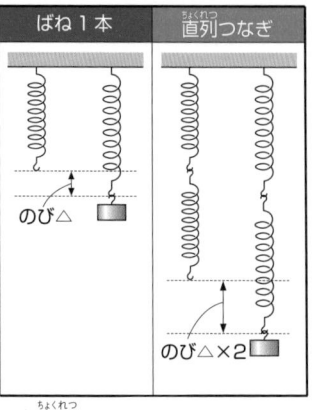

↑直列つなぎにしたばねののび

●**ばねの重さを考えるとき**　上のばねには下のばねの重さがかかるが，下のばねにはばねの重さはかからないので，上のばねのほうがのびる。

ばねのへい列つなぎ

ばね2本を横にならべてつるすと，おもりを2本のばねで支えることになるので，1本のばねにかかる力はおもりの重さの$\frac{1}{2}$になる。

ばねをつなげた棒の重さを考えないとき，それぞれのばねののびは，ばね1本のときの$\frac{1}{2}$となる。

↑へい列つなぎにしたばねののび

●**ばねのへい列つなぎとばねののび**　へい列につなげるばねの数を2本，3本，…とすると，ばねののびは，$\frac{1}{2}$，$\frac{1}{3}$，…となる。このように，ばねをへい列につないだとき，1本あたりのばねののびはばねの本数に反比例する。

エネルギー編

第1章 光と音の性質

第2章 磁石の性質

第3章 電流のはたらき

第4章 ものの運動

第5章 力のはたらき

> **ここが大切**
> 直列つなぎ……ばね全体ののびは，**ばねの本数に比例**する。
> へい列つなぎ…ばね1本あたりののびは，**ばねの本数に反比例**する。

力のつり合い

1つのものに2つの力がはたらいていて，2つの力が一直線上にあり，大きさが等しく，向きが反対のとき，2つの力はつり合っているという。

力がつり合っているとき，ものは動かない。

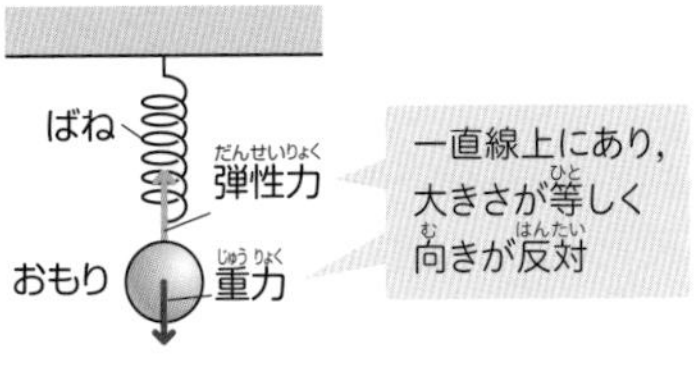

ばね
弾性力
おもり
重力

一直線上にあり，大きさが等しく向きが反対

↑重力と弾性力のつり合い

作用・反作用

右のように，手でかべをおすと，かべから力を受ける。このように，ものに力を加える（作用）と，相手のものから力を受ける（反作用）。2つの力は一直線上にあり，大きさが等しく，向きが反対になる。これを，**作用・反作用の法則**という。作用・反作用は2つのものの間ではたらく。

かべが人をおし返す力（反作用）

人がかべをおす力（作用）

ローラースケート

↑作用・反作用

水平なばねのつり合い

図1のように，ばねの片方を固定してもう片方に50gのおもりをつるした場合，ばねがかべを引く力の反作用として，50gの力でかべがばねを引く。かべがばねを引く力と，おもりがばねを引く力はつり合っていて，ばねは動かない。図2のように，両はしにおもりをつるした場合，両方のおもりがばねを引く力はつり合っていて，ばねは動かない。

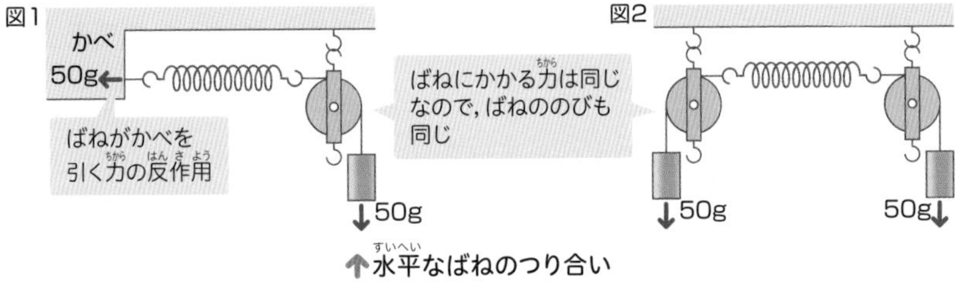

図1
かべ
50g←
ばねがかべを引く力の反作用
↓50g

ばねにかかる力は同じなので、ばねののびも同じ

図2
↓50g　50g↓

↑水平なばねのつり合い

5 水圧ともののうきしずみ

発展

1 圧力とは

　スキー板を持って雪の上を歩くと，くつが雪にめりこむが，スキー板をつけて雪の上を歩くと，ほとんど雪にめりこまない。このとき，雪をおす力は同じであるが，雪とふれ合う面の面積がちがう。

圧力
　決まった面積（1cm²，1m²など）あたりに，面に垂直にはたらく力の大きさを**圧力**という。ふれ合う面の面積が小さいほど，圧力が大きくなる。

圧力が大きい

圧力が小さい

↑圧力のちがい

2 水圧とは

　ポリエチレンのふくろに手を入れて水につけると，ポリエチレンのふくろが手にはりついてくる。これは，まわりの水から圧力を受けるためである。

水圧
　水中にあるものがまわりの水から受ける圧力を，**水圧**という。水圧は，面の上にある水の重さによって生じる。

● **水圧の大きさ** 水圧は<u>水の深さが深くなるほど大きくなり</u>①，同じ深さのところでは大きさが等しい。

● **水圧の向き** 水圧はあらゆる向きから，面に対して垂直にはたらく。

同じ深さでは同じ大きさ

水の深さが深いほど大きい

面に垂直にはたらく

↑水圧の大きさと向き

①水圧の大きさは，水の深さに比例する。下の図で，Bの面が受ける水圧はAの面が受ける水圧の2倍，Cの面が受ける水圧はAの面が受ける水圧の3倍になる。

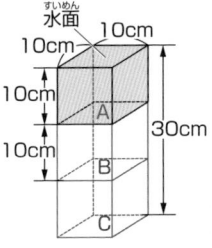

水面

10cm 10cm

10cm A

10cm B 30cm

C

↑水の深さと水圧

③ 浮力とは

プールでからだがうくのは，水から上向きの力を受けているからである。

浮力

水中にあるものは，水から上向きの力を受ける。この力を**浮力**という。

● **浮力の大きさ** 水中ではかったものの重さは，浮力の分だけ空気中ではかったものの重さよりも軽くなる。

浮力の大きさ＝空気中の重さ－水中の重さ

また，<u>水の深さを変えてものをしずめても，浮力の大きさは変わらない</u>②。

🔍 **もっとくわしく**

②ものがすべて水中にあるときに成り立つ。ものが一部だけ水中にあるときの浮力は，ものがすべて水中にあるときの浮力より小さい。

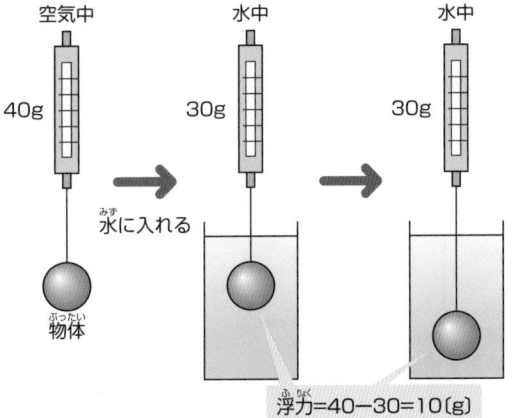

空気中　　　水中　　　水中

40g　　　30g　　　30g

水に入れる

物体

浮力＝40－30＝10〔g〕

↑浮力の大きさ

エネルギー編

第1章 光と音の性質

第2章 磁石の性質

第3章 電流のはたらき

第4章 ものの運動

第5章 力のはたらき

浮力が生じるわけ

　ものの側面が水から受ける水圧はつり合っている①ので，打ち消し合う。

　ものの上面に下向きにはたらく水圧よりも，下面に上向きにはたらく水圧のほうが大きくなる②。この水圧の差によって浮力が生じる。

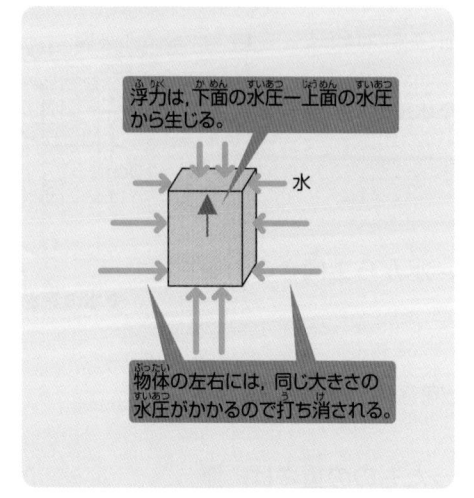

浮力は，下面の水圧－上面の水圧から生じる。

水

物体の左右には，同じ大きさの水圧がかかるので打ち消される。

↑浮力が生じるわけ

浮力の反作用

　水中のものが水から浮力を受けると，その反作用 ●P.501 として，水は浮力と同じ大きさの下向きの力をものから受けるので，水の重さをはかると，浮力の分だけ重くなる。

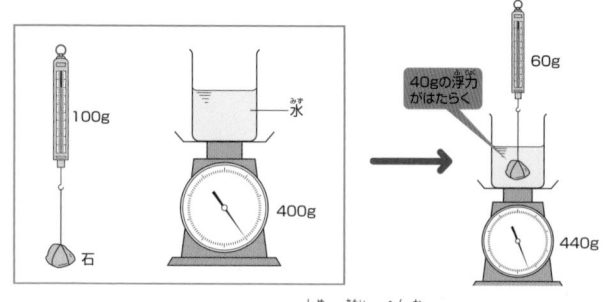

100g

水

石

400g

40gの浮力がはたらく

60g

440g

↑台ばかりの示す値の変化

つまずいたら

①同じ水の深さのところでは，水圧の大きさは等しくなった。

●P.503

②水圧は，水の深さが深くなるほど大きくなった。

●P.503

エネルギー編

第1章 光と音の性質

第2章 磁石の性質

第3章 電流のはたらき

第4章 ものの運動

第5章 力のはたらき

中学入試対策!

浮力の大きさ

入試でる度 ★★★☆☆

浮力の大きさ

浮力の大きさは，ものがおしのけた液体の重さと同じ大きさになる。

水にしずむもの

右の図のように，体積が20cm³の鉄の球を水に入れると，20cm³の水がおしのけられる。水の密度 ➡ P.318 は1.00g/cm³なので，おしのけた水の重さは20gになり，はたらく浮力の大きさも20g

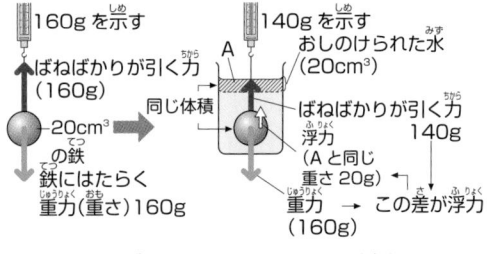

↑水にしずむものにはたらく浮力

となる。このため，空気中では160gの重さの鉄の球を水中に入れると，浮力の分（20g）だけ軽くなって，ばねばかりは140gを示す。

水にうくもの

ものが水にういているとき，ものにはたらく浮力と重力はつり合っていて，浮力の大きさはものの重さと等しくなる。

氷の密度（0.92g/cm³）は水よりも小さいため，氷は水にうく ➡ P.319 。100gの氷の体積は，

$$\frac{100}{0.92} ≒ 109 〔cm^3〕$$

この氷を水に入れると，氷にはたらく浮力は100gになるので，氷がおしのけた水の体積は100cm³となる。空気中に出ている部分は，

$$109 - 100 = 9 〔cm^3〕$$

浮力100g　100gの氷

重力100g

↑氷にはたらく浮力

ここが問われる！

水にうくものにはたらく浮力

空気中に出ている部分や水中にある部分の体積などを問う出題が多い。
➡ものの重さ＝浮力の大きさ＝水中にある部分と同じ体積の水の重さ　を利用。

中学入試対策

第5章
力のはたらき

入試要点チェック

解答▶別冊…P.574

つまずいたら
調べよう

□ **1** てこをかたむけるはたらきは，どのように表されますか。

1▶P.487
2②てこがつり合うときのきまり

□ **2** てこを使ったとき，**支点にはたらく力**は，どのように表されますか。ただし，棒の重さを考えません。

2▶P.489
入試いろいろなてこのつり合い

□ **3** **上皿てんびん**を使って薬品をはかりとるとき，両方の皿に何をのせますか。

3▶P.490
2③てんびん

□ **4** おもりの重さの半分の力でおもりを持ち上げられるのは，**動かっ車と定かっ車**のどちらを使ったときですか。

4▶P.492
3①定かっ車と動かっ車

□ **5** 4のとき，**ひもを引く長さ**は，おもりを持ち上げるきょりの何倍になりますか。

5▶P.492
3①定かっ車と動かっ車

□ **6** **1本のひもを使ったかっ車の組み合わせ**で，ひもを引く力はどのように表されますか。ただし，かっ車などの重さは考えません。

6▶P.493
3入試かっ車の組み合わせ

□ **7** **輪じく**を使ったとき，**じくを回すはたらき**はどのように表されますか。

7▶P.495
3入試輪じく

□ **8** 地球上にあるすべてのものにはたらく，**地球の中心に引きつける力**を何といいますか。

8▶P.497
4①重さと力

□ **9** ばねにおもりをつるしたとき，**ばねののび**は何に比例しますか。ただし，ばねの重さは考えません。

9▶P.499
4②ばねの性質

□ **10** **ばねの直列つなぎ**では，一定の重さのおもりをつるしたばね全体ののびは，何に比例しますか。ただし，ばねの重さは考えません。

10▶P.500
4入試ばねののび，力のはたらき

□ **11** 水の深さが深くなるほど，**水圧**はどうなりますか。

11▶P.503
5②水圧とは

□ **12** **浮力の大きさ**は，何の重さと同じになりますか。

12▶P.505
5入試浮力の大きさ

入試問題にチャレンジ！

解答▶別冊…P.574

① てこには，支点，力点，作用点のならび方によって，図1のようにA〜Cの3種類があります。次の問いに答えなさい。

(芝浦工業大学中)

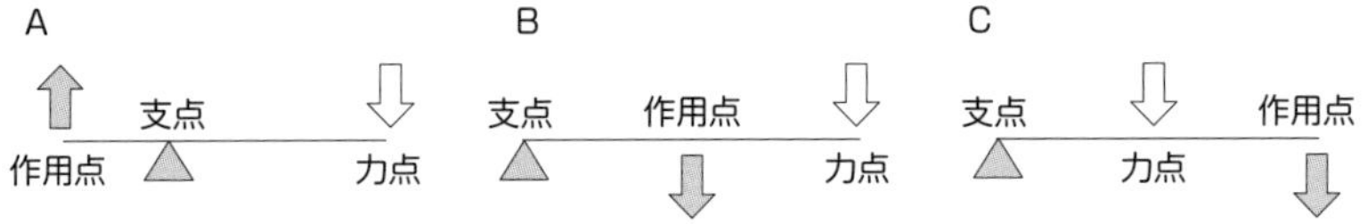

図1

(1) 力点で加えた力の大きさよりも，作用点にはたらく力のほうが常に大きくなるのはどれですか。A〜Cから1つ選び，記号で答えなさい。　　　　　　　　　　　　　　　　　　　　　　　（　　　）

(2) 力点で加えた動きよりも作用点での動きが必ず大きくなるのはどれですか。A〜Cから1つ選び，記号で答えなさい。　　　（　　　）

よくでる (3) 次の道具はどの種類のてこを応用していますか。A〜Cから1つずつ選び，記号で答えなさい。

①（　　　）②（　　　）③（　　　）

④（　　　）⑤（　　　）

①カッター　　②ピンセット　　③せんぬき　　④くぎぬき　　⑤和ばさみ

(4) 図2のように，つめ切りは2つの種類のてこを組み合わせた道具です。てこ1，てこ2はそれぞれどの種類のてこですか。A〜Cから1つずつ選び，記号で答えなさい。

てこ1（　　　）
てこ2（　　　）

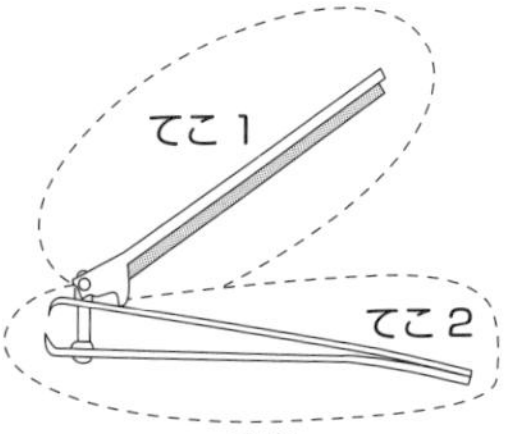

てこ1
てこ2
図2

2 長さ100cmで太さが一様でない棒**A B**，重さ100gの輪じく（じくの半径が5cm，輪の半径が20cm），重さがそれぞれ20g，40g，60g，80g，100gのおもり1個ずつを用意し，いろいろなことを調べました。次の問いに答えなさい。

(早稲田中)

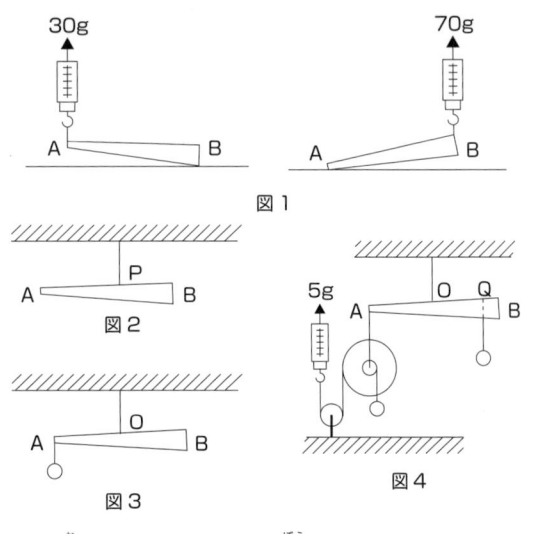

図1

図2

図3

図4

この棒**A B**を水平な床の上に置き，図1のように棒のはし**A**にばねばかりをつけて，**A**をわずかに持ち上げて重さをはかったら30gでした。また，もう一方のはし**B**について同じようにはかると，70gでした。

(1) 棒**A B**の重さは何gですか。　　　　　　　　　　　(　　　　　　)

(2) 図2のように，棒**A B**を**P**点でつるしたら棒は水平になった。**P**点は棒**A B**のはし**A**から何cmのところですか。　(　　　　　　)

(3) 図3のように，棒**A B**のはし**A**におもりをつるし，棒**A B**を真ん中の**O**点でつるしたら棒は水平になりました。**A**につるしたおもりの重さは何gですか。　　　　　　　　　　(　　　　　　)

(4) 図4のように，輪じくを棒**A B**の**A**点でつるしました。じくにおもりをつるし，輪にまいた糸を地面に固定したかっ車に通して手でばねばかりを支えたところ，ばねばかりは5gを示しました。また，棒**A B**を**O**点でつるし，棒**A B**の**Q**点におもりをつるしたところ棒は水平になりました。

① じくにつるしたおもりの重さは何gですか。　(　　　　　　)

② **Q**点につるしたおもりの重さは何gですか。　(　　　　　　)

③ **Q**点は棒**A B**のはし**B**から何cmのところですか。

(　　　　　　)

エネルギー編

第1章 光と音の性質

第2章 磁石の性質

第3章 電流のはたらき

第4章 ものの運動

第5章 力のはたらき

3 かっ車について次の問いに答えなさい。

図1のように2種類のかっ車を用いて，ひもアを引っぱり，200gのおもりを静止させています。おもり以外の重さは考えないものとして，次の問いに答えなさい。

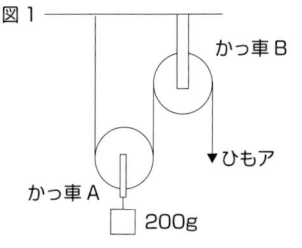

(1) ひもアを引っぱる力の大きさは何gですか。　（　　　　　　）

(2) ひもアを5cm引っぱると200gのおもりは何cm上がりますか。
（　　　　　　）

図2のようにいくつかのかっ車を組み合わせたものをつり合わせました。次の問いに答えなさい。

(3) ひもイにかかる力の大きさは何gですか。　（　　　　　　）

(4) ひもウを引っぱる力の大きさは何gですか。
（　　　　　　）

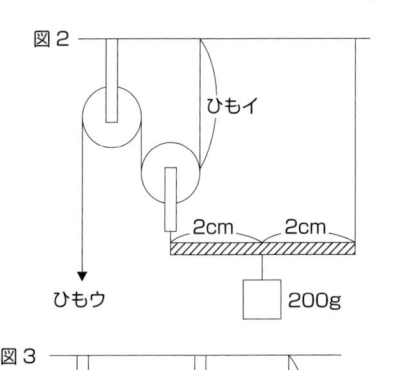

図3のようにいくつかのかっ車を組み合わせたものをつり合わせました。次の問いに答えなさい。

(5) ひもエにかかる力の大きさは何gですか。
（　　　　　　）

(6) ひもオを引っぱる力の大きさは何gですか。
（　　　　　　）

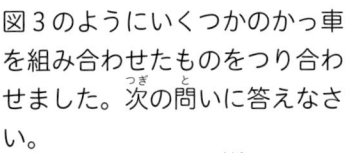

※200gのおもりは棒の中心につるしています。

(7) ひもオを下向きに4cm引っぱったら，200gのおもりは何cm上がりますか。
（　　　　　　）

4 図1のような実験をしました。ばねののびは加えた力に比例します。100 g のおもりをつるすと 1 cm のびるばねを使い，その先に円柱 B（底面積 100cm²）をとりつけました。はじめに円柱 B を水の中に全部入れてから，ばねの上のはし A をゆっくりと上げていきました。このとき，B の上がったきょりとばねののびを調べたものが次のグラフです。あとの問いに答えなさい。ただし，ばねの重さは考えないものとします。

(春日部共栄中)

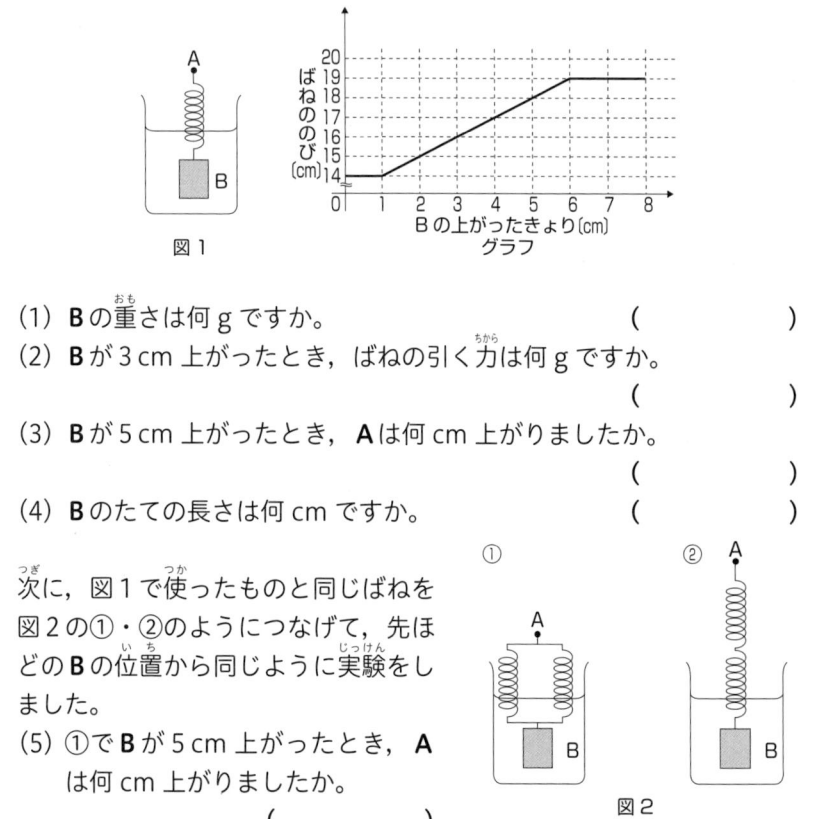

図1

グラフ

(1) B の重さは何 g ですか。　　　　　　　　　　　（　　　　　）

(2) B が 3 cm 上がったとき，ばねの引く力は何 g ですか。
　　　　　　　　　　　　　　　　　　　　　　　　（　　　　　）

(3) B が 5 cm 上がったとき，A は何 cm 上がりましたか。
　　　　　　　　　　　　　　　　　　　　　　　　（　　　　　）

(4) B のたての長さは何 cm ですか。　　　　　　　（　　　　　）

次に，図1で使ったものと同じばねを図2の①・②のようにつなげて，先ほどの B の位置から同じように実験をしました。

(5) ①で B が 5 cm 上がったとき，A は何 cm 上がりましたか。
　　　　　　　　（　　　　　）

図2

(6) ②で B が 5 cm 上がったとき，A は何 cm 上がりましたか。
　　　　　　　　　　　　　　　　　　　　　　　　（　　　　　）

巻末資料 編

第1章 ノートのまとめ方 513

第2章 理科の自由研究 522

第3章 おもな実験・観察器具 534

第4章 実験器具の使い方 538

巻末資料編

学習内容ダイジェスト

第1章
ノートのまとめ方

実験や観察したことを,自分の言葉で記録に残すことはとても大切だ。なぜ大切なのか,そしてどうやって記録するとよいのかを見ていこう。

第2章
理科の自由研究

自由研究をどう進めたらよいかわからないときに,この章が参考になるだろう。テーマは簡単でよいから,目的,方法,結果,わかったこと,と順を追って進めていこう。

第3章
おもな実験・観察器具

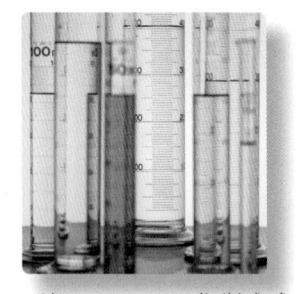

理科で使ういろいろな実験器具を,写真とともにしょうかいしていこう。

第4章
実験器具の使い方

小学校で学習する実験や観察器具の使い方をまとめてある。わからなくなったらここで調べよう。

第1章 ノートのまとめ方

① 文章に表すことの大切さ

　理科の授業の中で，観察や実験の方法，結果などをノートにまとめることがよくある。ノートは何のために書くのだろうか。

①ノートの役割

　理科は，身のまわりの事物・現象を見つめ，考える学習だ。これまでたくさんの科学者によって観察・実験が行われ，さまざまな現象についての「なぜ？」「どうして？」という疑問が解明されてきた。

　ノートの役割は，このような「なぜ？」「どうして？」を明らかにし，記録していくことにある。

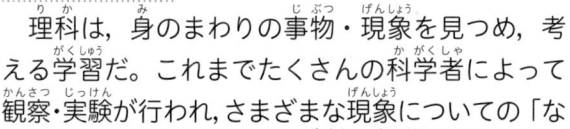

　実験や観察のあと，ふり返りを行うための記録として，また，前の実験と比かくするためのデータとして積み重ねていくことによって，少しずつ疑問を明らかにしていくことができる。

- ●ふり返りを行うための記録
- ●前の実験と比かくするためのデータ
- ●自分の考えを整理する。

　さらに，ノートを書くことによって，自分の考えを客観的にとらえることができ，頭の中を整理することができる。

②観察・実験ノートを書くにあたって大切なこと

　観察・実験をノートに書くにあたって大切なことは，

- ●「なぜ」という疑問や，その予想を書く。
- ●観察・実験の方法を書く。
- ●観察・実験の結果を記録する。
- ●得られた結果からわかることをまとめる。
- ●友達の考えを書き加え，自分の考えと照らし合わせる。

である。これらは観察・実験を行うにあたっても大切な点であり，ノートにはこの順序にそって記録していく。

② 観察・実験・調査の記録のしかた

観察・実験・調査の記録に入れるもの

観察・実験・調査で記録する内容は，次の5つ。

①テーマと目的

研究（授業）のテーマや実験の目的を入れる。日常生活や理科の学習の中で，または本などの情報から，不思議に思ったこと，興味をもったことがあるはず。このような疑問や関心を研究テーマに設定しよう。そして，観察・実験・調査によって明らかにしたいことを書いていこう。

ポイント

テーマを見つけよう

・ふだん気になっていること・興味のあること。

・これまでに学習したこと。

・身近な地域の自然の中から。

②予想（仮説）

これまでの学習をもとにして，実験や観察の計画を立て，見通しを立てる。そして，「○○を変化させると，結果が△△になるだろうか」と調べる内容について予想を立てる。また，その理由も考えてみよう。

ポイント

予想を立てるときのヒント

・これまでに学習したことが使えないか。

・経験や体験したことをもとにして考える。

・頭の中で実験のイメージをしてみる。

・常識にとらわれず，ときには大たんな予想を考えてみるのもよい。

③観察・実験・調査方法

観察・実験・調査で行ったことを書く。どのような方法で調べたのかを，図などを使ってわかりやすく，行った順に書く。気づいたことなども書くとよい。これを書いておくことで，同じ実験をしたときに同じ結果が得られることを確認できる。

ポイント **調べ方を考えよう**
・変える条件，変えない条件を整える。

ポイント **調べよう**
・くらべながら調べる。
・何が原因かを考えながら調べる。

④ **結果**

　図，スケッチ，写真，表やグラフなどを活用して，観察・実験・調査の結果をわかりやすくまとめる。結果には測定データや得られた事実だけを書くことに注意しよう。

ポイント **記録しよう**
・調べた結果や気づいたことを記録する。

ポイント **整理しよう**
・表やグラフなどを使ってわかりやすく整理する。

⑤ **まとめ（結論・評価・感想・今後の課題）**

＜結論＞観察・実験・調査によって得られたデータや事実からわかったことや，予想とくらべてなぜこのような結果になったのかを分せきし，まとめる。結論は，根拠を明らかにして，データや事実にもとづいて書く。

ポイント **まとめよう**
・調べた結果と自分で考えたことは，分けてまとめる。
・調べた方法と結果を関係づける。

＜評価と修正＞また，研究の目的が達成できたか，達成できなかったときはどのように修正・改善するかなどをまとめる。
＜今後の課題＞新しく気づいたこと，疑問点など，今後の課題について書く。
＜感想＞研究で苦労したことや，日常生活や学習と関連づけて気づいたこと，自己評価，感想などを書く。

③ 実験の記録のしかたの例

<問題>
食塩は，水にとけると見えなくなるが，重さはなくなるのだろうか。

テーマ
何を調べたいのかを具体的に書く。

<予想>
食塩は，とけて見えなくなってしまったから，食塩の重さはなくなると思う。

予想
今まで経験したことや学習したことをもとに、予想を立てる。

<実験方法>
①食塩を水にとかす前に食塩と水の重さをはかる。

②食塩を水にまぜて，ふたをしてよくふって見えなくなるまでとかす。

③食塩を水にとかしたあとの全体の重さをはかる。薬包紙もいっしょにのせてはかる。

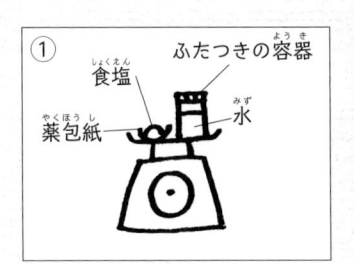

① 食塩　ふたつきの容器　薬包紙　水

③ 食塩水

実験方法
実験の方法を行った順に書く。図を使って書いているので，わかりやすい。

第2章 理科の自由研究

第3章 おもな実験・観察器具

第4章 実験器具の使い方

＜結果＞

	重さ
食塩をとかす前	105g
食塩をとかしたあと	105g

＜まとめ＞

ここが根拠

●結論

食塩をとかす前とあとの全体の重さは変わっていないことから，食塩が水にとけて見えなくなっても，重さはなくなっていない。

ここがわかったこと

●自分の疑問

食塩は水にどのくらいまでとけるのだろうか。

●友達の疑問

食塩以外のものも水にとけて見えなくなっても重さは変わらないのだろうか。

結果
表などで表すと，結果がひとめでよくわかる。

まとめ
テーマにそって，結果からわかったことをまとめる。
根拠（理由）をはっきりさせて書くことが大切だ。

自分の疑問や友達の意見・疑問を書いておこう。

④ 観察の記録のしかたの例

<問題>
種子の中には，発芽するために必要な養分がふくまれているのだろうか。

テーマ
観察のねらいや目的を具体的に書く。

<予想>
種子はだっしめんと水だけで発芽したから，種子の中には発芽するために必要な養分がふくまれていると思う。

予想
今まで学習したことや日常生活で経験したことをもとに予想を立てる。

<観察方法>
①水にひたしたインゲンマメの種子の皮をむいて，つくりを観察する。
②育ったなえを観察して種子とくらべる。
③インゲンマメの種子にヨウ素液をつけて，色の変化を調べる。色が変化したら，でんぷんという養分がふくまれていることがわかる。

観察方法
観察の方法，順序，注意点などを書く。

方法の番号と結果の番号を同じにしているのでわかりやすい。

＜結果＞

①種子のつくり　②育ったなえの子葉

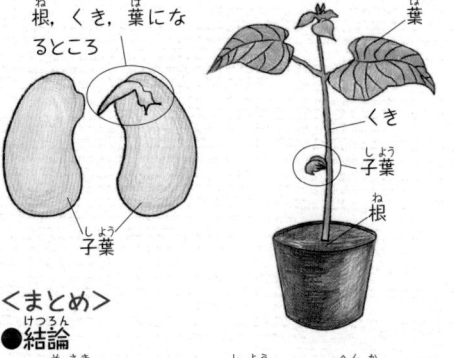

根，くき，葉になるところ

子葉

葉

くき

子葉

ね根

③・子葉は色が青むらさき色に変わったところがあった。
・根，くき，葉は変わらなかった。

＜まとめ＞

●結論

ヨウ素液をかけると，子葉の色が変化したので，子葉にはでんぷんがふくまれていることがわかった。**根拠** わかったこと

発芽したあとは，根，くき，葉は大きく育つが，子葉はしぼんでいったことから，でんぷんが養分として使われたと考えられる。考えられること **根拠**

●友達の疑問 ──友達の疑問も書くとよい

子葉がしぼんだことで，養分が使われたと決めていいのだろうか？

●今後の課題

しぼんだ子葉にもヨウ素液をかけてみて，色が変わるのを確かめてみたい。色が変わらなかったら，でんぷんが使われたことがはっきりわかる。

結果
観察したことをスケッチしたり，気づいたことを記録する。

方法の番号と結果の番号を同じにしているのでわかりやすい。

まとめ
テーマにそって，結果からわかったことをまとめる。

疑問や今後の課題も書いておこう。

⑤ 注意すること

　ここまで，ノートづくりの大切さや，実験や観察の記録のしかたについて，説明してきた。ここでは，ノートづくりの注意点をみていこう。

①黒板や友達のノートの書き写しにしない

　ノートは，理科の学習で，みなさんが考えた過程を記録していくものである。黒板や友達のノートを丸写しするのではなく，自分で観察したこと，実験の記録，自分で考えたことなどをノートにしていこう。

②実験の記録の注意点

　実験の記録は，表を使ったりして，くらべたい情報がはっきりみえるようにする。また，予想した結果とくらべて，得られた情報が正しいかどうかも確認する必要がある。実験方法に問題がありそうなときは，その方法を見直し，もう一度実験を行うとよい。

［結果］

調べる方法	砂糖	食塩	なぞの物質
色	白色	白色	白色
てざわり	さらさらしている	さらさらしている	さらさらしている
水に入れたとき	よくとけた	少しとけた	よくとけた
加熱したとき	燃えて灰になった	燃えなかった	燃えて灰になった

③観察の記録の注意点

　スケッチは，細い線と小さな点ではっきりとかく。よく観察して，特ちょうがよくわかるようにスケッチする。観察の日時，天気，気温，まわりのようす，気づいたことなども記録する。文に書き表せないものを絵や図で，絵や図で表せないものを文で書き表していくと，よい記録がとれるようになる。

○よい例

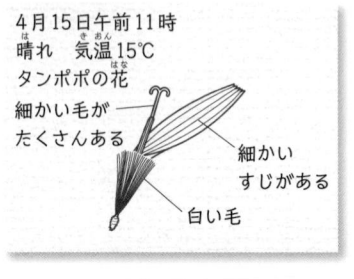

4月15日午前11時
晴れ　気温15℃
タンポポの花
細かい毛が
たくさんある
細かい
すじがある
白い毛

×悪い例

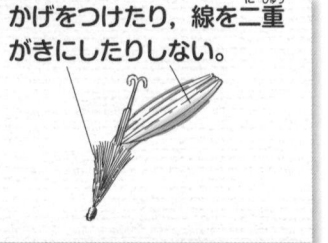

かげをつけたり，線を二重がきにしたりしない。

④結果と結論の注意点

ときどき，結果と結論を混同しているノートを見かける。結果には，実験や観察で得られた事実やデータだけを記録する。

結論には，目的にそって，結果から考えられることを書く。結論は感想を書くものではない。観察・実験前にもっていた疑問と照らし合わせて書くことが大切である。

結果には事実やデータだけを書く

＜結果＞

	重さ
食塩をとかす前	105g
食塩をとかしたあと	105g

結果から考えたことをまとめに書く

「〜だから」「〜なので」「その理由は…」など理由づけて書く

＜まとめ＞
●結論
食塩をとかす前とあとの全体の重さは変わっていないことから，食塩が水にとけて見えなくなっても，重さはなくなっていないといえる。

⑤友達の考えを書こう

「予想」や「考え」のらんには，自分の予想や考えだけでなく，友達の予想や考えもつけ足しておくとよい。

友達の意見とのちがいや共通点を探すことで，新しい発見があったり，見方や考え方を深めたり，広げたりすることができる。

●自分の疑問
食塩は水にどのくらいまでとけるのだろうか。

●友達の疑問
食塩以外のものも水にとけて見えなくなっても重さは変わらないのだろうか。

第2章　理科の自由研究

① 自由研究は大変？

身近なテーマから自分にできるものを

　自由研究というと，とてもむずかしいものに感じるかもしれない。しかし，学校で習ったことをさらにくわしく調べたり，学校ではできないことにちょう戦してみるのもよい。

　日頃，疑問をもったり不思議に思っていることについて調べてみたり，本や新聞，テレビのニュース，インターネットなどからヒントを得たり，身近な自然について調べてみたりするなど，自分の身のまわりにあるものから，自分の研究できそうなことをテーマに選べばよい。

　どんなにすばらしいテーマでも，自分で研究できず，結局，大人に手伝ってもらったということになれば，自由研究とはいえない。計画を立てて，最後まで自分で行うことが大切である。

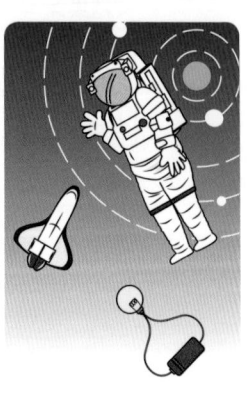

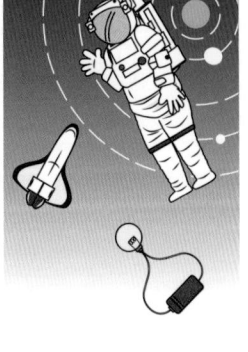

実際に動いて，体験しよう

　自由研究で大切なことは，本やインターネットで調べて終わりにせず，実際に自分で実験したり観察したり体験したりして，確かめることである。

522

② 研究の進め方

① テーマを決める

ふだん気になっていることや，興味のあること，これまでに学習したこと，自分の住む地域の自然などから，自分で研究を進めていけそうなものを選ぶ。

② 計画を立てる

調査のとき

1. どのような結論が導けそうか予想を立てる。
2. 立てた予想を確かめるための調べ方を考える。
3. 結果を予想する。その理由も考える。
4. 準備するものや，調べるときに気をつけることを整理する。
   器具の用意（予算もふくめ），記録すること（月日，時刻，天気，気温など），観察・実験をする時間や期間，危険な場所，など。
5. 予定を立てる。

ものづくりのとき

1. できあがりをイメージして，作り方を考える。その際，理科で学習したどのような性質を利用するかという点にも着目する。
2. 身近なもので使えそうなものを考える。
3. 工夫が必要なところや危険なことなど，作るときに気をつけるべきことを考える。

③ 準備をする

立てた計画をもとに，実験やものづくりに必要な材料，器具などを準備する。ペットボトルやコップなど，家庭にあるものや身近なものを十分に活用しよう。また，学校の器具が必要なときは先生に相談しよう。

④ 調べたり，作ったりする

計画にしたがって，観察，実験や調査をしてみたり，ものを作ったりしてみよう。観察や実験の結果，気づいたことなどをノートに記録する。くり返しできる観察や実験は，材料や条件を変えて何度も行うとよい。予想通りにならなかった実験結果も記録し，そうなった原因も考える。

ものづくりでうまく作れなかったときは，原因を分せきして，もう一度や

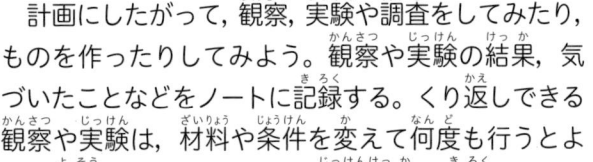

り直すとよい。実験や観察で，わからないことがあったら，図書館や科学館，博物館，インターネットなどで調べてみよう。

⑤まとめる

　研究したことを，ノートやスケッチブック，模造紙などにまとめる。パソコンを使って作成してもよい。

メダカの産卵と水温の関係

5年1組　　田中　なおき

1. 研究の動機

　授業では，オスとメスのメダカを飼うと卵を産むことを学習しました。あたたかい日にメダカは卵を産んだように思いました。そこで，水温と産卵は関係しているか調べてみたくなりました。

2. 予想

　気温は高めのほうが産卵するのではないか。

3. 研究の方法

　メダカのオスとメスを入れた水そうを用意し，毎日決められた時間に気温と卵を産んだ数を観察し，記録する。

4. 結果

日付	天気	水温	卵の数	ふ化までの日数
6/20	晴れ	25	31	8
6/22	くもり	23	9	7
6/24	雨	22	2	8
6/25	晴れ	26	20	7
6/27	くもり	25	10	7

5. わかったこと

　23℃から25℃の間では，毎日卵を産んでいたが，高めの日のほうが卵の数が多かった。

6. 感想・疑問

　10℃や30℃などの水温では，卵を産む数にちがいはあるだろうか。日かげに置いたりして，水温を調節して実験してみたい。

研究のテーマや動機を書く

結果の予想を立てる

研究の進め方を書く（実験・観察など）

実験や観察の結果を書く（事実だけを書く）

研究をしてわかったことや考えたことをまとめる

---

⑥発表する

　研究したことをまとめたら，研究発表会をしよう。順序よくわかりやすく説明できるように，原こうを作り，練習を行ってから発表するとよい。

　友達の発表もよく聞いて，わからないことがあれば積極的に質問しよう。

③ テーマ事例

①生命編

　生物の研究では，こん虫，動物，植物の観察や，観察したものを見て模型を作る工作や，「インゲンマメの種子の発芽する気温」などのような生物の発育条件を調べる実験などがある。ここでは，メダカの産卵と水温について調べた観察を例に見ていこう。

メダカの産卵と水温を調べる　▶P.112　5年

　オスとメスのメダカを飼って，水温と産卵の関係を調べてみよう。
方法1　毎日の気温と卵を産んだ数を記録する。
方法2　日かげや日なたに水そうを置いて，卵を産んだ数を記録する。
・産卵時期
・水温
・日光の当たる時間
・産卵時刻
・えさの量
などに着目して，観察してみよう。

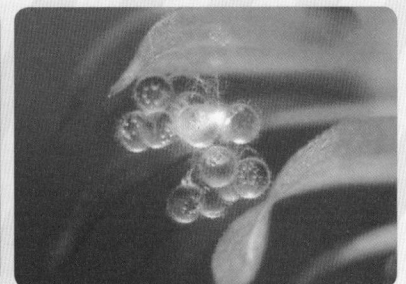

卵の変化を調べる　▶P.114　**5**年

　メダカの卵など，いろいろな卵のつくりや変化を虫めがねなどで調べてみよう。

　また，タラコ，イクラ，カズノコなどの親魚の名前，卵の重さや1回に産む卵の数，一生に産む卵の数なども調べてみよう。

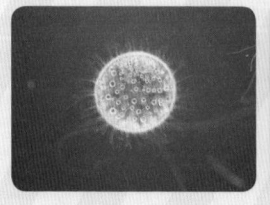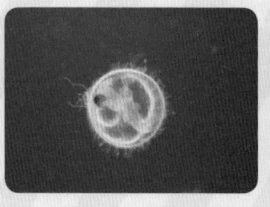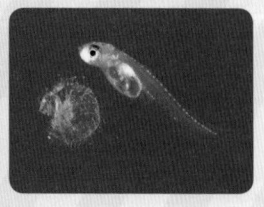

　このほかにも，生命に関する研究テーマはさまざまある。学校で勉強したものをぜひ活用して，考察を深めていきたい。研究の方法についても，学校で学習したものを思い出しながら，科学的な見方や考え方を大切にして取り組んでほしい。

草花のつくりを調べる　▶P.70　**5**年

　5年生で学習した，いろいろな花のつくりを実際に調べてみよう。
・め花とお花の種類がある花や，1つの花におしべとめしべがある花など，つくりの特ちょうをくらべる。
・受粉のしかたや，実や種子のでき方のちがいについても調べる。
・写真やスケッチに記録したり，気づいたことをメモしよう。
・花びらの1枚1枚がはなれている花（り弁花）と花びらが1枚にくっついた形の花（合弁花）を分類したり，図かんで調べたりしてみよう。

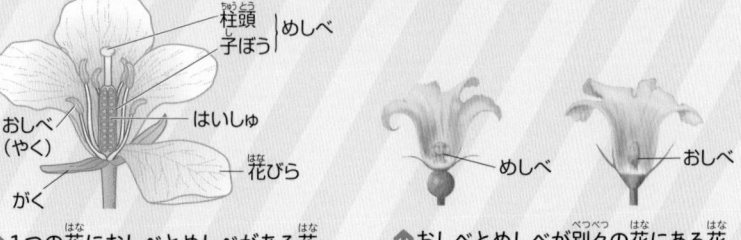

↑1つの花におしべとめしべがある花（両性花）　　↑おしべとめしべが別々の花にある花（単性花）

いろいろなこん虫のからだのつくりを調べる ▶P.25 **3**年

3年生で学習した，こん虫のからだのつくりを実際に調べてみよう。

・からだが，頭・胸・腹の3つの部分に分かれているかを調べる。

・あしが6本あるかを調べる。

・こん虫以外の虫の生物と，からだのつくりのちがいをくらべる。

　アリの行動を調べよう。

　アリの行列や，えさの運び方，巣のつくり方などを観察してみよう。

　水そうに土を入れて，アリを飼って，巣づくりのようすも観察してみよう。

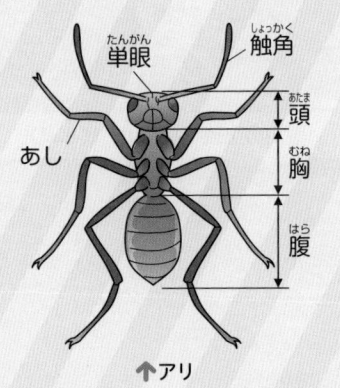

↑アリ

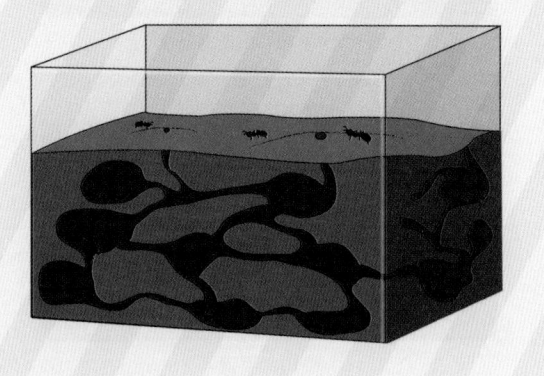

②地球編

身近な川のようすを調べる ▶P.276 **5**年

　上流，中流，下流での流れ方のちがいや，石や砂の大きさなども調べてみよう。スケッチしたり写真をとっておくとわかりやすい。

↑川の上流（長良川　岐阜県）

おうちの人と
いっしょに行く
こと。
水の事故に注意。

↑川が平地に出たあたり

↑川の下流

生物がすみやすくなる工夫も見つけてみよう。

夜の星を観察する ▸ P.238 **4**年

　時刻や方位によるちがい，星の動きなどを調べよう。
・時刻によって星はどのように動くか。
・南と北では，星の動き方にどのようなちがいがあるか。
・季節によって，見える星にちがいがあるだろうか。
星の位置を時間ごとにスケッチして観察してみよう。

7月中ごろ
午後9時ごろ
の星空

↑夏に見られる星座 ▸ P.235

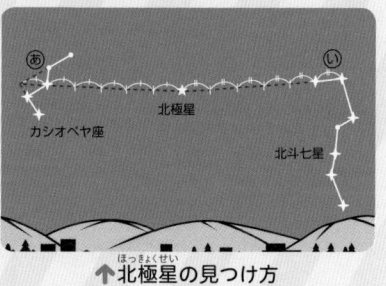

カシオペヤ座
北極星
北斗七星

↑北極星の見つけ方

おうちの人といっしょに行うこと。

雲の形や名前などを調べる ▸ P.205 **5**年

　雲の形や大きさ，位置，色，そのときの天気などを調べよう。また，名前も調べてみよう。

↑積乱雲（入道雲）　　　　↑巻積雲（うろこ雲）

天気の言い習わしを調べる ▸ P.215 **5**年

　日本の各地に伝わる，天気についての言い習わしを調べてみよう。

高い山の上に雲がかかると雨　　日がさ，月がさは雨

③エネルギー編

磁石の性質を調べたりおもちゃをつくる ▶P.425 **3**年

3年生で学習した磁石の性質を実際に調べてみよう。

・身近にあるものを，磁石にくっつけてみて，磁石に引きつけられるものと，そうでないものを分類する。ネオジム磁石など，強い磁石を使って調べてもよい。

・磁石の上に，紙や下じきを置き，その上に砂鉄をまいて，砂鉄のつくるもようを観察する。

磁石の性質を使って，おもちゃをつくろう。

・磁石の引きつける力や，しりぞけ合う力を使って，おもちゃをつくってみよう。

磁石のしりぞけ合う力で車を動かすことができます。

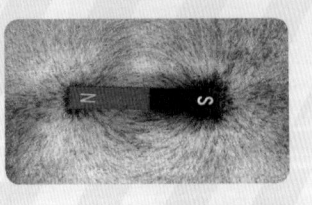

しりぞけあう力

磁石をつくる ▶P.429 **3**年

鉄のくぎを磁石で同じ向きに何度もこすって，磁石をつくってみよう。
方位磁針に近づけて，針が動くか試してみよう。また，ほかのものも，同じように磁石になるか調べてみよう。

S極になる　　N極になる　　N極が遠ざかる

↑磁石でこすった鉄のくぎ

いろいろな電磁石づくり ▶ P.442 5年

　5年生で学習した電磁石を実際につくって調べてみよう。
準備：エナメル線，電池，鉄くぎ，えんぴつ，スプーンなど
・しんにコイルを巻きつける回数と，電磁石の強さの関係を調べる。
・しんの材質を変えて，電磁石の強さを調べてみよう。
　このほかにも，コイルを巻く間かくや，コイルの太さ，電流の大きさなどを変えて調べてみよう。
　また，電磁石を使ったクレーンや，コイルの性質を使ったかんたんなモーターなど，電磁石を使ったおもちゃをつくってみるのもよい。

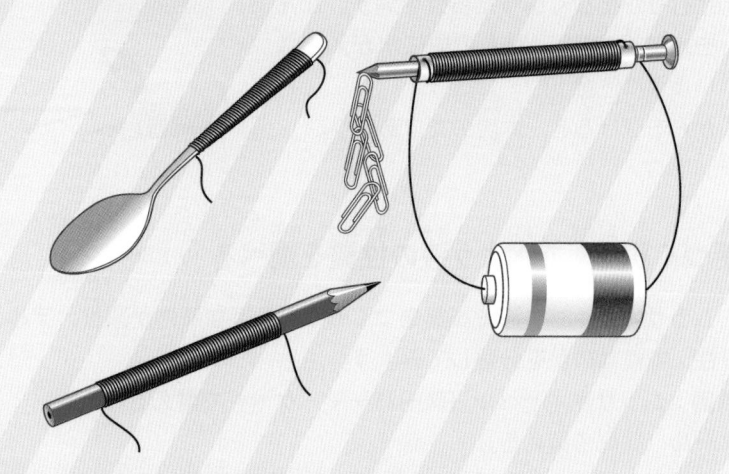

電磁石が使われているところ調べ ▶ P.442 5年

　身のまわりで使われているものを調べてみよう。
　私たちの身のまわりでは，クレーンやモーターなど，いろいろなところに電磁石が使われている。どのようなものがあるか探して，どんな場面や目的で電磁石が利用されているか説明しよう。

④物質編

わりばしで木炭をつくる　▶P.365　**6年**　発展

準備：わりばし数本，空きかん，水の入ったバケツ

①切ったわりばしを，空きかんにつめる。

②コンロの火にかける。（かん気に注意！）

③けむりが出なくなったら火を消す。かんを水で冷やす。（かんの中に水が入らないように注意！）

④かんを開けると，木炭のできあがり。

火を使うのでおうちの人といっしょに行うこと。

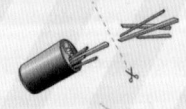
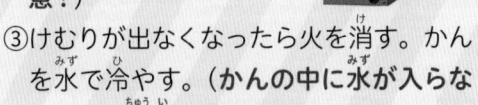

手づくり試薬で水よう液の性質を調べる　▶P.386　**6年**

　ムラサキキャベツ液で試薬をつくって，身近な液体が酸性，アルカリ性，中性なのかを分類してみよう。

準備：ムラサキキャベツ（スーパーマーケットで買える。），無水エタノール（薬局で買える。）

①ムラサキキャベツを千切りにして，熱に強い容器に入れた後，無水エタノールを加える。

②10分ほどふっとうさせないようにしてにこむ。

③キャベツをザルでこす。

④キッチンペーパーを短冊状に切り，この液をしみこませれば試験紙の完成。

強い酸性	弱い酸性	中性	弱いアルカリ性	強いアルカリ性
赤色	うすい赤色	むらさき色	緑色	黄色

↑ムラサキキャベツ液の色の変化

いろいろな水よう液の性質を調べて，表にまとめよう。

火を使うのでムラサキキャベツ液をつくるときは，おうちの人といっしょに行うこと。

酸性	中性	アルカリ性
レモン	さとう水	石けん水
うめぼし	塩水	石灰水
す	酒	

川の水質を調べよう

準備：水生生物指標（川の生き物で水質がわかる。インターネットでも調べられる。），白いバット（つかまえた生き物をのせて観察する），目の細かいあみ（小さな生き物をつかまえやすい），バケツ，虫めがね，ピンセット，温度計，など。

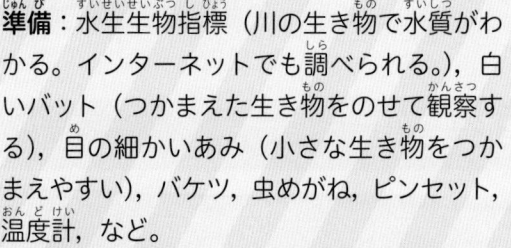 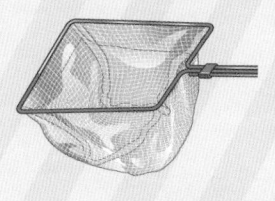 

　目の細かいあみで，川の石の下や草のかげをすくって水生生物をつかまえる。水生生物指標で，とらえた生物と比かくし合い，川の水質を判定する。

きれいな水にすむ生き物の例

カワゲラ
体長：2.5cm
くらい

サワガニ
こうらの大きさ
2〜4cmくらい

きたない水にすむ生き物の例

タニシ
からの高さ
4cmくらい

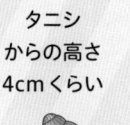

ヒル
体長：3〜4cm
くらい

ヘビトンボ
（幼虫）
体長：7cmくらい

ヒラタカゲロウ
（幼虫）
体長：1cmくらい

ミズカマキリ
体長：7cmくらい

イソコツブムシ
体長：3〜4mm
くらい

第**3**章 おもな実験・観察器具

① 基本的な実験器具

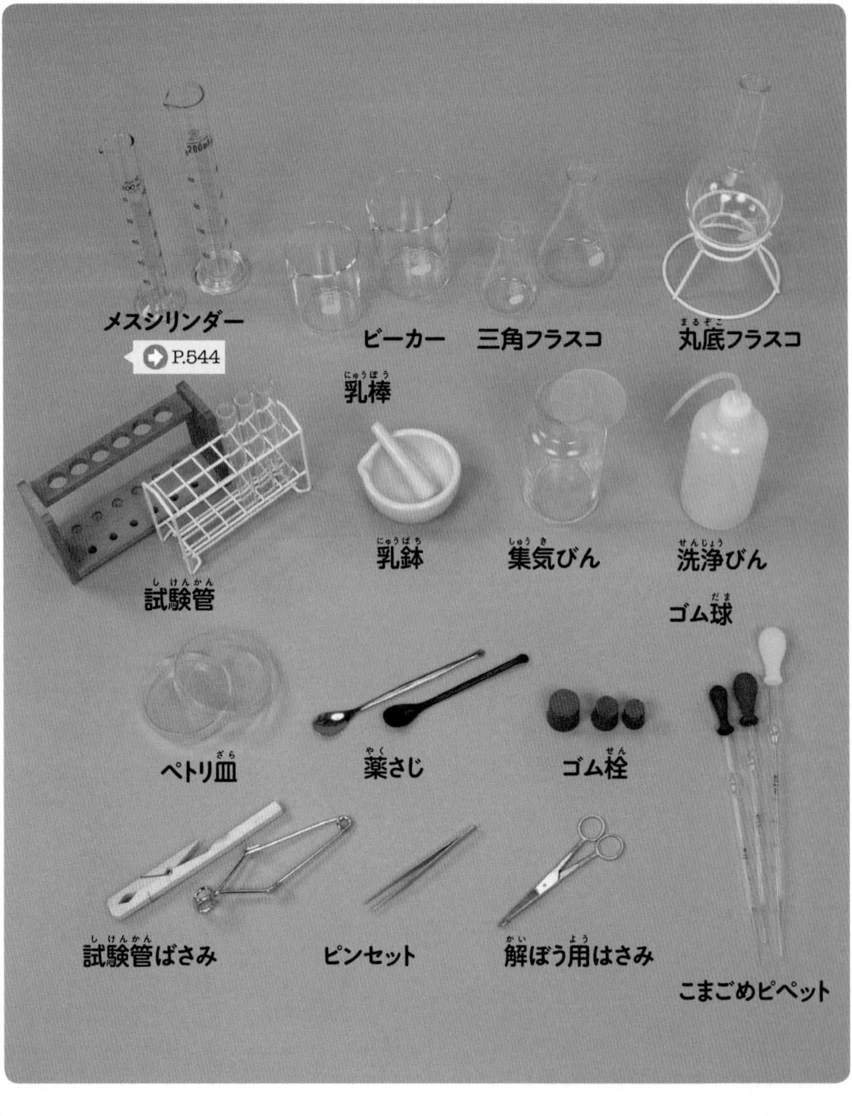

メスリンダー
⮕ P.544

ビーカー　　三角フラスコ　　丸底フラスコ

乳棒

試験管

乳鉢　　　集気びん　　　洗浄びん

ゴム球

ペトリ皿　　薬さじ　　　ゴム栓

試験管ばさみ　　ピンセット　　解ぼう用はさみ

こまごめピペット

534

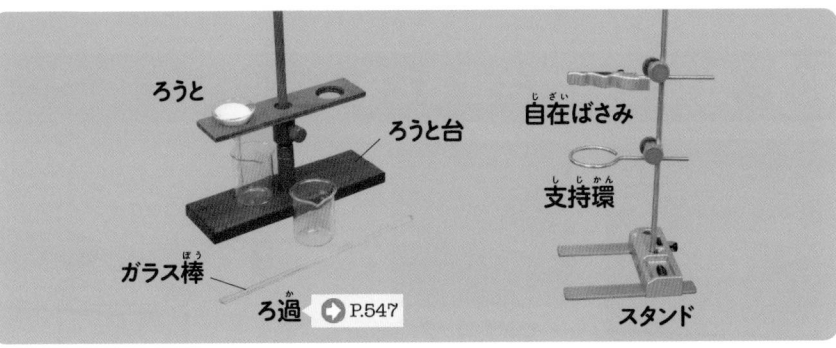

ろうと

ろうと台

自在ばさみ

支持環

ガラス棒

ろ過 ➡ P.547

スタンド

2 加熱実験器具

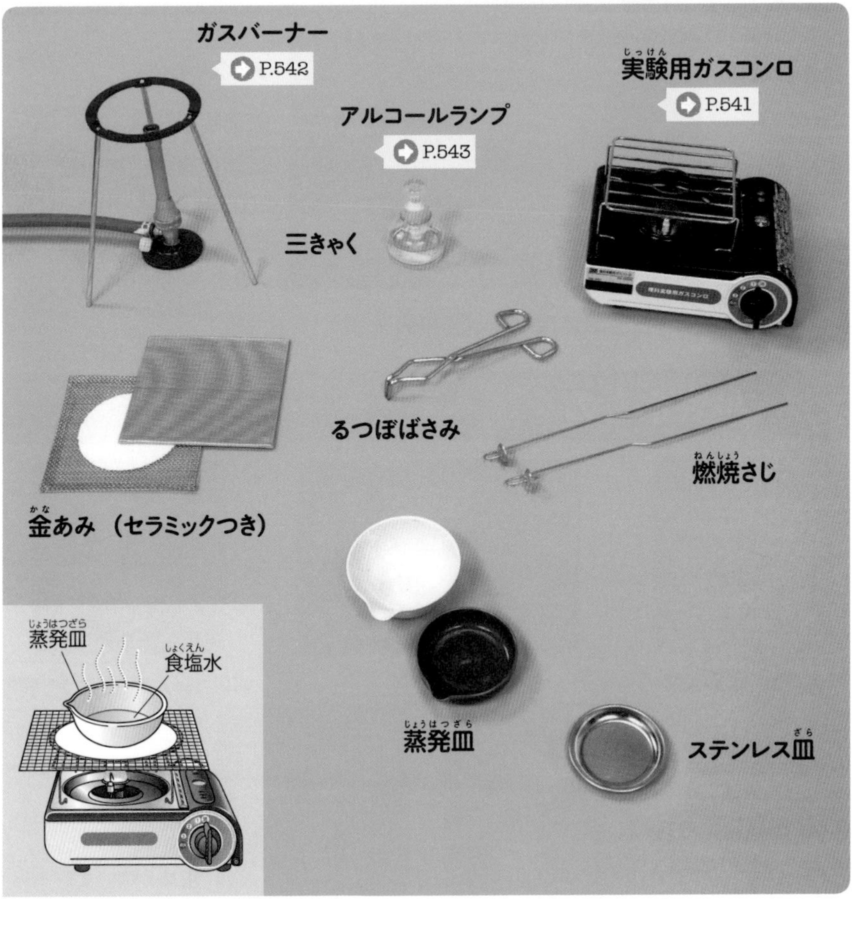

ガスバーナー ➡ P.542

アルコールランプ ➡ P.543

実験用ガスコンロ ➡ P.541

三きゃく

るつぼばさみ

燃焼さじ

金あみ（セラミックつき）

蒸発皿
食塩水

蒸発皿

ステンレス皿

535

③ 気体を発生させるとき

水そう

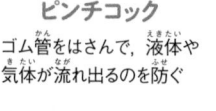

ピンチコック
ゴム管をはさんで，液体や
気体が流れ出るのを防ぐ

ろうと
ピンチコック
水そう

④ 空気を調べるとき

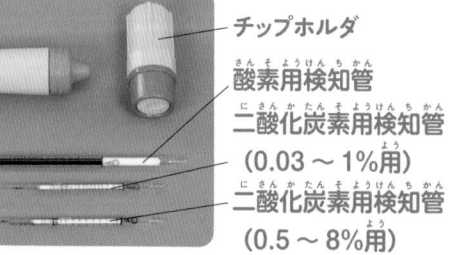

気体採取器

チップホルダ

酸素用検知管

二酸化炭素用検知管
（0.03 ～ 1%用）

二酸化炭素用検知管
（0.5 ～ 8%用）

気体検知管 ▶ P.546

⑤ 小さなものを調べるとき

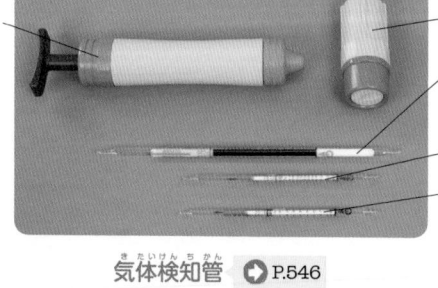

けんび鏡 ▶ P.538

スライドガラス
カバーガラス

解ぼうけんび鏡 ▶ P.539

そう眼実体けんび鏡
▶ P.540

虫めがね ▶ P.538

⑥ 重さを調べるとき

上皿てんびん ➡ P.545 分銅

電子てんびん ➡ P.546

⑦ 電気を調べるとき

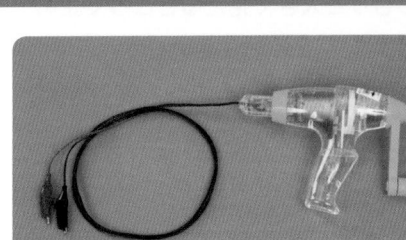

− たんし

50mA 500mA 5A ＋たんし

電流計 ➡ P.549

手回し発電機

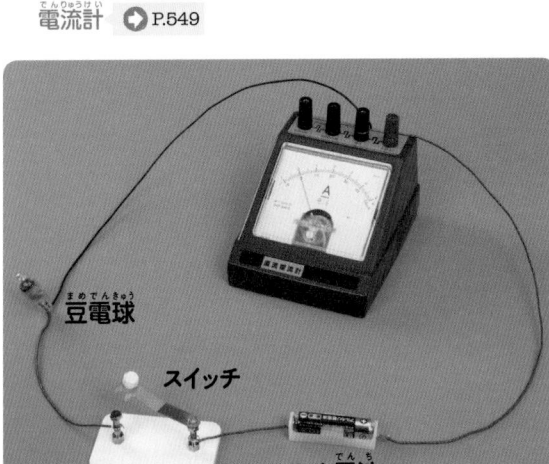

豆電球

スイッチ

かん電池

電流計のつなぎ方

簡易検流計 ➡ P.548

光電池

537

第4章 実験器具の使い方

① 生き物の観察

虫めがねの使い方

●**観察するものを動かせるとき**
　目の近くで虫めがねを支え，見たいものを動かして，はっきりと大きく見えるところで止める。

●**観察するものを動かせないとき**
　目の近くで虫めがねを支え，自分が動いてはっきりと大きく見えるところで止める。

> ⚠ **ここに注意！** 目をいためるので，ぜったいに虫めがねで太陽を見てはいけない。

けんび鏡の使い方

> ⚠ **ここに注意！** 日光が直接あたるところでは使わない。

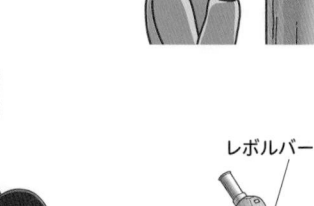

接眼レンズ
対物レンズ
ステージ（のせ台）
調節ねじ　反射鏡
レボルバー

❶対物レンズをいちばん低い倍率のものにする。接眼レンズをのぞきながら反射鏡を動かして（または照明を使って），明るく見えるようにする。

❷けんび鏡を横から見ながら，対物レンズとプレパラートをできるだけ近づける。

❸接眼レンズをのぞきながら，調節ねじを❷と逆の方向にゆっくり回してピントを合わせる。

❹さらに高い倍率で観察したいときは，見たいものを真ん中になるようにして，レボルバーを回して高い倍率のレンズに変える。

●上下・左右の見え方，動かし方

　けんび鏡の視野（けんび鏡をのぞいたときに見えるはんい）内に見えるものは，特別なけんび鏡を除いて，上下・左右が逆に見えるのがふつうである。したがって，プレパラートを動かすと視野の中では，プレパラートを動かした方向と逆方向に観察するものが動いて見える。

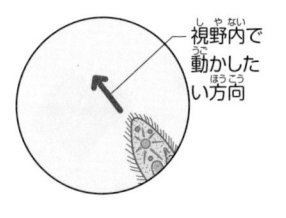
視野内で動かしたい方向

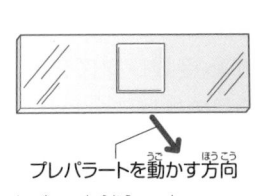
プレパラートを動かす方向

　たとえば，右下にあるプランクトンを視野の中央に寄せたいときは，プレパラートを動かしたい方向（左上）とは逆の方向（右下）に動かす。

プレパラートのつくり方

　プレパラートとは，スライドガラス上に観察するものをのせ，水などを少量たらしてその上にカバーガラスをかけたものをいう。おもに，けんび鏡で観察するときに使う。

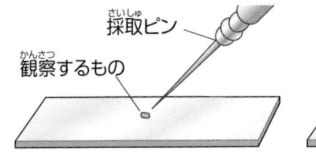

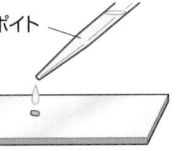

❶観察するものをスライドの中央にのせる。

❷上からスポイトで水を1てき落とす。

❸あわが入らないように注意してカバーガラスをかぶせる。

解ぼうけんび鏡の使い方

❶反射鏡の向きを調節して，上からのぞいたとき明るくなるようにする。

❷ステージの上に見たいものを置き，レンズの真下にくるようにする。

❸調節ねじでレンズを上下させて，よく見えるようにする。

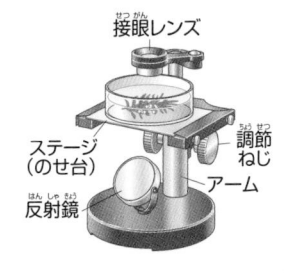
接眼レンズ
ステージ（のせ台）
調節ねじ
反射鏡
アーム

そう眼実体けんび鏡

観察するものをプレパラートにすることなく，そのままで20 〜 40倍に拡大して観察できる。厚みや凹凸のあるものも観察できる。また，ものを立体的に観察するのにも適している。ステージには白い面と黒い面があるので，見やすいほうを使う。

接眼レンズ
視度調節リング
鏡とう
そ動ねじ
調節ねじ
対物レンズ
クリップ
ステージ
（のせ台）

❶両目で見ながら接眼レンズを動かし，自分の目のはばに合わせ，左右の視野（けんび鏡をのぞいたときにみえるはんい）がひとつに見えるように調節する。

❷そ動ねじをゆるめ，両目で見ながら鏡とうを上下させておよそのピントを合わせる。次に，右目で見ながら調節ねじでピントを合わせる。

❸左目で見ながら視度調節リングを回して，左の接眼レンズのピントを合わせる。

虫めがね，そう眼実体けんび鏡，けんび鏡の特ちょう

	虫めがね	そう眼実体けんび鏡	けんび鏡
拡大倍率	5 〜 10 倍程度	20 〜 40 倍程度	40 〜 600 倍程度
特ちょう	小型でもち運びやすいので，野外の観察などに適している。	虫めがねよりさらにくわしく観察できる。プレパラートをつくる必要がないので，立体的なものも観察できる。	プレパラートをつくることにより高い倍率で観察できる。小さく厚みのうすいものしか観察できない。
適した観察物	花，葉，木の幹，岩石など	花，葉のくわしい観察，土の中の小動物など	水の中のび生物，花粉，細胞など

巻末資料編

第1章 ノートのまとめ方

....

第2章 理科の自由研究

....

第3章 おもな実験・観察器具

....

第4章 実験器具の使い方

....

② 実験器具の使い方

実験用ガスコンロの使い方

●火をつける

火力を調節するつまみ

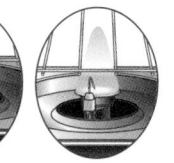

❶点検と準備をする。
安定した場所に置いているか，ボンベや金具を正しくつけているかを確認する。

❷火をつける。
「点火」のところまでつまみを回して，火をつける。

❸火力を調節する。
つまみを回して，火力を調節する。

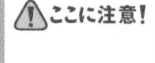

⚠ ここに注意！
ガスボンベは正しい位置にカチッと音がするまで入っているか，変なにおいがしないかを確認する。
においがしたら，すぐにガスボンベをはずして窓を開け，部屋の空気を入れかえる。

●火を消す

つまみを「消」まで回して，火を消す。

⚠ ここに注意！

もえやすいものを近くに置かないこと。

火をつけたまま動かさないこと。

ガスボンベを落としたりたたいたりしないこと。

ガスバーナーの使い方

●火をつける

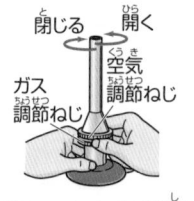

閉じる　開く
空気調節ねじ
ガス調節ねじ

青色

❶2つのねじが閉まっていることを確認する。

❷元せんを開ける。（コックがついている場合はコックも開ける。）

❸マッチの火を近づけながら,ガス調節ねじをゆっくり開けてバーナーに点火する。ほのおの大きさをガス調節ねじで調節する。

❹空気調節ねじを開けて,青いほのおにする。

●ほのおの調節

×

空気の量が不足している。

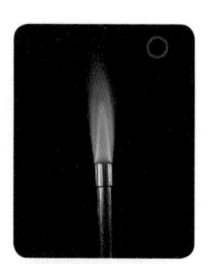

○

ちょうどよい。

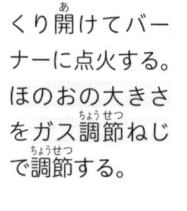

×

空気の量が多すぎる。

⚠ここに注意!　空気を入れすぎて火が消えたら,すぐに元せんとコックを閉じる。

●火を消す

❶空気調節ねじを閉じる。

❷ガス調節ねじを閉じる。

❸元せんを閉じる。（コックがついている場合はコックを先に閉じる。）

⚠ここに注意!
・たおれやすい所に置かない。
・口でふき消してはいけない。
・火を消してしばらくは,つつの先が熱いので注意する。

アルコールランプの使い方

●準備と点検

・ガラスにひびが入っていないかを確認する。
・アルコールは八分目くらいまで入れる。
・しんの長さは正しいかを確認する。
・もえがら入れやぬれたぞうきんを用意する。

●火をつける

 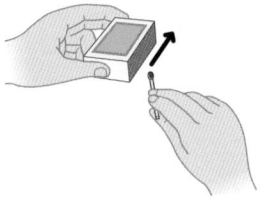 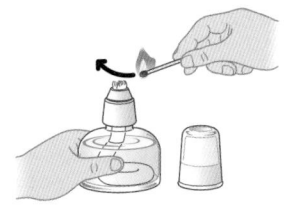

❶ふたをはずす。

❷マッチをする。
人のいないほうに向けて
マッチをする。

❸火を近づける。
横から火を近づけて点火
する。

●火を消す

  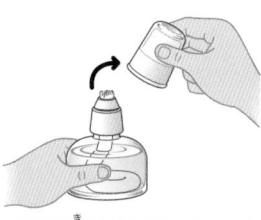

❶ふたを横から近づける。

❷ふたをかぶせる。

❸火が消えてからふたをと
り，もう一度ふたをかぶ
せる。

> ⚠ **ここに注意!** ・火がついたまま火をうつしたり，アルコールのつぎたしをしたりしないこと。
> ・不安定なものの上に置いたり，火がついているのに手に持ったりしないこと。

メスシリンダーの使い方

●液体の体積をはかる場合

❶水平な台の上にのせたメスシリンダーに液体を入れる。

❷目の位置を液面と同じ高さにして，1めもりの$\frac{1}{10}$までを目分量で読みとる。

※右の図の体積は，84.0cm³である。

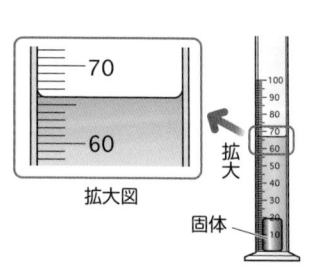

拡大図

●固体の体積をはかる場合

❶水平な台の上にメスシリンダーをのせ，固体をとかさない液体を入れ，その液面のめもりを読む。

❷固体をメスシリンダーの液体の中に静かに入れ，液面のめもりを読む。

❸（❷のめもり）−（❶のめもり）が固体の体積である。

拡大図

固体

●気体の体積をはかる場合

❶水を満たしたメスシリンダーを，水を張った水そう内に逆さに立てる。

❷逆さに立てたメスシリンダー内に，下から気体を入れていき，入れ終わったら，そのときの液面のめもりを読む。メスシリンダー内に入れた気体が，水をおし出したことになるので，このときのめもりの値が，気体の体積である。

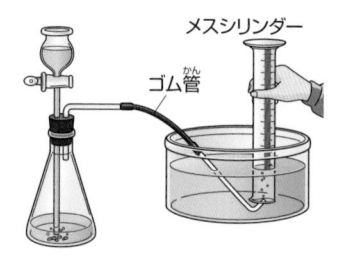

メスシリンダー

ゴム管

上皿てんびんの使い方

●準備
①水平で安定した台の上に置く。
②針が左右に等しくふれるように，調節ねじで調節する。

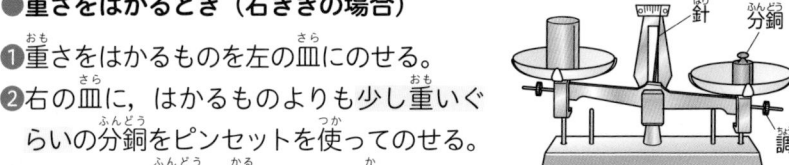

⚠️ **ここに注意!**

針のふれ方が右と左で同じときは，つり合っているから，針がふれている状態でも使うことができる。

●重さをはかるとき（右ききの場合）
①重さをはかるものを左の皿にのせる。
②右の皿に，はかるものよりも少し重いぐらいの分銅をピンセットを使ってのせる。
③だんだんと分銅を軽いものに変えていって，左右の皿をつり合わせる。このときの分銅の重さの合計を求める。

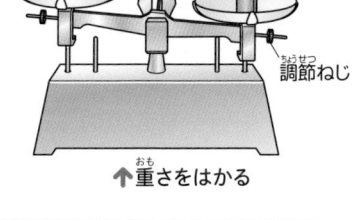

↑重さをはかる

分銅はピンセットで持つこと。

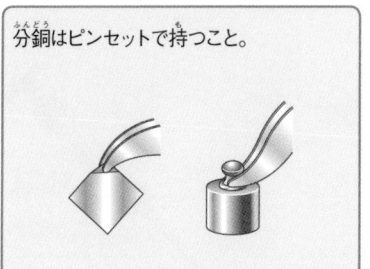

分銅は，重いものから軽いものに変えていくこと。

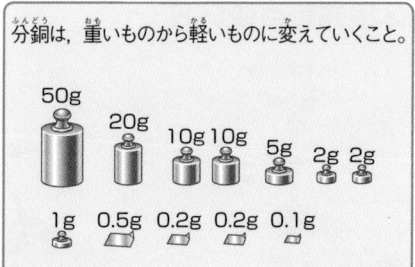

50g 20g 10g 10g 5g 2g 2g
1g 0.5g 0.2g 0.2g 0.1g

●重さを決めてものをはかりとるとき（右ききの場合）
①はかりとる重さの分銅を左の皿にのせる。
②右の皿に物質を少しずつのせていき，左右の皿をつり合わせる。

●粉の状態の薬品をはかりとるとき
まず，薬包紙やビーカーなどの容器のみを両方の皿にのせて，つり合いをとる。左の皿にはかりとる重さの分銅をのせ，右の皿に薬品を少しずつのせていき，つり合わせる。

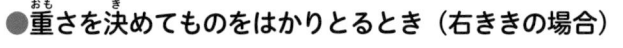

↑粉の状態の薬品をはかりとる

電子てんびんの使い方

電子てんびんは，はかるものの重さを電気信号に変えて，デジタル表示するてんびんである。

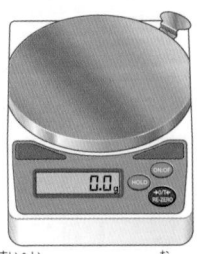

❶水平なところに置く。スイッチを入れ，表示が「0」であることを確かめる。

❷はかるものを静かに皿の上にのせる。

❸表示が安定したら，表示を読む。

気体検知管の使い方

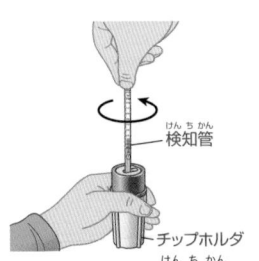

❶チップホルダに検知管の先を入れる。検知管を回して，チップホルダの中のやすりできずをつける。

❷検知管をたおし，先端を折る。

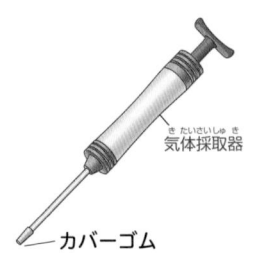

❸カバーゴムをつけて，気体採取器にさしこむ。

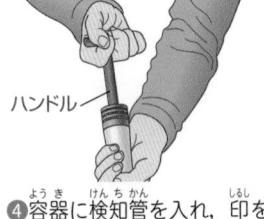

❹容器に検知管を入れ，印を合わせてからハンドルを引く。そのままの状態から約1分待つ。

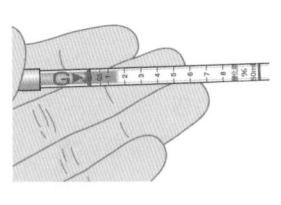

❺検知管をとりはずし，色が変わったところのめもりを読む。

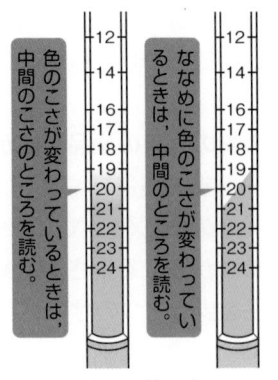

色のこさが変わっているときは，中間のこさのところを読む。

ななめに色のこさが変わっているときは，中間のところを読む。

めもりの読み方

薬品のあつかい

●実験をするとき

薬品をあつかったり，液体を熱したりするときには，安全めがねを使うこと。

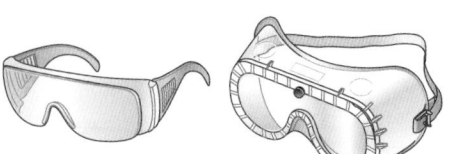

↑安全めがね

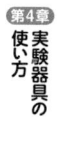

⚠ここに注意！ 液のにおいをかぐときは，容器から顔をはなし，手であおぐようにする。直接かいだり，深く吸いこんだりしないこと。

ビーカーや試験管には，中に入っている液体をまちがえないようにラベルをはる。

2分の1までにする

ラベル

ラベル

3分の1までにする

こぼさないように，容器には，液を入れすぎないように注意する。

ろ紙の折り方

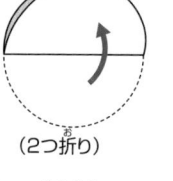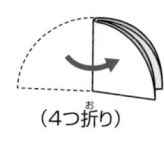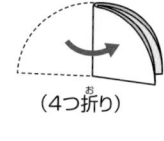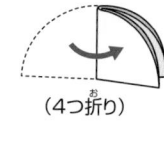

（2つ折り）　（4つ折り）

ろうとに密着させるために，角を少しちぎる。

ろうと

ろ紙をろうとに入れ，水をつけて密着させる。

ろ過の方法

❶ろ紙を４つ折りにしてから開く。

❷ろうとにろ紙をはめる。水を落としてろ紙をぬらす。

❸ろうと台に，ろ紙をはめたろうとと，ビーカーを置く。ろうとのあしのとがったほうをビーカーのかべにつける。

❹ガラス棒に伝わらせて，ろうとにろ過する液を注ぐ。

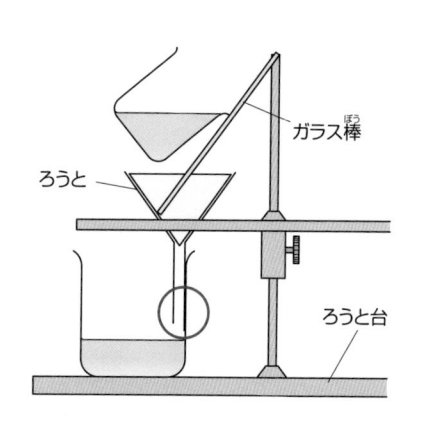

ガラス棒

ろうと

ろうと台

リトマス試験紙の使い方

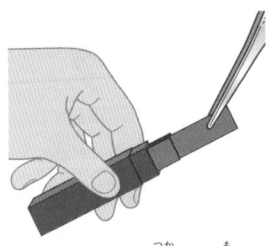 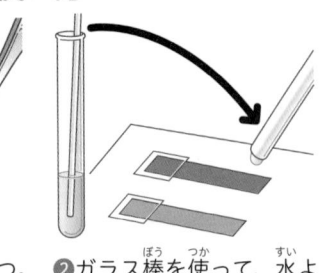

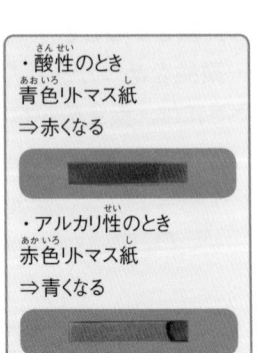

・酸性のとき
青色リトマス紙

⇒赤くなる

・アルカリ性のとき
赤色リトマス紙

⇒青くなる

❶ピンセットを使って持つ。直接手でさわらない。

❷ガラス棒を使って，水よう液をつける。

ＢＴＢよう液の使い方

水よう液にＢＴＢよう液を数てき落として，色の変化をみる。

●**酸性のとき**
黄色になる。

●**中性のとき**
緑色になる。

●**アルカリ性のとき**
青色になる。

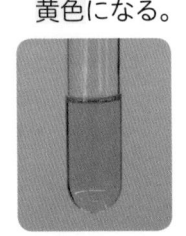 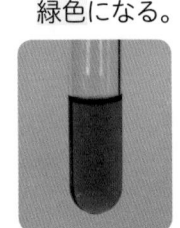 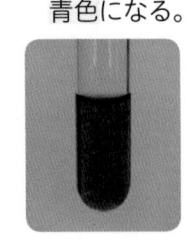

検流計の使い方

検流計は電流が流れているかどうかを調べるものである。また，検流計の針のふれる方向で電流の向きを調べることにも利用できる。

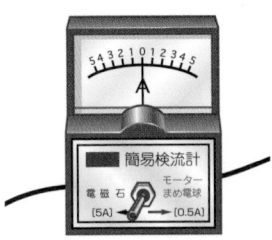 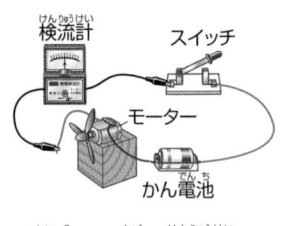 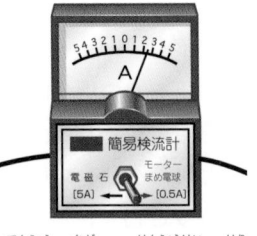

❶切りかえスイッチを電磁石［5A］側にする。

❷回路のと中に検流計をつなぐ。針がほとんど動かないときは，切りかえスイッチを豆電球［0.5A］側にする。

❸電流を流し，検流計の針のふれる向きと，針が示すめもりを読む。

⚠️ **ここに注意！**
かん電池に検流計だけをつながないこと。

548

電流計の使い方

電流計は，回路に流れる電流の大きさを調べるものである。電流計には＋たんしと－たんしがあり，－たんしは5A，500mA，50mAの3種類ある。調べる電流の大きさによってこの3つを使い分ける。

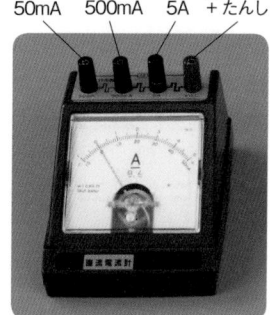

↑電流計

> ⚠️ここに注意！ 　1A=1000mA

❶測定する場所に対して直列につなぐ。

❷かん電池（電源）の＋極側と－極側の導線を，それぞれ電流計の＋たんしと－たんしにつなぐ。流れる電流の大きさがわからないとき，－たんしは，いちばん大きい5Aの－たんしにつなぐ。

❸スイッチを入れて，電流計の針が示すめもりを読む。

❹針のふれが小さいときは，500mA，50mAの順に－たんしをつなぎかえる。

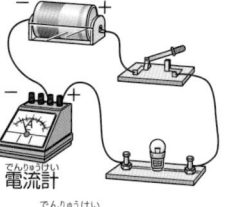

↑電流計のつなぎ方

> ⚠️ここに注意！
>
>
>
> 電流計は回路に並列につないではいけない。　電流計を直接電源につながないこと。

●めもりの読み方

つないだ－たんしの値と，針がめもりいっぱいまでふれたときの値は同じになる。次のようにして読みとる。

5Aにつないだとき	500mAにつないだとき	50mAにつないだとき

⇩

3.5A

⇩

350mA

⇩

35mA

生命編

第1章 こん虫の成長とからだのつくり

入試要点チェック 問題…P.30

①完全変態 ②不完全変態
③ふ化 ④卵のから
⑤何も食べない ⑥う化 ⑦同じ
⑧頭，胸，腹 ⑨胸 ⑩6本 ⑪気管
⑫においや味を感じる ⑬節
⑭クモ類 ⑮エビ ⑯頭，どう

入試問題にチャレンジ! 問題…P.31

1 (1)エ (2)イ (3)オ
(4)①複眼 ②気門 (5)ア・ウ・エ
2 (1)1(種類)
(2)①○ ②× ③○
(3)う・お・か

〈解説〉

1 (1) こん虫は食べ物のあるところにいる。クワガタはクヌギなどの木の樹液をなめて食べている。
(2) 他のこん虫といっしょに樹液に集まっている姿が観察できる。
(3) 胸部はあしがついている部分である。Cはあしがあることから胸部と腹部がいっしょになっていると考える。
(4) 小さな眼が集まっているのが複眼で，単眼はもっと簡単なつくりである。空気の入り口は胸部，出口は腹部にある。(⇒ P.25)
(5) クワガタは，完全変態のこん虫なので，チョウ，ハエ，ホタルを選ぶ。
2 (1) 表1のアで，幼虫と成虫で，あしの数が同じものが2種類とわかるので，あしの数が違うのは，3-2=1(種類)とわかる。
(2) ①あしの数が違うこん虫は1種類し

かいなくて，さなぎをつくるグループに入るので，○が答えである。
②下表のようになる。よこは，さなぎをつくるかつくらないかで，たては食べるものの分類が同じか違うかで分けている。

	つくる	つくらない
同じ	1種類	3種類
違う	2種類	0種類

表をみると，幼虫と成虫で食べるものの分類が違うときは，さなぎをつくるこん虫だけなので，問題文の前半は正しい。しかし，幼虫と成虫で食べるものの分類が同じときは，さなぎをつくらないこん虫だけではないので，問題文の後半はまちがっている。答えは，×である。
③この問題文では，「さなぎをつくるこん虫」と「幼虫のときにははねのめばえがみられないこん虫」の関係を，両方の側から確かめる聞き方をしている。まず，「さなぎをつくるこん虫」はすべて，「幼虫のときにははねのめばえがみられないこん虫」になりますか？と聞いている。次に，「幼虫のときにははねのめばえがみられないこん虫」はすべて，「さなぎをつくるこん虫」となりますか？と聞いている。この確認の仕方を，必要十分条件を求めると表現する。この問題の場合は，どちらのグループも3種類で重なっているので，必要条件を満たす。つまり，答えは○である。
(3) 不完全変態のこん虫を選ぶ。

入試ポイント 生物の分類では，ふくむ・ふくまないの関係が大切。

生命編

第2章　生き物と四季

入試要点チェック　問題…P.50

①春　②夏　③秋　④冬　⑤落葉樹
⑥ロゼット葉　⑦気温　⑧幼虫
⑨成虫　⑩アゲハ　⑪冬眠　⑫春
⑬北　⑭わたり鳥

入試問題にチャレンジ!　問題…P.51

❶ (1) オ (2) カ (3) イ・エ・オ
❷ あ 1　い 3　う 6　え 4　お 2
か 7　き 5
❸ ア・イ・ウ
❹ (1) オ (2) ウ (3) ア (4) ア, ウ

〈解説〉

❶ (1) さなぎで冬をこすこん虫は，おもにチョウやガのなかまである。**ア～カ**の中で，さなぎで冬をこすこん虫は，チョウであるアゲハチョウだけである。(⇒ P.49) チョウやガのなかまは，完全変態するこん虫である。

(2) 問題の図は，ヒキガエルの受精後約3日のすがたである。このころになると，体の形ができてきて，そのあと，ふ化しておたまじゃくしになり，あしが出て，成体になる。

(3) **イ**カマキリは，秋ごろに卵を産む。卵はそのまま冬をこして4～5月ごろにふ化する。　**エ**カラスは，1年じゅう同じ土地にすむ留鳥なので，冬になっていなくなるということはない。(⇒ P.48) **オ**セミは夕方から夜にかけて羽化するので，昼に多いというのはまちがいである。

❷ 時期が選びにくい果物もあるだろうが，ふだん食べるときから意識していると，問われたときに思いだしやすい。

❸ カブトムシが卵を産むのは，夏である。はねのあるショウリョウバッタは夏ならないと見られない。アブラゼミの幼虫が羽化するために土の中から出てくるのも夏である。

❹ (1) 1月から12月まで花のさく順番に並べると，ウメ（2月）→サクラ，モモ（4月）→アジサイ（6月）→ヒマワリ（8月）→キンモクセイ（9月）となる。

(2) ヒマワリ以外は，木となる植物なので，種では冬越ししない。

(3) ウメ，サクラ，アジサイ，モモは落葉樹で，冬には葉をつけていない。常緑樹は，キンモクセイである。

(4) ネギ，ハクサイは冬の野菜である。他の野菜は，夏から秋にかけての時期の野菜である。

入試ポイント▶ 季節によって旬な野菜や果物の感覚は，ふだんの生活の中で身につけておこう。

生命編

第3章　植物の育ち方

入試要点チェック　問題…P.79

①発芽　②対照実験　③しない。
④はい乳　⑤でんぷん　⑥青むらさき色
⑦がく，花びら，おしべ，めしべ
⑧1本　⑨め花　⑩不完全花
⑪り弁花　⑫合弁花　⑬受粉（受精）
⑭こん虫

入試問題にチャレンジ!　問題…P.80

❶ (1) A (2) 子ぼう (3) エ
❷ A ウ　B イ　C ア　D エ
❸ (1) ア (2) 子葉
(4) ウ, オ

〈解説〉

❶ (1) 花びらの下がふくらんでいる方が，め花であるとわかるので，**B**がめ花で，**A**がお花になる。カボチャはヘチマと同じ

単性花である。（⇒ P.71）

(2) め花のふくらんだ部分を子ぼうという。（⇒ P.70）

(3) カボチャと同じ，ウリ科のキュウリを選ぶ。

② 変えた条件はことなっているので，①と②で変えた条件である水の条件がABCではないので，Dとわかる。同じように，③と④から，Cが空気の条件とわかり，⑤と⑥から，Aが温度の条件とわかり，⑦と⑧から，Bが光の条件とわかる。

入試ポイント 発芽の条件を考える問題は，変えた条件以外は，同じ条件にしていることから考える。

③ (1) アサガオは無はい乳種子（⇒ P.60）なので，子葉に養分をたくわえている。発芽してからも，この子葉にたくわえた養分を使って成長する。本葉が出てくるころには，たくわえていた養分を使いつくして，黄色になって散ってしまう。緑色なのは，葉緑体をもち，光合成をするためである。しかし，光合成を行うことは，主な役割ではない。選択しでまちがっているのは，花が咲きだすまで成長を続けるというアである。

(2) Aは子葉である。

(3) アサガオの本葉の形は，子葉の形とことなっている。

(4) 養分をたくわえておくはたらきをもっている部分を選ぶ。左の図のスギナ（ツクシ）は，種子をつくらないので，発芽の養分をたくわえている部分はこの図にはない。真ん中の図のイネは，有はい乳種子なので，発芽後も養分をたくわえておくはい乳は種子の中にとどまる。そのため，ウが同じはたらきをもつ。右の図のエンドウは，アサガオと同じ無はい乳種子なので，子葉に養分をたくわえている。この図の中で子葉は，オである。

入試ポイント 同じはたらきとは何かを考えて答えること。名前が同じ子葉を答えようとすると，まちがえるので注意。

生命編

第4章　植物のつくりとはたらき

入試要点チェック　　　　　　問題…P.106

①主根と側根　②道管　③師管
④維管束　⑤くき　⑥葉脈
⑦子葉が2枚の植物　⑧気孔
⑨蒸散　⑩呼吸　⑪光合成
⑫葉緑体　⑬呼吸　⑭種子植物
⑮胞子　⑯そう類

入試問題にチャレンジ！　　　問題…P.107

① (1) Aははいしゅが子ぼうにおおわれているが，Bはむき出しになっている。

(2) C 単子葉類　D 双子葉類

(3) Eは花びらがくっついているが，Fは1枚ずつはなれている。

(4) a ウ，コ　b イ　c カ，ク
d オ，キ　e ア，エ，ケ

(5) ①コ　②ケ　③カ

(6) アサガオは1つの花の中におしべとめしべがあるが，ヘチマはおしべがある花とめしべがある花の2種類の花がある。

② (1) ①ア・イ・エ・オ・カ・キ
②ウ　③ウ

(2) ①ア・ク　②d

③ (1) ウ　(2) a

(3) ①b－aなど　②e－dなど

〈解説〉

① (1) 被子植物は，アサガオやアブラナのようにはいしゅが子ぼうの中にあり，裸子植物は，マツやイチョウのように，はいしゅがむき出しである。（⇒ P.101～102）

(2) 子葉の数で単子葉類と双子葉類に分かれる。（⇒ P.102）

(3) 双子葉類は，花びらのようすによって，合弁花類とり弁花類に分かれる。（⇒ P.103）

(4) aは，単子葉類なので，**ウ**のイネと**コ**のツユクサが当てはまる。次に，bは，合弁花類である**イ**のツツジが入り，cは，り弁花類なので，**カ**のナズナと**ク**のサクラが入る。（⇒ P.103）dの裸子植物には，**オ**のマツと**キ**のイチョウが入る。（⇒ P.102）eの種子をつくらない植物には，**ア**のワラビ，**エ**のスギゴケ，**ケ**のスギナが入る。（⇒ P.103～105）

(5) ①はツユクサ，②はスギナ（ツクシ），③はナズナである。

(6) アサガオが両性花であるのに対して，ヘチマは単性花である。

2 (1) ①双子葉類は，アブラナ，アサガオ，ヘチマ，ヒマワリ，タンポポ，ダイコンである。（⇒ P.91）

②単子葉類はイネである。（⇒ P.91）

③花びらをもたない植物は，イネである。イネは，風ばい花なので，きれいな花びらをもって，虫をおびきよせる必要がないためである。それに対して，①で答えた双子葉類は，すべて虫ばい花なので，花びらを持っている。（⇒ P.103）

(2) ①ホウセンカのくきの道管が着色した水を吸い上げていくので，くきと葉の道管の部分が，赤インキで赤く染まることになる。この葉の断面には，真ん中1カ所にかたまりがある。これが，葉の葉脈の部分である。さらに，この葉の断面をよく見ると，図の上部では粒がかたまっていて，規則正しくならんでいるのがわかる。逆に，下部では，粒がばらばらにならんでいる。粒がそろっている側が，日光をよくあびる葉の表側であることがわかる。葉の葉脈には，道管と師管が通っ

ていて，表側を通るのが道管で，裏側には師管が通る。それゆえ，**ア**が道管である。また，ホウセンカのような双子葉類のくきでは，形成層の内側に道管が通っていて，形成層の外側に師管が通っている。それゆえ，形成層の内側の**ク**が道管である。（⇒ P.85～87）

②気体の出し入れをする植物の葉の**ウ**のすき間は，気孔とよばれる。（⇒ P.92）気孔は，開いたり，閉じたりして，空気の出し入れをしているので，aは正しい。夜間は，呼吸によって出された二酸化炭素を放出しているので，bも正しい。昼間は，光合成でつくられた酸素を放出するので，cも正しい。しかし，葉でつくられたでんぷんは，師管を通って移動するので，dは正しくない。

3 (1) 蒸散を調べるときは，水を蒸発させるべき部分と，蒸発させてはならない部分の取り扱いに気をつける。**ア**と**イ**では，植物全体をふくろでおおってしまったので，植物からの蒸発がおさえられてしまうので，よくない。**エ**では，目もりつきガラス管の水面から水が蒸発するので，植物からの水の蒸発量が正しくはかれなくなる。

(2) 「残った水の量が最も少ないもの」と聞かれているので，それを「最もたくさん水が蒸発したものは」と読みかえて答えること。蒸発する場所が最も多いaが，水の量が最も少なくなるとわかる。

(3) 次のような表をつくる。そのとき，残った水の量があたえられているので，失われた水を考えて表をつくるのではなく，その場所から蒸発しないで残った水の量を○と考えて表をつくる。

	葉の表	葉の裏	くき	その他
a	×	×	×	×
b	×	○	×	×
c	○	×	×	×
d	○	○	×	×
e	○	○	○	×

①この表から，葉の裏から水の蒸発した量を求めるには，b－a，d－cなどが答えになることがわかる。

②表から，くきから蒸発した水の量は，e－dが答えになる。

入試ポイント あたえられた量が，何を意味しているかを，よく考えること。蒸散で失われた水の量だと思いこむと失敗する。残った水の量だ。

生命編

第5章　魚や人の誕生

入試要点チェック 問題…P.133

①水草　②水草　③腹のふくろの中の養分　④プランクトン　⑤植物性プランクトン　⑥動物性プランクトン　⑦卵そう　⑧受精　⑨子宮　⑩たいばんとへそのお　⑪たい生　⑫卵生　⑬ない　⑭体外受精　⑮体内受精

入試問題にチャレンジ! 問題…P.134

1 (1)（あ）エ　（い）ア　(2)イ　(3)カ→ア→エ　(4)親メダカが卵を食べるのを防ぐため。(17字)　(5)①ア　②ウ

2 (1)受精　(2)ウ　(3)たいばん　(4)ア・オ　(5)イ・オ

3 (1)①あ ミジンコ う ミドリムシ お（クチビル）ケイソウ　②あ・え　(2)イ　(3)①エ・キ・ケ　②ア　③エ　④近づいていく　(4)①オ　②カ　③イ　④ウ

〈解説〉

1 (1) 水道水の中の消毒薬である塩素をぬくために，水をふっとうさせる方法がある。しかし，水中の酸素がなくなると，魚は呼吸できなくなって，死ぬ。

(2) ひれについては，5種7枚あり，からだの両側に対称についている腹びれと胸びれが2枚あって，残りの背びれ，しりびれ，尾びれが1枚ずつということを覚えておこう。(⇒ P.111)

(3) オスがメスに近づいてしげきすると，メスが卵を産みはじめる。メスの産んだ卵にオスが精子をかけて，受精卵にする。最後に，メスが水草に卵をつける。(⇒P.113)

(4) メダカは産んだ卵を保護するという行動はとらないので，えさとして，食べてしまう。

(5) ①卵がかえるまでの日数は，水温が高くなるほど短くなるので，グラフは，アである。　②正常にかえったものの割合は，25℃くらいの水温が最も高く，水温が低すぎても，高すぎても割合は低くなるので，グラフはウになる。(⇒ P.112)

2 (1) 卵と精子が結びつくことを受精という。(⇒ P.113,121)

(2) メダカの受精卵は，母親から養分をもらうことはないので，中に養分がたくわえられている。人の受精卵は，養分をもらえるので，卵の大きさが小さくてすむ。精子は，卵と出会うために泳げるようになっている。人は体内受精をするが，メダカは水中で生活をしていて，体外受精をする。(⇒ P.129)

(3) へそのおとたいばんがつながっている。(⇒ P.122)

(4) たいばんの中で，母親の血液から子どもの血液が酸素と養分をもらって，逆に二酸化炭素と不要物を母親の血液にわたしている。(⇒ P.122)

(5) ほ乳類のなかまは，イルカとコウモリである。(⇒ P.130)

③ (1) ①代表的なプランクトンの形を覚えておこう。(⇒ P.117,118)

②動物性プランクトンを選ぶ。ミドリムシもべん毛で動くことができるが，えさを取る必要がないので，あまり動き回らない。

(2) ア，ウのように目の細かい布でろ過してしまうと，プランクトンはのぞかれてしまう。また，エのように日光がよくあたる場所も，水温が高くなりすぎるので，あまりプランクトンがいない。

(3) ①けんび鏡を使うには，プレパラートをつくる必要がある。そのためには，スライドガラス，カバーガラス，スポイトが必要である。(⇒ P.119,539)

②アは正しい。光の量を調節するのは，しぼりである。ステージを上げていくと，プレパラートと対物レンズがぶつかる。下げないといけない。しぼりは視野を調節できない。だから，イ，ウ，エは正しくない。

③プレパラートをつくるときに，スライドガラスとカバーガラスの間に，プランクトンの入った水をはさみこむ。そのときに，ピンセットでカバーガラスを静かにのせて，空気のあわが入らないように作業する。(⇒ P.539)

④高倍率の対物レンズほど長くなる。

(4) ①②③プランクトンは植物性プランクトンと動物性プランクトンに分けられる。(⇒ P.117〜118)

④海が赤くなって見えるので，赤潮という。(⇒ P.119)

|入試ポイント| 観察の方法やその意味，観察でわかることが大切だ。整理して覚えるようにしよう。

生命編

第6章 動物のからだのつくりとはたらき

入試要点チェック 問題…P.173

①関節 ②こうさい ③気管 ④消化 ⑤消化管 ⑥ブドウ糖 ⑦じん臓 ⑧赤血球 ⑨静脈 ⑩静脈血 ⑪セキツイ動物 ⑫両生類 ⑬魚類 ⑭ほ乳類 ⑮節足動物 ⑯クモ類

入試問題にチャレンジ！ 問題…P.174

① (1) ③→⑧→⑦→② (2) イ，ウ，エ

② (1) 肺 (2) オ・キ (3) 二酸化炭素 (4) 水蒸気

③ (1) ①A○ B× C○ D× E× ②A○ B× C○ D× E○ (2) ①(D, イ) ②(C, ウ)，(E, ア) (3) a背 b脳 cセキツイ動物 (4) Xウ Yア (5) a肺ほう b(表)面積 c酸素 d毛細血管

④ (1) に，ほ，へ，と (2) へ，と (3) ろ (4) へ，ち (5) に，ほ (6) は (7) と

⑤ (1) ア (2) オ (3) イ

⑥ (1) エ (2) 遠ざかる (3) B

〈解説〉

① (1) 二酸化炭素が多いのは静脈血で，静脈血が流れているのは，大静脈で全身から流れてくる血液が，右心ぼう，右心室を通って，肺動脈から肺へ流れていくまでである。(⇒ P.163)

(2) まちがっているのはアで，脳からの血液は，大静脈で心臓にもどるので，④の血管には流れこまない。養分は小腸で吸収されているので，小腸からかん臓に流れ，大静脈を通じて，⑧の部屋に最初に入ってくる。心臓内の容積の変化によ

り，心臓は大動脈の血液を脈を打つように送りだしている。それを感じられるのが，脈はくである。心臓内の弁は，血液の逆流を防いでいる。（⇒ P.161）

② (1) 体内の血液は D の心臓のはたらきで，じゅんかんする。からだの各部分で使われる酸素 B をからだの外からとり入れ，二酸化炭素 A をからだの外に出す器官が C の肺である。（⇒ P.163）

(2) 肺をもたない生物は，えらで呼吸している魚類である。（⇒ P.166）

(3) 肺の毛細血管から，肺ほう内の空気に出される気体は，二酸化炭素である。（⇒ P.149,163）

(4) 体内の水分が水蒸気になって，肺から出ていく。（⇒ P.146〜148）

③ (1), (2) （⇒ P.166）

(3) （⇒ P.139,165）

(4) 肺ほうにつながる管は，気管支で，気管を通じて，口までつながっている。肺ほうのまわりの毛細血管は，肺動脈と肺静脈で，心臓につながっている。（⇒ P.149）

(5) （⇒ P.149）

④ (1) （⇒ P.131,166）

(2) セキツイ動物では，両生類，は虫類の一部が冬眠する。（⇒ P.47,167）

(3) （⇒ P.171）

(4) オタマジャクシがカエルになることも変態という。

(5) ほ乳類と鳥類の多くに，子どもを保護する動物がいる。（⇒ P.166）

(6) （⇒ P.171）

(7) 甲らを背負っているために，カメの肩甲骨は，あばら骨の内側にある。

⑤ (1) (2) イリオモテヤマネコは肉食動物で，同じなかまはタカである。目は，えものをとらえるために同じつき方をしている。（⇒ P.169）

(3) ウがかかとで，ひざはその上の，イ

の部分になる。

⑥ (1) もうまくで上下左右が反転した像になっているのを，脳が正しい向きに調整するので，目で見た姿の上下左右は正しくなる。

(2) 年をとるとレンズが厚くなりにくく，近くを見るときに像を結ぶ位置がレンズから遠くなる。

生命編

第7章　生物のくらしとかん境

入試要点チェック　問題…P.192

①光合成　②酸素　③分解者
④食物連鎖　⑤かん境問題　⑥酸素
⑦熱帯林　⑧地球温暖化　⑨温室効果　⑩化石燃料　⑪フロンガス
⑫酸性雨　⑬かん境ホルモン

入試問題にチャレンジ！　問題…P.193

❶ (1) イ　(2) 光合成
(3) でんぷん
❷ (1) A ア　B ウ　C イ　D カ
E オ　F エ　(2) ア

〈解説〉

❶ (2) （緑色）植物は，光合成（⇒ P.95）によって自ら養分をつくりだす。植物以外の生物は，植物や他の動物を食べて養分を体内に取り入れる必要がある。
(3) 植物は，根から吸収した水と，気孔からとり入れた二酸化炭素を使って，でんぷんなどの養分をつくり，酸素を出している。

② (1) 下図のような関係を書いて, 考える。

(2) **A** のカエル, **D** のヘビが減ると, カエルとヘビを食べていた **F** のイタチが減る。**E** のクモはカエルに食べられなくなって, 増えると考える。

入試ポイント ▶ 生物に興味をもつことが, 世界の見方を広げてくれて, 目に見えないかん境に関心をもつきっかけをあたえてくれる。見えないものを見る目を養おう。

地球編
第1章 天気のようすと変化

入試要点チェック 問題…P.222

①北向き ②気温 ③風がふいてくる方向 ④上しょう気流 ⑤海風 ⑥北西 ⑦積乱雲（かみなり雲） ⑧しつ度 ⑨偏西風 ⑩シベリア気団 ⑪梅雨前線 ⑫小笠原気団 ⑬台風の目

入試問題にチャレンジ! 問題…P.223

① (1) 百葉箱
(2) A オ B サ C タ D ト
(3) ①ウ ②オ ③キ
(4) しつ度 (5) イ, エ, オ
② (1) ②, ③, ① (2) 台風の目
(3) 雨はやみ, 雲はなくなる。 (4) エ
(5) イ (6) ①（例）こう水 ②風

〈解説〉

① (2) 風通しのよいところで, 直接日光が当たらないようにして, 1.2〜1.5mの高さではかった空気の温度が, 気温になる。(⇒ P.197)
(3) 百葉箱は, 気温などの気象観測を正確に行うために, いろいろなくふうがされている。①とびらを北向きにつけておくと, 太陽からの光が百葉箱の中に入ってこない。(⇒ P.197) ②白くぬっておくと, 光を反射するため, 百葉箱の中があたたまりにくい。 ③しばふによって, 地面からの熱が伝わりにくくなる。(⇒ P.197)

入試ポイント ▶ 百葉箱のつくりは, よく出題されるので, その理由をふくめて整理しておこう。

(4) 図2はかんしつ計である。かんしつ計のかん球としっ球の温度の差を調べ, しつ度表を使ってしつ度を調べることができる。
(5) 図2の①はしっ球温度計, ②はかん球温度計である。かん球温度計はそのときの気温を示すが, しっ球温度計は, しめらせたガーゼで球部がおおわれている。ガーゼにふくまれる水が蒸発するときに, まわりから熱をうばう。このため, しっ球の示す温度がかん球の示す温度よりも高くなることはない。かん球としっ球の温度の差がないときは, しつ度が100%になる。(⇒ P.210)

② (1) 台風が日本に近づいてくると, 日本付近の上空にある偏西風のえいきょうで, 北東に進路を変える。(⇒ P.218)
(2) (3) 台風の中心付近では, 強い下降気流によって, 上空にあった雲が消えてしまう。このようにしてできた雲のない部分を, 台風の目という (⇒ P.217)
(4) 熱帯低気圧のうち, 中心付近の最大風速が 17.2m/ 秒以上になったものを,

台風という。（⇒ P.217）

（5）**ア** 台風は，赤道付近の海上で発生する。 **イ** 海面からのはげしい上しょう気流によって生じた積乱雲がうずをまき，台風になる。積乱雲は，入道雲やかみなり雲などとよばれることもある。 **ウ** 地球の自転の影きょうで，北半球では台風のうずは反時計まわりとなり，北半球の中で変わることはない。（⇒ P.217～218）

地球編

第2章 星座

入試要点チェック 　　　　問題…P.242

① 2.5 倍　②青白い星　③こう星
④わく星　⑤緯度　⑥夏の大三角
⑦アンタレス　⑧冬の大三角
⑨ベテルギウス　⑩北極星
⑪反対の向き　⑫約 15 度
⑬東から西へ

入試問題にチャレンジ！ 　　問題…P.243

① （1）はくちょう座
（2）デネブ
（3）右の図
（4）天の川

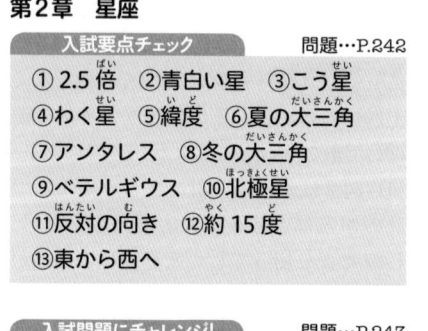

② （1）北…い　東…あ
（2）エ　（3）ウ　（4）イ
③ （1）カシオペヤ座　（2）イ
（3）下の図

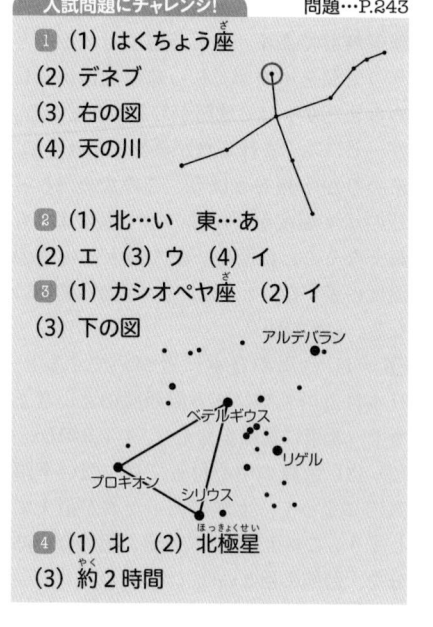

④ （1）北　（2）北極星
（3）約 2 時間

〈解説〉

① （1）十字の形をしたはくちょう座は，夏の星座である。（⇒ P.235）
（2）デネブは，白い 1 等星である。
（4）天の川は，非常にたくさんの星の集まりである。
② （1）**あ**は東，**い**は北，**う**は西，**え**は南になる。（⇒ P.232）
（2）問題の星座早見で，2 月 10 日の目もりと合っている時刻の目もりは 20 時なので，午後 8 時の星座の位置を表している。
（3）星座早見は，調べたい方位を下にして頭の上にかざして使うので，問題の星座早見の上下を反対にしたときの星座の位置となる。また，北の左側が西，右側が東となる。
（4）北の空の星は，時計の針と反対の向きに回転している。6 時間後には 15 × 6 ＝ 90 ［度］動いている。（⇒ P.239）

入試ポイント ▶ 星の位置を問う問題はよく見られるので，星は 1 時間に約 15 度動くことはしっかりおぼえておこう。

③ （1）北極星をさがすために利用できるのは，カシオペヤ座以外に北斗七星がある。（⇒ P.233）
（2）2 時間後には，15 × 2 ＝ 30 ［度］時計の針と反対の向きに動いている。（⇒ P.239）
（3）冬の大三角は，オリオン座のベテルギウス，おおいぬ座のシリウス，こいぬ座のプロキオンを結んでできる三角形である。（⇒ P.237）

入試ポイント ▶ 冬の大三角，夏の大三角は，それぞれを構成する星の名まえだけでなく，その位置もおぼえておこう。

④ （1）星が円をえがくように動いているので，北の空の星の動きをさつえいしたものである。（⇒ P.238）
（2）北の空の星の動きのほぼ中心には北極星があり，北極星は時間がたってもほ

とんど動かない。

(3) 星が30度動くのにかかる時間は，
$30 \div 15 = 2$［時間］になる。

地球編

第3章 太陽・月・地球

入試要点チェック   問題…P.269

①黒点   ②（太陽の）自転   ③日食
④月食   ⑤夏至の日   ⑥西から東
⑦地球の自転   ⑧赤道上   ⑨30度
⑩2時間   ⑪50度   ⑫火星
⑬地球型わく星   ⑭よいの明星

入試問題にチャレンジ！   問題…P.270

1 (1) イ (2) ウ (3) オ (4) イ
2 (1) ア 東 イ 南 (2) 春分
(3) 春分…b 冬至…a 夏至…c
(4) 55度 (5) 360度 (6) ア
(7) 新月 (8) 下げんの月
(9) ①ア ②あ c い a う b
③季節の変化が起こる。

〈解説〉

1 (1) 午後6時に南の空にある月が90度動くのに，$90 \div 15 = 6$［時間］かかるので，午後12時ごろに西にしずむ。

入試ポイント▷ この場合は月が見える時刻は計算によって求められるが，おもな月の形と，東から出る時刻，南中する時刻，西にしずむ時刻はおぼえておいたほうが，時間をかけずに解くことができる。（⇒ P.255）

(2) 月は少しずつかたむきながら，回るように動く。

(3) (4) 月がもとの形にもどるのに，約1か月かかるので，上げんの月が見えてから15日後には下げんの月が見える。（⇒ P.253）

入試ポイント▷ 月が，新月→三日月→上

げんの月→満月→下げんの月→新月と満ち欠けすることを理解しよう。

2 (1) 太陽の高さがいちばん高くなるイの方位が南である。

入試ポイント▷ 南のほうを向いて手を広げたとき，左手の方向が東，右手の方向が西になる。（⇒ P.256）

(2) (3) 春分・秋分の日には，太陽は真東から出て真西にしずむ。日の出・日の入りの位置は，夏には真東・真西より北に寄り，冬には南に寄る。また，太陽の南中高度は夏至の日にもっとも高く，冬至の日にもっとも低い。（⇒ P.262）

(4) 北緯35度なので，春分の日の南中高度は，$90 - 35 = 55$［度］

入試ポイント▷ 南中高度を問う問題はよく出題されるので，南中高度を求める式はしっかり身につけておこう。（⇒ P.262）

(5) 太陽が半周する（180度回る）のに12時間かかっているので，1日に360度日周運動をすることになる。

(6) 月も，太陽と同じように，東のほうから出て，南の空の高いところを通り，西のほうへしずむ。（⇒ P.247）

(7) 新月のときは，日の出のころに月が出て，正午ごろに南中し，日の入りのころに西にしずむ。（⇒ P.255）

(8) 下げんの月は，真夜中に東のほうから出て，日の出のころに南中し，正午ごろ西のほうへしずむ。（⇒ P.255）

(9) ①地球の公転の向きは，自転の向きと同じで，時計の針と反対の向きになる。②北極側の地軸が太陽のほうを向いているあが夏至の日，太陽と反対のほうを向いているいが冬至の日になる。③地軸がかたむいていないと，昼の長さや太陽の南中高度が1年中変化しないので，季節の変化が生じない。（⇒ P.261〜262）

第4章　流れる水のはたらき

入試要点チェック
問題…P.283

①しん食　②運ぱん　③たい積
④川の真ん中　⑤外側　⑥外側
⑦外側　⑧内側　⑨Ｖ字谷
⑩せん状地　⑪三角州　⑫河岸段丘

入試問題にチャレンジ！
問題…P.284

1　(1) ア
(2) ①はたらき…イ　場所…エ
　　②はたらき…ア　場所…カ
　　③はたらき…ア　場所…オ
(3) aイ　bア　cウ
2　(1) ウ　(2) Ａでは川の流れが速いのでしん食作用が強く，Ｂでは川の流れがおそいのでたい積作用が強いから。　(3) ア

〈解説〉

1　(1) 川の上流から流されてきた石は，流されている間に，石と石がぶつかって小さくなったり，石や砂にこすられて角がとれて，丸みをもったりする。イは川の上流のようす，ウは川の下流のようすを表している。(⇒ P.276)
(2) ①しん食によって川底が大きくけずられてできたＶ字形の深い谷を，Ｖ字谷という。流れる水によるしん食がさかんなのは，水の流れが速い川の上流である。②河口付近では，水の流れがとてもおそくなり，砂やどろなどのたい積がさかんに行われ，三角形のような形をした三角州が見られる。③川が平地に出たところでは，水の流れが急におそくなり，小石や砂などのたい積がさかんに行われ，おうぎ形の地形が見られる。この地形をせん状地という。(⇒ P.280)

入試ポイント▶ 川の上流→流れが速い→

しん食，川の下流→流れがおそい→たい積と結びつけておぼえておこう。
(3) 曲がって流れる川では，流れの外側のほうが内側よりも，水の流れが速い。(⇒ P.278)

2　(1) (2) 曲がって流れる川の外側のＡでは，水の流れが速く，岸がしん食を受けてがけができる。内側のＢでは，水の流れがおそく，たい積がさかんに行われ，運ばれてきた小石や砂が積もって川原が広がる。(⇒ P.278)

入試ポイント▶ 流れの外側→流れが速い→しん食，流れの内側→流れがおそい→たい積と結びつけておぼえておこう。
(3) 川の下流では，丸みをおびた小さな石が多く見られる。表を見ていくと，アは小さくて丸みをおびた石が多く，大きな石は見られない。イは大きくて角ばった石が多く，丸みをおびた石は見られない。ウも大きくて角ばった石が多いが，丸みをおびた石も見られる。エはいろいろな形や大きさの石が見られる。

第5章　大地のつくりと変化

入試要点チェック
問題…P.311

①れき　②どろ　③示相化石
④示準化石　⑤石灰岩
⑥ぎょう灰岩　⑦不整合　⑧かぎ層
⑨マグマ　⑩火山岩
⑪マグニチュード　⑫液状化
⑬プレート

入試問題にチャレンジ！
問題…P.312

1　(1) 不整合面　(2) 示相化石
(3) ウ
(4) 地殻に大きな力がはたらいたことによって，地層が変形したから。
(5) イ　(6) エ

2 (1) ①ア　②エ
(2) ③7時40分27秒　④15秒
⑤7時40分55秒
(3) 100km
(4) 次の図1
(5) 時刻…7時40分15秒
P波…5km/秒　S波…2.5km/秒
(6) 次の図2

図1

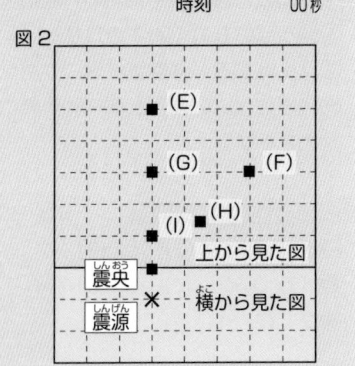

図2

<解説>
1 (1) D層がたい積したあと，土地がかたむき，その後，C層がたい積したと考えられる。(⇒ P.295)
(2) アサリの化石がふくまれている層は，浅い海底でたい積したことがわかる。このように，その生物が現在生活している場所から，たい積した当時のまわりのか

ん境を知ることのできる化石を，示相化石という。(⇒ P.292)
(3) 地層は，ふつう下にあるもののほうが古いので，H層→G層→F層の順にたい積したと考えられる。この間に，ふくまれるものが小石→砂→ねん土と粒が小さくなっているので，この地域は，河口付近から沖へと，しだいに深くなっていったと考えられる。(⇒ P.290〜291)
(4) 地層は，海底などで，水平にたい積してつくられる。その後，横からの力を受けて，ななめにかたむいたと考えられる。
(5) 断層などが見られない場合，地層は横に広がっているので，D層〜H層までがつながるようにならべると，①→③→②となる。
(6) がけの道の反対側にも，同じように地層が広がっている。がけを見る向きが反対になるので，左右対称となっているものをさがす。
2 (2) 初期微動継続時間＝S波が到達した時刻－P波が到達した時刻となる。
③7時40分39秒－12秒＝7時40分27秒　④7時40分45秒－7時40分30秒＝15〔秒〕　⑤7時40分35秒＋20秒＝7時40分55秒
(3) 震源きょり〔km〕＝5×初期微動継続時間〔秒〕より，C地点の震源きょりは，
$5 \times 20 = 100$ 〔km〕
(4) A〜D地点の震源きょりは，下の表のようになる。

地点	A	B	C	D
震源きょり〔km〕	60	75	100	120

(5) (4)のグラフで，震源きょりが0kmのときの時刻が，地震が発生した時刻を表している。また，地震波がA地点からD地点まで進んだとき，進んだきょりは，

120 − 60 = 60〔km〕になる。A地点から D地点まで進むのにかかった時間は，P波は，7時40分39秒 − 7時40分27秒 = 12〔秒〕，S波は，7時41分03秒 − 7時40分39秒 = 24〔秒〕となる。よって，P波の速さは，60 ÷ 12 = 5〔km/秒〕，S波の速さは，60 ÷ 24 = 2.5〔km/秒〕

(6) 震源から近いほど，主要動が大きくなり，初期微動継続時間が短くなる。よって，震源から近い順にならべると，I地点，H地点，G地点，F地点，E地点となる。

物質編

第1章　ものの量

入試要点チェック　　　　　　　問題…P.320

①キログラム〔kg〕　②変わらない
③変わらない　④ものの種類
⑤密度　⑥ものの体積
⑦密度の大きいもの
⑧密度の小さいもの　⑨密度
⑩小さくなっている
⑪大きくなっている　⑫浮力

入試問題にチャレンジ！　　　　問題…P.321

① (1) ウ　(2) 小さい　(3) エ

〈解説〉

① (1) 水をあたためると，体積は大きくなるが，重さは変わらない。(⇒ P.331)

(2) 密度〔g/cm³〕 = $\dfrac{\text{ものの重さ〔g〕}}{\text{ものの体積〔cm³〕}}$

なので，体積が大きくなるほど密度は小さくなる。(⇒ P.318)

入試ポイント▶密度に関する出題は多いので，密度を求める式は確実に身につけておこう。

(3) ①水よりも密度が大きいものは水に

しずみ，水よりも密度が小さいものは水にうく。体積が 0.5cm³，重さが 1g の1円玉の密度は，

$$\frac{1}{0.5} = 2 \text{〔g/cm³〕}$$

これは，水の密度（1g/cm³）よりも大きいので，1円玉は水にしずむ。(⇒ P.319)
②水が氷になるとき，重さは変わらないが，体積が大きくなる。このため，氷の密度は水よりも小さくなる。(⇒ P.336)。

入試ポイント▶温度によって，気体↔液体↔固体と，もののすがたが変わると，ものの体積は変化するが，重さは変わらないことを理解しておこう。(⇒ P.336)

物質編

第2章　温度とものの変化

入試要点チェック　　　　　　　問題…P.337

①空気　②（熱の）伝導
③（熱の）対流　④（熱の）放射
⑤黒っぽいもの　⑥1カロリー
⑦反比例する　⑧空気，水，金属
⑨状態変化　⑩ふっとう　⑪蒸発
⑫大きくなる

入試問題にチャレンジ！　　　　問題…P.338

① (1) 40℃　(2) ア　(3) イ
② (1) ①イ　②ウ　③ウ　④イ
⑤ウ　(2) イ

〈解説〉

① (1) 加熱して 10分後に，水の温度は 50℃，油の温度は 100℃上がっているので，同じ時間加熱したときに，水の温度は油の半分しか上がらないことがわかる。よって，油の温度が

60 − 20 = 40〔℃〕

上がったとき，水の温度はその半分の 20℃上しょうする。そのため，このときの

水の温度は

$20 + 20 = 40$ [℃]

入試ポイント 問題のグラフは，0℃の水と油を加熱したときのものなので，加熱したときの温度＝上しょうした温度になっている。しかし，この問題では20℃の水と油を加熱するので，加熱したときの温度と上しょうした温度を混同しないように，注意することが必要である。

(2) 油も水と同じように，あたためられた油が上に動き，上にある温度の低い油が下に動くことで全体があたたまる。

(⇒ P.326)

入試ポイント 油のような液体は，水と同じように，対流によって熱が伝わっていく。

(3) 氷の入った試験管によって冷やされた水は重くなって下のほうへ移動し，底のほうにあったあたたかい水のほうが軽いため，上のほうへ移動する。

2 (1) 水がふっとうすると，水の中から水蒸気（気体）のあわ（②）がさかんに出てくるようになる。このとき，水面の上の何も見えないところ（③）には水蒸気があり，その少し上の部分で，冷やされて細かい水てき（液体）に変わり，目に見えるようになる。これが湯気（④）である。湯気は空気中で再び蒸発して水蒸気になる（⑤）。

入試ポイント 湯気を水蒸気とかんちがいしている人が多いので，注意しよう。湯気は目に見えるが，水蒸気のような気体は目に見えない。（⇒ P.333）

(2) 雲は，あたためられた空気のかたまりが上しょうして，体積が大きくなることで温度が下がり，空気中にふくみきれなくなった水蒸気が細かい水てきに変わったものである。（⇒ P.211）

入試ポイント 雲がさらに上しょうする

と，細かい水てきの一部は冷やされて氷（固体）に変わるが，問題文に「1つ選び」とあるので，「液体」と答える。

物質編

第3章 もののとけ方

入試要点チェック 問題…P.352

①とかしたものの重さ ②水の量
③食塩 ④小さくなる
⑤ほう和水よう液 ⑥よう解度
⑦水よう液の重さ ⑧こい水よう液
⑨結しょう ⑩食塩水 ⑪ホウ酸水
⑫小さくなる

入試問題にチャレンジ！ 問題…P.353

1 (1) ア
(2) イ
2 (1) B → A → C
(2) 温度によってとける重さの差が小さいから。
(3) 水よう液から水を蒸発させる。
(4) a ミョウバン b 食塩
3 (1) オ (2) エ
(3) ア 19 イ 9
(4) ア 8 イ 7

〈解説〉

1 (1) ものが水にとけて見えなくなっても，とけたものはなくならない。（⇒ P.341）
(2) ビーカー B のとけ残りのある食塩水をろ過した液は，食塩が限度までとけたほう和水よう液である。このため，さらに食塩を加えてかき混ぜてもそれ以上食塩をとかすことができない。このため，ビーカー B の食塩水とビーカー C の食塩水は同じこさである。（⇒ P.344）

入試ポイント とけ残りのある水よう液の上ずみ液は，ほう和水よう液であることを，しっかりおぼえておこう。

563

② (1) ほう和水よう液をつくるので，100gの水によう解度と同じ重さのものがとけている。グラフから，40℃の水100gに，Aは約36g，Bは約63g，Cは約10gとけている。(⇒ P.344)

入試ポイント ▷40℃のときのよう解度を読みとらなくても，問題のグラフで，40℃のたての線を見たとき，上のほうにあるものほど，とけている物質の重さが重くなる。

(2) 食塩は，水の温度が変わってもとける量があまり変化しない。このため，ほう和水よう液を冷やしても，食塩の結しょうはあまり出てこない。(⇒ P.343)

(3) 水よう液から水を蒸発させると，水よう液中の水の量が減り，とける限度の量が小さくなるため，とけきれなくなったものが結しょうになって出てくる。(⇒ P.348)

(4) しょう酸カリウムの結しょうは，右の写真のような形をしている。

③ (1) 表から，水の温度が低いうちは，100gの水にとけるミョウバンの最大量の増え方が小さいが，水の温度が高くなると増え方が急に大きくなっていることがわかる。(⇒ P.344)

(2) 二酸化炭素のような気体は，水の温度が高くなるほど，とける量が減少する。(⇒ P.343)

(3) 60℃の水100gに24.8gのミョウバンをとかすと，ほう和水よう液になる。この水よう液の重さは，

100 + 24.8 = 124.8〔g〕

よって，ほう和水よう液のこさは，

$$\frac{24.8}{124.8} \times 100 = 19.87\cdots より，19.9\%$$

入試ポイント ▷水よう液のこさを求める式は，しっかりおぼえておこう。(⇒ P.346)

$$水よう液のこさ[\%] = \frac{とけているものの重さ[g]}{水よう液の重さ[g]} \times 100$$

このとき，分母になるのは水よう液の重さで，水の重さではないことに注意しよう。

(4) 水の温度が一定のとき，もののとける量は水の重さに比例する。40℃の水100gには11.7gのミョウバンがとけるので，40℃の水150gにとけるミョウバンの量は，

$$11.7 \times \frac{150}{100} = 17.55 \ [g]$$

20℃の水100gには5.9gのミョウバンがとけるので，20℃の水150gにとけるミョウバンの量は，

$$5.9 \times \frac{150}{100} = 8.85 \ [g]$$

よって，20℃まで冷やしたとき，水にとけきれずに出てくるミョウバンの固体の量は，

$$17.55 - 8.85 = 8.7 \ [g]$$

入試ポイント ▷とけきれずに出てくる重さ＝もとの重さ−その温度での限度の重さで求められる。(⇒ P.351)

物質編

第4章　ものの燃え方と空気

入試要点チェック 　　　　　　問題…P.369

①ちっ素　②約21%　③酸素
④二酸化炭素　⑤外えん　⑥えん心
⑦内えん　⑧気体
⑨むし焼き（かん留）　⑩木ガス
⑪木さく液　⑫燃焼
⑬結びついた酸素の重さ
⑭比例関係にある

1 (1) 3　(2) 4
2 (1)（液体が試験管の口のほうに集まらないと）試験管が割れてしまう危険性があるため。　(2) ア
(3) 燃えやすい気体が発生しないため。
(4) ウ　(5) イ　(6) オ

〈解説〉

1 (1) ⑦は外えん，⑦は内えん，⑦はえん心である。外えんは，空気にふれているため，完全に燃えるので，温度がいちばん高い。内えんは酸素が十分にないために，燃え残ったすす（炭素）が熱せられて，明るくかがやく。えん心は，ろうが気体になっているが，酸素がないので燃えないために温度が低い。（⇒ P.363）

入試ポイント▷ 外えん→温度がいちばん高い，内えん→いちばん明るい，えん心→気体がある　とおぼえよう。

(2) ふくまれる炭素の割合が多いと，燃え残った炭素が熱せられてかがやくため，明るい。

2 (1) この実験のように液体が発生する場合，出てきた液体が加熱している部分に流れ，試験管が割れる危険性があるので，試験管の口を少し下げておく。

入試ポイント▷ 実験の結果だけでなく，実験の操作についての出題もよく見られるので，危険を防ぐための方法などに注目しておこう。

(2) この実験で生じた黒い固体は，木炭である。木炭のおもな成分は炭素である。
(3) 木炭は，固体のまま，ほのおを出さずに赤く光りながら燃える。（⇒ P.366）

入試ポイント▷ 気体の成分をふくんでいないものは，ほのおを出さずに燃える。
(4) この実験では，木タールと木さく液という液体が発生する。木さく液は酸性

を示すので，青色リトマス紙を赤色に変える。

入試ポイント▷ 木をむし焼き（かん留）したときに出てくるのは，固体→木炭，液体→木タール，木さく液，気体→木ガスということをおぼえておこう。（⇒ P.366）
(5) 木片を燃やしたあとに残る灰には，炭酸カリウムとよばれるものがふくまれていて，これが水にとけてアルカリ性を示す。このため，赤色リトマス紙を青色に変える。
(6) メタン（ア）や水素（ウ）は，燃える気体であるが，ほかのものを燃やすことはできない。また，二酸化炭素（イ）や水蒸気（エ）も，ものを燃やすはたらきがない。酸素（オ）にはものを燃やすはたらきがある。ものが燃えるためには，酸素が必要である。（⇒ P.362）

物質編

第5章　気体の性質

①水上置換法　②上方置換法
③下方置換法　④酸素
⑤二酸化炭素　⑥水素　⑦酸素
⑧二酸化炭素　⑨水素　⑩水
⑪酸性　⑫アルカリ性

1 (1) ①うすい過酸化水素水（オキシドール）　②二酸化マンガン
③水上置換法　気体の集め方…ア
(2) ア　(3) ア，ウ，カ
(4) 白くにごる。
2 (1) A 酸素　B 二酸化炭素
C ちっ素　D アンモニア
E 塩素　F 水素
(2) ア 酸性　イ アルカリ性

〈解説〉

① (1) 火のついた線こうを入れたところ，赤いほのおを出して激しく燃えたことから，気体Aは酸素である。二酸化マンガンにうすい過酸化水素水（オキシドール）を注ぐと，酸素が発生する。酸素は水にとけにくいので，水上置換法で集める。図で，アは水上置換法，イは下方置換法，ウは上方置換法である。(⇒ P.373)

|入試ポイント|▷ この問題のように，気体の性質をもとにして気体の種類を考える出題が多いので，自分で表をつくるなどして整理しておこう。(⇒ P.380)

(2) 鉄（イ）やアルミニウム（ウ），あえん（エ）をうすい塩酸に入れると，金属はあわを出しながらとけていく。このとき発生する気体Bは，水素である。銀（ア）はうすい塩酸に入れても変化が見られない。(⇒ P.400)

|入試ポイント|▷ うすい塩酸やうすい水酸化ナトリウム水よう液にとける金属，とけない金属をおぼえておこう。

(3) BTBよう液を青色に変えるのは，アルカリ性の水よう液である。あたえられた気体のうち，水にとかしたときにアルカリ性を示すのは，アンモニアだけなので，気体Cはアンモニアである。アンモニアは無色で刺激臭がある。(⇒ P.379)

(4) 石灰石にうすい塩酸を加えると，二酸化炭素が発生する。二酸化炭素は，石灰水を白くにごらせる。(⇒ P.377)

② (1) 気体Aは，ものを燃やすはたらきがあることから，酸素である。気体Bは，光合成で使われるので，二酸化炭素である。(⇒ P.377) 冷きゃくざいとは液体ちっ素なので，気体Cはちっ素である。気体Dは水に非常にとけやすいので，アンモニアである。黄緑色をした気体Eは塩素である。水道水の殺きんざいとして

は塩素などが使われている。ポンと音を立てて燃える気体Fは水素である。

|入試ポイント|▷ 表の中で，その気体だけにあてはまる性質に注目する。たとえば「水へのとけ方」で非常にとけやすい気体Dはアンモニア，「色・におい」で黄緑色をした気体Eは塩素である。気体A，C，Fは「水へのとけ方」「色・におい」では区別がつかないが，「そのほかの特ちょう」から気体Aが酸素，気体Fが水素であることがわかるので，残った気体Cがちっ素である。

(2) 二酸化炭素（気体B）の水よう液は炭酸水で，酸性を示す。また，アンモニア（気体D）の水よう液はアンモニア水で，アルカリ性を示す。(⇒ P.377,379)

物質編

第6章　水よう液の性質

|入試要点チェック|　　　　　　問題…P.401

①黄色　②青色　③塩化水素
④アルカリ性の水よう液
⑤中和　⑥塩，水　⑦比例関係にある。
⑧炭酸水　⑨水素　⑩高くなる。
⑪アルミニウム　⑫鉄の重さ

|入試問題にチャレンジ!|　　　　　問題…P.402

① (1) ア 青　イ 黄　ウ 緑　エ 赤
(2) A石灰水　Bうすい塩酸
Cアンモニア水 D炭酸水 E砂糖水
(3) 水素　(4) 二酸化炭素
(5) 液が白くにごる。
② (1) ア，ウ，オ　(2) イ
(3) 塩化水素　(4) A黄　B青
(5) 52　(6) 32cm³　(7) 7cm³
③ (1) 水素　(2) 25mL
(3) 50mL　(4) ア，ウ

〈解説〉

1 (1)(2) あたえられた水よう液のうち, 酸性の水よう液はうすい塩酸, 炭酸水, アルカリ性の水よう液はアンモニア水, 石灰水, 中性の水よう液は砂糖水である。また, フェノールフタレインよう液を入れたときに, 赤色（エ）に変わるのはアルカリ性の水よう液の性質なので, 水よう液Aと水よう液Cはアルカリ性の水よう液になる。

5種類の水よう液のうち, 蒸発皿にとって熱したとき, 石灰水は白い結しょうが出てくるが, 砂糖はこげて黒いものが残る。よって, 水よう液Aは石灰水, 水よう液Eは砂糖水になり, 残った水よう液Cはアンモニア水になる。

緑色のBTBよう液を入れると, アルカリ性の水よう液は青色, 中性の水よう液は緑色のまま変わらないので, **ア**は青色, **ウ**は緑色となり, **イ**は酸性を示す黄色になる。

水よう液Bは, 鉄をとかして気体が発生するので, うすい塩酸となる。よって, 残った水よう液Dは炭酸水となる。

入試ポイント ▶水よう液の種類を判別する出題はよく見られる。いろいろな水よう液は酸性, 中性, アルカリ性のどの性質を示すか, また固体, 気体のどちらがとけた水よう液か整理しておこう。（⇒P.385〜389)

(3) うすい塩酸に鉄を入れると, 鉄が水素のあわを出しながらとける。

(4) 炭酸水は, 二酸化炭素がとけた水よう液である。

(5) 二酸化炭素は石灰水（水よう液A）を白くにごらせるので, 二酸化炭素の水よう液である炭酸水（水よう液D）も, 石灰水を白くにごらせる。

2 (1) **ア**, **ウ**, **オ**の実験では水素, **エ**の実験では二酸化炭素が発生する。(⇒P.399)

(2) 塩酸にとけない金属には, 銅以外に銀や金などがある。

(3) 塩酸は塩化水素という気体の水よう液である。気体のとけた水よう液は温度が高くなるほどとけることのできる量が少なくなるので, 塩化水素がとけきれなくなって出てくる。(⇒P.395)

(4) 実験**カ**では, BTBよう液を入れたときの混合液の色が緑色になっているので, 塩酸20cm³と水酸化ナトリウム水よう液30cm³がちょうど中和して, 中性になっていることがわかる。よって, ちょうど中和するときの塩酸と水酸化ナトリウム水よう液の体積の比は,

$$20 : 30 = 2 : 3$$

実験**キ**で, 30cm³の塩酸とちょうど中和する水酸化ナトリウム水よう液の体積は,

$$30 \times \frac{3}{2} = 45 \ [\text{cm}^3]$$

よって, 塩酸のほうが多いので, 混合液は酸性を示し, BTBよう液を入れたときの混合液の色は黄色になる。

実験**ク**で, 35cm³の塩酸とちょうど中和する水酸化ナトリウム水よう液の体積は,

$$35 \times \frac{3}{2} = 52.5 \ [\text{cm}^3]$$

よって, 水酸化ナトリウム水よう液のほうが多いので, 混合液はアルカリ性を示し, BTBよう液を入れたときの混合液の色は青色になる。

入試ポイント ▶ちょうど中和するとき, 塩酸の体積と水酸化ナトリウム水よう液の体積は比例する。混合液は余分にある水よう液の性質を示す。

(5) 実験**ケ**で, 78cm³の水酸化ナトリウム水よう液とちょうど中和する塩酸の体積は,

$$78 \times \frac{2}{3} = 52 \ [\text{cm}^3]$$

(6) ちょうど中和するときの塩酸の体積と混合液の体積の比は，

$$2 : (2 + 3) = 2 : 5$$

よって，用いた塩酸の体積は，

$$80 \times \frac{2}{5} = 32 \ [\text{cm}^3]$$

入試ポイント 混合液の体積しかわかっていないので，ちょうど中和するときの塩酸と混合液の体積の比を求めてから，塩酸の体積を求める。

(7) 塩酸44cm³とちょうど中和するのに必要な水酸化ナトリウム水よう液の体積は，

$$44 \times \frac{3}{2} = 66 \ [\text{cm}^3]$$

よって，不足している水酸化ナトリウム水よう液の体積は，

$$66 - 52 = 14 \ [\text{cm}^3]$$

よって，2倍のこさの水酸化ナトリウム水よう液を

$$14 \div 2 = 7 \ [\text{cm}^3]$$

加えると，ちょうど中和する。

入試ポイント ちょうど中和するとき，必要な水よう液の体積はこさに反比例する。

③ (1) スチールウールは鉄なので，うすい塩酸にとけて，水素が発生する。

(2) 下の図のように，◆を結んだ2つの直線の交点が，スチールウール1個がすべてとけたところになる。

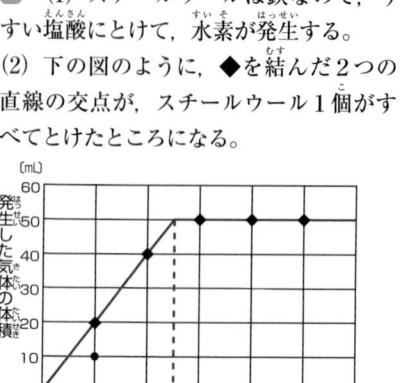

(3) グラフから，スチールウール1個をすべてとかすと，50mLの気体が発生することがわかる。手順4から，手順3で用意した塩酸10mLをスチールウールに加えると，10mLの気体が発生することがわかる。よって，50mLの気体を発生するのに必要な塩酸の体積は，

$$10 \times \frac{50}{10} = 50 \ [\text{mL}]$$

（別解）手順3で用意した塩酸は，手順1で用意した塩酸の半分のこさになっている。(2)より，手順1で用意した塩酸25mLを加えると，スチールウール1個をすべてとかせるので，手順3で用意した塩酸を使ったときに必要な体積は，2倍の50mLになる。

(4) 手順2で50mLの塩酸を加えた試験管では，25mL分の塩酸がスチールウールをとかすのに使われているが，まだ残っている塩酸がある。よって，ここにスチールウールを加えると，スチールウールが水素のあわを出しながらとけていく。

エネルギー編

第1章　光と音の性質

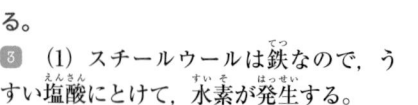

入試要点チェック　　　　　問題…P.421

① （光の）直進　② （光の）反射
③等しい関係　④ （光の）くっ折
⑤ （光の）全反射　⑥しょう点
⑦実像　⑧虚像　⑨しん動数
⑩しんぷく

1 (1) ウ，エ　(2) エ　(3) 下の図

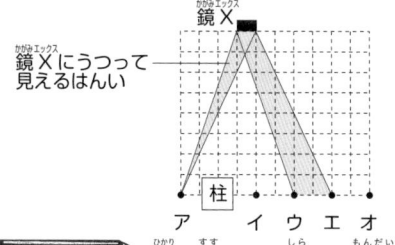

鏡X
鏡Y
柱
光
ア　イ　ウ　エ　オ

2 (1) ウ　(2) ア　(3) ウ

3 (1) 54℃　(2) 5秒後
(3) 27秒間

〈解説〉

1 (1) 光が鏡に当たって反射するとき，入射角と反射角は等しいので，鏡に当たった光は，下の図のように進む（⇒ P.408）。

鏡X
鏡Xにうつって
見えるはんい
柱
ア　イ　ウ　エ　オ

▶入試ポイント 光の進み方を調べる問題では，実際に光が進むようすを図にかき加えておくとミスを防げる。

(2) 水そうの中を通った光は，次の図のように進む。

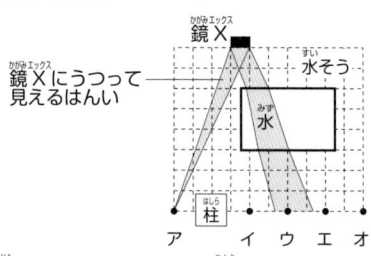

鏡X
鏡Xにうつって
見えるはんい
水そう
水
柱
ア　イ　ウ　エ　オ

鏡Xの右はしに当たる光は図4と同じように進むが，左はしに当たる光は入射角が図4よりも小さいので，くっ折角も図4

よりは小さくなる。よって，**ウ**点は鏡にうつるが，**エ**点は鏡にうつらなくなる。

▶入試ポイント 鏡の右はしと左はしに当たった光が水そうの中を通るとき，くっ折角がちがうので光の通り道は平行にならないことに気をつける。

(3) 光の矢印をそのまま延長し，鏡Yとぶつかったところで，入射角と反射角が等しくなるように作図し，さらに鏡Xにぶつかったところでも同じように作図すると，**ア**点を通る直線がかける。

2 (1) ガラスを通りぬけた光は，入射光と平行になるように進む。

(2) 光が空気中からガラス中へ進むときは，境目から遠ざかるようにくっ折し，ガラス中から空気中に進むときは，境目に近づくようにくっ折する（⇒ P.410）。

(3) 境目に直角になるように光が当たっているので，そのまま直進する。

3 (1) 音の速さは次の式で表される。

音の速さ（秒速）= 331 + 0.6 × 気温〔℃〕

このため，気温は，

(363.4 − 331) ÷ 0.6 = 54〔℃〕

(2) このときの音の速さは，秒速で

331 + 0.6 × 15 = 340〔m〕

板は毎秒20mの速さでスピーカーから遠ざかるので，音が板に達するまでにかかる時間は，

$$\frac{800}{340 - 20} = 2.5 〔秒〕$$

反射した音がスピーカーの位置までもどるのに2.5秒かかるので，音を出し始めてからの時間は5.0秒になる。

▶入試ポイント 音が板に近づく速さは，板が動く速さの分だけおそくなることに注意する。

(3) 音を出し終わったときのスピーカーと板のきょりは，

800 + 20 × 24 = 1280〔m〕

最後の音が板に達するまでにかかる時間
は，

$$\frac{1280}{340-20} = 4 \text{〔秒〕}$$

音を出し始めてから最後の音がスピー
カーの位置にもどるまでにかかる時間は，

$$24 + 4 \times 2 = 32 \text{〔秒〕}$$

音が聞こえ始めるのは 5.0 秒後より，反射
した音が聞こえ続ける時間は，

$$32 - 5 = 27 \text{〔秒〕}$$

エネルギー編

第2章　磁石の性質

入試要点チェック　　　　　問題…P.431

①鉄　②両はし（極）　③中央
④南北方向　⑤しりぞけ合う力
⑥しりぞけ合う力　⑦引き合う力
⑧N極　⑨北　⑩南極付近
⑪はずれない　⑫N極

入試問題にチャレンジ！　　　問題…P.432

1️⃣ (1) イ　(2) A エ　B イ　(3) ア
2️⃣ (1) ア　(2) 磁力が弱まるのでぬ
い針は下に落ちる。
(3) 一定の方向にこすり，磁石をも
どすときにはぬい針から遠ざける。
(4) ぬい針のN・S極を確認したあと，
ぬい針の重心に糸をとりつけ自由に
回転させると，ぬい針のN極が北を
向く。
(5) S極

〈解説〉

1️⃣ (1) 鉄でできているものは，磁石に
つく。黒板のなかには木でできていて，
磁石につかないものもあるが，アルミかん
はすべて磁石につかない（⇒ P.425）。
(2) 方位磁針のN極がさす向きを結んで
いったときにできる曲線を磁力線という

(⇒ P.446)。磁石のまわりには，N極か
らS極に向かう向きに磁力線ができる。

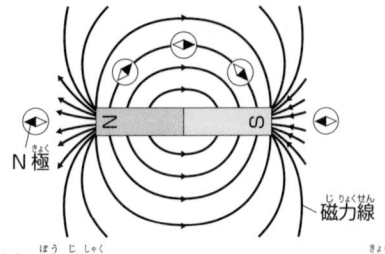

(3) 棒磁石を2つに切ると，もとのN極
と反対のはしにS極，もとのS極と反対
のはしにN極ができるので，切ったとこ
ろを近づけると，引き合う（⇒ P.428）。

2️⃣ (1) 棒磁石のN極についたぬい針A
の上のはしはS極，下のはしはN極にな
るので，ぬい針Bの上のはしはS極，下の
はしはN極になる。よって，棒磁石のN極
を近づけると，ぬい針Bの下のはしは，棒
磁石から遠ざかるように動く。（⇒ P.430）。

入試ポイント 磁石についた部分は磁石
の極とはちがう極になることをもとに，
ぬい針Aの上のはし，下のはし，ぬい針
Bの上のはし，下のはしと，順に何極に
なるか考えていく。

(2) 2つの磁石をつなげると，つないだ部
分は磁力が弱まるので，ぬい針を引きつ
けられなくなる（⇒ P.428）。
(3) 同じ向きにこすらないと，ぬい針は
磁石にならない（⇒ P.430）。
(4) 自由に動けるようにすると，磁石は必
ず南北の方向を向いて止まる（⇒ P.427）。
(5) 北極付近にS極，南極付近にN極が
あるため，方位磁針のN極は北極付近，
S極は南極付近を示す（⇒ P.429）。

入試ポイント 方位磁針の極がさす方位
と同じだとまちがえる人も多いので注意
しよう。

〔エネルギー編〕

第3章　電流のはたらき

①＋極から－極　②直列　③へい列
④へい列　⑤Ｎ極
⑥右ねじの回る向き　⑦整流子
⑧90度　⑨火力発電　⑩燃料電池
⑪長い電熱線

1 (1) Ａ ウ，エ　Ｂ イ，ウ
　Ｃ イ，ウ　Ｄ ア，イ
　(2) ⑥，⑧，⑫
2 (1) ① ウ　② ア　③ イ　(2) カ
3 (1) Ａ イ　Ｂ イ　Ｃ エ　Ｄ イ
　(2) ウ
4 (1) 導線Ｂ　(2) ショート（回路）
　(3) ウ，ア，イ，エ　(4) イ

〈解説〉

1 (1) 回路が途中で切れていると，電流が流れない。また，枝分かれした回路で，抵抗が大きいものと抵抗がとても小さいものが別のリード線でつながっているとき，電流は抵抗が大きいもののほうには流れない。

Ａ ウは，かん電池の＋極→⑪→⑩→まめ電球→⑬→⑭→かん電池の－極とつながっている。エは，かん電池の＋極→⑰→⑯→⑮→まめ電球→⑱→⑲→⑳→かん電池の－極とつながっている。

Ｂ イは，かん電池の＋極→⑦→⑧→スイッチ1→⑤→まめ電球→⑨→かん電池の－極とつながっている。ウは，スイッチ2が切れているので，スイッチ1のほうには電流が流れないで，Ａと同じように電流が流れる。エは，まめ電球にくらべて抵抗がとても小さいスイッチ1のほうに電流が流れてしまうため，まめ電球がつ

かない。

Ｃ イは，かん電池の＋極→⑦→スイッチ2→⑥→⑤→まめ電球→⑨→かん電池の－極とつながっている。ウは，スイッチ1が切れているので，Ａと同じように電流が流れる。エは，抵抗の小さいスイッチ2のほうに電流が流れてしまい，まめ電球がつかない。

Ｄ ウでは，かん電池の＋極→⑪→スイッチ1→⑫→スイッチ2→⑭→かん電池の－極という向きに電流が流れるので，まめ電球には電流が流れない。エは，スイッチ1，スイッチ2のほうに電流が流れるため，まめ電球はつかない。

入試ポイント かん電池の＋極から出た電流が流れる経路を，順を追って調べよう。

(2) アの回路はリード線を1つ取り除くと，電流は流れなくなる。

イの回路で，スイッチ1を入れれば，リード線⑥を取り除いても，かん電池の＋極→⑦→⑧→スイッチ1→⑤→まめ電球→⑨→かん電池の－極と電流が流れる。スイッチ2を入れれば，リード線⑧を取り除いても，かん電池の＋極→⑦→スイッチ2→⑥→⑤→まめ電球→⑨→かん電池の－極と電流が流れる。

ウでは，リード線⑫を取り除いても，かん電池の＋極→⑪→⑩→まめ電球→⑬→⑭→かん電池の－極と電流が流れる。

エの回路は，リード線を1つ取り除くと，電流は流れなくなる。

入試ポイント アとエの回路は，まめ電球がつくための回路が1通りしかないので，どれか1つでもリード線を取り除けば，電流が流れないことはすぐにわかる。このため，イとウの回路についてだけ，Ａ～Ｄの操作をしたときの電流の通り道を考えよう。

2 (1) コイルのまき数が多いほど磁力は強くなるので，磁力がいちばん弱いのは②のコイルである。また，鉄しんを入れたほうが磁力は強くなるので，いちばん磁力が強いのは①の電磁石になる（⇒ P.445）。磁力が強いほど磁針が大きくふれる。

(2) かん電池の向きを逆にすると，コイルに流れる電流の向きも逆になるので，電磁石の左はしは N 極になる。そのため，方位磁針の S 極が引きつけられる（⇒ P.443）。

入試ポイント 電磁石の強さを変える方法や極を変える方法を整理しておこう。

3 (1) 図3の方位磁針 A，B の上の導線には図2と同じ向き（下から上へ）に電流が流れているので，針は同じ向きにふれる。方位磁針 C の上の導線には図2と逆向き（上から下）に電流が流れているので，針は逆の向きにふれる。方位磁針 D は導線の上にあるので，方位磁針 C と逆の向きにふれる（⇒ P.446,447）。

入試ポイント 方位磁針の針のふれと電流の向きや方位磁針と導線の位置の関係を整理しよう。

(2) 図3で，まめ電球はへい列につながれているので，方位磁針 B の上の導線に流れる電流は，2つのまめ電球に流れる電流の強さの和，つまり方位磁針 A の上の導線に流れる電流の2倍になる。よって，方位磁針 B の針のふれは，方位磁針 A の針のふれの2倍よりも大きくなることはない。

4 (1) 同じ電圧をかけたとき，導線 B のほうが流れる電流が大きいので，電流が流れやすい素材は導線 B である。

(3) 流れる電流が大きいほど，発熱量が多いので，水温が高くなる。導線 C のほうが導線 D より大きい電流が流れるので，導線 C（ア）を入れたほうが導線 D（イ）を入れたときよりも水温

が高くなる。また，**エ**は導線 C と導線 D を直列につないでいるので，流れる電流はアやイよりも小さく，水温の上しょうも小さい。**ウ**は導線 C と導線 D をへい列につないでいるので，それぞれの導線に流れる電流の大きさは，アやイと等しく，発熱量はアとイの発熱量の和となるので，水温の上しょうがいちばん大きい。

入試ポイント 電熱線の直列つなぎとへい列つなぎで，流れる電流の大きさを整理しておこう。

(4) 導線の長さが同じとき，導線が太いほど流れる電流は大きくなる。また，導線の太さが同じとき，導線が短いほど電流は大きくなる（⇒ P.464）。

入試ポイント 流れる電流の大きさと電熱線の太さや長さの関係を理解しよう。

エネルギー編

第4章　ものの運動

入試要点チェック 問題…P.478

①ふりこの長さ
②支点の真下の位置　③ふれはば
④高い位置　⑤変化しない
⑥速いとき　⑦重いおもり
⑧大きいとき　⑨その場で止まる。
⑩同じ向きに少し動く。
⑪反対向きに少し動く。

入試問題にチャレンジ! 問題…P.479

1 (1) 1秒　(2) 2秒　(3) 3秒
(4) ①×　②○　③○　(5) イ
2 (1) 2.8　(2) 450　(3) 1.7秒
(4) E　(5) 8.4秒後
3 (1) ①×　②○　③△
(2) ②（①　③）　(3) ア

572

〈解説〉

1 (1) 1分間に60回ふれるので，1回ふれるのにかかる時間は，

60 ÷ 60 = 1〔秒〕

(2) 1分間に30回ふれるので，1回ふれるのにかかる時間は，

60 ÷ 30 = 2〔秒〕

(3) (1)，(2)から，1回ふれるのにかかる時間はふりこの長さが4倍（2×2倍）になると，2倍になることがわかる。長さが225cmのふりこは長さ25cmのふりこの長さの

225 ÷ 25 = 9〔倍〕

になる。ふりこの長さが9倍（3×3倍）になると，1回ふれるのにかかる時間は3倍になる。

入試ポイント ▷ ふりこの長さと1回ふれるのにかかる時間の関係は，比例ではないので注意しよう。

(4) P点でのおもりの速さは，ふりこの長さが同じときはふりこのふれはばが大きいほど，またふりこのふれはばが同じときはふりこが長いほど速くなる。

(5) ストップウォッチのおし方などによって，得られる値にずれが出てしまう。このようなずれを誤差という。

2 (1) 表のAとCをくらべると，糸の長さが4倍になると，1往復するのにかかる時間は2倍になることがわかる。Dは Bの糸の長さ（50cm）の4倍（200cm）になっているので，1往復する時間はBの2倍の2.8秒になる。

(2) 1往復する時間が，F（4.2秒）はB（1.4秒）の3倍になっている。よって，糸の長さは，FはB（50cm）の9倍（3×3倍）になるので，Fの糸の長さは，

50 × 9 = 450〔cm〕

入試ポイント ▷ ふりこが1往復する時間は，ふりこの長さが4倍になると2倍に

なり，9倍になると3倍になることをおぼえておこう。

(3) くぎから下の糸の長さは，

100 − 50 = 50〔cm〕

ふりこは，支点の真下の位置にくるまでは糸の長さ100cmで動き，再び支点の真下の位置にくるまでは糸の長さ50cmで動き，その後は糸の長さ100cmで動く。よって，1往復する時間は，

$$2.0 × \frac{1}{4} + 1.4 × \frac{1}{2} + 2.0 × \frac{1}{4} = 1.7〔秒〕$$

(4) おもりをかたむける角度は同じなので，糸が長いものほど支点の真下の位置にきたときの速さが速くなる。このため，糸が長いものほど，木片が止まるまでにすべるきょりが長くなる（⇒ P.476）。

(5) 何回か往復するのにかかった時間が等しくなったときに，手をはなした位置に2つのふりこが同時にくる。ふりこが往復した回数とかかった時間は，次のようになる。

往復した 回数〔回〕	かかった時間〔秒〕	
	1.2秒かかる ふりこ	2.1秒かかる ふりこ
1	1.2	2.1
2	2.4	4.2
3	3.6	6.3
4	4.8	8.4
5	6.0	—
6	7.2	—
7	8.4	—

よって，8.4秒後に，1往復するのに1.2秒かかるふりこが7回往復し，2.1秒かかるふりこが4回往復して，手をはなした位置に同時にくる。

入試ポイント ▷「もっとも早い時間を答えなさい」とあるので，2つのふりこで同じ時間が見つかったらそれ以降は計算する必要はない。

3 (1) しゃ面の真ん中の点Mの床から

の高さは，下の図のように，最高点Aの場合の$\frac{1}{2}$になる。

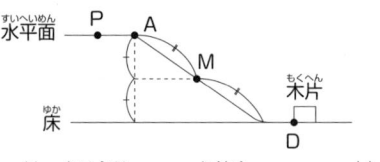

しゃ面の最高点Aから小球をはなすと木片が30cm動き，しゃ面の真ん中のM点（床からの高さはA点の$\frac{1}{2}$）から小球をはなすと木片が15cm動いたことから，木片の動くきょりは床からの高さに比例することがわかる。

①床からの高さは，C点はB点の

$$\frac{10}{20} = \frac{1}{2}〔倍〕$$

②B点の床からの高さはA点の高さの$\frac{2}{3}$倍，C点の床からの高さはA点の高さの$\frac{1}{3}$倍になるので，B点，C点の位置は下の図のようになり，AB間の長さとBC間の長さは等しい。

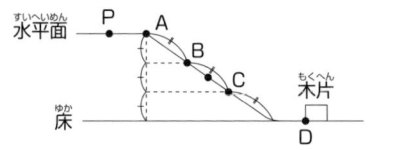

③小球の速さと小球に当たった木片が動いたきょりとの関係は，この実験からはわからない。実際には，D点での（小球の速さ）×（小球の速さ）が木片の動いたきょりと比例する。

入試ポイント この場合は，③は内容的にはまちがいであるが，答えを「×」としてはならない。問題に「実験結果から考えて」とある場合では，結果からわからないものは「わからない」（△）としなくては，正答とならない。

(2) A点ではなした小球がC点を通るまでの床からの高さの変化がいちばん大き

いので，速さ②がいちばん大きい。A点ではなした小球がB点を通るまでの床からの高さの変化と，B点ではなした小球がC点を通るまでの床からの高さの変化は同じになるので，速さ①と速さ③は等しい。

(3) P点で小球をはじいたときは，A点での速さは0ではないので，D点での速さはA点から小球をはなしたときよりも大きくなる。このため，木片が動いたきょりはA点ではなしたときよりも長くなる。

第5章 力のはたらき

入試要点チェック 問題…P.506

①力の大きさ×支点からのきょり
②おもりの重さの合計 ③薬包紙
④動かっ車 ⑤2倍
⑥おもりの重さ÷動かっ車にかかるひもの本数
⑦じくにかかる力×じくの半径
⑧重力 ⑨おもりの重さ
⑩ばねの本数 ⑪大きくなる
⑫ものがおしのけた液体の重さ

入試問題にチャレンジ! 問題…P.507

1 (1) B (2) C
(3) ①B ②C ③B ④A ⑤C
(4) てこ1…B てこ2…C

2 (1) 100g (2) 70cm (3) 40g
(4) ①20g ②100g ③7.5cm

3 (1) 100g (2) 2.5cm (3) 50g
(4) 50g (5) 50g (6) 50g
(7) 1cm

4 (1) 1900g (2) 1600g
(3) 9cm (4) 5cm (5) 7cm
(6) 13cm

〈解説〉

1 (3) 支点，力点，作用点の位置は，次の図のようになる（⇒ P.491）。

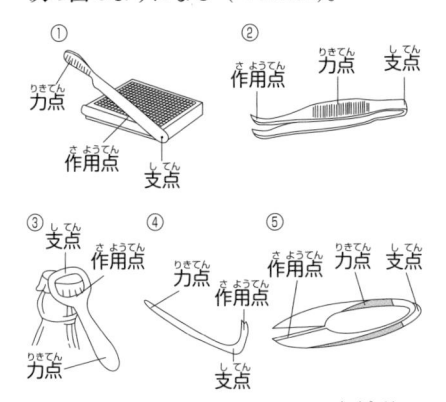

(4) 下の図のように，てこ1は作用点が支点と力点の間にあるてこ，てこ2は力点が支点と作用点の間にあるてこである。

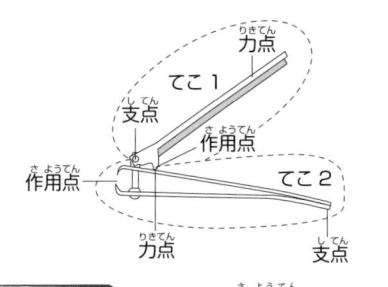

入試ポイント てこ1の作用点がてこ2をおすので，てこ2の力点になっていることに注意しよう。

2 (1) (2) 点Pは棒ABの重心になっているので，次のような関係が成り立つ。

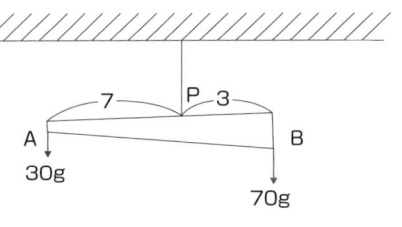

よって，棒の重さは，30 + 70 = 100〔g〕
P点は棒ABを7:3に分ける点になるので，

$100 \times \dfrac{7}{7 + 3} = 70$〔cm〕

(3) 重心Pは O点から右に 70 − 50 = 20〔cm〕のきょりにあるので，棒ABを右にかたむけるはたらきは，

$100 \times 20 = 2000$

よって，おもりの重さは，

$2000 \div 50 = 40$〔g〕

入試ポイント 図2の場合は重心でつるしているので，棒のつり合いを考えるときに棒の重さは無視できるが，図3の場合は棒の真ん中でつるしているので，棒の重さを無視できない。

(4) 輪じくの輪の部分にかかる力は 5g より，じくにつるしたおもりの重さは，

$5 \times \dfrac{20}{5} = 20$〔g〕

輪じくの重さは100g より，Aを引く力の大きさは，5 + 20 + 100 = 125〔g〕
よって，棒ABを左にかたむけるはたらきは，

$125 \times 50 = 6250$

Q点につるしたおもりが棒を右にかたむけるはたらきは，

$6250 - 2000 = 4250$

あたえられたおもりをつるしたとき，O点からのきょりは，

20g のおもり…4250 ÷ 20 = 212.5〔cm〕
40g のおもり…4250 ÷ 40 = 106.25〔cm〕
60g のおもり…4250 ÷ 60 ≒ 70.83〔cm〕
80g のおもり…4250 ÷ 80 = 53.125〔cm〕
100g のおもり…4250 ÷ 100 = 42.5〔cm〕
条件に合うのは100g のおもりだけである。
このとき，Bからのきょりは，

$50 - 42.5 = 7.5$〔cm〕

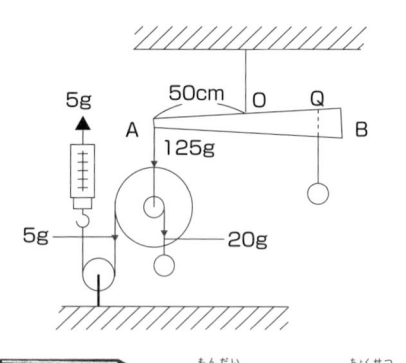

この問題のように，直接
答えが求められない場合は，あたえられ
た選択肢などから条件に合うものをさが
す。

3 (1)(2)動かっ車（かっ車 **A**）を使う
と，加える力はおもりの重さの半分にな
るが，ひもを引っぱる長さはおもりを持
ち上げるきょりの 2 倍になる（⇒ P.492）。
(3)(4)棒の左のはしにかかる力は，

$$200 \times \frac{2}{2+2} = 100 〔g〕$$

よって，動かっ車を使っているのでひも
イにかかる力とひも**ウ**を引っぱる力はそ
の半分の 50g になる。
(5)(6) 2 つの動かっ車にはおもりの重さ
の半分の 100g ずつの力がかかるので，ひ
も**エ**にかかる力とひも**オ**を引く力はさらに
その半分の 50g になる。

下の図のように，問題の
図にわかった数値を書きこんでおくと，
ミスを防げる。

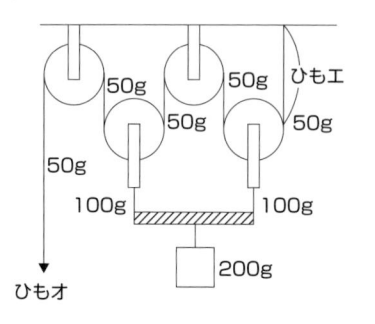

(7)動かっ車を 2 つ使っているので，お
もりはひも**オ**を引っぱった長さの $\frac{1}{4}$ しか
上がらない（⇒ P.493）。

4 (1) **B** が 6cm 以上上がるとばねのの
びは変化しないので，**B** 全体が空気中に
あることがわかる。よって，**B** の重さは，
　100 × 19 = 1900 〔g〕
(3) **B** 全体が水中にあるときは，ばねの
のびは 14cm で変化しないが，水中から
出てくるとばねがさらにのびていく。**B** が
5cm 上がったとき，ばねののびは 18cm
なので，**A** が上がったきょりは，
　5 + 18 − 14 = 9 〔cm〕
(4) **B** 全体が水中にあるとき，ばねの引
く力は，
　100 × 14 = 1400 〔g〕
よって，**B** にはたらく浮力は，
　1900 − 1400 = 500 〔g〕
浮力の大きさは **B** がおしのけた水の重さ
と等しいので，**B** の体積は 500cm³ になる
（⇒ P.505）。
B の底面積は 100cm² より，**B** のたての長
さは，
　500 ÷ 100 = 5 〔cm〕
(5) ばねにかかる力は **B** の重さの半分に
なるので，**A** を上げる前のばねののびは
7cm，**B** が 5cm 上がったときのばねのの
びは 9cm になる（⇒ P.500）。よって，**A**
が上がったきょりは，
　5 + 9 − 7 = 7 〔cm〕
(6) それぞれのばねに **B** の重さがかかる
ので，**A** が上がったきょりは，
　5 + (18 − 14) × 2 = 13 〔cm〕

調べたい語句がわかっているときは，このさくいんで調べると便利です。（教科書で学習したことにそって調べたい場合は，巻頭のもくじのほうが便利です）
50音順に配列してあります。そのあと，アルファベットの用語をABC順に配列してあります。
おなじ音の中では，「は⇒ば⇒ぱ」というような順番です。

あ

アークトゥルス ……………… 234
ＩＨ調理器 …………………… 454
あえん ………………………… 396
アオウミガメ ………………… 128
アオコ ………………………… 185
アオノリ ……………………… 105
アオミドロ …………………… 117
アオムシ ………………………… 18
赤潮 …………………………… 185
アキアカネ ……………………… 46
秋雨前線 ……………………… 221
秋の天気 ……………………… 221
明けの明星 …………………… 268
アゲハ …………………………… 20
アサガオ（夏の植物）………… 38
アサガオ（子葉）……………… 63
アサガオ（分類）……………… 103
浅間山（関東ローム層）……… 298
浅間山（日本の火山）………… 301
アサリ ………………………… 171
あし ……………………………… 25
アジサイ ………………………… 38
アズキ …………………………… 90
アスパラガス …………………… 90
あせ（皮ふのつくり）……… 146
あせ（はたらき）…………… 159
圧点 …………………………… 146
圧力 …………………………… 502
アブ ……………………………… 17

アブラゼミ ……………………… 24
アブラナ（春の植物）………… 35
アブラナ（子葉）……………… 63
アブラナ（分類）……………… 103
アマガエル …………………… 127
雨雲 …………………………… 206
アミノ酸 ……………………… 157
アミラーゼ …………………… 156
アメーバ（動物性プランクトン）……………………………… 118
アメーバ（分類）……………… 172
アメダス ……………………… 213
アヤメ …………………………… 36
アリ（完全変態）……………… 17
アリ（からだのつくり）……… 27
アルカリ性 …………………… 387
アルカリ性の水よう液と金属 …………………………… 398
アルコール水 ………………… 389
アルコールランプ（燃えるしくみ）………………………… 365
アルコールランプ（写真）…………………………………… 535
アルコールランプの使い方…………………………………… 543
アルタイル …………………… 235
アルデバラン ………………… 237
アルミニウム（酸性の水よう液）…………………………… 396
アルミニウム（アルカリ性の水よう液）………………… 398

安山岩 ………………………… 303
安全めがね …………………… 547
アンタレス …………………… 235
アンドロメダ銀河 …………… 236
アンドロメダ座 ……………… 236
アンモナイト（示準化石）…………………………………… 293
アンモナイト（ヒマラヤ山脈）……………………………… 310
アンモニア（生命編）……… 158
アンモニア（物質編）……… 379
アンモニア水 ………………… 388

い

胃 ……………………………… 153
胃液 …………………………… 153
いおう酸化物 ………………… 188
イカ …………………………… 171
イカダモ ……………………… 117
維管束 …………………………… 85
イソギンチャク ……………… 172
イソコツブムシ ……………… 533
イタチ ………………………… 181
位置エネルギー ……………… 477
1往復 ………………………… 471
イチョウ（紅葉）……………… 40
イチョウ（分類）……………… 102
遺伝子 ………………………… 125
イトミミズ …………………… 112
イヌ …………………………… 130
イヌワラビ …………………… 103

イネ（発芽）‥‥‥‥‥‥ 62
イネ（花のつくり）‥‥‥ 73
イネ（単子葉類）‥‥‥‥ 85
イネ（分類）‥‥‥‥‥‥ 103
イモリ‥‥‥‥‥‥‥‥‥ 127
イルカ‥‥‥‥‥‥‥‥‥ 130
いわし雲‥‥‥‥‥‥‥‥ 206
インゲンマメ‥‥‥‥‥‥ 62
いん石‥‥‥‥‥‥‥‥‥ 267

う

う化‥‥‥‥‥‥‥‥‥‥ 19
ウグイス‥‥‥‥‥‥‥‥ 45
ウサギ‥‥‥‥‥‥‥‥‥ 130
うしかい座‥‥‥‥‥‥‥ 234
右心室‥‥‥‥‥‥‥‥‥ 161
右心ぼう‥‥‥‥‥‥‥‥ 161
うす雲‥‥‥‥‥‥‥‥‥ 206
有珠山‥‥‥‥‥‥‥‥‥ 301
うずまき管‥‥‥‥‥‥‥ 144
ウニ‥‥‥‥‥‥‥‥‥‥ 171
うね雲‥‥‥‥‥‥‥‥‥ 206
うぶ声‥‥‥‥‥‥‥‥‥ 123
海風‥‥‥‥‥‥‥‥‥‥ 203
海の水のはたらき‥‥‥‥ 279
ウラジロ‥‥‥‥‥‥‥‥ 104
うろこ雲‥‥‥‥‥‥‥‥ 206
上皿てんびん‥‥‥‥‥‥ 490
雲仙普賢岳‥‥‥‥‥‥‥ 301
運動エネルギー‥‥‥‥‥ 477
運ぱん‥‥‥‥‥‥‥‥‥ 275
雲量‥‥‥‥‥‥‥‥‥‥ 205

え

永久磁石‥‥‥‥‥‥‥‥ 442
衛星（いろいろな星）‥‥ 230
衛星（月）‥‥‥‥‥‥‥ 252
栄養素‥‥‥‥‥‥‥‥‥ 153

液状化‥‥‥‥‥‥‥‥‥ 305
液体‥‥‥‥‥‥‥‥‥‥ 333
S極‥‥‥‥‥‥‥‥‥‥ 427
エダマメ‥‥‥‥‥‥‥‥ 90
えだ分かれした気管支‥ 149
エナメル線‥‥‥‥‥‥‥ 442
N極‥‥‥‥‥‥‥‥‥‥ 427
エネルギー‥‥‥‥‥‥‥ 455
エネルギーの移り変わり
‥‥‥‥‥‥‥‥‥‥‥ 455
エノコログサ‥‥‥‥‥‥ 83
エビ‥‥‥‥‥‥‥‥‥‥ 28
えら‥‥‥‥‥‥‥‥‥‥ 151
えら呼吸（呼吸の種類）‥ 151
えら呼吸（魚類）‥‥‥‥ 166
えら呼吸（両生類）‥‥‥ 167
えら呼吸（アサリ）‥‥‥ 171
えらぶた‥‥‥‥‥‥‥‥ 151
塩‥‥‥‥‥‥‥‥‥‥‥ 391
塩化アルミニウム‥‥‥‥ 399
塩化アンモニウム‥‥‥‥ 379
塩化コバルト紙‥‥‥‥‥ 94
塩化水素‥‥‥‥‥‥‥‥ 387
塩化鉄‥‥‥‥‥‥‥‥‥ 399
塩化ナトリウム‥‥‥‥‥ 391
塩酸‥‥‥‥‥‥‥‥‥‥ 387
遠視‥‥‥‥‥‥‥‥‥‥ 143
えん心‥‥‥‥‥‥‥‥‥ 363

お

横かくまく‥‥‥‥‥‥‥ 150
おうし座‥‥‥‥‥‥‥‥ 237
おうレンズ‥‥‥‥‥‥‥ 143
おおいぬ座‥‥‥‥‥‥‥ 237
オオイヌノフグリ‥‥‥‥ 35
オオカマキリ‥‥‥‥‥‥ 24
おおぐま座‥‥‥‥‥‥‥ 233
オオコウモリ‥‥‥‥‥‥ 168

オオサンショウウオ‥‥‥ 127
オオヒゲマワリ‥‥‥‥‥ 117
オオワシ‥‥‥‥‥‥‥‥ 128
小笠原気団‥‥‥‥‥‥‥ 219
お株‥‥‥‥‥‥‥‥‥‥ 104
オキシドール‥‥‥‥‥‥ 376
オシドリ‥‥‥‥‥‥‥‥ 132
おしべ‥‥‥‥‥‥‥‥‥ 70
オゾン層‥‥‥‥‥‥‥‥ 187
オゾンホール‥‥‥‥‥‥ 188
音（生命編）‥‥‥‥‥‥ 144
音（エネルギー編）‥‥‥ 417
音エネルギー‥‥‥‥‥‥ 455
音の大きさ‥‥‥‥‥‥‥ 419
音の三要素‥‥‥‥‥‥‥ 418
音の高さ‥‥‥‥‥‥‥‥ 418
音の速さ‥‥‥‥‥‥‥‥ 420
音の反射‥‥‥‥‥‥‥‥ 419
おとめ座‥‥‥‥‥‥‥‥ 234
オニヤンマ‥‥‥‥‥‥‥ 24
お花（ヘチマ）‥‥‥‥‥ 39
お花（ツルレイシ）‥‥‥ 39
お花（単性花）‥‥‥‥‥ 71
お花（裸子植物）‥‥‥‥ 101
オビカレハ‥‥‥‥‥‥‥ 49
オホーツク海気団‥‥‥‥ 219
おぼろ雲‥‥‥‥‥‥‥‥ 206
重さ‥‥‥‥‥‥‥‥‥‥ 497
親と似た姿で生まれる動物
‥‥‥‥‥‥‥‥‥‥‥ 130
オリオン座（ギリシャ神話）
‥‥‥‥‥‥‥‥‥‥‥ 231
オリオン座（冬の星座）‥ 237
おりひめ星‥‥‥‥‥‥‥ 235
音源‥‥‥‥‥‥‥‥‥‥ 417
温室効果（地球温暖化）‥ 186
温室効果（金星）‥‥‥‥ 264
温室効果ガス‥‥‥‥‥‥ 186

温暖前線‥‥‥‥‥‥215
温点‥‥‥‥‥‥‥146
温度感覚‥‥‥‥‥146

か

カ‥‥‥‥‥‥‥‥‥21
ガ‥‥‥‥‥‥‥‥‥17
カーネーション‥‥‥36
外えん‥‥‥‥‥‥363
海王星‥‥‥‥‥‥266
開花日‥‥‥‥‥‥43
海岸段丘‥‥‥‥‥281
かいき月食‥‥‥‥257
かいき日食‥‥‥‥257
海溝‥‥‥‥‥‥‥308
カイコガ‥‥‥‥‥20
外骨格‥‥‥‥‥‥170
外耳‥‥‥‥‥‥‥144
界磁石‥‥‥‥‥‥448
外耳道‥‥‥‥‥‥144
快晴‥‥‥‥‥‥‥205
解ぼうけんび鏡‥‥536
解ぼうけんび鏡の使い方
‥‥‥‥‥‥‥‥539
解ぼう用はさみ‥‥534
海陸風‥‥‥‥‥‥203
海嶺‥‥‥‥‥‥‥308
回路‥‥‥‥‥‥‥435
回路図‥‥‥‥‥‥436
外わく星‥‥‥‥‥264
カエデ‥‥‥‥‥‥40
カエル‥‥‥‥‥‥127
化学エネルギー‥‥455
化学的消化‥‥‥‥152
河岸段丘‥‥‥‥‥281
かぎ層‥‥‥‥‥‥296
核‥‥‥‥‥‥‥‥307
がく‥‥‥‥‥‥‥70

核分裂‥‥‥‥‥‥457
角まく‥‥‥‥‥‥143
核融合‥‥‥‥‥‥249
下げんの月‥‥‥‥253
花こう岩‥‥‥‥‥303
下降気流(高気圧)‥‥202
下降気流(台風)‥‥217
火さい流‥‥‥‥‥299
火山ガス‥‥‥‥‥297
過酸化水素水‥‥‥376
火山岩‥‥‥‥‥‥303
火山のめぐみ‥‥‥302
火山灰(火山のふん出物)
‥‥‥‥‥‥‥‥297
火山灰(災害)‥‥‥299
火山灰の層‥‥‥‥296
火山ハザードマップ‥300
カシオペヤ座‥‥‥233
花式図‥‥‥‥‥‥74
ガスバーナー‥‥‥535
ガスバーナーの使い方‥542
火星‥‥‥‥‥‥‥265
火成岩‥‥‥‥‥‥303
風がふくしくみ‥‥202
化石‥‥‥‥‥‥‥291
化石燃料(地球温暖化)‥186
化石燃料(二酸化いおう)
‥‥‥‥‥‥‥‥380
化石燃料(火力発電)‥456
仮説(ノートのまとめ方)
‥‥‥‥‥‥‥‥514
カタツムリ‥‥‥‥171
花柱‥‥‥‥‥‥‥70
活火山‥‥‥‥‥‥300
カッコウ‥‥‥‥‥45
かっ車‥‥‥‥‥‥492
かっ車の組み合わせ‥493
活断層‥‥‥‥‥‥310

金あみ‥‥‥‥‥‥535
カニの子ども‥‥‥118
カニムシ‥‥‥‥‥28
カバーガラス‥‥‥536
カブトムシ(育ち)‥‥20
カブトムシ(夏の動物)‥45
カブトムシ(こん虫類)‥165
花粉‥‥‥‥‥‥‥75
花粉管‥‥‥‥‥‥77
花粉のう‥‥‥‥‥101
カペラ‥‥‥‥‥‥228
下方置換法‥‥‥‥375
カボチャ‥‥‥‥‥89
カマキリ‥‥‥‥‥22
かみなり雲‥‥‥‥206
ガラス体‥‥‥‥‥143
カラスノエンドウ‥35
ガラス棒‥‥‥‥‥535
カリフラワー‥‥‥89
火力発電‥‥‥‥‥456
軽石‥‥‥‥‥‥‥297
カルシウム‥‥‥‥154
カルデラ‥‥‥‥‥298
カロリー‥‥‥‥‥328
カワゲラ‥‥‥‥‥533
カワセミ‥‥‥‥‥46
簡易検流計‥‥‥‥537
感覚‥‥‥‥‥‥‥142
感覚器官‥‥‥‥‥142
かん境ホルモン‥‥188
かん境問題‥‥‥‥183
観察カードの書き方‥36
観察の記録のしかた‥518
かんしつ計‥‥‥‥210
関節‥‥‥‥‥‥‥140
かんせん‥‥‥‥‥159
完全花‥‥‥‥‥‥71
完全変態‥‥‥‥‥17

さくいん

かん臓(消化器官) ……… 153
かん臓(養分の吸収) … 157
かん臓のはたらき ……… 159
観天望気 ………………… 215
関東ローム層 …………… 298
かん留 …………………… 365
寒冷前線 ………………… 215

き

気圧 ……………………… 202
気温 ……………………… 197
気管(こん虫) …………… 25
気管(人) ………………… 149
気管呼吸 ………………… 151
気管支 …………………… 149
気孔 ……………………… 92
気孔の開閉 ……………… 92
キジ ……………………… 128
気象衛星 ………………… 212
気象台 …………………… 212
気象レーダー …………… 212
季節風 …………………… 204
北アメリカプレート …… 308
気体 ……………………… 333
気体がとけた水よう液 … 347
気体検知管 ……………… 536
気体検知管の使い方 …… 546
気体採取器 ……………… 536
気体の集め方 …………… 373
キタテハ ………………… 49
気団 ……………………… 219
キノボリトカゲ ………… 167
気門(こん虫) …………… 25
気門(気管呼吸) ………… 151
逆断層 …………………… 309
キャベツ ………………… 89
きゅう覚 ………………… 142
臼歯 ……………………… 169

吸収 ……………………… 157
キュウリ ………………… 89
ぎょう灰岩 ……………… 294
胸骨 ……………………… 139
キョウチクトウ ………… 38
鏡とう …………………… 540
魚眼レンズ ……………… 205
虚像 ……………………… 415
魚道 ……………………… 282
魚類(生まれ方) ………… 127
魚類(分類) ……………… 166
きり雲 …………………… 206
記録温度計 ……………… 197
緊急地震速報 …………… 306
近視 ……………………… 143
金星(ようす) …………… 264
金星(見え方) …………… 268
筋肉 ……………………… 140

く

空気 ……………………… 358
空気鉄ぽう ……………… 323
クエン酸 ………………… 387
くき(はい軸) …………… 60
くきのつくり …………… 84
くきのはたらき ………… 85
クジャク ………………… 132
クジラ …………………… 130
口(こん虫) ……………… 25
口(人) …………………… 153
くっ折 …………………… 410
くっ折角 ………………… 410
くっ折光 ………………… 410
グッピー ………………… 132
クマノミ ………………… 132
クモ ……………………… 181
雲画像 …………………… 212
クモノスケイソウ ……… 118

雲のでき方 ……………… 211
くもり …………………… 205
くもり雲 ………………… 206
クモ類(つくり) ………… 28
クモ類(分類) …………… 170
クラゲ …………………… 172
グリコーゲン …………… 157
クレーター(月) ………… 251
クレーター(水星) ……… 264
クロメダカ ……………… 111
クワガタ ………………… 132
クンショウモ …………… 117

け

形成層 …………………… 85
ケイソウ ………………… 105
夏至 ……………………… 258
血液 ……………………… 159
血液じゅんかん ………… 163
血液の成分(骨ずい) …… 140
血液の成分(血液のはたら
き) ……………………… 160
結果(ノートのまとめ方)
………………………… 515
血管 ……………………… 162
血しょう ………………… 160
結しょう ………………… 348
血小板 …………………… 160
月食 ……………………… 257
月れい …………………… 253
結論(ノートのまとめ方)
………………………… 515
けん ……………………… 140
巻雲 ……………………… 206
犬歯 ……………………… 169
原子力発電 ……………… 457
原生動物 ………………… 172
巻積雲 …………………… 206

巻層雲……………………206
けんび鏡（プランクトン）
………………………119
けんび鏡（写真）…………536
けんび鏡の使い方………538
げんぶ岩…………………303
検流計の使い方…………548

こ

コイ………………………127
こいぬ座…………………237
コイル……………………442
紅炎………………………249
恒温動物（冬ごし）………47
恒温動物（分類）…………166
光化学スモッグ…………188
甲殻類（つくり）……………28
甲殻類（分類）……………170
高気圧……………………202
光源………………………407
光合成（植物）……………95
光合成（植物性プランクト
ン）………………………117
こうさい…………………143
光軸………………………413
こう水（台風）……………218
こう水（大雨）……………281
こう水ハザードマップ…282
降水量……………………213
こう星……………………229
高積雲……………………206
高層雲……………………206
公転（月）…………………253
公転（地球）………………261
光電池……………………450
光年………………………229
コウバイ……………………42
合弁花………………………72

合弁花類…………………102
コウモリ…………………130
肛門………………………153
紅葉…………………………39
黄葉…………………………39
コージェネレーション…459
コオロギ（不完全変態）……22
コオロギ（秋の動物）………46
呼吸（発芽）…………………57
呼吸（植物）………………94
呼吸（動物）………………146
呼吸運動…………………150
黒点………………………248
こぐま座…………………233
コケ植物…………………104
誤差………………………471
コスモス……………………40
古生代……………………293
固体………………………333
五大栄養素………………154
骨格………………………139
骨ずい……………………140
骨ばん……………………139
こと座……………………235
コハクチョウ………………46
ゴボウ………………………90
こまく……………………144
こまごめピペット………534
コムクドリ…………………45
ゴム磁石…………………428
ゴム栓……………………534
ゴム球……………………534
コロナ（太陽のつくり）…249
コロナ（かいき日食）……257
こん虫………………………25
こん虫類…………………170
コンデンサー……………452
コンブ……………………105

根毛…………………………83

さ

サイカチ……………………88
再結しょう………………348
再生可能なエネルギー（生命
編）………………………191
再生可能なエネルギー（エネ
ルギー編）………………458
細胞…………………………85
砂岩………………………294
さく酸……………………387
サクラ（春の植物）………35
サクラ（秋の植物）………40
サクラ（冬の植物）………42
サクラ（1年）………………43
サクラ（分類）……………103
桜島………………………300
サザンカ……………………42
左心室……………………161
左心ぼう…………………161
サソリ………………………28
さそり座（ギリシア神話）231
さそり座（夏の星座）……235
サツキ………………………35
雑食動物…………………168
サツマイモ…………………90
砂鉄………………………426
サトイモ……………………90
砂糖………………………344
ザトウクジラ……………168
砂糖水……………………389
さなぎ………………………17
さび………………………368
砂防ダム…………………282
サメ………………………165
作用………………………501
作用点……………………485

作用・反作用の法則 ……… 501
サルスベリ ………………… 38
サワガニ …………………… 533
酸化 ……………………… 367
三角州 …………………… 280
三角フラスコ …………… 534
酸化物 …………………… 367
酸化物の重さ …………… 367
三きゃく ………………… 535
サンゴ …………………… 292
酸性 ……………………… 386
酸性雨 …………………… 188
酸性の水よう液と金属 … 396
酸素(人) ………………… 160
酸素(物質編) …………… 376
酸素用検知管 …………… 536
三大栄養素 ……………… 153
三大流星群 ……………… 267
サンヨウチュウ ………… 293

し

シーベルト ……………… 458
シーラカンス …………… 166
示温テープ ……………… 326
紫外線 …………………… 187
視覚 ……………………… 142
耳かく …………………… 144
自家受粉 …………………… 78
師管 ……………………… 85
耳管 ……………………… 144
自記温度計 ……………… 197
子宮 ……………………… 120
し激 ……………………… 142
試験管 …………………… 534
試験管ばさみ …………… 534
仕事の原理 ……………… 496
自在ばさみ ……………… 535
支持環 …………………… 535

しし座 …………………… 234
シジミ(化石) …………… 292
指示薬 …………………… 389
磁石 ……………………… 425
磁石の極 ………………… 427
示準化石 ………………… 293
耳小骨 …………………… 144
地震 ……………………… 304
磁針 ……………………… 429
地震が起こるしくみ …… 308
視神経 …………………… 143
地震計 …………………… 304
地震波 …………………… 304
地すべり ………………… 305
自然長 …………………… 498
示相化石 ………………… 292
舌 ………………………… 145
シダ植物 ………………… 103
実験の記録のしかた …… 516
実験用ガスコンロ ……… 535
実験用ガスコンロの使い方
 …………………………… 541
実像 ……………………… 414
しつ度 …………………… 210
しつ度表 ………………… 210
支点 ……………………… 485
自転(意味) ……………… 254
自転(地球) ……………… 260
視度調節リング(そう眼実体
けんび鏡) ……………… 540
しぶんぎ座流星群 ……… 267
シベリア気団 …………… 219
子ぼう(花のつくり) …… 70
子ぼう(分類) …………… 101
しぼう(栄養素) ………… 154
しぼう(消化) …………… 155
しぼう(吸収) …………… 157
しぼう酸 ………………… 157

視野 ……………………… 540
ジャガイモ ………………… 90
しゃ光板 ………………… 248
集気びん ………………… 534
しゅう曲 ………………… 310
自由研究 ………………… 522
収縮 ……………………… 330
重心 ……………………… 489
重そう水 ………………… 388
充電 ……………………… 452
十二指腸 ………………… 153
秋分 ……………………… 258
じゅう毛 ………………… 157
重力 ……………………… 497
16方位 ………………… 201
主根 ………………………… 83
種子(発芽) ……………… 55
種子(つくり) …………… 60
種子植物 ………………… 101
受精(植物) ……………… 77
受精(メダカ) …………… 113
受精(人) ………………… 121
受精卵(メダカ) ………… 114
受精卵(人) ……………… 121
十種雲形 ………………… 206
種皮 ……………………… 60
受粉 ……………………… 75
主要動 …………………… 304
春分 ……………………… 258
準わく星 ………………… 230
子葉(意味) ……………… 60
子葉(はたらき) ………… 64
子葉(分類) ……………… 83
消化 ……………………… 152
消化液 …………………… 152
消化液のはたらき ……… 154
消化管 …………………… 152
消化器官 ………………… 152

消化酵素 …………… 155
上げんの月 ………… 253
硝酸 ………………… 188
蒸散 ………………… 93
蒸散と気孔の関係 …… 94
上しょう気流(低気圧) … 202
上しょう気流(台風) …… 217
状態変化 …………… 334
小腸(消化) ………… 153
小腸(吸収) ………… 157
しょう点 …………… 412
しょう点きょり …… 413
小天体 ……………… 266
蒸発 ………………… 334
蒸発皿 ……………… 535
消費者 ……………… 179
上方置換法 ………… 374
静脈 ………………… 162
静脈血(呼吸のしくみ) … 149
静脈血(血液じゅんかん)
………………………… 163
蒸留水 ……………… 389
ショウリョウバッタ …… 23
常緑樹 ……………… 41
小わく星 …………… 266
初期微動 …………… 304
食塩(よう解度) …… 344
食塩(結しょう) …… 349
食塩水 ……………… 389
しょくし …………… 170
食道 ………………… 153
しょくばい ………… 376
植物性プランクトン …… 117
食物連鎖 …………… 180
しょっ角 …………… 25
しょっ覚(感覚の種類) … 142
しょっ覚(皮ふのはたらき)
………………………… 146

助燃性 ……………… 376
シラス ……………… 298
シリウス …………… 237
磁力 ………………… 428
磁力線 ……………… 446
シロツメクサ ……… 35
シロメダカ ………… 111
震央 ………………… 304
心筋 ………………… 161
真空 ………………… 417
神経 ………………… 142
新月(月の形) ……… 253
新月(日食) ………… 257
震源 ………………… 304
震源の分布 ………… 308
信号機 ……………… 453
しん食 ……………… 275
深成岩 ……………… 303
新生代 ……………… 293
心臓(つくりとはたらき)
………………………… 161
心臓(血液じゅんかん) … 163
じん臓 ……………… 158
じん帯 ……………… 140
震度 ………………… 304
しん動 ……………… 417
しん動数 …………… 418
しんぷく …………… 419

す

す …………………… 387
水圧 ………………… 502
スイートピー ……… 36
すい液 ……………… 153
水酸化カルシウム …… 379
水酸化ナトリウム …… 388
水酸化ナトリウム水よう液
………………………… 388

水蒸気(呼吸) ……… 148
水蒸気(天気) ……… 208
水蒸気(水の状態変化) … 333
水上置換法 ………… 374
水星 ………………… 264
すい星 ……………… 267
水生生物指標 ……… 533
スイセン …………… 36
水素(太陽) ………… 249
水素(物質編) ……… 378
水そう(生命編) …… 111
水そう(実験器具) …… 536
すい臓 ……………… 153
スイッチ …………… 537
水よう液 …………… 341
水よう液のこさ …… 346
水力発電 …………… 457
吸う息 ……………… 147
頭がい骨 …………… 139
スギ(子葉) ………… 63
スギ(分類) ………… 102
スギゴケ …………… 105
スギナ ……………… 104
スケッチ …………… 515
すじ雲 ……………… 206
ススキ ……………… 40
スズムシ …………… 46
スズメ ……………… 128
スチールウール …… 367
ステージ(けんび鏡) …… 538
ステージ(解ぼうけんび鏡)
………………………… 539
ステージ(そう眼実体けんび
鏡) ………………… 540
ステンレス皿 ……… 535
砂 …………………… 288
スピカ ……………… 234
スミレ ……………… 35

スライドガラス…………536
スリット………………407

せ

整合………………295
西高東低…………219
星座………………231
(季節の)星座………261
精細胞……………77
星座早見…………232
生産者……………179
精子(メダカ)………113
精子(人)…………120
精そう……………120
正断層……………309
成虫………………17
生物数のピラミッド……182
整流子……………448
積雲………………206
セキツイ動物………165
セキツイ動物の肺のつくり
の進化……………149
セキツイ動物の分類……166
積乱雲……………206
絶えん体…………436
石灰岩(たい積岩)………294
石灰岩(エベレスト山)…310
石灰水(生命編)………147
石灰水(物質編)………388
石灰石……………378
接眼レンズ(けんび鏡)…538
接眼レンズ(解ぼうけんび
鏡)………………539
接眼レンズ(そう眼実体けん
び鏡)……………540
石基………………303
赤血球……………160
節足動物(呼吸)………151

節足動物(分類)………170
ゼニゴケ…………105
背骨(骨)…………139
背骨(分類)………165
セミ(不完全変態)……22
セミ(からだのつくり)…26
セミ(夏の動物)………45
センサー…………461
せん状地…………280
洗浄びん…………534
前線………………215
前線面……………215
前庭器官…………144
ぜん動運動………152
全反射……………412
ゼンマイ…………104
せん緑岩…………303

そ

ゾウ………………130
像…………………409
層雲………………206
そう眼実体けんび鏡……540
そう眼実体けんび鏡の使い
方…………………540
双子葉類(子葉)………63
双子葉類(根)…………83
双子葉類(くき)………85
双子葉類(葉)…………91
双子葉類(分類)………102
草食動物…………168
層積雲……………206
ゾウリムシ(動物性プランク
トン)……………118
ゾウリムシ(分類)……172
走流性……………112
そう類……………105
ソケット…………435

測候所……………212
側根………………83
ソテツ……………102
そ動ねじ…………540
ソラマメ…………90

た

タービン…………456
ダイオキシン……188
体外受精(受精のしかた)
…………………129
体外受精(分類)………166
大気………………259
ダイコン…………90
たい児……………122
体じゅんかん……163
対照実験…………56
大静脈……………161
たい生……………126
たい積……………275
たい積岩…………293
大たい骨…………139
大腸………………153
大動脈……………161
体内受精(受精のしかた)
…………………129
体内受精(分類)………166
たいばん…………122
台風………………217
台風の大きさ……218
台風の中心………218
台風の強さ………218
台風の目…………217
対物レンズ(けんび鏡)…538
対物レンズ(そう眼実体けん
び鏡)……………540
太平洋プレート…………308
太陽………………248

584

太陽系‥‥‥‥‥‥‥‥‥263
太陽光発電‥‥‥‥‥‥‥458
太陽電池‥‥‥‥‥‥‥‥450
太陽の動き‥‥‥‥‥‥‥258
太陽のエネルギー‥‥‥‥249
太陽の黒点の観察‥‥‥‥249
(熱の)対流‥‥‥‥‥‥328
だ液(消化)‥‥‥‥‥‥152
だ液(はたらき)‥‥‥‥154
タカ‥‥‥‥‥‥‥‥‥‥181
高潮‥‥‥‥‥‥‥‥‥‥218
他家受粉‥‥‥‥‥‥‥‥78
たく葉‥‥‥‥‥‥‥‥‥91
タケノコ‥‥‥‥‥‥‥‥90
だ行‥‥‥‥‥‥‥‥‥‥281
多足類(つくり)‥‥‥‥29
多足類(分類)‥‥‥‥‥170
多たい妊しん‥‥‥‥‥‥123
だっ皮‥‥‥‥‥‥‥‥‥18
多島海‥‥‥‥‥‥‥‥‥309
タニシ‥‥‥‥‥‥‥‥‥533
たまご‥‥‥‥‥‥‥‥‥113
たまごで生まれる動物‥‥127
たまごのつくり‥‥‥‥‥129
タマネギ‥‥‥‥‥‥‥‥89
ダリア‥‥‥‥‥‥‥‥‥38
単眼‥‥‥‥‥‥‥‥‥‥25
段丘面‥‥‥‥‥‥‥‥‥281
炭酸水‥‥‥‥‥‥‥‥‥377
炭酸水素ナトリウム‥‥‥388
たん汁‥‥‥‥‥‥‥‥‥152
単子葉類(子葉)‥‥‥‥63
単子葉類(根)‥‥‥‥‥83
単子葉類(くき)‥‥‥‥85
単子葉類(葉)‥‥‥‥‥91
単子葉類(分類)‥‥‥‥102
男女のからだつきの変化
‥‥‥‥‥‥‥‥‥‥‥120

男女の性器のちがい‥‥120
弾性‥‥‥‥‥‥‥‥‥‥498
単性花(分類)‥‥‥‥‥71
単性花(裸子植物)‥‥‥101
弾性力‥‥‥‥‥‥‥‥‥498
断層‥‥‥‥‥‥‥‥‥‥309
断層面‥‥‥‥‥‥‥‥‥309
たんのう‥‥‥‥‥‥‥‥153
たんぱく質‥‥‥‥‥‥‥153
タンポポ(春の植物)‥‥35
タンポポ(双子葉類)‥‥83
単葉‥‥‥‥‥‥‥‥‥‥92

ち

地かく‥‥‥‥‥‥‥‥‥307
力‥‥‥‥‥‥‥‥‥‥‥497
力のモーメント‥‥‥‥‥487
地球(わく星)‥‥‥‥‥230
地球(ようす)‥‥‥‥‥259
地球温暖化‥‥‥‥‥‥‥186
地球型わく星‥‥‥‥‥‥264
蓄電‥‥‥‥‥‥‥‥‥‥452
地軸‥‥‥‥‥‥‥‥‥‥260
地層‥‥‥‥‥‥‥‥‥‥287
地層の新旧‥‥‥‥‥‥‥291
ちっ素‥‥‥‥‥‥‥‥‥379
ちっ素酸化物‥‥‥‥‥‥188
チップホルダ‥‥‥‥‥‥536
地熱発電‥‥‥‥‥‥‥‥459
チャート‥‥‥‥‥‥‥‥294
中耳‥‥‥‥‥‥‥‥‥‥144
中耳炎‥‥‥‥‥‥‥‥‥144
中性‥‥‥‥‥‥‥‥‥‥388
中生代‥‥‥‥‥‥‥‥‥293
柱頭‥‥‥‥‥‥‥‥‥‥70
虫ばい花‥‥‥‥‥‥‥‥78
チューリップ‥‥‥‥‥‥36
中和‥‥‥‥‥‥‥‥‥‥390

聴覚‥‥‥‥‥‥‥‥‥‥142
聴神経‥‥‥‥‥‥‥‥‥144
調節ねじ(けんび鏡)‥‥538
調節ねじ(解ぼうけんび鏡)
‥‥‥‥‥‥‥‥‥‥‥539
調節ねじ(そう眼実体けんび
鏡)‥‥‥‥‥‥‥‥‥540
鳥類(生まれ方)‥‥‥‥128
鳥類(分類)‥‥‥‥‥‥168
直進‥‥‥‥‥‥‥‥‥‥407
直列つなぎ‥‥‥‥‥‥‥437
直下型地震‥‥‥‥‥‥‥310
沈降(地層)‥‥‥‥‥‥295
沈降(津波)‥‥‥‥‥‥306
沈降(大地の動き)‥‥‥309

つ

痛覚‥‥‥‥‥‥‥‥‥‥146
月(衛星)‥‥‥‥‥‥‥230
月(観察)‥‥‥‥‥‥‥247
月(ようす)‥‥‥‥‥‥250
月の海‥‥‥‥‥‥‥‥‥251
月の公転‥‥‥‥‥‥‥‥253
月の重力‥‥‥‥‥‥‥‥251
月の満ち欠け‥‥‥‥‥‥252
月の陸‥‥‥‥‥‥‥‥‥251
ツクシ‥‥‥‥‥‥‥‥‥104
ツグミ‥‥‥‥‥‥‥‥‥45
ツツジ‥‥‥‥‥‥‥‥‥103
ツヅミモ‥‥‥‥‥‥‥‥117
津波‥‥‥‥‥‥‥‥‥‥306
ツノモ‥‥‥‥‥‥‥‥‥118
ツバキ‥‥‥‥‥‥‥‥‥42
ツバメ‥‥‥‥‥‥‥‥‥45
ツボワムシ‥‥‥‥‥‥‥118
梅雨‥‥‥‥‥‥‥‥‥‥220
ツユクサ(夏の植物)‥‥38
ツユクサ(子葉)‥‥‥‥63

強いアルカリ性…………388
強い酸性…………387
ツリガネムシ…………118
ツルレイシ…………37

て

定かっ車…………492
でい岩…………294
低気圧…………202
抵抗…………464
停たい前線…………215
てい防…………282
てこ…………485
てこのつり合い…………486
てこをかたむけるはたらき
…………487
てこを利用した道具……491
鉄(ミネラル)…………154
鉄(血液)…………160
鉄(酸性の水よう液)……396
鉄(アルカリ性の水よう液)
…………398
デネブ…………235
デネボラ…………234
手回し発電機…………449
電圧…………440
電気エネルギー…………455
天気記号…………214
電機子…………448
電気自動車…………190
天気図…………214
天気図記号…………214
天球…………240
電気用図記号…………436
テングサ…………105
電磁石…………442
電磁石の極…………443
電磁石の強さ…………444

電磁調理器…………454
電子てんびん…………537
電子てんびんの使い方……546
電子レンジ…………454
(熱の)伝導…………326
テントウムシ…………45
電熱線…………462
電熱線のつなぎ方と発熱
…………464
電熱線の太さと発熱……462
天王星…………266
てんびん…………490
でんぷん(子葉)…………64
でんぷん(光合成)…………94
でんぷん(炭水化物)……153
電流…………436
電流計…………537
電流計の使い方…………549

と

銅(燃え方)…………367
銅(酸性の水よう液)……396
銅(アルカリ性の水よう液)
…………398
等圧線…………215
動かっ車…………492
道管…………84
等級…………227
頭骨…………139
冬至…………258
等星…………227
導体…………436
動物…………165
動物性プランクトン……118
動物の種類…………131
動脈…………162
動脈血(呼吸のしくみ)…149

動脈血(血液じゅんかん)
…………163
冬眠…………46
トウモロコシ(子葉)………63
トウモロコシ(花のつくり)
…………73
トウモロコシ(野菜)………90
トウモロコシ(分類)……103
等りゅう状組織…………303
トカゲ…………128
ドクダミ…………38
とけ残り…………344
土星…………265
とつレンズ(生命編)……143
とつレンズ(エネルギー編)
…………412
トビムシ…………181
トマト…………89
どろ…………288
トンボ(不完全変態)………22
トンボ(からだのつくり)
…………27
トンボ(夏の動物)…………45
トンボ(こん虫のなかま)
…………129

な

内えん…………363
内耳…………144
内臓についている筋肉…140
内分ぴつかく乱物質……188
内わく星…………264
ナウマンゾウの歯………293
なぎ…………203
ナギイカダ…………88
ナス…………89
ナズナ(春の植物)………35
ナズナ(双子葉類)………83

夏毛〔なつげ〕‥‥‥‥‥‥48
夏の大三角〔なつ だいさんかく〕‥‥‥235
南高北低〔なんこうほくてい〕‥‥‥‥220
なん骨結合〔こっけつごう〕‥‥‥‥139
なん体動物〔たいどうぶつ〕‥‥‥‥171
南中〔なんちゅう〕‥‥‥‥‥‥198
南中高度〔なんちゅうこう ど〕(太陽の動き)‥‥258
南中高度〔なんちゅうこう ど〕(季節の変化)‥‥261
南中時刻〔なんちゅう じ こく〕‥‥‥‥258

に

肉食動物〔にくしょくどうぶつ〕‥‥‥‥168
二酸化いおう〔にさんか〕‥‥‥‥380
二酸化炭素〔にさんかたんそ〕(人)‥‥‥‥‥160
二酸化炭素〔にさんかたんそ〕(かん境)‥‥‥186
二酸化炭素〔にさんかたんそ〕(物質編)‥‥‥377
二酸化炭素用検知管〔にさんかたんそようけんちかん〕‥‥‥536
二酸化ちっ素〔にさんか そ〕‥‥‥‥380
二酸化マンガン〔にさんか〕‥‥‥‥376
日食〔にっしょく〕‥‥‥‥‥257
日長〔にっちょう〕‥‥‥‥‥43
入射角〔にゅうしゃかく〕‥‥‥‥‥410
入射光〔にゅうしゃこう〕‥‥‥‥‥410
入道雲〔にゅうどうぐも〕‥‥‥‥‥206
乳鉢〔にゅうばち〕‥‥‥‥‥534
乳棒〔にゅうぼう〕‥‥‥‥‥534
にょう(はい出)‥‥‥‥158
にょう(じん臓)‥‥‥‥158
にょう素〔そ〕(はい出)‥‥‥158
にょう素〔そ〕(かん臓)‥‥‥159
ニワトリ‥‥‥‥‥‥128
ニンジン‥‥‥‥‥‥90

ね

根〔ね〕(幼根)‥‥‥‥‥60
根〔ね〕(つくり)‥‥‥‥‥83
根〔ね〕(はたらき)‥‥‥‥84
音色〔ねいろ〕‥‥‥‥‥419

ネコ‥‥‥‥‥‥130
熱〔ねつ〕‥‥‥‥‥325
熱エネルギー〔ねつ〕‥‥‥‥455
熱帯低気圧〔ねったいていきあつ〕‥‥‥‥217
熱帯林〔ねったいりん〕‥‥‥‥184
熱中症〔ねっちゅうしょう〕‥‥‥‥159
熱の対流〔ねつ たいりゅう〕‥‥‥‥328
熱の伝導〔ねつ でんどう〕(地球編)‥‥199
熱の伝導〔ねつ でんどう〕(物質編)‥‥326
熱の放射〔ねつ ほうしゃ〕(地球編)‥‥199
熱の放射〔ねつ ほうしゃ〕(物質編)‥‥328
熱量〔ねつりょう〕‥‥‥‥‥328
燃焼〔ねんしょう〕‥‥‥‥‥367
燃焼さじ〔ねんしょう〕‥‥‥‥535
燃料電池〔ねんりょうでんち〕‥‥‥‥459
燃料電池自動車〔ねんりょうでんちじどうしゃ〕‥‥‥459

の

ノアザミ‥‥‥‥‥‥38
脳〔のう〕‥‥‥‥‥142
野島断層〔のじまだんそう〕‥‥‥‥310
のせ台〔だい〕(けんび鏡)‥‥‥‥538
のせ台〔だい〕(解ぼうけんび鏡)
‥‥‥‥‥‥539
のせ台〔だい〕(そう眼実体けんび
鏡)‥‥‥‥‥‥540
ノミ‥‥‥‥‥‥17

は

葉〔は〕‥‥‥‥‥‥91
葉〔は〕(つくり)‥‥‥‥‥91
葉〔は〕(はたらき)‥‥‥‥93
バーミキュライト‥‥‥‥67
パーライト‥‥‥‥‥67
はい‥‥‥‥‥‥60
肺〔はい〕‥‥‥‥‥149
梅雨前線〔ばいうぜんせん〕‥‥‥‥220
バイオマス発電〔はつでん〕‥‥‥‥459

肺呼吸〔はいこきゅう〕(呼吸の種類)‥‥‥151
肺呼吸〔はいこきゅう〕(分類)‥‥‥167
はい軸〔じく〕‥‥‥‥‥60
はいしゅ‥‥‥‥‥101
はい出〔しゅつ〕‥‥‥‥‥158
肺じゅんかん〔はい〕‥‥‥‥163
肺静脈〔はいじょうみゃく〕(呼吸)‥‥‥149
肺静脈〔はいじょうみゃく〕(心臓)‥‥‥161
肺静脈〔はいじょうみゃく〕(血液じゅんかん)‥‥163
肺動脈〔はいどうみゃく〕(呼吸)‥‥‥149
肺動脈〔はいどうみゃく〕(心臓)‥‥‥161
肺動脈〔はいどうみゃく〕(血液じゅんかん)‥‥163
はい乳〔にゅう〕(種子のつくり)‥‥‥60
はい乳〔にゅう〕(はたらき)‥‥‥65
肺ほう〔はい〕‥‥‥‥‥149
はい卵〔らん〕‥‥‥‥‥121
ハエ(完全変態)‥‥‥‥17
ハエ(からだのつくり)‥‥‥27
はく息〔いき〕‥‥‥‥‥147
ハクサイ‥‥‥‥‥‥89
ハクセキレイ‥‥‥‥‥46
はくちょう座〔ざ〕‥‥‥‥235
バクテリア‥‥‥‥‥179
バクテリアのはたらき‥‥180
はく動〔どう〕‥‥‥‥‥161
白内障〔はくないしょう〕(目のつくり)‥‥‥143
白内障〔はくないしょう〕(オゾン層の破かい)
‥‥‥‥‥‥188
箱根山〔はこねやま〕‥‥‥‥298
ハサミムシ‥‥‥‥‥49
ハチ(完全変態)‥‥‥‥17
ハチ(からだのつくり)‥‥‥26
は虫類〔ちゅうるい〕(生まれ方)‥‥‥128
は虫類〔ちゅうるい〕(分類)‥‥‥167
発芽〔はつが〕‥‥‥‥‥55
(いろいろな植物の)発芽〔はつが〕‥62
発芽〔はつが〕に必要〔ひつよう〕な養分〔ようぶん〕‥‥‥64
白血球〔はっけっきゅう〕‥‥‥‥160

発酵〔はっこう〕‥‥‥‥‥‥180
発光ダイオード〔はっこう〕‥‥‥453
バッタ‥‥‥‥‥‥‥‥‥‥22
バッタの育ち〔そだ〕‥‥‥‥‥23
発電〔はつでん〕‥‥‥‥‥‥‥449
発熱量〔はつねつりょう〕‥‥‥‥464
鼻〔はな〕‥‥‥‥‥‥‥‥‥145
花びら〔はな〕‥‥‥‥‥‥‥70
ハナミズキ‥‥‥‥‥‥‥35
はね‥‥‥‥‥‥‥‥‥‥25
ハネケイソウ‥‥‥‥‥‥117
ばねの直列つなぎ〔ちょくれつ〕‥‥500
ばねのへい列つなぎ〔れつ〕‥‥500
ばねばかり‥‥‥‥‥‥‥499
波力発電〔はりょくはつでん〕‥‥‥459
春一番〔はるいちばん〕‥‥‥‥‥220
春の大曲線〔はるだいきょくせん〕‥‥234
春の大三角〔はるだいさんかく〕‥‥234
春の天気〔はるてんき〕‥‥‥‥220
晴れ〔は〕‥‥‥‥‥‥‥‥205
半規管〔はんきかん〕‥‥‥‥‥144
半月弁〔はんげつべん〕‥‥‥‥‥161
反作用〔はんさよう〕‥‥‥‥‥501
パンジー‥‥‥‥‥‥‥‥36
反射〔はんしゃ〕‥‥‥‥‥‥408
反射角〔はんしゃかく〕‥‥‥‥‥408
反射鏡（けんび鏡）〔はんしゃきょう〕‥538
反射鏡（解ぼうけんび鏡）〔はんしゃきょう〕
‥‥‥‥‥‥‥‥‥‥‥539
反射光〔はんしゃこう〕‥‥‥‥‥408
反射のきまり〔はんしゃ〕‥‥‥408
はん晶〔しょう〕‥‥‥‥‥‥303
はん状組織〔じょうそしき〕‥‥‥303
パンダ‥‥‥‥‥‥‥‥‥130
はんれい岩〔がん〕‥‥‥‥‥303

ひ

ビーカー‥‥‥‥‥‥‥‥534

BTBよう液〔ビーティービー・えき〕‥‥‥385
BTBよう液の使い方〔ビーティービー・えき・つか・かた〕‥‥548
ピーマン‥‥‥‥‥‥‥‥89
ビオラ‥‥‥‥‥‥‥‥‥36
光エネルギー〔ひかり〕‥‥‥‥455
光の速さ〔ひかり・はや〕‥‥‥‥420
ヒガンバナ‥‥‥‥‥‥‥40
ヒキガエル‥‥‥‥‥‥‥127
ひげ根〔ね〕‥‥‥‥‥‥‥83
ひこ星〔ぼし〕‥‥‥‥‥‥235
被子植物〔ひししょくぶつ〕‥‥‥101
ピストン‥‥‥‥‥‥‥‥324
ひだ‥‥‥‥‥‥‥‥‥157
ビタミン‥‥‥‥‥‥‥‥154
ひつじ雲〔くも〕‥‥‥‥‥‥206
ヒトデ‥‥‥‥‥‥‥‥‥171
ひとみ‥‥‥‥‥‥‥‥143
ひなん訓練〔くんれん〕‥‥‥‥306
ヒバリ‥‥‥‥‥‥‥‥‥45
皮ふ〔ひ〕‥‥‥‥‥‥‥146
皮ふがん〔ひ〕‥‥‥‥‥‥188
皮ふ呼吸〔ひ・こきゅう〕‥‥‥‥152
ヒマワリ（夏の植物）〔なつ・しょくぶつ〕‥38
ヒマワリ（子葉）〔しよう〕‥‥‥63
ひまわり（気象衛星）〔きしょうえいせい〕‥212
ヒメジョオン（夏の植物）〔なつ・しょくぶつ〕‥38
ヒメジョオン（双子葉類）〔そうしようるい〕‥83
ヒメダカ‥‥‥‥‥‥‥‥111
百葉箱〔ひゃくようばこ〕‥‥‥‥197
評価〔ひょうか〕‥‥‥‥‥‥515
ヒヨドリ‥‥‥‥‥‥‥‥45
ヒラタカゲロウ‥‥‥‥‥533
ヒル（動物の分類）〔どうぶつ・ぶんるい〕‥165
ヒル（水生生物指標）〔すいせいせいぶつしひょう〕‥533
貧血〔ひんけつ〕‥‥‥‥‥‥160
ピンセット‥‥‥‥‥‥‥534
ピンチコック‥‥‥‥‥‥536

ふ

V字谷〔ブイじこく〕‥‥‥‥‥280
フィラメント‥‥‥‥‥‥435
フィリピン海プレート〔かい〕‥308
風化〔ふうか〕‥‥‥‥‥‥277
風向〔ふうこう〕‥‥‥‥‥‥201
風速〔ふうそく〕‥‥‥‥‥‥201
風ばい花〔ふう・か〕‥‥‥‥‥78
風力〔ふうりょく〕‥‥‥‥‥201
風力階級表〔ふうりょくかいきゅうひょう〕‥‥201
風力発電〔ふうりょくはつでん〕‥‥459
フェノールフタレインよう液〔えき〕‥387
フォーマルハウト‥‥‥‥236
ふ化（モンシロチョウ）〔か〕‥18
ふ化（メダカ）〔か〕‥‥‥‥114
不完全花〔ふかんぜんか〕‥‥‥71
不完全変態〔ふかんぜんへんたい〕‥22
複眼〔ふくがん〕‥‥‥‥‥‥25
複葉〔ふくよう〕‥‥‥‥‥‥92
節〔ふし〕‥‥‥‥‥‥‥‥25
富士山（関東ローム層）〔ふじさん・かんとう・そう〕‥298
富士山（日本の火山）〔ふじさん・にほん・かざん〕‥300
フジツボ‥‥‥‥‥‥‥‥28
フジツボの子ども〔こ〕‥‥‥118
フズリナ‥‥‥‥‥‥‥‥294
不整合〔ふせいごう〕‥‥‥‥‥295
不整合面〔ふせいごうめん〕‥‥‥295
ふたご座〔ざ〕‥‥‥‥‥‥237
ふたご座流星群〔ざ・りゅうせいぐん〕‥267
付着毛〔ふちゃくもう〕‥‥‥‥113
ふっとう‥‥‥‥‥‥‥‥334
ふっとう石〔せき〕‥‥‥‥‥327
物理的消化〔ぶつりてきしょうか〕‥152
ブドウ‥‥‥‥‥‥‥‥‥88
不導体〔ふどうたい〕‥‥‥‥‥436
ブドウ糖〔とう〕‥‥‥‥‥‥157

フナ 127
ブナ（化石） 292
部分月食 257
部分日食 257
不変態 22
冬毛 48
冬ごし（植物） 42
冬ごし（動物） 46
冬ごし（こん虫） 49
冬ごもり 47
冬の大三角 237
冬の天気 219
冬芽 42
フヨウ 38
ブラシ 448
プランクトン 117
プランクトンネット 119
プランクトンの観察のしかた 119
ふりこ 471
ふりこの長さ 471
プリズム 412
浮力 503
浮力の大きさ 503
プレート 307
プレパラート 119
プレパラートのつくり方 539
プロキオン 237
プログラム 460
プログラミング 460
ブロッコリー 89
プロミネンス 249
フロンガス 187
ふん火 297
分解者 179
ふん火警戒レベル 299
ふん火警報 299
ふん火予報 299

分節運動 152
分銅 537

へ

平行脈 91
へい列つなぎ 438
ベガ 235
ペガスス座 236
ペガススの四辺形 236
へそのお 122
ヘチマ（観察） 39
ヘチマ（1年） 44
ヘチマ（子葉） 63
ベテルギウス 237
ペトリ皿（観察） 116
ペトリ皿（写真） 534
ベニザケ 167
ヘビ 128
ヘビトンボ 533
ペプシン 156
ヘモグロビン 160
ペルセウス座流星群 267
弁 162
変温動物（冬ごし） 46
変温動物（分類） 167
偏西風 214
変態 17

ほ

方位磁針（使い方） 198
方位磁針（磁石） 429
棒温度計 331
ぼうこう 158
ほう合結合 139
防災倉庫 306
ホウ酸（よう解度） 344
ホウ酸（結しょう） 349
ホウ酸水 387

ホウサンチュウ（プランクトン） 118
ホウサンチュウ（チャート） 294
胞子 103
ぼう室弁 161
胞子のう 104
（熱の）放射 328
放射線 458
放射熱 328
ホウセンカ（夏の植物） 38
ホウセンカ（子葉） 63
ぼう張 330
ぼう張率 332
方法 514
ホウレンソウ 89
ほう和 351
ほう和水蒸気量 209
ほう和水よう液 344
ボーリング 288
ボーリング試料 288
北斗七星 233
星の1年の動き 241
星の色 228
星の動く速さ 239
ホタル 45
北極星（北の空の星） 233
北極星（動き方） 238
北極星の見つけ方 233
ホトケノザ 35
ホトトギス 45
ほ乳類（生まれ方） 126
ほ乳類（分類） 168
骨 139
骨についている筋肉 140
ポプラ 40
ホヤ 165
ポルックス 237

さくいん

589

ボルボックス…………117
本葉(幼芽)…………60
本葉(発芽)…………61

ま

マーガレット…………36
マガモ(冬の動物)…………46
マガモ(オスとメス)……132
マガン…………46
マグニチュード…………304
マグネシウム…………367
マグマ…………297
マグマだまり…………297
マツ(常緑樹)…………41
マツ(子葉)…………63
マツ(花のつくり)…………73
マツ(分類)…………101
マツムシ…………46
まとめ…………515
まめ電球…………435
丸底フラスコ…………534
満月(月の形)…………253
満月(月食)…………257
マントル…………307

み

実(ヘチマ)…………39
実(ツルレイシ)…………39
実(受粉)…………75
味覚…………142
三日月…………252
三日月湖…………281
ミカヅキモ…………117
右手の法則…………444
右ねじの法則…………446
ミジンコ(メダカのえさ)112
ミジンコ(動物性プランクトン)…………118

ミズカマキリ…………533
ミズゴケ…………105
水の体積の変化…………336
密度…………318
ミツバチ…………45
ミドリムシ…………117
みなみのうお座…………236
南半球の太陽の動き……262
ミネラル…………154
ミノガ…………49
三原山…………300
耳…………144
ミミズ…………171
耳たぶ…………144
脈はく…………161
ミョウバン(よう解度)…344
ミョウバン(結しょう)…350

む

無機質…………154
虫めがね…………536
虫めがねの使い方…………538
むし焼き…………365
無セキツイ動物…………170
無はい乳種子…………60
無変態…………22
ムラサキキャベツ液……386

め

目…………142
めい王星…………230
め株…………104
めしべ…………70
メスシリンダー…………534
メスシリンダーの使い方544
メダカ…………111
メダカのおすとめすの区別のしかた…………111

メダカの飼い方…………111
めっき…………368
芽ばえ…………55
め花(ヘチマ)…………39
め花(ツルレイシ)…………39
め花(単性花)…………71
め花(裸子植物)…………101

も

毛細血管(じゅう毛)……157
毛細血管(血管の種類)…162
網状脈…………91
もうまく…………143
毛様体…………143
モーター…………448
木ガス…………366
木さく液…………366
木星…………265
木星型わく星…………265
木タール…………366
木炭…………366
モグラ…………181
モクレン…………35
モズ…………46
モノグリセリド…………157
モノコード…………418
もののうきしずみ…………319
門歯…………169
モンシロチョウ(変態)…17
モンシロチョウ(からだのつくり)…………26
モンシロチョウ(春の動物)45
モンシロチョウ(こん虫のなかま)…………129
モンシロチョウの育ち……18
モンシロチョウの幼虫の飼い方…………19
門脈…………157

590

や

ヤエヤマヒルギ……………84

やく……………70

薬さじ……………534

薬包紙……………341

ヤコウチュウ……………118

ヤスデ……………29

八ヶ岳……………298

矢羽根……………214

ヤブサメ……………46

山くずれ……………305

ゆ

遊水地……………282

有はい乳種子……………61

ユーラシアプレート……308

湯気……………333

油てき……………113

ユリ……………63

よ

よいの明星……………268

幼芽……………60

よう解度……………344

よう解度曲線……………345

よう岩……………297

よう岩ドーム……………301

よう岩流……………299

幼根……………60

葉身……………91

羊水……………122

揚水発電……………457

揚子江気団……………219

ヨウ素液……………64

幼虫……………17

養分……………157

葉へい……………91

羊まく……………122

葉脈……………91

葉緑素……………92

葉緑体(葉のつくり)……92

葉緑体(光合成)……………97

予想……………514

予報円……………218

ヨメナ……………40

弱いアルカリ性……………386

弱い酸性……………386

ら

ライオン……………132

落葉……………39

落葉樹……………41

裸子植物……………101

落花生……………60

ラッパムシ……………118

卵(卵子)……………120

卵管……………120

卵生……………126

卵そう……………120

乱層雲……………206

乱反射……………409

り

リアス海岸……………309

力点……………485

陸風……………203

リゲル……………237

リトマス紙……………385

リトマス試験紙の使い方……548

リパーゼ……………156

り弁花……………72

り弁花類……………102

隆起(地層)……………295

隆起(津波)……………306

隆起(大地の動き)………309

りゅう酸……………400

りゅう酸銅(結しょう)…350

流星……………267

流もん岩……………303

両性花……………71

両生類(生まれ方)……127

両生類(分類)……………167

輪じく……………494

輪じくの利用……………496

リンパ管……………157

りん片……………101

る

るつぼばさみ……………535

れ

れい下……………335

レイチェル・カーソン……191

冷点……………146

れき……………288

れき岩……………294

れき・砂・どろの積もり方

……………291

レグルス……………234

レタス……………89

レボルバー(けんび鏡)…538

レモンのしる……………387

レンコン……………90

レンズ……………143

ろ

ろうそくのほのお………363

ろうと……………535

ろうと台……………535

ろうの体積の変化………336

ろ過の方法……………547

ろ紙……………547

ロゼット葉……………42

ろっ骨（骨格）……………… 139
ろっ骨（呼吸運動）……… 150
露点 ……………………… 209

わ

ワカメ ……………………… 105
わく星 ……………………… 230
〔太陽系の〕わく星 ……… 263
わし座 ……………………… 235
わた雲 ……………………… 206
わたり ……………………… 48
わたり鳥 …………………… 48
ワニ ………………………… 128

A～Z

BTBよう液 ………………… 385
BTBよう液の使い方 …… 548
IH調理器 ………………… 454
N極 ………………………… 427
S極 ………………………… 427
V字谷 ……………………… 280